SCHÜLER BESSER VERSTEHEN

Alltagsvorstellungen im Biologieunterricht

Ulrich Kattmann

Schüler besser verstehen

Alltagsvorstellungen im Biologieunterricht

Aulis Verlag

Bibliografische Information der Deutschen Nationalbibliothek
Die Deutsche Nationalbibliothek verzeichnet diese Publikation in der Deutschen Nationalbibliografie; detaillierte bibliografische Daten sind im Internet über http://dnb.d-nb.de abrufbar.

Best.-Nr. A302941

Satz: Satzteam 7
Zeichnungen: Brigitte Karnath, Thomas Binder
ISBN: 978-3-7614-2941-9

Inhalt

↗ Zusätzliche Stichwörter und Erweiterungen finden Sie auf der AULIS-Webseite zum Herunterladen. Geben Sie dazu den folgenden Link in das Adressfeld Ihres Browsers ein:
http://www.aulis.de/files/downloads/302941-verstehen-258.zip
Das Passwort für die Datei lautet: kattmann2015

Vorwort

„Ohne Kenntnis des Standpunktes des Schülers ist keine ordentliche Belehrung desselben möglich."
Adolph Diesterweg, Wegweisung zur Bildung für deutsche Lehrer, 1835

Der Grundsatz Diesterwegs ist heute so aktuell wie vor annähernd 200 Jahren. Die Standpunkte der Lernenden – ihre Vorstellungen und Lernwege – sind in den letzten Jahrzehnten nicht nur erforscht, sondern zunehmend für den Unterricht fruchtbar gemacht worden.

Die Stichworte des Lexikons „Schüler besser verstehen" dienen in erster Linie einer fundierten Unterrichtsvorbereitung für einen schülerorientierten Unterricht, der diesen Namen verdient. Adressaten sind daher in erster Linie praktizierende oder zukünftige Biologie-Lehrkräfte: von Studierenden der Biologie-Lehrämter über Referendare/Referendarinnen bis zu Fachleitern/-leiterinnen sowie Fachdidaktikern/-didaktikerinnen und Lehrbuchautoren/-autorinnen. Darüber hinaus kann das Lexikon von weiteren Personen, die mit der Vermittlung von Biologie zu tun haben, zu Rate gezogen werden: Wissenschaftsjournalisten/-journalistinnen, Redakteuren/Redakteurinnen, (pädagogischen) Mitarbeitern/Mitarbeiterinnen von Naturkunde-Museen, Biologie- und Umweltzentren, Science-Centers, Botanischen Gärten, Zoos, Mitgliedern in Naturschutz-, Umweltverbänden und -vereinen sowie in der Lehre engagierten Biologie-Fachwissenschaftlern/-wissenschaftlerinnen und den Studierenden biologiebezogener Bachelor- und Masterstudiengänge.

Während die Erforschung der Alltagsvorstellungen seit Langem einen Schwerpunkt der fachdidaktischen Forschung bildet, gibt es wenige thematisch übergreifende Handreichungen, die helfen, die Ergebnisse im Biologieunterricht zu nutzen. Diese Aufgabe soll das Lexikon erfüllen; seine Stichworte behandeln die wesentlichen Themenbereiche der Biologie: Evolution und Ökologie, Genetik, Zellbiologie, Entwicklung und Verhalten, Stoff- und Energiewechsel. Es wurden solche Begriffe ausgewählt, zu denen zu erwarten ist, dass das Lernen von Biologie wesentlich gefördert wird, wenn Lehrende die Alltagsvorstellungen der Lernenden kennen und wissen, wie sie damit umgehen können. Um den Umfang des Bandes zu begrenzen, ergänzen ihn weitere Informationen und Stichworte in einem digitalen Dokument.

Ein wichtiger Rahmen für die Ermittlung und den Umgang mit Alltagsvorstellungen ist das Modell der Didaktischen Rekonstruktion, das sich durch die Anbindung der fachdidaktischen Forschung an die Unterrichtspraxis auszeichnet. Die Ergebnisse der Forschungen und die Entwicklungen zur Didaktischen Rekonstruktion bilden daher einen wesentlichen Teil der referierten Alltagsvorstellungen und der Vorschläge, wie mit ihnen im Unterricht konstruktiv umgegangen werden kann. Die Stichworte enthalten – im Sinne der Didaktischen Rekonstruktion – neben den Alltagsvorstellungen fachlich geklärte wissenschaftliche Aussagen und entsprechende Elemente zur Gestaltung des Unterrichts bzw. Hinweise auf didaktisch rekonstruierte Unterrichtseinheiten.

Vielen Personen ist für die Hilfe bei der Entwicklung des Lexikons zu danken. Mein ganz besonderer Dank gilt Gerhard Schaefer, der mein Vorhaben nachdrücklich begrüßt hat, mehrere

Stichworte entwarf, für andere Materialien lieferte und das Konzept sowie Texte eingehend mit mir erörtert und dabei wertvolle Ideen beigesteuert hat. So ist seine langjährige Forschung zu naturwissenschaftlichen Begriffen in viele Stichworte eingegangen.
Einige Kolleginnen und Kollegen haben mir hilfreiche Informationen zu verschiedenen Stichworten oder zur Konzeption gegeben. Zu nennen sind Susanne Bögeholz, Sarah Dannemann, Reinders Duit, Barbara Dulitz, Detlef Eckebrecht, Katja Feigenspan, Ina Goldenstein, Harald Gropengießer, Jorge Groß, Maria Harwardt, Sylvia Jabusch, Anne Janßen-Bartels, Patrícia Jelemenská, Jascha C. Kattmann, Anja Kizil, Christiane Konnemann, Dirk Krüger, Barbara Moschner, Sibylle Reinfried, Bianca Reinisch, Wolfgang Ruppert, Elke Sander, Franz-Josef Scharfenberg, Horst Schneeweiß, Frank M. Spinath, Tanja Steigert, Stefan Sundermeier, Hanna Triebfürst, Matthias Trauschke, Annette Upmeier zu Belzen und Jörg Zabel. Einige der Genannten haben mir Ergebnisse aus noch nicht veröffentlichten oder deutsche Originalzitate aus in Englisch publizierten Arbeiten zur Verfügung gestellt. Zur Verbesserung der Texte hat wesentlich beigetragen, dass Rita Boemer die Stichworte gründlich durchgesehen und mit kritischen Anmerkungen versehen hat. Brigitte Abel hat die Publikation des Lexikons entscheidend gefördert. Den Mitarbeiterinnen und Mitarbeitern des Aulis Verlages danke ich, dass sie die Drucklegung des Lexikons kompetent durchgeführt haben.

Oldenburg und Ostfildern, Frühjahr 2015
Ulrich Kattmann

Lernhindernisse erkennen, Lernchancen ergreifen

Zum Umgang mit Alltagsvorstellungen im Biologieunterricht

„Ich habe eigentlich schon ziemlich viel über Schülervorstellungen gehört. Ich persönlich habe stark angezweifelt, ob die Bedeutung von Schülervorstellungen für einen erfolgreichen Unterricht wirklich so eine große Rolle spielt.
Ich habe mir gedacht, wenn der Unterricht einfach gut strukturiert abläuft und wenn ich versuche, diese Dinge einfach zu erklären, dann müssen die Schülerinnen und Schüler das auch begreifen. …
Ich habe mir eigentlich gedacht, … ich kann sozusagen ein frisches Feld bestellen und diese Schülervorstellungen gar nicht entstehen lassen. Wenn sie noch nie etwas davon gehört haben, … dann müsste das eigentlich wunderbar aufgehen.
Die [Alltags-]Vorstellungen waren aber ganz massiv da."

Frau Schwarz, Biologielehrerin

Der Unterricht in einer 8. Klasse sollte in die Selektionstheorie *Darwins* einführen; den Ausdruck Anpassung und die Vorstellung, dass sie zielgerichtet sei, wollte Frau Schwarz vermeiden. Sie ist eine Biologielehrerin mit 20 Jahren Unterrichtspraxis an Gymnasien. Frau Schwarz revidierte ihre Meinung beim fachdidaktischen Coaching aufgrund der Äußerungen im Unterricht und des begrenzten Lernerfolgs ihrer Schülerinnen und Schüler. [9]

Lernen durch Lehren fördern

Wie Frau Schwarz mag manch andere Lehrkraft denken. Zweifellos sind klare Strukturierung und angemessene Erklärungen wichtige Kennzeichen eines guten Unterrichts. [17]
Sie reichen jedoch nicht aus: Die Vorstellungen, die die Lernenden in den Unterricht einbringen und in ihm entwickeln, bilden die Grundlage für weiterführendes Verständnis. Alltagsvorstellungen sind die Vorstellungen, die die Lernenden aufgrund ihrer Erfahrungen im Alltag anwenden und die ihnen naheliegende oder leicht annehmbare Erklärungen liefern. Vielfach haben sie sich bereits bewährt.
Lernende tauschen daher Alltagsvorstellungen nicht einfach gegen neue aus: „Untersuchungen haben gezeigt, „dass alternative Schülervorstellungen … Ergebnis ernsthafter Bemühungen sind, natürliche Phänomene zu verstehen und dass sie im Unterricht erstaunlich widerstandsfähig gegen Veränderungen sind." [19]
Da also kein „frisches Feld" zu bestellen ist, sondern immer schon etwas darauf gewachsen ist und wächst, ist Lernen immer *Umlernen*. Das gilt im Unterricht und ganz allgemein. Gelernt wird immer auf der Grundlage des bereits Gelernten. Dem entspricht der vom Lernpsychologen David P. Ausubel aufgestellte Grundsatz: „Der wichtigste einzelne Faktor, der das Lernen beeinflusst, ist das, was der Lernende bereits weiß. Ermittle dies und unterrichte ihn entsprechend." [1]
Alltagsvorstellungen können nicht dadurch ersetzt werden, dass die wissenschaftlich korrekten Vorstellungen mitgeteilt werden. Viele Lernende verwenden nach dem Unterricht wissenschaftlich korrekte und davon abweichende oder in Gegensatz stehende Alltags-

vorstellung *nebeneinander*. Richtige Antworten täuschen einen eindeutigen Lernerfolg vor, da die Lernenden nur das sagen, schreiben oder ankreuzen, was von ihnen erwartet wird. Um den angestrebten Lernerfolg zu erreichen und zu sichern, müssen Alltagsvorstellungen im Unterricht direkt angesprochen werden, sodass die fachlich zutreffenden Vorstellungen *mit* ihnen gelernt werden. Dabei sind Übereinstimmungen und Gegensätze zu reflektieren.
Alltagsvorstellungen lassen sich also nicht vermeiden oder umgehen, es kann nur mit ihnen gelernt werden. Sie können Lernhindernisse sein, die erkannt werden müssen. Obgleich sie in der Regel von wissenschaftlichen Erkenntnissen abweichen, eröffnen sie Lernchancen, die ebenfalls erkannt und anschließend zu ergreifen sind. Die Lernwege sind manchmal verschlungen und ungewöhnlich, können jedoch zu nachhaltigem Verstehen der wissenschaftlichen Aussagen führen.
Lernen wird durch den Austausch mit anderen und durch bestimmte Lernumgebungen befördert und gestaltet (soziales und situatives Lernen). Das eigene Lernen kann jedoch durch nichts und niemand ersetzt werden. Lernen kann jeder nur selbst, Lernen ist also letztlich eine persönliche Angelegenheit, d. h. ein individueller und selbsttätiger Prozess. Das ist eine konsequent konstruktivistische Sicht auf das Lernen. [21]
Daraus folgt: Unterrichten ist vornehmlich nicht durch das Lehren, sondern durch das Lernen zu bestimmen: Lehren ist Anregung zum Lernen – oder vergeblich.
Die Kenntnis der Alltagsvorstellungen ist für Lehrende genauso wichtig wie das Fachwissen: Sie ist Voraussetzung, um Schülerinnen und Schüler zu verstehen und sie bei ihrem Lernen sinnvoll zu begleiten. „Um fähig zu sein, auf den Kenntnissen der Schüler aufzubauen und ihre Konstrukte produktiv zu nutzen, müssen wir zuerst wissen, was sie wirklich meinen, wenn sie sagen, was sie sagen." [16]

Abb. 1: Alltagsvorstellungen der Lernenden können fachliche Vorstellungen überbieten. (Zeichnung: Roland Bühs)

Der Zugang zu Alltagsvorstellungen ist jedoch nicht selbstverständlich. Lehrende und Lernende verstehen sich häufig nicht, weil sie in anderen Zusammenhängen denken, so, als gehörten sie verschiedenen Kulturen an und sprächen verschiedene Sprachen (Abb. 1). Daher lohnt es sich genau hinzuhören und nachzuforschen, welche Vorstellungen hinter den Schüleräußerungen stehen. [3]

Alltagsvorstellungen sind Vorstellungen im Alltag

Unter Vorstellungen werden persönliche gedankliche Prozesse verstanden. In neuen Situationen werden sie rekonstruiert, d.h. die Vorstellungen stehen leicht wieder zur Verfügung. Alltagsvorstellungen sind im Alltag verfügbar und werden in ihm angewendet. [2]
Diese Vorstellungen werden mit vielen verschiedenen Fachwörtern bezeichnet: Schülervorstellungen, lebensweltliche Vorstellungen, subjektive oder persönliche Theorien, Alltagsphantasien, Alltagsmythen, vorunterrichtliche Vorstellungen, Vorkenntnisse, Vorwissen, alternative Vorstellungen, Fehlvorstellungen.
Jedes der genannten Fachwörter hat seine Berechtigung durch jeweilige theoretische Begründungen und besondere Zusammenhänge. Das Fachwort Alltagsvorstellungen wird ohne wertenden Beiklang verwendet, weil es lediglich den Ort angibt, an dem die Vorstellungen konstruiert und angewendet werden. Der Terminus „Alltagsvorstellungen" ist daher für eine vielseitige Darstellung treffend.

Alltägliches Verstehen ist von anthropomorphen Denkfiguren geprägt

Es gibt einige Denkfiguren des alltäglichen Verstehens:

- Natürliche Vorgänge werden von Zwecken her betrachtet. So wird das weiße Fell des Schneehasen im Winter damit „erklärt", dass es der Tarnung gegen Fressfeinde dient. Desgleichen wird die Beschreibung der Funktion von Elementen in einem System als Erklärung betrachtet, z.B.: „Blut versorgt die Organe mit Sauerstoff." Es handelt sich um funktionale *Beschreibungen*, die für (kausale) Erklärungen gehalten werden, also an die Stelle von Ursache-Wirkungs-Beziehungen gesetzt werden (↻ erklären).
  Die Alltagsvorstellungen, in denen Prozesse oder Zustände mit Zwecken begründet werden, können als *funktionalistisch* bezeichnet werden. Sie werden häufig mit zielgerichteten Vorstellungen gleichgesetzt und dann – wie die folgenden beiden Vorstellungen – ebenfalls als teleologisch bezeichnet.
- Biotische Prozesse werden als zielgerichtet gedeutet. Solche Vorstellungen nennt man *teleologisch* oder *finalistisch* (griechisch telos: „Ziel", lateinisch finis: Ende, Ziel). Es gibt zwei Formen:
  a) Den Organismen wird zielgerichtetes Handeln unterstellt: „Die Birkenspanner merken, dass helle Individuen gefressen werden und passen sich daher an die dunkle Umgebung an."
  b) Abstrakte Größen, wie Natur oder Evolution, werden mit zielgerichteten Prinzipien versehen, wie: „Die Natur sorgt für den Erhalt des biologischen Gleichgewichts."
- Den Lebewesen werden unveränderliche, ihr Wesen ausmachende Eigenschaften zugeschrieben, z.B. bleibt ein Waschbär ein Waschbär, auch wenn er wie ein Stinktier angemalt wird. Das wird in der Literatur als *essentialistisch* bezeichnet. (lateinisch essentia: das Wesen)
- Arten oder Gruppen der Lebewesen werden als Einheit betrachtet, den Individuen werden unterschiedslos dieselben Eigenschaften zugeschrieben, z.B. „Alle Afrikaner haben die-

selben Eigenschaften. Die Gruppe charakterisiert das Individuum." Diese Sichtweise ist als *typologisch* zu bezeichnen (⇨ typisch). Das es um „wesentliche" Merkmale geht, werden typologische Vorstellungen häufig ebenfalls als essentialistisch bezeichnet. [8]
- Es wird davon ausgegangen, dass die Welt so ist, wie wir sie wahrnehmen: *naiver oder alltäglicher* Realismus. Er ist meist selbstgenügsam: Die Beschreibung eines Phänomens wird als ausreichende Erklärung angesehen: „Warum Bakterien krank machen? Da kann man auch fragen, warum das Herz schlägt."

Diese Denkfiguren können als Grundzüge der Schülervorstellungen bezeichnet werden [8]. Sie sind jedoch nicht nur bei Schülerinnen und Schülern anzutreffen, sondern ebenso bei Erwachsenen und in wissenschaftlichen Darstellungen; dort werden sie jedoch – im Gegensatz zu Alltagsvorstellungen – meistens durch das methodische Vorgehen fachlich gedeutet.
Man sollte sich davor hüten, dem Denken der Lernenden Etiketten wie essentialistisch oder teleologisch anzuheften und zu meinen, man hätte es damit schon hinreichend charakterisiert oder gar erklärt. Essentialistisches Denken (psychologischer Essentialismus) wird von verschiedenen Autoren unterschiedlich definiert und seine Bedeutung verschieden bewertet. [4] Dessen ungeachtet wird in einer Studie die Vorstellung der jungen Lernenden, verschiedene Arten von Dinosauriern als Vorfahren heute lebender Arten anzusehen, als „Dinosaurier-Essentialismus" bezeichnet (zitiert bei [8]). Ein solches Etikett erklärt nichts. Die Faszination der Lernenden für Dinosaurier ist psychologisch bisher kaum hinreichend erklärt, rührt sicher nicht von essentialistischem Denken her (wie immer man es definiert). Dinosaurier sind häufig die einzigen Wirbeltiere, die junge Lernende in vielen Formen kennen, und daher gut geeignet, um eine Abstammung heutiger Lebewesen von ihnen anzunehmen. Andere Lernende formulieren eine sprunghafte Abstammungsreihe von Bakterien über Dinosaurier zum Menschen, ohne dass man deshalb von einem „Bakterien"-Essentialismus sprechen sollte. Bakterien gelten als einfache kleine Organismen. Sie erscheinen Lernenden daher als geeignete Vorfahren für alle anderen Lebewesen (⇨ abstammen).
Die Denkfiguren sind Beschreibungen für gemeinsame Züge im menschlichen Denken. Sie können daher als *anthropomorph* bezeichnet werden. Die wichtigsten anthropomorphen Prinzipien sind mit Beispielen aus dem Unterricht zusammengestellt (⇨ anthropomorph). [11]

Alltägliches Verstehen gründet in anschaulichen Erfahrungen

Das alltägliche Verstehen speist sich fundamental aus Erfahrungen mit dem eigenen Körper sowie der sozialen und dinglichen Umwelt. Das unmittelbar anschaulich Erfahrene (Ursprungsbereich) wird als *Schema* auf abstrakte, der Sinneserfahrung nicht zugängliche Prozesse und Strukturen übertragen (Zielbereich), um sie sich zu erklären. So werden z.B. Gene (Zielbereich) als Körperchen vorgestellt, die Eigenschaften enthalten. Aus der anschaulichen Erfahrung mit dem eigenen Körper (Ursprungsbereich) wird „innen" und „außen" unterschieden, der Körper als Behälter verstanden (Behälterschema). Die Übertragung aus dem Ursprungsbereich auf den Zielbereich bedeutet, dass die Erklärungen als begriffliche Metaphern zu betrachten sind. Ein Mittel, Alltagsvorstellungen zu verstehen, ist daher, die verwendeten Metaphern herauszufinden. Mit der *Theorie des erfahrungsbasierten Verstehens* werden Alltagsvorstellungen in diesem Sinne erklärt. [6] [15]
Im vorliegenden Lexikon ist die Bedeutung von Metaphern für das Verstehen von Alltagsvorstellungen mit Beispielen für den Unterricht erläutert (⇨ Metapher/Analogie).

Zusammenbringen von Alltagsvorstellungen und fachlichen Vorstellungen

Um Unterricht zu fördern, in dem Alltagsvorstellungen und fachliche Vorstellungen gleichermaßen für das Lernen genutzt werden, wurde das *Modell der Didaktischen Rekonstruktion* entwickelt. [7] [10] [12]
Der Kern des Modells besteht in drei Aufgaben:
- Erhebung des Lernpotenzials der Lernenden, darunter zentral: Alltagsvorstellungen;
- fachliche Klärung des Unterrichtsgegenstandes;
- didaktische Struktur/Strukturierung: Gestaltung der Lernumgebung (Abb. 2).

Die drei Aufgaben werden nicht nacheinander abgehandelt, sondern eng aufeinander bezogen: Die Alltagsvorstellungen werden zu fachlich geklärten wissenschaftlichen Vorstelllungen in Beziehung gesetzt, um auf dieser Basis lernförderliche, didaktisch rekonstruierte Unterrichtsvorschläge zu machen. Dadurch, dass das Modell mit der Didaktischen Strukturierung auf die Unterrichtspraxis ausgerichtet ist, kann es in fachdidaktischer Forschung und in der Unterrichtspraxis gleichermaßen fruchtbar angewendet werden. Dabei erweisen sich die fachlich geklärten wissenschaftlichen Vorstellungen und die Alltagsvorstellungen für das fachliche Lernen als gleich wichtig. Das zeigt sich zum Beispiel beim Thema „Tiere ordnen" (Kasten, S. 16).
Die im Rahmen des Modells der Didaktischen Rekonstruktion durchgeführten Untersuchungen sind wesentliche Quellen der Darstellungen von Alltagsvorstellungen und fachlich geklärten Sachinformationen in diesem Lexikon.

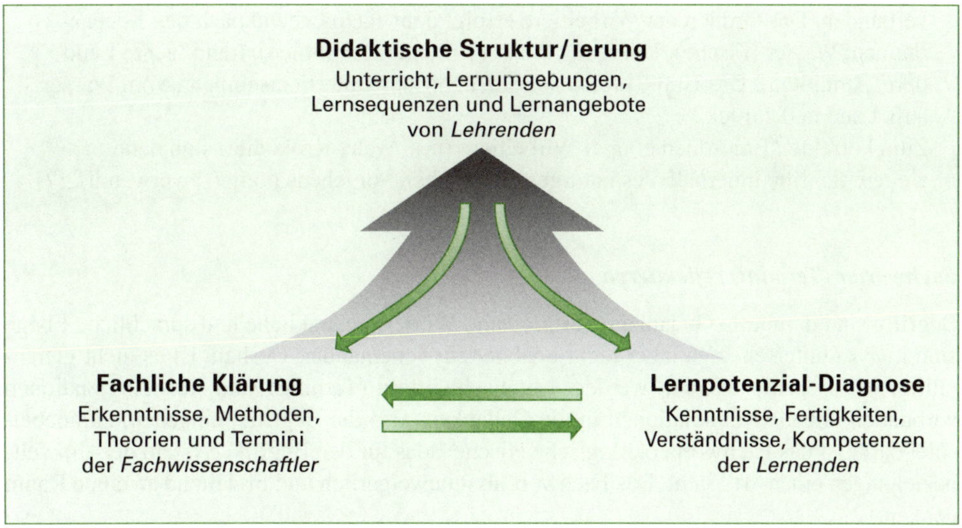

Abb. 2: Modell der Didaktischen Rekonstruktion [7]

Tiere ordnen

Wirbeltiere werden in Schulbüchern für die Klassenstufe 5/6 nach Merkmalen der Hautbedeckung in systematische Gruppen eingeteilt: Säugetiere haben Haare, Vögel haben Federn usw.
Dieses Vorgehen ist durch Didaktische Rekonstruktion zu revidieren:
Bittet man Lernende darum, Tiere nach ihren eigenen Vorstellungen zu ordnen, so bilden sie ganz andere Gruppen: vor allem Wassertiere, fliegende Tiere, kriechende Tiere. Ihre Kriterien sind Lebensräume (Wasser, Land, Luft) und entsprechende Fortbewegungsweisen (Schwimmen, Fliegen, Kriechen). Das *Lernpotenzial* liegt hier also in der Fähigkeit, Tiere sinnvoll nach Fortbewegung und Lebensraum zu ordnen.
Wissenschaftliche und lebensweltliche Kriterien des Ordnens erscheinen hier zunächst als Gegensätze, die nicht miteinander zu verbinden sind. Das Lernpotenzial ist scheinbar ein Lernhindernis. Doch der Schein trügt: Das typologische Ordnen (nach Merkmalen) hat ohne eine evolutionstheoretische Fundierung keine hinreichende fachliche Basis. Beachtet man nämlich, dass die systematischen Gruppen die phylogenetische Verwandtschaft widerspiegeln sollen, dann sind sie keine Merkmalsklassen, sondern Abstammungsgemeinschaften. Das ist das Ergebnis der *fachlichen Klärung.*
Führt man entsprechend einen Evolutionsgedanken ein, nach dem die Wirbeltiere im Laufe ihrer Geschichte vom Wasser her das Land besiedelt haben, so werden wissenschaftliche Vorstellungen (ökologischer Aspekt der Evolution der Wirbeltiere) und Alltagsvorstellungen (Ordnen der Tiere nach Lebensräumen) konstruktiv miteinander verbunden. Das Ordnen der Wirbeltiere erfolgt dem entsprechend nach den Lebensräumen: Wasser (Fische), Übergang Wasser – Land (Amphibien), Land (echte Landtiere, Amnioten). Das ist die *didaktische Struktur* der Unterrichtseinheit „Vom Wasser aufs Land und zurück."
Zum korrekten Einordnen einiger Wirbeltiere (u. a. Wale, Krokodile) sind dann weitere Schritte innerhalb des naturgeschichtlichen Vorgehens nötig (⇨ verwandt). [7]

Fachwörter (Termini) reflektieren

Begriffe sind definierte Gedanken, Termini sind Wörter; gedankliche und sprachliche Ebene sind klar zu unterscheiden, aber nicht unabhängig voneinander. Deshalb ist es nicht gleichgültig, wie Begriffe benannt werden. Mit Fachwörtern (Termini) sind stets Assoziationen verbunden, die als Konnotationen in die Gedanken, also die Begriffe, eingehen. Paradebeispiel dafür ist das Fachwort „ökologische Nische", das für den Begriff „System der Umweltbeziehungen einer Art" steht. Das Fachwort lässt unweigerlich und irreleitend an einen Raum denken.
Begriffe lassen sich also in den logischen Kern (fachliche Definition) und das assoziative Umfeld (Konnotationen) zerlegen. Assoziationstests geben Auskunft über das assoziative Umfeld von Begriffen, Definitionstests über den logischen Kern. [18]
Ergebnisse zu alltäglichen Assoziationen und Definitionen der Lernenden werden in mehreren Stichworten mitgeteilt. Für die Vermittlung von Biologie ist wichtig, Begriffe nicht auf ihren logischen Kern zu reduzieren, sondern auch die mit den Fachwörtern verbundenen Assoziationen zu reflektieren. Entgegen der gängigen Praxis, naturwissenschaftliche Sach-

verhalte zuerst mit Fachwörtern zu belegen und mit diesen zu erklären, sollten die Fachwörter erst eingeführt werden, wenn die Begriffe klar sind. Andernfalls werden zwar die Fachwörter gelernt (und Wissenstests damit bestanden), die Sachverhalte sind jedoch kaum verstanden, da die Fachwörter an ihre Stelle treten (⇨ begreifen/Begriff/Wort).

Alltagsvorstellungen im Unterricht erheben

Im Unterricht können Alltagsvorstellungen auf einfache Weise erhoben werden (Kasten). Auf dem Hintergrund der mitgeteilten Forschungsergebnisse lassen sich die Vorstellungen der eigenen Schülerinnen und Schüler einordnen und zuverlässig deuten. [5]

Methoden zum Erheben von Alltagsvorstellungen im Unterricht

Kartenabfrage. Es wird ein Satzanfang diktiert (an die Tafel geschrieben) oder auf Kärtchen ausgeteilt, der zu ergänzen ist, z. B. „Wie die Vielfalt der Tierarten entstanden ist, stelle ich mir so vor …“, „Eine ökologische Nische ist …“, „Was stellst du dir unter einem Gen vor?“
Die Ergänzungen bzw. Antworten werden spontan in 3 bis 4 Minuten aufgeschrieben. Die beschriebenen Kärtchen oder Zettel werden von den Schülerinnen und Schülern mit einem persönlichen Zeichen versehen, das nur sie kennen, sodass die Anonymität gewahrt bleibt (es geht nicht um richtig oder falsch und nicht um Zensuren). Die Karten oder Zettel werden eingesammelt und ausgewertet, sodass sie im Unterricht berücksichtigt und reflektiert werden können. Am Schluss der betreffenden Unterrichtsphase werden sie ausgeteilt. Die Verfasser/-innen erkennen ihre Karte am persönlichen Zeichen und kommentieren ihre zu Beginn des Unterrichts geäußerten Vorstellungen auf dem Hintergrund des Gelernten (Reflexion und Festigung des Lernerfolgs).

Zeichnungen. Ähnlich wie mit einer Kartenabfrage kann mit Zeichnungen umgegangen werden, die zum Einstieg in eine Thematik angefertigt werden, z. B. „Wie stellst du dir die Entstehung des langen Halses der Giraffe vor?“, „Wie stellst du dir eine natürliche Umwelt vor?“
Alternativ zur Einzelarbeit können Poster oder Collagen in Gruppenarbeit hergestellt werden. Die Ergebnisse werden im Klassenraum aufgehängt; sie werden im Laufe des Unterrichts herangezogen, sodass man sich wiederholt auf Alltagsvorstellungen beziehen und sie bewusst machen kann. Die Poster werden von den Lernenden geändert (z. B. durch angebrachte Kommentare).

Texte verfassen. Die Lernenden verfassen kurze erzählerische oder sachliche Texte zu einem Problem, z. B. zur Entstehung der Wale, zur Rolle von Bakterien in der Natur. Die Texte werden hinsichtlich der zum Vorschein kommenden Alltagsvorstellungen auf mögliche Ansatzpunkte zum Lernen analysiert und gegebenenfalls exemplarisch im Unterricht besprochen. [20]

Konzept-Cartoons. Für den Einstieg und das anschließende Unterrichtsgespräch eignen sich Arbeitsblätter, auf denen Sprechblasen mit Alltagsvorstellungen abgebildet sind. Eine der Äußerungen kann eine fachlich zutreffende sein. Die Lernenden sollen sich einer Meinung oder keiner anschließen und ihre Entscheidung begründen (Abb. S. 18).

Ich stimme der Meinung von ________ zu, weil ____

Ich stimme keiner Meinung zu, weil ____

Prognosen zum Ausgang von Experimenten. Es wird ein einfaches Experiment vorgestellt, dessen voraussichtlichen Ausgang die Lernenden schildern sollen. Es wird z. B. der Aufbau eines Experiments zum Pflanzenwachstum in Hydrokultur gezeigt. Die Prognosen zeigen, welche Bedeutung die Lernenden dem Boden für die Ernährung der Pflanze zusprechen.

Szenarien-Aufgaben. Alltagsvorstellungen können auch mit Aufgaben erkannt werden. Man erhält Auskunft darüber, wie sich die Schülerinnen und Schüler bestimmte Phänomene vorstellen.
Die folgende Aufgabe wurde häufig in Untersuchungen zu Prozessen evolutionärer Anpassung eingesetzt. Hier sollen die Befragten die biologische Erklärung erläutern (zitiert in [8]). Die Aufgabe könnte aber auch (offener) nach der eigenen Erklärung fragen.
„Geparden besitzen die Fähigkeit, schnell zu laufen, ca. 100 km/h, wenn sie Beute jagen.

Aufgabe:
„Wie würde ein Biologe erklären, wie sich die Fähigkeit des schnellen Laufens bei Geparden entwickelt hat, wenn die Vorfahren lediglich 30 km/h laufen konnten?“

Alltagsvorstellungen zum Umlernen nutzen

Alltagsvorstellungen werden meistens als Lernschwierigkeiten eingeschätzt. [8] Unterrichtserfahrungen wie fachdidaktische Forschung zeigen tatsächlich: Alltagsvorstellungen können durch Belehrung nicht einfach beseitigt oder durch wissenschaftlich korrekte Vorstellungen ersetzt werden. Diese Absicht steckt jedoch (zumindest ursprünglich) hinter dem Versuch, die Lernenden zu einem Konzeptwechsel zu veranlassen, indem man ihnen die eigenen Vorstellungen durch Konfrontation mit fachlichen Vorstellungen genügend madig macht (conceptual change). [14]
Das Programm des Konzeptwechsels beruht vornehmlich darauf, dass Alltagsvorstellungen einseitig als Fehlvorstellungen (misconceptions) bewertet werden. Man sollte diesen Ansatz als überholt betrachten, indem man die Potenziale der Alltagsvorstellungen zum Lernen nutzt. Dahinter steht nicht die Vorstellung von einem Konzeptwechsel, sondern vom *begrifflichen Umlernen*, bei dem die Lernenden ihre Vorstellungen selbst aktiv verändern, d. h. neu konstruieren (conceptual reconstruction). [13] Die Alltagsvorstellungen können dabei – je nach ihrer Beschaffenheit – auf vierfache Weise genutzt werden:

- *Anknüpfung:* Es wird ein Aspekt in der Alltagsvorstellung aufgespürt, der mit einem fachlichen korrespondiert und daher einen Ansatzpunkt bietet, zu fachlich angemessenen Vorstellungen zu gelangen.
- *Perspektivenwechsel:* Die der Alltagsvorstellung zugrunde liegende Sichtweise wird durch einen anderen Blickwinkel ergänzt, der die Alltagsvorstellung revidiert (in neuem Licht erscheinen lässt). Für einen Perspektivenwechsel ist es nötig, sich seiner eigenen Sichtweise gegenüberzustellen und einen anderen Blickwinkel einzunehmen, sowie beide Perspektiven miteinander zu vergleichen. Perspektivenwechsel ist also ein wichtiges Element, um *metakognitives* Wissen zu erlangen.

- *Kontrast:* Die wissenschaftliche Vorstellung wird der Alltagsvorstellung klar als Alternative gegenübergestellt. Dieses Vorgehen kann zum *kognitiven Konflikt* führen und ähnelt damit dem Vorgehen zum Konzeptwechsel. Der Kontrast kann aber auch ohne Konflikt erfolgreich sein, indem das Lernen des wissenschaftlichen Konzepts für die Lernenden attraktiv ist, sodass sie ihre Vorstellungen rekonstruieren, ohne sie vorher als minderwertig verwerfen zu müssen.
- *Brücke:* Die Alltagsvorstellungen geben selbst die Gelegenheit, die Lernenden mit ihrer Hilfe zu fachlich angemessenen Vorstellungen zu führen, ja manchmal sogar fachliche Mängel zu erkennen (s. Kasten: Tiere ordnen, S. 16).

Das letzte Beispiel der Nutzung der Alltagsvorstellungen zeigt, dass ihre Kenntnis vielfach dazu beitragen kann, dass Lehrende nicht nur ihre Schülerinnen und Schüler, sondern auch die fachwissenschaftlichen Aussagen besser verstehen.
Im Unterricht sollten die folgenden Phasen vorgesehen werden:
1. *Bewusstmachen*. Die Alltagsvorstellungen zu einem biologiebezogenen Phänomen werden explizit angesprochen.
2. *Umlernen*. Die Alltagsvorstellungen werden in einer der oben geschilderten Weisen exemplarisch auf fachliche Vorstellungen bezogen, sodass das Phänomen fachlich zutreffend erklärt wird.
3. *Anwendung*. Das gelernte Konzept wird auf neue Beispiele übertragen.
4. *Reflexion*. Die anfangs geäußerten Alltagsvorstellungen werden mit dem gelernten Konzept verglichen, sodass der Lernerfolg wahrgenommen werden kann.

Untersuchungen und Unterrichtserfahrungen zeigen, dass der Lernerfolg größer und nachhaltiger ist als üblich, wenn die Alltagsvorstellungen im Unterricht angesprochen und reflektiert werden.

[1] Ausubel, D. P., Novak, J. D. & Hanesian, H. (1978). Psychologie des Unterrichts. Weinheim, Basel. – [2] Baalmann, W. u. a. (2004). Schülervorstellungen zu Prozessen der Anpassung. Zeitschrift für Didaktik der Naturwissenschaften. – [3] Gebhard, U. (2013). Schülerinnen und Schüler. In H. Gropengießer, U. Harms & U. Kattmannn (Hrsg.), Fachdidaktik Biologie. Hallbergmoos. – [4] Gelman, S. A. & Hirschfeld, L. A. (1999). How biological is essentialism? In S. Atran & D. Medin (Eds.), Folk biology. Cambridge. – [5] Gropengießer, H. (1996). Die Bilder im Kopf. Von den Vorstellungen der Lernenden ausgehen. Friedrich Jahresheft. – [6] ders. (2007). Theorie des erfahrungsbasierten Verstehens. In D. Krüger & H. Vogt (Hrsg.), Theorien in der biologiedidaktischen Forschung. Berlin, Heidelberg. – [7] Gropengießer, H. & Kattmann, U. (2013). Didaktische Rekonstruktion. In H. Gropengießer, U. Harms & U. Kattmann (Hrsg.), Fachdidaktik Biologie. Hallbergmoos. – [8] Hammann, M. & Asshoff, R. (2014). Schülervorstellungen im Biologieunterricht. Seelze. – [9] Jelemenská, P. (2012). Lehrervorstellungen zum Lehren und Lernen von Evolution – eine Fallstudie zum fachdidaktischen Coaching. Zeitschrift für Didaktik der Naturwissenschaften. – [10] Kattmann, U. u. a. (1997). Das Modell der Didaktischen Rekonstruktion. Zeitschrift für Didaktik der Naturwissenschaften (3). – [11] Kattmann, U. (2005). Lernen mit anthropomorphen Vorstellungen? – Ergebnisse von Untersuchungen zur Didaktischen Rekonstruktion in der Biologie. Zeitschrift für Didaktik der Naturwissenschaften. – [12] ders. (2007). Didaktische Rekonstruktion – eine praktische Theorie. In D. Krüger & H. Vogt (Hrsg.), Theorien in der biologiedidaktischen Forschung. Berlin, Heidelberg. – [13] ders. (Hrsg.). (2007). Biologie-Lernen mit Alltagsvorstellungen. Unterricht Biologie (329). – [14] Krüger, D. (2007). Die conceptual change-Theorie. In D. Krüger & H. Vogt (Hrsg.), Theorien in der biologiedidaktischen Forschung. Berlin, Heidelberg. – [15] Langlet, J.

(2004). Wie leben wir mit Metaphern im Biologieunterricht? In H. Gropengießer, A. Janßen-Bartels & E. Sander (Hrsg.), Lehren fürs Leben. Köln. – [16] Lijnse, P. L. (1995). Developmental research. Science Education (2). – [17] Meyer, H. (2004). Was ist guter Unterricht? Berlin. – [18] Schaefer, G. (1992). Begriffsforschung als Mittel zur Unterrichtsgestaltung. In H. Entrich & L. Staeck (Hrsg.). Sprache und Verstehen im Biologieunterricht. Alsbach. – [19] Wandersee, J. H., Good, R. & Demastes, S. S. (1995). Forschungen zum Unterricht über Evolution. Zeitschrift für Didaktik der Naturwissenschaften. – [20] Zabel, J. (2009). Biologie verstehen: Die Rolle der Narration beim Verstehen der Evolutionstheorie. Beiträge zur Didaktischen Rekonstruktion 14. Oldenburg. – [21] ders. (2013). Erkenntnistheorie und Lernen. In H. Gropengießer, U. Harms & U. Kattmannn (Hrsg.), Fachdidaktik Biologie. Hallbergmoos.

Zum Arbeiten mit dem Lexikon

Die Stichworte zu den Begriffen liefern Kenntnisse über im Unterricht zu erwartende Alltagsvorstellungen, fachlich zutreffende Konzepte und wie mit beiden umgegangen werden kann. Sie sollen bei der Vermittlung von Biologie in mehrfacher Hinsicht helfen:

- Die Kenntnis der Alltagsvorstellungen liefert den Schlüssel, die Äußerungen und das Denken der Lernenden besser zu verstehen.
  Die Alltagsvorstellungen geben daher Hinweise auf erfolgreiches Lehren und Lernen.
- Mehr noch: Ausgehend von den Alltagsvorstellungen werden manche Begriffe fachlich schärfer und zutreffender erfasst als dies sonst üblich ist.
- Durch Unterricht, der an die Alltagsvorstellungen anschließt, werden die Lernenden befähigt, ihre Vorstellungen zu reflektieren und zu revidieren.

Wegweiser orientieren beim Lesen

Alltagsvorstellungen werden als Lernvoraussetzungen und Lernmittel betrachtet. Wo immer es geht, sollte zur Vermittlung eines Begriffs daran angeschlossen werden. Bei vielen der Begriffe ist ein *Umlernen* notwendig, indem Lernende Missverständnisse erkennen und Sachverhalte neu betrachten. Um die dabei förderlichen Sichtweisen anzuzeigen, stehen am Anfang jedes Stichworts prägnante Wegweiser.

Der Aufbau der Stichworte dient der schnellen Information

Ein Großteil der Artikel ist in Unterabschnitte gegliedert. Aussagekräftige Überschriften der Unterabschnitte geben die Inhalte an, sodass der Zugriff darauf erleichtert wird.

1. *Vom Wort zum Begriff.* Dieser Abschnitt dient als Kurzinformation über umgangssprachlichen Gebrauch des Worts und die fachliche Bedeutung des Begriffs. Daneben wird die Herkunft (Etymologie) der Wörter angegeben, sofern sie für ein Verständnis der Alltagsvorstellungen oder der fachlichen Bedeutungen hilfreich erscheint. [3]
2. *Alltagsvorstellungen.* Der Abschnitt referiert Ergebnisse von empirischen Untersuchungen oder Hinweise aufgrund von Unterrichtserfahrungen. Historisches wird dargestellt, wenn sich dadurch aufschlussreiche Parallelen zu Alltagsvorstellungen ergeben: Wissenschaftshistorische Anschauungen weisen häufig dieselben Denkfiguren auf und ergänzen oder bestätigen so die heutigen Alltagsvorstellungen. [2] [8]
3. *Für Unterricht: Anschauung und Vertiefung*: Am Anfang des Abschnitts steht eine Tabelle, in der Lernhindernisse und Lernchancen aufgeführt sind, die mit den Alltagsvorstellungen

verbunden sind. Die Tabelle dient gleichzeitig zur Übersicht über die folgenden vertiefenden Erläuterungen. Sie enthalten fachliche Klärungen, die helfen sollen, Alltagsvorstellungen im Licht der fachlichen Bedeutungen neu anzusehen und das Lernen und Lehren entsprechend zu unterstützen. Außerdem werden konkrete Elemente für den Unterricht skizziert sowie Hinweise auf Unterrichtsentwürfe gegeben, in denen konstruktiv mit Alltagsvorstellungen gearbeitet wird.

Kurze Stichworte sind nicht in Unterabschnitte gegliedert, enthalten aber dieselben Aspekte wie die ausführlichen.

Die Inhalte eines ergänzenden digitalen Dokuments sind systematisch mit dem Lexikonband abgestimmt

Der Lexikonband enthält die zentralen Stichworte, das digitale Dokument weitere Informationen zu den Stichworten im Buch sowie ergänzende Stichworte, auf die jeweils mit dem Symbol ↷ hingewiesen wird. Bei der Suche nach den Egänzungen erleichtert eine Alphabetleiste der Stichworte das Auffinden. Die Benutzung von Buch und digitalem Dokument kann leicht nebeneinander erfolgen, da die Stichworte aufeinander abgestimmt sind. Als weitere Hilfe sind im digitalen Dokument die Seitenzahlen der Stichworte des Lexikonbandes angegeben.

Literaturangaben ermöglichen vertiefte Weiterarbeit

Am Ende der Stichworte befinden sich Angaben zur wesentlichen Literatur. Wer eine fachdidaktische Arbeit anfertigen will, findet darunter Angaben zu Studien, die frühere und weiterführende Literatur zum Stand der Forschung nennen (Beiträge in [1] [4] [5] [9]).
Im digitalen Dokument befindet sich außerdem das Gesamtliteraturverzeichnis, Es ermöglicht, gesuchte Literaturangaben unabhängig von den Stichworten aufzufinden.

Zentrale Stichworte führen gezielt zur Unterrichtsvorbereitung auf ein Thema

Die Stichworte dienen vor allem der Unterrichtsvorbereitung. Sie wurden aufgrund einer Recherche zu biologischen Begriffen (u. a. „Lexikon der Biologie“) sowie Arbeiten zu zentralen naturwissenschaftlichen Begriffen der Gesellschaft für Naturforscher und Ärzte (GDNÄ, „Allgemeinbildung durch Naturwissenschaften“) nach dem Kriterium ausgewählt, ob erhobene oder aus dem Unterricht bekannte Alltagsvorstellungen zum Begriff vorliegen und für sein Verständnis besonders relevant erscheinen. [6] [7]
Es werden also nicht alle möglichen Fachbegriffe geklärt. Es wurden nur solche Begriffe ausgewählt, bei denen erwarten ist, dass sie mit der Kenntnis der Alltagsvorstellungen besser gelernt und gelehrt werden können.
Die Stichworte sind meist angenähert an die Alltagsvorstellungen benannt (z. B. Affenabstammung). Da Verben und Adjektive die Assoziationen zu Alltagsvorstellungen oft besser zeigen als die Substantive, sind sie den Letzteren bei vielen Stichworten vorangestellt (z. B. theoretisch/Theorie; erben/Vererbung). Das Register des Lexikonbandes führt sicher zum gesuchten Fachbegriff.
Die in den folgenden Tabellen aufgeführten zentralen und wesentlich ergänzenden Stichworte sollte man zum Einstieg in einen *Themenbereich* zuerst lesen. In allen Stichworten wird jeweils auf weitere Stichworte verwiesen (Stichwortverweise werden im Lexikonband

durch gerade Pfeile angegeben: ⇨; zum digitalen Dokument durch schräge Pfeile: ⇗).

www.

⇗ Zusätzliche Stichwörter und Erweiterungen finden Sie auf der AULIS-Webseite zum Herunterladen. Geben Sie dazu den folgenden Link in das Adressfeld Ihres Browsers ein:
http://www.aulis.de/files/downloads/302941-verstehen-258.zip
Das Passwort für die Datei lautet: kattmann2015

zentrale Stichworte	**weiterführende Stichworte**
Leben, Strukturen und Prozesse	
lebendig/Leben lebendes System	ordnen/Ordnung Energie
Evolution	
Anpassen/Anpassung Selektieren/Selektion	Art Abstammen/Abstammung Höherentwicklung
Humanevolution	
Affenabstammung Menschenrassen	Mensch-Natur-Verhältnis Kultur
Ökologie	
natürlich/Natur Mensch-Natur-Verhältnis	biologisches Gleichgewicht Ökosystem Stoffkreislauf
Genetik	
erben/Vererbung Gen	ordnen/Ordnung Energie
Mikrobiologie und Zellbiologie	
Bakterie/Bazille Zelle	Zellteilung zersetzen/Zersetzung
Stoff- und Energiewechsel	
Stoffwechsel Energie ordnen/Ordnung	Fotosynthese lebendig/Leben System
Humanbiologie (Physiologie)	

Stoffwechsel Blutkreislauf	atmen/Atmung verdauen/Verdauung g
Verhalten	
wahrnehmen/Wahrnehmung Gehirn/Geist	intelligent/Intelligenz
Verstehen	
begreifen/Begriff/Wort Gehirn/Geist Informieren/Information	⇨ anthropomorph ⇨ Metapher/Analogie ⇨Name
naturwissenschaftliche Erkenntnisgewinnung	
theoretisch/Theorie hypothetisch/Hypothese kausal/Kausalität	⇨ experimentieren/Experiment ⇨ modellieren/Modell ⇨ Gesetz
Kultur der Naturwissenschaften (Nature of Science)	
theoretisch/Theorie Schöpfung Gehirn/Geist	wahrnehmen/Wahrnehmung ⇨ erklären/begründen/beschreiben zufällig/Zufall
Bewerten, Ethik	
verschieden/verschiedenartig natürlich/Natur	Rassismus Eugenik Geschlecht

[1] Beiträge zur Didaktischen Rekonstruktion. Schriftenreihe zur fachdidaktischen Lehr-Lernforschung (2003 ff.). Oldenburg. – [2] Bynum, W. F., Browne, E. J. & Porter, R. (Eds.). (1983). Dictionary of the history of science. London and Basingstoke. – [3] Drosdowski, G. (1989). Duden. Etymologie. Mannheim, Wien, Zürich. – [4] Duit, R. (2009). Bibliography. Students' and teachers' conceptions and science education. Kiel. Verfügbar unter: www.ipn.uni-kiel.de/aktuell/stcse/ – [5] Gropengießer, H., Harms, U. & Kattmann, U. (Hrsg.). (2013). Fachdidaktik Biologie. Hallbergmoos. – [6] Sauermost, R. & Freudig, D. (Red.). (1999–2004). Lexikon der Biologie (2. Aufl.). Heidelberg. – [7] Schaefer, G. (Hrsg.). (2007). Allgemeinbildung durch Naturwissenschaften. Köln. – [8] Toepfer, G. (2011). Historisches Wörterbuch der Biologie. Stuttgart. – [9] Zeitschrift für Didaktik der Naturwissenschaften (1995 ff.). Verfügbar unter: archiv.ipn.uni-kiel.de/zfdn/

abstammen/Abstammung

Wegweiser

Die Evolution der Arten besteht aus verzweigten Stammeslinien, in denen verschiedene Lebensmöglichkeiten verwirklicht werden.

1 Vom Wort zum Begriff

Umgangssprachlich und im ursprünglichen Sinn wird „abstammen" genealogisch als Beschreibung der familiären Verwandtschaft verstanden. In Abstammung steckt das Wort „Stamm", das, abgeleitet von der baumähnlichen Darstellung der „verzweigten" Verwandtschaft, in bildlichem Sinn gebraucht wird.
Nach der Evolutionstheorie von *Charles Darwin* ist die (zuvor aus Bauplan-Ähnlichkeit hergeleitete) Verwandtschaft der Lebewesen streng genealogisch zu verstehen. Daher ist der Gebrauch der Metapher Abstammung *fachlich* von der familiären auf die stammesgeschichtliche Verwandtschaft der Lebewesen ausgedehnt worden. Evolution ist gleichbedeutend mit Abstammungslehre. (*Darwin* gebraucht anstelle des heute üblichen Fachworts Evolution die Wendung „descent with modification": Abstammung mit Abwandlung.) Verwandte Lebewesen, d. h. die Gruppe der biologischen Systematik, sind *Abstammungsgemeinschaften*: Die Angehörigen einer systematischen Gruppe stammen von einem gemeinsamen Vorfahren ab (⇨ Stammbaum, ⇨ verwandt, ⇨ Evolution).

2 Alltagsvorstellungen

Zu Vorstellungen zur Abstammung sind zahlreiche Untersuchungen erhoben worden [2], deren Grundzüge sich folgendermaßen zusammenfassen lassen:

- Abstammung wird als eine *stetig fortschreitende Stammeslinie* dargestellt („Rosstäuschung").
- Wo nur eine Gattung oder nur eine Art im Laufe der Evolution übrig geblieben ist, verführt dies besonders dazu, eine geradlinige Abstammung anzunehmen, obgleich die Evolution auch hier in zahlreichen Verzweigungen verlief. Das trifft auf den Menschen ebenso zu wie auf die Evolution der Pferde. Diese Anschauung von der Abstammung entspricht dem anthropomorphen Prinzip der Tendenz und damit völlig den Vorstellungen zur zielgerichteten Anpassung (⇨ Evolution, ⇨ anpassen, ⇨ Höherentwicklung, ⇨ anthropomorph).
- Von jüngeren Lernenden werden aus bruchstückhafter Kenntnis der Abfolge von Lebewesen *sprunghafte Abstammungsreihen* konstruiert, z. B. Bakterien – Dinosaurier – Mensch.
- In verschiedenen Zusammenhängen wird *eine Evolution* von Pflanzen und Tieren *vom Wasser aufs Land* angenommen. Auch Lernende, die die Evolution der Wale kennen, postulieren, dass die Fischsaurier die Vorfahren der landlebenden Saurier gewesen seien. In Examensklausuren zum Vergleich von Wasserpflanzen und Landpflanzen meinen manche Studierende der Biologie, dass Wasserpflanzen die ursprünglichen Formen der

Samenpflanzen seien, aus denen sich die Landpflanzen entwickelt hätten. In beiden Fällen haben die betreffenden Organismen (Fischsaurier, Samenpflanzen als Wasserpflanzen) die Gewässer sekundär besiedelt. Das gilt auch für wasserlebende Insektenlarven, die mit Tracheenkiemen ausweisen, dass sie von landlebenden Insekten abstammen.

- Vielfach werden *heute lebende („niedere“) Lebewesen als Vorfahren anderer heutiger Arten und Formen angenommen*, z. B. heutige Amphibien als Vorfahren von Reptilien.
- Schließlich wird bei verwandten Formen eine *Übergangsform* als Vorfahr angenommen, die genau zwischen den beiden heute lebenden steht (z. B. Übergang Reptil – Vogel oder Affe – Mensch). Die von einem gemeinsamen Vorfahren abstammenden Lebewesen können sich jedoch unterschiedlich weit von ihm wegentwickelt haben [2].

3 Für Unterricht: Anschauung und Vertiefung

3.1 Potenzial der Alltagsvorstellungen

Alltagsvorstellungen	**Chancen für fachliches Lernen**	**Hindernisse für fachliches Lernen**
sprunghafte Abstammung	*Kontrast:* kontinuierliche Abstammungsreihen *Perspektivenwechsel:* Vergleich verwandter Arten (3.2)	lückenhafte Kenntnis der Abfolge von Organismen in der Evolution
Vom Wasser aufs Land	*Anknüpfung:* Umkehr der Richtung in besonderen Fällen, z. B. Wale (⇨ verwandt)	einseitige Evolutionsrichtung
gerade Stammeslinien	*Kontrast*: Verzweigung vielfältiger fossiler Linien (⇨ Höherentwicklung)	Annahme fortschreitender Entwicklung („Rosstäuschung“)
Vorfahren sind heute lebende (primitive) Arten.	*Perspektivenwechsel:* Vergleich zweier verwandter Arten: hypothetische Rekonstruktion des letzten gemeinsamen Vorfahren (s. 3.2)	Ansicht, dass heute lebende Arten die „primitive“ Vorstufe „fortschrittlicher“ Arten sind.
Stammform ist Zwischenform (missing link).	*Kontrast:* Gabeldiagramm als Anschauungsmittel (s. 3.3)	Denken in Übergangsformen statt divergierender Verzweigung

Tabelle 2: Alltagsvorstellungen zur Abstammung geben Hinweise für fachliches Lernen.

3.2 Schlüsselbegriff: Letzter gemeinsamer Vorfahr

Abstammung wird häufig auf heute lebende verwandte Arten bezogen. Diese Alltagsvorstellung zur Abstammung wird am besten mit einem Bild konfrontiert, in dem man zwei heute lebende Arten oder Gruppen nebeneinander auf eine Stufe stellt. Zur Veranschaulichung der stammesgeschichtlichen Verwandtschaft von zwei Lebewesen ist das fachliche Konzept des letzten gemeinsamen Vorfahren (Most Recent Common Ancestor, MRCA) geeignet. Dann wird erkannt, dass gegenwärtig lebende (rezente) Arten nicht voneinander abstammen, sondern dass sie nur miteinander verwandt sein können. Zwei Arten haben eine Stammart als gemeinsamen Vorfahren. Das Konzept des „letzten gemeinsamen Vorfahren“ betont die Gleichzeitigkeit der rezenten Verwandten und verwehrt so, einen als niedriger stehend anzusehen oder beide in eine evolutionäre Abfolge zu bringen (⇨Affenabstammung).

Das Konzept des *letzten* gemeinsamen Vorfahren ist von besonderer Bedeutung, weil Menschen häufig dazu tendieren, die gemeinsamen Vorfahren fern in der Urzeit zu suchen, also z. B. bei Bakterien und Einzellern. Der Sachverhalt lässt sich anhand familiärer Genealogie erläutern: Letzte gemeinsame Vorfahren von Geschwistern sind die Eltern, von Vettern die Großeltern. Mit dem letzten gemeinsamen Vorfahren der heute lebenden Arten sucht man Vorfahren an der *letzten Verzweigung*, im Vergleich zur familiären Verwandtschaft: Bei Geschwistern (Schimpanse und Mensch) sucht man die Eltern, nicht die Großeltern, bei Vettern (Mensch und Gorilla) die Großeltern, nicht die Urgroßeltern (Abb. 1).

Mit der Frage nach dem letzten gemeinsamen Vorfahren wird die irreführende Vorstellung von einem Bindeglied vermieden, das in seinen Eigenschaften als genau zwischen den lebenden Organismen stehend gedacht würde („missing link“, z. B. das „fehlende“ Bindeglied zwischen Reptilien und Säugetieren oder zwischen Affen und Mensch). Bereits *Darwin* hatte die Suche nach so genannten „missing links“ mit der Bemerkung zurückgewiesen, dass man kein Bindeglied zwischen Bulldogge und Collie finden werde. Deren letzter gemeinsamer Vorfahr sei eben der Wolf. Das Beispiel zeigt, dass der gemeinsame Vorfahr nicht in der Mitte zwischen den Abkömmlingen stehen muss, sondern eine Form („Bulldogge“) sich weiter von der Stammform entfernt haben kann als die andere („Collie“).

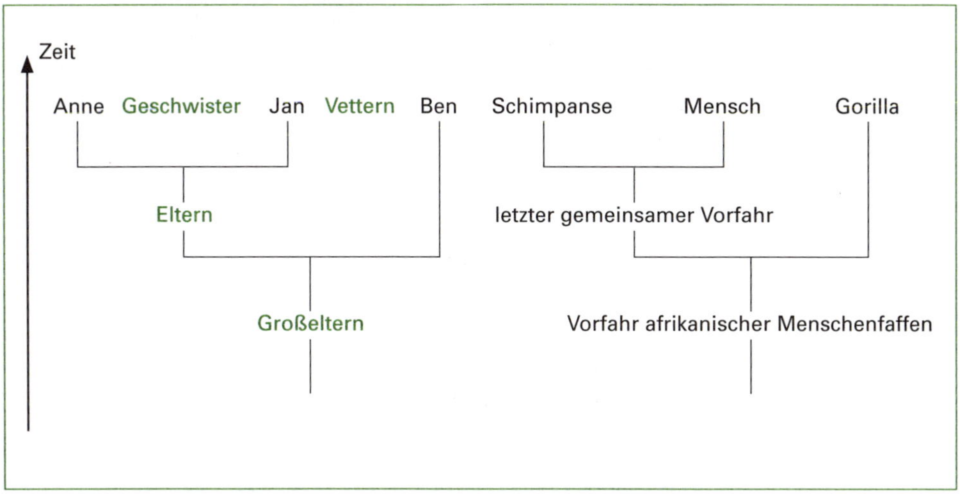

Abb. 1: Vergleich von familiärer und stammesgeschichtlicher Abstammung am Beispiel von Mensch und Menschenaffen

3.3 Gabeldiagramm

Das Konzept des letzten gemeinsamen Vorfahren kann mit einem Gabeldiagramm adäquat veranschaulicht werden. Das Gabeldiagramm besteht aus zwei rezenten Arten (oder Gruppen) und ihrer Stammart (letzter gemeinsamer Vorfahr, Abb. 2). Es ist das einfachste Element eines Stammbaums (➩ Stammbaum).

Da die heutigen Lebewesen auf dieselbe Höhe (Gegenwart) gestellt werden, wird mit dem Gabeldiagramm deutlich vor Augen gestellt, dass heutige Lebewesen gleich hoch entwickelt sind und sich – auch wenn sie nahe verwandt sind – durch unterschiedliche Lebensbedingungen (Lebensweisen und/oder Umwelten) divergent entwickelt haben können (Abb. 2). Die Spitze des Gabeldiagramms zeigt, dass die beiden Lebewesen durch *einen* letzten gemeinsamen Vorfahren (eine gemeinsame Stammart) verbunden sind.

Der Vergleich zweier Gruppen im Gabeldiagramm kann verhindern, dass der evolutionäre Wandel als auf einen höheren Zustand gerichtet verstanden wird, wie es bei Betrachtung der Stammeslinien nur einer heute lebenden Gruppe oder Art leicht der Fall ist (zum Beispiel bei der Stammesgeschichte der Pferde und des Menschen oder bei der Entstehung der Giraffe, wenn die des Okapi nicht hinzugezogen wird, ➩ Höherentwicklung).

Die Eigenschaften des letzten gemeinsamen Vorfahren können aus dem Vergleich der verwandten rezenten Lebewesen hypothetisch hergeleitet werden. Es kann mehr als eine wahrscheinliche Lösung erörtert werden: Da man entsprechend dem Konzept des gemeinsamen Vorfahren keine Zwischenform sucht, kann man mit dem Gabeldiagramm Vermutungen darüber anstellen, ob der letzte gemeinsame Vorfahr mehr der einen oder der anderen Art gleicht (Mensch und Schimpanse, ➩ Affenabstammung; Giraffe und Okapi, ➩ selektieren).

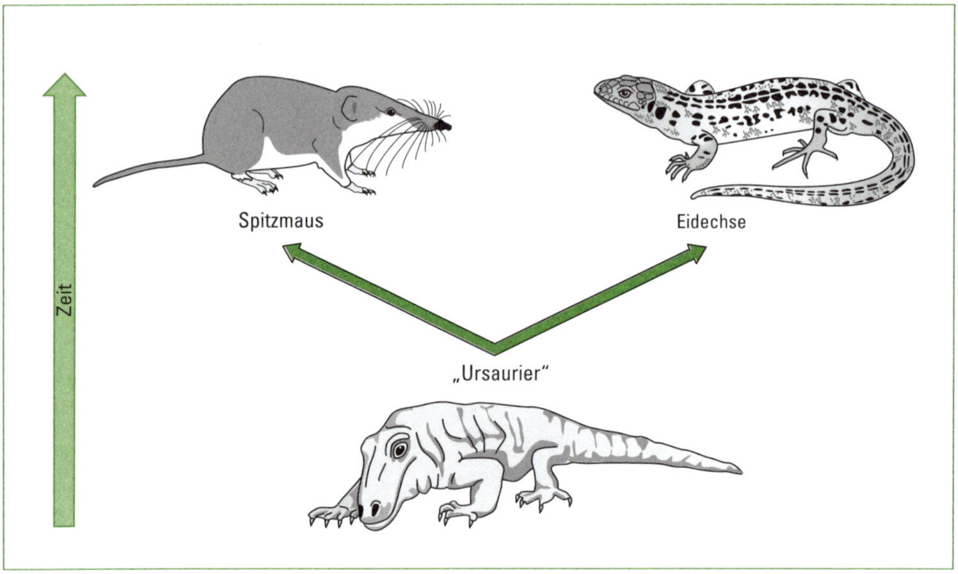

Abb. 2: Gabeldiagramm zur (hypothetischen) Rekonstruktion des letzten gemeinsamen Vorfahren von Spitzmaus und Eidechse (verändert nach [1])

3.4 Von wechselwarm zu gleichwarm

Den Lernenden sind die Lebensweisen von Spitzmaus und Eidechse (nacht- und tagaktiv) sowie der Zusammenhang mit der Temperaturregulation (Halten der Eigenwärme durch Wärme dämmendes Fell, Aufnahme der Wärme von durch die Sonne erwärmten Steinen durch Wärme leitende Hornschuppen) bekannt.

Von wechselwarm zu gleichwarm?

Frederik: „Wie kann ein wechselwarmes Tier denn zu einem gleichwarmen werden?“
Lehrer: „Was meint ihr?“
Schweigen
Lehrer: „Strengt mal eure Phantasie etwas an, wie könnte es gewesen sein?“
Anne: „Vielleicht war die Körpertemperatur zuerst noch nicht so hoch.“
Elke: „Vielleicht war das Tier noch nicht immer ganz gleichwarm. Die Körpertemperatur war noch nicht vollkommen gleich.“
Lehrer: „hm“ (aufmunternd)
Karen: „Es hatte noch kein so dichtes Fell.“
Anja: „Wenn das ein Tier gewesen ist, das an der Seite und auf dem Rücken Fell und auf dem Bauch noch Hornhaut oder Hornschuppen hatte, dann konnte es die Wärme vom Stein wie eine Eidechse aufnehmen. Und wegen des Fells konnte es die Wärme länger behalten und in der Dämmerung aktiv sein.“
Lehrer: „Weißt du, ich weiß nicht, ob es ein solches Tier je gegeben hat, aber wenn ich ein Fossilienforscher wäre, würde ich genau nach einem solchen Tier suchen.“

Unterrichtsgespräch, 7. Klasse bei der Erprobung von [1]

Bei der Anwendung des Gabeldiagramms (Abb. 2) haben die Lernenden Schwierigkeiten, sich den Übergang von einem wechselwarmen Tier („Ursaurier“) zu einem gleichwarmen Tier (Spitzmaus) vorzustellen. Das entspricht dem Prinzip der dichotomen Bewertung: entweder gleichwarm oder wechselwarm, dazwischen gibt es nichts (Valenz, ↗ anthropomorph). Der Ausschnitt aus einem Unterrichtsgespräch (7. Klassenstufe) gibt Aufschluss, wie evolutionäre Phantasie die Schwierigkeit überwinden kann. Dabei ist nicht entscheidend, ob das vorgestellte Tier tatsächlich existiert hat, sondern dass evolutionäres Denken geschult wird (Kasten).

[1] Kattmann, U., Janßen-Bartels, A. & Müller, M. (2005). Warum gibt es Säugetiere? Unterricht Biologie (307/308). – [2] Wandersee, J.H., Good, R. & Demastes, S.S. (1995). Forschung zum Unterricht über Evolution. Zeitschrift für Didaktik der Naturwissenschaften.

Affenabstammung

Wegweiser

Mensch und Schimpanse haben einen gemeinsamen Vorfahren.

1 Vom Wort zum Begriff

In populären Darstellungen zur Evolution herrscht die einfache Vorstellung, dass der Mensch „vom Affen" abstamme. Gegenüber dieser Vorstellung präzisiert schon *Darwin*, dass der Mensch nicht von einem heute bekannten Affen abstammt, sondern von einem fossilen Mitglied der Menschenaffengruppe („ancient member of the anthropomorpous subgroup").

2 Alltagsvorstellungen

2.1 Übergang vom Affen zum Menschen?

Für viele Menschen ist es schwierig, sich eine Evolution vom Affen zum Menschen vorzustellen (Zitat, vgl. Abb. 1 c, S. 32).

Menschwerdung des Affen?
„Wenn der Mensch vom Affen abstammt, dann muss ja irgendwann ein Affenpaar ein Menschenbaby bekommen haben."

Schülerfrage im Unterricht zur Abstammung des Menschen, 10. Klasse

Das entspricht dem Prinzip zur dichotomen Bewertung (Valenz, ⇨ anthropomorph). Außerdem wird als Vorfahr ein Stammelternpaar eingesetzt. Verschiedenheit der Individuen innerhalb einer Art wird so nicht bewusst. Das Einsetzen eines Paares spiegelt die Vorstellung von Arten als Typen wider. Wenn das Denken an Typen orientiert ist, kommt weder Variation noch das Entstehen von Neuem in den Blick. Statt zu fragen, wie vom Ausgangstyp abweichende neue Arten entstehen können, wird bei den gemeinsamen Vorfahren verwandter Formen irrigerweise nach einem zwischen den beiden Arten stehenden Typ gesucht („missing link", ⇨ abstammen).
Die Evolution zum Menschen konkurriert dabei oft mit der biblischen Erzählung von „Adam und Eva" (⇨ Schöpfung). Um die Frage zu beantworten, wie ausgehend von einer Stammform eine Evolution zu heutigen Formen hat stattfinden können, muss das Denken von Individuen (einem Elternpaar) auf die Populationsebene geholt werden, in der es menschenähnlichere und affenähnlichere Individuen gab, sodass ein evolutionärer Wandel möglich ist (⇨ vielfältig).

2.2 Aufwärts zum Menschen

Lässt man Jugendliche oder Erwachsene spontan aufschreiben, was sie unter *Evolution* verstehen, so assoziieren sie mit dem Wort sehr häufig die Abstammung des *Menschen*, obwohl allgemein nach Evolution gefragt wurde. (Zitate Melanie und Hendrik). Nach einer Untersuchung in Kanada definieren Grundschullehrerinnen und -lehrer ebenfalls Evolution überwiegend und ganz in diesem Sinne als „die Theorie, wie der Mensch entstanden ist." [1] [3]

Evolution ist Abstammung des Menschen
Unter Evolution verstehe ich …

„… die Abstammung vom Affen zum Menschen. Die Urvorfahren vererbten nach und nach immer mehr an die nächste Generation bis zum heutigen Menschen."

Melanie, 10. Klasse

„… die Entwicklung vom Urtier bis zum Discman hörenden, umherirrenden modernen Menschen."

Hendrik, 10. Klasse [3]

„Zuerst war der Mensch ein bisschen gebeugt und lief ein bisschen auf den (allen) Beinen. Dann wurde er immer höher, immer höher, lief immer noch ein bisschen geduckt und irgendwann ging er dann ganz aufrecht, so wie wir heute."

Nils, BBS, 2. Lehrjahr

„Also früher waren halt Affen da, und es gab, denk ich mal, verschiedene Arten. … die sind halt gewandert, wegen der Eiszeiten oder so mussten sie wandern, haben sich dadurch immer weiter entwickelt oder es versucht und haben irgendwann immer mehr versucht, Werkzeuge zu bauen, und dadurch ist dann irgendwann der Mensch entstanden."

Franziska, 11. Klassenstufe [2]

Viele Studien zeigen, dass insbesondere die Humanevolution häufig als eine geradlinige, gerichtete Höherentwicklung vorgestellt wird und nicht als Teil einer evolutionären Verzweigung (Zitate). Evolution wird als mehr oder weniger zielgerichteter und zweckhafter Fortschritt verstanden. Am Ende der Stufenleiter des Erfolges, als endgültiges Ziel der Evolution steht der Mensch: ehemals selbsternannte „Krone der Schöpfung", jetzt Spitzenprodukt der Evolution. Diese Vorstellung entspricht dem anthropomorphen Prinzip der Tendenz und damit völlig den Anschauungen zur zielgerichteten Anpassung (⇨ anpassen). [2] [4] [5] [7]

Die befragten Schülerinnen und Schüler (11. Klasse) zeigen durchaus ein Verständnis dafür, dass die Entstehung der Menschen und der Menschenaffen das Ergebnis einer Entwicklung ist, die sich im Laufe der Zeit und unter ständigen Veränderungen vollzogen hat. Die Menschenaffen werden jedoch als zurückgebliebene, unter dem Menschen stehende Tiere angesehen. Es lassen sich vier Formen der Anordnung unterscheiden: „getrennte Entwicklung", „Stufenleiter", „Sonderstellung", „Höherentwicklung" (Abb. 1). Die Menschenaffen sind stets auf einer niedrigeren Stufe „stehen" geblieben.

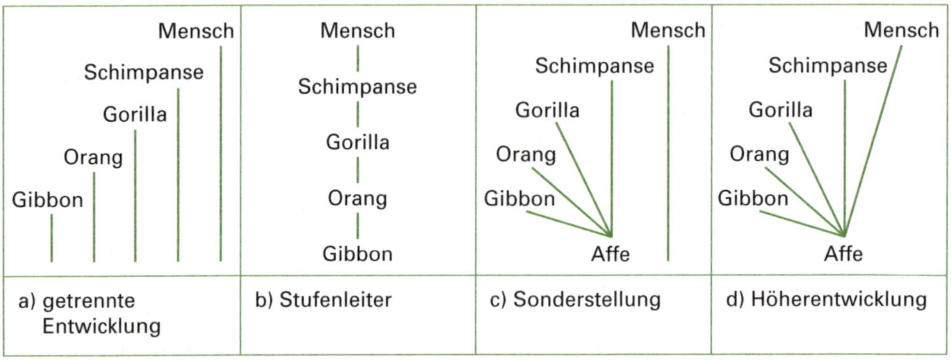

Abb. 1: Alltagsvorstellungen zur Humanevolution: Der Mensch steht an der Spitze: a) „getrennte Entwicklung“: Es gibt keine gemeinsamen Vorfahren, aber Menschenaffen und Mensch sind verschieden hoch entwickelt. b) „Stufenleiter“: Menschenaffen sind die weniger hoch entwickelten Vorfahren des Menschen. c) „Sonderstellung“: Die Menschenaffen haben einen gemeinsamen Vorfahren, der Mensch hat sich parallel davon entwickelt. d) „Höherentwicklung“: Mensch und Menschenaffen haben einen gemeinsamen Vorfahren, sind aber verschieden hoch entwickelt. [4]

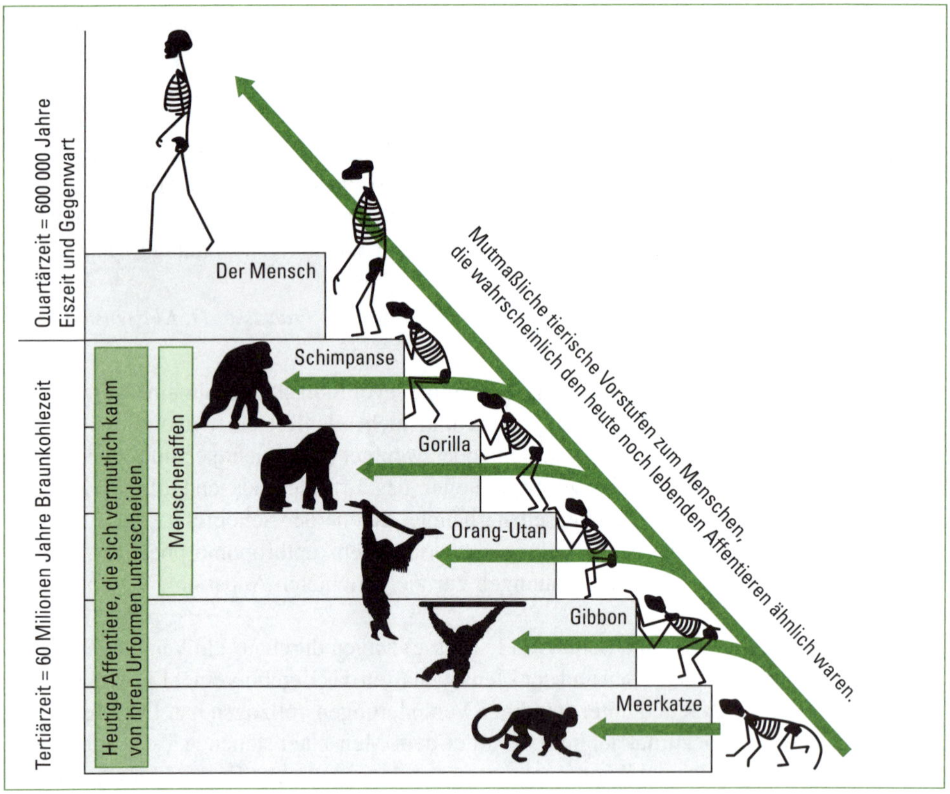

Abb. 2: Treppenschema der Höherentwicklung zum Menschen in einer Abbildung zur Abstammung in einem Schulbuch

Die erhobenen Alltagsvorstellungen lassen sich zu einem *Treppenschema* zusammenfassen. Mit der Fortbewegung auf der Treppe ist ein schrittweiser Gewinn an Höhe verbunden, der metaphorisch als eine evolutionäre Weiterentwicklung verstanden wird (Abb. 2). Dieser Anschauung liegen die verkörperten Schemata „unten – oben“ sowie „Start – Weg – Ziel“ zugrunde (Abb. 2, ➩ Höherentwicklung). [2] [4]
In der *Geschichte* der Abstammungslehre gibt es zahlreiche Hypothesen, wobei die Nähe zu den Affen zunächst peinlich vermieden wurde (➩ Affen). [6]

3 Für Unterricht: Anschauung und Vertiefung

3.1 Potenziale der Alltagsvorstellungen

Alltagsvorstellungen	Chancen für fachliches Lernen	Hindernisse für fachliches Lernen
Abstammung von einem Elternpaar	*Kontrast:* Unterschiede in Populationen (➩ vielfältig)	Annahme fortschreitender Entwicklung („Rosstäuschung“)
Vorfahren sind heute lebende (primitive) Affen	*Perspektivenwechsel:* Vergleich Mensch-Schimpanse (s. 3.2)	Ansicht, dass heute lebende Affen die Vorstufe der weiter entwickelten Art Mensch sind.
Tier-Mensch-Übergang (missing link)	*Perspektivenwechsel:* Alternative Hypothesen zu möglichen *letzten gemeinsamen Vorfahren* (s. 3.2)	gemeinsamer Vorfahr ist keine Übergangsform
Höherentwicklung zum Menschen	*Perspektivenwechsel:* Andere Tiere leben anders als der Mensch, aber nicht schlechter (➩ Höherentwicklung).	abwertende Haltung gegenüber Tieren Sonderstellung des Menschen

Tabelle 1: Alltagsvorstellungen zur Affenabstammung geben Hinweise für fachliches Lernen.

3.2 Letzter gemeinsamer Vorfahr von Mensch und Schimpanse

Die Alltagsvorstellung von einer Stufenleiter sowie die Annahme einer Zwischenform zwischen Affen und dem Menschen werden am besten mit einem zutreffenden Bild konfrontiert, indem man die engsten Verwandten des Menschen, also die heute lebenden Menschenaffen, nebeneinander mit dem Menschen auf eine Stufe stellt und nach dem letzten gemeinsamen Vorfahren fragt. Der Mensch hat mit heute lebenden Affenarten einen gemeinsamen Vorfahren, mit einer einen nächsten, mit anderen einen entfernteren (erster bzw. tiefer liegende Knoten in Abb. 3). Mit einem Vergleich von stammesgeschichtlicher und familiärer Verwandtschaft können die Verhältnisse verdeutlicht werden: Mit dem *letzten* gemeinsamen Vorfahren der „Geschwisterarten“ Mensch und Schimpanse sucht man die Vorfahren an der letzten Verzweigung der Stammeslinien, im Vergleich zur familiären Verwandtschaft also die Eltern, nicht die Groß- oder Urgroßeltern (➩ abstammen, ➩ verwandt).
Das Konzept des „letzten gemeinsamen Vorfahren“ betont die Gleichzeitigkeit der rezenten Verwandten des Menschen und verwehrt so, sie in eine evolutionäre Abfolge zu bringen. Beim Vergleich der beiden heute lebenden Arten werden Unterschiede in Körperbau und

Lebensweisen betrachtet und die Eigenart der Lebewesen erfasst: „Ein Schimpanse lebt anders als ein Mensch, aber nicht schlechter." Mit dieser Aussage können die Alltagsvorstellungen von einer Stufenleiter aus Affen, Menschenaffen und Mensch revidiert werden (⇨ Höherentwicklung, ⇨ Eigenart).
Mit dem letzten gemeinsamen Vorfahren fragt man nicht nach einer Zwischenform, sondern versucht herauszubekommen, welche Eigenschaften der letzte Vorfahr wahrscheinlich hatte. So kann man Vermutungen darüber anstellen, ob der letzte gemeinsame Vorfahr von Mensch und Schimpanse mehr dem Schimpansen oder mehr dem Menschen ähnelte. Als anschauliches Hilfsmittel dazu dienen *Gabeldiagramme*. Molekulargenetische Daten weisen daraufhin, dass der gemeinsame Vorfahr möglicherweise menschenähnlicher war als die beiden heutigen Schimpansenarten (Bonobo und Großschimpanse); Fossilien wie Ardipithecus legen nahe, dass er ein Aufrechtgänger war. Die Schimpansen hätten sich also weiter vom gemeinsamen Vorfahren wegentwickelt als der Mensch (Abb. 4 b).

Die Vorstellung von der Affenabstammung kulminiert in Alltagsvorstellungen in der Spitzenposition des Menschen. Beim Thema „Evolution des Menschen" sollte man direkt an diese Vorstellungen anknüpfen. [4]
Die Funde von fossilen Verwandten des Menschen sind inzwischen zahlreich, wenn auch weiterhin lückenhaft. Angesichts der Vielfalt der Formen, die jeweils ein Mosaik von Merkmalen zeigen, die dem Menschen ähneln oder von ihm abweichen, ist es gegenwärtig unmöglich, einen widerspruchslosen *Stammbaum* aufzustellen. Einige Lehrbücher verzichten deshalb ganz darauf, andere machen an vielen Stellen Fragezeichen. Wahrscheinlich gab es vor etwa 5 bis 7 Millionen Jahren eine große Aufspaltung der menschenähnlichen Affen (Hominiden), sodass viele parallele Stammeslinien entstanden (Radiation), was die Zuordnung zu einer Stammeslinie schwierig macht. Von dieser Radiation sind nur die afrikanischen Menschenaffen und der Mensch übrig geblieben. Auffallend ist, dass keine Fossilien der Stammeslinie des Schimpansen zugeordnet wurden. Vielleicht stehen einige zu Unrecht in der Stammeslinie des Menschen, wie früher der Ramapithecus (⇨ Herkunft).

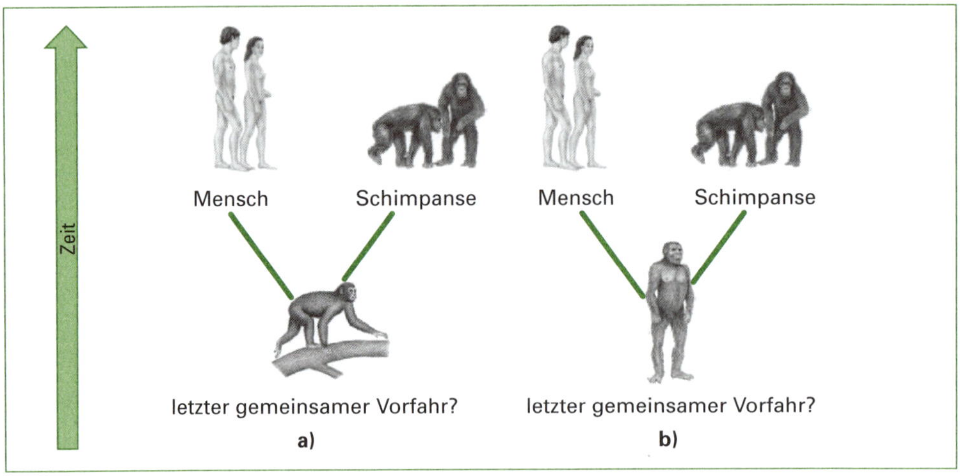

Abb. 4: Gabeldiagramme zur Abstammung von Mensch und Schimpanse: War der letzte gemeinsame Vorfahr affenähnlich (a) oder menschenähnlich (b)? [4]

[1] Bloom, J.W. (1989). Preservice elementary teachers' conceptions of science: Science, theories and evolution. International Journal of Science Education (4) – [2] Groß, J. (2007). Wirkungen außerschulischer Lernangebote. Beiträge zur Didaktischen Rekonstruktion 16. Oldenburg. – [3] Kattmann, U. (2009). Adam und Eva und die Evolution. Zeitschrift für Pädagogik und Theologie (4). – [4] Kattmann, U. & Groß, J. (2007). Aspekt Evolution. Unterricht Biologie (329). © Friedrich Verlag GmbH, Seelze. – [5] Papenfuß, C. (2002). Vorstellungen zur Evolution des Menschen als Lernvoraussetzungen für den Biologieunterricht. Oldenburger VorDrucke 461. – [6] Portmann, A. (1965). Die Stellung des Menschen in der Natur. In L. von Bertalanffy & F. Gessner (Hrsg.), Handbuch der Biologie. Der Mensch. Band IX. Konstanz. – [7] Wandersee, J.H., Good, R. & Demastes, S.S. (1995). Forschung zum Unterricht über Evolution. Zeitschrift für Didaktik der Naturwissenschaften.

⇨ aggressiv/Aggression

⇨ ähnlich/Ähnlichkeit

⇨ aktuell/Aktualität

anpassen/Anpassung

Wegweiser

Lebewesen erhalten evolutionäre Angepasstheit durch Selektion, ohne Einsicht und ohne Absicht.

1 Vom Wort zum Begriff

„Die Bestimmungen des Gesetzes werden neuen Bedingungen und Erfahrungen angepasst." *Anpassen* und *Anpassung* werden *umgangssprachlich* für Prozesse benutzt, die eine Veränderung ausgleichen sollen, z.B. eine „Rentenanpassung", aber ebenfalls für das Anpassen von Menschen an ihre Arbeitsbedingungen (oder besser umgekehrt). Auch die Anpassung der Lebewesen an ihre „Umwelt" ist in die Alltagssprache übernommen worden. Hier wird Anpassung sowohl für den Vorgang des Anpassens wie für die dabei erreichte Eigenschaft (Angepasstheit) verwendet, was in der Fachsprache zu unterscheiden ist. Zum Wortverständnis ist erhellend zwischen „passend" und „angepasst" zu unterscheiden:

- Die Eigenschaft passend kann einfach durch den Vergleich oder das Zusammentreffen zweier Dinge festgestellt werden (Puzzle-Erfahrungen). Die beiden zueinander passenden Dinge müssen dazu nicht unbedingt bearbeitet werden.
- Die Eigenschaft *angepasst* (die Angepasstheit) setzt dagegen eine zielgerichtete Tätigkeit voraus, nämlich das *Anpassen*, die *Anpassung*, mit der ein Gegenstand „passend gemacht", d.h. angepasst wird, und erst dann „passend" ist.

Fachlich ist physiologische Anpassung von der *stammesgeschichtlichen Anpassung* durch

Selektion zu unterscheiden. Für Letztere wird häufig das Fachwort *Adaptation* verwendet (von lat. adaptare: „anpassen"). Im Folgenden wird ausschließlich der *stammesgeschichtliche* Aspekt behandelt.
Die *Angepasstheit* der Lebewesen ist das Ergebnis der stammesgeschichtlichen Anpassung. Anpassung und Angepasstheit sind Folgen der Selektion: Die Bedingungen, unter denen die Elterntiere leben, bestimmen deren Fortpflanzungschancen und damit die Angepasstheit der Nachkommen an die Lebensbedingungen der vorigen Generation.

2 Alltagsvorstellungen

2.1 Anpassung wird absichtsvoll herbeigeführt

In einer Reihe von Studien, die in den USA, Großbritannien und Skandinavien durchgeführt wurden, sind die Vorstellungen von Schülerinnen und Schülern zu evolutionärem Wandel umfangreich erhoben worden. In Deutschland wurden dazu Schülerinnen und Schüler der gymnasialen Oberstufe und der 7. Klasse interviewt. Fragt man nach evolutionären Veränderungen, antworten die Befragten vorwiegend mit Vorstellungen zur Anpassung. Stammesgeschichtliche Anpassung wird in diesen Vorstellungen vom Individuum *absichtsvoll* herbeigeführt. Dieses Verständnis wird anschaulich aus alltäglicher Erfahrung gebildet:

- Handwerkliche Erfahrungen, mit denen ein Gegenstand passend gemacht wird. Solche Anpassung erfolgt in der Regel schrittweise.
- Eigene (körperliche) Anpassung, indem durch eigene Änderung (z. B. Training) ein Ziel (z. B. eine sportliche Leistung) erreicht wird, wobei auch die eigene Intention und Anstrengung mit Anpassung verbunden wird.
- Anpassung an soziale Situationen, z. B. durch Gehorsam, Schmeicheln, Kooperieren (Familie, Kindergarten, Peer-Group, Schule).

Die Vorstellungen folgen dem anthropomorphen Prinzip, hinter den Prozessen eine Absicht oder ein Ziel zu sehen (Tendenz, ↗ anthropomorph). Im Einzelnen sind diese Vorstellungen unterschiedlich ausgeprägt. [1] [2] [4] [6] [7] [12] [13] [14]

Zielgerichtetes adaptives Handeln. Anpassung wird in der Vorstellung der Befragten durch zielgerichtetes Handeln erreicht. Dieses Handeln wird sehr häufig an die Wahrnehmung der Lebewesen (Tiere, Pflanzen oder Bakterien) gebunden, mit der sie *Erkenntnisse* über die Situation in ihrer Umwelt gewinnen (oft umschrieben mit „merken"). Die Erkenntnis (Zitat Gerd) kann dabei unbewusst oder bewusst sein. Anpassung der Organismen bewirkt meist unmittelbar (wenngleich allmählich), dass Merkmalsausstattung verbessert wird, wenn dies aufgrund der Lebensweise (Zitate Jens und Gisela) oder wegen der Änderung von Umweltbedingungen nötig ist (Zitat Gisela, S. 38).
Die Anpassung an die Umwelt kann so erfolgen, dass Lebewesen aufgrund ihrer Einsicht aktiv eine zu ihnen *passende Umgebung aufsuchen* oder sich *gezielt kreuzen*, sodass angepasste Nachkommen entstehen: *Wahlhandlungen* (Zitate Kathrin und Anja).
Adaptive körperliche Umstellung. Einigen Befragten reicht die Erkenntnis der Lebewesen als Erklärung nicht aus. Sie suchen nach weiteren Ursachen, die sie in körperlicher Umstellung oder in der Veränderung von Genen finden (Zitate Gisela, Thomas und Gerd).
Die intentionale Handlung der Anpassung wird im Bemühen, die *physiologischen Ursachen* der körperlichen Veränderungen zu beschreiben, durch automatische Reaktionen des Körpers

ergänzt. Dabei wird angenommen, dass der Körper sinnvoll im Sinne der Anpassung reagiert. Diese Vorstellung kann als *direkte Umweltwirkung* formuliert werden, bei der die Umwelt ohne Weiteres die Anpassung bewirkt.
Eine Variante ist die körperliche Umstellung durch vermehrten oder besonderen *Gebrauch von Organen* (z. B. Längerwerden des Halses der Giraffe durch Strecken nach dem Futter). Diese Annahmen ähneln auffallend den Vorstellungen, die im Zusammenhang mit Untersuchungen zu physiologischer Regelung und Gesundheit sowie zum biologischen Gleichgewicht erhoben wurden. Die Befragten äußern dort, dass der Körper „merke" oder „wisse", was zur Gesunderhaltung nötig sei (*Körperweisheit* ⤻ Körper), bzw. dass die Natur für Harmonie zwischen den Organismen sorge und immer wieder ein Gleichgewicht zwischen ihnen herstelle (*Naturweisheit* ⇨ biologisches Gleichgewicht). Die Prozesse von Regelung und Anpassung werden auf diese Weise als Teile eines übergeordneten Ganzen verstanden, in dessen Dienst sie stehen (⤻ steuern/regeln, ⇨ System).

Adaptive Änderung der Gene. Einige der Befragten kombinieren die von ihnen angenommene Anpassung über die *Gene* mit der Weitergabe von *Information*, und bringen daher ihre Vorstellungen von Vererbung und „genetischer Information" in die Prozesse der Anpassung ein: Anpassung wird erreicht, indem Informationen in den Genen festgeschrieben werden (Zitate Gerd und Gisela). Die von den Individuen gewonnene Erkenntnis über die Notwendigkeit der Anpassung wird in diesem Fall umgangssprachlich als eine Form von (semantischer) Information, also als Bedeutungsträger verstanden. Offenbar sind für die Befragten die Assoziationen zum Wort „Information" ein Bindeglied zu den Genen. Die Erkenntnis (Information) über eine notwendige Veränderung kann daher in ihrer Vorstellung ohne Weiteres als genetische Information festgelegt werden. Es handelt sich gleichsam um eine „erkenntnisanaloge Mutation" (⇨ informieren, ⇨ Gen).
Die Verbindung von Anpassung und Genetik entdeckten die Befragten während der Interviews selber. Die Interviewpartner hatten in der Sekundarstufe II noch keinen Unterricht zum Thema Evolution gehabt. Die meisten der Befragten hatten jedoch das gesamte Curriculum an Genetik hinter sich, das die Lehrpläne am Gymnasium vorsehen. Dennoch hatte keiner von ihnen eine nur annähernd genetisch fundierte Idee, wie die Veränderung des Phänotyps von einer Veränderung des Genotyps bewirkt werden könnte (⤻ mutieren).
Die fachlichen genetischen Begriffe werden von den Befragten so umgedeutet, dass sie ihre Vorstellungen von absichtlicher Anpassung unterstützen. Auf diese Weise konstruieren sie sich ihre „persönliche Genetik".

Anpassung als Naturziel. Die Natur selbst handelt zielgerichtet. Im ökologischen Zusammenhang wird Anpassung aus der Harmonie der Natur und ihrer Selbsterhaltung abgeleitet (Zitate Karsten und Martin).

Erkenntnis
„Wie die Ente Schwimmhäute bekam, stelle ich mir so vor: Die Ente merkt, dass sie sich im Wasser schlecht bewegen kann, wenn sie mit ihren drei Zehen da herumpaddelt. Sie denkt vielleicht nicht, aber instinktiv hat sie das Gefühl, oder doch: sie merkt, dass man besser vorankommt, wenn man eine größere Fläche hat, und hat so Schwimmhäute bekommen."

Jens, 11. Klasse

Wahlhandlung
„Wenn man davon ausgehen würde, dass sich bei diesem Schmetterling die Färbung nicht wie bei einem Chamäleon verändern kann, dann hält er sich eben in dem Gebiet auf, wo es genau so aussieht wie er selbst."

Kathrin, 12. Klasse

Ausprobieren: gezielte Kreuzung
„Wenn man sieht, dass sich ein heller und ein dunkler Falter miteinander paaren, kann man sich natürlich vorstellen, dass auf diese Weise unterschiedliche Farbgebungen entstanden sind. Wahrscheinlich haben die Falter, um zu überleben, selbst ausprobiert, wie sie sich paaren müssen, damit die richtige Farbe entsteht."

Anja, 12. Klasse

Ausprobieren: neue Nahrungsquelle
„Die Pflanzen kriegen langsam Mangelerscheinungen und probieren dann etwas anderes aus. Wahrscheinlich klappt das nicht gleich, und dann müssen sie sich langsam irgendwie daran gewöhnen, wenn sie stattdessen etwas anderes nehmen. Wenn jetzt Fleisch fressende Pflanzen die Nährstoffe statt aus dem Boden auch aus Tieren nehmen, dann versuchen sie irgendwie, das zu verdauen."

Eva, 12. Klasse

Reaktion des Körpers
„Wenn es jetzt z. B. bei einer Kältezeit ganz langsam immer kälter wird, merkt der Körper des Tieres langsam irgendwie, dass er besser mit seiner Energie und seiner Wärme haushalten muss. Und dann kommt es irgendwie automatisch dazu, dass er mehr Fell produziert über die Jahre."

Gisela, 11. Klasse

Aktivierung der Gene
„Wenn ein Tier gejagt wird, und das Tier der ersten Generation ist von der Natur nicht mit so starken Muskeln usw. ausgestattet, gibt es erst einmal eine starke Beanspruchung des Tieres. Bei der nächsten Paarung dominieren dann vielleicht durch diese stärkere Beanspruchung irgendwelche Gene oder Chromosomen. Die Natur setzt da an, das zu verbessern dadurch, dass diejenigen Gene, die verantwortlich sind, die die Proteine für die Muskelbildung bilden, dann länger aktiv sind, so dass da eine stärkere Bildung ist, damit mehr Muskelmasse gebildet werden kann."

Thomas, 12. Klasse

Änderung der Gene

„Dann haben die heute dunklen Falter gemerkt, dass die Bäume dunkler wurden und sie als helle Tiere darauf für Feinde wieder gut zu erkennen waren. Ich stelle mir das jetzt irgendwie über die Gene vor, dass da eine Erkenntnis ‚ich muss schwarz werden' stattgefunden hat und sich dann über mehrere Generationen verteilt in den Chromosomen festgeschrieben hat und die dann wirklich schwarz geworden sind. … Wahrscheinlich hat da so eine unbewusste Erkenntnis stattgefunden: Weiß ist nicht gut; und da musste irgendwie ein Umbau der DNA stattfinden, um sich besser anzupassen."

Gerd, 12. Klasse

Wenn dieser Stoff (ein Antibiotikum) immer da ist, bilden die Bakterien etwas, damit ihre Erbinformation sich verändert. Die Erbinformation ändert sich dadurch, dass dieser Stoff immer da ist und dass die Bakterien merken, dass sie sterben, wenn sie nicht lernen, sich zu wehren.

Gisela, 11. Klasse [1]

Evolution erfindet und probiert aus

„Die Evolution musste aufgrund unterschiedlicher Lebensbedingungen immer neue Wege für die Pflanzen und Tiere finden. Neue Kombinationen von Zellen mussten erfunden werden und wie diese zusammenarbeiten. …

Die Evolution macht nicht nur einen Versuch, sondern gleich mehrere. Also entwickelten sich viele verschiedene Arten und viele verschiedene Versionen. Von den Versuchen sind einige erfolgreich, die dann weiter ausgebildet werden."

Karsten, 10. Klasse [2]

Die Natur sichert die Evolution

„Es hat sich nicht nur so ergeben, dass die Pflanzen den Sauerstoff produzieren. Es war, wenn ich das so ausdrücken kann, so eine zielgerichtete Entwicklung. Wenn die Pflanzen Schwefel produzieren würden, so würden sich Tiere entwickeln oder Tiere würden sich daran anpassen, Schwefel atmen zu können und sich durch den Schwefel das Überleben sichern. Die Natur macht sich das halt schon, sie sichert sich die Entwicklung."

Martin, 12. Klasse [6]

2.2 Anpassung durch Notwendigkeit oder lange Dauer

Während einige Befragte versuchen, Anpassung mit körperlicher Umstellung oder genetischer Veränderung zu erklären, begnügen sich andere mit der Annahme purer Notwenigkeit oder langer Dauer, ohne nach weiteren Ursachen zu suchen.

Notwendigkeit
„Der lange Hals der Giraffen ist entstanden durch die Notwendigkeit, gewisse Blätter zu fressen, die wohl nur in der Höhe zu finden sind."

Doris, 12. Klasse

„Wenn beispielsweise eine bestimmte Pflanzensorte ausstirbt, müssen sich die Gebisse der Tiere, die diese Pflanze sonst immer gefressen haben, irgendwie umstellen, es muss sich eine andere Zahnform entwickeln."

Gisela, 11. Klasse

„Es ist einfach das Überleben-Wollen, die Erhaltung der eigenen Rasse, dass sich die Falter dem veränderten Lebensraum anpassen."

Anja, 12. Klasse

Langsame Änderungen
„Es geschah nicht so, dass plötzlich irgendwelche Wüstenpflanzen zu wachsen anfingen, die völlig anders waren als andere, sondern mehr durch ganz langsame Änderungen."

Doris, 12. Klasse [1]

Die körperlichen Veränderungen, die zur Anpassung führen, werden von manchen Befragten direkt aus der Notwendigkeit für die Lebewesen abgeleitet, aufgrund derer sie bestimmte Tätigkeiten ausführen müssen. Die Notwenigkeit kann sich aus der Lebensweise (Zitat Doris, oben) oder aus veränderten Umweltbedingungen ergeben (Zitat Gisela). Die Vorstellung der Notwendigkeit der Anpassung kann ebenfalls als Wille zum Überleben formuliert werden (Zitat Anja). Einige Interviewpartner betrachten die Anpassung graduell als Summe kleiner Änderungen, die über eine lange Zeit stattfinden (Zitat Doris sowie Zitat Eva, S. 40 und 38). Eine lange Dauer reicht ihnen aus, um die Angepasstheit zu erklären, Zeit kann selbst gleichsam zur Ursache der Veränderungen werden.
In der *Geschichte* der Biologie geht der Weg von Vorstellungen von vollkommener Anpassung zur Anpassung durch Selektion (➩ Umstellung).

2.3 Denken Lernende lamarckistisch?

Evolutionärer Wandel wird von einigen Befragten in Analogie zur physiologischen Anpassung verstanden. Sie gehen davon aus, dass Individuen neuen Bedingungen ausgesetzt sind (Zitate Eva und Gisela, S. 38 sowie Zitat Gisela, oben), die aus den physiologischen Notwendigkeiten heraus zur Veränderung des Körpers führen.

Das Abschneiden von Mäuseschwänzen und die Vererbung

Um die Vererbung erworbener Eigenschaften zu widerlegen, stutzte *August Weismann* Mäusen über mehreren Generationen hinweg die Schwänze.
Auf die Frage, wie der Schwanz der Mäuse im Weismann-Experiment nach 20 Generationen aussehen würde, antworteten diejenigen Schülerinnen und Schüler, die keine Veränderungen bei den Nachkommen vermuteten: „normal lang", „ ... weil die Maus ihn braucht"; „ ... sie einen Vorteil davon hat"; „ ... der Schwanz nachwächst". Die Begründungen derjenigen, die einen verkürzten oder fehlenden Schwanz annahmen, lauteten: „ ... weil die Gene durch das Abschneiden verändert wurden", „ ... die Benutzung unwichtiger wird. Die Erklärungen beider Seiten geben also keinen Hinweis darauf, dass das Experiment als Widerlegung der Vererbung erworbener Eigenschaften verstanden wurde. [7]
Der Versuch, die Lernenden mit einem Experiment von „besseren" Ansichten zu überzeugen, entspricht der Annahme, man könne einen Konzeptwechsel (conceptual change) erreichen, indem man die lebensweltliche Vorstellung widerlegt, sodass die Lernenden mit den eigenen Vorstellungen unzufrieden werden, sie verwerfen und zur besseren Erklärung greifen.
Der Weismann-Versuch führt nicht zu dem gewünschten Lernerfolg, sondern erweist sich eher als Lernhindernis. [3]
Das Weismann-Experiment schließt nicht an die lebensweltlichen Vorstellungen vom zielgerichteten Verhalten oder der Notwendigkeit von Veränderungen an und veranlasst die Lernenden daher nicht, ihre Vorstellungen zu revidieren, sondern sie auf das Beispiel anzuwenden und dadurch noch auszuschärfen. Statt einen Austausch der Vorstellungen (Konzeptwechsel) erreichen zu wollen, ist es wirkungsvoller, die Lernenden zu veranlassen, ihre Vorstellungen unter die Lupe zu nehmen, sodass sie sie revidieren und gegebenfalls neu konstruieren können. *Begriffliches Umlernen* (conceptual reconstruction) tritt dann an die Stelle des (versuchten) Konzeptwechsels. Das geschieht hier, indem die Variabilität in Populationen anstelle der Vererbung individueller Eigenschaften in den Blick genommen wird (⇨ selektieren). [1] [14] [15]

Die Veränderungen erfolgen nach dem Vorbild physiologischer Anpassung. Diese Vorstellungen ähneln der Theorie von *Jean B. de Lamarck*, der den Prozess des evolutionären Wandels aus den zum Leben notwendigen Gewohnheiten der Lebewesen herleitete, die schließlich zu physiologischen Veränderungen des Körpers führen (s. 2.2). Sehr häufig äußern die Befragten, dass Organe durch mehrfachen Gebrauch dauerhaft verändert werden können (Zitat Thomas, S. 38).
Trotz der genannten partiellen Übereinstimmung ist es unangebracht, den Alltagsvorstellungen der Lernenden das Etikett „lamarckistisch" anzuheften. Bei den Lernenden ist die Vererbung erworbener Eigenschaften nur ein plausibler Aspekt innerhalb der Vorstellung von Anpassung als intentionaler Handlung (s. 2.1). Intentionen spielen hingegen bei *Lamarck* keine Rolle [8]. Die Anschauung der Vererbung von erworbenen Eigenschaften fügt sich bei den Lernenden nahtlos in die Alltagsvorstellung der Vererbung von Merkmalen ein (⇨ erben). Die Annahme, dass erworbene Eigenschaften vererbt werden können, betrifft nicht den Kern von *Lamarcks* naturwissenschaftlich motivierter Evolutionstheorie (s. 2.2). Sie lässt sich

nicht einfach durch alltägliche Erfahrungen widerlegen. So wird vielfach die Tatsache, dass antrainierte Muskelgröße eines Sportlers nicht an Kinder vererbt wird, von den Lernenden nicht als Gegenbeweis akzeptiert (und durch Erkenntnisse über epigenetische Prozesse gegenwärtig relativiert). Vielmehr spielt die Notwendigkeit des erworbenen Merkmals für die Lernenden eine entscheidende Rolle. Nur wenn Notwendigkeit vorliegt, wird die Vererbung eines erworbenen Merkmals angenommen (s. 2.1). Auch das häufig im Unterricht herangezogene wissenschaftshistorisch bedeutsame Experiment des Genetikers *August Weismann* (1834–1914) überzeugt die Lernenden daher nicht (Kasten, S. 41). [3]

3 Für Unterricht: Anschauung und Vertiefung

3.1 Potenziale der Alltagsvorstellungen

Alltagsvorstellungen	Chancen für fachliches Lernen	Hindernisse für fachliches Lernen
Anpassung ist eine generelle Eigenschaft der Organismen (Zustand).	*Perspektivenwechsel:* Unterscheidung von Prozess und Ergebnis des Prozesses (3.2)	statisches Verständnis
Lebewesen sind optimal angepasst.	*Perspektivenwechsel:* relative Angepasstheit; Abhängigkeit der Angepasstheit von den Lebensbedingungen (3.3)	als gesetzmäßig angenommenes Ideal
Lebewesen passen sich aktiv und zielgerichtet an.	*Kontrast*: Selektion: angepasst werden (⇨ selektieren); Anschluss an Alltagsvorstellung: Aneignung der Umwelt (3.4)	intentional teleologisches Verständnis
Gene werden mit dem Ziel der Anpassung (gegebenenfalls durch Erkenntnis) verändert.	*Kontrast:* Mutationen sind ungerichtet ; Gegenüberstellung zu Vorstellungen von der *Konstanz* der Gene: Lernen am eigenen Widerspruch (⇨ Evolution)	zielgerichtete Mutationen
Vererbung erworbener Eigenschaften	*Kontrast:* Vererbt werden Gene; Unterscheidung Genotyp – Phänotyp (⇨ erben)	Vererbung von Merkmalen

Tabelle 1: Alltagsvorstellungen zur Anpassung geben Hinweise für fachliches Lernen.

3.2 Angepasst-Werden und Angepasst-Sein

Anpassung wird in Alltagsvorstellungen vor allem als aktiver Prozess gedacht.
Die sprachliche und sachliche (terminologische) Differenzierung zwischen *Anpassung* und *Angepasstheit* ist geeignet, die zielgerichteten Vorstellungen zur „Anpassung" zu reflektieren und zu revidieren. Dazu eignet sich darüber hinaus die Verknüpfung der Evolution mit Vorstellungen zur Vererbung (⇦ Angepasstheit, ⇨ Evolution). [10] [11]

Die schwierigsten Schritte sind jedoch die von den Vorstellungen vom zielgerichteten adaptiven Handeln zur Selektion, d. h. vom Individuum zur Population und von der Typologie zur Variation. (⇨ selektieren)

3.3 Angepasstheit und Unangepasstheit

Die Vorstellungen, dass Lebewesen *vollkommen* (perfekt) angepasst seien und dass sie aus purer *Notwendigkeit* angepasst werden, da Umweltbedingungen dazu zwingen, können die Sicht auf das Prinzip der Selektion und die durch sie bedingten Evolutionsprozesse verstellen. Die Aussage, Lebewesen seien an ihre Umwelt angepasst, ist in struktureller und zeitlicher Hinsicht auszuschärfen:
Struktureller Aspekt. Selektion wirkt nur innerhalb der evolutionär bedingten Organisation der Lebewesen. Die mögliche Anpassung wird daher durch die vorgegebene Organisation des Lebewesens begrenzt (relative Unangepasstheit).
Zeitlicher Aspekt. Darüber hinaus ist das zeitliche Verhältnis von Organismen und Selektionsbedingungen zu beachten: Selektion setzt an den Individuen an, aber verändert sie nicht, sondern bestimmt ihren Fortpflanzungserfolg. Nicht diejenigen Individuen und diejenige Population, die der Selektion ausgesetzt sind, sind angepasst, sondern erst deren Nachkommen. Lebewesen sind also streng genommen nicht an *ihre* Lebensbedingungen angepasst, sondern an die ihrer Vorfahren. Die Angepasstheit gilt also nur insoweit, solange sich die Lebensbedingungen im Laufe der Generationen nicht ändern. [9]
Selektion besteht nicht in der Einwirkung von Umweltfaktoren auf den Organismus, sondern sie ist das Ergebnis der Wechselbeziehungen zwischen den Lebewesen und ihrer Umwelt.
Besser als Angepasstheit an die „Umwelt", die allzu leicht nur mit Faktoren der Umgebung gleichgesetzt wird, gibt die von *Darwin* gewählte Formulierung der Angepasstheit an die *Lebensbedingungen* (conditions of life) den gemeinten Sachverhalt an, weil dieser Ausdruck die Lebensweise und die Organisation des jeweiligen Lebewesens neben den Faktoren der Umgebung einschließt. Von Angepasstheit darf also nicht abgelöst von den jeweiligen Lebensbedingungen gesprochen werden: Absolute Angepasstheit gibt es nicht.
Präadaptation ist in wörtlicher Bedeutung („Voraus"-Anpassung") ein irreführendes Fachwort, da es eine gezielte (vorausschauende) Anpassung an spätere Umweltbedingungen anzugeben scheint. Mit dem Fachwort ist die Erscheinung gemeint, dass Lebewesen bereits Eigenschaften besitzen können, die sich unter veränderten Lebensbedingungen als besonders vorteilhaft herausstellen (z. B. Beine und Lungen, die bereits die im Wasser lebenden Vorfahren der Landwirbeltiere besaßen). Angepasstheiten, die unter ganz anderen Selektionsbedingungen herausgebildet wurden, können unter veränderten Lebensbedingungen mit neuer Funktion vorteilhaft sein, d. h. *zufällig* passen (z. B. der als Skelett ausgebildete Hautpanzer der Gliederfüßer als Verdunstungsschutz an Land: Mehrfacheignung, Lebewesen werden nicht nur an die Umwelt angepasst sondern verändern die Umwelt auch (⇨ Aneignung).
Wenn evolutionäre Angepasstheit auf Selektion beruht, dann fehlt ein Fachwort für das zufällige „Passen" einer Eigenschaft zu bestimmten Lebensbedingungen. Solches Passen ist ja nicht durch Selektion entstanden. Es ergibt sich lediglich durch ein Zusammentreffen mit den gegebenen Umweltbedingungen (*Darwin*: „It happens to be useful"). Für diesen Fall (Passung ohne darauf bezogene Selektion) wurde das Fachwort „Exaptation" vorgeschlagen. [5] Um eine lernförderliche Unterrichtssprache zu erreichen, kann das Wort „Eignung" das Kunstwort Exaptation sowie „Mehrfacheignung" das unangemessene Fachwort Präadaptation ersetzen.

[1] Baalmann, W. u. a. (2004). Schülervorstellungen zu Prozessen der Anpassung. Zeitschrift für Didaktik der Naturwissenschaften. – [2] Biebricher, A. C. (2002). Entstehung und Bedeutung der Vielfalt der Lebewesen. Oldenburger VorDrucke 463. Abdruck mit freundlicher Genehmigung des Didaktischen Zentrums, Carl von Ossietzky Universität Oldenburg. – [3] Boersma, K. & Geraedts, C. (2014). The interpretation of students' Lamarckian explanations. In D. Krüger & M. Ekborg (Eds.), Research in biological education. Berlin – [4] Brennecke, J. S. (2014). Schülervorstellungen zur evolutionären Anpassung. Diss. Universität Gießen. – [5] Gould, S. J. & Vrba, E. S. (1982). Exaptation – a missing term in the science of form. Paleobiology (1). – [6] Jelemenská, P. (2006). Biologie verstehen: ökologische Einheiten. Beiträge zur Didaktischen Rekonstruktion 12. Oldenburg. Abdruck mit freundlicher Genehmigung des BIS-Verlags der Carl von Ossietzky Universität Oldenburg. – [7] Johannsen, M & Krüger, D. (2005). Schülervorstellungen zur Evolution. Institut Didaktik der Biologie. Münster. – [8] Kampourakis, K. & Nehm, R. H. (2014). History and philosophy of science and teaching of evolution: Students' conceptions and explanations. In M. R. Matthews (Ed.), International Handbook of Research in History and Science Teaching. Dordrecht. – [9] Kattmann, U. (1992). Sprache und Begriffe im Biologieunterricht. Biologie in der Schule (6). – [10] Lorenz, K. (1965). Phylogenetische Anpassung und adaptive Modifikation des Verhaltens. In: Über tierisches und menschliches Verhalten. München. – [11] Schrooten, G. (1981). „Anpassung". Der Biologieunterricht (3). – [12] Sober, E. (1993). The nature of selection. Chicago – [13] Wandersee, J. H., Good, R. G. & Demastes, S. S. (1995). Forschung zum Unterricht über Evolution. Zeitschrift für Didaktik der Naturwissenschaften. – [14] Weitzel, H. (2006). Biologie verstehen: Vorstellungen zu Anpassung. Beiträge zur Didaktischen Rekonstruktion 15. – [15] Zabel, J. (2006). Evolutionsunterricht in der Sekundarstufe I. Praxis der Naturwissenschaften – Biologie in der Schule (6).

↗ anthropomorph

Art

> **Wegweiser**
>
> Nicht die Übereinstimmung von Merkmalen, sondern engste gemeinsame Abstammung macht eine biologische Art aus.

1 Vom Wort zum Begriff

„Er verhält sich, wie es so seine Art ist", „Genießen Sie das Fliegen nach Art der Vögel", „Die Art und Weise, wie er die Aufgabe ausführt, erregt Bewunderung". Das mittelhochdeutsche Wort „art" bedeutet: „Herkunft", „Abstammung", „angeborene Eigenschaft" („Eigenart"), „Natur", „Wesen". *Umgangssprachlich* ist diese Bedeutung erhalten geblieben: Das Wort „Art" steht für das Wesen und die Besonderheit, das „Sosein" eines Dinges, die „Weise" eines Tieres oder Menschen, bezogen auf besondere Eigenschaften oder Verhalten.
In den Ausdrücken „artgemäß" und „artgerecht" hat „Art" normative Bedeutung für Verhalten und Haltung. Das Wort „artig" bezeichnet angemessenes (anerzogenes) Tun. „Abartig", „entarten" und „aus der Art schlagen" stehen für ein Verhalten, das mit dem „Wesen"

als nicht vereinbar gilt, vom „Normalen" abweicht. Im Nationalsozialismus wurden diese Wörter zusammen mit „artfremd" zur Durchsetzung rassistischer Politik und Verfolgung der Gegner benutzt (u. a. „entartete Kunst", „artfremdes" und „artverwandtes Blut"). Man postulierte, dass es in der Natur eherne Gesetze zur „Erhaltung der Art und Rasse" gebe.
Weit verbreitet ist heute noch die Annahme, dass das Verhalten der Lebewesen auf den Fortbestand und das Wohl der eigenen Art gerichtet sei (Prinzip der Arterhaltung). Diese Anschauung wird für biologisch begründet gehalten, ist jedoch durch verhaltensökologische Studien überholt (⇨ artgemäßes Verhalten).
In der *Wissenschaft* bezeichnet „Art" im Allgemeinen eine Klasse von Dingen, die bestimmte Merkmale gemeinsam haben. So spricht man von Gesteinsarten, Stoffarten etc.
In der *Biologie* ist die Bedeutung der Terminus Art eingeschränkt. Es ist die Übersetzung des lateinischen Worts species, (engl. species), das „Sehen", „Anblick", „Äußeres", „äußere Erscheinung", „Gestalt" bedeutet. Während die Arten der Pflanzen und Tiere ursprünglich (entsprechend dem Wortsinn von species) ebenfalls als Klassenbegriffe behandelt wurden, werden sie heute als in sich variable Populationen definiert (biologische Arten, ⇨ typisch, ⇨ vielfältig).

Biologischer Artbegriff

Arten sind natürliche Populationen, deren Mitglieder sich untereinander fortpflanzen und gegen andere Populationen fortpflanzungsmäßig, d. h. genetisch, isoliert sind. (nach [5])

Artdefinitionen beziehen sich auf natürliche Fortpflanzungsgemeinschaften, d. h. engste gemeinsame Abstammung (Kasten). Der Grad der Übereinstimmung in Merkmalen gibt daher nicht den Ausschlag, ob Arten biologisch unterschieden werden oder nicht. Gemeinsame Merkmale resultieren aus gemeinsamer Abstammung der Angehörigen derselben Art. Pflanzen und Tiere werden nicht deshalb zur selben Art gerechnet, weil sie gemeinsame Merkmale haben, sondern sie können gemeinsame Merkmale haben, weil sie zur selben Art gehören (⇨ verwandt, ⇨ ähnlich).

2 Alltagsvorstellungen: Arten sind Typen

„Jede Art hat ihre eigenen Eigenschaften. So hat z. B. eine Art von Fischen einen schwarzen Punkt und den haben alle Fische innerhalb der Art. Andere Arten haben vielleicht besondere Flossen."

Karsten, 10. Klasse [1]

Die Vorstellungen zu Arten der Lebewesen wurden vor allem innerhalb der Vorstellungen zum evolutionären Wandel untersucht (⇨ anpassen). Folgende Grundzüge sind in den Alltagsvorstellungen zum Begriff „Art" zu finden:

- Arten unterscheiden sich deutlich voneinander. Es gibt zwischen ihnen große, wesensmäßige (essenzielle) Unterschiede.

- Arten werden als Gruppen von Individuen angesehen, die dieselben (äußerlichen) Eigenschaften besitzen. Unterschiede zwischen Individuen einer Art sind nicht im Blick (Gleichförmigkeit). Die Artzugehörigkeit wird von gleichen Merkmalen der Individuen abgeleitet.
- Die Art wird häufig als Ganze einfach wie eines ihrer Exemplare behandelt. Exemplare (Individuen) stehen für die ganze Art (Individualtypus, Zitat Karsten).
- Sofern sich Arten verändern, erfolgt die Veränderung durch gleichzeitige und gleichsinnige Abänderung der Individuen (⇨ anpassen).
- Arten werden (besonders von jüngeren Befragten) als unveränderliche Einheiten gedacht: Es gab sie schon immer und sie werden weiter bestehen (Konstanz).
- Die Fortpflanzung der Mitglieder der Art dient nach dieser Vorstellung dazu, dass die Art erhalten bleibt (Arterhaltung, ⇨ artgemäßes Verhalten).
- Arten werden als eine besondere Entität behandelt. Sie haben ein eigenes Wesen, das erhalten bleibt, und zwar auch dann, wenn man das Äußere willkürlich ändert: Ein Stuhl wird mit einer anderen Farbe ein anderer Stuhl, ein Waschbär, den man wie ein Stinktier anmalt, bleibt ein Waschbär (Erhalt des Lebe*wesens*).

Die Vorstellungen der Befragten ähneln z.T. den typologischen und essentialistischen Vorstellungen von Wissenschaftlern, wie sie vor der Begründung der Evolutionstheorie durch *Darwin* vorherrschten (⇨ Typologie).

3 Für Unterricht: Anschauung und Vertiefung

3.1 Potenziale der Alltagsvorstellungen

Alltagsvorstellungen	Chancen für fachliches Lernen	Hindernisse für fachliches Lernen
Arten sind Individuen mit gleichen Merkmalen.	*Perspektivenwechsel:* Verwandtschaft als Grund für Übereinstimmung (⇨ verwandt) *Kontrast*: variable Populationen (s. 3.2, ⇨ vielfältig)	typologisches Denken
Arten kreuzen sich nicht mit anderen Arten.	*Anknüpfung:* starkes Artkriterium, jedoch evolutionäre Übergänge (s. 3.3)	dogmatisches Denken
Arten sind deutlich voneinander verschieden.	*Anknüpfung*: Auswahl geeigneter Bestimmungsmerkmale *Kontrast*: ähnliche Arten, große Unterschiede zwischen Individuen einer Art (s. 3.4)	Schluss von Ähnlichkeit auf Artzugehörigkeit
Arten sind unveränderlich.	*Kontrast:* Mutanten (⇨ mutieren, ⇨ vielfältig)	Konstanz

Das Verhalten der Individuen dient der Arterhaltung.	*Perspektivenwechsel*: Fitness (↻ fit, ↻ artgemäßes Verhalten)	teleologisches Verständnis
Arten passen sich an.	*Perspektivenwechsel:* variable Populationen (⇨ selektieren)	gleichgerichtete Veränderung der Individuen

Tabelle 1: Alltagsvorstellungen zu Art geben Hinweise für fachliches Lernen.

3.2 Artbegriffe

Das Wort „Art" wird in der heutigen Biologie in verschiedenen Zusammenhängen gebraucht, sodass mehrere unterschiedliche (und z. T. widersprüchliche) Begriffe bestehen, die ohne einheitliche theoretische Grundlage nicht ausgeglichen werden können und je nach Aufgabe nebeneinander bestehen bleiben müssen. [2]
Nach dem im 20. Jahrhundert wohl einflussreichsten Evolutionsbiologen *Ernst Mayr* ist die Art die zentrale Grundeinheit der Evolution. Entsprechend zahlreich sind die Versuche, den Begriff „Art" biologisch zu definieren. Es werden hier drei wesentliche Definitionen herausgegriffen und anhand der Evolutionstheorie bewertet. [2] [4] [6] [7] [8]
Der morphologische Artbegriff. Er entspricht den Alltagsvorstellungen zur Klassifizierung der Individuen. Arten werden typologisch durch gemeinsame Merkmale gekennzeichnet, die sie von anderen Arten unterscheiden. Ursprünglich werden zur Artbeschreibung nur morphologische und anatomische Merkmale benutzt (Morphospezies); neuerdings werden chemische (z. B. DNA-)Unterschiede ebenfalls herangezogen.
Der an Merkmalen orientierte Artbegriff ist typologisch und evolutionstheoretisch nicht akzeptabel, da Arten veränderlich sind. In evolutionärer Sicht können Merkmale, seien sie morphologisch, ethologisch, biochemisch oder molekulargenetisch, den Artbegriff daher nicht begründen (↻ Typologie).
In der Sicht der Evolutionstheorie werden Arten von Lebewesen (wie andere systematische Gruppen) nicht durch Ähnlichkeit ihrer Angehörigen, sondern nur durch gemeinsame Abstammung gebildet. Merkmale sind lediglich Hilfsmittel, die Artzugehörigkeit von Individuen (Exemplaren) zu erkennen. Merkmale bleiben für die Artbeschreibung unumgänglich, aber nicht hinreichend, um eine Art als solche zu definieren. Das gilt selbst dann, wenn ausschließlich Merkmale zur Verfügung stehen (wie bei vielen Fossilien) oder aus pragmatischen Gründen überwiegend herangezogen werden (müssen), wie bei der taxonomischen Einordung. Die Klassifizierung als Art muss in diesen Fällen *hilfsweise* aus den verfügbaren Daten konstruiert werden und gegebenenfalls – wenn keine evolutionsbiologischen Untersuchungen vorliegen – revidierbar sein (⇨ verwandt).

Biologischer Artbegriff. Arten sind Gruppen von natürlichen Populationen, die eine Fortpflanzungsgemeinschaft bilden und gegen andere Populationen durch Fortpflanzungsbarrieren isoliert sind. Kriterium ist nicht die Kreuzbarkeit von Individuen, sondern die Fortpflanzungsisolation von Populationen („Biospezies"). Dieser Artbegriff bezieht außer genetischer Unverträglichkeit alle unter natürlichen Bedingungen möglichen Paarungsbarrieren zwischen Populationen ein, die eine Kreuzung verhindern (z. B. jahreszeitliche Isolation durch unterschiedliche Fruchtbarkeitsperioden, arttrennende Verhaltensweisen bei der Paarung). Unter künstlichen Bedingungen (z. B. im Gehege) können artverschiedene

Individuen jedoch fruchtbare Nachkommen haben (z. B. Löwe und Tiger: Liger). [6] Die Schärfe des (negativen) Artkriteriums macht die Stärke des als „biologisch“ bezeichneten Artbegriffs aus. (Andere Artbegriffe sind selbstverständlich ebenfalls biologisch.) Absolute Fortpflanzungsisolation, die definitionsgemäß keine Ausnahme, also keine Kreuzungen zwischen Arten zulässt, ist jedoch häufig nicht verwirklicht, sodass in anderen – ebenfalls an der Fortpflanzungsgemeinschaft orientierten Artbegriffen – seltene Kreuzungen nicht als Hindernis gesehen werden, die betroffenen Populationen als verschiedene Arten zu klassifizieren.
Organismen, die sich nicht sexuell fortpflanzen, werden von diesen Artbegriffen nicht erfasst, darunter alle Prokaryoten (Bakterien) und viele eukaryotische Einzeller. Um diese Unzulänglichkeit zu überwinden, wurde u. a. der evolutionsgenetische Artbegriff formuliert.

Evolutionsgenetischer Artbegriff. Arten sind Gruppen von Populationen, die aufgrund von Evolutionsfaktoren (vor allem Allelfluss, Selektion und Einnischung) entstanden sind und durch diese Faktoren weiterhin genetisch zusammengehalten werden.
Unter Biologen gibt es keine vorbehaltlose Einigung auf einen der genannten Artbegriffe, wenn auch der „biologische“ zumindest unter den Zoologen die meisten Anhänger hat. Es erscheint nötig, das Verständnis der „Art“ über diesen Stand hinaus weiterzuentwickeln (s. 3.3).

3.3 Von Artbegriffen zur Artdiagnose

Die „Art“ ist das größte *genetisch* abgrenzbare Biosystem. Deshalb wird sie zu Recht als eine zentrale Einheit der Evolution angesehen. [5] Als Biosysteme sind Arten Konstrukte. Sie werden nicht willkürlich, sondern empirisch abgegrenzt; Arten korrespondieren mit der gemeinten Realität, sind jedoch nicht mit ihr gleichzusetzen. Als Biosystem ist die Art *ökologisch* zugleich ein Teilsystem des Bioplaneten. Als solche stehen Arten untereinander in ökologischen Beziehungen: Keine Art lebt für sich allein, keine ist „für sich allein“ entstanden und besteht nicht für sich allein weiter (⇨ System, ⇨ lebendes System).
Die Suche nach eindeutigen Kriterien für den Begriff „Art“ ist (ohne dass dies eingestanden wird) genau genommen ein Rückfall in den Essentialismus, da angestrebt wird, die Kategorie „Art“ als eine (vom wissenschaftlichen Vorgehen unabhängige) „natürliche Einheit“ zu erfassen. Mit einem solchen Artbegriff wird wieder nach dem „Wesen“ einer Art gefragt. Es wird ein Produkt der Evolution definiert (d. h. festgelegt), anstatt das *Evolutionsgeschehen* selbst, das ja erst zur (vorläufigen) Artbildung führt, für das Wesentliche zu halten.

Das wechselvolle taxonomische Schicksal von Rabenkrähe und Nebelkrähe

Ursprünglich wurden Raben- und Nebelkrähe aufgrund ihres unterschiedlichen Aussehens als zwei Arten klassifiziert (Corvus corone und Corvus cornix). Außer im Gefieder lassen sich keine biologischen Unterschiede zwischen den beiden Krähenformen feststellen. Da es zwischen beiden Formen eine Bastardisierungszone (östlich und westlich der Elbe) gibt, wurden sie entsprechend dem biologischen Artbegriff seit Anfang des 20. Jahrhunderts zunehmend als zwei Unterarten (Corvus corone corone und Corvus corone cornix) angesehen. Für die neu geschaffene Art wurde der Name „Aaskrähe" eingeführt. Seit 2002 besinnen sich einflussreiche Vogelkundler wieder anders: Rabenkrähe und Nebelkrähe sollen nun doch als zwei Arten gelten. Es wurde eine etwas geringere Fortpflanzungsrate (also geringere Fitness) der Mischlingsmännchen festgestellt.

Hauptgrund für den Sinneswandel ist jedoch die Neuorientierung des Artbegriffs, indem man nicht die genetische Isolation zwischen Populationen (biologischer Artbegriff) zugrunde legt, sondern den Zusammenhalt des Fortpflanzungssystems (evolutionsgenetischer Artbegriff). So erhält die (lange bekannte) Stabilität der Bastardisierungszone neues Gewicht. Diese Zone verbreitert sich nicht, ein Zeichen, dass sich die beiden Formen nicht zunehmend vermischen. Tatsächlich spiegelt die wechselvolle Artabgrenzung wider, dass die beiden Krähenformen ein Beispiel für ein Übergangsstadium der Artbildung sind: Ob sich Raben- und Nebelkrähe zukünftig zu einer Artpopulation vereinigen, zu zwei Artpopulationen aufspalten oder den gegenwärtigen Zustand fortführen werden, wird von den in der Zwischenzeit herrschenden Lebensbedingungen der Krähen abhängen.

Wenn der „Art" nicht das Wesen einer „natürlichen Einheit" zugeschrieben wird, kann man einen Wechsel der Kategorien – von „Art" zu „Unterarten" und umgekehrt – gelassen hinnehmen: Für die Krähen ist er gleichgültig. Für sie ändert sich durch die Beförderung zu zwei Arten oder der Abwertung zu Unterarten nichts: Sie paaren sich so viel sie mögen – unbeeindruckt von der wechselnden Vorliebe der Ornithologen für verschiedene Artbegriffe.

Die Uneindeutigkeit (und die Mehrzahl) der begrifflichen Artabgrenzungen (s. 3.2) stören in dieser Sicht nicht, sie sind vielmehr aus evolutionstheoretischen Gründen zu erwarten: Wenn Arten Ergebnisse von dynamischen Artbildungsprozessen sind, dann ist es geradezu eine Bestätigung vergangener und andauernder Evolution, wenn Übergangsstadien und vielfältige Formen dokumentiert werden können, was z. B. bei Vögeln (Möwen, Meisen, Laubsängern, Darwinfinken, Mönchsgrasmücken, Enten) und Insekten (z. B. Apfelfliegen, tropischen Scheckenfaltern) vielfach der Fall ist. In diesen Fällen ist die Artabgrenzung nicht eindeutig und daher mit Recht umstritten. Die Rabenkrähe und Nebelkrähe sind ebenfalls ein Beispiel für unabgeschlossene Artbildung, die durch die wechselvolle Geschichte der Klassifikation als Arten oder Unterarten zutreffend abgebildet wird (Kasten).

Man kann daraus folgern, dass mit der Evolutionstheorie „nicht nur die Konstanz der Arten als wissenschaftliche Aussage aufgegeben werden muss, sondern auch die Konstanz der *Artkriterien*". Die zu stellende Frage lautet nicht „Was ist eine Art?", sondern konkret bezogen auf den Einzelfall „Ist dies eine Art?" [9]

Damit wird im Kern vorgeschlagen, den Artbegriff nicht generalisierend, sondern „diagnostisch“ zu begreifen, so, wie etwa der Arzt „Gesundheit“ und „Krankheit“ am Einzelfall diagnostiziert. „Art“ wird zum „diagnostischen Begriff“.
Die *Artdiagnose* ist für eine Population stets in ihrem Verhältnis zu anderen Populationen zu stellen. Leitend ist dabei eine auf den *Einzelfall* abgestimmte evolutionstheoretische Analyse, in der die jeweilige Art (das Individuum höherer Ordnung) qualitativ bewertet wird. Die Artdiagnose setzt selbstverständlich einen Satz von Kriterien voraus, aber nicht alle Kriterien sind im Einzelfall anzuwenden oder auch nur anwendbar. Verschiedene Kriterien können unter den jeweils gegebenen konkreten Umständen ganz unterschiedliches Gewicht haben: „Entscheidend ist, ob eine Population bei der Begegnung mit einer anderen von dieser als getrennte Art behandelt wird. Das hängt wiederum von den in Raum und Zeit sich wandelnden Bedingungen der Populationen und deren gegenseitigen Beziehungen ab“. [9]
So ist es auch kein Widerspruch zur Abkehr von typologischen Artbegriffen, wenn morphologische Kriterien, wie die kontinuierliche Abwandlung bzw. abrupte Aufspaltung von Merkmalen bei Fossilien oder die relative Größe der genetischen Distanzen, als wichtige Hinweise auf eine ungegabelte Stammeslinie (also die Fortexistenz einer einzelnen Art) oder auf eine gegabelte Stammeslinie, also die Trennung der Populationen (Artaufspaltung) gedeutet werden.
Artbegriffe stellen Kriterien für die Artdiagnose bereit. Die Diagnose wird im Abwägen verschiedener Kriterien getroffen, *soweit sie verfügbar sind.* Den umfassendsten theoretischen Rahmen für die Artdiagnosen liefert der evolutionsgenetische Artbegriff, da er vielseitig an den erkennbaren Wirkungen der Evolutionsfaktoren orientiert ist. [8]
Für die am biologischen Artbegriff orientierte Artdiagnose gibt es einen eingängigen Merkspruch: „Denn was sich ohne Not verpaart, das zählt man klar zu einer Art.“ Auf diese Weise können Varianten innerhalb von Populationen leicht als ein und dieselbe Art erkannt werden (z. B. Individuen mit unterschiedlichen Farben und Bändern bei Schnirkelschnecken oder rote und schwarze Formen beim Zweipunkt-Marienkäfer bzw. die vielfältigen Farb- und Punktvarianten beim eingebürgerten Asiatischen Marienkäfer).
Besonders manche Botaniker klassifizieren Arten vielfach rein typologisch nach abgestufter Ähnlichkeit. Dann werden sehr ähnliche Formen einfach einer „typischen Art“ als „Unterarten“ zugeordnet, ohne zu berücksichtigen, dass sie in vielen Fällen im gleichen Gebiet zusammen vorkommen und ohne zu bastardisieren nebeneinander existieren. Dieses Verhalten müsste beim Zugrundelegen des biologischen Artbegriffs dazu zwingen, die betreffenden Formen als eigene Arten zu klassifizieren. Da man jedoch morphologische Kriterien zur Arttrennung anwenden möchte, werden häufig typologische Argumente gegen eine konsequent biologische Klassifikation der Arten angeführt (↗ Arttypus).

[1] Biebricher, A. C. (2002). Entstehung und Bedeutung der Vielfalt der Lebewesen. Oldenburger VorDrucke 463. Abdruck mit freundlicher Genehmigung des Didaktischen Zentrums, Carl von Ossietzky Universität Oldenburg. – [2] Greydon, T. A. C. (2005). On the nature of the species problem and the four meanings of 'species'. Studies in the History and Philosophy of Biological and Biomedical Sciences. – [3] Halldén, O. (1988). The evolution of the species: Pupil perspectives and school perspectives. International Journal of Science Education (5). – [4] Kattmann, U. (2000). Evolutionsgenetik. Unterricht Biologie (260). – [5] Mayr, E. (1967). Artbegriff und Evolution. Hamburg. – [6] ders.: Evolution und Vielfalt des Lebens. Berlin/Heidelberg/NewYork: Springer 1979. Mit freundlicher Genehmigung von Springer Science + Business Media. – [7] Nieder, J. (2007). Arten. Unterricht Biologie (324). – [8] Templeton, A. R. (1989). The meaning of species and

speciation: A genetic perspective. In D. Otto & J.A. Endler (Hrsg.), Speciation and its consequences. München. – [9] Wahlert, G. von (1981). Evolution als Geschichte des Ökosystems „Biosphäre“. In U. Kattmann, G.von Wahlert & J. Weninger, Evolutionsbiologie. Köln.

↗ artgemäßes Verhalten/Arterhaltung

atmen/Atmung

Wegweiser

Mit Atmung werden ganz verschiedene Prozesse bezeichnet: Atembewegungen, Transport der Atemgase, Zellatmung.

1 Vom Wort zum Begriff

Umgangssprachlich werden mit dem Wort „Atmen“ die sicht- und hörbaren *Atembewegungen* bezeichnet, wie sie beim Menschen beim Einziehen und Ausstoßen der Luft durch Mund und Nase oder am Heben und Senken des Brustkorbs und Bauchs wahrnehmbar sind. Bei Tieren werden entsprechende Bewegungen ebenfalls als Atmen wahrgenommen, wie das „Pumpen“ des Hinterleibs bei großen Insekten (z. B. Maikäfer) oder die Bewegungen von Maul und Kiemendeckel bei Fischen oder der Kehle bei Fröschen.
Das in Atmen steckende Wort „Atem“ ist vom altindischen Wort atman abgeleitet, das „Hauch“, „Seele“ bedeutet, gleichermaßen wie das griechische Wort psyche. Beide Worte ahmen den Atemhauch, der als Zeichen des Lebens gilt, lautmalerisch nach. Längerer Atemstillstand ist entsprechend ein Kriterium für den eingetreten Tod (↗ sterben).
Wissenschaftlich werden mit dem Fachwort „Atmung“ im Deutschen sehr verschiedene Prozesse bezeichnet. Zwei Prozesse sind physikalisch: die Atembewegungen (Atmen, Ventilation) und der Transport der Atemgase; ein weiterer Prozess ist chemisch: die Zellatmung (biologische Oxidation).

2 Alltagsvorstellungen

Alltagsvorstellungen zur Atmung sind durch die folgenden Aspekte charakterisiert:
- Sie beziehen sich in erster Linie auf die sichtbaren Atembewegungen bei der Aufnahme und Abgabe von Atemgasen.
- Im Gegensatz zur Nahrungsaufnahme, die durch bewusst wahrgenommene Empfindungen, d. h., durch Geschmack, Appetit und Hunger gesteuert wird, erfolgt das Atmen unbewusst. Es kann jedoch durch Beobachtung und Atemübungen bewusst gemacht werden. (Von dem Versuch, die Luft möglichst lange anzuhalten, ist abzuraten, da er zu ernsten Atembeschwerden wie Hyperventilation führen kann.)
- Größte Aufmerksamkeit wird der lebensnotwendigen Aufnahme (und Verteilung) von Sauerstoff gewidmet (⇨ Sauerstoff). Die Abgabe von Kohlenstoffdioxid spielt dagegen in Alltagsvorstellungen kaum eine Rolle.

- Häufig wird jede Aufnahme und Abgabe von Gasen als Atmung betrachtet. Von mehr als der Hälfte der 12- bis15-jährigen wird der Gasaustausch von Pflanzen zur Fotosynthese (Aufnahme von Kohlenstoffdioxid und Abgabe von Sauerstoff) als Atmung bezeichnet, obgleich er zum Gasaustausch bei der Atmung (auch bei der Atmung der Pflanzen) gegenläufig ist. Es wird dann von einer „anderen Atmung“ gesprochen. Die tatsächliche Atmung von Pflanzen ist meist unbekannt (⇨ Fotosynthese). [2]
- Die Lunge wird häufig als (chemischer) Filter verstanden: In ihr werden die brauchbaren Stoffe (vor allem Sauerstoff) der Luft entnommen, die unbrauchbaren (vor allem Kohlenstoffdioxid und Schadstoffe) ausgeatmet.
- Dem Herzen wird häufig die Aufgabe der Sauerstoffverteilung zugeschrieben: Es wird durch Röhren direkt an die Lunge angeschlossen gedacht (⇨ Blutkreislauf, ⇨ Herz).
- Der chemische Prozess der Zellatmung (biologische Oxidation) wird häufig mit einer Verbrennung (der Nährstoffe) gleichgesetzt. [1]

3 Für Unterricht: Anschauung und Vertiefung

3.1 Potenziale der Alltagsvorstellungen

Alltagsvorstellungen	Chancen für fachliches Lernen	Hindernisse für fachliches Lernen
Atmung ist Ein- und Ausatmen.	*Anknüpfung:* Bedeutung der Ventilation *Perspektivenwechsel:* Mehrdeutigkeit des Wortes Atmung (3.2)	Beschränkung auf Atembewegungen
Gasaustausch ist Atmung.	*Anknüpfung* an den Transport von Atemgasen (⇨ Blutkreislauf) *Perspektivenwechsel:* Funktion der Atmung, Zellatmung (3.2)	Verallgemeinerung des Gasaustausches als Atmung
Pflanzen atmen Kohlenstoffdioxid ein und Sauerstoff aus.	*Kontrast:* Pflanzen nehmen im Dunkeln Sauerstoff auf und geben Kohlenstoffdioxid ab. *Perspektivenwechsel:* Beziehungen zwischen Fotosynthese und Zellatmung (3.3, ⇨ Fotosynthese, ⇨ Energie)	Verständnis vom Gasaustausch bei der Fotosynthese als Atmung
Sauerstoff ist lebenswichtig.	*Anknüpfung:* Wofür wird der Sauerstoff verwendet? *Perspektivenwechsel:* gleichwertige Beachtung von Versorgung und Entsorgung (⇨ Blutkreislauf)	fehlende Verknüpfung von Ernährung und Atmung einseitiges Augenmerk auf Sauerstoff
Atmung ist dasselbe wie Verbrennung.	*Perspektivenwechsel* von energetischer zu biochemischer Betrachtung (3.4)	undifferenzierte Gleichsetzung

Tabelle 1: Alltagsvorstellungen zur Atmung geben Hinweise für fachliches Lernen.

3.2 Die drei Bedeutungen von Atmung

Mit Atmung und Atmen werden verschiedene Prozesse bezeichnet (Abb. 1):

1. Atmung und Atmen bezeichnen die *Bewegung des Atemmediums* (Luft, Wasser) und den Austausch der Atemgase durch Mund, Nase und Lunge (Ventilation).
2. In den Terminus Atmung wird häufig der *Transport der Atemgase* im Körper eingeschlossen (Diffusion der Gase und Bewegung der Körperflüssigkeit, ⇨ Blutkreislauf).
3. Zellatmung bezeichnet die *Stoffumwandlung* der Nährstoffe bzw. Nährstoffbausteine: biologische Oxidation.

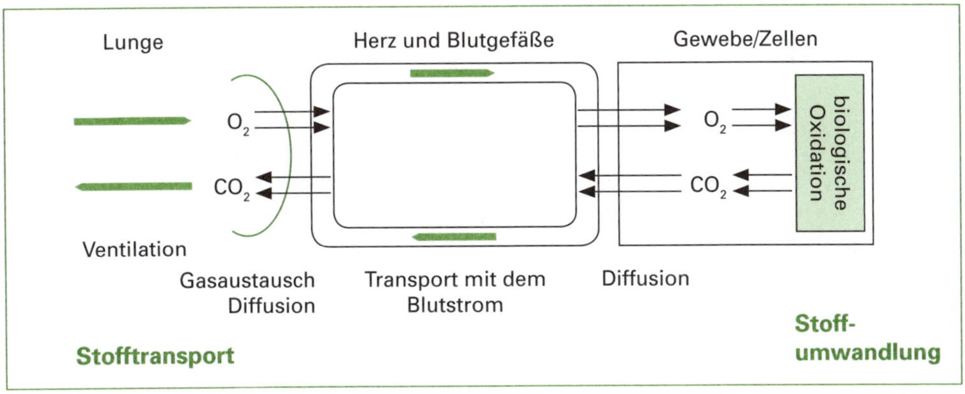

Abb. 1: Drei Bedeutungen von Atmung (am Beispiel Landwirbeltiere): 1 Stofftransport: a) Ventilation, b) Transport der Atemgase im Gewebe (Diffusion) und im Blut; 2 Stoffumwandlung: Zellatmung (biologische Oxidation)

Die ersten beiden Prozesse sind Transportprozesse, die Zellatmung ist jedoch ein biochemischer Prozess. Die Stoffumwandlung bei der Zellatmung liefert die für Lebensprozesse nötige Energie (s. 3.4).

3.3 Pflanzen sind Sauerstoff atmende Lebewesen

In vielen Darstellungen des Kohlenstoffkreislaufs nehmen Pflanzen Kohlenstoffdioxid auf und geben Sauerstoff ab; Tiere und Menschen atmen dagegen Sauerstoff ein und Kohlenstoffdioxid aus. Entsprechend bildet sich die Vorstellung, dass Pflanzen den Sauerstoff liefern, den die Tiere und Menschen zum Atmen brauchen. Pflanzen betreiben jedoch genauso Zellatmung wie Tiere und Menschen und geben Sauerstoff in der Bilanz von Zellatmung und Fotosynthese nur ab, wenn die Fotosynthese die Zellatmung überwiegt. In der Regel gilt das für den Tag und in der Bilanz von Tag und Nacht nur, wenn die Pflanzen wachsen, also die durch Fotosynthese erzeugte Biomasse nicht gleich wieder abgebaut wird (⇨ Sauerstoff, ⇨ Fotosynthese).
Pflanzen setzen die Nährstoffe, die sie selbst hergestellt haben, in ihrer Zellatmung mit Sauerstoff um. Sie sind auf Sauerstoff zur Energienutzung ebenso angewiesen wie die übrigen Sauerstoff atmenden Lebewesen. Die Aussage, dass Sauerstoff ein Nebenprodukt der Fotosynthese sei, wird durch die energetischen Zusammenhänge Lügen gestraft (s. 3.4).
Dass Pflanzen atmen, sollte besonders bewusst gemacht werden. Nachzuweisen ist das bei der Zellatmung abgegebene Kohlenstoffdioxid mit einem einfachen Versuch (Kasten).

Untersuchung: Atmen Pflanzen auch?

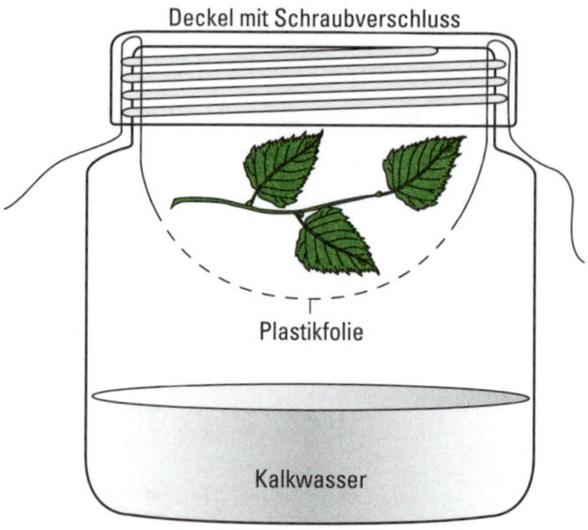

Über die Öffnung zweier kleiner Marmeladengläser spannt man je eine Plastikfolie und sticht kleine Löcher hinein. Man legt die Folien beiseite und füllt beide Gläser etwa 1 cm hoch mit Kalkwasser. Dann legt man je eine der Folien über die Öffnung beider Gläser und lässt sie leicht durchhängen, sodass man kleine Objekte hineinlegen kann (Abb.). Auf die Folie eines der Gläser legt man eine kleine Pflanze mit Blättern oder nichtgrüne Pflanzen bzw. Pflanzenteile wie blattlose Zweige, Wurzeln oder keimende Samen. Dann verschließt man beide Gläser fest mit einem Deckel. Falls man eine grüne Pflanze oder grüne Pflanzenteile verwendet, wird das Glas ins Dunkle gestellt.
Das Kalkwasser dient als Nachweis von Kohlenstoffdioxid. Nach 10 bis 15 Minuten prüft man die Trübung des Kalkwassers der zwei Gläser (Vergleich des Glases mit Pflanzenteilen mit dem Kontrollansatz ohne Pflanzenteile). Zum weiteren Vergleich oder als einführendes Experiment kann man in anderen Gläsern kleine Tiere auf Abgabe von Kohlenstoffdioxid prüfen (z. B. Schnecken, Regenwürmer, kleine Käfer wie Marienkäfer oder Mehlkäfer, Mehlwürmer).

3.4 Zellatmung ist keine Verbrennung

Atmung wird in Alltagsvorstellungen und populären Darstellungen als Verbrennung von Nährstoffen bezeichnet. Wie bei der Verbrennung wird bei der Zellatmung das System Nährstoff–Sauerstoff genutzt, mit dem durch die exergonische Reaktion von Nährstoff und Sauerstoff Energie geliefert wird. Die Gleichsetzung mit der Verbrennung leitet jedoch fehl: Die Zellatmung (biologische Oxidation) hat mit der Verbrennung nur die organischen Ausgangsprodukte (Nährstoffe) sowie die Endprodukte Wasser und Kohlenstoffdioxid gemeinsam und daher auch dieselbe Energiebilanz. Die chemischen Reaktionen von Verbrennung und Zellatmung sind jedoch ganz verschieden:

- In Organismen treten niemals so große Temperaturdifferenzen auf, wie sie z. B. bei einem Verbrennungsmotor zur Energienutzung nötig sind. Organismen sind keine Wärmekraftmaschinen, sondern biochemische Energienutzer.

- Wegen der stöchiometrischen Summengleichheit ist lediglich der freigesetzte Energiebetrag bei Zellatmung und Verbrennung derselbe (so genannter Brennwert der mit Sauerstoff umgesetzten Nährstoffe).
- Bei der Zellatmung wird der Sauerstoff nicht an den Kohlenstoff (Bildung von Kohlenstoffdioxid), sondern an den Wasserstoff gebunden (Wasserbildung). Die Reaktionssymbole von Verbrennung und Zellatmung sind also verschieden (Abb. 2).
- Bei der Zellatmung (biologische Oxidation) erfolgt die Energienutzung mittels Oxidation des reduzierten Kohlenstoffs im Zitronensäurezyklus sowie der Endoxidation (Wasserbildung) an der Mitochondrienmembran, wo ATP gebildet wird.
- Bei der Zellatmung entsteht ATP (Adenosintriphosphat). Es ist die „Energiemünze" des Organismus; die Energie wird durch die ATP-Hydrolyse in kleinen Portionen bereitgestellt (s. Kasten).
- Bei der Verbrennung wird die Reaktionsenergie hingegen vollständig in Form von Wärme und Licht freigesetzt. (Abb. 2 oben).

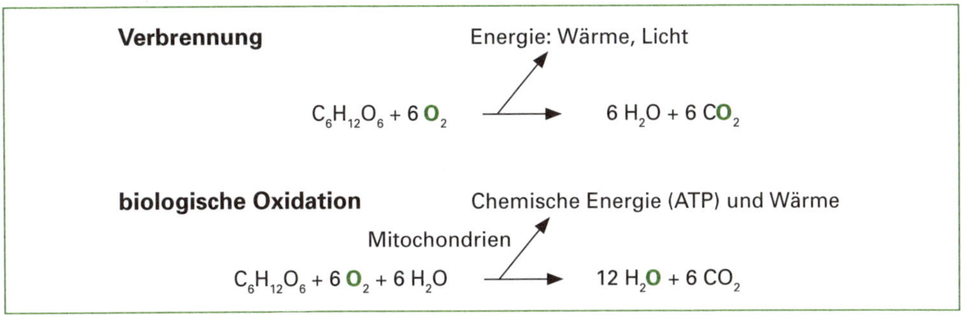

Abb. 2: Vergleich von Verbrennung und biologischer Oxidation (Zellatmung). Bei der Verbrennung wird der Sauerstoff im Kohlenstoffdioxid gebunden, bei der biologischen Oxidation im Wasser. Die Energie wird bei der Verbrennung abgestrahlt, bei der biologischen Oxidation (Zellatmung) wird sie durch ATP-Bildung für den Organismus schrittweise in kleinen Portionen verfügbar (s. Kasten und Abb. 3).

Die biologische Oxidation ist ein komplexer chemischer Prozess, der sich grundsätzlich von einer Verbrennung unterscheidet. Deshalb sind Bezeichnungen wie „stille Verbrennung" oder „flammenlose Verbrennung" irreführend. Vergleiche zwischen Verbrennung und Zellatmung sind auf den „Brennwert" der Nährstoffe zu beschränken.
Häufig werden die Nährstoffe als „energiereich" und „Energieträger" bezeichnet. Tatsächlich „steckt" in ihnen keine Energie. Die in der Fotosynthese genutzte Energie ist in dem Reaktionspaar Sauerstoff–Nährstoff gespeichert, nicht in den Nährstoffen allein. Nährstoffe können zutreffend als *energetisch nutzbare Stoffe* bezeichnet werden (Abb. 3. ⇨ Energie).

Zellatmung: Energie in kleinen Beträgen

Der Modellversuch zum Vergleich der energetischen Aspekte von Verbrennung und biologischer Oxidation (Zellatmung) zeigt, dass die Summe des Energiebetrags von Verbrennung und Atmung zwar die gleiche ist (dargestellt durch die Fallhöhe), aber durch die Umwandlung in kleine Schritte eine andere Wirkung erzielt wird (Wirkung des Aufprallens auf die Glasplatten).

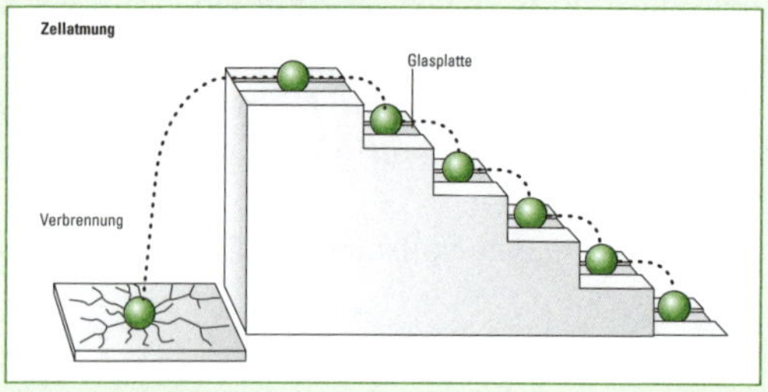

Ort der Endoxidation sind die inneren Membranen der Mitochondrien. Die Prozesse des Elektronentransports sowie der Bildung und Hydrolyse von ATP können erhellend mit den Prozessen der *Fotosynthese* parallelisiert werden. Die entsprechenden Strukturen der Membranen (Enzyme für den Elektronentransport und die ATP-Synthase) sind homolog. Nach der Erfindung der Fotosynthese mussten also die Strukturen für die Sauerstoffatmung nicht ganz neu gebildet werden (⇨ Energie, ⇨ Fotosynthese).

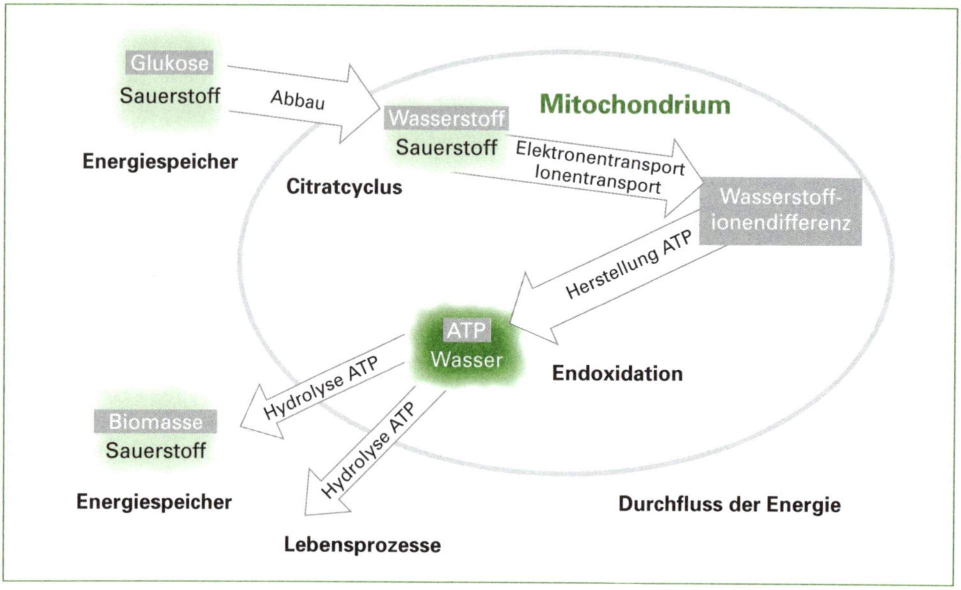

Abb. 3: Zellatmung: Energiefluss und Energiespeicherung. Die Abnahme der in der Zelle befindlichen Energie durch Abwärme ist nicht berücksichtigt. Letzlich wird die für Lebensprozesse genutzte Energie durch Wärme(fluss) abgeführt. Verfügbar bleibt die im System Nährstoffe–Sauerstoff chemisch gespeicherte Energie.

Da bei der Zellatmung die durch Ernährung und Atmung aufgenommen Stoffe Nährstoffe und Sauerstoff zusammentreffen und für den Energie liefernden Prozess gleich wichtig sind, könnte die Zellatmung ebenso gut „Zellernährung“ heißen.

[1] Schwegmann, B. (2004). Vorstellungen zur Atmung. Oldenburger VorDrucke 488. – [2] Steigert, T. (2012). Schülervorstellungen zum Pflanzenstoffwechsel und die Bedeutung von Experimenten bei der Entwicklung von Konzepten. Hamburg.

Bakterie/Bazille

Wegweiser

Bakterien sind mikroskopisch kleine, aber sehr leistungsfähige und vielseitige Lebewesen mit großer Bedeutung für das gesamte Leben auf der Erde.

1 Vom Wort zum Begriff

Das Wort „Bakterie“ wurde im 19. Jahrhundert als medizinisches Fachwort eingeführt, abgeleitet von griechisch bakterion: „Stab“, „Stock“. „Bazille“ stammt von lateinisch bacillus: „Stäbchen“. Bakterien und Bazillen sind also danach benannt, dass sie häufig eine Stabform haben.
Umgangssprachlich werden Krankheitserreger unterschiedslos Bakterien oder Bazillen genannt. Häufig sind auch Viren gemeint.
Fachlich wurden als Bakterien ursprünglich die Lebewesen mit Zellen ohne Zellkern bezeichnet (Prokaryoten). Die „Archaebakterien“ wurden später aus molekulargenetischen Gründen von den Bakterien als eigene Gruppe abgetrennt und zu Archaeen umbenannt. Der Terminus „Bazille“ wird fachlich für stäbchenförmige Bakterien verwendet, kugelförmige heißen „Kokken“, gewellt-längliche „Spirillen“.
Diese Unterscheidungen sind allerdings nur für krankheitserregende Bakterien üblich. Die meisten Bakterien haben jedoch andere Lebensweisen: Zersetzer (Destruenten), Symbionten und Produzenten, u.a. Cyanobakterien (früher Blaualgen genannt). Prokaryoten sind die Ureinwohner der Erde. Pflanzen, Pilze und Tiere leben in der Welt der Bakterien, die die Lebensbedingungen auf der Erde wesentlich umgestaltet haben und weiterhin bestimmen (z.B. durch globale Stoffkreisläufe). Die komplexen Organellen eukaryotischer Zellen, Chloroplasten und Mitochondrien, stammen von ursprünglich frei lebenden Bakterien ab. Fotosynthese und Sauerstoffatmung (Zellatmung) sind also Leistungen von Bakterienzellen (⇨ Zelle).

2 Alltagsvorstellungen

2.1 Chemische Stoffe oder Lebewesen?

Die Alltagsvorstellungen zu Bakterien wurden in mehreren Studien eingehend untersucht. Die vielfältigen Vorstellungen lassen zwei Spannungsbögen erkennen:

- Auf der einen Seite des Spannungsbogens werden Mikroorganismen – überwiegend, aber keineswegs immer – als Lebewesen angesehen, auf der anderen Seite werden ihnen Merkmale nicht-lebender Strukturen (z. B. chemischer Stoffe) zugeschrieben: Sie können einfach stofflich, d. h. auch als Gift oder Schmutz (Schmuddel), Staubteilchen oder Bestandteile der Luft gedacht werden oder setzen sich aus Stoffen neu zusammen.
- Im zweiten Spannungsbogen werden Mikroorganismen einerseits als einfache und primitive Organismen mit wenigen Strukturen angesehen, andererseits als komplexe, mit (vielzelligen) Tieren vergleichbare Lebewesen betrachtet. [4] [6] [14]

Als wesentliche Aspekte des Verständnisses von Bakterien als Lebewesen sind darüber hinaus zu nennen:
- Die Bezeichnung „Bakterium“ wird als allgemeine Bezeichnung für mikroskopisch kleine Lebewesen benutzt, also mit Mikroorganismen (Mikroben) gleichgesetzt. Bakterien werden dabei nicht immer von *Viren* unterschieden.
- Bakterien sind unklar klein. Aus der geringen *Größe* wird ein einfacher Bau abgeleitet: *Größen-Komplexitäts-Zusammenhang*.
- Bakterien haben ein Innen und Außen, abgegrenzt durch Zellmembran oder Zellhülle: *Behälterschema*.
- Wegen der unterschiedslosen Verwendung für Mikroorganismen werden den Bakterien aus dem Unterricht bekannte Eigenschaften von *Einzellern* oder *eukaryotischen Zellen* zugeschrieben: Zellkern, Zellmembran, Zellhülle, Fortbewegung, Umfließen der Nahrung wie Amöben und Vermehrung durch Teilung, Besitz von Mitochondrien und ER (Zitat Anne).
- Bakterien werden oft als *kleine Tiere* mit Maul (Mund, Zähnen und Verdauungsorganen vorgestellt. Sie bewegen sich dann wie Tiere zielgerichtet fort (laufen, kriechen, schwimmen). Sie haben Organe, ernähren sich, haben einen Stoffwechsel und wachsen. Auf der Oberfläche haben sie Fortsätze (Fühler) zur Orientierung und Verteidigung (Zitat Gereon).
- In Bezug auf *Ernährung* wird angenommen, dass sich Bakterien in etwas hineinfressen oder Zellen zerstören und das Flüssige aufsaugen bzw. die Nahrung durch Umhüllen einverleiben (Zitat Marlies).
- Seltener werden Bakterien mit *Pflanzen* verglichen, besonders in Bezug auf Bakterienkolonien (Wachstum, „Bakterienrasen“).
- Bakterien kommen überall vor und können (wollen) sich massenhaft vermehren.

> *Wie eine Zelle*
> „Eine Bakterie ist ganz normal und eigenständig wie eine Zelle; mit einem Zellkern, weil sie gesteuert werden muss, mit einer Vakuole, weil sie Nährstoffe speichern muss, und mit Geißeln, ähnlich wie Schwimmflossen, zur Fortbewegung, und mit einem Mund, um sich z. B. in Obst hineinzufressen.“
>
> *Anne, 11. Klasse [4]*

Wie ein Tier
„Bakterien sind nicht direkt Lebewesen, aber eigentlich schon. ... Die Bakterien können sich bewegen. Irgendwie müssen sie auch einatmen. ... Die müssen auch irgendetwas haben, wovon sie leben. Einen Magen zum Beispiel. Wenn sie was eingenommen haben, wird das im Magen verdaut. ... Bakterien müssen irgendwie leben, das heißt, sie haben irgendwo ein Herz."

Gereon, 7. Klasse [6]

Einverleiben
„Wenn die Bakterien fressen, müssen sie die Nährstoffe einschließen. Dass die Nährstoffe sich an die Bakterien ranhängen oder eben andersherum und dass die dann ihre Haut außen um die Nährstoffe rumbilden, und dann könnten die Bakterien schon ihr Fressen essen."

Marlies, 10. Klasse [14]

2.2 Gute und schlechte Bakterien

Vorrangig werden Bakterien als *Krankheitserreger* angesehen (Zitat Wilhelm). Die Krankheitserreger entstehen durch Schmutz oder Gifteinwirkung auf die Zellen. Der von Mikroben freie Mensch wird vielfach als Idealfall angesehen. Bakterien sind am *Verderben* von Lebensmitteln beteiligt (⇨ zersetzen).
Häufig werden sie in *gute und schlechte Bakterien* eingeteilt, d.h. den Menschen schädigende oder für ihn nützliche Bakterien (Zitat Gereon). Gute Bakterien bekämpfen die schlechten oder beseitigen schädliche Stoffe (Gifte) aus dem Körper. Schlechte Bakterien schädigen den Körper, dadurch, dass sie sich von ihm ernähren, Zellen zerstören oder Gifte injizieren (Zitat Benno).
Bakterienphysiologie: Zuweilen werden fast alle Prozesse im menschlichen Körper den guten Bakterien zugeschrieben. Das betrifft besonders das Immunsystem. Die Verallgemeinerung des Worts Bakterium auf alle Mikroorganismen scheint hier noch weiter auf Zellen des Körpers ausgedehnt zu werden (Zitate Maria und Cara).

Krankheitserreger
„Bei Bakterien oder Mikroorganismen denke ich spontan, ‚ekelig', und an Krankheiten. Bakterien rufen immer Krankheiten hervor. ... Angenommen, man könnte die Bakterien von der Welt entfernen, dann wird vielleicht keiner mehr krank."

Anne, 12. Klasse [6]

Zerstörer und Piraten
„Die Bakterien ernähren sich im Körper von den Nervenzellen, sie machen alles kaputt. Die Bakterien wüten in allen möglichen Organen und machen sie kaputt, wie ein Piratenschiff, das andere ausraubt, alles Kostbare mitnimmt."

Benno, 10. Klasse [14]

Zu nichts nutze
„Krank zu machen, ist halt so die Aufgabe von Bakterien in der Natur. … Mir fällt kein Grund ein, warum Bakterien und Viren notwendig für den Menschen sein könnten. … Es wäre besser, wenn es sie nicht geben würde. Eigentlich hat alles seine guten Seiten. Von daher muss ja auch etwas Gutes dran sein. Nur mir fällt partout nicht ein, was das sein könnte."

Wilhelm, 12. Klasse

Gute und Schlechte
„Es gibt gute und schlechte Bakterien. … Die Natur hat das so eingerichtet, dass man immer gute Bakterien, die Abwehrbakterien, im Körper hat. Das Blut ist eigentlich nichts anderes als winzig kleine Bakterien. …
Die schlechten Bakterien kommen aus dem Giftigen. Draußen in der Umwelt sind Bakterien, besonders, weil wir die Umwelt verseuchen. … Im Blutkreislauf sind schlechte Bakterien … Dann wird man krank, weil sie sich irgendwann wieder im Blutkreislauf verteilen. Die Bakterien greifen den Körper, also irgendwelche Organe, an, denn alle Organe sind an unseren geschlossenen Blutkreislauf angeschlossen."

Gereon, 8. Klasse

Bakterielles Immunsystem
„Das Immunsystem besteht aus Bakterien. Man hat Bakterien überall als Abwehr im Körper. Die guten Bakterien helfen, schützen. Sie wehren Krankheiten ab."

Maria, 8. Klasse

Teile des Körpers
„Gute Bakterien sind lebensnotwendig für den Körper und gehören da rein. Die Bakterien sind im Fleisch enthalten. Die Bakterien sind als Zellen im Fleisch. Das Fleisch besteht aus Zellen oder ganz kleinen Bestandteilen, und darin oder darum herum sind auch Bakterien, die wichtig für den Aufbau sind. … Zu dem Fleisch gehören einfach Bakterien. Jedes Bakterium hat seine Funktion und ist dafür zuständig."

Cara, 11. Klasse [6]

Bakterien für alle
„Bakterien kommen in allen Lebewesen vor, in Tieren und Pflanzen. Diese können nicht ohne Bakterien leben, weil es neben pathogenen auch friedliche, lebenswichtige gibt, die in jedem Organismus für irgendwelche Vorgänge wichtig sind. Ohne sie würde es auch keine anderen Lebewesen geben. Wir sind alle mal aus Bakterien entstanden."

Peter, 11. Klasse [4]

Die Sicht auf Bakterien als Krankheitserreger ist vor allem in der *Geschichte* der Medizin geprägt worden (☞ Ansteckungsstoff).

3 Für Unterricht: Anschauung und Vertiefung

3.1 Potenziale der Alltagsvorstellungen

Alltagsvorstellungen	Chancen für fachliches Lernen	Hindernisse für fachliches Lernen
Bakterien sind klein.	*Anknüpfung:* Größe von Bakterien, Anzahl	unklare Größenverhältnisse
Bakterien sind einfach.	*Kontrast*: biochemische Komplexität (3.2)	Schluss von der Größe auf Komplexität
Bakterien sind tierähnlich.	*Perspektivenwechsel:* besondere Lebensweise von Bakterien und ihr Bau (3.3, ⇨ zersetzen)	Vorstellung von Mikroben als verkleinerte Tiere
Bakterien sind Krankheitserreger.	*Perspektivenwechsel:* Bakterien als Symbionten, Mensch als Lebensraum (3.4)	einseitige Sicht, mikrobenfreier Mensch als Idealfall
Bakterien sind chemische Stoffe (Schmuddel).	*Kontrast:* Lebenserscheinungen der Bakterien (3.3 und 3.4)	Übersehen der Lebensaktivitäten der Mikroben
Bakterien sind Teile des Körpers.	*Kontrast:* Bakterien sind selbstständige (und eigensinnige) Lebewesen (3.4). *Anknüpfung:* Bedeutung des Mikrobioms (3.5)	Gleichsetzen oder Verwechslung mit körpereigenen Zellen
Es gibt auch gute Bakterien.	*Brücke:* Bakterien sind Grundlage des Lebens (3.5).	

Tabelle 1: Alltagsvorstellungen zu Bakterien geben Hinweise für fachliches Lernen.

3.2 Hoch komplexe Lebewesen

Bakterien werden meist als einfache, „primitive" Lebewesen dargestellt. Tatsächlich betreiben sie und die Archaeen biochemische Höchstleistungen. Ohne Bakterien ist das Leben auf dem Bioplaneten Erde nicht denkbar: Fast alle globalen Stoffkreisläufe werden durch Prokaryoten bewerkstelligt (oder von Organellen, die von Bakterien abstammen). Die Ansicht, dass die prokaryotische Zelle einfacher sei als die eukaryotische, trifft nicht zu (s. Abb. 1, ⇨ Zelle).

Dass Bild der einfachen Prozyte ist durch Krankheitserreger geprägt. Die Zellen von Parasiten und auch Kommensalen sind jedoch aufgrund der abhängigen Lebensweise in der Regel vereinfacht. Zellen von fotosynthetisch aktiven Bakterien wie Cyanobakterien und Schwefelbakterien sind dagegen reich strukturiert, sie durchziehen intraplasmatische Membranstapel (Thylakoide), ähnlich wie sie in Chloroplasten zu finden sind. Cyanobakterien sind zum Teil bakterielle *Vielzeller*. Bei einigen Formen sind spezielle Zellen zur Stickstoffbindung ausgebildet (Heterozysten). [12]

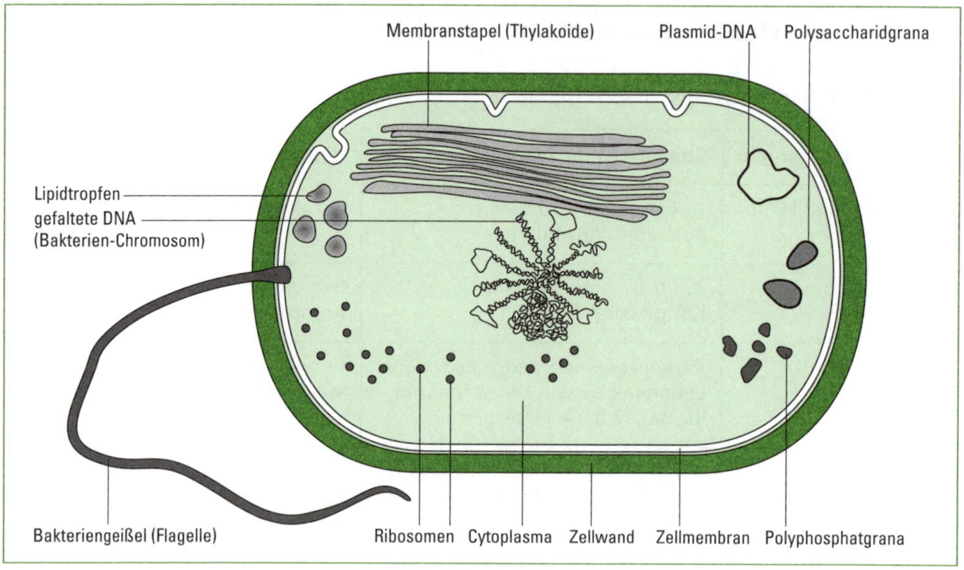

Abb. 1: Schema der Zelle eines autotrophen Bakteriums

Dem scheinbar einfachen Bau der meisten Bakterien steht ihre biochemische Komplexität gegenüber: Die von ihnen durchgeführten biochemischen Prozesse, die z. T. parallel in der meist nicht durch innere Membranen gegliederten Zelle ablaufen, weisen bakterielle Zellen als molekular hoch strukturiert aus. Bakterien sollten deshalb nicht als einfacher angesehen werden als Pflanzen und Tiere (Abb. 1, ⇨ Zelle).

3.3 Eigenständige Lebewesen

Im Biologieunterricht geraten meist nur wenige Wirkungen von Mikroben in den Blick (Infektionskrankheiten, Zersetzung der Bodenstreu und von Abfällen, Klärung von Abwasser, Verderben von Lebensmitteln). Die dominierende Vorstellung von Bakterien als Krankheitserreger kann im Unterricht genutzt werden, um die übliche Perspektive bei der Behandlung von Infektionskrankheiten umzudrehen, indem die Lebensbedingungen für die Bakterien im Körper in den Blick genommen werden. Mit dieser Perspektive kann die Vielfalt der Lebensweisen der Bakterien erschlossen werden. Auf diese Weise werden die Mikroben nicht nur organismisch, sondern auch ökologisch als Lebewesen begriffen. Ein erstes Ziel des Unterrichts sollte es sein, den Lernenden die Mikroben, stellvertretend Bakterien, als eigenständige Lebewesen mit eigenen Bedürfnissen vor Augen zu stellen: Bakterien leben anders.
Das Beispiel des Magenbakteriums *Helicobacter pylori* hat als *Unterrichtsthema* den besonderen Reiz, dass dieses Bakterium als „Lebenskünstler“ erscheint, weil es der abtötenden Magensäure wider Erwarten trotzt (⇨ Helicobacter).

3.4 Der Mensch als Planet der Mikroben

Das Größenverhältnis einer Bakterie zum Menschen entspricht etwa dem eines Menschen zur Erdkugel. Für Mikroorganismen ist der Mensch eine ganze Welt mit verschiedenen Biotopen (s. Abb. 2 und Kasten).

Abb. 2: Größenvergleich Mensch : Erde, Bakterie : Mensch

Mikroben-Landschaften des Menschen

Der menschliche Körper beherbergt durch das Besiedeln von äußeren und inneren Körperoberflächen (Haut, Darm) eine vielfach größere Anzahl von Mikroben, als Menschen auf der Erde leben. Die Bakterien, die ein Mensch in seinem Körper trägt, wiegen bis zu 2 kg. Die Anzahl der Bakterienzellen im Menschen übertrifft die Anzahl der eigenen Körperzellen um eine Zehnerpotenz (10^{14} gegenüber 10^{13}). 400 bis 500 Bakterienarten bevölkern den Menschen. Entsprechend kann man den Körper des Menschen als eine Anzahl von bakteriellen *Lebensräumen* beschreiben: Aus der Sicht der Mikroorganismen haben die Biotope des menschlichen Körpers unterschiedliche Tragfähigkeit: Es gibt „Wüsten" mit unvorhersehbaren Niederschlägen (Überschwemmungen), wie große Teile der Haut, deren Bevölkerungsdichte mit 10^4 Individuen pro cm^2 gering ist und von denen mögliche Einwanderer durch den von den Bewohnern produzierten Säuremantel abgehalten werden. Der lebensfeindliche „Säuresee" des Magens ist entgegen früheren Annahmen kein „totes Meer", sondern beherbergt stets eine größere Anzahl von Bakterien (bis 10^5 pro cm^3). Dicht besiedelte Ballungsgebiete liegen in der „Flussoase" des Dickdarms, in der bei ständiger Stoffzufuhr und gleichbleibend günstigen abiotischen Bedingungen (Temperatur, Feuchtigkeit, pH-Wert) eine vielfältige Fauna und Flora lebt. Von verschiedenen Arten werden anaerobe (im Darmlumen) und aerobe (in der Nähe von Arteriolen der Darmwand) genutzt. Die Bevölkerungsdichte kann bei 10^7 bis 10^{10} Individuen pro g Feuchtgewicht liegen.
„Militärisches Sperrgebiet" stellt für die Mikroben neben dem Blut die Lunge dar, indem die Immunabwehr der bronchialen Schleimhaut die Keime am Eindringen in einen sonst optimalen Siedlungsraum hindert, der mit Feuchtigkeit, Sauerstoff, Temperatur mikrobiell begehrenswerte Lebensbedingungen bereitstellen würde.

Für den Körper des Menschen sind Bakterien nicht nur als Krankheitserreger bedeutsam, sondern ebenso als Symbionten und harmlose Begleiter (Kommensalen). Bakterien sind wegen ihrer biochemischen Leistungen nicht nur die Basis für globale ökologische Kreisläufe, sondern auch grundlegend an physiologischen Kreisläufen und Gesundheit des Organismus beteiligt. Der Wasserhaushalt im Darm, der Kreislauf von Stickstoffverbindungen zwischen Darm und Leber, die Abwehr von Infektionen, die Nutzung von sonst unverdaubaren Teilen der Nahrung (z. B. Zellulose) und die Produktion von Vitaminen hängen von einer aus-

gewogenen bakteriellen Mikroflora des Darms ab. Umgekehrt wird die Mikroflora durch die Art der Ernährung stark beeinflusst. Ebenso starke Wechselwirkungen gibt es zwischen den mikrobiellen Symbionten und dem Immunsystem (s. 3.5).
An die Alltagsvorstellung, dass Bakterien Teile des Körpers seien, kann man differenzierend anknüpfen. Tatsächlich hat die Zusammensetzung der Mikrobenpopulationen beim Menschen und bei Tieren zahlreiche und tiefgreifende Wirkungen auf die Physiologie des Organismus. Die Gesamtheit der Mikroben in einem Organismus wird als *Mikrobiom* bezeichnet. Bakterien standen als Krankheitserreger in der Medizingeschichte im Mittelpunkt des Interesses (s. 2.3). Man wird die Abwehr von Infektionskrankheiten trotz unübersehbarer Erfolge weiterhin ernst nehmen müssen. Lange Zeit wurde jedoch übersehen oder unterschätzt, dass die meisten unserer Kontakte mit Bakterien lebenserhaltend und unverzichtbar sind; krankmachende und lebensbedrohende sind hingegen die Ausnahme. Die Lebensbedingungen im Darm und auf dem Körper verändern das Mikrobiom und werden umgekehrt von ihm beeinflusst. Das Mikrobiom kann daher Gesundheit und Krankheit anzeigen. Von manchen werden die Mikroben deshalb als integrierter Teil des menschlichen Körpers angesehen. Ihre Zusammensetzung, die molekulargenetisch erfasst wird, ist individuell so verschieden wie das Genom. Die Mikrobiomforschung erlangt zunehmende Bedeutung in der Medizin, Genetik und Evolutionsforschung. [10] [16] [17]
Mit der Neubewertung der Mikroben sollte auch das *Immunsystem* und die so genannte Immunabwehr in neuem Licht gesehen werden. Unser Immunsystem ist auf das Zusammenleben mit Mikroben eingestellt und ist offensichtlich in Wechselwirkung mit ihnen fähig, das Mikrobiom beispielsweise nach Gesundheitszustand, Lebensalter und Geschlecht zu verändern. Diese Sichtweise sollte dazu führen, das reine Verständnis des Immunsystems als Abwehr zu verändern und die dabei gebräuchlichen Kampfmetaphern weitestgehend durch Bilder der Ko-Evolution und des Zusammenspiels zu ersetzen (➚ aggressiv). [5] [11]

3.5 Leben in der Bakterienwelt

Da Bakterien klein sind, werden sie bei engeren Beziehungen meist als Symbionten der größeren Lebewesen beschrieben (s. 3.4). Man kann die Perspektive aus guten Gründen umdrehen, sodass Pflanzen, Pilze und Tiere, also auch wir, Symbionten der Bakterien sind. Die Mehrzeller, Tiere, Pflanzen und Pilze haben sich in einer Mikrobenwelt entwickelt, die schon seit mehr als 3 Milliarden Jahren bestand, bevor sie selbst entstanden sind. Prokaryoten sind die Ureinwohner der Erde. Die Erde gehört zuallererst ihnen. Das Zusammenleben mit Bakterien hat die Evolution der später entstandenen Lebewesen ermöglicht und mitbestimmt. Tiere, Pflanzen und Pilze fügten sich in eine Bakterienwelt ein und tun das immer noch. [3] [9]
Die Biomasse der Prokaryoten wird meist unterschätzt. Sie übersteigt wahrscheinlich die der Tiere und Pflanzen bei weitem. Bakterien und Archaeen besiedeln heiße, hypersaline und sauerstoffarme oder -freie Lebensräume, in denen nur wenige oder keine Tiere, Pflanzen und Pilze leben können. Die Biomasse der Tiefenbiosphäre, die von Bakterien und Archaeen allein gebildet wird, schätzt man allein auf 1/3 der gesamten lebenden Biomasse der Erde. [1] [3]
Die globalen Stoffkreisläufe werden von Bakterien in Gang gehalten. Der Kreislauf der Kohlenstoff-, Wasserstoff- und Sauerstoffverbindungen wird mit oxygener Fotosynthese und Zellatmung von Bakterien und Organellen bakteriellen Ursprungs bewerkstelligt. Kreisläufe

von Stickstoff- und Schwefelverbindungen werden ausschließlich von Bakterien betrieben (Dentifrizierung und Nitrifizierung, Nitratatmung; anoxygene Fotosynthese, Schwefel- und Sulfatatmung).

Die erdgeschichtliche Bedeutung der Mikroben für die Gestalt der Lithosphäre, Atmosphäre und Hydrosphäre ist kaum zu überschätzen. Bakterien und Archaen haben die Erde umgestaltet und tun das noch heute. Allen voran sind die die *Cyanobakterien* zu nennen. Sie sind die biochemischen Alleskönner unter den Bakterien und haben vor mehr als 3,8 Milliarden Jahren die oxygene Fotosynthese entwickelt. Sie können außerdem anoxygene Fotosynthese, Gärung, aerobe und anaerobe Atmung betreiben sowie Stickstoff fixieren. [2] [8] [9] [12] [15]

Die Freisetzung des Sauerstoffs durch die oxygene Fotosynthese hat die Lithosphäre (oxidierte Gesteine) und die Hydrosphäre (sufaltreiche Ozeane) verändert sowie die Hydrosphäre und Atmosphäre für die Evolution der Sauerstoff atmenden Tiere, Pflanzen und Pilze geeignet gemacht. Die Lithosphäre wurde außerdem von Bakterien und Archaeen durch Bildung von Erdöl und Ergas aus Biomasse sowie der Ansammlung von Metallen mit Lagerstätten versehen, die industriell abgebaut werden können (⇨ Sauerstoff, ⮳ Bioplanet).

[1] Cypionka, R. & Cypionka, H. (2004). Leben in der Erdkruste – eine Forschungsreise in die „tiefe Biosphäre". Unterricht Biologie (299). – [2] Gerdes, G. & Klenke, T. (2004). Vom Wirken der Kleinen – Baumeister biogener Gefüge. In H. Gropengießer, A. Janßen-Bartels & E. Sander (Hrsg.), Lehren fürs Leben. Köln. – [3] Gottschalk, G. (2009). Welt der Bakterien. Weinheim. – [4] Hilge, Catja: Schülervorstellungen und fachliche Vorstellungen zu Mikroorganismen und mikrobiellen Prozessen. Oldenburg: DIZ 1999. Abdruck mit freundlicher Genehmigung des BIS-Verlags der Carl von Ossietzky Universität Oldenburg. – [5] Hooper, L.V., Littman, D. R. & Macpherson, A. J. (2012). Interactions between the microbiota and the immune system. Science (336). – [6] Hörsch, Christian: Biologie verstehen: Mikroorganismen und mikrobielle Prozesse im Menschen. Oldenburg: Didaktisches Zentrum, Carl-von-Ossietzky-Universität 2007 (= Beiträge zur Didaktischen Rekonstruktion; Bd. 19) Abdruck mit freundlicher Genehmigung des BIS-Verlags der Carl von Ossietzky Universität Oldenburg. – [7] Kattmann, U. & Hörsch, C. (2007). Aspekt Mikrobiologie. Unterricht Biologie (329). – [8] Krumbein, W.E. (1987). Das Farbstreifen-Sandwatt. In G. Gerdes, W.E. Krumbein & H.-E. Reineck (Hrsg.), Mellum, Portrait einer Insel. Frankfurt. – [9] Margulis, L. & Sagan, D (1999). Leben – Vom Ursprung zur Vielfalt. Heidelberg. – [10] McFall-Ngai, M. u. a. (2013). Animals in a bacterial world, a new imperative for the life sciences. Proceedings of the National Academy of the United States (9). – [11] Muraille E (2013) Redefining the Immune System as a Social Interface for Cooperative Processes. PLoS Pathog 9(3): e1003203. © 2013 Eric Muraille. This is an open-access article distributed under the terms of the Creative Commons Attribution License. – [12] Probst, W. (2004). Was Cyanos alles können. Unterricht Biologie (299). – [13] Schirrmeister, B.E. u. a. (2013). Evolution of multicellularity coincided with increased diversification of cyanobacteria and the great oxidation event. Proceedings of the National Academy of the United States. (5). – [14] Schneeweiß, H. (2010). Biologie verstehen: Bakterien. Beiträge zur Didaktischen Rekonstruktion 28. Oldenburg. – [15] Stahl, L.J. (1987). Ökologie der Bakterien des Farbstreifen-Sandwatts. In G. Gerdes, W.E. Krumbein & H.-E. Reineck (Hrsg.), Mellum, Portrait einer Insel. Frankfurt. – [16] The Human Microbiome Project Consortium (2012). Structure, function and diversity of the healthy human microbiome. Nature (486). – [17] Yong, E. (2015). Here's looking at you, sqid. Margaret McFail-Ngai has dissected the relationship between a beautiful sqid and its live-in bacteria – and found lessons for microbiome research on the way. Nature (517).

begreifen/Begriff/Wort

Wegweiser

Begriffe sind Gedanken. Sie werden mit Wörtern bezeichnet; den Wörtern werden die Bedeutungen (die Begriffe) zugewiesen.

1 Vom Wort zum Begriff

Im Wort „Begriff" steckt das Verb „greifen". Die Bedeutung von „Begreifen" und „Begriff" wird also in dem ursprünglichen Bereich körperlicher Erfahrung gebildet und von dort in den gedanklichen Bereich übertragen: „Begreifen" meint hier denkerisch erfassen: *Begrifflich heißt gedanklich.* Diese Übertragung gilt neben dem Begreifen und Erfassen für das Tasten: Man kann sich an eine Bedeutung einer Aussage „herantasten", bevor man sie „begriffen" hat.

Der Verhaltensbiologe *Konrad Lorenz* (1903–1989) bezieht die Begriffsbildung darüber hinaus auf die Abstammung von kletternden Vorfahren: „Wir gewinnen ‚Einsicht' in einen ‚verwickelten' ‚Zusammenhang', wie ein Affe in ein Gewirr von Ästen –, aber wirklich ‚erfasst' haben wir einen ‚Gegenstand' erst, wenn wir ihn voll ‚begriffen' haben. In den letzen drei Ausdrücken tut sich Übrigens der uralte Primat des Haptischen vor dem Optischen in schöner Weise kund." [4]

Das Wort „Wort" stammt aus der indogermanischen Wurzel *uer: „feierlich sprechen", „sagen". Auch dieses Substantiv ist also aus einer Tätigkeit abgeleitet, genauso wie Pflanze von „pflanzen", Fisch von „fischen" und Kultur von „colere" (kultivieren, Pflanzen anbauen). Im Substantiv erstarrt die Tätigkeit häufig zum unanschaulichen Abstraktum. Der Wortsinn eines Substantivs wird häufig erst deutlich, wenn man stattdessen das Verb einsetzt. Das ist im Deutschen besonders angebracht, da Begriffe allgemein durch Substantive benannt werden.

Im Deutschen ist zwischen dem einzelnen Wort (Mehrzahl Wörter) und dem Satz (Mehrzahl Worte) zu unterscheiden.

Fachlich sind Wörter nicht mit Begriffen gleichzusetzen: Begriffe werden vielmehr mit Wörtern bezeichnet (Fachwörter, Termini, s. Tabelle 2).

2 Alltagsvorstellungen

In Alltagsvorstellungen werden der Begriff und das Wort, das ihn bezeichnet, für dasselbe gehalten. Damit werden aber die gedankliche (begriffliche) und die sprachliche (wörtliche) Ebene miteinander vermengt (s. 3). Bedeutung, d.h. das Gedankliche (der Begriff) wird auf das Wort projiziert. Das ist irreführend: *Wörter sind für sich genommen keine Bedeutungsträger.* Bedeutungen werden Wörtern gedanklich (begrifflich) zugewiesen und im Gespräch ausgehandelt.

Wird der Unterschied zwischen Wörtern und Begriffen nicht beachtet, versteht man sich (zumal im Dialog zwischen verschiedenen Disziplinen und Traditionen) selten. Es kommt nicht darauf an, sich auf dieselben Wörter (Termini) zu einigen, sondern um Sachverhalte und Begriffe zu klären, sollte man über die möglicherweise unterschiedlichen Konzepte und Sichtsweisen sprechen. Andernfalls redet und streitet man über Wörter anstelle von Begriffen: „Denn eben, wo Begriffe fehlen, da stellt ein Wort zur rechten Zeit sich ein. Mit Worten lässt sich trefflich streiten, mit Worten ein System bereiten, an Worte lässt sich trefflich glauben …“ (Mephistopheles in Goethes Faust).

3 Für Unterricht: Anschauung und Vertiefung

3.1 Potenziale der Alltagsvorstellung

<table>
<tr><th>Alltagsvorstellungen</th><th>Chancen für fachliches Lernen</th><th>Hindernis für fachliches Lernen</th></tr>
<tr><td>Wort und Begriff sind dasselbe.</td><td rowspan="2">Perspektivenwechsel:
Unterscheidung von Wort und Begriff;
Bedeutungszuweisung zu Wörtern (3.2)</td><td rowspan="2">Streit mit Wörtern und um Wörter</td></tr>
<tr><td>Wörter tragen Bedeutung in sich.</td></tr>
<tr><td>Fachsprache ist eindeutig.</td><td>Perspektivenwechsel:
Unvollkommenheit der sprachlichen Vermittlung (3.3)</td><td>Wissenschaftsglaube</td></tr>
</table>

Tabelle 1: Alltagsvorstellungen zu Wort und Begriff geben Hinweise für fachliches Lernen.

3.2 Lebenswelten, Denkwelten, Sprechwelten

Zur Klärung von Begriff und Wort empfiehlt es sich, drei Aspekte zu unterscheiden: Begriff (gedanklicher Inhalt), Wort (sprachlicher Ausdruck) und Gegenstand, auf den sich beides bezieht (realer Bezug, Referent, s. Tabelle 2).

Gegenstand: Referent	Gedanke: Begriff	Sprache: Wort
Satz von Gegenständen oder Prozessen *Beispiel*: Bäume in einem Park	Klassenbegriff Vorstellung vom Baum	Terminus, Fachwort Baum
Individuum, einmaliges Ereignis *Beispiel*: Winterlinde *(Tilia cordata)* Große Linde mit Geschichte Friedenslinde	Individualbegriff Art als Individuum höherer Ordnung Vorstellung zu dieser Linde und ihrer Geschichte	Name Artname Eigenname

Tabelle 2: Gegenständliche, gedankliche und sprachliche Ebene [2]

Die mit einem Wort verbundenen Gedanken, können von Individuum zu Individuum verschieden sein. Werden einem Wort unterschiedliche Bedeutungen zugewiesen, so ergibt sich, dass mit demselben Wort verschiedene Begriffe bezeichnet werden. So kann sich jemand beim Wort „Baum" einen Laubbaum vorstellen, ein anderer einen Nadelbaum. Durch Aushandeln könnten die beiden unterschiedlichen Begriffe aneinander angenähert, im Idealfall in Übereinstimmung gebracht werden zum Allgemeinbegriff Baum (Abb. 1).

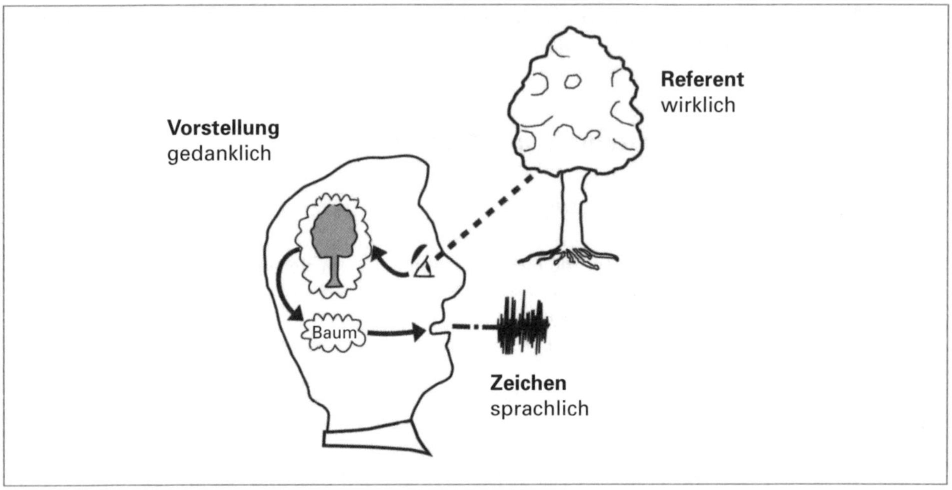

Abb. 1: Verhältnis von Wort und Begriff: Begriffe sind gedanklich: Vorstellungen; Wörter sind sprachlich: Zeichen; beide beziehen sich auf ein reales Objekt: Referent.

Zuweilen leiten fachliche Termini in die Irre, dasselbe gilt für Namen (Kasten, ↗ Name). [3]

Irreleitende Termini

„Das Wasser hat irgendwie Zucker. Vor ein paar Millionen Jahren war das Süßwasser und dann ist das ausgetrocknet. Dann war da Erde und dann war da Zucker in der Erde und dann sind da Pflanzen gewachsen und dann ist der Zucker in der Erde und dann ist der Zucker halt in die Banane gekommen."

Sarah, 6. Klasse [6]

„In den Zellen sind Chromosomen, die die Farbstoffe für die Augenfarbe enthalten."

Ingo, 9. Klasse [1]

3.3 Vermittlung der Begriffe über Sprache

Im Unterricht sollte auf drei Umstände besonders geachtet werden, die mit der Vermittlung der Begriffe durch Wörter gegeben sind:

- *Wörter* (Termini und Namen) sind mit Assoziationen verbunden, die hilfreich, aber auch irreleitend sein können (↗ Name). [3]
- *Hauptwörter klingen bedeutend.* Es ist eine Eigenart deutscher Sprache, dass die Substantive nicht nur Hauptwörter heißen, sondern auch so gehandelt werden. Eigenschaften und Verben werden gerne substantiviert und klingen dann bedeutender als das, was sie aussagen: „Die Atmung beschleunigen" klingt bedeutsamer als „schneller atmen"; „eine Beobachtung durchführen" gewichtiger als „beobachten".

- *Hauptwörter werden meist statisch, d. h. als Zustand gedeutet.* Obgleich Substantive mit den Endungen -ung und -tion eigentlich Prozesse bezeichnen, werden sie unzweckmäßig auch für Zustände angewendet. Termini wie Anpassung und Mutation stehen dann irreleitend sowohl für die Prozesse wie auch die Ergebnisse (Angepasstheit bzw. mutiertes Gen, Mutante, ⇨ anpassen, ↗ mutieren).
- *Hauptwörter (Substantive) können Substanz nur vortäuschen.* Substantive bezeichnen meist Abstrakta, aus denen zuweilen wissenschaftlich Fragwürdiges gefolgert wird. So wird das Abstraktum „Aggression“ als Phänomen substantiviert, obwohl es ganz unterschiedliche Erscheinungen umfasst, die auf verschiedene Ursachen zurückgeführt werden können (↗ aggressiv). [7]
- *Sprache besteht nicht allein aus Wörtern, sondern aus Sätzen.* Sätze, nicht Wörter, sind das zweckmäßige Mittel zur Verständigung. *Definitionen* (dtsch. wörtlich „Begrenzung,“ „Eingrenzung“) sind Sätze, die die begriffliche Bedeutungszuweisung zu einem Wort einschränken. Sprachliche Verständigung geht meist darüber hinaus, indem Sachverhalte durch Einzelfälle (Beispiele) illustriert werden.
- *Definitionen gewährleisten keine Eindeutigkeit*, da die assoziativen Umfelder von Begriffen durch sie nicht kontrolliert werden (können). Vielmehr werden die Konnotationen wesentlich durch die verwendeten Termini beeinflusst. [5]

[1] Frerichs, Vera: Schülervorstellungen und wissenschaftliche Vorstellungen zu den Strukturen und Prozessen der Vererbung. Ein Beitrag zur didaktischen Rekonstruktion. Oldenburg: Didaktisches Zentrum, Carl-von-Ossietzky-Universität 1999. Abdruck mit freundlicher Genehmigung des BIS-Verlags der Carl von Ossietzky Universität Oldenburg. – [2] Gropengießer, H. (2006). Lebenswelten, Denkwelten, Sprechwelten. Beiträge zur Didaktischen Rekonstruktion 4. Oldenburg. – [3] Kattmann, U. (2001). Nicht nur Schall und Rausch. Zum Umgang mit Namen im Biologieunterricht. Berichte des Instituts für Biologiedidaktik. Münster IDB (10). Verfügbar unter: http://zdb.uni-bielefeld.de/index.php/zdb/article/view/304). – [4] Lorenz, K. (1965). Psychologie und Stammesgeschichte. In Gesammelte Abhandlungen. München. – [5] Schaefer, G. (1984). Information und Ordnung – zwei mächtige Begriffe unserer Zeit. In G. Schaefer (Hrsg.), Information und Ordnung. Leitthemen. Köln. – [6] Steigert, Tanja (2012): Schülervorstellungen zum Pflanzenstoffwechsel und die Bedeutung von Experimenten bei der Entwicklung von Konzepten. Hamburg: Verlag Dr. Kovac, S. 16, ISBN: 9783-8300-6785-6. – [7] Wieser, W. (1985). Konrad Lorenz und seine Kritiker. München.

↗ Behinderung

↗ beobachten/Beobachtung

↗ bewegen/Bewegung

biologisches Gleichgewicht

Wegweiser

Biologische Prozesse werden durch Ungleichgewichte bewirkt: ohne Ungleichgewicht kein Leben.

1 Vom Wort zum Begriff

Das Wort „Gleichgewicht" kennzeichnet *umgangssprachlich* einen Zustand der Stabilität, Ausgewogenheit und Ruhe. Es wird auf viele Lebensbereiche bezogen: Ob es sich um das seelische Gleichgewicht eines Menschen, das politische Gleichgewicht zwischen Staaten, das physiologische Gleichgewicht von Organfunktionen, das ökologische Gleichgewicht in Ökosystemen oder um das statische Gleichgewicht von Häusern, Brücken, Türmen handelt – immer geht es darum, dass gegenläufige Kräfte oder Prozesse einander ausgleichen (kompensieren), so dass am Ende ein „Nullzustand" herauskommt.
Mit der Verwendung des Wortes ist häufig eine Gefühlskomponente verbunden; Gleichgewicht wird – oft nur unterschwellig – als etwas grundsätzlich Positives, Wünschenswertes, Lebensnotwendiges empfunden, weil dieser Zustand Dauer, Verlässlichkeit, Sicherheit verspricht.
„Die Natur gerät aus dem Gleichgewicht". „Das natürliche Gleichgewicht ist gestört, so dass der See ‚umfällt' oder ‚umkippt'". Beim „biologischem Gleichgewicht" wird meist an einen Idealzustand in der Natur gedacht. Die Bewahrung des biologischen Gleichgewichts ist so zu einem fragwürdigen (weil meist fraglos akzeptierten) umweltpolitischen Schlagwort geworden.
Fachlich wird mit Gleichgewicht – genau wie mit dem englischen Wort „equilibrium" – primär das statische Gleichgewicht bezeichnet, bei dem Kräfte sich aufheben, weil sie gleich groß sind, aber in entgegengesetzter Richtung wirken. Allgemein ist dieser Gleichgewichtszustand der von materiell geschlossenen Systemen, die nach dem 2. Hauptsatz der Thermodynamik dem Zustand niedrigster Energie zustreben (*thermodynamisches Gleichgewicht*).
Für energetisch und materiell offene Systeme, wie Organismen und Ökosysteme, wird dieser Begriff modifiziert: Es sind nicht immer „Gewichte", die miteinander konkurrieren, noch bedeutet Gleichgewicht hier Ruhe. Es sind vielmehr Prozesse, die einander ausgleichen: Die Einströme und Ausströme aus dem System sind, über einen bestimmten Zeitraum gemessen, gleich groß. Es handelt sich um *Fließgleichgewichte* (fernab vom thermodynamischen Gleichgewicht).
Nach dem heutigen biologischen Verständnis sind Fließgleichgewichte in Biosystemen vorübergehende Zustände. Wenn Lebensprozesse stattfinden, befindet sich das System nämlich im Ungleichgewicht. Wachstum von Organismen oder Sukzession in Ökosystemen bedeuten beispielsweise, dass die materiellen Zu- und Abströme in das und aus dem System nicht gleich sind; das System sich also in einem *Ungleichgewicht* befindet.

2 Alltagsvorstellungen: Gleichgewicht als Idealzustand

Alltagsvorstellungen zum biologischen Gleichgewicht sind durch die frühkindliche Erfahrung mit dem körperlichen Gleichgewicht beim Gehen und Laufen geprägt (Zitat).
Das Gehen ohne umzufallen muss mühevoll gelernt werden. Das Halten des Gleichgewichts ist daher ein Erfolgserlebnis, das positiv bewertet wird. Ungleichgewicht wird dagegen negativ bewertet. Das körperliche Verständnis ist in Wendungen wie „das Gleichgewicht halten", „aus dem Gleichgewicht geraten" und in der Metapher vom „Umfallen" eines Sees erkennbar. Die aus dem körperlichen Bereich stammende Erfahrung wird sekundär auf Gleichgewichte im ökologischen Bereich übertragen.

> „Gleichgewicht ist das, wenn man nicht umfällt."
>
> *Schüler, 7. Klasse*

Zum Begriff Gleichgewicht sind daher folgende Vorstellungen häufig zu finden:
- Das Gleichgewicht ist ein statischer Zustand. Durch die Wahrnehmung des Gleichgewichtszustands werden Prozesse verdeckt, da die wesentlichen Größen konstant bleiben.
- In Ökosystemen ist Gleichgewicht Ausdruck von Harmonie und Selbsterhaltung und stellt sich natürlicherweise immer wieder ein. Das „biologische Gleichgewicht" gilt als ein erstrebenswerter Zustand.
- Störungen und Gefährdungen des Gleichgewichts werden durch Eingriffe des Menschen verursacht. Der Mensch wird als Störenfried angesehen, weil er zerstörerisch in die Natur eingreift und kein Teil der Natur (mehr) ist (⇨ Mensch-Natur-Verhältnis).

Assoziationen von Jugendlichen und Erwachsenen zum Wort Gleichgewicht betreffen mit dem Bereich Technik vorwiegend statische Gleichgewichte. Ökologische Aspekte werden nur von einer Minderheit assoziiert. In Auswahltests werden Antworten bevorzugt, die Statik und Konstanz in Ökosystemen ausdrücken, zum Beispiel, dass „das Gewicht der Pflanzen und Tiere … gleich bleibt" oder „die Anzahlen der Pflanzen und Tiere … genau gleich bleiben". [3] [9]

In Interviewstudien äußern die Befragten übereinstimmend, dass die Natur sich ohne den Menschen (fraglos und selbstevident) in einem natürlichen Gleichgewicht befindet und dass sich – ohne Störungen durch den Menschen – ein solches Gleichgewicht immer wieder von selbst einstellt (Zitat Luk). Die durchaus mitgedachte Dynamik (beim Halten des Körpergleichgewichts, beim Wachstum und Absterben von Wechselwirkungen und Flüssen) wird im Gleichgewicht zu einer gedachten Statik vereinfacht, sodass die Natur im Prinzip als konstant begriffen wird: Solange der Mensch nicht eingreift, passiert nichts (Zitat Christian; ⇨ natürlich). [5] [7] [8]

Die Befragten sehen das ökologische Gleichgewicht generell als erstrebenswertes Ziel an. Die Natur wird personifiziert: Sie sorgt für ihre Selbsterhaltung und die Erhaltung ihrer Teile (Kasten).

Angestrebtes Gleichgewicht
„Gleichgewicht bedeutet, dass die Natur es selber schafft, dass sie selber überleben kann.“

Claudia, 12. Klasse

Alles bleibt so, wie es ist.
„Zum biologischen Gleichgewicht fällt mir ein, dass die Natur immer auf dem gleichen Level stehen bleiben würde, wenn man sie nicht so beeinflussen würde. Der Level ist das Anfangsstadium, so Normalnull: Dass es von jeder Tierart je nach Größe eine bestimmte Anzahl gibt und diese immer gleich bleibt.“

Christian, 12. Klasse [7]

„Ich denke, dass die Lebewesen überall, wo sie leben, im Gleichgewicht leben. Der Mensch kann es nur zerstören. Wenn es zu einer Naturkatastrophe kommt, so würde sie allein von der Natur gemacht. Die Natur regelt sich das selbst.“

Luk, 11. Klasse [5]

Gleichgewicht wird also als Ziel für Natur und Mensch betrachtet. Die zitierten Vorstellungen entsprechen den in Alltagsvorstellungen häufig zu findenden anthropomorphen Prinzipien der Konstanz bzw. Tendenz (↗ anthropomorph). [5] [7]

Die *Geschichte* der Ökologie durchzieht ebenfalls die Vorstellung vom biologischen Gleichgewicht als Idealzustand, von der Ökonomie der Natur bis zum Klimax in Ökosystemen (↗ Ökologiegeschichte).

3 Für Unterricht: Anschauung und Vertiefung

3.1 Potenziale der Alltagsvorstellungen

Die Vorstellungen stehen im Spannungsbogen von Statik und Dynamik. Dynamik erstarrt bei der dominierenden Anschauung zum Idealzustand: dem von der Natur angestrebten biologischen Gleichgewicht. Das Bewusstmachen der Rolle der Ungleichgewichte für die Dynamik der Lebensprozesse vermag die Alltagsvorstellungen und die mit ihnen verbundenen Bewertungen zu revidieren (Tabelle 2).

Alltagsvorstellungen	Chancen für fachliches Lernen	Hindernisse für fachliches Lernen
Gleichgewicht ist das Ideal.	*Anknüpfung* an *Körpererfahrung*: Gleichgewicht halten, *Kontrast:* völliges Gleichgewicht bedeutet Stillstand. *Perspektivenwechsel: Dynamik* durch Ungleichgewichte, punktuelles Gleichgewicht (3.2)	Gleichgewicht wird von der Natur angestrebt. negative Bewertung von Ungleichgewicht
Natürliches Gleichgewicht stellt sich immer wieder von selber ein.	*Kontrast* : Umfallen, *Gratwanderung* fernab vom thermodynamischen Gleichgewicht (3.3)	Normalzustand Gleichgewicht (Statik)
Gleichgewicht ist durch Eingriffe des Menschen gefährdet.	*Perspektivenwechsel:* Mensch ist Teil und Gegenüber der Natur (⇨ Mensch-Natur-Verhältnis)	Mensch ist Störenfried Gegensatz natürlich-künstlich
Gleichgewicht ist Zustand (Statik).	*Kontrast:* Dynamik in Rückwirkungssystemen (3.4 und 3.5)	schwieriger Zugang zu dynamischen Systemen

Tabelle 2: Alltagsvorstellungen zum Gleichgewicht geben Hinweise für fachliches Lernen.

3.2 Lob des Ungleichgewichts

Die durch frühe körperliche Erfahrungen eingeprägte positive Bewertung von Gleichgewichten führt dazu, dass Ungleichgewichte leicht übersehen oder als Teil der Gleichgewichte beschrieben bzw. umgedeutet werden. Solche Vorstellungen vom „biologischen Gleichgewicht“ als einem einheitlichen Idealzustand können durch eine Analogie zur menschlichen Bewegung differenziert werden. Die körperliche Erfahrung ist dabei zu nutzen. Wenn man das Körpergewicht gleichmäßig auf beide Füße verteilt (völliges Gleichgewicht), kann man nur auf der Stelle stehen. Bewegung (Dynamik) erfordert eine Abfolge von (leichten) Ungleichgewichten mit dazwischen liegenden Gleichgewichtsmomenten: Gehen ist kontrolliertes Fallen. Entsprechend kann die Reaktion auf Ungleichgewichte sogar zum Verbessern der Bewegungskoordination eingesetzt werden (Kasten).
Dieses Beispiel lässt sich auf alle Gleichgewichte in Biosystemen übertragen: Gleichgewicht kann als Übergangsstadium in einem Prozess definiert werden, bei dem eine Abfolge von Ungleichgewichten eine relative Stabilität bewirkt (Schwanken der Größen um einen Mittelwert). Auch „Störungen“ und „Katastrophen“ sind weitgehend so zu deuten (Kasten „Gleichgewicht“ durch Katastrophen, S. 76).
Die Wechselwirkungen in Biosystemen haben zum Ergebnis, dass die Prozesse nicht im Gleichgewicht stecken bleiben. Vollständiges oder lange andauerndes Gleichgewicht bedeutet Stagnation, Ungleichgewichte bedeuten Dynamik:

- Bei Lebensprozessen ist Gleichgewicht stets nur der kurze Übergang von einem Ungleichgewicht zu einem anderen. Wo „Leben“ ist, da herrscht Ungleichgewicht: Analog zum Gehen gibt es einen Wechsel von Ungleichgewichten und punktuellem Gleichgewicht,

z. B. bei Schwankungen der Populationsgrößen, Mosaikzyklen in Ökosystemen und unausgeglichenen oder unvollständigen Stoffkreisläufen.

- Gleichgewicht im strengen Sinne bedeutet Stillstand. Die Dynamik in Biosystemen wird durch vielfache Rückwirkungen bestimmt, die nicht automatisch zu einem Gleichgewicht führen. Leben umfasst beides: Gleichgewicht und Ungleichgewicht, aber das Gleichgewicht ist kein „Idealzustand" und keine Zielstation. Gleichgewichte sind die Ausnahme, Ungleichgewichte die Regel.

Ungleichgewichte, nicht (völliges) Gleichgewicht sind das Kennzeichen von Lebensprozessen. Gleichgewichte sind in Biosystemen immer nur von sehr kurzer Dauer; man kann von Gleichgewichtsmomenten oder *punktuellem Gleichgewicht* sprechen (⇨ lebendig).

Übung zum (Un)Gleichgewicht

Stellen Sie sich frei und entspannt hin. Verteilen Sie nun ganz bewusst Ihr Körpergewicht auf die beiden Standflächen Ihrer Füße. Warten Sie so lange, bis Sie sich in völliger Balance, d. h. im vollkommenen Gleichgewicht, fühlen.
Versuchen Sie nun – während Sie Ihr Gleichgewicht beibehalten – zu gehen!

Therapie durch Ungleichgewichte

Gezieltes Herstellen von Ungleichgewichten verbessert die Bewegungsfähigkeit sowohl bei Leistungssportlern als auch bei Personen, die an Parkinson oder multipler Sklerose erkrankt sind. Im Frankfurter Institut für Sportwissenschaft wurde eine Therapie entwickelt, bei der die Patienten auf zwei beweglichen Fußplatten stehen, die unregelmäßig vibrieren. Der Körper fängt die Vibrationen durch Reflexe ab, wodurch das Zusammenspiel von Sensoren, Gehirn und Muskelaktivität verbessert wird. Bei vier Fünfteln der Parkinson-Patienten wird das für die Krankheit typische Zittern dadurch erheblich vermindert.

3.3 Kritisches Gleichgewicht: Gefahr des Umfallens

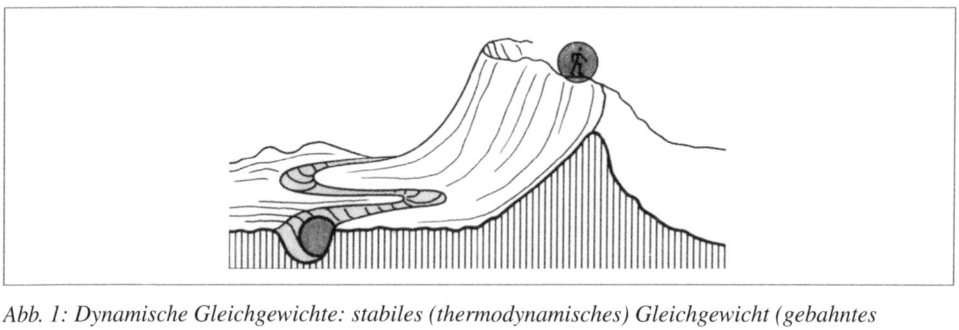

Abb. 1: Dynamische Gleichgewichte: stabiles (thermodynamisches) Gleichgewicht (gebahntes Gleichgewicht) und kritisches Gleichgewicht fernab vom thermodynamischen Gleichgewicht (Gratwanderung), das charakteristisch für Biosysteme ist (Illustration von Ulrike Brockhaus-Pruchniewicz. Aus: Cramer, Friedrich: Chaos und Ordnung. Die komplexe Struktur des Lebendigen. Stuttgart: DVA 1988)

Gleichgewichtszustände in Biosystemen befinden sich fernab vom thermodynamischen Gleichgewicht (s. 1). Wie das mögliche Umfallen beim Gehen zeigt, sind leichte Ungleichgewichte für die Dynamik nötig, aber große Ungleichgewichte müssen vermieden werden, um nicht aus dem Gleichgewicht zu fallen. Gleichgewichte sind also durchaus nicht „natürlich" und stellen sich nicht wie ein mechanisches Gleichgewicht von selbst ein. Das liegt an der Dynamik multipler Rückwirkungssysteme, wie es die Biosysteme sind (⇨ System).
Stabile Gleichgewichte können ebenfalls dynamisch sein, wie das Rollen einer Kugel in einer Bahn oder chemische Reaktions-Gleichgewichte (gleiche Größe der Hin- und Rückreaktion im thermodynamischen Gleichgewicht). Während thermodynamische Gleichgewichte stets stabil sind, befinden sich Gleichgewichte fernab davon in einem *kritischen* Zustand: Leichte Änderungen können zu großen Veränderungen führen. Biosysteme balancieren gleichsam immer „am Abgrund" entlang (Abb. 1). [1] [2]

3.4 Gemitteltes Gleichgewicht

Aufgrund der Orientierung am Gleichgewichtszustand wurde „Gleichgewicht" für Biosysteme, speziell Ökosysteme, umdefiniert: Man betrachtet ein Biosystem schon dann als im Gleichgewicht befindlich, wenn sich die Veränderungen seines Zustandes während einer bestimmten Dauer im Mittel ausgleichen: „Gleichgewicht als Mittelwert". Der Gleichgewichtszustand gilt nur für die jeweils ausgewählte Dauer.
Wird eine andere Zeitspanne oder nur ein bestimmter Zeitpunkt (innerhalb der gewählten Dauer) betrachtet, kann dasselbe System sich durchaus im Ungleichgewicht befinden: Die Größen pendeln beispielsweise um einen Mittelwert oder ein solcher Mittelwert kann nur durch Zusammenfassen mehrerer gleichzeitig ablaufender Prozesse (Mosaike) gebildet werden. Das Feststellen eines (gemittelten) biologischen Gleichgewichts hängt also davon ab, wie lange und in welchem Umfang (in welcher Dauer und welchem Maßstab) die Prozesse in einem System erfasst werden. Das Umdefinieren des Gleichgewichts durch Mittelwertbildung über einen ausgedehnten Zeitraum bedeutet also eine Vergröberung der Betrachtung und ein Abstrahieren von den im Einzelnen stattfindenden Prozessen. Mittelwertbildung bedeutet immer einen Informationsverlust: Die Dynamik des Systems wird damit zugedeckt (s. 3.2).
Da ein statisches Verständnis vom Gleichgewicht im Alltag überwiegt, sollte mit dem Wort „Gleichgewicht" bezogen auf Biosysteme sehr sorgsam umgegangen werden: Die Begriffe „dynamisches Gleichgewicht" (aufgrund von Wechselwirkungen) und „Fließgleichgewicht" (aufgrund gleich großer Zu- und Abflüsse) oder mit Apparaten hergestellte „Rückkopplungsgleichgewichte" sind in jedem Einzelfall durch genaue Betrachtung der Prozesse zu kennzeichnen (⇨ steuern/regeln, ⇨ System).

3.4 Vom ökologischen Gleichgewicht zur Ungleichgewichtsökologie

Die tradierten wissenschaftlichen Vorstellungen vom ökologischen Gleichgewicht werden durch Konzepte der heutigen Ungleichgewichtsökologie revidiert. Einige Zustände in Ökosystemen erscheinen als relativ stabil, andere als labil. Wie bei allen multiplen Rückwirkungssystemem können sich Gleichgewichte durch die Wechselwirkung der Teile einstellen (müssen es aber nicht). Auch bei gleich bleibenden äußeren Bedingungen stellt sich häufig kein Gleichgewicht ein: Die innere Dynamik der positiven und negativen Rückwirkungen zwischen den Elementen bewirkt regelmäßige oder chaotische Schwankungen

(⇨ System, vgl. Tansley zu ⇨ Ökosystem, Kasten Gleichgewicht durch Katastrophen).
Um die Fähigkeit zu betonen, auf Außeneinflüsse durch innere Dynamik ausgleichend zu reagieren, wurde in der Ökologie der Begriff *Stabilität* an die Stelle des Gleichgewichts gesetzt: Unter ökologischer Stabilität wird das Phänomen verstanden, dass ein System nach einer Veränderung in eine längere Zeit stabil erscheinende Lage zurückkehren kann. [4]
Die Arten sind im Ökosystem nicht gleichmäßig verteilt, sondern treten in Klumpen (patches) auf. Aus der Wechselwirkung zwischen den Klumpen entsteht die Dynamik des zeitlichen Neben- und Nacheinander von „Ungleichgewichten" (patch dynamics). Danach sind auch (scheinbare) Gleichgewichtszustände nur zeitlich begrenzte Durchgangsstadien von Zyklen oder ein Mosaik aus mehreren Stadien eines Zyklus (Mosaikzyklus). Das gilt in einem naturbelassenen Wald beispielsweise nach einem Windbruch für das Nebeneinander von ausgewachsenen Baumbeständen und Jungwuchs. [10]

„Gleichgewicht" durch Katastrophen

„Vor kaum zwei Jahrzehnten löste die Beobachtung, dass wühlende Nagetiere ein Steppengebiet völlig ‚zerstören' können, dann weiterwandern, um an anderer Stelle eine neue Kolonie anzulegen, die dann in einer ähnlichen ‚Zerstörung' endet, noch heftigste Diskussionen aus. Es erschien unmöglich, dass in einer natürlichen Situation, ohne gravierende Eingriffe des Menschen, ein Tier ‚sich um Haus und Hof wühlen' könnte. Heute wissen wir ..., dass dieses Wühlen für das Erhalten des Systems ‚Steppe' in der gemäßigten Zone offenbar notwendig ist: Der Boden wird durchlüftet, frisches Material kommt an die Oberfläche." [6]

Der Vorstellung vom erstrebenswerten ökologischen Gleichgewicht widerspricht auch die Unausgewogenheit von Zellatmung (biologischer Oxidation) und Photosynthese in der Erdgeschichte. Durch dieses Ungleichgewicht wurden die Sauerstoffanreicherung in der Atmosphäre und damit das Leben von Pflanzen und Tieren erst möglich (⇨ Sauerstoff).

[1] Bak, P. & Chen, K. (1991). Selbstorganisierte Kritizität. Spektrum der Wissenschaft. – [2] Cramer, F. (1988). Chaos und Ordnung. Stuttgart. – [3] Eulefeld, G. & Schaefer, G. (1974). Biologisches Gleichgewicht. Köln. – [4] Gigon, A. & Bolzern, H. (1988). Was ist das Biologische Gleichgewicht? Aus Forschung und Medizin (1). – [5] Jelemenská, P. (2006). Biologie verstehen: Ökologische Einheiten. Beiträge zur Didaktischen Rekonstruktion 12. Oldenburg. Abdruck mit freundlicher Genehmigung des BIS-Verlags der Carl von Ossietzky Universität Oldenburg. – [6] Remmert, H. (1988). Gleichgewicht durch Katastrophen. Aus Forschung und Medizin (1). – [7] Sander, E. (1998). Das Verständnis des biologischen Gleichgewichts. Oldenburger VorDrucke 366. Abdruck mit freundlicher Genehmigung des Didaktischen Zentrums, Carl von Ossietzky Universität Oldenburg. – [8] dies. (2002). Wissenschaftliche Konzepte und Schülervorstellungen zum „biologischen Gleichgewicht". In R. Klee & H. Bayrhuber (Hrsg.), Lehr- und Lernforschung in der Biologiedidaktik. Band 1. Innsbruck. – [9] Schaefer, G. (1974). Kybernetische Konzepte als Instrumente für die Begriffsbildung in der Biologie. (Habilitationsschrift). Universität Kiel. – [10] Townsend, C.R., Begon, M.E. & Harper, J.L. (2009). Ökologie. Berlin, Heidelberg, New York.

↗ Biomasse

↗ Bioplanet/Biosphäre

↗ Blut

Blutkreislauf

Wegweiser

Das Blut kreist in Versorgungs- und Entsorgungsleitungen zwischen Lunge und Geweben: ein Kreislauf, zwei Pumpen.

1 Vom Wort zum Begriff

Das Wort Blutkreislauf bezeichnet wissenschaftlich die im 17. Jahrhundert erkannte Tatsache, dass das Blut sich nicht in den Adern hin- und herbewegt, sondern nach einem Durchlauf durch das Adersystem wieder an seinen Ausgangspunkt zurückkehrt. Der Blutkreislauf hat vielfältige Aufgaben, darunter die Verteilung von Atemgasen, Nährstoffen, Botenstoffen, Abfallstoffen, Wärme. *Versorgung* und *Entsorgung* sind dabei gleich wichtig.

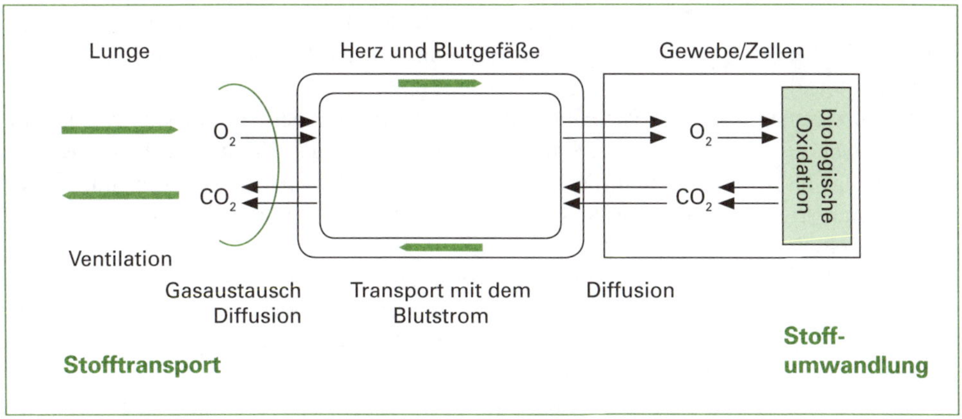

Abb. 1: Blutkreislauf und Gasaustausch. Beim offenen Blutkreislauf umspült das Blut direkt Gewebe und Organe. Bei Tracheenatmung (Insekten) ist der Blutkreislauf nicht am Gasaustausch beteiligt.

Hinsichtlich der Atemgase erscheint der Blutkreislauf als *Versorgungs- und Entsorgungssystem,* das zwischen Atmungsorgane (Lunge/Kieme/Haut) und Geweben der Organe eingeschaltet ist (Abb. 1).

2 Alltagsvorstellungen: Das Herz steht im Zentrum

Vorstellungen von Jugendlichen der Klassen 5 bis 10 wurden in Interviewstudien zur Atmung sowie zu Blut, Herz und Kreislauf erhoben. [1] [2] [4] [5] [6] [7] Neben den unten skizzierten verschiedenen Formen der Bewegung und Verteilung des Bluts im Körper sind folgende Aspekte zu beachten:

- Dem Herzen werden vielfach Funktionen des Blutkreislaufs zugeschrieben, u. a. das Beladen des Bluts mit Sauerstoff und die Aufteilung des Bluts auf die Organe (↗ Herz).
- Als Funktion des Bluts und des Blutkreislaufs wird vorrangig die Versorgung des Körpers mit Sauerstoff genannt (⇨ atmen).
- Die Bewegung des Bluts, Herzschlag und Puls sind Zeichen, dass ein Mensch lebt (↗ sterben).

Die Anschauung vom Kreislauf ist nicht oder nicht immer klar ausgeprägt (Zitate Sven). Die Lunge wird nicht immer an den Blutkreislauf angeschlossen. Für etwa 40 % der Befragten gibt es vielmehr besondere *Lungen-Herz-Leitungen* (Gas- oder Luftröhren) für die Atemgase, besonders für den Sauerstoff. Das Herz belädt dann das Blut mit Sauerstoff (↗ Herz, ⇨ atmen). [1]

Wird eine *Kreislaufvorstellung* in den Äußerungen angesprochen, stehen die Bewegung des Bluts, das Herz und der Sauerstofftransport im Vordergrund. Das *Herz* wird als Zentrum des Körpers gedacht. Das Blut fließt vom Herzen weg und zurück. Häufig wird daher nur die Körperschleife des Kreislaufs explizit beschrieben. Das Einbeziehen der Lunge in den Kreislauf ist dagegen selten (Zitat Philipp).

Das Ausgehen vom und die Rückkehr des Bluts zum Herzen kann zu den einzelnen Organen mehrfach geschehen (Abb. 2 b und c). Diese Vorstellungen sind geprägt vom Schema „Heim – Ferne“ (Zentrum – Peripherie). Das Herz ist als Zentrum das Heim, in das das Blut immer wieder zurückkehrt, die Organe (besonders die Gliedmaßen) sind die Ferne (die vorübergehend vom Blut aufgesucht werden). Im Detail lassen sich folgende Vorstellungen unterscheiden:

- Die Anschauung, dass sich das Blut in den Adern hin- und herbewegt (Abb. 2 a) kommt noch *ohne einen Kreislauf* aus. (Auch *historisch* stand der Gasaustausch bei der Betrachtung des Blutes nicht im Vordergrund, sondern dessen Nährfunktion und Leben spendende Eigenschaften. Die Vorstellung von einem Kreislauf des Bluts wurde erst spät entwickelt, ↗ Blutbewegung).
- Hieran schließt die Vorstellung von *vielen Kreisläufen* an: Den Gliedmaßen und dem Kopf oder auch inneren Organen wird (ausgehend vom Herzen) jeweils ein eigener Kreislauf zugesprochen. Das Herz hat dann die Aufgabe, das Blut direkt auf einzelne Organe zu verteilen (Zitat Sven und Abb. 2 b; ↗ Herz). [2] [7]
- Ein *einfacher Blutkreislauf* mit nur einer Herzpassage tritt in den Vorstellungen vor allem bei 10-, aber auch bei 14-Jährigen auf.
- Induziert durch Unterricht und Lehrbücher werden *zwei (getrennte) Kreisläufe* angenommen, wobei jedoch häufig nicht in Lunge und übrigen Körper, sondern in obere und untere Körperhälfte geteilt wird, so dass Kopf, Arme und Lunge die eine Hälfte des Kreislaufs bilden (Abb. 2 c). Dies ist eine Reduktion der Vorstellung von vielen Kreisläufen (Abb. 2 b).

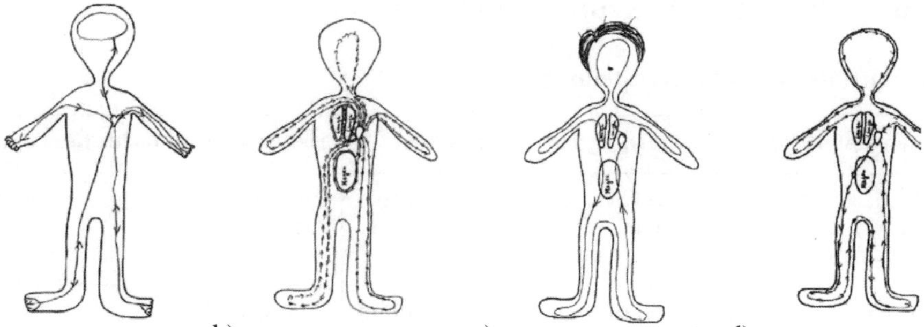

a) b) c) d)

Abb. 2: Vorstellungen zum Blutkreislauf: a) Hin- und Herbewegung, blind endende Blutgefäße, b) viele Blutkreisläufe, c) einfacher Blutkreislauf (einmaliger Durchgang durchs Herz), d) zweifacher Blutkreislauf (a: Schüler, 5. Klasse, b bis d: 9. Klasse). [2]

Viele Kreisläufe

„Blut transportiert Sauerstoff zu den Muskeln und die Muskeln brauchen den Sauerstoff, damit sie die Sachen verrichten können, die sie machen müssen. …
Blut kommt von oben, vom Herzen, immer wieder runter und kommt dann immer wieder zum Herzen hin. …
Blut fließt in die Beine überall in die Zehen und kommt dann zum Herzen, zur Lunge zur Niere, die das Ende ist. Das ist ein Kreislauf. … Das andere Bein ist ein eigener Kreislauf. Da geht es über die andere Niere ins Bein und wieder hoch.“

Sven, 7. Klasse

Sauerstofftransport

„Es ist so, dass das Blut, was mit Sauerstoff angereichert wurde, durch das Herz weiter gepumpt wird und ohne Sauerstoff zurück in die Lunge geht.“

Philipp, 7. Klasse

Arterie-Organ-Vene

„In einem Gewebe sind ganz viele Zellen drin, die liegen dicht an dicht. Dann fließt eine Ader da ran und dann geht eine Vene weg.“

Svenja, 7. Klasse [7]

Der Übergang von Arterien über Kapillaren zu Venen wird meist ausgeblendet. Zur Vorsorgung mit Sauerstoff fließt das Blut in die Zellen bzw. Organe hinein und wieder hinaus, oder der Übergang von Venen und Arterien wird als abrupt beschrieben („Die Arterie wird zur Vene“).

3 Für Unterricht: Anschauung und Vertiefung

3.1 Potenziale der Alltagsvorstellungen

Alltagsvorstellungen	Chancen für fachliches Lernen	Hindernisse für fachliches Lernen
Der Mensch hat einen, zwei oder viele Blutkreisläufe.	*Perspektivenwechsel:* Was heißt Kreislauf? (↗ Kreislauf) Wege des Bluts (3.2)	unklare Vorstellungen vom Begriff Kreislauf
Blut versorgt den Körper mit Sauerstoff.	*Perspektivenwechsel:* Versorgung und Entsorgung (3.3)	einseitige Sicht
Das Herz belädt das Blut mit Sauerstoff und verteilt es.	*Kontrast:* Funktionen des Blutkreislaufs (3.3) Funktionen des Herzens (3.4, ↗ Herz)	auf das Herz zentrierte Sicht

Tabelle 1: Alltagsvorstellungen zum Blutkreislauf geben Hinweise für fachliches Lernen.

3.2 Ein oder zwei Blutkreisläufe?

Die Alltagsvorstellungen zur Hin- und Herbewegung des Blutes sowie der Versorgung der einzelnen Organe direkt durch das Herz zeigen: Vorstellungen vom Kreislauf des Blutes sind nicht selbstverständlich. Darstellungen und Bezeichnungen in Lehrbüchern suggerieren, dass der Mensch (sowie andere Säugetiere und die Vögel) zwei (getrennte) Blutkreisläufe hat: den großen Körperkreislauf und den kleinen Lungenkreislauf.
Man kann sich mit Lernenden aber leicht darauf einigen, dass ein vollständiger Kreislauf darin besteht, an denselben Ort zurückzukehren. Verfolgt man dann den Blutumlauf in einem Kreislaufschema (aus angeblich zwei Kreisläufen), so stellt sich heraus, dass die beiden Teile in Wahrheit nur einen *einzigen Kreislauf* bilden, bei dem das Herz allerdings zweimal passiert wird: Das Blut passiert während eines Durchlaufs durch den Kreislauf einmal die rechte und einmal die linke Herzhälfte. Es handelt sich also lediglich um Teile des einen ungeteilten Kreislaufs (als überschneidungsfreie 8 – wie sie beispielsweise mit einem Ringgummi oder einem Faden gelegt werden kann, als kreuzungsfreie „Achterbahn“). Die beiden Teile des Kreislaufs werden daher besser als *Schleifen* oder *Teilkreislaufe* bezeichnet: Lungenschleife und Körperschleife. Auf diese Weise können zugleich Vorstellungen vom Blutkreislauf mit nur einer Herzpassage korrigiert werden (↗ Kreislauf).

3.3 Blutkreislauf statt Herzzentrum: Versorgung und Entsorgung

Die Konzentration auf das Herz mit seinen Zu- und Ableitungen ist für das Verständnis des Kreislaufs hinderlich. Man sollte das Schema von Zentrum (Herz) und Peripherie (andere Organe) durch ein zutreffendes Bild ersetzen.
Eine angemessene Vorstellung vom Kreislauf kann im Unterricht erreicht werden, wenn anstelle des Herzens die Verbindungen zwischen der Lunge und den anderen Organen des Körpers in den Blick genommen werden. Durch die Darstellung von Entsorgung und Versorgung zwischen Gewebe und Lunge ergibt sich ein einfacher Kreislauf (in dem die Ver-

zweigungen und das Herz nicht berücksichtigt sind). In dieser Sicht stehen nicht die (von der Herzsicht her dominierenden) Teilkreisläufe der Lunge und des Körpers in den Vordergrund, sondern *Versorgungs- und Entsorgungsleitungen* (Abb. 3 a, ↗ Lunge und Gewebe).

Wird anschließend das Herz zwischen die Versorgungs- und Entsorgungsleitungen geschaltet (Abb. 3 b), dann wird deutlich, dass das Herz aus zwei zusammengelagerten Pumpen besteht. Beide Teilkreisläufe haben jeweils eine Pumpe: die rechte und die linke Herzhälfte. Die einzige Aufgabe des Herzens ist, das Blut in beiden Leitungen zu bewegen. Man sollte betonen, dass die Tätigkeiten der beiden Pumpen aufeinander abgestimmt ist: *„Ein Kreislauf, zwei zusammengelagerte, gleichgetaktete Pumpen!“* (vgl. Abb. 3b). Mit dem zweimaligen, kreuzungsfreien Durchgang durch das Herz lässt sich die Richtung des Blutstroms klar und einsehbar verfolgen (↗ Herz).

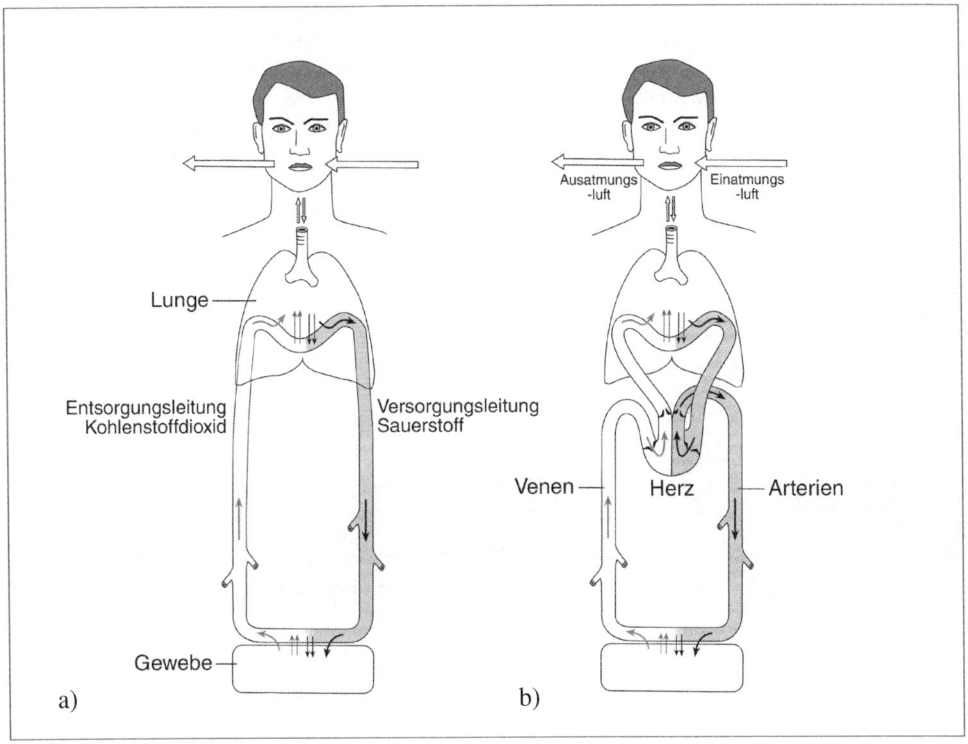

Abb. 3: Funktion des Blutkreislaufs zwischen Lunge und Geweben (Organen). a) ohne eingeschaltetes Herz, b) mit eingeschaltetem Herzen als zwei Pumpen [4]

In Alltagsvorstellungen wird überwiegend nur die Versorgung des Körpers mit Sauerstoff beachtet. Die Funktion der Lunge ist kaum bewusst. Das zeigt auch die Teilung in zwei Kreisläufe (obere und untere Körperhälfte, Abb. 1 d, S. 79).
Versorgung mit Sauerstoff ist nur die eine Seite des Gasaustausches, genauso wichtig ist die *Entsorgung* von Kohlenstoffdioxid. Da von Sinneszellen in den Adern vor allem der Kohlenstoffdioxidgehalt registriert wird, kann man sogar von einem physiologischen Vorrang der Entsorgung von Kohlenstoffdioxid sprechen. Beim Lernen des Blutkreislaufs kann man wohl an die Alltagsvorstellung von der Bedeutung des Sauerstoffs anschließen. Diese muss jedoch durch die Kohlenstoffdioxid-Entsorgung ergänzt werden (Abb. 3 a, Unterrichtseinheit, ↗ Versorgung).

[1] Arnaudin, M.W. & Mintzes, J.J. (1985). Students' alternative conceptions of the human circulatory system. Science Education. – [2] Hammann, M. (2003). Aus Fehlern lernen. Unterricht Biologie 287. – [3] Hirschfelder, P., Rüther, F. & Düning, S. (1984). „Das Herz ist der kleinen Welt Sonne." Unterricht Biologie (100). – [4] Kattmann. U., Probst, W. & Riemeier, T. (2007). Unterrichtsbeispiel: Der Blutkreislauf des Menschen. In Biologie Lernen mit Alltagsvorstellungen. Unterricht Biologie (329). – [5] Schwegmann, B. (2004). Vorstellungen zur Atmung. Oldenburger VorDrucke 488. – [6] Sundermeier, S. (2006). Was Schüler über Blut denken. Oldenburger Vordrucke 540. – [7] Riemeier, T. u. a. (2010). Wo das Blut fließt. Zeitschrift für Didaktik der Naturwissenschaften.

↗ Boden

Chromosom

Wegweiser

Chromosomen sind Strukturen aus DNA und Proteinen, die in der Zelle stets vorhanden sind. Sie werden vor einer Zellteilung verdoppelt.

1 Vom Wort zum Begriff

Das Fachwort ist aus griechisch chromos: „Farbe" und soma: „Körper" gebildet, heißt wörtlich übersetzt „Farbkörper".
Chromosomen sind Struktur-Funktions-Einheiten des Zellkerns. Sie wurden so benannt, weil sie im Unterschied zum Zellplasma leicht angefärbt werden können. Sie bestehen aus Molekülen („Fäden") der DNA (Desoyribonukleinsäure) und mit der DNA eng zusammengefügten Proteinen. Chromosomen enthalten die Zellkern-Gene eines Organismus. Die ringförmige DNA der Chromosomen der Prokaryoten, die ebenfalls mit bestimmten Proteinen assoziiert ist, wird häufig als „Bakterienchromosom" bezeichnet. Sie ist jedoch anders strukturiert und verhält sich anders als die Chromosomen der eukaryotischen Zelle. Die zusätzlich in einem kleineren Ring in Bakterienzellen enthaltene DNA heißt Plasmid.

2 Alltagsvorstellungen

Befragte setzen Chromosomen oft mit Genen gleich. Das geschieht, weil Gene als Partikel angesehen und die verschiedenen Größenordnungen leicht übersehen werden. Chromosomen werden häufig als Behälter der Gene betrachtet. Manchmal wird dabei – vielleicht durch Assoziation zur wörtlichen Bedeutung („Farbkörper“, gr. chromos: Farbe, soma: Körper) – die Vorstellung von Chromosomen als „Farbtöpfe“ gebildet (Zitat Ingo).

> „In den Zellen sind Chromosomen, die die Farbstoffe für die Augenfarbe enthalten.“
>
> *Ingo, 9. Klasse [1]*

Nach den – in manchen Lehrbüchern noch enthaltenen – Beschreibungen entsteht der Eindruck, dass die Chromosomen während der Zellteilung entstehen, durch Teilung verdoppelt, auf die Tochterzellen verteilt und anschließend wieder aufgelöst werden. Tatsächlich sind Chromosomen jedoch im Zellkern überdauernde Strukturen, die getrennt und geordnet im Zellkern vorliegen und dort zwischen den Zellteilungen verdoppelt werden. Zwischen den Zellteilungen sind von ihnen im Lichtmikroskop nur nicht abgegrenzte Strukturen sichtbar, die man als „Chromatin“ bezeichnet (s. 3.2).
Der Terminus „Bakterienchromosom“ kann dazu verleiten, bei Bakterien einen Zellzyklus wie bei Eukaryoten mit Mitose anzunehmen. Die ringförmige DNA der Prokaryoten wird jedoch kontinuierlich verdoppelt, nicht in einer besonderen Zellphase. Mitotische Zellteilungen gibt es also bei Prokaryoten nicht.

3 Für Unterricht: Anschauung und Vertiefung

3.1 Potenziale der Alltagsvorstellungen

Alltagsvorstellungen	Chancen für fachliches Lernen	Hindernisse für fachliches Lernen
Chromosomen sind Gene.	*Anknüpfung:* Chromosomen enthalten Gene.	Vorstellungen von Größe und Lage der Gene
Chromosomen werden zu Beginn der Zellteilung gebildet.	*Perspektivenwechsel:* Kondensation der DNA und der Chromosomen	Sichtbar-Werden der Chromosomen wird als Entstehung gedeutet.
Chromsomen werden während der Zellteilung verdoppelt.	*Kontrast:* Die Chromosomen wurden bereits vor der Zellteilung verdoppelt (3.2).	Darstellungen der Trennung von Chromatiden mit Entstehung der Tochterchromosomen wird als Verdoppelung gedeutet.
Es gibt einfache und doppelte Chromosomensätze.	*Kontrast:* Chromosomensätze sind artspezifisch konstant; Zellen haben einen oder zwei Chromosomensätze (3.3).	irreleitende Termini: Doppelt wird als identisch gedeutet.

Tabelle 1: Alltagsvorstellungen zu Chromosomen geben Hinweise für fachliches Lernen.

3.2 Chromosomen werden im Zellzyklus verdoppelt

Chromsomen liefern insofern einen anschaulichen Teil der Genetik als sie zu bestimmten Phasen im Mikroskop sichtbar sind. In Alltagsvorstellungen ist Vererbung mit „Behältern" für das Erbmaterial und mit „Weitergabe" (Erbstücken) verbunden (⇨ Gen, ⇨ erben). Chromosomen (als Behälter) und ihre Weitergabe bei den Zellteilungen geben Gelegenheit, an diese Vorstellungen anzuschließen. Andererseits werden Chromosomen in Alltagsvorstellungen oft mit Genen und sogar mit der DNA-Helix verwechselt. Daher sind Größenverhältnisse und der Wechsel der Systemebenen vom Molekül zu Zellstrukturen besonders zu beachten. Das Bild vom „Chromosom" wird zusätzlich dadurch kompliziert, dass unterschiedliche Stadien vor und während der Zellteilungen auftreten.

In *Lehrbuchdarstellungen* wird zwischen Chromosomen und Chromatiden unterschieden. In der Fachliteratur werden bei Metaphasechromosomen die beiden Spalthälften als Chromatiden bezeichnet, nach der Trennung als „Tochterchromosomen". Letztere werden also scheinbar erst während Teilung zu neuen Chromosomen gebildet. Das verschleiert, dass die Verdoppelung der Chromosomen vor der Zellteilung erfolgt. Die Tochterchromosomen unterscheiden sich von den so genannten Chromatiden nur dadurch, dass sie nicht mehr zusammenhängen. Unterschiedliche Termini für die dieselben Strukturen sind nicht zweckmäßig.

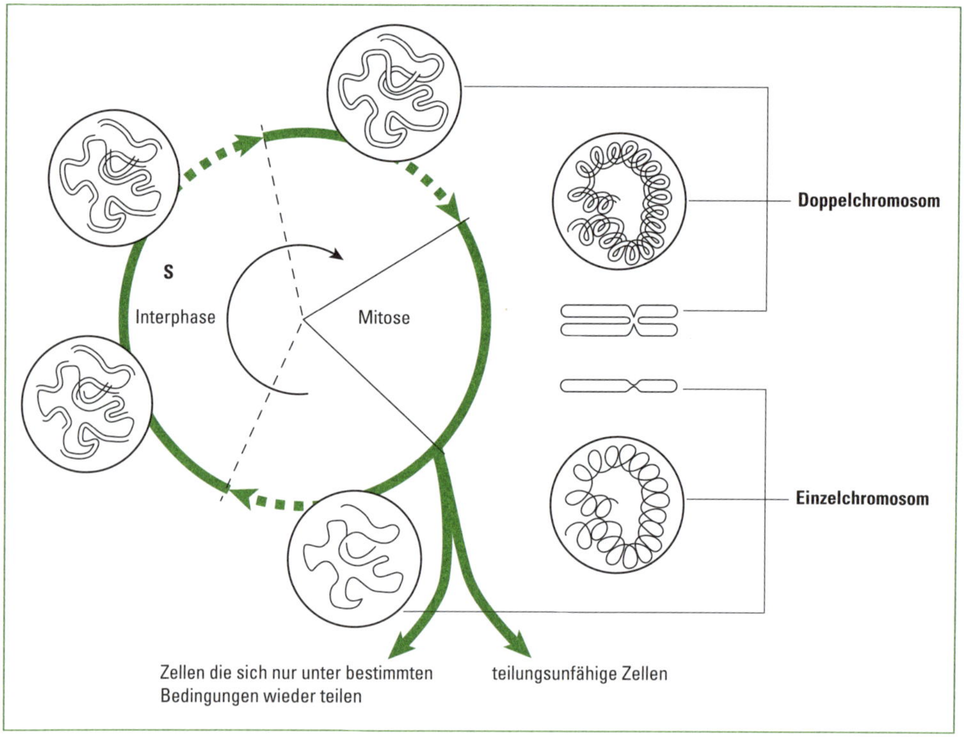

Abb. 1: Zellzyklus von teilungsfähigen Körperzellen. Die Chromosomen werden während des Zellzyklus verdoppelt (S: Synthesephase)). Zu Beginn der Zellteilung hängen die Produkte der Verdoppelung, also zwei identische Chromosomen, noch zusammen. [2]

Der nötigen Klarheit wegen ist es angebracht, die Chromosomen vor und nach der Trennung deutlich zu unterscheiden. In Lehrbüchern geschieht dies meist umständlich mit Verwendung beider Fachwörter (Chromosom und Chromatid), indem die Chromosomen während der Zellteilung als „Zweichromatid-Chromosomen" und die Chromosomen in den neu gebildeten Tochterzellen als „Einchromatid-Chromosomen" bezeichnet werden.
Eine einfachere und verständlichere Lösung kommt allein mit dem Fachwort Chromosom aus:

- Solche Chromosomen, die während der Synthesephase des Zellzyklus verdoppelt wurden, werden als *Doppelchromosomen* bezeichnet (s. Abb. 1). Ein Dopelchromosom besteht aus zwei vollständigen, lediglich aneinander haftenden identischen Chromosomen, den *Einzelchromosomen*.
- In den Tochterzellen liegen zunächst Einzelchromosomen vor.
- Das Wort „Chromatid" ist verzichtbar bzw. überflüssig.

Diese Terminologie unterstreicht, dass die Verdoppelung der Chromosomen jeweils *vor* einer Zellteilung stattfindet (s. Abb. 1, ⇨ Zellteilung). Sie ist ohne Weiteres auf alle Fälle der Zellteilung und auf chromosomale Ereignisse bei Eukaryoten anzuwenden. Bei der Meiose legen sich die homologen Doppelchromosomen aneinander und bilden eine Chromosomen-Tetrade. Dadurch wird der Austausch von Chromosomenstücken der homologen Chromosomen möglich (Crossing over). Die Unterscheidung von Schwesterchromatiden (Einzelchromosomen ein und desselben Doppelchromosoms) und Nichtschwesterchromatiden (Einzelchromosomen des homologen Doppelchromosoms) ist überflüssig (s. Tabelle 2).

Chromomen-Modell

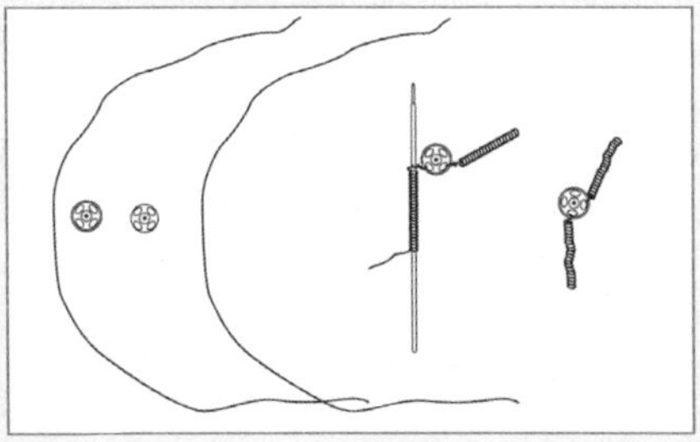

Ein Modell für Einzel- und Doppelchromosomen kann mit Hilfe von zwei Enden Klingeldraht und einem Druckknopf hergestellt werden. Die Enden des Klingeldrahts werden gleich weit durch die Löcher der beiden Druckknopfteile gezogen. Der Draht symbolisiert die Schenkel des Chromosoms, der Druckknopf das Centromer, d. h. die Stelle, an der die Chromomen bei der Zellteilung auseinandergezogen werden.
Eines der erhaltenen Draht-Drucknopfteile symbolisiert ein Chromosom im Zellkern vor der Verdoppelung (Einzelchromosom).
Wenn beide beide Teile mit dem Druckknopf zusammengefügt worden sind, symbolisieren sie ein Doppelchromosom, wie es im Zellkern nach der Verdoppelung vorliegt.
Die Kondensation während der Zellteilung lässt sich symbolisieren, indem die über die Druckknöpfe herausragenden Drahtenden mit Hilfe einer Kugelschreibermine zu Schrauben aufgedreht werden. Trennt man nun die beiden Teile, indem der Druckknopf geöffnet wird, so symbolisiert dies die Trennung des Doppelchromosoms in zwei Einzelchromosomen. [2]

Doppelchromosomen sind also diejenigen Gebilde, die bei der Zellteilung sichtbar werden und deshalb als erste entdeckt wurden. Sie haben häufig die typische annähernde X-Form und liefern damit das „typische“ Bild vom Chromosom. Gegen Ende der Zellteilung liegen Einzelchromosomen vor, die auf die Tochterzellen verteilt werden. (s. Kasten). Zellen, die sich nicht mehr teilen, haben dauerhaft Einzelchromosomen. In weiterhin teilungsfähigen Zellen werden die Einzelchromosomen vor der nächsten Teilung wieder verdoppelt (Synthesephase, Abb. 1).

3.3 Chromosomensätze – haploide und diploide Zellen

In *Körperzellen* des Menschen und der meisten Tiere sind die Chromosomen jeder Sorte zweimal vorhanden, in Keimzellen nur einmal.
Die Bezeichnungen einfacher und doppelter Chromosomensatz können zu der Vorstellung führen, es gebe verschieden große Chromosomensätze beim selben Lebewesen (einfache und doppelte). Die Chromosomensätze haben jedoch artspezifisch immer dieselbe Anzahl von Chromosomen. Zellen haben daher einen oder zwei Chromosomensätze, in denen die Chromosomen – je nach Phase im Zellzyklus – als Einzel- oder Doppelchromosomen vorliegen (s. 3.2).
Zwischen „zwei“ und „doppelt“ besteht ein begrifflicher Unterschied: „Doppelt“ bedeutet, dass das zweimal Vorhandene identisch („dasselbe“) ist: So tauscht man z. B. „doppelte“ Briefmarken gern, zwei verschiedene Versionen oder gar einen Fehldruck derselben Briefmarkensorte wohl kaum. Die Bezeichnung „doppelter Chromosomensatz“ gibt also irreführend an, es handle sich um einen Satz aus Paaren gleicher (identischer) Chromosomen. Die Chromosomen desselben Typs können sich jedoch erheblich unterscheiden: Da sie jeweils mütterlicher und väterlicher Herkunft sind, enthalten sie unterschiedliche allele Gene.
Die Chromosomensätze der Körperzellen sind nicht doppelt (identisch), sondern die Zellen enthalten jeden Chromosomentyp zweimal; der Chromosomensatz von Keimzellen ist nicht einfach (auch nicht halb), sondern enthält jeden Chromosomentyp einmal. Man sollte daher
- bei Körperzellen von *zwei Chromosomensätzen*,
- bei Keimzellen entsprechend von *einem Chromosomensatz* reden.

Beim Menschen können sich der mütterliche und väterliche Chromosomensatz zusätzlich hinsichtlich der Geschlechtschromosomen unterscheiden, wodurch die *chromosomale Geschlechtsbestimmung* bewirkt wird: Bei Männern enthält der Chromosomensatz mütterlicher Herkunft ein X-Chromosom, der Satz väterlicher Herkunft ein Y-Chromosom. (⇨ Geschlecht).
Die Eigenschaften „diploid“ und „haploid“ sollten ausschließlich auf *Zellen* angewendet werden (nicht auf Chromosomensätze, s. Tabelle 2):
- Zellen mit zwei Chromosomensätzen werden als *diploid* bezeichnet, gleichgültig, ob es sich um Sätze von Einzel- oder Doppelchromosomen handelt.
- Zellen mit einem Chromosomensatz nennt man *haploid.* Reife Keimzellen besitzen stets einen Satz aus Einzelchromosomen. Die Einzelchromosomen werden nach der Befruchtung noch vor der ersten Teilung der Zygote verdoppelt. Sie liegen (wie vor jeder Mitose) vor der ersten Furchungsteilung als Doppelchromosomen vor.

traditionelle Termini	vorgeschlagene Termini
Chromosomen	
Chromatid	Einzelchromosom
Tochterchromosom	
Einchromatidchromosom	
Zweichromatidchromosom	Doppelchromosom
Chromosom	Chromosom (bezeichnet den Oberbegriff)
Crossing over	
Chromatidentetrade	Chromosomentetrade
Stückaustausch zwischen Nichtschwesterchromatiden	Stückaustausch zwischen homologen Chromosomen
Cromosomensätze	
einfach, haploid	ein Chromosomensatz
doppelt, diploid	zwei Chromosomensätze
Zellen	
haploid	Zellen mit einem Chromosomensatz
diploid	Zellen mit zwei Chromosomensätzen

Tabelle 2: Terminologie zu Chromosomen

[1] Frerichs, Vera: Schülervorstellungen und wissenschaftliche Vorstellungen zu den Strukturen und Prozessen der Vererbung. Ein Beitrag zur didaktischen Rekonstruktion. Oldenburg: Didaktisches Zentrum, Carl-von-Ossietzky-Universität 1999. Abdruck mit freundlicher Genehmigung des BIS-Verlags der Carl von Ossietzky Universität Oldenburg. – [2] Hedewig, R., Kattmann, U. & Rodi, D. (Hrsg.). (1999). Vererbung. Handbuch des Biologieunterrichts Sekundarbereich I. Band 6. Köln.

➩ Darwinismus

dominant/rezessiv

Wegweiser

Die Eigenschaften dominant und rezessiv beschreiben ausschließlich das Auftreten von Merkmalen in Erbgängen der klassischen Genetik. Sie sind keine Eigenschaften von Genen.

Umgangssprachlich wird das Wort dominant in der Bedeutung: vorherrschend, überlegen (von lateinisch dominari: „herrschen") verwendet.
In *Alltagsvorstellungen* werden dominant und rezessiv auf das Verhalten von Genen bezogen (die häufig mit Merkmalen gleichgesetzt werden). Lernende verbinden mit den Wörtern die Vorstellung von einer Auseinandersetzung (einem Aushandeln oder einer Rangordnung) zwischen den Genen bzw. Merkmalen (Zitat Martin). Die Vorstellung entspricht dem anthropomorphen Prinzip der dichotomen Bewertung. Eine ähnliche Alltagsvorstellung wird in der Geschichte der Vererbungslehre vom Begründer der Keimplasma-Theorie, *August Weismann* (1834–1914), geäußert. Gene nannte er „Determinanten" (Zitat, ➩ erben, ➩ anthropomorph).

Aushandeln der Dominanz

„Wenn Samenzelle und Eizelle zusammenkommen, kommen zum Beispiel die beiden Erbmerkmale zusammen und es wird sich entscheiden, d.h., es wird ausgehandelt, welches Erbmerkmal überwiegt oder unterdrückt wird, welches stärker oder überlegen, also dominant ist, und welches schwächer, also rezessiv ist. Es wird irgendwie klar festgelegt, welches Erbmerkmal stärker ist und das andere Merkmal dieses vielleicht so akzeptiert."

Martin, 11. Klasse [1]

Der Kampf der Determinanten

„Es findet hier gewissermaßen ein Kampf der Determinanten statt, um Geltendmachung, bei der das Resultat für jede der beiden von gänzlicher Unterdrückung bis zu absoluter Herrschung wechseln kann. … Trotzdem erhalten sich die rezessiven Determinanten in voller Stärke im Keimplasma der Nachkommen und kommen bei homozygoten Nachkommen wieder zur vollen Geltung. Das spricht aber nicht gegen einen wirklichen Kampf um Nahrung und Vermehrung dieser Determinanten, wenn eine Kontinuität des Keimplasmas [in den Keimzellen und nicht in den somatischen Zellen] besteht. Der Kampf der Determinanten muss sich deshalb nur lokal abspielen, an Ort und Stelle der Ausbildung jener Charaktere, die sie zu bestimmen haben."

August Weismann, Vorträge über Deszendenztheorie, 1913

Gregor Mendel (1823–1884) verwendete zur Deutung seiner Kreuzungsversuche das Wort „rezessiv“ für das Merkmal, das in der ersten Tochtergeneration „zurücktritt“, d. h. nicht in Erscheinung tritt, und „dominierend“ für das in der ersten Tochtergeneration auftretende Merkmal. Physiologisch sind dominant und rezessiv abhängig von den Wirkungen der durch die Gene bestimmten Strukturproteine bzw. Enzyme (⇨ Enzym).

Alltagsvorstellung	Chance für fachliches Lernen	Hindernis für fachliches Lernen
Ein Gen beherrscht das andere.	*Kontrast:* Allele beeinflussen sich bei der Merkmalsausprägung gar nicht.	Auseinandersetzung zwischen Allelen

Tabelle 1: Alltagsvorstellung zu dominant-rezessiv gibt Hinweise für fachliches Lernen.

Ob ein Merkmal als dominant oder rezessiv bezeichnet wird, entscheidet sich dadurch, ob es im Erbgang in der 1. Tochtergeneration auftritt oder nicht. Die beiden Fachwörter sind also streng auf Erbgänge der Merkmale in der klassischen Genetik beschränkt und bezeichnen keineswegs Interaktionen von Genen.

Bei Erbgängen der klassischen Genetik bleiben die *chemische Wirkungsweise der Gene* und *physiologische Zusammenhänge* mit den Merkmalen verborgen. Anstelle des schematischen und oft verständnislos betriebenen Formalismus beim Aufstellen von Erbgängen und Mendel-Regeln sollte von Beginn an veranschaulicht werden, auf welche Weise Gene an der Merkmalsausprägung beteiligt sind (Abb. 1, ⇨ erben, ⇨ Gen).

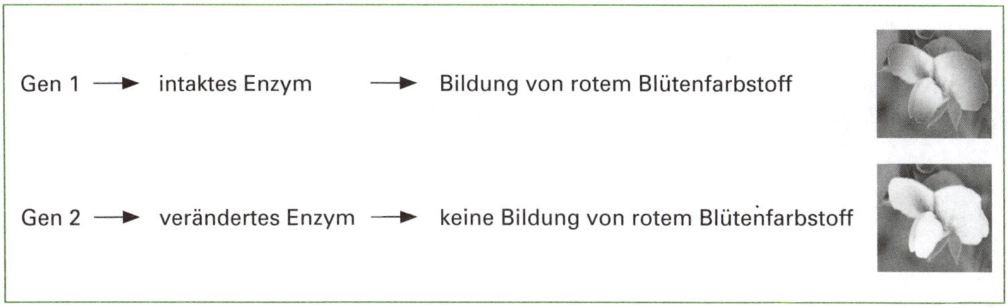

Abb. 1: Zusammenhang von Gen und Merkmal: Ausprägung der Blütenfarbe bei der Erbse

In der Fachliteratur werden die Eigenschaften dominant und rezessiv sowohl auf Merkmale wie auf Gene bezogen. Das ist irreführend, da es den Unterschied zwischen Genotyp und Phänotyp verschleiert. Die Eigenschaften *dominant* und *rezessiv* wurden von *Mendel* für das Verhalten von Merkmalen verwendet, je nachdem, ob die Merkmale im Erbgang in der 1. Tochtergeneration hervortreten (sichtbar sind) oder zurücktreten (nicht erkennbar sind). Auf Gene sind die Begriffe dominant und rezessiv nicht anwendbar. Sie sind allein auf Merkmale in klassischen (Mendelschen) Erbgängen zu beziehen. Dass diese Begriffe nichts mit einer „Auseinandersetzung zwischen Genen“ oder überhaupt mit einer Wechselwirkung von Genen zu tun haben, kann am Beispiel der Ausprägung der Blütenfarbe bei Erbsen demonstriert werden. Gene „tun“ das, was sie „können“: Sie wirken an der Herstellung eines bestimmten Genprodukts (Enzyms) mit. Alles Weitere erledigen biochemische Prozesse, die

physiologisch zu beschreiben sind. Die Gene haben mit ihnen nichts mehr zu tun. Dabei wird deutlich, dass die beiden in der klassischen Genetik als gleichwertig betrachteten Merkmalsausprägungen molekularbiologisch ganz anders zu bewerten sind: Die Blütenfarbe „weiß" ist eigentlich „nicht rot", ein „Nicht-Merkmal": Es entsteht durch Fehlen des Farbstoffs, was durch ein abgeändertes Enzym bedingt ist. Bei Heterozygotie reicht die halbe Enzymaktivität zur Bildung der vollen Menge an rotem Blütenarbstoff aus. Eine Wechselwirkung zwischen den Genen findet bei der Ausprägung des Merkmals nicht statt (Abb. 1).
Bei Genen ist statt von „Dominanz" und Rezessivität" (die streng auf Merkmale zu beziehen sind) von *Expressivität* zu sprechen. Diese wird durch die *Regulation* von Genen gesteuert. Es handelt sich also um epigenetische Prozesse. U. a. können Gene durch Methylierung ganz stillgelegt werden. Wenn im speziellen Fall regelmäßig eine bestimmte Genversion desselben Gens (Allel) stillgelegt wird, so tritt als Folge dasjenige Merkmal im Erbgang dominant auf, welches durch das nicht stillgelegte Gen ausgeprägt wird (⇨ erben). [3]
Man kann die Zusammenhänge zwischen Genen und Merkmalen dadurch verdeutlichen, dass die *Systemebenen* vom Organismus bis zum Gen durchschritten werden. Dies kann besonders gut anhand der Prozesse der Herausbildung des Organismus in der Individualentwicklung geschehen (⇨ lebendes System). [2]
Dominant und rezessiv geben nicht an, ob ein Merkmal in einer Population häufig ist oder nicht. In Alltagsvorstellungen werden die Fachwörter aufgrund dieser Annahme auch mit fit bzw. unfit verwechselt (⇨ fit).

[1] Frerichs, Vera: Schülervorstellungen und wissenschaftliche Vorstellungen zu den Strukturen und Prozessen der Vererbung. Ein Beitrag zur didaktischen Rekonstruktion. Oldenburg: Didaktisches Zentrum, Carl-von-Ossietzky-Universität 1999. Abdruck mit freundlicher Genehmigung des BIS-Verlags der Carl von Ossietzky Universität Oldenburg. – [2] Knippels, M.C.P.J. (2002). Coping with the abstract and complex nature of genetics in biology education. Utrecht. – [3] Schwanewedel, J. & Kremer, K. (2014). Epigenetik vermitteln. Unterricht Biologie (400).

⇨ Ei

⇨ Eigenart

Energie

Wegweiser

Energie fließt durch lebende Systeme hindurch. Der Energiefluss wird für Lebensprozesse genutzt.

1 Vom Wort zum Begriff

Das griechische Wort energeia bedeutet vom *Wortsinn* her „das ins Werk Setzende“, abgeleitet von griechisch ergon: „das Werk“, „Wirken. Das Wort ist zusammengesetzt aus griechisch en: „in“, ergeia: „das Wirkende“, „die wirkende Kraft“.
In der *Umgangssprache* ist das Wort „Energie“ mit sehr unterschiedlichen Bedeutungen und Assoziationen verknüpft, von „psychischer Energie“ bis zu physikalisch definierten Größen wie „Kraft“, „Arbeit“, „Wärme“ und „Strom“. Immer dann, wenn etwas geschieht, wird angenommen, dass „Energie dahinter steckt.“ Im Verhaltensbereich wird Energie mit der Anwendung von „Kraft“ gleichgesetzt: „Tatkraft“, mit Nachdruck etwas fordern: „energisches Auftreten“.
In *Naturwissenschaften* gilt Energie als ein die Disziplinen übergreifendes Grundkonzept, das in Physik, Chemie und Biologie unterschiedlich akzentuiert wird.

- *Anschaulich* wird Energie durch die mit Energiefluss einhergehenden *Erscheinungen,* wie vor allem Bewegung, (mechanische) Arbeit, Wärme- und Lichtstrahlung. Diese Anschauung ist auch der Grund dafür, dass verschiedene *Energieformen* (wie Bewegungsenergie, chemische Energie, elektrische Energie etc.) unterschieden werden.
- *Abstrakt* ist Energie eine *Bilanzierungsgröße:* Die *Energiemenge* kann vor und nach der Übertragung von einem System auf das andere gemessen werden. Ihr Betrag bleibt in der Summe bei allen Prozessen erhalten (*Erhaltungssatz*, 1. Hauptsatz der Thermodynamik).

2 Alltagsvorstellungen

2.1 Energie wird an Erscheinungen erkannt

Empirische Untersuchungen zu Alltagsvorstellungen haben gezeigt, dass die Befragten mit dem Wort „Energie“ konkrete Erscheinungen verknüpfen. Anhand der Erscheinungen meinen sie Energie wahrzunehmen, d.h. zu „sehen“ oder zu „fühlen“. In einer Interviewstudie erschließen die befragten Kinder der Primarstufe die energetische Bedeutung von Leben, Eigenbewegung und Wachstum aus Erfahrungen mit dem eigenen Körper (Zitate John, Emma und Sina). Das Wort „Körperenergie“ benutzen viele Kinder und meinen damit, dass der Körper für alle Prozesse (Bewegen, Atmen, Essen, Muskeltätigkeit) Energie benötigt. Energie wird als das verstanden, was der Mensch zum Leben braucht (Zitat Lotta).

Bewegung und Antrieb
„Windräder werden durch Wind angetrieben, also durch Energie vom Wind."

Maja

„Also, wenn ich jetzt z. B. puste, dann bewegt sich mein Haar, und das ist dann Energie."

Emma

„Eine Heizung wird ja durch Strom betrieben und Strom ist ja Energie."

Oliver

Licht und Wärme
„Die Sonne macht eigentlich Energie in Form von Wärme."

Timo

Leben und Wachstum
„Bäume haben etwas mit Energie zu tun, weil wir sie zum Leben brauchen."

Lotta

„Die Sonne ist eine Energiequelle, und wenn es die Sonne nicht gibt, dann wachsen keine Bananen."

Sina

Schülerinnen und Schüler der Primarstufe [17]

„Energie schafft einen Beitrag dazu, dass der Körper etwas erledigt, zum Beispiel Bewegung oder Verdauung.

John, 11. Klasse [21]

In den Vorstellungen der befragten Kinder hat Energie eine *Doppelnatur,* deren beide Seiten das Verständnis komplementär ergänzen: Auf der einen Seite wird Energie als Wirkung verstanden, die für Prozesse nötig, auf der anderen Seite ist sie in den Prozessen und in Dingen enthalten. So wird zum Wachstum einerseits Energie benötigt, zum anderen ist in dem, was gewachsen ist, Energie enthalten. In gleicher Weise werden physikalische Erscheinungen verstanden: Kraft, Strom, Antrieb (durch Wind), Wärme, Licht und ebenfalls Bewegung. Damit sich etwas bewegen kann, braucht es einerseits Energie, andererseits wird Bewegung als Zeichen angesehen, dass ein Ding (Fluss, Wind, Tiere, Mensch) Energie enthält. Einerseits wird Licht von der Sonne als Energieform angesehen, andererseits wird angegeben, dass zur Erzeugung von künstlichem Licht Energie (Strom) benötigt wird (Zitate Maja, Emma, Timo, Oliver). [17] [21]
Israelische Schülerinnen und Schüler der 10. Klasse können nach der Zellenlehre angeben, dass Zellen Energie benötigen, wissen aber nicht wofür.
Vorstellungen von Schülerinnen und Schülern der Studienstufe wurden u. a. mit Assoziationstests und Definitionstests erhoben. Zuweilen äußern sie ähnliche Vorstellungen wie

Schülerinnen und Schüler der Primarstufe (Zitat John). Physikalisch-technische Inhalte überwiegen sowohl bei den Assoziationen wie bei den Definitionen. Biologische Phänomene werden selten assoziiert und stehen dann im Zusammenhang mit Bewegung und menschlichen Tätigkeiten. [17] [18]
Grundschullehrerinnen und -lehrer erkennen Energie in Umwandlungsprozessen, Bewegung, Energieformen, Energiespeichern und Energieträgern (als Energielieferanten) sowie bei Energieversorgung und -nutzung. [15]

2.2 Energie bedeutet Kraft

Energie wird als Ursache oder Vermögen verstanden, Vorgänge anzustoßen oder am Laufen zu halten. Von Befragten aller Altersstufen wird Energie am häufigsten mit *Kraft* im umgangssprachlichen Sinn gleichgesetzt und dabei überwiegend auf körperliche Tätigkeiten bezogen. Anhand von Phänomenen wie Wasser und Wind wird Kraft mit *Arbeit und Leistung* verbunden (Zitate Anne, Grundschullehrerinnen). [5] [14] [17] [18]
Den Energiebegriff erläutern Lehrkräfte in einer Interviewstudie mit der klassischen Definition in der Physik, Energie sei die Fähigkeit, Arbeit zu leisten. Oder sie beziehen sich ebenfalls auf Kraft. [17]

Kraft und Arbeit
„Kraft ist fast wie Energie – beides kann etwas verändern."

Anne, 9. Klasse, in einem Leistungstest [16]

„Ich übersetze mir Energie selber immer mit Kraft."
„Ein Körper hat Energie, wenn er die Fähigkeit hat, Arbeit zu leisten."

Grundschullehrerin [15]

2.3 Energie verhält sich wie ein Stoff

Im biologischen Zusammenhang wurden Vorstellungen zur Energie in einer Fragebogen- und Interviewstudie bei 15- bis 16-jährigen Schülerinnen und Schülern des Gymnasiums erhoben. Die Jugendlichen sehen die Energie in Organismen häufig als etwas an, das sich so ähnlich wie Materie verhält, setzen es mit Materie gleich oder schreiben ihr *Eigenschaften von Materie* zu. Energie wird als „universeller Treibstoff" verstanden. Wichtige Nahrungsbestandteile wie Vitamine, Mineralstoffe und Wasser werden von manchen Befragten als Energie bezeichnet. Proteine sind die Hauptquelle der Energie. Energie ist in der Nahrung enthalten (Zitate, S. 94). Außerdem wird Energie als in Stoffen *speicherbar* gedacht („energiereiche Stoffe"). Energie wird beim Zerlegen der Nahrung im Darm frei. Auch Wasser wird als eine Energiequelle angesehen. [2] [4] [12] [15] [21]
Der Energiefluss in Ökosystemen wird häufig in Analogie zum *Stoffkreislauf* gedacht: Energie wird von Lebewesen aufgenommen und bei deren Tod wieder an die Umgebung abgegeben. Diese abgegebene Energie steht dann anderen Lebewesen zur Aufnahme wieder zur Verfügung („Energiekreislauf"). Wissenschaftler verwenden in diesem Kontext z. T. dieselben anschaulichen Alltagsvorstellungen zur Energie wie Schülerinnen und Schüler (Zitate Georg und Smith & Smith). [2] [12]

stoffartige Energie
„Energie besteht aus kleinen Teilchen, die in den Nahrungsstoffen enthalten sind."
Schülerin, 10. Klasse [2]

„Getreide enthält Energie."
Anni-Frid, 10. Klasse [21]

„Zucker ist konzentrierte Energie."
E. P. Odum, Ökologie, 1999

Weitergabe von Energie
„Ein Löwe bekommt Energie vom Zebra und Zebras bekommen Energie vom aufgenommenen Gras. Gras bezieht Energie aus dem Boden und der Sonne."
Georg, 12. Klasse [21]

„Energie wird in Form von Nahrung aufgenommen und in Nahrungsketten weitergegeben …
Energie fließt durch die verschiedenen Trophiestufen eines Ökosystems."
Thomas M. Smith & Robert L. Smith, Ökologie, 2009

Vorstellungen	Häufigkeit (%)
Substanz, die bilanziert werden kann	5
Substanz, die ihre Form ändern kann	4
Substanz, die fließen kann	31
Substanz, die transportiert werden kann	27
Substanz, die verloren gehen kann	100
Bestandteil oder Produkt	12
Prozess oder Interaktion	10

Tabelle 1: Vorstellungen, die in den von College-Studierenden der Biologie im Kontext von Ökosystem geäußert wurden. Die Häufigkeit gibt an, wie oft die jeweilige Vorstellungen in den in diesem Kontext geäußerten Metaphern enthalten waren (n = 49). [12]

Die Vorstellung, dass Energie fließt, wird mit der Aufnahme von Stoffen (Nahrung) verknüpft (Zitate Georg und Smith & Smith). Das Wort Energiequelle stützt die Vorstellung, dass Energie aus einem Behälter oder Träger herausfließt. [21]
Bei US-amerikanischen College-Studierenden der Biologie, Chemie und Physik wurde erhoben, welche Metaphern sie im Rahmen des Themas „Ökosysteme" für Energie verwenden. Die Studierenden veranschaulichten sich Energie vorwiegend mit Substanz-Metaphern (s. Tabelle 1).

Zusammenfassend kann man die stofflich orientierten Alltagsvorstellungen fünf übergreifenden Konzepten oder Denkfiguren zuordnen: Energie
- wird als Substanz verstanden,
- die wirksam und
- die wandelbar ist,
- weitergegeben wird und
- verbraucht werden kann. [15]

2.4 Energie wird in Stoffe umgewandelt, hergestellt und verbraucht

Auf der Basis der Vorstellungen von Energie als Substanz oder Stoff wird die Umwandlung von Energie in Stoffe angenommen. In einem Lehrbuch für Ökologie wird entsprechend formuliert, dass Licht von Pflanzen in Traubenzucker umgewandelt wird. Dies kann als verkürzter Ausdruck der Vorstellung verstanden werden, Energie werde in Stoffen gespeichert. Stoffliche und energetische Betrachtung werden auf diese Weise vermengt (s. 2.3, Zitate George, Agnetha, Odum). [21]
Der alltägliche Sprachgebrauch (Energieerzeuger, Energieverbrauch) und die Anschauung von Energie als stoffähnlich legen die Vorstellung nahe, dass Energie (von Organismen) hergestellt werden kann und verbraucht wird: Durch Aufnahme von Nahrung wird Energie erzeugt (Zitat Merle). Allgemein verbreitet ist die Vorstellung, dass Energie durch Lebensvorgänge verbraucht wird (Zitat Ringo). Israelische Schülerinnen und Schüler äußern nach dem Unterricht über Zellenlehre, dass einige Zellen Energie für andere Zellen produzieren, die diese Energie dann verbrauchen. [2] [4] [9]

Umwandlung
„Energie kommt aus dem Essen. Sie wird in Bewegung umgewandelt."

George, 11. Klasse

„Sonnenenergie wird in ATP umgewandelt"

Agnetha, 11. Klasse [21]

„Licht ist eine Form von Energie, die in Wärme oder Arbeit umgewandelt werden kann …
Sonnenstrahlung wird in Glucose umgewandelt."

E. P. Odum, Ökologie, 1999

Herstellung
„Lebewesen nehmen ‚etwas' (Nahrung) auf, um Energie zum Leben herzustellen."

Merle, 13 Jahre [9]

Verbrauch
„Durch Denken oder Bewegung wird Energie dann wieder verbraucht. Muskeln brauchen auch Energie."

Ringo, 11. Klasse [21]

2.5 Abstrakte Größe

Nur einige der befragten Lehrkräfte der Primarstufe nähern sich dem Verständnis von Energie als abstrakter Rechengröße an (Zitat).

> *Abstraktum*
> „Ich glaube, Energie kann man nicht als konkreten Begriff, den man sehen und anfassen kann, irgendwie bezeichnen.“
>
> *Grundschullehrin [15]*

Der Weg von einem alltäglichen Verständnis zur abstrakten Rechengröße war auch in der *historischen Entwicklung* des Energiebegriffs lang (↗ lebendige Kraft).

3 Für Unterricht: Anschauung und Vertiefung

3.1 Potenziale der Alltagsvorstellungen

Alltagsvorstellungen	Chancen für fachliches Lernen	Hindernisse für fachliches Lernen
Energie bedeutet Kraft.	*Anknüpfung:* Energie als Vermögen, Kraft auszuüben (3.2).	Gleichsetzung von Energie und (physikalischer) Kraft
Energie verhält sich wie ein Stoff.	*Anknüpfung:* Stoff als Metapher verstehen: Analogien zwischen Materie und Energie (3.2)	Gleichsetzung (Identität) von Materie und Energie
Energie kann man an Erscheinungen wie Bewegung und Wärme erkennen.	*Perspektivenwechsel:* Energiefluss und Energiespeicherung (3.3)	Verständnis von Energie als Effekt
Wärme ist als Energie in Systemen enthalten.	*Perspektivenwechsel:* Wärme ist Energiefluss (3.4)	Gegensatz zu physikalischer Definition von Wärme(fluss)
Wärme ist das Gegenteil von Kälte	*Perspektivenwechsel:* warm und kalt sind Sinnesempfindungen (↗ warm)	
Energie ist eine abstrakte, fast mystische, schwer vorzustellende Größe.	*Brücke:* Energie als Bilanzierungsgröße (3.4) *Perspektivenwechsel:* Analogien von Materie und Energie (3.2)	
Energie wird verbraucht.	*Kontrast:* Erhaltungssatz der Energie *Perspektivenwechsel:* Abfuhr von Energie aus energetisch offenen Systemen (3.4)	alltägliche Erfahrung zum Energie sparen und Energieverbrauch Gleichsetzen von Wärmeabgabe („Entwertung“) mit Energieverbrauch

Energie wird nur von einigen Zellen hergestellt, von anderen verbraucht.	*Kontrast:* Energie wird in allen Zellen durch Zellatmung oder Gärung genutzt. ATP ist instabil, d. h., nur kurzzeitig verfügbar	Energie wird als transportierbare Nahrung verstanden.
Energie kann neu hergestellt werden.	*Kontrast:* Erhaltungssatz der Energie *Perspektivenwechsel:* Aufnahme von Energie in energetisch offene Systeme (3.4)	Verwechslung von Herstellung mit Aufnahme und Nutzung
Energie kann verloren gehen.	*Anknüpfung:* Energiefluss durch energetisch offene Systeme (3.4)	Gleichsetzung von Verlust (Abgabe) mit Verbrauch
Abwärme ist Energieverlust	*Perspektivenwechsel:* Abwärme exportiert Entropie aus dem System. Ermöglicht Strukturbildung und -erhalt (3.5 und 3.6).	Dominanz mechanischer Konzepte der Arbeitsfähigkeit („Entwertung") gegenüber biologischen Kontexten der Formbildung

Tabelle 2: Alltagsvorstellungen zu Energie geben Hinweise für fachliches Lernen.

3.2 Metaphern zu Energie

Manche Physiker möchten sich auf Methode beschränken, d. h., Energie allein als *Rechengröße* verwenden und dabei die Vorstellung von Energie als Substanz umgehen. Ein Physikdidaktiker empfiehlt ebenfalls, Energie lediglich als Rechengröße zu sehen, Energie ganz auf Äquivalenzen und damit auf den methodischen Vergleich von „Energiemengen" zu beschränken. [3]
Der US-amerikanische Nobelpreisträger *Richard P. Feynman* (1918–1988) äußerte den häufig zitierten Satz „Die heutige Physik weiß nicht, was Energie ist." Die Aussage war, wie viele von *Feynman,* provokativ gemeint, ist aber eigentlich eine Binsenweisheit, denn Physik weiß auch nicht, was Gravitation, Materie, Zeit, Raum oder Kausalität ist. Sie verwendet Arbeitsbegriffe und Konstrukte, macht aber keine Aussagen über das Wesen der Dinge. Fern von Alltagsvorstellungen begnügt sie sich mit der Feststellung des Messbaren.
Sollen wissenschaftliche Begriffe jedoch einsehbar gemacht werden, muss man an Alltagsvorstellungen anschließen und sollte sich dabei von der Abstraktheit und dem Abgelöstsein physikalischer Begriffe von alltäglicher Erfahrung nicht schrecken lassen. Das Wesen der Dinge, also auch von Energie, wird naturwissenschaftlich nicht erfasst und wird ein Rätsel bleiben. Deshalb redet auch die Wissenschaft in Gleichnissen und hat zur Anschauung nichts anderes zu bieten als Metaphern und Analogien. Energie sollte im Biologieunterricht daher nicht ausschließlich als abstrakte Rechengröße behandelt werden. Es sind vielmehr *lernförderliche Metaphern* zu benutzen, die zum großen Teil auch in wissenschaftlicher Rede von Energie enthalten sind (↗ Metapher).

Energie als Stoff. Man sollte sich bewusst sein, dass in den Wörtern „Energiefluss", „Energietransport", „ Energiespeicherung", „Energieumwandlung" und „Energieerhaltung" die Analogie zur stofflichen Substanz unweigerlich enthalten ist. Es ist also wissenschaftlich angemessen und sinnvoll, Energie in metaphorischer Analogie zur Materie zu denken. Man

Materie	Energie
Speicherung	
in Behältern	als Differenz von chemisch-physikalischen Größen
Umwandlung	
Stoffarten: beziehen sich auf die Anordnung (verschiedener) Atome bzw. Atomrümpfe und Elektronen. Stoffarten können ineinander umgewandelt werden: Edukte verschwinden, Produkte entstehen.	Energieformen: beziehen sich auf die Formen der Speicherung bzw. Übertragung von Energie. Energieformen können umgewandelt werden, eine Form der Speicherung oder Übertragung verschwindet, eine andere entsteht.
Art der Bewegung	
Transport Stoffe werden unter Energieaufwand bewegt.	Energiefluss Energie fließt unter Minderung oder Aufhebung der Differenz, leistet Arbeit oder produziert letztlich Wärme (Dissipation).
Form der Bewegung	
Stoffe können innerhalb von offenen Systemen kreisen, d. h. im Kreise transportiert und wiederverwendet werden (müssen es aber nicht).	Energie fließt durch offene Systeme hindurch, d. h. lebende Systeme nehmen notwendig Energie auf und geben notwendig Energie an die Umgebung ab. Ohne Energiefluss sind keine Lebensprozesse möglich.
Erhaltungsgröße	
bezieht sich auf Masse	bezieht sich auf Energiemenge
Entropie (Richtungsgröße)	
Entropie (Unordnung) bedeutet Gleichverteilung im Raum …	
… von Molekülen	… von Energie
In energetisch geschlossenen Systemen nimmt Entropie zu; in energetisch offenen Systemen kann Entropie abnehmen durch …	
… Aufnahme von geordneten Stoffen (Makromolekülen); … Strukturbildung; … Abgabe niedermolekularer Stoffe.	… Aufnahme von Energie; … Bildung von Differenzen physikalisch-chemischer Größen (Energiespeicherung); … Abwärme.
Äquivalenz	
$E = mc^2$ Energie ist ontologisch in gleicher Weise als real zu betrachten wie Materie.	

Tabelle 3: Analogien zwischen Materie und Energie

kann die Metaphern fruchtbar nutzen, um den abstrakten Begriff Energie zu veranschaulichen und verständlich zu machen, sollte jedoch gleichzeitig Materie und Energie unterscheiden, also darauf achten, sie nicht gleichzusetzen.
Materie und Energie sind als Grundgrößen physikalische Konstrukte und nicht durch Ableitung von anderen Größen zu definieren. Beim Vergleich von Materie und Energie fällt auf, dass zumeist nicht zwischen Energie und dem was an ihr messbar ist, also *Energiemenge* differenziert wird. Dagegen werden Materie und Masse mit zwei Termini physikalisch klar unterschieden. Masse und Energiemenge sind äquivalent ($E = m \cdot c^2$). An dieser Äquivalenz ist zu sehen, dass Materie und Energie denselben ontologischen Status haben: Energie ist also trotz der Unanschaulichkeit genauso „wirklich" wie die leichter fassbare und anfassbare Materie. Zuweilen werden beide als „Substanzen der Physik" bezeichnet. [24]
Beide Konzepte, Materie und Energie sind nicht einfach gegeben, sondern wissenschaftliche Konstrukte. Die Vorstellungen zur Materie sind durch den Umgang mit Stoffen und materialen Gegenständen erfahrungsbasiert. Deshalb wird die abstrakter als Materie erscheinende Energie durch stoffliche Metaphern veranschaulicht. Tatsächlich gibt es einleuchtende Entsprechungen zwischen Materie und Energie (Tabelle 3). Es gibt aber auch erkennabre Unterschiede: Während Stoffe in und zwischen Systemen unbegrenzt recycelt werden können (fakultativer Stoffkreislauf), kann Energie niemals vollständig kreisen, da bei allen Energieumwandlungen stets Wärme entsteht, die abfließt (obligater Energiedurchfluss). Energie kann, anders als Masse, einen negativen Wert annehmen.
Stoffliche und energetische Aspekte der Prozesse in lebenden Systemen sollten getrennt behandelt und erst nach Klärung der stofflichen Basis aufeinander bezogen werden (s. 3.6 und 3.7). [11] [15]

Das Verhältnis von Energie zur Kraft. Energie ist nicht gleich Kraft und auch nicht mit ihr äquivalent. Energie lässt sich jedoch als das Vermögen umschreiben, Kraft auszuüben: Nach der anschaulichen Definition des Physikers *Carl Friedrich von Weizsäcker* (1912–2007) ist „Energie … das Vermögen, Materie zu bewegen." [24]. Diese Definition und das Verständnis von „potenzieller" Energie enthält zwangsläufig die Metapher der *Kraft* (lateinisch potentia: „Kraft"). Das Anknüpfen an die Alltagsvorstellungen von Kraft erscheint daher – trotz des abweichenden physikalischen Begriffs – hilfreich.
Der Zusammenhang von Energie und Kraft ist ebenfalls in der physikalischen Definition von Arbeit enthalten. Arbeit besteht darin, dass eine Kraft auf einen Körper längs eines Weges einwirkt. Dem entspricht die Einheit für Arbeit (und mechanisch übertragene Energie) als das Produkt aus Kraft mal Weg (Newtonmeter). Es sollte jedoch reflektiert werden, dass die alltäglichen Erfahrungen mit „Kraft" nicht auf Energie übertragen werden können. Energie wird nicht durch den physikalischen Kraftbegriff (Interaktion zwischen Körpern) definiert. Die auch in Alltagsvorstellungen erkennbaren Unterschiede zur Kraft können zur Differenzierung genutzt werden (Kraft kann z. B. nicht gespeichert werden, Energie verändert sich bei Vergrößerung des Systems, Kraft nicht, d. h., Energie ist eine extensive, Kraft eine intensive Größe).

Geld. Um den Konflikt mit dem physikalischen Kraftbegriff zu vermeiden und auch einem stofflichen Missverständnis entgegenzuwirken, bietet es sich an, Metaphern der Geldwirtschaft heranzuziehen. Energie kann als „Universalwährung" betrachtet werden. Mit ihr werden die „Kosten" des Organismus für Lebensprozesse „bezahlt". Die dem Organismus

verfügbare Energie wird durch Photosynthese und Atmung mit dem System ATP–Sauerstoff geliefert und in alle Lebensprozesse eingespeist, die Energie benötigen. Das energetisch nutzbare ATP-Molekül wird daher metaphorisch als „Energiemünze“ des Organismus bezeichnet (man beachte den Unterschied zwischen Energie als „Währung“ und einem Molekül als „Münze“).
Der (bargeldlose) „Geldfluss“ ist mit dem Energiefluss vergleichbar, da er nicht an materielle Geldströme gebunden ist und somit die Vorstellung vom fließenden „Stoff“ metaphorisch überflüssig macht. Man kann mit der Geldmetapher auch zwischen Massetransport und Energiefluss differenzieren: Der Transport von Gold, Münzen oder Geldscheinen im Transporter von Bank zu Bank ist kein Geldfluss. Der entsteht erst, wenn der Geldwert als Kapital auf das einnehmende Bankkonto gebucht wird. Nur durch Geldfluss wird Geld genutzt, wie Energie nur durch Energiefluss. Ebenso lässt sich der Wert gespeicherter Energie mit „totem Kapital“, „festgelegtem Geld“ vergleichen, das erst „flüssig“ gemacht, d. h. zum Fließen gebracht werden muss. Energieaufnahme bedeutet für den Organismus in der Regel einen „Gewinn“, Abgabe im Allgemeinen einen „Verlust“. Man kann daher in Bezug auf offene Systeme völlig zutreffend von „Energiegewinn“ und „Energieverlust“ sprechen, ohne gegen den Erhaltungssatz von Energie zu verstoßen, also physikalisch unkorrekt zu sein (s. 3.5).
Die Geldmetapher hat selbstverständlich auch Grenzen: Es gibt z. B. kein Prinzip zur Erhaltung der Geldmenge: Energie kann nicht produziert werden, Geld kann „gedruckt“ und dann in Umlauf gebracht werden. Energiemenge schwankt nicht mit dem Energiefluss, wie der Geldwert an der Börse.

3.3 Formen der Speicherung und des Fließens von Energie

Da Energie immer nur dann wahrgenommen wird, wenn sie von einem System zum anderen übertragen wird (Energiefluss), sind Formen der Energiespeicherung in Systemen sowie des Energieflusses in und zwischen Systemen die naheliegenden Anknüpfungspunkte, um Alltagsvorstellungen an fachliche Vorstellungen anzunähern. Entsprechend sind energetische Phänomene mit Speicher-Fluss-Modellen angemessen zu erfassen. [1] [13]
Es sollte stets darauf geachtet werden, ob von gespeicherter Energie (potenzieller Energie) oder fließender Energie die Rede ist. Energienutzung ist Energie*fluss*nutzung. Da Stoffwechselvorgänge auf chemischen Reaktionen beruhen, ist das Erfassen von exergonischen und endergonischen Reaktionen entscheidend, um Energienutzung zu verstehen: Endergonische Reaktionen laufen im Organismus nur in Verknüpfung mit exergonischen ab.
Energieformen und *Energieumwandlung.* Wenn physikalisch von Energie die Rede ist, meint man meist Energie*menge*. Die Energiemenge ändert sich gemäß dem Erhaltungssatz in einem geschlossenen System nicht. Um das Gleichbleiben der Energie(menge) zu betonen, schlagen Physikdidaktiker vor, nicht von verschiedenen Formen der Energie zu reden, sondern von *Formen der Energiespeicherung* und *Formen der Energieübertragung.* Aussagen zur „Energieform“ sind in diesem Sinne verkürzend. Sie sollten besser adverbial ausgedrückt werden, z. B. *chemisch gespeicherte* Energie, *mechanisch übertragene* Energie (s. Tabelle 4). [1] [13]
Arbeit und Wärme. Beim Vermögen der Energie, „Materie zu bewegen“, sind deutlich zwei Prozesse zu unterscheiden: geordnete Bewegung von Materie und ungeordnete Bewegung von Materie: Geordnete Bewegung von Materie ist als *Arbeit* nutzbar, ungeordnete Bewegung von Materie ist *Wärme* (s. Abb. 1).

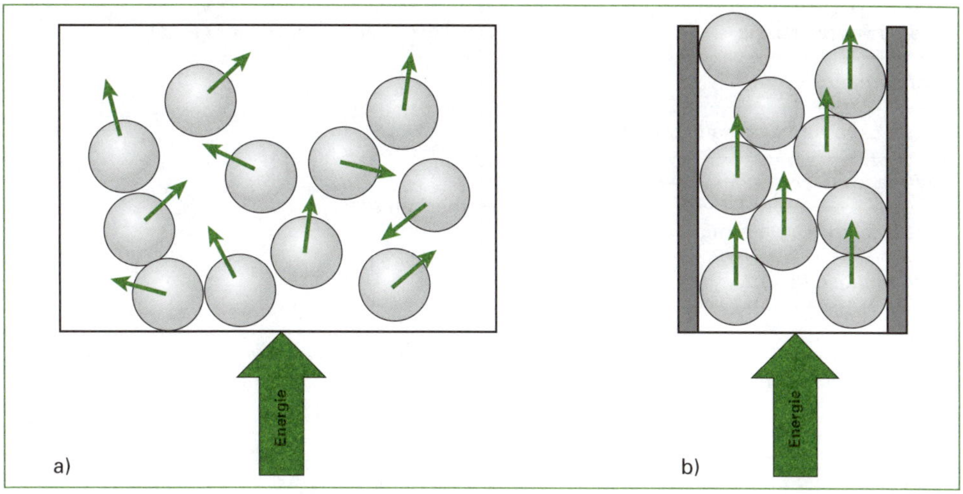

Abb. 1: Energieübertragung. a) ungeordnete Bewegung der Materie: Wärme(fluss); b) geordnete Bewegung der Materie durch eingeschränkte Bewegungsmöglichkeit der Moleküle (Bahnung): Arbeit

Energie auf der einen Seite, Arbeit und Wärme(fluss) auf der anderen Seite, sind also zu unterscheiden: „Energie ist ein *Zustand*, Arbeit ein zeitlich ablaufender *Vorgang*“ [25]. Dieser Unterschied ist in der gängigen (aber unzureichenden) Formulierung „Energie ist die Fähigkeit, Arbeit zu verrichten“ zwar enthalten, wird aber leicht übersehen, zumal, wenn sie als „Energie ist gespeicherte Arbeit“ verkürzt wird.

Als gespeicherte oder potenzielle Energie wird Energie als *Zustandsgröße* gedacht. Energiefluss oder -übertragung ist ein *Prozess*. Energie ist physikalisch eine Zustandsgröße; Arbeit und Wärme sind *Prozessgrößen*. Zieht man Bilanz – misst man, wieviel Energie pro Zeiteinheit geflossen ist – so erhält man die übertragene Energiemenge. Dadurch, dass der Bilanzierungswert in Energieeinheiten (Joule) gemessen wird, wird Energie aber nicht *dasselbe* wie Arbeit oder Wärme(fluss). Sie ist vielmehr mit diesen *äquivalent*.

Die verschiedenen Formen der Energieübertragung beruhen auf *Differenzen* physikalischer Größen (Tabelle 4). Die *Differenzen* geben (zusammen mit der Zunahme der Entropie) umkehrbaren Prozessen eine *Richtung*: Von einer definierten Ausgangssituation laufen die Prozesse freiwillig in einer von den Differenzen bestimmten Richtung ab (Steine fallen entsprechend ihrer Lage zum Gravitationszentrum (Höhendifferenz) nach unten, Konzentrations- und Temperaturunterschiede werden vom Höheren zum Niederen ausgeglichen).

Bei *exergonischen Reaktionen* wird ein bestimmter Energiebetrag genutzt. Dabei besteht die Differenz in den Unterschieden der Bindungsstärken in den Molekülen von Edukten und Produkten (starke und schwache Bindungen). Die größere Bindungsstärke ist der stabilere Zustand und wird daher freiwillig eingegangen. Starke Bindungen können nur durch großen Energieaufwand gelöst werden. Schwache Bindungen sind entsprechend labil und mit geringem Energieaufwand zu lösen. Bei der *Hydrolyse* von Makromolekülen, wie der von Stärkemolekülen, ist die Summe der Bindungsstärken der Produkte größer als die der Edukte. Die hydrolytische Spaltung von Stärke läuft daher freiwillig ab.

Energiespeicher bestehen im Aufbewahren von Differenzen, die Energiefluss unter bestimmten Bedingungen ermöglichen.

gespeicherte Energie	**Übertragung (Fluss) der Energie**
Höhendifferenz	mechanisch
durch Lage zum Gravitationszentrum	
Differenz in der mechanischen Spannung	
elastisch (durch Deformation)	
Bewegungsdifferenz	
kinetisch	
Konzentrationsdifferenzen	chemisch
chemiosmotisch	
Differenz in der Bindungsstärke	
chemisch	
Ladungsdifferenz	
elektrisch (elektrostatisch)	elektrisch
elektromagnetische Differenz	
elektromagnetisch	durch Strahlung
Temperaturdifferenz	
thermisch	durch Wärme(fluss)

Tabelle 4: Formen der Speicherung und Übertragung von Energie („Energieformen“)

3.4 Energieerhaltung und Dissipation: Lebende Systeme sind energetische Durchflusssysteme

Die vorherrschende physikalische Sicht der Energie von Erhaltung und Entwertung ist an technischen Systemen und deren Effektivität orientiert, weshalb die Arbeitsfähigkeit der Energie und der Wirkungsgrad der Maschinen im Vordergrund des Interesses stehen.
Energieerhaltung. Der *1. Hauptsatz der Thermodynamik* besagt, dass die Energiemenge in geschlossenen Systemen nicht zu- oder abnimmt, sondern erhalten bleibt. Der Energieerhaltungssatz ist ein Theorem, das im Unterricht experimentell nicht nachgewiesen und auch nicht plausibel demonstriert werden kann. Der Satz kann lediglich bei allen Prozessen (im wörtlichen Sinne) vorausgesetzt werden.
Für den Physikunterricht wird empfohlen, sich beim Lehren des Energiebegriffs auf geschlossene Systeme (System plus Umwelt) zu beschränken, da diese einfacher zu begreifen seien. Beim Lehren und Lernen von Biologie hat man hier keine Wahl: In der Biologie steht das Verständnis von lebenden Systemen als *energetisch offenen Systemen* (Organismen und Ökosysteme) im Vordergrund, durch die Energie hindurchfließt. Der Charakter offener

Systeme und speziell der Biosysteme wird bezogen auf den Energie-Erhaltungssatz zu wenig beachtet. Der Erhaltungssatz ist für Nicht-Naturwissenschaftler nur schwer verständlich, weil Erhaltung in den energetisch offenen Systemen der Alltagswelt nicht erfahren wird. In energetisch offenen Systemen bleibt die Energie ja gerade nicht erhalten: Die Energie kann im System durch Aufnahme durchaus zunehmen („Energiegewinn") oder durch Abgabe nach außen abnehmen („Energieverlust"). Lediglich bei gleich großer Aufnahme und Abgabe von Energie bleibt die Energiemenge im System in gleichem Betrag erhalten. In der Biologie kann der – an sich zentrale – Satz von der Energieerhaltung in den Hintergrund treten und stattdessen in drei anschauliche Sätze gefasst werden:

- Lebende Systeme nehmen Energie auf und geben Energie ab, es sind energetische Durchflusssysteme.
- Energie kann weder vernichtet noch neu produziert werden.
- Im energetischen Fließgleichgewicht (steady state) geht dieselbe Energiemenge ins System hinein wie hinaus.

Dissipation und Entropie. Eine Eigenschaft der Energie ist es, sich im Raum zu verteilen. Dieser Vorgang wird Dissipation genannt (lateinisch dissipare: „zerstreuen", „verteilen"). Die Dissipation entspricht dem *2. Hauptsatz der Thermodynamik*, wonach in einem geschlossenen System die Entropie (Unordnung) zunimmt. Die Dissipation (oder Dispersion) von Energie kann daher zu einer auf Energie bezogenen Umschreibung für Entropie genutzt werden: „Entropie ist ein Maß für die Verteilung der Energie im Raum." Der zweite Hauptsatz der Thermodynamik kann entsprechend formuliert werden: „Energie breitet sich spontan aus, wenn sie nicht daran gehindert wird." [23] Man kann beide Metaphern für Entropie (Unordnung und Ausbreitung von Energie) verbinden: Energie wird unordentlich, indem sie sich im Raum verteilt. Die unordentliche Energie wird durch Wärme aus energetisch offenen Systemen abgeführt (Abwärme, vgl. Abb. 1 a, ⇨ ordnen).
Der Wärmefluss spielt gegenüber anderen Formen der Energieübertragung eine besondere Rolle. Wärme ist physikalisch definiert als Energiefluss, der aufgrund von Temperaturdifferenzen stattfindet. Da Wärme nur von Systemen mit höherer zu Systemen mit niedrigerer Temperatur fließt, führt sie zum Temperaturausgleich. Die in den beiden Systemen thermisch gespeicherte Energiemenge bleibt dabei in der Summe erhalten. Wenn die Temperaturdifferenz ausgeglichen ist, findet jedoch kein Energiefluss statt, also ist eine weitere Nutzung nicht möglich. Die Verteilung der Energie im Raum (Dissipation) bedeutet, dass ihre Nutzbarkeit für Arbeit abnimmt. Der zweite Hauptsatz besagt also, dass die *Arbeitsfähigkeit* der Energie in geschlossenen Systemen abnimmt, was physikalisch als *Entwertung* bezeichnet wird.
Strukturbildung. Für lebende Systeme sollte die häufig auf Entwertung beschränkte Sicht der Abwärme erweitert werden. Lebende Systeme bilden Strukturen aus und sorgen ständig dafür, dass diese erhalten bleiben. In offenen Systemen kann die Entropie (Unordnung,) *abnehmen*, da sie vor allem durch Wärmefluss aus dem System entfernt wird. Abwärme (Ausbreitung der Energie in die Umgebung) ermöglicht Struktur- und Formbildung. *Strukturbildung ist daher notwendig mit Wärmefluss verbunden.* Die Entropie nimmt entsprechend dem 2. Hauptsatz jedoch zu, wenn man das offene System und Umgebung, also das energetisch geschlossene Gesamtsystem, betrachtet (⇨ ordnen).
Energiespeicherung besteht darin, dass die Energie gehindert wird, sich im Raum zu verbreiten. Im Speichersystem entsteht Ordnung (Abnahme der Entropie), indem Differenzen aufgebaut werden. Wegen dieser Strukturbildung ist jede Übertragung der Energie in ein

neues Speichersystem (Energieumwandlung) notwendig mit Abwärme verbunden. *Der Energiefluss kann daher nicht vollständig zur Energiespeicherung genutzt werden.*
Der Wärmefluss aus den lebenden Systemen ist biologisch als äußerst nützliche „entropische Müllabfuhr“, als Abführen von Unordnung zu bewerten. Selbstorganisierende Systeme von der Kerzenflamme über Organismen und Ökosysteme bis hin zum Bioplaneten sind notwendig energetische *Durchflusssysteme.* Für lebende Systeme ist Dissipation also nicht einseitig als Entwertung, sondern als Entsorgung von Unordnung, d. h., als Mittel zur Formbildung zu interpretieren (➪ ordnen, ➪ System, ➪ Treibhauseffekt). [10]

3.5 Energienutzung in Zellen

Beim Stoff- und Energiewechsel der Lebewesen sollten stoffliche Betrachtungen stets deutlich von energetischen getrennt werden. Glukose wird in der Fotosynthese nicht aus Licht, sondern aus Kohlenstoffdioxid und Wasser gebildet (stoffliche Betrachtung). Licht wird nicht in Glukose umgewandelt, sondern die durch Licht zugeführte Energie bewirkt die Spaltung der Wassermoleküle und wird schließlich im System Glukose–Sauerstoff gespeichert (energetische Betrachtung). Die Bezeichnung von Glukose als potenzielle Energie (Odum) vermengt Stoff- und Energieaspekt unzulässig. Sie ist darüber hinaus fachlich irreführend, da die exergonische Reaktion mit Sauerstoff Energie liefert, nicht die Spaltung der Glukose. Die Umsetzung mit Sauerstoff ist exergonisch, die Spaltung von Glukose ist – wie jede Spaltung chemischer Bindungen – endergonisch. Die Energie ist *nicht in* Glukose gespeichert. Glukose und alle Nährstoffe sind *nicht* energiereich. Ihr Brennwert (Name!) ergibt sich aus der Umsetzung mit Sauerstoff. [16]
Der stoffliche Aspekt kann in der Zusammenschau von Fotosynthese und Zellatmung als „Wasserstofftechnik“ bezeichnet werden. Die Knallgasreaktion zwischen Wasserstoff und Sauerstoff würde die Wasserspaltung der Fotoreaktion zunichte machen (➪ Fotosynthese).
Es ist zu betonen, dass der Organismus keine „Wärmekraftmaschine“ ist, sondern ein biochemischer Energienutzer. Die Gleichsetzung von biologischer Oxidation (Zellatmung) mit Verbrennung ist daher nur für die *Energiebilanz* der beiden Reaktionen richtig, aber sowohl für die spezifischen chemischen Stoffumwandlungen wie auch für die *Energieübertragung* unzutreffend. Die für Lebensprozesse nutzbare Energie wird *in kleinen Beträgen* bereitgestellt (➪ atmen).
Energiefluss. Bei Fotosynthese und Atmung lassen sich die Prozesse als Abfolge von Energieflüssen sowie kurzzeitiger und langfristiger Energiespeicherung darstellen. Die folgenden Zusammenhänge erscheinen als besonders bedeutsam (Abb. 2):

- In der Fotosynthese wird das Sonnenlicht zur *Wasserspaltung* genutzt. Der dadurch entstehende labile Energiespeicher besteht im System Wasserstoff–Sauerstoff.
- Die Wasserspaltung der Fotoreaktion wird in der Endoxidation der Zellatmung umgedreht zur *Wasserbildung*, sodass die (bis dahin noch gespeicherte) Energie aus der Wasserspaltung genutzt wird.
- Der *Energiespeicher ATP–Wasser* ist labil, sodass neu gebildetes ATP nur für Sekunden verfügbar ist. Könnte ATP über längere Zeit gespeichert werden, dann wäre der – energieaufwändige – Umweg über die Bildung von Nährstoffen energetisch überflüssig.
- Erst mit der in der Synthesereaktion aufgebauten Glukose wird der langdauernd stabile *Energiespeicher Glukose–Sauerstoff* hergestellt. Mit dessen Energie wird dann in der Zellatmung erneut ATP gebildet (➪ Fotosynthese, ➪ atmen).

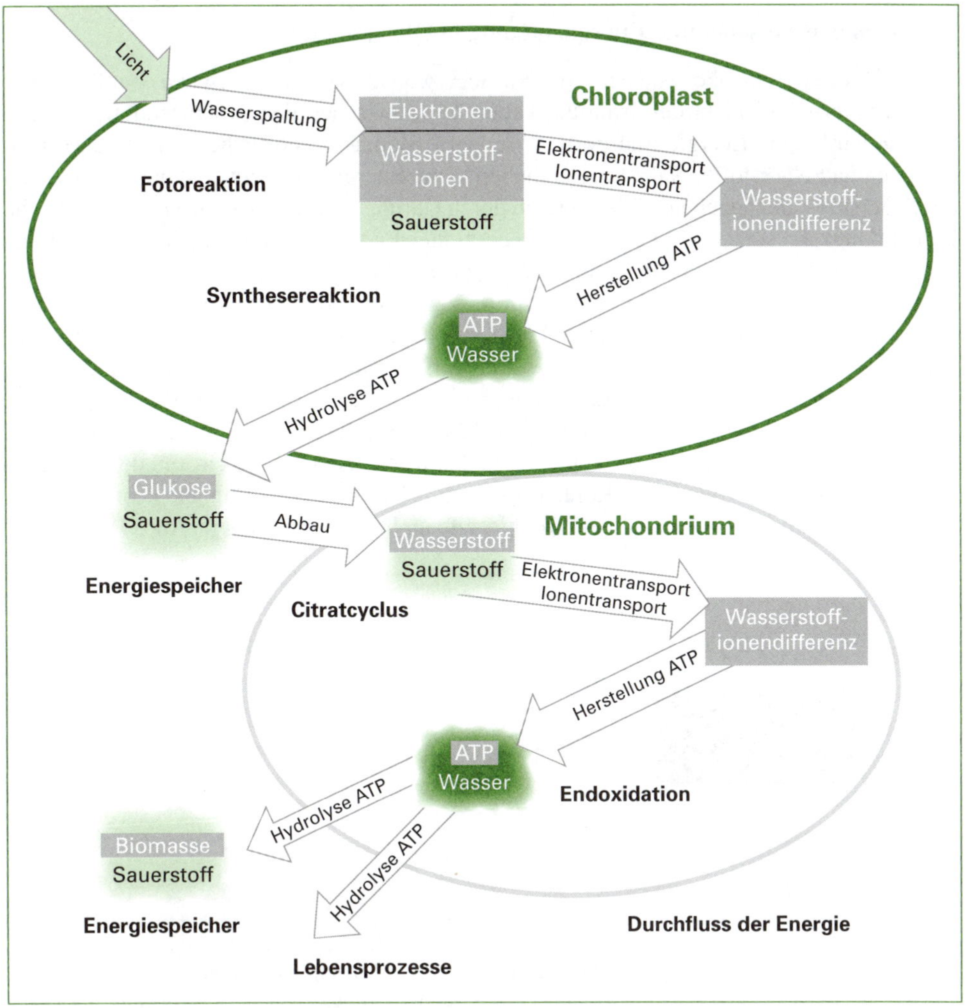

Abb. 2: Energiefluss durch eine fotosynthetisch aktive Pflanzenzelle. Pfeile: Energiefluss, Kästen: Energiespeicher (zerfließende Konturen deuten an, dass der Reaktionspartner als Medium vorhanden ist). Die Abnahme der Energie im System durch Abwärme ist nicht berücksichtigt. Sie entsteht bei jedem Prozess. Die Energie für Lebensprozesse wird endgültig vollständig durch Wärme abgeführt. Im System verbleibt die als Biomasse–Sauerstoff gespeicherte Energie.

Die Abwesenheit von Sauerstoff ändert die energetische Situation für Organismen dramatisch. Darin zeigt sich, dass die Energie eben nicht in Glukose gespeichert ist, sondern die Energienutzung ergibt sich aus den *Reaktionsmöglichkeiten*. Beispielsweise liefert Milchsäuregärung nur 1/10 der Energie, die durch Endoxidation genutzt werden könnte.

3.6 Biomassetransport und Energienutzung in Ökosystemen

Bei den Prozessen in Ökosystemen sind stoffliche Aspekte von energetischen ebenfalls deutlich zu unterscheiden. In den Nahrungsketten bzw. zwischen den Trophiestufen der *Ökosysteme* wird keine Energie transportiert, sondern Biomasse (stoffliche Betrachtung). Biomasse enthält Nährstoffe. Nährstoffe enthalten keine Energie, sondern sind durch Umsetzen mit Sauerstoff (und gegebenenfalls anaerob durch Gärung) *energetisch nutzbar* (energetische Betrachtung). Es sind also *Biomassetransport* (unter Energieaufwand durch den Nahrungserwerb der Lebewesen) und der genutzte *Energiefluss* zu unterscheiden.
Die *Abnahme der Biomasse* in der Nahrungskette von „Konsumenten" bis hin zu den „Destruenten" wird im allgemeinen als Folge davon gesehen, dass bei jeder Trophiestufe ein Teil der Energie durch Wärme abgeführt wird („verloren geht"). Die Abnahme von Biomasse wird also mit der Abnahme von Energie im System erklärt. Das ist eine Vermengung von stofflicher und energetischer Betrachtung. Verlust an Biomasse ist *stofflich* zu erklären: Auf jeder Trophiestufe von den Produzenten bis zu den Konsumenten wird ein Teil der Biomasse durch Zellatmung zu Wasser und Kohlenstoffdioxid abgebaut. Die veratmete Biomasse steht also den Konsumenten der folgenden Trophiestufe nicht zur Verfügung (s. Abb. 3).

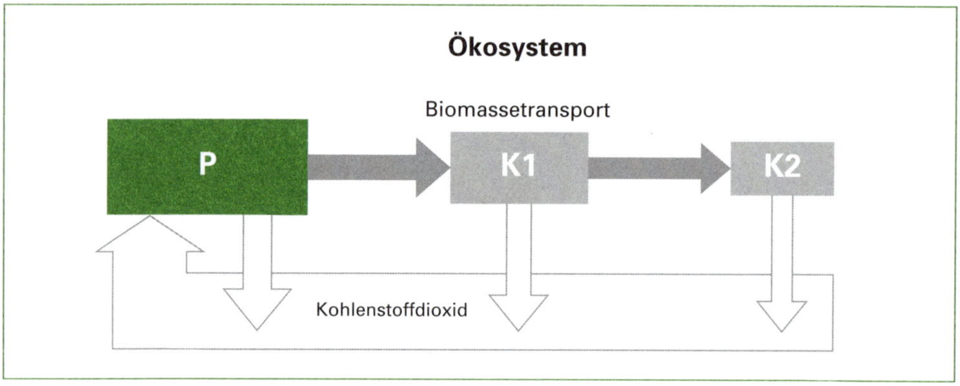

Abb. 3: Abnahme der Biomasse in der Nahrungskette und Kohlenstoffkreislauf im Ökosystem, P: Produzenten, K: Konsumenten; Auf jeder Trophiestufe wird Biomasse in der Zellatmung zu Kohlenstoffdioxid umgesetzt und steht daher für die nächste Trophiestufe nicht zur Verfügung. Da nur die Produzenten zusätzliche Biomasse bilden können, wird die Biomasse von Trophiestufe zu Trophiestufe geringer.

Energetische Aspekte ergänzen die stoffliche Betrachtung und vertiefen das Verständnis für die Abnahme der Biomasse in der Nahrungskette:
- Biomasse kann nur von autotrophen Lebewesen hergestellt werden (Produzenten); sie benötigen dafür Energie;
- Energie ist nicht in der Biomasse gespeichert, sondern im System Biomasse–Sauerstoff;
- mit der Nahrung wird keine Energie transportiert. Zwischen den Trophiestufen gibt es keinen Energiefluss. Ein Energiefluss wäre energetisch zu nutzen;
- der Biomassetransport zwischen den Trophiestufen erfordert den Einsatz von Energie, bei der Nahrungssuche, Nahrungsaufnahme, Nahrungsaufschluss (Verdauung), sowie Transport zu den Zellen (Blutkreislauf);

- auf den folgenden Trophiestufen (Konsumenten und Destruenten) kann ausschließlich die auf der vorausgehenden Trophiestufe im System Biomasse–Sauerstoff gespeicherte Energie genutzt werden;
- die auf jeder Trophiestufe aus dem Speicher Biomasse–Sauerstoff für Lebensprozesse genutzte Energie fließt durch die Trophiestufe hindurch, verlässt so das Ökosystem und kann daher nicht mehr genutzt werden (Abwärme, s. Abb. 4).

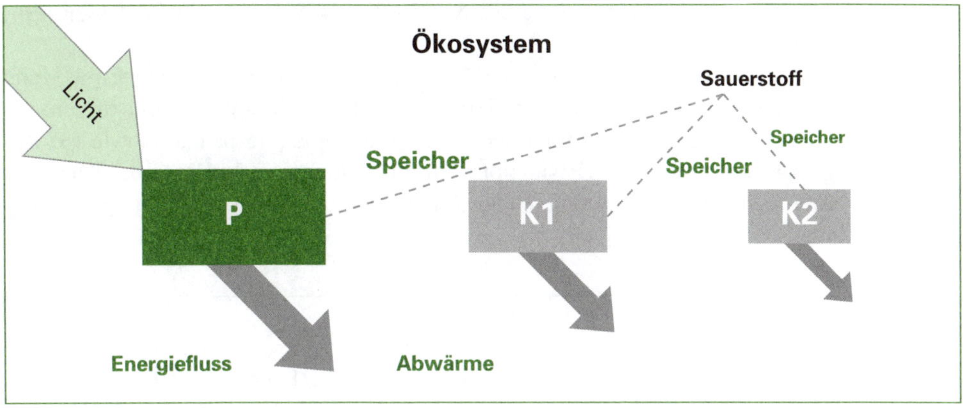

Abb. 4: Energiespeicher Biomasse–Sauerstoff und Energiefluss durch Ökosysteme. P: Produzenten, K: Konsumenten. Zwischen den Trophiestufen findet kein Energiefluss, sondern nur Biomassetransport statt (s. Abb. 3).

Im Gegensatz zu Stoffen, die theoretisch unbegrenzt im Kreis transportiert werden können, wird die aufgenommene Energie von lebenden Systemen letztlich und unvermeidbar durch Wärme wieder nach außen abgegeben. Es gibt daher als Bilanz im Ökosystem keinen „Energiekreislauf", sondern stets einen *Energiedurchfluss* (⇨ Stoffkreislauf).
Mit dem Wort „Fluss" ist eine stoffliche Vorstellung verbunden, die als metaphorische Analogie verstanden werden sollte (s. 3.6). Energie „fließt" unaufhaltsam in Richtung des Ausgleichs der Differenzen. Dieser Fluss in eine Richtung kann lediglich abgebremst, aber nicht endgültig verhindert werden: Der Energieabfluss aus Biosystemen kann durch Umwege (innere Energieströme) und „Speicher" verzögert werden. Die Erde ist eine „Energiefalle", bei der die fototrophen Organismen Energie einfangen und den Energiefluss durch das System mithilfe von Biomasse-Sauerstoff-Speichern verlangsamen. Das ermöglicht u. a. die energetische Nutzung von fossiler und nachwachsender Biomasse (⇨ Fotosynthese, ⇗ Bioplanet).
In der Ökologie ist es üblich, sogenannte *Energieflussdiagramme* aufzustellen. Der in solchen Diagrammen dargestellte „Fluss" der Energie durch Nahrungsketten und entlang der Trophiestufen ist in Wirklichkeit ein *Vergleich der Energiebilanzen* auf den verschiedenen Trophiestufen und kein Energiefluss zwischen ihnen. Die Angaben in solchen Diagrammen stellen also die auf den einzelnen Stufen genutzten und abgeflossenen Energiemengen dar. Die in den „Energiefluss"diagrammen enthaltene Abstraktion und die Darstellung eines nur scheinbaren Flusses sollte den Lernenden beim Umgang mit ihnen bewusst gemacht werden.

3.7 Energie im biologischen Kontext: Zentrale Konzepte

Im Physikunterricht hat es sich bewährt, vier zentrale Konzepte herauszustellen: Energieumwandlung, Energieerhaltung, Energieübertragung und Energieentwertung. Diese Quadriga soll gemeinsam unterrichtet werden, sodass die Konzepte das physikalische Verständnis von Energie gegenseitig stützen und ein Konzept ohne das andere unvollständig ist: „*Erhaltung* inmitten des Wandels der Erscheinungsformen (Energieumwandlung) und Erscheinungsorte (Energieübertragung), aber Abnahme des Nutzwertes im Verlaufe von Prozessen: *Entwertung*." [6] [7]
Im biologischen Kontext energetisch offener Systeme können Erhaltung und Entwertung der Energie zugunsten einer dynamischen Betrachtung dreier Komplexe zurücktreten: (1) Energiefluss und Stofftransport, (2) Energiedurchfluss und Energiespeicher sowie (3) Zusammenhang von Entropie und Dissipation: Strukturbildung und Abwärme. Die drei Komplexe stehen in engem Zusammenhang zueinander und ergänzen sich gegenseitig (Energie-Triplett) (s. Abb. 5). [10]

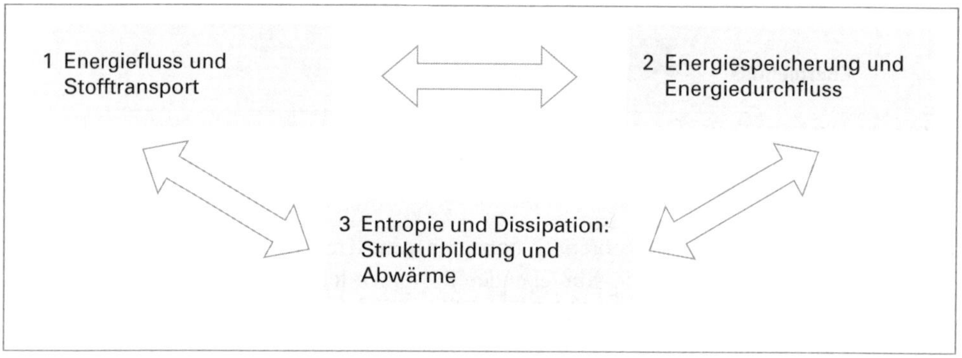

Abb. 5: Zentrale Konzepte des Themas Energie im biologischen Kontext. Grundsätzlich sind Energiefluss und Stofftransport zu unterscheiden (1); Energieumwandlung und Energieübertragung werden in Speicher-Fluss-Modellen beschrieben, Energieerhaltung wird dabei durch das sich einstellende Fließgleichgewicht (steady state) erfasst (2); Entwertung als Entsorgung von Entropie neu gedeutet (3).

[1] Boohan, R. (2014). Making sense of energy. School Science Review. – [2] Burger, J. & Gerhardt, A. (2003). Energie im biologischen Kontext. Der mathematische und naturwissenschaftliche Unterricht. – [3] Coelho, R.L. (2009). On the concept of energy: How understanding its history can improve physics teaching. Science & Education. – [4] Dreyfus, A. & Jungwirth, E. (1988). The cell concept of 10th graders: curricular expectations and reality. International Journal of Science Education.– [5] Duit, R. (1986). Energievorstellungen. Naturwissenschaften im Unterricht-Physik/ Chemie (13). – [6] ders. (1986). Der Energiebegriff im Physikunterricht. Kiel. – [7] ders. (2007). Energie. Unterricht Physik (101). – [8] Falk, G. & Ruppel, W. (1976). Energie und Entropie. Heidelberg, New York. – [9] Focken zum Buttel, Nadine (2004). Körperwärme. Oldenburger VorDrucke 490. Abdruck mit freundlicher Genehmigung des Didaktischen Zentrums, Carl von Ossietzky Universität Oldenburg. – [10] Kattmann, U. (i. Vorb.). Was ist Leben? Energie und Entropie im Fluss durch Biosysteme. Unterricht Biologie (411). – [11] Kinzel, H. (1989). Stoffwechsel der Zelle. Stuttgart. – [12] Lancor, R.A. (2014). Using student-generated analogies to investigate conceptions of energy: A multidisciplinary study. International Journal of Science Education. – [13] Millar, R.

(2014). Teaching about energy: from everyday to scientific understandings. School Science Review. – [14] Needham, R. (2014). Using 'energy ideas' in the teaching of biology. School Science Review. – [15] Pahl, Eva-Maria: Vorstellungen von Lehrpersonen aus dem Sach- und Physikunterricht zum Thema Energie und dessen Vermittlung. ISBN: 978-3-8325-3452-3, Logos Verlag Berlin – [16] Quinn, H.R. (A physicist's musing on teaching energy. In Chen, R.F. u. a. (Eds), Teaching and learning of energy in K-12 education. Switzerland. – [17] Reimer, Monika: Subjektive Vorstellungen zu Energie von Kindergartenkindern und GrundschülerInnen. Dissertation in Vorbereitung an der Carl von Ossietzky Universität Oldenburg. – [18] Schaefer, G. (1977). Energetik – Kybernetik. In Wenk, K. & Trommer, G. (Hrsg.), Naturerscheinung Energie. Leitthemen (1). – [19] ders. (1982). Der Beitrag der Biologie zur Entwicklung eines Energiebewusstseins. In W. Böhm & M. Simonis (Hrsg.), Weltproblem Energie. Teil II. Speyer. – [20] Schrödinger, E. (1998). Was ist Leben? München (Verfügbar unter: http://online-media.uni-marburg.de/biologie/genetik/boelker/Wissenschaft/Erwin%20Schroedinger_Was%20ist%20Leben.pdf). –[21] Trauschke, M. & Gropengießer, H. (2014). „Sonnenstrahlung wird in Nahrung umgewandelt". Biologie verstehen: Energie in Ökosystemen. Erkenntnisweg Biologiedidaktik (14). Trier. – [22] Walker, D. (1992). Energy, plants and man. Brighton. – [23] Wei, R. u. a. (2014). Energy spreading or disorder? Understanding entropy from the perspective of energy. In Chen. R.F. u. a. (Eds.), Teaching and learning of energy in K-12 education. Switzerland. – [24] Weizsäcker, C. F. (1977). Zu den Begriffen Materie, Energie, Information und Form. In K. Wenk & G. Trommer (Hrsg.), Naturerscheinung Energie. Braunschweig. – [25] Westphal, W.H. (1970). Physik. Berlin, Heidelberg.

entwickeln/Entwicklung

Wegweiser

Die Individualentwicklung eines Organismus ist ein empfindlicher und komplexer Prozess, auf den viele verschiedene Faktoren einwirken.

1 Vom Wort zum Begriff

Umgangssprachlich wird „entwickeln" für vielfältige Prozesse verwendet, die gemeinsam haben, dass sich etwas stetig oder stufenweise herausbildet. In diesem Sinne wird das Wort seit Ende des 18. Jahrhunderts verwendet und auf fast alle Lebensbereiche angewendet, wie Lebewesen, Gesellschaft, Technik, Fotografie. Zwar kann es in der Entwicklung auch „Rückschritte" geben, aber vorwiegend sind fortschreitende Prozesse gemeint, die zu einem höherwertigen Zustand führen, bei dem bestimmte Strukturen oder Merkmale stärker ausgeprägt sind. Im gleichen Sinne wurde das Wort Evolution verwendet (lat. evolvere: „auseinander wickeln").

In der *Biologie* wird „Entwicklung" für zwei sehr unterschiedliche Phänomene gebraucht, die nur gemeinsam haben, dass sie Veränderungen in der Zeit betreffen. Es handelt sich zum einen um die *stammesgeschichtliche Entwicklung*, die aber meistens mit dem lateinischen Wort „Evolution" bezeichnet wird (⇨ Evolution).

Mit Entwicklungsbiologie ist zum anderen die biologische Forschung und Lehre zur *Individualentwicklung* (Ontogenese) der Lebewesen gemeint. Im Folgenden wird nur die Entwicklung im Sinne der Ontogenese behandelt.

2 Alltagsvorstellungen: Entwicklung heißt vor allem größer Werden

Kategorie	6. Klasse	9. Klasse	11. Klasse	Biologie-Studierende	Biologie-Lehrende
Wachstum	14	14	12	14	17
Individualentwicklung					
Mensch	42	41	36	10	10
Pflanzen	16	10	11	11	6
Tiere	8	6	5	2	5
Stammesgeschichte	1	2	4	8	8
Psychologie	7	11	12	11	5
Erziehung/Schule	2	1	2	11	17
Gesellschaft	4	7	6	15	20
Naturwissenschaft/ Technik	2	6	8	13	3
Wirtschaft	1	1	3	5	8
Fehlentwicklung	4	3	5	2	3

Tabelle 1: Assoziationen israelischer Befragter zum Wort Entwicklung. (Anteile an inhaltlichen Assoziationen in %, formale und sonstige sind nicht berücksichtigt; 6. Klasse: N = 308; 9. Klasse: N = 232; 11. Klasse: N = 234; Studierende: N = 33, Lehrerinnen und Lehrer: N = 24). [2]

Assoziationstests, die mit israelischen Schülerinnen und Schülern völlig neutral, d. h. ohne fachlichen Rahmen durchgeführt wurden, zeigen, dass Entwicklung trotz der vielfältigen umgangssprachlichen Verwendung von ihnen ganz überwiegend mit biologischen Aspekten verknüpft wird. Bei Studierenden der Biologie und Biologielehrerinnen und -lehrern ist diese Einengung dagegen nicht ausgeprägt (Tabelle 1). Auffallend ist die starke Assoziation mit *Wachstum*, die bei Studierenden und Lehrkräften fast die Hälfte der zuerst genannten Assoziationen darstellt (Tabelle 2).

	6. Klasse	9. Klasse	11. Klasse	Biologie-Studierende	Biologie-Lehrende
Wachstum	27	26	24	46	44
übrige Assoziationen	13	14	12	14	17

Tabelle 2: Wachstum als erste Assoziation israelischer Befragter zum Wort Entwicklung gegenüber allen übrigen Assoziationen. (Anteile in %, Anzahl der Befragten wie in Tabelle 1, alle Werte von Wachstum sind gegenüber den übrigen signifikant, $p<0.0001$). [2]

Wachstum ist also der vorherrschende Aspekt in Alltagsvorstellungen zur Entwicklung. Neben den Assoziationen zeigt sich dies auch in *Definitionen*, die von Schülerinnen und Schülern der 9. und 11. Klasse (dieselben wie in Tabellen 1 und 2) formuliert wurden. In ihnen setzen 40 % der Befragten Wachstum und Entwicklung gleich. [2]
Die enge Verknüpfung ergibt sich aus der lebensweltlichen Erfahrung des eigenen größer Werdens. Diese Vorstellung übertragen z. B. 10-Jährige auf Pflanzen, was das Verstehen der Pflanzen als Lebewesen, ja deren Entwicklung und Evolution erleichtert (⇨ Höherentwicklung). [1]
Meist wird Entwicklung, da sie zur Ausbildung des Organismus führt, so verstanden, dass sie ihr Ziel in sich trägt. Dabei wird das Ergebnis auf die Anfangsstadien projiziert sowie Potentielles und Verwirklichtes nicht unterschieden. Das geschieht z. B., wenn die Zygote bzw. der menschliche Keim bereits als Mensch oder Person bezeichnet wird. Diese Projektion des Zieles auf den Anfang entspricht dem in Alltagsvorstellungen vorherrschenden anthropomorpnen Prinzipien der Kontinuität und der Tendenz. Die „Information“ über das Ziel wird dabei als in den Genen verankert gesehen (⇨ Gen, ↗ Keim, ↗ anthropomorph).
In der *Geschichte* der Biologie war besonders strittig, ob sich ein Organismus aus undifferenziertem Studium entwickelt (Epigenese) oder ob er in einer Keimzelle schon im Kleinen vorgebildet ist (Präformation). Ovisten nahmen dies für das Ei an, Spermisten für die Samenzelle (↗ Epigenese).

3 Für Unterricht: Anschauung und Vertiefung

Alltagsvorstellungen	Chancen für fachliches Lernen	Hindernisse für fachliches Lernen
Entwicklung ist Wachstum.	*Anknüpfung* an das Wachstum als Teil der eigenen Entwicklung (⇨ wachsen)	Beschränkung auf größer Werden
Entwicklung trägt das Ziel in sich.	*Perspektivenwechsel:* Umweltabhängige Entwicklungsprozesse können das Ergebnis erheblich modifizieren (⇨ erben).	Vorstellungen von Strukturen oder Information, die das Ergebnis von vornherein determinieren

Tabelle 1: Alltagsvorstellungen zu Entwickeln geben Hinweise für fachliches Lernen.

Entwickeln ist wie das in ihm enthaltene Wachsen und Differenzieren ein Kennzeichen von Lebewesen. Der Gleichsetzung von Wachstum und Entwicklung in Alltagsvorstellungen kann dadurch begegnet werden, dass das Problem der Differenzierung (auch anhand wissenschaftshistorischer Vorstellungen) herausgestellt wird (↗ Epigenese, ↗ Präformation).
Die Vorstellung, dass Entwicklung das Ziel in sich trägt, kann anhand des Zusammenwirkens von Genen und Umweltfaktoren differenziert werden. Die Entwicklung eines Organismus wird zwar durch Gene artspezifisch gesteuert, an ihr sind jedoch sehr viele Einzelprozesse und Einflüsse beteiligt, sodass das Ergebnis im Einzelfall nicht feststeht (⇨ erben).
Das Zusammenfassen von Individualentwicklung und Evolution zu einem Basiskonzept „Entwicklung“ ist misslich. Die Individualentwicklung und die Evolution können zwar aufeinander bezogen werden, während die Individualentwicklung jedoch auf die Ausprägung eines Organismus gerichtet ist, gibt es in der Stammesgeschichte keine festgelegte Richtung (⇨ Evolution, ⇨ Höherentwicklung).

[1] Cypionka, R. (2012). Pflanzen als Lebewesen in Evolution und Entwicklung. Beiträge zur Didaktischen Rekonstruktion 39. Oldenburg. – [2] Jungwirth, E. (1988). The associative field as a diagnostic instrument in assessing the breadth of multicontextual concepts: the concept 'development'. International Journal of Science Education.

⇨ Enzym

erben/Vererbung

> **Wegweiser**
>
> Nicht Merkmale werden vererbt, sondern Gene.

1 Vom Wort zum Begriff

Das Wort „Erbe" entspricht dem althochdeutschen „erbi". Es hat seinen Ursprung als Bezeichnung für das, was einem verwaisten Kind nach dem Tode der Eltern noch bleibt. Die ursprüngliche Bedeutung ist also „Waisengut" oder allgemeiner „Hinterlassenschaft", „Erbschaft". Die Wörter „erben" und „Vererbung" stehen somit für die Weitergabe von Gütern und Gaben bzw. Schulden im rechtlichen Sinne. Sie bezeichnet die Übergabe von „Erbstücken" an die Erben.

Umgangssprachlich wird das Wort für die – sichtbare und körperlich wahrnehmbare – Weitergabe von Dingen oder alltäglicher: das Geben und Empfangen von Geschenken verwendet. Im übertragenen Sinne wird es auf Merkmale angewendet: „Die Augen habe ich von meiner Mutter."

Biologisch ist Vererbung das Phänomen, dass Merkmale der Eltern bei Nachkommen regelmäßig gleich oder ähnlich wieder auftreten. In der Genetik ist der Begriff der „Vererbung" unanschaulich auf „Anlagen" oder Gene eingeschränkt. Genetik ist die Wissenschaft von der *Gen*-Vererbung (⇨ Gen).

2 Alltagsvorstellungen

2.1 Weitergabe von Merkmalen und Genen

Alltagsvorstellungen zur biologischen Vererbung wurden u. a. mit Interviewstudien erhoben. In ihnen spiegelt sich die ursprüngliche Bedeutung des Worts:

- Vererbung wird als Merkmalsweitergabe verstanden.
- Vererbung wird mit dem Vererben von Gütern assoziiert: „Damit Sie Ihren Nachkommen mehr vererben als nur Ihre Nase" (Abb. 1).
- Dem entspricht, dass Gene und Merkmale auch nach dem Genetikunterricht von Lernenden der SII gleichgesetzt werden (⇨ Gen). [1] [7]

Abb. 1: Karikatur zu „Misconceptions" von Ilka Parchmann

Die Vorstellungen zur Vererbung sind durch die Alltagserfahrung des *Gebens und Nehmens* geprägt (verkörpert). Kinder und Jugendliche begreifen entsprechend die genetischen Prozesse der Vererbung als *Weitergabe* von „Familienbesitz" (Tab. 1).

Mit der Werbeanzeige einer Sparkasse wurden Sparer aufgefordert: „Vererben Sie Ihren Nachkommen mehr als nur Ihre Nase." Dargestellt ist ein Mann mit hervorstechender Nase vor dem Bild eines Urahns mit derselben Nasenform. Damit wird gleichermaßen an die Alltagsvorstellung der Vererbung von Merkmalen wie an das rechtliche Vererben von Gütern appelliert (Abbildung der Werbeanzeige in Handbuch des Biologieunterrichts Sekundarbereich I. Band 6, Aulis, S. 219, sowie Unterricht Biologie 329, S. 24).
Auch in der biologischen Fachsprache ist die Vorstellung der Weitergabe von Gütern in den Ausdrücken vom „Erbgut" und „Erblast" noch enthalten. Die Metapher der Weitergabe von Gütern stellt dabei nicht nur den unsichtbaren Prozess plastisch vor Augen, sondern determiniert auch die Vorstellung vom Weitergegebenen: Geschenke und Erbstücke werden beim Weiterreichen nicht oder kaum verändert. Dasselbe wird für Merkmale und Gene gleichermaßen angenommen: Das Vererbte wird als konstant betrachtet. *Weitergabe* und *Konstanz* sind bei der Vererbung zwei Seiten derselben Medaille. Die Vorstellungen von der Weitergabe und von konstanten Genen stützen sich somit gegenseitig (➩ Metapher, ➩ anthropomorph). [1] [2] [7]

Begriff	**Beispiele**
Vererben im juristischen (materiellen) Sinne	„Ich habe von meiner Oma einmal einen Geldbeutel gekriegt.", „Ich habe Geld geerbt.", „ein Armband", „eine Kette und einen Ring", „ein Haus", „Muscheln"
Vererben von Körperteilen und ihren Eigenschaften (Qualitäten)	„Ich habe meine Nase und meine Größe geerbt und die Augen." „... meine Augenbrauen von meinem Opa geerbt.", „... Nase von meiner Ur-Oma.", „... eine harte Stimme von meinem Opa." „Augen", „Ohren", „Hände", „Gesicht", „Schuppen", „Haarfarbe „Größe", „Fußgröße"
Vererben von Ähnlichkeiten (Mustern)	„Die Nase ist gleich.", „Meine Augen sind wie ihre.", „Die Haarfarbe war wie meine."
Vererben nationaler Eigenschaften	„Mein Opa war Pole und ich bin irgendwie auch Pole."

Tabelle 1: Äußerungen zur Vererbung von 11- bis 12-Jährigen zur Frage: „Was habe ich von meinen Großeltern geerbt?" (Kartenabfrage im Biologieunterricht in einer 5. Klasse) [3]

Im Bereich Evolution entwickeln Befragte entgegengesetzte Vorstellungen zur Konstanz: Die als vererbt gedachten Strukturen werden im Kontext von Evolution als fast beliebig veränderbar gedacht (⇨ anpassen).
Die Vererbung von Merkmalen wird nach dem Genetikunterricht von manchen Lernenden als Weitergabe von (genetischer) *Information* formuliert. „Information" ist dabei nur ein Ersatz für „Merkmal": Die Information über ein Merkmal wird explizit oder implizit mit dem betreffenden Merkmal gleichgesetzt (⇨ Gen).

2.2 Verdeckte Vererbung: Auftreten neuer Merkmale

Das Auftreten neuer Merkmale trotz Konstanz der Gene wird von den Interviewpartnern mit verdeckter Vererbung und der Annahme von schon immer existierenden Merkmalen oder Genen erklärt: Merkmale können äußerlich unsichtbar sein und als verdeckte Merkmale an die nächste Generation weitergegeben werden. Sie können in späteren Generationen sichtbar werden (Zitate).

Verdeckte Vererbung
„Die Entstehung des weißen Gorillas stelle ich mir so vor: Genanlagen können über eine Generation hinweg vererbt werden. Ich kann zum Beispiel die Augen von meinem Großvater kriegen. Ich gehe mal davon aus, dass die Eltern des Gorillas keine Albinos waren. Aber vielleicht war sein Urgroßvater Albino und dadurch wurden die Erbanlagen an ihn weitergegeben. Dann hat er sein weißes Fell gekriegt."

Alan, 9. Klasse

„Es kann sein, dass die Kurzfingrigkeit in der Familie in früheren Generationen bei den Urgroßeltern schon mal vorgekommen ist. Es kann, hin und wieder, oder muss in späteren Generationen wieder auftreten, weil diese Zellen immer weitergegeben werden. Das prägt sich nicht immer aus. Irgendwann prägt sich das aus, dass irgendein Nachkomme dann diese Kurzfingrigkeit wieder hat."
„Wenn ein Kind braune Haare hat und die Eltern nicht diese Haarfarbe haben, dann kann das angehen, weil die Großeltern, einer von den Großeltern oder beide diese Haarfarbe haben. Das ist dann eine verdeckte Eigenschaft. Verdeckt heißt, wenn die Eltern irgendwie eine Eigenschaft haben, die man nicht sehen oder irgendwie äußerlich feststellen kann. Wenn die Eltern braune Augen haben, kann es sein, dass die eine verdeckte Eigenschaft für blaue Augen haben, was man aber nicht sieht. Das kommt dann von ihren Eltern."

Ingo, 9. Klasse [1]

In der *Geschichte* wandelten sich die Vorstellungen von der Vererbung von der Vermischung zur Vererbung diskreter Einheiten und von der Vererbung von Merkmalen (Mendel) zur Vererbung von Anlagen (⇨ Merkmalsvermischung, ⇨ Gen).

3 Für Unterricht: Anschauung und Vertiefung

3.1 Potenziale der Alltagsvorstellungen

Alltagsvorstellungen	Chancen für fachliches Lernen	Hindernisse für fachliches Lernen
Erben heißt, etwas Wertvolles zu erhalten.	*Anknüpfung*: Bewusstmachen, dass Vererbung im Sinne der Genetik auf Gene eingeschränkt ist (⇨ Formen der Vererbung).	umfassende (umgangssprachliche) Bedeutung von „erben“
Merkmale werden vererbt.	*Kontrast:* Nicht Merkmale, sondern Gene werden vererbt (3.2 und 3.3).	Gleichsetzung von Genen und Merkmalen
Mit den Genen wird Information über Merkmale weitergegeben.	*Kontrast:* Gene sind Teile von Molekülen, die durch ihre Struktur chemisch wirken (⇨ Gen).	Gleichsetzung von Information und Merkmal
Gene sind die Blaupause (der Bauplan) für den Organismus.	*Perspektivenwechsel:* Entwicklungsprozesse, Gene ähneln den Angaben in einem Rezept (⇨ Gen, ⇨ entwickeln).	Vorstellung, dass Gene die Ausprägung der Merkmale starr 1 : 1 festlegen

Tabelle 2: Alltagsvorstellungen zur Vererbung geben Hinweise für fachliches Lernen.

3.2 Gen-Vererbung

In der Biologie wird in der Regel nur dann von Vererbung gesprochen, wenn Gene beteiligt sind.. Es ist jedoch zu beachten, dass es umgangssprachlich und fachlich verschiedene verschiedene Formen der Vererbung gibt. Bei der Zellteilung werden werden nicht nur Gene, sondern darüber hinaus andere Strukturen der Elternzellen an die Tochterzellen weitergegeben, z. B. Membranen, chemische Gradienten und Methylierungsmuster von DNA und chemische Gradienten im Zytoplasma. Mit der Idee vom Gen wird die Vererbung also auf einen besonderen Teil der Weitergabe – die Gen-Vererbung – eingeschränkt. Darüber hinaus können Gene chemisch verändert werden (z. B. durch Methylierug der DNA). Mit der Weitergabe derartig modifizierter Gene und den damit verbundenen Wirkungen beschäftigt sich die Epigenetik (⇨ Gen, ⇨ mutieren, zur Geschichte der Genetik ⇨ Merkmalsmischung). [8]
Seit der Formulierung der Klassischen Genetik ist es fachlich unzutreffend, von der Vererbung von Merkmalen zu reden. Vererbt werden Gene, nicht Merkmale. Als Gene werden heute Strukturen betrachtet, die aus Nucleinsäuren, insbesondere DNA, bestehen und physiologisch in der Zelle durch Genprodukte (RNA, Proteine) wirksam werden. Wegen der zahlreichen Funktionen und der Einbettung in das chemische System der Zelle, sind die Genbegriffe in der molekularen Genetik vielgestaltig und uneindeutig (⇨ Gen).
Die in Alltagsvorstellungen meist vorausgesetzte 1:1-Zuordnung von Genen und Merkmalen trifft darüber hinaus selbst in der Klassischen Genetik nicht generell zu. Monogen bedingte Erbgänge geben ein viel zu einfaches Bild der Gen-Vererbung. Zwar ist in den so genannten Mendelschen Erbgängen ein Merkmalspaar jeweils einem Allelpaar zugeordnet, bei der Ausprägung eines Merkmals können aber mehrere Gene zusammenwirken (Polygenie,

z. B. bei der Hautpigmentierung). Darüber hinaus sind molekular erfasste Gene nicht auf ein (klassisches) Merkmal zu beziehen, sondern können viele (auch unerkannte) Wirkungen haben (Polyphänie). Dabei ist zu beachten, dass Gene und andere Teile des chemischen Systems der Zelle interagieren. Bei den Auswirkungen sind die organismischen Systemebenen abwärts von den Merkmalen zu Genen und wieder hinauf zu durchschreiten (⇨ Gen, ⇨ lebendes System). [5] [6]

3.3 Sprache der Genetik

Um Alltagsvorstellungen zu differenzieren, sollte strikt zwischen der Sprache der Vererbung (Phänomenebene) und der Sprache der Genetik (Gen-Ebene) unterschieden werden (⇨ Gen). Wird in der klassischen Genetik das Auftreten von *Merkmalen* in mehreren Generationen verfolgt, dann ist das Fachwort *Erbgang* angemessen. Man sollte also z. B. vom Erbgang eines Merkmals sprechen und nicht von der Vererbung von Merkmalen.
Die mit den Worten „Erbgesundheit“ und „Erbkrankheit“ verknüpften Begriffe sind zu reflektieren und durch zutreffende zu ersetzen. Krankheiten bezeichnen immer einen Komplex von Merkmalen. Sie gehören daher nicht zum Genotyp, sondern zum Phänotyp eines Organismus. Mit Bezeichnungen wie „Erbgesundheit“ und „Erbkrankheit“ werden Eigenschaften der Phänotypen – krank und gesund – auf die Gene projiziert. Gene haben keine Eigenschaften des Phänotyps, sie sind „charakterlos“ (Tabelle 3, ⇨ Gen).

vorgenetische und fragwürdige Bezeichnungen	**zutreffende genetische Fachwörter**
	Erbgefüge der Zelle
„Vererbung von Merkmalen“	Erbgang von Merkmalen
„Erbgut“	Genom
„erblich“ – bezogen auf Merkmale – bezogen auf Erblichkeit	 genetisch bedingt, genetisch mitbedingt genetisch bedingter Anteil an der Variation eines Merkmals (⇨ erblich)
„Erbmerkmal“	genetisch bedingtes Merkmal genetisch mitbedingtes Merkmal
„Erbanlage“	Gen
„Erbkrankheit“	genetisch bedingte Krankheit genetisch mitbedingte Krankheit
„erbliche Belastung“ „genetische Last“ „Erbgesundheit“ „Eugenik“	wissenschaftlich gegenstandslos, entfallen als Fachtermini (⇨ Eugenik)

Tabelle 3: Sprache zu Vererbung und Genetik: vorgenetische und genetische Bezeichnungen [4]

Die Bezeichnung „Erbkrankheit" führt daher in die Irre: Nicht die Krankheit wird vererbt, sondern Gene, die ihren Träger unter bestimmten Bedingungen und Kombinationen krank machen. Derart verursachte Krankheiten sind also nicht als „vererbt", sondern als „genetisch bedingt" zu bezeichnen. Werden Umwelteinflüsse berücksichtigt, so ist genauer von „genetisch mitbedingt" zu reden. Bezogen auf das Auftreten im Erbgang reicht es aus, von rezessiven und dominanten Krankheiten zu sprechen (⇨ dominant).
Wörter wie „Erbgesundheit" und „Eugenik" bezeichnen überholte Begriffe, da die mit ihnen verbundenen Vorstellungen biologisch nicht haltbar sind. Darüber hinaus wurden und werden sie zur Rechtfertigung von ideologisch motivierten politischen Programmen verwendet. Der Ausdruck „erbliche Belastung" ist genauso zu bewerten, da mit ihm nicht näher bestimmte, als schädlich erachtete Veranlagungen bezeichnet und Familien entsprechend diskriminiert werden (⇨ Eugenik).
Die mit der Sprache der Vererbung verbundenen Vorstellungen sollten wahrgenommen und das konsequente Verwenden der Sprache der Genetik als Verstehenshilfe genutzt werden (Tabelle 3). Man sollte dabei die eigenen Vorstellungen in verschiedenen Bereichen reflektieren und sie mit anderen (nicht nur wissenschaftlichen) Vorstellungen konfrontieren. Es ist also das Einnehmen einer erkenntniskritischen *Metaposition* anzustreben, von der aus man die eigenen Vorstellungen reflektieren und somit umlernen kann.

[1] Frerichs, Vera: Schülervorstellungen und wissenschaftliche Vorstellungen zu den Strukturen und Prozessen der Vererbung. Ein Beitrag zur didaktischen Rekonstruktion. Oldenburg: Didaktisches Zentrum, Carl-von-Ossietzky-Universität 1999. Abdruck mit freundlicher Genehmigung des BIS-Verlags der Carl von Ossietzky Universität Oldenburg. – [2] Gluhodedow, M. (2011). Genetikunterricht in der Sekundarstufe I des Gymnasiums. Beiträge zur Didaktischen Rekonstruktion 36. Oldenburg. – [3] Gropengießer, I. (1995). Was wird eigentlich vererbt? Unterricht Biologie (209). – [4] Kattmann, U. (1995). Gene und Genetik. Unterricht Biologie (209). – [5] Knippels, M.C.P.J. (2002). Coping with the abstract and complex nature of genetics in biology education. Utrecht. – [6] Lewis, J. & Kattmann, U. (2004). Traits, genes, particles and information: Re-visiting students' understandings of genetics. International Journal of Science Education. – [7] Schwanewedel, J. (2010). Biologie verstehen: Gesundheit und Krankheit im Kontext von Genetik und Gesellschaft. Beiträge zur Didaktischen Rekonstruktion 32, Oldenburg. – [8] Schwanewedel, J. & Kremer, K. (2014). Epigenetik vermitteln. Unterricht Biologie (400).

erblich/Erblichkeit

> **Wegweiser**
>
> Das Fachwort Erblichkeit bezieht sich auf die Unterschiede zwischen Individuen innerhalb einer Gruppe, nicht auf die individuelle Ausprägung von Merkmalen.

1 Vom Wort zum Begriff

Das Wort erblich leitet sich von erben und Vererbung ab. In der *Umgangssprache* bezieht es sich auf die genetische Bedingtheit von Merkmalen. Auch in Biologiebüchern wird das Wort häufig in diesem umgangssprachlichen Sinne verwendet (⇨ erben).

Der *biologische* Begriff Erblichkeit (Heritabilität, von französisch hériter: „erben“) meint jedoch etwas ganz anderes: Erblichkeit bezieht sich auf den genetisch bedingten Anteil an den *Unterschieden* zwischen den Individuen einer Gruppe. Erblichkeit gibt also an, zu welchem Anteil die Unterschiede zwischen den Individuen einer Gruppe bezüglich eines Merkmals genetisch bedingt sind (genetisch bedingter Anteil an der Variation eines Merkmals). Die Erblichkeit eines Merkmals ist eine *statistisch* errechnete Größe. Erblichkeit hat unterschiedliche Werte – je nach den Umweltbedingungen, unter denen eine Gruppe lebt. Sie bezieht sich nicht auf Anteile von Umwelt und Genen bei der individuellen Ausprägung eines Merkmals. Angaben zur Erblichkeit spielen bei der Frage der genetischen Bedingtheit von Intelligenz eine zentrale Rolle (⇨ intelligent).

2 Alltagsvorstellungen

Erblichkeit wird in Alltagsvorstellungen meist auf die *individuelle Ausprägung* eines Merkmals bezogen und zwar auch dann, wenn die fachliche Bedeutung – genetisch bedingter Anteil an den Unterschieden zwischen Individuen – gemeint ist. In der Öffentlichkeit spielt die Erblichkeit insbesondere bei der genetischen Bedingtheit der Intelligenz eine zentrale Rolle. Die Angaben der Erblichkeit werden dann häufig als eine gegebene *Naturkonstante* verstanden, obwohl der genetisch bedingte Anteil an der Verschiedenheit der Individuen je nach Umweltbedingungen unterschiedlich ist (⇨ intelligent).

3 Für Unterricht: Anschauung und Vertiefung

3.1 Potenziale der Alltagsvorstellungen

Alltagsvorstellungen	Chancen für fachliches Lernen	Hindernisse für fachliches Lernen
Erblich heißt genetisch bedingt.	*Anknüpfung:* Unterscheidung von Individuums- und Populationsebene, Phänotyp und Genotyp (⇨ erben) *Kontrast:* Erblichkeit bezieht sich auf Unterschiede zwischen den Angehörigen in einer Gruppe (3.2).	wörtliche Bedeutung des Fachworts
Erblichkeit gibt die Anteile der Gene an der Ausprägung eines Merkmals beim Individuum an.	*Kontrast:* Untrennbares Zusammenwirken von Genen und Umwelt bei der Merkmalsausprägung (⇨ intelligent, 3.2)	Annahme von additivem Zusammenwirken der Gene und Umweltfaktoren bei der Merkmalsausprägung
Die Erblichkeit gibt an, wie stark die Merkmalsausprägung veränderbar ist.	*Kontrast:* Erblichkeit ändert sich u. a. mit gleichen oder ungleichen Umweltbedingungen und ist daher in verschieden Gruppen unterschiedlich groß (3.3).	Erblichkeit eines Merkmals wird für eine Naturkonstante gehalten.

Tabelle 1: Alltagsvorstellungen zur Erblichkeit geben Hinweise für fachliches Lernen.

3.2 Merkmals- und Populationsebene

Die Wörter erblich und Erblichkeit werden fachlich in zweierlei Bedeutung gebraucht (Heridität und Heritabilität). Man kann mit ihnen lediglich das regelmäßige Auftreten von Merkmalen bei der Fortpflanzung meinen *(Heridität)*.
In Alltagsvorstellungen wird mit den Wörtern die genetische Bedingtheit von Merkmalen assoziiert. Bei der Ausprägung von Merkmalen eines Einzelwesens ist es unmöglich, die Einflüsse von Genen und Umwelt auseinanderzuhalten: Beide sind notwendige Voraussetzungen für die Entwicklungsprozesse und wirken stets *untrennbar* zusammen. Die Wirkung der Umwelt auf die Gene ist durch die Forschungen zur Epigenetik in letzter Zeit noch deutlicher nachgewiesen als bisher: Durch Umwelteinflüsse kann die Aktivität von Genen gemindert oder gesteigert werden, u. a. durch Methylierung der DNA. [3]
Einfach mathematisch ausgedrückt: Gene und Umwelt wirken bei der Ausprägung eines Merkmals nicht additiv sondern multiplikativ zusammen, d. h., sie bilden im Zusammenwirken ein Produkt. Dabei beeinflussen und verändern sich Gene und Umwelt wechselseitig. Dieses Ineinander kann auch so ausgedrückt werden: Ein Gen ist in anderer Umwelt nicht mehr dasselbe Gen. Gene werden von der Umwelt in ihrer Wirkung modifiziert.
Das Fachwort Erblichkeit bezieht sich niemals auf den Prozess der individuellen Ausprägung eines Merkmals. Angaben zur Erblichkeit eines Merkmals, in denen genetisch bedingte Anteile und umweltbedingte Anteile unterschieden werden, beziehen sich hingegen auf eine statische Größe: Mit Erblichkeit *(Heritabilität)* wird der genetisch bedingte Anteil an der *Variation* eines Merkmals angegeben. Erblichkeit betrifft also nicht die Merkmalsausprägung, sondern den genetisch bedingten Anteil an den *Unterschieden* zwischen den Individuen in einer Gruppe (einer Bevölkerung oder einer Population). Die Erblichkeit eines Merkmals wird durch die statistisch erfassbaren Unterschiede der Merkmale bei unterschiedlichen Umweltbedingungen und unterschiedlichen genetischen Ausstattungen der Individuen abgeschätzt. [1] [4] [5]

3.3 Die Variabilität der Erblichkeit

Die Erblichkeit eines Merkmals gibt dabei den genetisch bedingten Anteil an der Variabilität eines Merkmals an und sagt nichts über das Ausmaß der Unterschiede.
Angaben zur Erblichkeit eines Merkmals (z. B. 80%) werden häufig so verstanden, als sei der genetisch bedingte Anteil unter allen Umständen eine feste Größe, gleichsam eine „Naturkonstante". Wie die Erblichkeit eines Merkmals jedoch von Umweltbedingungen und der genetischen Verschiedenheit der Individuen abhängt, soll hier mit drei Gedankenexperimenten gezeigt werden, die beim Menschen selbstverständlich realiter nicht durchgeführt werden können (Kasten).
Die Gedankenexperimente demonstrieren, dass Angaben zur Erblichkeit ohne Bezug auf die Umweltbedingungen bedeutungslos sind. Die Umweltbedingungen bleiben in allen Fällen von Heritabilität für die Förderung von Merkmalen bedeutsam, selbst dann, wenn man ein Verhaltensmerkmal (bei Tieren) reinzüchten kann (⇨ intelligent).
Auch wenn man gleiche Werte der Heritabilität bei verschiedenen Gruppen feststellt, sind Vergleiche zwischen den Gruppen hinsichtlich der betreffenden Eigenschaften nicht statthaft, da die Normalverteilung zwischen den Gruppen verschoben sein kann. Das ist z. B. aller Wahrscheinlichkeit nach zwischen sozialen Schichten der Fall.

Gedankenexperimente zur Erblichkeit

a) Man nehme an, eine Gruppe von Menschen – gleich welcher genetischer Zusammensetzung – könnte unter genau gleichen, optimalen Umweltbedingungen heranwachsen: gleiche ausgewogene Ernährung, gleiche optimale medizinische Versorgung, gleiche anregende Spiele, gleicher fördernder Unterricht usw. Da die Umwelteinflüsse für alle Individuen dieselben wären, müssten alle Merkmalsunterschiede zwischen ihnen auf Genen beruhen: Die Erblichkeit der erfassten Merkmalsunterschiede (z. B. die der Intelligenz) betrüge unter diesen Bedingungen 100 %.
b) Eine andere Gruppe möge aus eineiigen Mehrlingen (also aus genetisch völlig gleichen Individuen) bestehen, die unter unterschiedlichen Umweltbedingungen heranwachsen. Die in dieser Gruppe erhobenen Unterschiede müssten wegen der Gleichheit der Gene ausschließlich auf Umweltfaktoren zurückgeführt werden: Die Erblichkeit der erfassten Merkmalsunterschiede wäre 0 %.
c) Eine weitere Gruppe von Menschen – unterschiedlicher genetischer Zusammensetzung – möge wie im Fall a) unter genau gleichen Bedingungen heranwachsen, dieses Mal jedoch mit einseitiger, eiweißarmer Ernährung, mangelnder medizinischer Versorgung, ohne anregende Spiele, mit repressivem Unterricht usw. Auch in diesem Fall wäre die Erblichkeit der Merkmalsunterschiede 100 %.

Die Fälle a) und b) zeigen: Die Erblichkeit eines Merkmals, also die Unterschiedlichkeit, mit der es in einer Gruppe ausgeprägt wird, ist abhängig von den Umweltbedingungen und den Genen, mit denen eine Gruppe lebt. Die Erblichkeit eines Merkmals ist also keine „Naturkonstante“: Angaben zur Erblichkeit gelten nur für diejenigen Bedingungen und für diejenige Gruppe, unter denen bzw. bei der die Unterschiede erhoben wurden.
Die Fälle a) und c) zeigen, dass eine Erblichkeit unter 100 % auf Umweltfaktoren zurückzuführen ist. Entweder sind bei einem geringeren Wert die Umweltbedingungen ungleich restriktiv oder ungleich fördernd. Die Angabe, dass die Erblichkeit 70 % betrage, ist also so zu interpretieren, dass in der betreffenden Bevölkerungsgruppe unterschiedliche Umweltbedingungen mit einer Wirkung von 30 % herrschen. Hätten alle Individuen die gleiche Möglichkeit sich optimal zu entfalten, so betrüge die Erblichkeit 100 %!

Der Vergleich der Fälle a) und c) zeigt, dass Merkmalsvergleiche (also auch Intelligenzvergleiche) zwischen Bevölkerungsgruppen, die unter unterschiedlichen Umweltbedingungen leben, unsinnig sind. Aus Merkmalsvergleichen kann selbst bei hoch geschätzter Erblichkeit des Merkmals nicht auf unterschiedliche genetische Ausstattung der Gruppen geschlossen werden.
Damit sind wesentliche Fehler aufgedeckt, mit denen Ergebnisse zur Erblichkeit von Merkmalen diskutiert und angewendet werden (⇨ intelligent). [1] [2] [5]

[1] Kattmann, U. (1991). Umwelt und Gene. Unterricht Biologie (167). – [2] ders. (2014). Wiedergeburt der Eugenik: Mutmaßungen zum Niedergang der Intelligenz. Der mathematische und naturwissenschaftliche Unterricht. – [3] Schwanewedel, J. & Kremer, K. (2014). Epigenetik vermitteln.

Unterricht Biologie (400). [4] Vogel, F. & Motulsky, F. (1997). Human genetics. Heidelberg/New York. – [5] Vogel, F. & Propping, P. (1981). Ist unser Schicksal mitgeboren? Berlin.

➩ erklären/begründen/beschreiben

ernähren/Ernährung

> **Wegweiser**
>
> Ernährung umfasst die Aufnahme von Nahrungsstoffen und deren Nutzung als Bau- und Betriebsstoffe.

1 Vom Wort zum Begriff

Die ursprüngliche Bedeutung des Worts „nähren" ist „retten", „am Leben erhalten". *Umgangssprachlich* wird mit dem Wort „Ernährung" die Versorgung mit Nahrung, in erster Linie die *Nahrungsaufnahme*, d. h. das Essen und Trinken, verstanden.
Wissenschaftlich werden mit dem Fachwort „Ernährung" nicht nur die Nahrungsaufnahme, sondern auch die im Darmtrakt stattfindenden Prozesse der Verdauung sowie Defäkation (Kotabgabe) gerechnet. Auch die Versorgung der Zellen mit Nährstoffen durch das Blut wird meist zugeordnet, nicht aber Umsetzung der Nährstoffe mit Sauerstoff. (➩ atmen).

2 Alltagsvorstellungen

In Alltagsvorstellungen wird nur die Aufnahme von festen und flüssigen Stoffen mit „ernähren" verbunden und dabei vorrangig die Versorgung mit Nährstoffen. Nährstoffe werden als Zufuhr von Energie verstanden. Dagegen werden die fachlich in Ernährung mit eingeschlossene Verdauung und Ausscheidung kaum mit Ernährung verknüpft. Die Aufnahme von Gasen wird mit Atmung aber nicht mit Ernährung assoziiert. Die Beschränkung der Nahrungsaufnahme auf feste und flüssige Stoffe entspringt der Erfahrung mit dem eigenen Körper: Die Aufnahme der Nahrung erfolgt über den Mund; die Aufnahme von Gasen über die Nase. Gasaustausch ist daher Atmung. Der Gasaustausch bei der Fotosynthese wird so ebenfalls als Atmung gedeutet, obgleich sie eher der Ernährung zuzuordnen ist (➩ atmen, ➩ Fotosynthese).
Bewusst ist meist, dass Ernährung zum Leben nötig ist, und zwar zur Erhaltung der Lebensprozesse und zum Aufbau und Erhalt des Körpers. Der Aspekt der Energie wird vor allem mit „Kalorien" assoziiert und mit der damit verbundenen Abnahme oder Zunahme der Körpermasse („Körpergewicht"), aber von jüngeren Schülerinnen und Schülern auch mit Kraft. Zu geringe Nahrungsaufnahme bedeutet Krankheit und Tod durch Verhungern (Zitate).

Welche Nahrung macht stark?
„Nahrung, die Kraft gibt ist: Früchte, Kiwis, Apfelsinen, weil in der Frucht Vitamine … Milch, weil da Calcium drin ist. Fisch, weil das gut für das Gedächtnis ist, Zucker, weil dann Zucker im Blut ist. Spinat, weil das Kraft gibt. Jedes Gemüse gibt Kraft."

Was passiert, wenn man nicht isst?
„Wenn man nicht isst, hat man Hunger, man hat Bauchweh, der Bauch … grummelt, man wird dünner und man sieht alle Knochen, man kann nicht schlafen, man denkt an gutes Essen, man fängt sich Krankheiten, wie den Hungerbauch ein, man übergibt sich. Einem ist schlecht, man wird blass, man hat keine Energie mehr, man stirbt."

Gruppenarbeit von vier Lernenden
Schülerinnen und Schüler der 4. Klasse [6]

Die Vorstellungen zum Weg der Nahrung sind besonders bei jüngeren Lernenden unklar. Es werden u. a. blind endende Schläuche zur Aufnahme oder getrennte Röhren für Flüssiges und Festes vermutet (➩ verdauen). [6]

Fälschlich wird in Alltagsvorstellungen angenommen, dass durch *Abbau von Nährstoffen* bei der Verdauung die Energie geliefert werde, die der Körper nutze. Tatsächlich setzt der Körper bei der Verdauung Energie ein (Produktion der Enzyme, Darmbewegung, aktive Resorption). Die exergonischen Reaktionen der Verdauung tragen allenfalls zur Körperwärme bei. Der Darm ist eingestülpte Außenwelt. Die für die Organismen nutzbare „Energiemünze" ATP wird *in* den Zellen bei der *Zellatmung* hergestellt. Der Zusammenhang von Ernährung und Atmung ist – außer dass beides zum Leben nötig ist – den Befragten meist nicht bewusst oder nicht bekannt (➩ verdauen, ➩ atmen).

Zahlreiche Untersuchungen zeigen, dass die Ernährung von *Pflanzen* aus der eigenen Ernährung und der von Tieren hergeleitet wird. Ein Viertel der befragten 13-jährigen griechischen Schüler nehmen an, dass Pflanzen Nahrung genau wie Menschen und Tiere benötigen und aufnehmen müssen. Verbreitet wird geäußert: „Die Pflanze nimmt Nahrung aus dem Boden auf." Zuweilen wird gemeint, Wasser sei ein Nährstoff für die Pflanze (➩ Pflanze). [1] [3] [4] [5] [7]

3 Für Unterricht: Anschauung und Vertiefung

3.1 Potenziale der Alltagsvorstellungen

Alltagsvorstellungen	Chancen für fachliches Lernen	Hindernisse für fachliches Lernen
Nahrung ist dasselbe wie Nährstoffe.	*Anknüpfung:* Bedeutung der Nahrungsbestandteile (3.2)	Gleichsetzung
Wasser gehört nicht zur Nahrung von Tieren.	*Perspektivenwechsel:* Bedeutung des Wassers als Baustoff (3.2)	einseitige Sicht auf energetischen Aspekt (Nährstoffe)
„Ich esse keine Gene."	*Perspektivenwechsel:* Verdauung von Nukleinsäuren (3.2, ⇨ genetische Technik)	Vorstellung von Genen
Ernähren heißt Aufnahme von festen und flüssigen Stoffen.	*Perspektivenwechsel:* Verdauen und Verteilung der Nahrung (⇨ verdauen, ⇨ Blutkreislauf)	einseitiges Augenmerk auf die Stoffaufnahme
Pflanzen atmen Kohlenstoffdioxid ein.	*Perspektivenwechsel:* Pflanzen stellen mit Kohlenstoffdioxid und Wasser Nährstoffe selbst her (3.3, ⇨ Fotosynthese)	Verständnis vom Gasaustausch als Atmung
Pflanzen nehmen Nährstoffe aus dem Boden auf.		irreführende botanische Terminologie („Pflanzennährstoffe")
Wasser und Mineralstoffe sind Nährstoffe für Pflanzen.		

Tabelle 1: Alltagsvorstellungen zur Ernährung geben Hinweise für fachliches Lernen.

3.2 Nahrung und Nährstoffe unterscheiden

In der Nahrung befinden sich Stoffe mit verschiedenen Funktionen (Tabelle 2).
Nährstoffe erscheinen wegen des Energieaspekts als die wichtigsten Stoffe für die Ernährung, sollten jedoch nicht mit Nahrungsstoffen gleichgesetzt werden (s. unten zur Pflanzenernährung). Als Nährstoffe werden in Zoologie und Humanbiologie diejenigen Nahrungsstoffe bezeichnet, deren Bausteine vom Organismus außer als Baustoffe auch als *Betriebsstoffe* verwendet werden: Kohlenhydrate, Fette und Proteine. Nährstoffe bzw. ihre resorbierbaren Abbauprodukte werden zur Energieversorgung des Körpers mit Sauerstoff umgesetzt. [2]
Man sollte Nährstoffe wegen ihrer Rolle im Betriebsstoffwechsel nicht einfach als „energiereich" bezeichnen. Energie liefern nicht die Nährstoffe, sondern chemische Umsetzungen mit ihnen, vornehmlich die Umsetzung mit Sauerstoff. Nährstoffe und Sauerstoff sind *energetisch nutzbare Stoffe* (⇨ Energie).

Außer zur Energieversorgung haben verschiedene Nahrungsstoffe Funktionen beim Aufbau der Körperstoffe und durch ihre Struktur bei der Steuerung von Prozessen im Körper (Tabelle 1).

Funktionen	**Stoffklassen**
Nährstoffe	
energetisch nutzbar	Kohlenhydrate (Saccharide) Fette Proteine
Baustoffe	
nutzbar zum Aufbau körpereigener Stoffe	*anorganisch* Wasser Mineralstoffe
	organisch Proteine Fette (Lipide) Kohlenhydrate (Saccharide) Nucleinsäuren
Wirkstoffe	
nutzbar zur Steuerung von Stoffwechselprozessen	Vitamine Mineralstoffe

Tabelle 2: Einteilung von direkt resorbierbaren oder verdaulichen Stoffen der Nahrung

Proteine werden mit dem deutschen Wort als Eiweiße bezeichnet. Da dies eine Verwechslung oder einseitige Assoziationen mit dem Eiklar des Hühnereies nahelegt, verwendet man besser das Fremdwort. Wohl wegen des Energieaspekts werden zwar Nährstoffe enthaltende Getränke (Obstsaft, Bier) zur Ernährung gerechnet, nicht aber Wasser, obwohl es ein wichtiger Baustoff ist (➲ Wasser). [2]

Wenig bekannt oder bewusst ist, dass mit der Nahrung immer *Nucleinsäuren* aufgenommen werden (täglich etwa 1 g DNA). Fälschlich wird angenommen, dass nur gentechnisch veränderte Lebensmittel Gene enthalten (z. B. Gentomate, ➲ genetische Technik). Mithilfe der von der Bauchspeicheldrüse produzierten Nucleasen werden Nucleinsäuren im Dünndarm verdaut. Teilstücke – und damit Gene – können jedoch von den im Darm lebenden Mikroben in ihr Genom eingebaut werden.

3.3 Pflanzen nehmen keine Nährstoffe auf, sondern stellen sie selber her

Als Pflanzenernährung wird in der Botanik meist nur die Versorgung mit Mineralstoffen betrachtet, die dann als „Pflanzennährstoffe“ bezeichnet werden. Dieser Terminus ist in mehrfacher Hinsicht irreführend: Bei Tieren (einschl. Mensch) sind Nährstoffe eindeutig durch den Energieaspekt, d.h. ihre Rolle bzw. die ihrer Bausteine in der biologischen Oxidation (Zellatmung) definiert. Dieser Aspekt kommt den Mineralstoffen weder bei Tieren noch bei Pflanzen zu. Mineralstoffe sollten daher nicht als Nährstoffe bezeichnet werden. Mit Lehrbuchaussagen wie „Die Pflanze entnimmt dem Boden Wasser und Nährstoffe“, wird die nicht zutreffende Alltagsvorstellung genährt, Pflanzen bekämen ihre gesamte Nahrung aus „nährstoffreichem“ Boden. Das Wort „Süßwasser“ kann sogar suggerieren, im Bodenwasser sei Zucker enthalten (⇨ Pflanze, ☝ Name).

Es sollte deutlich gemacht werden, dass mit Pflanzenernährung nicht die Aufnahme von Nährstoffen gemeint ist, die bei Pflanzen nicht stattfindet: Pflanzen stellen mit Hilfe des Lichts aus Kohlenstoffdioxid und Wasser ihre Nährstoffe selber her (⇨ Fotosynthese).

Mit der Benennung der *Mineralstoffe* als „Pflanzennährstoffe“ wird diese Tatsache übergangen. Wenn mit Ernährung Aufnahme von Baustoffen gemeint ist, dann spricht jedoch nichts dagegen, die von Pflanzen aufgenommenen Stoffe – Kohlenstoffdioxid, Wasser und Mineralstoffe – als *Nahrung* der Pflanzen zu bezeichnen. Bei Kohlendioxid und Wasserdampf erscheint die Kennzeichnung als Nahrung ungewöhnlich, weil die Aufnahme gasförmiger Stoffe üblicherweise der Atmung zugeordnet wird (⇨ atmen).

Man kann mit der Aufnahme von Wasser und Mineralstoffen durchaus an die Alltagsvorstellung der pflanzlichen Nahrungsaufnahme aus dem Boden anschließen, muss diese jedoch beim Boden auf Wasser und Mineralstoffe einschränken und durch die Aufnahme von Kohlenstoffdioxid aus der Luft erweitern. Schließlich ist mit der Lichtabsorption, der Produktion von Sauerstoff und der Synthese der Nährstoffe der energetische Aspekt zu ergänzen. Auf diese Weise ist die Vorstellung zu revidieren, dass Pflanzen alle nötige Nahrung aus dem Boden beziehen.

Grundnahrungsmittel der Pflanzen sind demnach Kohlenstoffdioxid, Wasser und Licht. Für viele Körpersubstanzen der Pflanzen (z.B. Proteine, Chlorophyll) werden zusätzlich Mineralstoffe benötigt.

Der energetische Aspekt der Pflanzenernährung, die Lichtaufnahme, ist im Terminus Fototrophie für die Ernährungsweise enthalten. Er heißt wörtlich übersetzt „Lichternährung“ (gr. phos: „Licht“; trophein: „ernähren“). Die anthropomorphe Metapher vom Licht als „Nahrung“ unterstützt das Lernziel, Pflanzen als Lebewesen zu verstehen. Sie sollte jedoch als solche erkannt werden und nicht dazu verführen, Licht für einen Stoff zu halten (⇨ Energie, ☝ anthropomorph).

Die von der Pflanze selbst hergestellten Nährstoffe werden zur Energienutzung mit Sauerstoff umgesetzt: Sauerstoff ist daher kein *Neben*produkt der Fotosynthese. Er wird von Pflanzen nicht den anderen Organismen zur Verfügung gestellt. Pflanzen benötigen Sauerstoff vielmehr zusammen mit den Nährstoffen in der Zellatmung. Sie nutzen Nährstoffe also in derselben Weise wie Tiere. Der Unterschied besteht darin, dass Tiere die Nährstoffe aufnehmen müssen, während sie von Pflanzen selbst hergestellt werden. Der in ungeheuren Mengen in der Atmosphäre enthaltene Sauerstoff wird nicht von heutigen Pflanzen geliefert. Er wurde in der Erdgeschichte freigesetzt (⇨ Sauerstoff).

[1] Cypionka, R. (2012). Pflanzen als Lebewesen in Evolution und Entwicklung. Beiträge zur Didaktischen Rekonstruktion 39. Oldenburg. – [2] Hedewig, R. (2003). Ist Wasser ein Nährstoff? Der mathematische und naturwissenschaftliche Unterricht. – [3] Leach, u. a. (1996). Children's ideas about ecology 2: Ideas found in children aged 5–16 about the cycling of matter. International Journal of Science Education (1). – [4] Marmaroti, P. & Galanopoulou, D. (2007). Pupils' understanding of photosynthesis: A questionaire for simultaneous assessment of all aspects. International Journal of Science Education. – [5] Sieke, F. (2005). Wie Pflanzen mit Wasser umgehen. Oldenburger VorDrucke 491. – [6] Sonnentaler (o.J.). Was wird aus den Nahrungsmitteln, die wir essen? Verfügbar unter: www.sonnentaler.net/aktivitaeten/humanbio/nahrung/verdauung/ – [7] Steigert, T. (2012). Schülervorstellungen zum Pflanzenstoffwechsel und die Bedeutung von Experimenten bei der Entwicklung von Konzepten. Hamburg.

⇨ erregen/Erregung

Eugenik

Wegweiser

Eugenik ist ein ideologisches, wissenschaftlich gegenstandsloses Konzept.

1 Vom Wort zum Begriff

Das Wort stammt aus dem Griechischen und heißt wörtlich „von gutem Geschlecht", von „guter Abstammung" (griechisch eu: gut; genos: Geschlecht). Im Deutschen wurde zeitweise das Wort „Rassenhygiene" für Eugenik verwendet. In diesem Wort heißt „Rasse" soviel wie „Volk" („Volksgesundheit").
Eugenik wurde als Anwendung genetischer Kenntnisse zur Bewahrung bzw. Verbesserung der genetischen Ausstattung der Bevölkerung verstanden.
Im eugenischen Denken werden genetisch bedingte Krankheiten von der Merkmalsebene (Phänotyp), zu der sie eigentlich gehören, auf die Genebene verlagert, und zwar ohne Rücksicht auf Genkombinationen und Umweltbedingungen. Merkmalsebene und Genebene sind jedoch grundsätzlich zu unterscheiden (⇨ erben).
Gene sind nicht in „gute" und „schlechte" Gene zu klassifizieren (⇨ Gen). Eugenik ist nach heutigem Verständnis in der Humangenetik kein wissenschaftlich zu begründendes Vorhaben. Eugenische Maßnahmen sind darüber hinaus ineffektiv. Sie sind (von seltenen Ausnahmen dominant monogen bedingter Krankheiten wie Huntingtonscher Chorea abgesehen) nicht geeignet, die Häufigkeit genetisch bedingter Krankheiten zu vermindern.

2 Alltagsvorstellungen

2.1 Bekämpfung „minderwertigen Erbguts“

Allgemein verbreitet ist die Anschauung von allgemeiner „erblicher Belastung“. Diese hat keine genetische Grundlage, da sich Vererbung nur jeweils auf bestimmte Gene beziehen kann und nicht auf eine allgemeine „Veranlagung“. Ebenso verbreitet ist die Ansicht, dass durch Fortschritte der Medizin genetisch bedingte Krankheiten zunehmen, da sich die Genträger dann vermehrt fortpflanzen. Die genetische Last sei deshalb eine zunehmende Gefahr. Ein Entgegenwirken durch eugenische Maßnahmen galt lange Zeit als probates Mittel. Weder die Annahme, dass genetisch bedingte Krankheiten zunehmen noch ihre Bekämpfung durch Eugenik sind indes fachlich fundiert (s. 3.2). Gegenwärtig werden eugenische Gedanken bezogen auf Intelligenz mit der irrigen „Verdummungsthese“ wiederbelebt (⇨ intelligent).

2.2 Gefährdung durch Wegfall der natürlichen Selektion

In Gruppendiskussionen von Jugendlichen im Alter von 16 bis 23 Jahren zur Gentechnik wurde öfters der eugenische Gedanke geäußert, dass der Wegfall der natürlichen Selektion nachteilige Folgen habe. Obgleich diese Annahme fachlich nicht zutrifft, findet sich die Annahme, dass genetisch bedingte Krankheiten zunehmen werden, ebenfalls in Schulbüchern, (Kasten). [3] [4] [5]

Wo bleibt die natürliche Auslese?

„[Das Anwenden der Gentechnik] finde ich positiv, wenn es kranken Menschen eine Erleichterung bringt. Aber wo bleibt dann die natürliche Selektion?“

„Für das Individuum [ist die Heilung durch Gentechnik] eine optimale Lösung. Für die Menschheit als Ganzes aber nicht so gut. Bisher gelten die Gesetze des Stärkeren (der überlebte).“

„Krankheiten sind von der Natur eingeführt worden, um eine Selektion durchführen zu können, diese wird … aber unterbrochen, verhindert.“

Gruppendiskussionen Hamburger Jugendliche [4]

„Der Kulturmensch ist nicht mehr in dem Maße dem Einfluss der Selektion unterworfen wie etwa Naturvölker oder gar Tiere in ihrem natürlichen Lebensraum. Durch natürliche Selektion werden Erbkrankheiten also kaum mehr beseitigt. Eine wachsende Abhängigkeit von medizinischer Hilfe ist die Folge.“

Linder Biologie, 22. Aufl., 2005

2.3 Geschichtliches: Rolle des Konzepts der Eugenik in der Biologie

Der Begriff „Eugenik“ wurde vor den Erkenntnissen klassischer und moderner Genetik von *Francis Galton* (1822–1911) in die wissenschaftliche und gesellschaftspolitische Diskussion eingeführt. *Galton* verstand unter Eugenik Maßnahmen, mit denen die für erblich gehaltenen Eigenschaften (des Menschen) verbessert oder zu ihrer bestmöglichen Entfaltung gebracht werden können. [11] Als Begründung für die eugenischen Gedanken wurde von den An-

hängern angeführt, dass die von *Galtons* Vetter, *Charles Darwin* (1809–1882), formulierte „natürliche Zuchtwahl“ (Selektion) auch in menschlichen Gesellschaften gelten müsse. *Darwin* selbst hat eine solche Übertragung zwar als für die genetische Ausstattung der Gesellschaften als förderlich diskutiert, aber dennoch abgelehnt, weil sie die edelste menschliche Verpflichtung verletze, für die Schwachen einzutreten (⇨ Darwinismus). [1]
In Deutschland wurde der eugenische Gedanke von dem Mediziner *Wilhelm Schallmeyer* (1857–1919) mit der preisgekrönten Schrift „Erbe und Auslese im Leben der Völker“ (1903) befördert. *Schallmeyer* verwendete dabei das deutsche Wort „Rassehygiene“ für Eugenik, das später von dem Mediziner *Alfred Ploetz* (1860–1940) in *„Rassenhygiene“* geändert wurde. 1905 initiierte Ploetz die Gründung der Deutschen Gesellschaft für Rassenhygiene. Obgleich das Wort „Rassehygiene“ im Sinne von *Schallmeyer* mit der Klassifizierung von menschlichen „Rassen“ nichts zu tun haben sollte (es meint “Volksgesundheit“ , „Volkshygiene“), verband sich mit dem Wort bereits bei *Ploetz* die Vorstellung von „minderwertigen Rassen“, die eugenisch zu bekämpfen, und „hochwertigen Rassen“, die eugenisch zu fördern seien (⇨ Rassismus).
Der eugenische Gedanke verbreitete sich in den ersten drei Jahrzehnten des 20. Jahrhunderts in vielen Staaten Europas und Nordamerikas. Ziel der Eugenik war, die Fortpflanzung genetisch „Hochwertiger“ zu fördern (*positive Eugenik*) und die der „Minderwertigen“ auszuschließen (*negative Eugenik*). In vielen Staaten Westeuropas und in den USA wurden eugenische Maßnahmen diskutiert und durchgeführt. Diese bezogen sich zunächst ausschließlich auf die negative Eugenik mit dem Ziel der Verminderung von genetisch bedingten Krankheiten durch Sterilisation und Heiratsvorschriften. [3] [7] [9] [10] [11] [12]

> *Natürliche Zuchtwahl gegen arme Leute*
> „Armen-Unterstützung darf nur minimal sein und nur an Leute verabfolgt werden, die keinen Einfluss mehr auf die Brutpflege haben. Solche und andere ‚humane Gefühlsduseleien’ wie Pflege der Kranken, der Blinden, Taubstummen, überhaupt aller Schwachen, hindern oder verzögern nur die Wirksamkeit der natürlichen Zuchtwahl.“
>
> *Alfred Ploetz, 1895*

Den Durchbruch dieses Denkens markiert die internationale Hygiene-Ausstellung in Dresden 1911. Man stellte dort nicht einzelne (bereits bekannte) Erbgänge von Krankheiten vor, sondern sprach allgemein von „erblicher Belastung“ und erblich bedingten „mangelndem seelischen Gleichgewicht“. Asozialität (besonders gepaart mit Armut) wurde generell als erblich bedingter „moralischer Schwachsinn“ gedeutet. Die Klassifizierung von Menschen als schwachsinnig war bei Medizinern und Genetikern von Vorurteilen geprägt. Soziales wurde im Licht des eugenischen Gedankens ins Genetische umgemünzt. [2] [3] [6]
Eugenik gelangte so in Deutschland – wie in vielen Staaten Europas und in den USA – zu allgemeinem wissenschaftlichem Ansehen, was sich 1927 in der Gründung des „Kaiser-Wilhelm-Instituts für Anthropologie, menschliche Erblehre und Eugenik“ ausdrückte. (Die Kaiser-Wilhelm-Institute waren die führenden Forschungsinstitute für Bereiche, in denen das Deutsche Reich Weltgeltung hatte oder anstrebte; heute heißen sie Max-Planck-Institute.) Direktor des Instituts wurde der Anatom und Anthropologe *Eugen Fischer* (1874–1967), der

mit einer Untersuchung an den „Rehobother Bastards“ (Nachkommen von Buren-Männern und Dama-Frauen) versucht hatte, die Mendelschen Regeln für „Rassenmerkmale“ des Menschen nachzuweisen (⇨ Rassenmischung). Leiter der eugenischen Abteilung wurde bis 1933 der ehemalige Jesuitenpater und Biologe *Hermann Muckermann* (1877–1962), der in der Öffentlichkeit als führender Eugeniker bekannt war. Bereits 1921 war das erste Lehrbuch zum Thema „Menschliche Erblehre und Rassenhygiene“ erschienen, das weltweit als Standardwerk gepriesen wurde. Verfasser waren der Pflanzengenetiker und Direktor des Kaiser-Wilhelm-Instituts für Züchtungsforschung, *Erwin Baur* (1875–1933), *Eugen Fischer* und der Humangenetiker *Fritz Lenz* (1887–1976).
Nach der Machtübernahme der Nationalsozialisten stellte *Eugen Fischer* sein Institut zur Vorbereitung einer eugenischen Gesetzgebung zur Verfügung. Leiter der eugenischen Abteilung wurde *Fritz Lenz*, der sie in „Abteilung für Rassenhygiene“ umbenannte. Das bis 1942 in fünf Auflagen erscheinende Lehrbuch „Baur, Fischer, Lenz“ diente jetzt zur wissenschaftlichen Begründung von eugenischen und rassistischen Programmen, die im Nationalsozialismus in verbrecherischer Konsequenz zunächst mit Zwangssterilisation und danach mit Mord an Behinderten und schließlich dem Völkermord an Juden sowie Sinti und Roma umgesetzt wurden (⇨ Rassismus). [8] [9]
Nach 1945 wurde die Eugenik im Gegensatz zu der nun weithin verpönten „Rassenkunde“ weiter als wissenschaftlich gerechtfertigt angesehen. Eugenik wurde vorrangig mit dem in den USA verfolgten Konzept der „genetischen Bürde“ begründet. Der Genetiker *Hermann J. Muller* (1890-1967), der für den Nachweis, dass Röntgenstrahlen Mutationen auslösen, 1946 mit dem Nobelpreis ausgezeichnet wurde, vertrat prominent diese Anschauung. Nach seiner Meinung wirken Mutationen angeblich stets ungünstig. Es entstehen daher stetig mutierte Allele, die Krankheiten verursachen können. Aufgrund von medizinischer Versorgung, Therapien genetisch bedingter Krankheiten und Mutationen auslösenden Umweltfaktoren reicherten sich die mutierten Gene im Genpool der Bevölkerung an und vergrößerten so die „genetische Bürde“, die zukünftige Generationen tragen müssten (⇨ mutieren).

3 Für Unterricht: Anschauung und Vertiefung

3.1 Potenziale der Alltagsvorstellungen

Alltagsvorstellungen	Chancen für fachliches Lernen	Hindernisse für fachliches Lernen
Durch Eugenik kann die Zunahme von genetisch bedingten Krankheiten bekämpft werden.	*Kontrast*: Eugenik ist ideologisch und ineffektiv (3.2).	Eugenik wird für ein wissenschaftlich fundiertes Konzept gehalten.
Krankheiten verursachende Gene reichern sich in den Bevölkerungen an.	*Kontrast:* Mutierte Gene wirken unterschiedlich (⇨ mutieren) *Anknüpfung:* Beschränkung mutagener Faktoren, Euphänik (3.2)	einseitige Sicht

Tabelle 1: Alltagsvorstellungen zur Eugenik geben Hinweise für fachliches Lernen.

3.2 Ein wissenschaftliches Fehlkonzept

Das eugenische Ziel, genetisch bedingte Krankheiten zu vermindern, erscheint nur oberflächlich als wünschenswert. Eugenische Maßnahmen (z. B. Verhinderung der Fortpflanzung von genetisch „belasteten" Personen) sind unbrauchbar, um ein solches Ziel zu befördern. Viele genetisch mitbedingte Krankheiten, wie z. B. Schizophrenie, werden durch mehrere Gene und Umweltfaktoren (d. h. polyfaktoriell) verursacht. Selbst wenn das Wirkgefüge der beteiligten Gene erforscht wäre, erscheint es sicher, dass diese neben schädlichen auch zahlreiche vorteilhafte Wirkungen haben. Häufige monogen bedingte Krankheiten sind rezessiv, sodass die betreffenden mutierten Gene (Allele) überwiegend bei Gesunden zu finden sind: Wahrscheinlich trägt jeder Mensch mindestens 2 bis 3 Allele in sich, die im homozygoten Zustand – also bei Besitz zweier mutierter Allele – eine rezessive Krankheit verursachen. Darüber hinaus kann dasselbe Allel einerseits (homozygot) krank machen, andererseits (heterozygot) vor lebensbedrohenden Krankheiten schützen (beim Sichellzell-Allel z. B. vor Malaria, beim Mucoviscidose-Allel vor Durchfallerkrankungen im Säuglingsalter). Nur wegen der Vorteile für die Heterzygoten sind einige rezessive Krankheiten relativ häufig.
Die verbreitet geäußerte Befürchtung, dass durch medizinische Versorgung genetisch bedingte Krankheiten bedrohlich zunehmen könnten, ist unbegründet. Eine nennenswerte Zunahme der rezessiven Krankheiten wäre aus populationsgenetischen Gründen in jedem Fall erst nach Hunderten bis Tausenden Jahren zu erwarten. Eugenische Maßnahmen dauerten ebenso lange, bis sie Wirkung zeigen könnten, und das auch nur dann, wenn sie Jahrhunderte und Jahrtausende strikt angewendet würden. Bei den häufigeren rezessiven Krankheiten fällt durch medizinische Versorgung, Hygiene und Medikamente gegen Infektionskrankheiten außerdem der Vorteil der Heterozygoten weg. Dadurch nimmt die Krankheit durch medizinische Versorgung nicht zu, sondern nimmt selbst bei gleicher Fortpflanzungsrate der Allelträger ab. [5]
Die Vorstellung, dass im Wesentlichen Gene das Leben bestimmen, befördert eugenische Vorstellungen. Eugenische Programme sind an unbiologischen und ungeschichtlichen Idealvorstellungen von Genen und Gesundheit orientiert. Eugenik ist ein ideologisches, wissenschaftlich unbegründetes Konzept.
Bei unreflektierten Überlegungen und Anwendungen der Möglichkeiten der Gentechnik und der Fortpflanzungstechnik, z. B. von genetischen Diagnosen sowie Gentherapie besteht die Gefahr, dass eugenische Gedanken erneut befördert werden. Dasselbe gilt für Befürchtungen, die Intelligenz der Menschen könne geringe Fortpflanzungsraten in den so genannten Oberschichten oder durch Zuwanderung abnehmen (↗ Gentechnik, ⇨ intelligent). [5]
Die *genetische Beratung* ist von eugenischen Motiven frei zu halten. Sie sollte sich darauf beschränken, Ratsuchenden *individuelle* Hilfe zu geben, um persönliche Entscheidungen z. B. über das Zeugen oder Austragen eines wahrscheinlich behinderten Kindes verantwortungsvoll treffen zu können.
Mit der so genannten *präventiven Eugenik* sollen die Mutationsraten z. B. durch Vorschriften zum Strahlenschutz und zum Umgang mit mutagenen Substanzen möglichst gering gehalten werden. Es geht hier also darum, die *Umweltbedingungen* zu verbessern. Präventive Eugenik ist daher besser als *Euphänik* zu bezeichnen.

[1] Darwin, C. (1871). Descent of man and selection in relation to sex. London. – [2] Gould, S.J. (1988). Der falsch vermessene Mensch. Frankfurt/M. – [3] Gould, S.J. (1989). Carrie Bucks Tochter. In Das Lächeln des Flamingo. Betrachtungen zur Naturgeschichte. Basel. [4] Gebhard, U. (2004). Wie beim Nachdenken über Gentechnik Menschenbilder aktualisiert werden. In H. Gropengießer, A. Janßen-Bartels & E. Sander (Hrsg.), Lehren fürs Leben. Köln. – [5] Kattmann, U. (1991). Heterozygotenvorteil und Eugenik. Unterricht Biologie (167). – [6] ders. (2014). Wiederbelebung der Eugenik: Mutmaßungen zum Niedergang der Intelligenz. Der mathematische und naturwissenschaftliche Unterricht. – [7] Kaupen-Haas, H. & Rothmaler, C. (Hrsg.). (1994). Naturwissenschaften und Eugenik. Frankfurt. – [8] Kröner, H.P. (1998). Von der Rassenhygiene zur Humangenetik. Das Kaiser-Wilhelm-Institut für Anthropologie, menschliche Erblehre und Eugenik nach dem Kriege. Stuttgart. – [9] Propping, P. & Schott, H. (1992). Wissenschaft auf Irrwegen. Bonn. – [10] Seidler, H. & Rett, A. (1988). Rassenhygiene. Ein Weg in den Nationalsozialismus. Wien. – [11] Walter, W. (1983). Der Geist der Eugenik. Francis Galtons Wissenschaftsreligion in kultursoziologischer Perspektive. Bielefeld. – [12] Weingart, P., Bayertz, K. & Kroll, J. (1992). Rasse, Blut und Gene. Frankfurt.

Evolution

Wegweiser

In der Evolution gibt es keine Absicht, keine auf ein Ziel zulaufende gerade Stammeslinien, sondern stets Verzweigungen.

1 Vom Wort zum Begriff

„Wir wollen keine Revolution, sondern eine Evolution." Das Substantiv Evolution (Entwicklung) wird *umgangssprachlich* vor allem für eine allmähliche, auf dem Vorhandenen aufbauende Entwicklung verwendet. Das Wort stammt von lat. evolvere: „auseinander wickeln", „entwickeln". Im Wortsinn wird also nur etwas „entfaltet", was zusammengefaltet schon vorhanden ist. Das Wort wird in Öffentlichkeit und Wissenschaft zuweilen inflationär auf alle Veränderungen angewendet, die im Laufe der Zeit beobachtet werden können. So spricht man bei der Entstehung der chemischen Elemente und der Entstehung von organischen Molekülen von „chemischer Evolution", bei der Entwicklung von Geräten von „kultureller Evolution".

In der *Biologie* bezeichnet das Wort ursprünglich sowohl die Entwicklung des Individuums (Ontogenese, ➪ entwickeln) wie auch die Stammesgeschichte. In letzterer Bedeutung wird es in der Biologie heute ausschließlich verwendet. Es ist gleichbedeutend mit der *Naturgeschichte* des Lebens, die den evolutionären Wandel der Lebewesen ebenso wie die Geschichte des von den Lebewesen geprägten Planeten Erde umfasst (Erdgeschichte, ➪ Bioplanet).

Die Evolution ist – als historisches Geschehen – von der *Evolutionstheorie* zu unterscheiden, mit deren Hilfe dieses Geschehen rekonstruiert und erklärt wird (➪ theoretisch, ➪ lebendes System).

Ein sich gesetzmäßig einstellender Fortschritt ist mit Evolution nicht verbunden. Naturwissenschaftlich wird Evolution (gegen die Zeit) als Geschichte der Natur rekonstruiert.

Weder die Annahme von Sinnlosigkeit (bloßer „Zufall") noch die Angabe eines Ziels der Evolution sind naturwissenschaftlich zu begründen. Biologie macht dazu schlicht keine Aussagen (⇨ zufällig, ⇨ Höherentwicklung).
Daher verbietet es sich, im Rahmen der Naturwissenschaften in der Evolution spekulativ den Sinn und das Ziel menschlicher Existenz oder der Natur selbst ausmachen zu wollen (Evolutionismus). Persönliche weltanschauliche und religiöse Überzeugungen stehen jenseits der Naturwissenschaft. (⇨ Schöpfung).

2 Alltagsvorstellungen

2.1 Evolutionärer Wandel

In einer Reihe von Studien, die in den USA, UK, Skandinavien und Deutschland durchgeführt wurden, sind die Vorstellungen von Schülerinnen und Schülern zum evolutionären Wandel umfangreich erhoben worden. [16] [20]

Abb. 1: Evolution als Entschluss (Quelle: David Cooney / cartoonstock.com)

Zentral sind dabei die Alltagsvorstellungen zur Anpassung (⇨ anpassen):
- Evolution wird vorwiegend als Ergebnis des Handelns oder als Streben der Lebewesen gedeutet. Evolutionäre Veränderungen werden von den Individuen zielgerichtet und absichtsvoll (intentional) angestrebt (Abb. 1, *zielgerichtetes Handeln*). [1][8][12][21]
- Im ökologischen Zusammenhang wird angenommen, dass eine abgestimmte, harmonische Evolution stattfindet, die das Leben erhält. Die Natur wird personifiziert: Sie sorgt für gegenseitige Anpassung und Erhaltung (*Naturziel*). [7]
- Umweltänderungen können Evolution bewirken, wenn eine Anpassung für die Lebewesen notwendig ist (*Naturnotwendigkeit*). [1]

Zum anderen sind mit Vorstellungen zur Evolution die zur Entstehung der Arten verknüpft:

- Arten werden als Einheiten aus gleichartigen Individuen vorgestellt, die sich als Ganze verändern. Unterschiede zwischen Individuen einer Art oder Populationen sind nicht im Blick: Die Evolution wird als Wandel von Typen betrachtet (⇨ Art, ⇨ selektieren).
- Statt ständig ungerichtet aufzutreten, folgen Abänderungen (Mutationen) auf vorhergehende Veränderungen der Umweltbedingungen. Ungerichtete Ereignisse werden kaum beachtet oder abgelehnt (⇨ zufällig, ⇨ mutieren, ⇨ vielfältig).
- Die Evolution der Pflanzen wird in Analogie zur eigenen Individualentwicklung verstanden (⇨ Pflanze).
- Zuweilen treten abweichende Individuen in Populationen auf (Außenseiter), von denen neue Möglichkeiten der Evolution ausgehen können (⇨ selektieren).

Weitere Vorstellungen betreffen besondere Haltungen und Bewertungen von Evolution:

- Evolution wird als Tatsache behauptet oder bestritten, Schöpfung als andere Möglichkeit angenommen (⇨ Schöpfung).
- Beim Wort Evolution wird vorwiegend an die Abstammung des Menschen gedacht (⇨ Affenabstammung).
- Evolution wird als Streben nach Vervollkommnung oder Entwicklung zum Höheren angesehen (⇨ Höherentwicklung).

2.2 Evolution lehren

In einer Interviewstudie wurden *Biologielehrer/-innen*, die als Fachleiter/-innen tätig sind, zu ihren Vorstellungen zu Evolution und Evolutionsunterricht befragt. Zwei hervorstechende Ergebnisse sind: Die Befragten halten die Belege für die Naturgeschichte für mehrdeutig und bevorzugen experimentell nachvollziehbare Prozesse der Populationsgenetik (Mikroevolution) (Zitat). [18]

> *Schwierigkeiten, Evolution zu lehren*
> „Ich habe große Schwierigkeiten mit Paläontologie im Unterricht, weil es häufig nur Geschichten sind, dass das sozusagen sehr hypothetisch ist und, dass es durchaus sehr viele andere Denkmöglichkeiten gäbe. Die Gefahr ist, dass in dem Moment, wo Evolution zu weich wird, sie von Schülern leichter abgewertet wird. Deshalb ist es mir so wichtig, die harten Aspekte rauszugreifen. Also die Frage, wie kann ich *Lamarck* und *Darwin* experimentell überprüfen."
>
> *Biologiefachleiter [18]*

Hinsichtlich der Theorie sprechen die Befragten von „verschiedenen Erklärungsansätzen", „nur Geschichten", „verschiedenen Möglichkeiten, aber keinen beweisbaren". Evolution wird als „nur eine Theorie" bezeichnet, die mit anderen Anschauungen konkurriert, was Schwierigkeiten macht, Evolution überzeugend zu vermitteln. Theorie wird dabei umgangssprachlich und nicht im wissenschaftlichen Sinne verstanden (⇨ theoretisch).

2.3 Akzeptanz, Dogmatik und Verstehen

Zahlreiche Untersuchungen belegen einen Zusammenhang zwischen religiösen Überzeugungen und Ablehnung der Evolutionstheorie, da das Verhältnis von Evolution und Schöpfung als spannungsvoll erlebt wird.

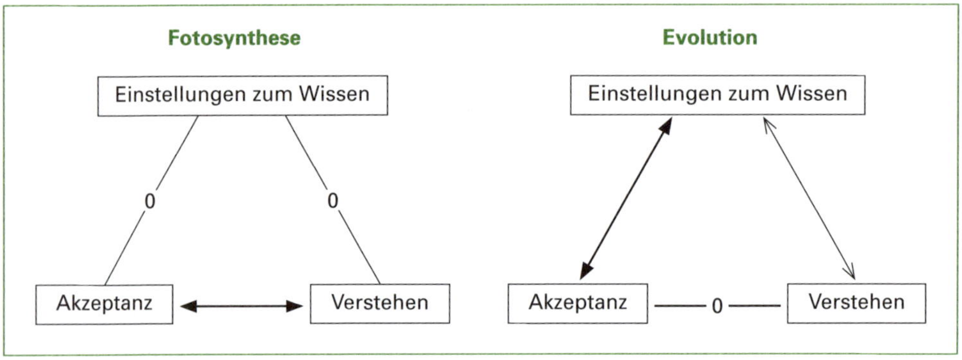

Abb. 2: Die Rolle von Akzeptanz und Einstellungen zum Wissen auf das Verstehen bei zwei Themen; dicker Pfeil: starker Zusammenhang; dünner Pfeil: nachweisbarer Zusammenhang; 0: kein Zusammenhang (nach [15])

2.4 Geschichtliches: Von der Stufenleiter der Wesen zur Selektionstheorie

Die Geschichte des Evolutionsgedankens führt von teleologischen Alltagsvorstellungen (Fortschritt und Stufenleiter) zu kausalen Erklärungen (Naturgeschichte, Selektion).

Das *Wort* „Evolution" wurde zuerst von dem Geologen und väterlichen Freund *Darwins*, *Charles Lyell* (1797–1875), auf den Wandel der Lebewesen übertragen, als er sich 1832 mit der Theorie *Lamarcks* beschäftigte. Die Vorstellung eines zielgerichtet fortschreitenden Prozesses haftete dem Wort von seiner ursprünglichen Bedeutung als Bezeichnung der individuellen Entwicklung weiterhin an. Der englische Philosoph *Herbert Spencer* (1820–1903) konnte es deshalb gut benutzen, um damit den Fortschritt in der Natur zu propagieren. Diese Sicht eines naturgesetzlich garantierten Fortschritts, der die gesamte natürliche Realität umfasst, herrschte vom 19. bis ins 20. Jahrhundert vor.

Der Begründer der modernen Evolutionstheorie, *Charles Darwin* (1809–1882), lehnte dagegen ausdrücklich ab, den Wandel der Arten mit automatischem Fortschritt zu verbinden. Er betonte die Relativität der nach dem Prinzip der Selektion erfolgenden Abwandlung, die immer von den Lebensbedingungen abhängt und daher keinen Fortschritt im menschlichen Sinne bedeuten muss (⇨ anpassen). *Darwin* hat das Wort „Evolution" in der ersten Auflage seines grundlegenden Buches „On the Origin of Species" 1859 überhaupt nicht verwendet und in der letzten von ihm autorisierten 6. Auflage von 1872 nur dreimal. Er spricht stattdessen von „Abstammung mit Abwandlung" (descent with modification). Die Evolutionstheorie ist heute die basale, die Einzeldisziplinen übergreifende Theorie der Biologie (s. 3.2).

3 Für Unterricht: Anschauung und Vertiefung

3.1 Potenziale der Alltagsvorstellungen

Alltagsvorstellungen	Chancen für fachliches Lernen	Hindernisse für fachliches Lernen
Evolutionärer Wandel erfolgt absichtlich, zielgerichtet, harmonisch und fortschrittlich.	*Kontrast:* Ursachen für den evolutionären Wandel analysieren (⇨ anpassen, ⇨ selektieren)	anthropomorphe Prinzipien
Manchmal gibt es Außenseiter.	*Anknüpfung:* Unterschiede in Populationen, ungerichtetes Auftreten (⇨ selektieren)	Orientierung am Individuum
Evolution heißt Abstammung des Menschen.	*Anknüpfung:* Motivation zur Reflexion von Evolution (⇨ Affenabstammung, ⇨ Schöpfung)	Beschränkung auf den Menschen
Evolutionstheorie ist „nur" eine Theorie.	*Kontrast*: Evolutionstheorie ist Erklärungsprinzip. (3.2 und 3.3)	umgangssprachliches Verständnis von „theoretisch"
Naturgeschichte ist „weich", da nur „Geschichten" erzählt werden.	*Kontrast:* historische Erklärungen (⇨ theoretisch, 3.3)	einseitige Bewertung von Experimenten und aktual-kausalen Erklärungen als Kennzeichen „harter" Wissenschaft
Genetik ist Voraussetzung für Evolution.	*Perspektivenwechsel:* Genetik in den Kontext von Evolution stellen (3.4)	Konstanz der Gene
Evolution ist Tatsache *oder:* Schöpfung statt Evolution	*Perspektivenwechsel:* Verstehen der Evolution ist entscheidend, nicht das Akzeptieren als Tatsache (⇨ Schöpfung).	dogmatisches Verständnis

Tabelle 1: Alltagsvorstellungen zu Evolution geben Hinweise für fachliches Lernen.

3.2 Evolutionstheorie ist Voraussetzung und Grundlage für biologische Erklärungen

Methode der Naturgeschichte

„In der Gesellschaftsgeschichte … entziffern (wir) alte Inschriften … Ganz ähnlich ist es auch in der Naturgeschichte notwendig, die Archive der Welt auszugraben, alte Denkmäler aus dem Innern der Erde zu ziehen, ihre Trümmer einzusammeln und alle Anzeichen körperlicher Veränderungen, mit deren Hilfe wir in die verschiedenen Zeitalter der Natur zurückwandern können, zu einem einzigen Beweisgebäude zusammenzufügen."

Georges L. L. de Buffon (1778)

Die wissenschaftliche *Idee* von der Evolution wurde in der Aufklärung vorbereitet, ohne dabei das Wort selbst zu verwenden. Unter den frühen Aufklärern nahm bereits *Georges-Louis Leclerc de Buffon* (1707–1788) an, dass neue Formen in der Geschichte der Erde aufgetreten sind, die er als *Naturgeschichte* zu rekonstruieren trachtete (Kasten).

In Frankreich, dem Land der Revolution und Aufklärung, blühten schon früh Evolutionstheorien, später auch in England (⇨ Evolutionsgedanke).

Mit dem Prinzip der Selektion von *Darwin* und *Wallace* wurde die Abwandlung der Arten logisch begründet. Die Spekulationen zur Evolution wurden damit durch naturwissenschaftliche Erklärungen ersetzt. Die Wende zur Selektionstheorie wurde als Revolution des Denkens von der Typologie (Essentialismus) zur Variation (Populationsdenken) beschrieben (⇨ selektieren, ⇨ Art). [14]

Darwin war vor allem Geologe. Der evolutionäre Wandel und die Entfaltung des Lebens auf der Erde bezog er ökologisch auf die Lebensbedingungen der Organismen (Lebensweise und Umweltfaktoren). Die Evolution sah er als globale Naturgeschichte der Erde (⇨ Bioplanet). [9] [19]

Der umgangssprachlichen Bedeutung von „theoretisch" entspringt die (abwertende und missverständliche) Aussage „Evolution ist nur eine Theorie"(⇨ theoretisch). Für das Verständnis ist es grundlegend, *Evolution* als historischen Vorgang von der *Evolutionstheorie* zu unterscheiden: Das eine ist der Gegenstand, das andere ist die biologische Theorie, mit der der Ablauf der Geschichte naturwissenschaftlich rekonstruiert wird: Die gegenwärtig erfassbaren Strukturen und Prozesse des Lebens auf der Erde sind in der Evolution entstanden, so zu beschreiben und so zu erklären. Die Evolutionstheorie ist deshalb die alle Teilgebiete durchziehende grundlegende Theorie der Biologie. Biologie ist Evolutionsbiologie oder, wie es der Genetiker *Theodosius Dobzhansky* (1900–1975) mit einem berühmt gewordenen Titel eines Aufsatzes ausgedrückt hat: „Nichts ergibt in Biologie einen Sinn, außer im Licht der Evolution". [4]

Dabei bleibt die Theorie selbst stets hypothetisch. Denn Gegenstand naturwissenschaftlicher Forschung ist nicht zu wissen, was Evolution „eigentlich" ist, sondern Evolution im Rahmen naturwissenschaftlicher Fragestellungen zu beschreiben und zu erklären (s. 3.3). Dieses Absehen vom „Wesen" eines Phänomens gilt allgemein in den Naturwissenschaften: Physiker wissen nicht, was Gravitation ist, aber sie erklären das Phänomen der Schwerkraft mit Hilfe der Gravitationstheorie(n).

In wissenschaftlicher Sicht gibt es deshalb die Frage nicht, *ob* es Evolution überhaupt gibt oder *ob* sie stattgefunden hat. Eine solche von den Phänomenen abgelöste Existenzfrage liegt außerhalb der Nachweismöglichkeiten von Naturwissenschaft. Es ist deshalb naturwissenschaftlich sinnlos, Evolution als bloße „Tatsache" behaupten zu wollen. Bereits *Darwin* stellt fest, dass Tatsachen für sich genommen gar nichts aussagen, dass sie vielmehr nur für oder gegen eine *Theorie* sprechen können. Theorien sind deshalb das Beste, was Naturwissenschaften haben. Die Aussage, Evolution „sei nur eine Theorie", verwechselt Gegenstand und Erklärung und verkennt die Basis naturwissenschaftlicher Aussagen. Naturwissenschaften erklären Phänomene immer und ausschließlich mit Hilfe von Theorien und setzen dabei voraus, dass ihre Gegenstände existieren bzw. in der Vergangenheit existierten (⇨ theoretisch).

3.3 Historische Erklärungen

„Verstehen kann man das Leben nur rückwärts, leben muss man es aber vorwärts.“
Diese Aussage des dänischen Philosophen *Sören Kierkegard* (1813–1855) ist auf Biologie anzuwenden: Verstehen des Lebens, d.h. der Evolution, geht nur historisch (rückwärts), untersuchen kann man es nur aktual (vorwärts).
In Alltagsvorstellungen und mancher wissenschaftlichen Darstellung wird die Beschreibung der gegenwärtigen Funktion von Strukturen mit der Erklärung der Entstehung der Funktion verwechselt. In der Biologie und anderen historischen Naturwissenschaften (Geologie, Kosmologie) gibt es neben der aktual-kausalen Erklärung auf die Frage „Wie kommt es?“ auch die historisch-kausale auf die Frage „Wie kam es dazu?“ (⇨ theoretisch, ⇨ erkären).
Die historische Erklärung betrifft also die Entstehung (Fernursachen). Sie wird auch ultimate Erklärung genannt. Komponenten von historischen Erklärungen sind immer:

- die begründete Annahme von lebensfähigen Vorfahren und Übergängen, die die Entwicklung zur heutigen Organisation ermöglichten;
- die begründete Annahme, dass der Neuerwerb neue Lebensbedingungen mit förderlichen Selektionsbedingungen eröffnete (⇨ selektieren).

Die historischen Erklärungen betreffen zwar Funktionen von Eigenschaften der Lebewesen, aber der Nachweis, dass ein Teil eine bestimmte Funktion in einem lebenden System besitzt, sagt noch nichts über dessen Entstehung aus. Die Aussage, dass eine Funktion durch Selektion entstanden sei, ist deshalb ohne Erfassen der historisch wirksamen Ursachen keine Erklärung, sondern ein Zirkelschluss (s. Kasten, S. 138).
Die historische (Mehrfach-)Funktion von Strukturen sowie die historischen Selektionsbedingungen können von den aktuellen entscheidend abweichen und sind daher anhand von Vergleichen rezenter Lebewesen sowie anhand von Fossilien zu rekonstruieren.
Beispielsweise könnte man anhand der Funktion der Chloroplasten vermuten, sie seien allein durch Selektion aus einfachen Vorstufen in der Pflanzenzelle herausgebildet worden. Tatsächlich aber stammen sie von Bakterien ab, die Fotosynthese trieben und die sich ein Vorfahr der Pflanzen als Symbionten in seine Zellen einverleibte (Cytosymbiose, ⇨ Zelle).
Historische Erklärungen beziehen sich einerseits auf Gesetzmäßigkeiten, die prinzipiell auch aktuell gelten, wie insbesondere die natürliche Selektion (Aktualitätsprinzip, ⇨ aktuell). Andererseits werden geschichtliche (singuläre) Ereignisse und historisches Geschehen erklärt, indem die vorlaufende Sequenz von Ereignissen beschrieben wird, die mit ihnen in einem kausalen Zusammenhang stehen. Die Geschichte des Lebens kann in großen Teilen nur durch Nacherzählen erklärt werden. Historische Bedingungen werden dabei als Ursachen des weiteren Verlaufs der Naturgeschichte erfasst. Indem solche Ereignisse zueinander in zeitliche und kausale Beziehungen gesetzt werden, lässt sich ein Verständnis für Evolution als Naturgeschichte anbahnen, ohne dass gefordert ist, sich die geologischen Zeiträume vorstellen zu können. [5] [13]

Wie der Schneehase ein weißes Fell bekam

Ein in Lehrbüchern der Verhaltensbiologie enthaltenes Beispiel für eine angeblich historische (ultimate) Erklärung lautet: „Der Schneehase ist weiß, weil er dadurch in seiner natürlichen Umgebung für Beutegreifer schlechter erkennbar ist.“ Diese Beschreibung wird in dem Lehrbuchtext ergänzt durch eine angehängte Folgerung der Angepasstheit „... und so seine Überlebens- und Fortpflanzungschancen erhöht“. Hier wird eine Beschreibung der Funktion (der Fellfarbe) unzulässig mit der historischen (ultimaten) Erklärungen (ihrer Entstehung) gleichgesetzt bzw. verwechselt. Historisch (ultimat) gewendet müsste die Erklärung lauten: „Der Schneehase ist weiß, weil seine Vorfahren unter Bedingungen lebten, unter denen das weiße Fell durch Selektion herausgebildet wurde. Zu den Selektionsbedingungen haben wahrscheinlich gehört: optisch orientierte Beutegreifer, ständig oder überwiegend schneebedeckte Umgebung, Konkurrenz zwischen hellen und dunkel gefärbten Hasen, dunkle Tiere wurden häufiger Beute als helle ...“ Nur eine Beschreibung der angenommenen historischen Bedingungen und eine darauf aufbauende Abfolge von Ereignissen kann eine historische Erklärung für die Merkmale der heutigen Organismen liefern.

Die Rekonstruktion der *Naturgeschichte* ist also keine theorielose Beschreibung von „Tatsachen“. Jeder *Stammbaum* stellt vielmehr Hypothesen über den Verlauf der Stammesgeschichte und die Verwandtschaft der Lebewesen dar. Ein wichtiges Mittel ist dabei die Annahme eines *letzten gemeinsamen Vorfahren* (⇨ verwandt, ⇨ Stammbaum).
Von beliebigen Geschichten („just stories“) unterscheidet sich das Nacherzählen von naturgeschichtlichen Ereignissen dadurch, dass naturwissenschaftlich fassbare Ursachen, also historische Erklärungen, angegeben werden. Diese *narrativen Erklärungen* enthalten sowohl gesetzmäßige Prinzipien wie auch historisch bedingte Einzelereignisse. Beispiel: In Körperform und Physiologie sind Wale dem Wasserleben hervorragend angepasst (was mit Selektion erklärbar ist), aber die Tatsache, dass sie ein rudimentäres Becken besitzen, kann nur durch die historischen Details ihrer Abstammung von landlebenden Säugetieren narrativ erklärt werden. Anhand von Fossilien kann die Abstammung von urtümlichen Paarhufern rekonstruiert, durch DNA-Vergleiche (Aktualitätsprinzip) können die Flusspferde als nächste Verwandte identifiziert werden: Wale sind (extrem abweichend entwickelte) Paarhufer (⇨ ähnlich).
Bleibt ein Fehlverständnis von Naturgeschichte zu revidieren, das aus der *Geschichte des Biologieunterrichts* herrührt. Der Biologieunterricht hieß früher „naturgeschichtlicher Unterricht“. Er wurde zum großen Teil mit gemütvollen Geschichten bestritten oder mit schematischen Beschreibungen sowie dem Bestimmen von Pflanzen und Tieren. Er war somit das Gegenbild zu einem Biologieunterricht, in dem Kenntnisse über die lebende Natur vor allem durch Experimentieren und Beobachtungen gewonnen werden. An diese Tradition und dieses Verständnis knüpft die Bezeichnung von Evolution als Naturgeschichte in keiner Weise an, vielmehr an die wissenschaftshistorische Bedeutung, wie sie von *Buffon* ausgedrückt wurde (s. 3.2).
Biologie ist eine historische Naturwissenschaft. Bei der Vermittlung von Biologie sind bei möglichst vielen Gelegenheiten historische Erklärungen einzusetzen, sodass die Erklärungs-

mächtigkeit der Evolutionstheorie deutlich wird und von den Adressaten selbst auf andere Phänomene übertragen werden kann. Im Biologieunterricht sollte Evolution als durchgehendes Erklärungsprinzip und einigendes Band dienen, das die Einzelthemen sinnvoll vernetzt (⇨ theoretisch). [17]

3.4 Evolution ist Kontext für Genetik

Weit verbreitet ist unter Biologielehrkräften die Ansicht, dass Genetik vor dem Evolutionsunterricht behandelt werden müsse, da sie Voraussetzung zum Verstehen der Evolution sei. Historische Gründe und Alltagsvorstellungen sprechen dagegen.
Die Evolutionstheorie wurde von *Darwin* und *Wallace* ohne zutreffende genetische Erkenntnisse formuliert. Es ist sehr fraglich, ob die Kenntnis der Arbeiten von *Gregor Mendel* (1822–1884) *Darwin* geholfen hätte, seine Evolutionstheorie genetisch zu untermauern: Die führenden Vertreter der Klassischen Genetik, *Hugo de Vries* (1848–1935), *William Bateson* (1857–1926) und *William Johannsen* (1857–1927), waren äußerst kritisch gegen die Selektionstheorie eingestellt. In der Genetik wurde mit der „Mutationstheorie" zunächst eine eigene Evolutionstheorie aufgestellt. Erst durch die Vereinigung mit der Populationsgenetik in der Synthetischen Theorie der Evolution wurde die Selektionstheorie auch genetisch begründet und kam nach 1940 in der Biologie zu allgemeiner Anerkennung (⇨ theoretisch, ⇨ mutieren).
Vorausgehender Genetikunterricht ist keineswegs eine Voraussetzung, um Evolution zu verstehen. Die Annahme oder Hoffnung, dass genetische Kenntnisse das Verständnis von evolutionsbiologischen Vorgängen erleichtern oder fördern könnten, erfüllt sich aufgrund der persönlich gebildeten Vorstellungen zur Genetik nicht: Die von der Konstanz der Gene geprägten Alltagsvorstellungen (⇨ Gen, ⇨ erben) können das Verständnis genetischer Vielfalt (Variation) und Veränderlichkeit (Variabilität) sogar behindern. Die nicht im Zusammenhang von Evolution gelernte Genetik kann daher für das Thema Evolution sogar eine abträgliche Wirkung haben.
Genetik ist zwar eine Voraussetzung für die kausale Erklärung des evolutionären Wandels; die unterrichtliche Verknüpfung beider Bereiche wird jedoch nicht einfach durch vorher erworbene Genetikkenntnisse erreicht, sondern nur, wenn Genetik ausdrücklich auf Evolution bezogen wird. Als Konsequenz aus den Vorstellungen der Befragten wird vorgeschlagen, *die beiden Themenbereiche Evolution und Genetik beim Lernen eng miteinander zu verschränken*. Das Ziel der Verknüpfung von Evolution und Genetik ist es, Vorstellungen beider Bereiche im Denken der Adressaten zusammenzuführen, sodass z. B. die Alltagsvorstellungen von der Konstanz der Gene mit der intentional verstandenen Anpassung konfrontiert werden. Auf diese Weise können die Lernenden dazu ermutigt werden, ihre eigenen Vorstellungen in diesen beiden Bereichen gegenüberzustellen, zusammen zu reflektieren, Gegensätze zu erkennen und dabei zu einem angemessenen Verständnis sowohl von Vererbung wie auch vom evolutionären Wandel zu gelangen. Die Konstanz der Gene gerät dabei in Gegensatz zu der Annahme, dass Erkenntnisse oder Umweltbedingungen die „genetische Information" ohne Weiteres ändern können (Lernen am eigenen Widerspruch). [2]
Die Auseinandersetzung mit den ungerichteten Prozessen Mutation und Selektion kann so die Bildung fachlich angemessener Vorstellungen der Lernenden zum evolutionären Wandel fördern. Dabei sollte die Populationsebene erreicht werden. Gleichzeitig wird dabei das Verständnis der Vererbungsvorgänge gefestigt (⇨ Birkenspanner, ⇨ vielfältig, ⇨ selektieren). [3] [21]

[1] Baalmann, W. u. a. (2004). Schülervorstellungen zu Prozessen der Anpassung. Zeitschrift für Didaktik der Naturwissenschaften. – [2] Baalmann, W., Frerichs, V. & Kattmann, U. (2005). Genetik im Kontext von Evolution. Der mathematische und naturwissenschaftliche Unterricht (7). – [3] Baalmann, W. & Kattmann, U. (2000). Birkenspanner: Genetik im Kontext von Evolution. Unterricht Biologie (260). © Friedrich Verlag GmbH, Seelze. – [4] Dobzhansky, T. (1973). Nothing in biology makes sense except in the light of evolution. The American Biology Teacher. – [5] Gould, S. J. (2004). Zufall Mensch. München. – [6] Graf, D. & Hamdorf, E. (2011). Evolution: Verbreitete Fehlvorstellungen zu einem zentralen Thema. In D. Dreesmann, D. Graf & K. Witte (Hrsg.), Evolutionsbiologie. Heidelberg. – [7] Jelemenská, P. (2006). Biologie verstehen: ökologische Einheiten. Beiträge zur Didaktischen Rekonstruktion 12. – [8] Johannsen, M. & Krüger, D. (2005). Schülervorstellungen zur Evolution. Mitteilungen Institut Didaktik der Biologie Münster. – [9] Kattmann, U. (2004). Bioplanet Erde. Unterricht Biologie (299). – [10] ders. (2002). Entwicklung und Evolution. Unterricht Biologie (272). – [11] ders. (2008). Evolution und Schöpfung. Unterricht Biologie (333). – [12] ders. (2009). Adam und Eva und die Evolution. Zeitschrift für Pädagogik und Theologie (4). – [13] Kattmann, U., Janßen-Bartels, A. & Müller, M. (2005). Warum gibt es Säugetiere? Unterricht Biologie (307/308). – [14] Mayr, E. (2013). Das ist Evolution. München. – [15] Sinatra, G. M. u. a. (2003). Intentions and beliefs in students' understanding and acceptance of biological evolution. Journal of Research in Science Teaching. – [16] Upmeier zu Belzen, A. (2011). Lebensweltliche Vorstellungen und wissenschaftliches Denken. In H. Bayrhuber, A. Faber & R. Leinfelder (Hrsg.), Darwin und kein Ende? Seelze. – [17] Van Dijk, E. M. & Kattmann, U. (2008). Biologieunterricht in naturgeschichtlicher Perspektive. Der mathematische und naturwissenschaftliche Unterricht (1) (2). – [18] dies. (2010). Evolution im Unterricht: Eine Studie über fachdidaktisches Wissen von Lehrerinnen und Lehrern. Zeitschrift für Didaktik der Naturwissenschaften. – [19] Wahlert, G. von (1981). Evolution als Geschichte des Ökosystems „Biosphäre". In U. Kattmann, G. von Wahlert & J. Weninger, Evolutionsbiologie. Köln. – [20] Wandersee, J. H., Good, R. G. & Demastes, S. S. (1995). Forschung zum Unterricht über Evolution. Zeitschrift für Didaktik der Naturwissenschaften. – [21] Weitzel, H. (2006). Biologie verstehen: Vorstellungen zu Anpassung. Beiträge zur Didaktischen Rekonstruktion 15. Oldenburg.

↗ experimentieren/Experiment

↗ fit/Fitness

Fotosynthese

> **Wegweiser**
>
> In der Fotosynthese wird Licht für die Spaltung von Wasser genutzt. Dadurch werden die weiteren Stoffwechselprozesse von fototrophen Lebewesen und indirekt die von heterotrophen ermöglicht.

1 Vom Wort zum Begriff

Das Fachwort Fotosynthese (griechisch photos: „Licht", synthesis: „Zusammensetzung", „Synthese") ist nicht in die *Umgangssprache* eingegangen, wohl aber, dass Pflanzen vom Licht leben bzw. mit dem Licht etwas machen.

Fachlich verweist das Wort mit dem zweiten Wortteil darauf, dass mit Hilfe des Lichts Stoffe hergestellt werden, genauer Kohlenhydrate als Nährstoffe, was in dem zugehörigen Fachwort fotoautotroph zum Ausdruck kommt („selbsternährend“, griechisch: auto: „selbst“, trophein: „ernähren“). Das Wort Fotosynthese ist einseitig, da die primäre Reaktion keine Synthese, sondern eine Lyse ist (griechisch lysein: „auflösen“): In der *Fotoreaktion* wird Wasser in Sauerstoff und Wasserstoff gespalten (Fotolyse des Wassers); erst in der nachfolgenden Reaktion werden dann Kohlenhydrate aus Kohlenstoffdioxid und dem in der Fotoreaktion gebildeten Wasserstoff hergestellt *(Synthesereaktion).*
Fotosynthese und Zellatmung hängen eng zusammen: In der Zellatmung werden beide Fotosyntheseprodukte Nährstoffe und Sauerstoff genutzt, indem sie miteinander umgesetzt werden. Der Sauerstoff ist insofern kein Nebenprodukt der Fotosynthese, sondern für die Pflanzen und alle anderen Sauerstoff atmenden Lebewesen ein energetischer Wertstoff, mit dem die durch die Fotosynthese im System Nährstoff–Sauerstoff eingefangene und gespeicherte Energie genutzt wird (⇨ Energie).

2 Alltagsvorstellungen

2.1 Vorstellungen zum Gasaustausch bei Pflanzen

Alltagsvorstellungen zur Fotosynthese sind durch unterrichtliche Informationen zum *Gasaustausch* geprägt, der zuerst bei der Atmung behandelt wird. Vorherrschend ist die Anschauung, dass Pflanzen uns und den Tieren Sauerstoff zum Atmen liefern (⇨ Sauerstoff). Von mehr als der Hälfte von 12- bis 15-Jährigen wird der Gasaustausch von Pflanzen zur Fotosynthese als Atmung bezeichnet. So erscheint die Fotosynthese als *umgedrehte Atmung*: Während bei der Atmung Sauerstoff in Kohlenstoffdioxid umgewandelt werde, werde bei der Fotosynthese Kohlenstoffdioxid in Sauerstoff verwandelt. Diese Vorstellung wird auch dann geäußert, wenn die Befragten nicht über das Fachwort Kohlenstoffdioxid verfügen. Das von Pflanzen Eingeatmete wird dann z. B. als „anderer Sauerstoff“ umschrieben (Zitate).

> „Die Bäume nehmen einen anderen Sauerstoff als wir [auf] und geben unseren Sauerstoff wieder her. … Sie nehmen einen Stoff aus … der Luft, den wir nicht atmen können. Sie atmen ihn ein, verarbeiten es und dann spucken sie es aus, sodass wir es atmen können.“
>
> *Florian, 5. Klasse*
>
> Das, was wir ausatmen, das brauchen die Pflanzen zum Atmen und die säubern [das] dann und atmen das [wieder] aus. Sie machen auf diese Weise frische Luft und die genau brauchen wir.“
>
> *Lisa, 5. Klasse [1]*

Aus im Multiple-Choice-Test gewählten Antworten zum Atmen der Pflanzen kann geschlossen werden, dass viele der Befragten unter atmen allgemein einen Gastausch verstehen (s. Tabelle 1). Die Lernenden scheinen sich an der Stoffebene (Gase) zu orientieren. Das Verstehen chemischer Vorgänge auf der Teilchenebene scheint ihnen nur schwer zugänglich zu sein. Dass Pflanzen in gleicher Weise wie Tiere und der Mensch Sauerstoff atmen, wird meist nicht angenommen. [2] [3] [4]

gewählte Antworten	**Anteile der Antworten (%)**
Wann atmen Pflanzen?	
immer	65
nur während des Tages	20
nur während der Nacht	12
Welche Pflanzenzellen atmen?	
Blattzellen	63
alle Pflanzenzellen	26
Wurzelzellen	8
keine	2

Tabelle 1: Ergebnisse von Multiple-Choice-Aufgaben (13-Jährige, N = 292, Anteile: Prozentangaben gerundet) [3]

2.2 Vorstellungen zum Stoffwechsel der Pflanzen

Dass Pflanzen Fotosynthese betreiben ist 10- bis 13-jährigen Lernenden aus dem Unterricht bekannt. Die Vorstellungen darüber, welche Teile der Pflanzen Fotosynthese betreiben und welche Rolle das Chlorophyll spielt, gehen jedoch bei den Befragten auseinander (Tabelle 2). [3] [4]
Der Zusammenhang zwischen Chlorophyll und Fotosynthese ist vielen nicht klar. Eindeutiger bekannt ist dagegen die Rolle des Sonnenlichts, von dem 78 % angeben, dass es für die Fotosynthese nötig ist. [3]

In welchen Teilen der Pflanze	**...findet Fotosynthese statt?**	**... befindet sich Chlorophyll?**
Gewählte Antworten	*Anteile der Antworten (%)*	
in den Blättern	42	40
in allen grünen Teilen	32	45
in der ganzen Pflanze	21	6
in der Wurzel	4	7

Tabelle 2: Ergebnisse von Multiple-Choice-Aufgaben (13-Jährige, N = 292, Anteile: Prozentangaben, gerundet) [3]

Bei den chemischen Vorgängen der Fotosynthese sind die Produkte für die Lernenden leichter fassbar als die Ausgangsprodukte (Tabelle 3). Für manche ist schwer vorstellbar, wie aus einem Gas (Kohlenstoffdioxid) die Feststoffe Glukose und Stärke hergestellt werden können.

Welche beiden Stoffe sind bei der Fotosynthese ...			
Ausgangsstoffe?		*Produkte?*	
gewählte Antworten	*Anteile (%)*	*gewählte Antworten*	*Anteile (%)*
Kohlenstoffdioxid und Wasser	34	Glucose und Sauerstoff	62
Sauerstoff und Wasser	30	Kohlenstoffdioxid und Glucose	15
Sauerstoff und Glucose	23	Sauerstoff und Wasser	14
Kohlenstoffdioxid und Sauerstoff	11	Kohlenstoffdioxid und Wasser	8

Tabelle 3: Ergebnisse von Multiple-Choice-Aufgaben (13-Jährige, N = 292, Anteile: Prozentangaben gerundet) [3]

Nach mehreren Untersuchungen stellen sich die Befragten die Lichtabsorption bei der Fotosynthese wie die Aufnahme eines Stoffs vor. Energie- und Stoffaspekte werden selbst in wissenschaftlichen Ausführungen vermengt (Zitat).

> „Sonnenstrahlung wird in Zucker umgewandelt."
>
> *Eugen. P. Odum, Ökologie, 1999*

Nach üblichen *Lehrbuchdarstellungen* wird die Lichtenergie bei der Fotosynthese in chemische Energie umgewandelt, die dann in den Nährstoffen gespeichert ist. Danach sind die Nährstoffe die wesentlichen, weil energiehaltigen Produkte der Fotosynthese, der Sauerstoff gilt als anfallendes Nebenprodukt. In diesen Darstellungen ist nicht berücksichtigt, dass nur die Reaktion von Nährstoffen mit Sauerstoff die Energie aus der Fotosynthese in großem Umfang wieder liefert (Zellatmung, s. 3.3, ⇨ atmen, ⇨ Energie).
Nach verbreiteter Vorstellung nehmen Pflanzen Nährstoffe aus dem Boden auf (⇨ ernähren). [4]

3 Für Unterricht: Anschauung und Vertiefung

3.1 Potenziale der Alltagsvorstellungen

<table>
<tr><th>Alltagsvorstellungen</th><th>Chancen für fachliches Lernen</th><th>Hindernisse für fachliches Lernen</th></tr>
<tr><td>Alle Teile der Pflanze betreiben Fotosynthese.</td><td rowspan="2">Perspektivenwechsel: Fotosynthese wird durch ein komplexes Organell bewerkstelligt: die Chloroplasten (3.2).</td><td>Übersehen der Pflanzenzellen ohne Chloroplasten</td></tr>
<tr><td>Chlorophyll ist das Wichtigste bei der Fotosynthese.</td><td>Vernachlässigung der nötigen Strukturen</td></tr>
<tr><td>Energie wird während der Fotosynthese produziert.</td><td>Kontrast: Energie wird durch das Licht geliefert und chemisch gespeichert (3.3).</td><td>Produktion und Verbrauch von Energie</td></tr>
<tr><td>Pflanzen wandeln Licht in Zucker um.</td><td>Kontrast: Glukose entsteht aus Kohlenstoffdioxid und Wasser (3.3).</td><td>Vermengung stofflicher und energetischer Ebene</td></tr>
<tr><td>Nährstoffe enthalten und liefern Energie.</td><td>Perspektivenwechsel: Nährstoffe als „Versteck“ des Wasserstoffs gegen unkontrollierten Umsatz mit Sauerstoff
Kontrast: Energie liefert die exergonische Reaktion von Wasserstoff mit Sauerstoff (3.4, ⇨ Energie).</td><td>Verständnis der Energie als Inhalt der Nährstoffe</td></tr>
<tr><td>Licht wird von der Pflanze wie ein Stoff aufgenommen.</td><td>Anknüpfung: wörtliche Bedeutung von Fototrophie (Lichternährung)
Kontrast: Wasserspaltung, Speicherung von Energie (3.4)</td><td>Vertauschen von Energie- und Stoffaspekten</td></tr>
<tr><td>Pflanzen nehmen Nährstoffe aus dem Boden auf.</td><td>Perspektivenwechsel: Pflanzen stellen ihre Nährstoffe selbst her (3.6, ⇨ ernähren).</td><td>Irreleitende botanische Terminologie („Pflanzennährstoffe“)</td></tr>
<tr><td>Sauerstoff ist lebenswichtig.</td><td>Brücke zur Bedeutung des Sauerstoffs für die Energienutzung, auch für Pflanzen (3.6, ⇨ atmen)</td><td>fehlende Erklärung</td></tr>
<tr><td>Pflanzen wandeln Kohlenstoffdioxid in Sauerstoff um.</td><td>Perspektivenwechsel: Stoffwechselprozesse in der Pflanze: Fotosynthese und Zellatmung (3.6)</td><td>Fixierung auf Gasaustausch als Atmung</td></tr>
</table>

Gasaustausch ist Atmung. Pflanzen atmen Kohlenstoffdioxid ein und Sauerstoff aus.	*Perspektivenwechsel:* Pflanzen brauchen selbst Sauerstoff zum Atmen (⇨ atmen). Anreicherung des Sauerstoffs in der Erdgeschichte (⇨ Sauerstoff, 3.6)	
Sauerstoff ist ein Nebenprodukt.		isolierte Betrachtung der Fotosynthese
Pflanzen liefern für die Menschen und die Tiere Sauerstoff zum Atmen.		harmonisierende und ungeschichtliche Sicht

Tabelle 1: Alltagsvorstellungen zur Fotosynthese geben Hinweise für fachliches Lernen.

3.2 Ort der Fotosynthese

Häufig wird in Darstellungen betont, dass nur grüne Pflanzen und bei diesen nur die grünen Teile Fotosynthese betreiben. Dabei wird die Rolle des Chlorophylls betont. Das ist in zweierlei Hinsicht nur die halbe Wahrheit:

- Die Chlorophylle sind zwar die wichtigsten Teile der *Fotosysteme*, d. h. die entscheidenden Lichtfänger, aber die Fotosysteme erreichen ihre Effektivität dadurch, dass ihre Farbstoffe zusammenwirken. Sie sind also komplexe Farbstoffsysteme.
- Die einzigen Orte der Fotosynthese der Pflanzen sind die *Chloroplasten*. Chloroplasten sind hoch strukturierte Organellen. Die Fotosysteme sind geordnet in den Membranen der Thylakoide eingelagert.

Man sollte also die Rolle der Chloroplasten herausstellen. An ihren Strukturen findet die gesamte Fotosynthese (Fotoreaktion und Synthesereaktion) statt. Chloroplasten sind symbiotische Abkömmlinge von fotosynthetisch aktiven Bakterien (wie den Cyanobakterien). Die Fotosynthese ist also eine Leistung prokaryotischer Strukturen (Cytosymbiose, ⇨ Zelle).

3.3 Energiefluss und Energiespeicherung von Stoffumwandlungen unterscheiden

In Alltagsvorstellungen wird Energie in Stoffe umgewandelt (s. 2). Da dies hypothetisch nur beim Urknall stattgefunden hat, sollte man klar den *Energiefluss* von den von ihm bewirkten *Stoffumwandlungen* unterscheiden.

Energie wird nicht produziert, sondern aufgenommen. Licht wird nicht in Zucker umgewandelt, sondern Glukose wird aus Kohlenstoffdioxid und Wasser hergestellt. Dies geschieht mit Hilfe des Lichts. Energie wird also nicht in Stoffe umgewandelt, sondern sie ermöglicht Stoffumwandlungen. Energie steckt danach *nicht* in den einzelnen Produkten (z. B. nicht in den Nährstoffen), sondern ist im chemischen System der hergestellten Stoffe gespeichert (z. B. im System Nährstoffe *und* Sauerstoff, ⇨ Energie).

Beide Reaktionen der Fotosynthese sind lichtabhängig. In Schulbüchern wird die Fotoreaktion häufig als lichtabhängige und die Synthesereaktion als lichtunabhängige Reaktion oder Dunkelreaktion bezeichnet. Die Termini sind irreführend, da die sogenannte lichtunabhängige Reaktion ohne Licht sofort aufhört, da kein ATP nachgeliefert wird (ATP kann wegen schneller Reaktion mit Wasser nicht gespeichert werden, s. 3.4). In der Fachliteratur wird von Primärreaktion und Sekundärreaktion gesprochen. Da diese beiden Termini nur die Abfolge angeben, die Reaktionen aber nicht charakterisieren, werden hier die Bezeichnungen *Fotoreaktion* und *Synthesereaktion* vorgeschlagen.

3.4 Woher kommt und wo bleibt die Energie?

Die bei der Fotoreaktion stattfindende *Wasserspaltung* ist der Schlüssel zum Verständnis der energetischen Prozesse. Durch die Fotolyse der Wassermoleküle werden diese in Wasserstoff- und Sauerstoff-Teilchen zerlegt. Ein Zusammentreffen der Teilchen würde zur Knallgasreaktion, d. h. zu einer Explosion führen (Abb. 1).
Wenn die Energie für andere Zwecke genutzt werden soll, muss der Wasserstoff aufbewahrt und ungefährlich transportiert werden. Das ist genau das Problem, das bei der Fotovoltaik technisch auftritt, wenn man mit Hilfe der Sonnenenergie Wasser zerlegt und Wasserstoff gewinnt.

Abb. 1: Bindung H–O wieder hergestellt [5]

Der Wasserstoff wird gleichsam in wenig reagierenden Stoffen (Nährstoffe und Wasser) gegen den reaktiven Sauerstoff aufbewahrt, sodass eine spontane Knallgasreaktion nicht stattfinden kann. Das Zusammenführen mit Sauerstoff findet vielmehr kontrolliert in der Endoxidation bei der Zellatmung statt (s. Abb. 2, ⇨ Energie).

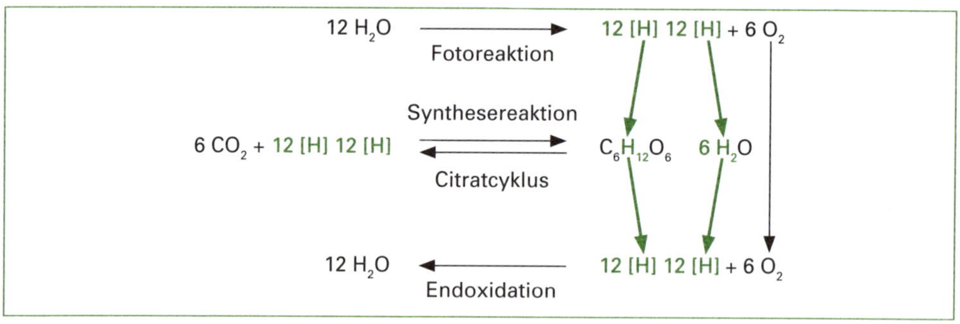

Abb. 2: „Wasserstofftechnik" der Lebewesen: Getrennthalten von Wasserstoff und Sauerstoff bei der Fotosynthese und das Zusammenführen bei der Zellatmung. [H]: an Überträger („Reduktionsäquivalente") gebundene Wasserstoffradikale

In der Fotosynthese ist eine ungefährliche *Wasserstofftechnik* entwickelt: Die Wasserstoffteilchen werden in der Fotoreaktion in Elektronen und Wasserstoffionen zerlegt. Die Elektronen werden in der Atmungskette transportiert und dabei Wasserstoffionen durch die Membran geschleust. Dadurch wird eine Differenz der Wasserstoffionenkonzentration zwischen Thylakiod-Innenraum und Chloroplasten-Plasma aufgebaut (Abb. 3).

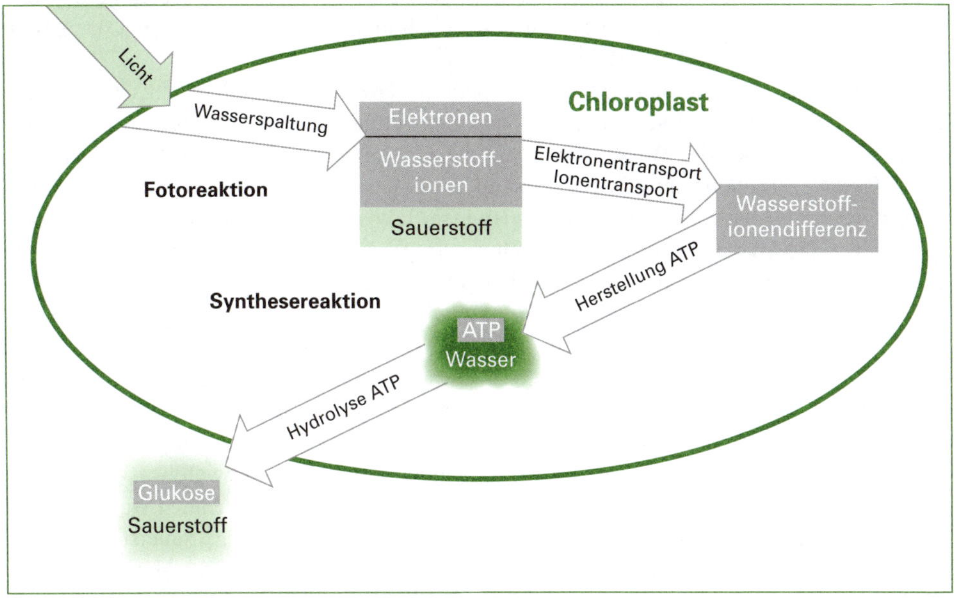

Abb. 3: Fotosynthese. Energiefluss durch den Chloroplasten

Das mit Hilfe der Differenz und der membranständigen ATP-Synthase aufgebaute ATP-Molekül reagiert innerhalb von Sekunden mit Wassermolekülen zu ADP-Molekülen und Phosphationen (Hydrolyse des ATP). ATP kann also nicht gespeichert werden. Die exergonische Hydrolyse des ATP wird vielmehr mit den endergonischen Stoffumwandlungen des Calvinzyklus verknüpft, sodass Glukose synthetisiert wird. Da Glukosemoleküle wegen hoher Aktivierungsenergie nicht sofort mit Wassermolekülen reagieren, können sie transportiert und gespeichert werden (aus osmotischen Gründen werden sie zur Speicherung zu Stärkemolekülen kondensiert).

Kurz:

- Ausgangspunkt der Energienutzung ist das Einfangen der Energie durch Fotolyse des Wassers (Fotoreaktion: Wasserspaltung);
- Zwischenstationen sind Elektronenstransport: Wasserstoffionendifferenz und die Bildung von ATP;
- Endpunkt ist die Speicherung der Energie im System Kohlenhydrat–Sauerstoff (Synthesereaktion: Glukogenese).

3.5 Wozu zwei Fotosysteme?

Wie immer, wenn es kompliziert wird, sollte man erklären, wie es zu der Komplexität der Strukturen oder Prozesse gekommen ist. Zum Verständnis der wasserspaltenden (oxygenen) Fotosynthese erscheint bedeutsamer, diese historische Frage zu klären, als nur die chemischen Unterschiede der beiden es Fotosysteme zu analysieren. Evolutionär ist es erhellend, dass es Bakterien gibt (z. B. Schwefelpurpurbakterien), die Fotosynthese mit nur einem Fotosystem durchführen. Bei dieser Fotosynthese werden jedoch nicht Wassermoleküle (H_2O), sondern Schwefelwasserstoffmoleküle (H_2S) gespalten.
Als Spaltprodukt entsteht nicht Sauerstoff sondern Schwefel. Schwefel steht im Periodensystem in der 6. Gruppe unter Sauerstoff. Das Schwefelatom ist also größer als das Sauerstoffatom und bindet die Wasserstoffatome daher weniger stark als das Sauerstoffatom. Daher lässt sich das Schwefelwasserstoffmolekül viel leichter spalten als das Wassermolekül. Für die Schwefelwasserstoff spaltende (anoxygene) Fotosynthese reicht die von einem Fotosystem erzeugte Spannung aus. Für die Spaltung des Wassermoleküls ist dagegen die erhöhte Spannung von zwei hintereinander geschalteten Fotosystemen nötig.
Cyanobakterien besitzen wie die Chloroplasten zwei Fotosysteme. Sie können je nach Umweltbedingungen sowohl anoxygene wie oxygene Fotosynthese durchführen (⇨ Bakterie).
Die ersten Lebewesen sind nach heutigen Hypothesen in einer „Schwefelwelt" entstanden und haben dort die einfache Form der Fotosynthese mit einem Fotosystem entwickelt. Der Erwerb von zwei Fotosystemen (die ursprünglich wohl durch die Verdoppelung zweier gleicher Fotosysteme bestand) machte die Cyanobakterien von Schwefelwasserstoff unabhängig, erschloss die Nutzung des fast unbegrenzt zur Verfügung stehenden Wassers – und revolutionierte damit nicht nur die Energienutzung vieler Organismen (Sauerstoffatmung) sondern veränderte außerdem grundlegend die Zusammensetzung der Erdatmosphäre (⇨ Sauerstoff).

3.6 Fotosynthese und Atmung

In fachlichen Darstellungen wird Sauerstoff häufig als Nebenprodukt der Fotosynthese hingestellt. Er ist aber für Pflanzen ebenso wie für Tiere genauso wichtig wie die Nährstoffe. Erst beide Fotosyntheseprodukte zusammen ermöglichen eine effektive Energienutzung. Pflanzen verwenden Sauerstoff in derselben Weise wie Tiere, indem sie Wasserstoff und Sauerstoff in der Zellatmung zusammenbringen. Mit Hilfe der exergonischen Reaktion von Wasserstoff und Sauerstoff zu Wasser wird ATP hergestellt (⇨ atmen).
Da Gasaustausch in Alltagsvorstellungen als Atmung angesehen wird, deuten Lernende die Aufnahme von Kohlenstoffdioxid durch die Pflanzen als Einatmen und die Abgabe von Sauerstoff als Ausatmen. Entsprechend wird angenommen, dass Pflanzen Kohlenstoffdioxid und Sauerstoff „umwandeln".
Die Umwandlung von Kohlenstoffdioxid wurde ursprünglich auch von Wissenschaftlern vermutet, indem die Fotosynthese als Spaltung von Kohlenstoffdioxid und Anlagerung von Wasser formuliert wurde. Diese Annahme wurde korrigiert, als man nachwies, dass der freigesetzte Sauerstoff gänzlich aus dem Wasser stammt. Mit den entsprechenden Reaktionssymbolen kann die Vorstellung von der Umwandlung revidiert werden: Kohlenstoffdioxid ist an der Freisetzung von Sauerstoff nicht beteiligt (Abb. 4).

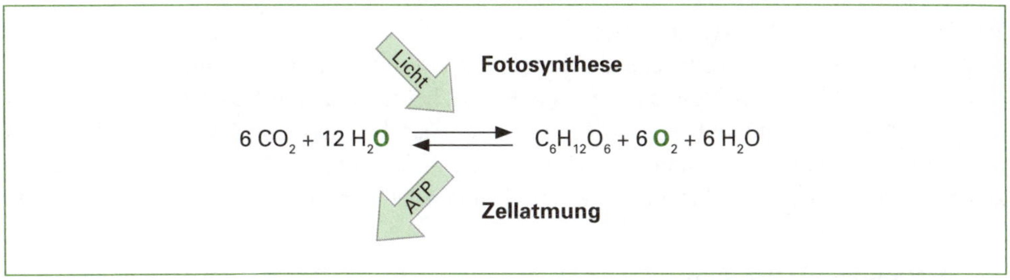

Abb. 4: Reaktionssymbole der Fotosynthese und der Zellatmung. Wasser ist in beiden Reaktionen zugleich Edukt und Produkt. Die Sauerstoffteilchen stammen aus den Wassermolekülen und verschwinden wieder in den Wassermolekülen.

Desgleichen wird Kohlenstoffdioxid bei der Zellatmung nicht durch Reaktion von Kohlenstoff mit Sauerstoff gebildet (wie bei der Verbrennung), sondern aus dem Kohlenhydrat abgespalten. Der übrig bleibende Wasserstoff reagiert mit dem Sauerstoff der Luft (⇨ Sauerstoff, ⇨ atmen, ⇨ Energie).

[1] Cypionka, Regina: Pflanzen als Lebewesen in Evolution und Entwicklung: ein Beitrag zur didaktischen Rekonstruktion. Oldenburg: Didaktisches Zentrum, Carl-von-Ossietzky-Universität 2012 (= Beiträge zur Didaktischen Rekonstruktion; Bd. 39) Abdruck mit freundlicher Genehmigung des BIS-Verlags der Carl von Ossietzky Universität Oldenburg. – [2] Hammann, M. & Asshoff, R. (2014). Schülervorstellungen im Biologieunterricht. Seelze. – [3] Marmaroti, P. & Galanopoulou, D. (2007). Pupils' understanding of photosynthesis: A questionaire for simultaneous assessment of all aspects. International Journal of Science Education. – [4] Steigert, T. (2012). Schülervorstellungen zum Pflanzenstoffwechsel und die Bedeutung von Experimenten bei der Entwicklung von Konzepten. Hamburg. – [5] Walker, D. (1992). Energy, plants and man. Brighton.

Gehirn/Geist

Wegweiser

Das Gehirn handelt nicht: Es funktioniert (oder auch nicht).

1 Vom Wort zum Begriff

Umgangssprachlich bezeichnet „Gehirn" das Organ, das sich im Innern des Kopfes befindet. Es wird in bildlicher Sprache mit dem Kopf gleichgesetzt („streng deinen Kopf an") sowie vor allem mit intellektuellen Fähigkeiten und Bewusstsein assoziiert.

Biologisch werden die neuronalen Organe der Tiere, die sich am sensorischen Pol (in der Regel als Kopf ausgebildet) befinden, als „Gehirn " bezeichnet. Sie sind die Steuerzentralen der Nervensysteme. Beim Menschen ist das Gehirn die Voraussetzung für Wahrnehmung und (speziell die Großhirnrinde) für bewusste Empfindungen und Willenshandlungen: Die Fähigkeit, als Person zu handeln, ist vom Funktionieren des Gehirns abhängig, aber das Gehirn ist nicht selbst eine Person.

Werden *psychische Phänomene* einbezogen, so ergibt sich die Frage nach dem Verhältnis von Gehirn und bewusstem Erleben, d.h., von Organfunktionen des Gehirns einerseits und Gefühlen, Empfindungen, Denken andererseits. Das betrifft letztlich die Frage nach dem Verhältnis und dem Zusammenhang von *Körper und Geist*. Im Englischen wird diese Frage als Zusammenhang von „brain“ und „mind“ behandelt. Das Wort „mind“ ist kaum ins Deutsche zu übersetzen; es ist ungefähr mit bewusstem Erleben (Fühlen und Denken) zu umschreiben.

2 Alltagsvorstellungen

2.1 Unterscheidung körperlicher und mentaler Prozesse

Alter	mentale Prozesse
0–9 Monate	Anwendung von Gesten zur Kommunikation
8–9 Monate	Ausdrücken von Intentionen
0–1 Jahr	Soziale Beziehungen werden genutzt: Anblicken anderer, um zu entscheiden, ob Reaktionen zu ungewohnten Situationen ausgedrückt werden
1 Jahr	Ausdrücken von Gefühlen (inneren Zuständen)
2–3 Jahre	Erkennen der eigenen Person im Spiegel, „Ich“ sagen Täuschen Kommentieren neuer Erfahrungen Antworten auf das Missfallen oder Amüsieren anderer oder deren Intentionen
3,5 Jahre	Fragen nach Gefühlen (inneren Zuständen) anderer Erzählen von Geschichten, die sich auf Gefühle anderer beziehen Erzählen von unterschiedlichen Witzen bei unterschiedlicher Zuhörerschaft
4 Jahre	Verstehen falscher Annahmen und des Unterschieds zwischen Augenschein und Realität Angeben, dass man selbst die Meinung geändert hat Der Grad an Unsicherheit eines Sachverhalts wird sprachlich ausgedrückt
5–6 Jahre	Verstehen, dass (äußeres) emotionales Verhalten nicht mit (inneren) Emotionen verknüpft sein muss Verstehen, dass es unterschiedliche Sichtweisen zu einem Sachverhalt geben kann Anzeigen, dass man etwas nicht verstanden hat
7 Jahre	Unterscheiden von wirklichen und angeblichen Emotionen Unterscheiden von Gedanken und Überzeugungen
Erwachsene	Verstehen, dass Wissen aus Konstrukten des Denkens besteht

Tabelle 1: Vorstellungen von Kindern zu (inneren) mentalen Prozessen (mehrere Quellen) [2]

Gegenüber der meist unterstellten führenden Rolle der unmittelbaren Sinneseindrücke ist bemerkenswert, dass schon Kleinkinder zwischen dem körperlichen Organ („brain“), dem bewussten Erleben („mind“) und beobachtbaren Handlungen unterscheiden. Schon früh begreifen sie, dass das sichtbare Verhalten nicht mit den Gefühlen des Handelnden übereinstimmen muss (Tabelle 1).

2.2 Rolle des Gehirns

	5–6-Jährige	10–11-Jährige	Erwachsene
Mentale Akte			
Denken	100	100	100
Wissen	86	100	100
Träumen	86	94	86
Erinnern	86	100	100
klug sein	93	94	86
Durchschnitt	*90*	*98*	*94*
Gefühle			
Sicherheit	79	94	93
Neugier	77	94	100
Traurigkeit	50	75	93
Angst	36	94	93
Müdigkeit	36	88	86
Hunger	50	43	86
Durchschnitt	*54*	*81*	*92*
Schulische Aufgaben			
Buchstabieren	71	100	100
Zählen	79	100	100
Lesen	86	88	100
Schreiben	43	94	100
Erzählen	79	88	100
Malen	79	88	100
Durchschnitt	*72*	*93*	*100*
Sinneswahrnehmung			
Sehen	21	57	93
Hören	29	57	93
Tasten	29	43	86
Schmecken	29	43	86
Durchschnitt	*27*	*52*	*89*
Einfache Motorik	*20*	*66*	*96*
Unwillkürliches	*28*	*37*	*81*

Tabelle 2: Wofür braucht man das Gehirn? Angaben zu vorgegebenen Antworten (%) (5- bis 6-Jährige: N = 14; 10- bis 11-Jährige: N = 16; Erwachsene, 20 bis 87 Jahre: N = 14) [4]

Befragte urteilen mit zunehmendem Alter übereinstimmend, dass das Gehirn an bewussten Äußerungen beteiligt ist. Bemerkenswert ist, dass nur ein geringer Teil der Jüngeren Sinneswahrnehmung mit der Funktion des Gehirns verbindet (Tabelle 2).
Fragt man danach, welche Aktivitäten man ohne Gehirn machen kann und lässt die Entscheidung begründen, so wird dieses Bild bestätigt und differenziert. Die Vorstellung, dass das Gehirn an unbewussten motorischen Handlungen beteiligt ist, nimmt mit dem Alter zu. Die Begründungen für die Beteiligung des Gehirns sind unterschiedlich:

- Auffallend ist, dass es häufig mit den für das Verhalten nötigen *kognitiven Fähigkeiten* begründet wird, beispielsweise bei Sprechbewegungen: „Man würde sonst nicht wissen, was man sagt."
- Dem Gehirn selbst werden *personale Eigenschaften* zugeschrieben, z. B.: „Man braucht das Gehirn, weil es den Füßen sagt, wohin sie gehen sollen."
- Bei älteren Jugendlichen nehmen abstraktere Vorstellungen zu: Das Gehirn hat die *Kontrolle* über viele Funktionen, z. B.: „Das Gehirn kontrolliert das Hören."
- Die Funktionen des Gehirns werden in engem Zusammenhang mit dem *Nervensystem* gesehen.
- Schließlich wird dem Gehirn eine übergeordnete Rolle für alle *Lebensfunktionen* zugeschrieben (Tabelle 3).

Gehirn ist am Tun beteiligt wegen seiner	**10- bis 11-Jährige**	**14- bis 15-Jährige**
... kognitiven Fähigkeiten	73	42
... personalen Eigenschaften	82	8
... Kontrollfunktion	9	50
... Funktion im Nervensystem	18	50
... Bedeutung für Lebensfunktionen	9	42

Tabelle 3: Begründungen für die Rolle des Gehirns bei nicht-kognitiven Tätigkeiten (Angaben in %; 10- bis 11-Jährige: N = 13; 14- bis 15-Jährige: N = 12) [4]

Die überragende Rolle des Gehirns führt dazu, dass ihm in Alltagsvorstellungen auch Steuerungs- und Kontrollfunktionen zugeschrieben werden, die ihm allenfalls nur indirekt zukommen, so bei Wirkungen des Hormonsystems und des peripheren Nervensystems oder dem Wachstum von Zellen: „Die Zelle wächst solange, bis sie den Befehl vom Gehirn erhält, das Wachstum zu beenden." [1]
Damit kontrastiert, dass peripheren Organen Funktionen zugeschrieben werden, die in Wirklichkeit das Gehirn ausübt. So werden Gefühle in den Bauch („Bauchgefühl") oder die Nieren („Es geht an die Nieren") verlagert, Wahrnehmung auf beteiligte Sinnesorgane. Letzteres liegt nahe, da die Wahrnehmung als Sinneseindruck vom Gehirn tatsächlich „nach außen" projiziert wird (⇨ wahrnehmen).

2.3 Zusammenhang von „brain“ und „mind“

Die Beteiligungen von „brain“ und „mind“ an verschiedenen Funktionen werden von Befragten mit zunehmendem Alter klar unterschieden. 6- bis 7-Jährige urteilen mehrheitlich, dass beide in gleicher Weise beteiligt sind. Das gilt für Ältere nur für bewusstes Handeln, während bei der Sinneswahrnehmung zunehmend nur die Rolle des Gehirns angenommen wird. Bei Gefühlen entwickeln sich die Annahmen zu „brain“ und „mind“ auseinander: Die Rolle des Gehirns nimmt zu, die von „mind“ nimmt stark ab. Wahrnehmung wird von Befragten Jugendlichen z. T. physisch (materiell), z. T. psychisch (geistig) vorgestellt.

	„brain“ ohne „mind“: *ja*	*nein*
„mind“ ohne „brain“: *ja*	ja/ja: unabhängig (71/31/0)	ja/nein: „brain“ ist abhängig (12/8/0)
nein	nein/ja: „mind“ ist abhängig (0/8/42)	nein/nein: abhängig (18/54/42)

Tabelle 4: Zusammenhang von „mind“ und „brain“. In Klammern Prozentangaben für Altersgruppen (6- bis 7-Jährige: N =17; 10- bis 11-Jährige: N =13; 13- bis 14-Jährige: N =12) [4]

Antworten auf die Frage, ob man „mind“ ohne „brain“ oder umgekehrt „brain“ ohne „mind“ haben könne, geben Aufschluss darüber, wie deren ontologischer Zusammenhang vorgestellt wird. Im Deutschen wird dieser Sachverhalt als Dualismus von „Gehirn“ und „Geist“ thematisiert. Auffällig ist, dass junge Befragte Gehirn und Geist als voneinander unabhängig, die älteren dagegen entweder als beidseitig voneinander oder den Geist vom Gehirn als abhängig ansehen. (Tabelle 4). [4]

2.4 Vorstellungen zum Gedächtnis

In einer Interviewstudie mit Oberstufenschülern zu Lernen und Gedächtnis geben die meisten Lernenden an, dass das Gedächtnis im Gehirn lokalisiert ist. Das Gehirn ist ein Informationsspeicher.

Informationsspeicher
„Die Speicherung von Informationen im Gehirn stelle ich mir so vor, dass elektrische Ströme in die Zelle fließen, und die Informationen, wenn sie zur Zelle gelangt, dann umgewandelt wird, in Eiweiß oder so.“

„Ich stelle mir das Gedächtnis wie einen Computer vor, wie eine Festplatte, auf der die Informationen in einzelnen Dateien gespeichert werden.“

„Ich würde das Gedächtnis als so eine Art Schrank mit lauter Schubladen darstellen, in denen die Informationen abgelegt werden. Und manche Informationen kommen dann in eine Schublade, weil sie zur gleichen Kategorie gehören.“

drei Oberstufenschüler, Leistungskurs [5]

„Im Gehirn (Großhirnrinde) werden die ganzen Erinnerungen gespeichert. D. h., wenn man ein Gehirn transplantiert, würde man einen Menschen transplantieren. Das ist so, als würde man von einem Computer den Hauptchip, das ROM (read only memory), nehmen, wo die ganzen Befehle drin sind. .. und das einem anderen einsetzen. …
Man könnte das Gehirn auch als große Lagerhalle bezeichnen, in die man Gegenstände, in diesem Fall Erinnerungen, reinstellt und bei Bedarf wieder herausholt und vor einen Scheinwerfer stellt, dass man sie besser sehen kann. Der Scheinwerfer wäre der Reiz, der mich dazu bringt, die Erinnerung wieder hervorzukramen aus irgendeiner älteren Ecke. …
Computer und Lagerhalle kombiniert würde ich als bessere Vorstellung bezeichnen, aber beides einzeln würde ich so nicht als gute Darstellung verwenden. Es gibt eigentlich keine richtig gute Metapher, Darstellung, Beschreibung, im Vergleich für das Gehirn. Das ist ein Ding, was man irgendwie nicht beschreiben kann und nur unzureichend versucht zu beschreiben."

Till, 11. Klasse [3]

Die meisten Befragten sehen die im Gehirn gespeicherten Informationen als reales Abbild der Außenwelt an, was durch die Informationsmetapher befördert wird (Evidenz, ⇨ anthropomorph).
Die Speicherung von Informationen wird materiell vorgestellt. Das Gehirn wird von den Befragten als Computer mit Speicherplätzen für die Informationen beschrieben oder als Schrank mit Schubladen, in die die Informationen nach Ähnlichkeit sortiert werden. Ähnliche Vorstellungen werden zur Speicherung der Sinneseindrücke in Kästen oder Abteilungen des Gehirns geäußert (Abb. 1, Zitate, ⇨ wahrnehmen). [3] [5]

Abb. 1: Zeichnung zum Gedächtnis, Andrea, 12. Klasse (freundlich überlassen von J.C. Schletter, entstanden in einer Vorstudie zu [5])

3 Für Unterricht: Anschauung und Vertiefung

3.1 Potenziale der Alltagsvorstellungen

Alltagsvorstellungen	Chancen für fachliches Lernen	Hindernisse für fachliches Lernen
Das Gehirn steuert alle Lebensfunktionen.	*Anknüpfung:* Steuerung im Körper (⇨ steuern)	zu weitreichende Verallgemeinerung
Das Gehirn ist an Sinnesleistungen nicht beteiligt.	*Perspektivenwechsel:* Zusammenspiel von Gehirn und Sinnesorganen (⇨ wahrnehmen)	unzutreffende Beschränkungen
Das Gehirn ist vor allem für Denken (kognitive Tätigkeiten) und Fühlen nötig.		
Im Gehirn werden Informationen wie in Kästchen gespeichert.	*Perspektivenwechsel:* Erregungsmuster und Bedeutungen werden beim Erinnern erneut erzeugt (⇨ wahrnehmen).	Gedächtnisinhalte werden als abgelagerte Substanzen verstanden.
Das Gehirn handelt und entscheidet.	*Perspektivenwechsel:* Gehirn ist Organ (3.2, ⇨ wahrnehmen).	Personalisierung
Gehirn und Geist sind voneinander unabhängig.	*Anknüpfung:* Gehirn und Geist sind real, ihr Verhältnis zueinander ist naturwissenschaftlich nicht völlig zu klären (3.3).	
Gehirn und Geist sind (beidseitig) voneinander abhängig.		

Tabelle 5: Alltagsvorstellungen zu Gehirn und Geist geben Hinweise zum fachlichen Lernen.

3.2 Wie verhalten sich Person und Organ zueinander?

Die Tendenz, das Gehirn selbst als handelndes Organ an die Stelle der Person zu setzen, ist in populären wissenschaftlichen Darstellungen und in Alltagsvorstellungen verbreitet. Dabei wird nicht etwa nur sprachlich ein Teil für das Ganze genommen (Metonymie), sondern das Gehirn als Sitz des Bewusstseins und Wollens selbst als bewusste und mit Willen ausgestattete Instanz betrachtet, die über Verhalten und Handeln entscheidet. Bekannte Neurobiologen haben in der Debatte um *Willensfreiheit* angegeben, dass das „Gehirn längst entschieden" habe, bevor der Mensch eine bewusste Entscheidung treffe. Willensfreiheit und „Ich-Bewusstsein" seien daher eine „Illusion", die das Gehirn uns (wem eigentlich?) vorgaukle (Personalisierung, ⇨ anthropomorph).

Richtig an solcher Anschauung ist zweifellos die – spätestens seit *Sigmund Freud* (1856–1939) bekannte – bis heute oft unterschätzte Rolle des *Unbewussten*. Selbst wenn aber eine als bewusst wahrgenommene Entscheidung schon vorher unbewusst gefällt wurde,

so sind es doch nicht Neuronen, die entscheiden, sondern die Person, denn auch das Unbewusste ist durch persönliche Erfahrungen geprägt und nicht etwa ein unpersönliches, über die Person verfügendes Agens.
Das Gehirn ist ein Organ (griechisch organon: „Werkzeug"). Eine notwendige Bedingung für personales menschliches Leben (↗ sterben). Das Gehirn sollte nicht zu einer Instanz mythologisiert werden, die an die Stelle personaler Handlungen und Verantwortung tritt. Andernfalls wäre auch Naturwissenschaft (einschließlich Neurobiologie) nur das Werk des Gehirns – und damit Illusion.

3.3 Körper und Geist

Mit Gehirn und mentalen Prozessen ist die philosophische Frage nach dem Verhältnis von Körper und Geist verbunden, über die es traditionell Auseinandersetzungen zwischen monistischen und dualistischen Weltanschauungen gibt. Monistische Anschauungen lösen die Frage nach einer Seite hin, entweder ist der Körper (Materie) Ausfluss des Geistes (Idealismus), oder der Geist ist nur ein Nebeneffekt des Körpers (Materialismus). Im Dualismus werden beide als reale, sich wechselseitig beeinflussende Größen gedacht (vgl. Tab. 4).
Naturwissenschaft scheint auf der Seite des Materialismus zu stehen, doch der Schein trügt. Der Trugschluss ergibt sich, wenn der Unterschied zwischen Außen- und Innenansicht psychischer Prozesse nicht beachtet wird. Naturwissenschaftlich ist man auf die *Außenansicht* beschränkt, Naturwissenschaft erfasst kausal beschreibbare Prozesse aus beobachtender und objektivierender Distanz. Solche Prozesse beruhen letztlich auf physikalisch und chemisch erfassbaren Mechanismen. Mentale Prozesse sind ebenfalls naturwissenschaftlich nur so erfassbar. Wenn diese – methodisch bedingte – Beschränktheit der Naturwissenschaften nicht reflektiert wird, kann sie die Reduktion auf materialistische Positionen scheinbar stützen.
Was als Gedanken, Absichten oder Geist beschrieben wird, ist durch die *Innenansicht* der Psychologie erfassbar, d.h. in *Analogie* zu dem nur dem Individuum zugänglichen eigenen inneren Erleben zu beschreiben. Bei der Empathie mit anderen Lebewesen spielt außerdem die *Intuition* eine wesentliche Rolle. Die Unterscheidung von Körper und Geist beruht also fundamental auf dem Unterschied zwischen der Außenansicht (der Naturwissenschaften) und der Innenansicht (der Psychologie). Dem entspricht auch der Unterschied zwischen „Ursachen" (Kausalitäten) und „Gründen" (↗ erklären/begründen).
Wie Außenansicht und Innenansicht im Weltbild vereinbart werden, ist naturwissenschaftlich nicht zu entscheiden. Die Reduktion auf monistische Lösungen erscheint also als willkürlich. Dualistische Anschauungen sollten indes nicht über die Feststellung zweier (rätselhaft bleibender) Aspekte hinausgehen. Die Spannung zwischen beiden ist nicht aufzulösen, sondern auszuhalten.

[1] Dreyfus, A. & Jungwirth, E. (1988). The cell concept of 10th graders: curricular expectations and reality. International Journal of Science Education.– [2] Duchan, J.F. (2000). Book reviews. Minds and Machines. – [3] Gropengießer, Harald (2007). Didaktische Rekonstruktion des Sehens. Beiträge zur Didaktischen Rekonstruktion. Oldenburg. Abdruck mit freundlicher Genehmigung des BIS-Verlags der Carl von Ossietzky Universität Oldenburg. – [4] Johnson, C.M. & Wellman, H.M. (1982). Children's developing conceptions of brain and mind. Research in Child Development. – [5] Schletter, J.C. & Bayrhuber, H. (1998). Lernen und Gedächtnis. Zeitschrift für Didaktik der Naturwissenschaften (3).

Gen

Wegweiser

Gene bringen allein keine Merkmale hervor. Sie sind an der Ausprägung von Merkmalen über komplexe biochemische Prozesse verbunden.

1 Vom Wort zum Begriff

„Die Kölner haben den Dom in den Genen“ stand als Überschrift über einem Zeitungsbericht. *Umgangssprachlich* wird das Wort Gen für alles verwendet, was als charakteristische „ererbte“ Eigenschaft oder fest gefügtes Verhalten bei Menschen erscheint, was sein Wesen ausmacht bzw. seine „Begabung“ (Abb. 1).

Abb. 1: Gibt es ein Gen für das Backen?

Das Wort „Gen“ stammt von griechisch genna-ein (lateinisch generare): „erzeugen“, „hervorbringen“ bzw. griechisch genos (lat. genus): „Abstammung“, „Nachkomme“, „Geschlecht“. Das Wort Gen bedeutet also soviel wie „Generator“: „Erzeugendes“ oder „Hervorbringendes“. Entsprechend dieser Bedeutung wird das aus dem Wort abgeleitete Adjektiv außerhalb der Biologie auch im Sinne von „entwickeln“ verwendet, z. B. „genetisches Lernen“.
Das biologische *Fachwort* „Gen“ bezeichnet DNA-Abschnitte, die in der Individualentwicklung aktiviert werden. Eine an der Wortbedeutung orientierte Umschreibung des Gens („Erbanlage“) kann etwa lauten: „chemischer Faktor, der an der Ausprägung von Merkmalen beteiligt ist.“
Der biologische *Genbegriff* hat sich im Laufe der Geschichte gewandelt. Gene wurden früher als biologische Einheiten betrachtet, die die Prozesse in der Zelle autonom steuern. In der

modernen Genetik werden Gene dagegen als chemische Einheiten angesehen, die in die Prozesse der Zelle integriert sind und von ihnen kontrolliert werden. Der Genbegriff ist in der molekularen Genetik nicht eindeutig sondern vielgestaltig.

2 Alltagsvorstellungen

2.1 Gleichsetzung von Genen und Merkmalen, Genotyp und Phänotyp

Gene werden von Befragten als „verkleinerte Merkmale“ gedacht oder sie werden mit Merkmalen gleichgesetzt. Gene sind Behälter für Merkmale, Partikel, die Merkmale tragen; sie werden von den Eltern zu den Nachkommen weitergegeben. Mit dieser Vorstellung stimmt die Umschreibung des Gens als Zelle überein. „Zelle“ heißt dann nichts weiter als „kleiner Raum“. Gene können daher ganz ohne Bindung an einen biologischen Zellbegriff als Partikel gedacht werden. Die besonderen Gene sind nach dieser Vorstellung nur in denjenigen Körperteilen vorhanden, deren Merkmale sie bestimmen (⇨ Zelle). [2] [3] [6] [10]

Gene sind wie Merkmale
„Die Gene sind mit der wichtigste Teil der Vererbung, weil sie die ganzen Merkmale speichern und weitergeben. Gen und Merkmal würde ich gleichsetzen.“

Martin, 12. Klasse

„Mein Vater hat seine Sommersprossen in seinen Genen an mich weitergegeben.“

Carina, 12. Klasse

„Erbanlage ist der ganze Begriff für die Tatsache, dass ich zum Beispiel die Augen von meinem Vater habe. Das Gen ist das, was dieses bewirkt hat. Mein Vater und meine Mutter haben zusammen mich bekommen, und ich habe eben die Augen meines Vaters. Ich kann nicht seine Augen kriegen, sondern eben, dass meine Augen so aussehen wie seine.“

Alan, 9. Klasse [3]

Krankhaft veränderte Gene
„Dass ein Mensch mit PKU ein verändertes Gen hat, bedeutet, dass dieser Mensch nicht so normale Gene hat, sondern Gene, die nicht so sind, wie die anderen Gene. Wenn die [normalen] Gene rund wären, dann ist das PKU-Gen viereckig.“

Heinz, 15 Jahre [7]

Die Gleichsetzung von Genen und Merkmalen wird besonders in der klassischen Genetik verstärkt, da in ihr von Merkmalen auf Gene geschlossen wird (⇨ Genetik). In einer schwedischen Untersuchung zur Sprache von *Lehrkräften* in der Mendel-Genetik zeigte sich, dass die Lehrenden mit dem Wort Anlage sowohl Gene wie Merkmale bezeichneten und das Wort ebenfalls gleichbedeutend mit Allel verwendeten. Gene wurden in folgender Weise auf Merkmale bezogen: „Gene kontrollieren Merkmale“, „Gene werden durch Merkmale indentifiziert“, „Gene haben Merkmale“ und „Gene sind Merkmale“. [9]

Das Gleichsetzen von Genen und Merkmalen hält sich selbst gegen besseres Wissen und ebenfalls gegenüber anders lautenden Belehrungen hartnäckig, weil es dem anthropomorphen Prinzip der Kontinuität entspricht. Diese Alltagsvorstellung harmoniert mit der Anschauung von der „Vererbung“ als Weitergabe von Gütern („Erbstücke“, ⇨ erben, ⇗ anthropomorph). Bei der Gleichsetzung von Genen und Merkmalen wird von den Merkmalen auf die Gene geschlossen. Nach einer breit angelegten Studie in Großbritannien gilt dies auch für die Eigenschaften von Zellen. Es wurden 475 englische Schüler befragt, über die Hälfte (59 %) war davon überzeugt, dass verschiedene Zelltypen desselben Organismus unterschiedliche Gene haben. Sie folgerten dies offensichtlich aus der Tatsache, dass die Zellen unterschiedliche Merkmale besitzen. [6]
In einer Interviewstudie mit 15- bis 18-Jährigen zu „Genen im Kontext von Gesundheit und Krankheit“ unterscheiden einige Befragte wohl zwischen Genotyp und Phänotyp, indem sie betonen, dass ein Mensch mit veränderten Genen noch nicht krank sei, solange die Krankheit noch nicht ausgebrochen ist. Sie übertragen dennoch ohne weiteres Eigenschaften vom Phänotyp auf den Genotyp: Beispielsweise werden Gene in ihrer Struktur als krankhaft abgeändert gedacht, wenn sie mit Krankheit assoziiert sind (Zitat Heinz). [7]
In der *Geschichte* der Genetik gab es eine Revolution von der Orientierung an Merkmalen zur Identifizierung von Genen, von fiktiven zu realen Genen (⇗ Merkmalsmischung, ⇗ Genetik).

2.2 Gene enthalten Information

Die Gleichsetzung von Merkmal und Gen wird von den Lernenden in der durch die Molekulargenetik eingeführten Informationssprache beibehalten, ja von dieser sogar gestützt: Die Weitergabe von Informationseinheiten erhellt nicht den Genbegriff, sondern tritt an die Stelle der Weitergabe von konstanten merkmalstragenden Teilchen (⇨ informieren).

Erbinformation

„Ein Gen ist „eine Zelle‘, in der sich gewisse Eigenschaften befinden.“
„Das (Gen) ist eine Art Zelle, in der Erbinfos drin sind.“

Schüler, 10. Klasse, [2]

„Merkmal und Information würde ich gleichsetzen, es ist einfach ein anderer Begriff.“

Martin

„In einem Gen sitzen die Erbinformationen. Erbinformationen beziehen sich auf alles, was zu einem Körper gehört, z. B. die Augenfarbe oder Haarfarbe, und wie sich das zusammensetzt.“

Karin

„Erbinformationen sind Informationen, die nötig sind, dass neue Organismen geschaffen werden, nach einem bestimmten Prinzip, und dass das auch immer so weitergegeben wird.“

Helmut
Oberstufenschüler, 12. Klasse [3]

„Man kann DNA auf einem Computer finden. Wenn man solche kleinen Digimons-Dinger bekommt, dann werden sie DNA haben, weil die DNA, die im Innern des Computers ist, die Eigenschaften (der Digimons) produziert.“

Bradley

DNA zur Identifizierung
„DNA ist es, wenn man einen Körperteil nimmt wie das Haar, wie ein Fingerabdruck oder so und einige Tests mit ihm macht und man herausfinden kann, was für eine oder wer die Person ist.“

Vesna
Schüler/in, 5. Klasse [10]

Die Wörter „genetische Information“ oder „Erbinformation“ sind für viele Befragte mit den Wörtern „Gen“ und „Merkmal“ austauschbar: So werden Gene in gleicher Weise als Behälter vorgestellt, ob sie nun Merkmale oder eben genetische Information enthalten. Nach Meinung der Lernenden werden Informationen wie Merkmale oder „Erbstücke“ von den Eltern an die Nachkommen weitergegeben (Zitate, ⇨ erben). [3] [6]
DNA wird von australischen Lernenden zuweilen mit Daten gleichgesetzt, weshalb gemeint wird, dass im Computer erzeugte virtuelle Lebewesen (Digimons) ebenfalls Gene besitzen (Zitat Bradley).
Damit stimmt das Verständnis der Lernenden über die Funktion von DNA überein. DNA wird wesentlich dadurch charakterisiert, dass sie Personen voneinander verschieden und einzigartig macht. Manche jüngere (Zitat Vesna, 10 Jahre alt) und viele ältere Befragte (13- bis 15-Jährige) charakterisieren DNA vor allem durch den Zweck, dass man Personen mit ihr identifizieren kann, vergleichbar mit einem „Barcode“. Das „Identifizieren“ halten 50 % für die primäre Funktion der DNA, weitere 33 % geben an, dass DNA zur Untersuchung von Verbrechen dient. [10]

2.3 Konstante, fest verankerte Gene

Gene gelten als schwer veränderbar, d. h. grundsätzlich konstant, weshalb keine neuen Merkmale auftreten (Zitat Alan): Gene sind „Erbstücke“, die unverändert weitergegeben werden. Aus den genannten Vorstellungen kann geschlossen werden, dass für die Befragten Merkmale und Gene *unverändert weitergegebene Elemente* sind, die die Generationen überdauern. Dem entspricht ebenfalls die Vorstellung, dass etwas beständig bleibt, wenn es in den Genen verankert ist (Abb. 2).
Wenn bei einem Individuum eine neue Eigenschaft auftritt, nehmen die Befragten an, dass das entsprechende Gen bei einer früheren Generation bereits vorhanden war: Das entsprechende Gen oder das Merkmal selbst werden als *präexistent* angesehen. Diese Vorstellung entspricht der Anschauung, dass Merkmale mehrere Generationen überspringen können (verdeckte Vererbung, ⇨ erben).
Eine zur Konstanz gegensätzliche Vorstellung wird von Befragten im Zusammenhang mit Evolution geäußert, wo Gene als durch Erkenntnis (Information) veränderbar angesehen werden (⇨ anpassen).

Konstanz der Merkmale
„Bei einem Freund von mir haben die Kaninchen Nachwuchs gekriegt. Weil die Mutter schwarz ist und der Vater weiß, kann es höchstens mal ein weißes Kaninchen mit schwarzen Flecken geben.
Richtige Abweichungen gab es nicht. Wenn ein rotes dabei wäre, dann könnte da irgend etwas nicht stimmen.“

Alan, 9. Klasse [3]

Abb. 2: Werbung mit der Verankerung der Firmenphilosophie in den Genen. Man beachte die Darstellung von Chromosomen als Symbol für Gene.

2.4 Gene als Schicksal

Gene werden (oft auch in populärwissenschaftlichen Schriften) allzu leicht mit menschlichen Zügen versehen, indem ihnen Tätigkeiten und Eigenschaften von Personen zugeschrieben werden: Herrschaft, Kontrolle, Absichten, Konkurrieren, Durchsetzungsvermögen, Autonomie, Egoismus, krank, gesund, gut, schlecht und anderes mehr. Gene bekommen so eine über das Fachliche hinausgehende Bedeutung, in der der ursprüngliche weite Umfang des Worts von Fortpflanzung über Erzeugung bis Entwicklung mitzuschwingen scheint.
Durch Gentechnik bekommen Gene einerseits den Charakter des Unnatürlichen und Gefährlichen: Gentechnisch veränderte Lebensmittel werden als zu vermeidendes „Gen-Food“ bezeichnet. Andererseits erwarten viele, dass genetisch bedingte Krankheiten künftig gentechnisch geheilt werden könnten. Ängste und Hoffnung stehen also in der Öffentlichkeit beim Wort „Gen“ eng beieinander (☞ genetische Technik).

In Alltagsvorstellungen (auch solchen von Wissenschaftlern) ist die Vorstellung von der „Macht der Gene“ zuweilen ungebrochen. Sie sollen zum Beispiel die ganze Persönlichkeit, ihr Wesen ausmachen und damit das Selbstverständnis und das Schicksal festlegen. Befragte äußern derartige Überzeugungen bereits im Alter von 9 bis 15 Jahren. [10] Die Zitate von Wissenschaftlern weisen in dieselbe Richtung: Gene allein bestimmen das Leben (⇨ genetische Technik).

„Alles in den Genen“
„Es liegt alles in dieser DNA, und wir werden es herausfinden.
Es geht nicht um die genetische Information per se, sondern darum, das Leben durch genetische Information zu verbessern.“

James Watson (1988) zum Human Genome Project

„In einem Gen steckt doch alles drinnen, mein Fleisch drinnen, da stecken meine Muskeln drinnen, aber auch meine Persönlichkeit. Will man mir das Persönlichkeitsrecht nehmen, zu wissen, von wem ich genetisch abstamme?“

Otto Edlbacher (1988), Jurist, zur anonymen Samenspende

3 Für Unterricht: Anschauung und Vertiefung

3.1 Potenziale der Alltagsvorstellungen

Alltagsvorstellungen	Chancen für fachliches Lernen	Hindernisse für fachliches Lernen
Ein dominantes Gen beherrscht das rezessive.	*Kontrast:* Allele beeinflussen sich gar nicht. Die beiden Eigenschaften beziehen sich auf Merkmale (⇨ dominant).	Vorstellung einer Auseinandersetzung zwischen Allelen
Gene sind dasselbe wie Merkmale.	*Kontrast:* Nicht Merkmale, sondern Gene werden vererbt (3.2 und 3.3, ⇨ erben).	Anschauliche Merkmale werden an die Stelle der unanschaulichen Gene gesetzt.
Mit den Genen wird Information über Merkmale weitergegeben.	*Kontrast:* Gene sind Teile von Molekülen, die durch ihre Struktur chemisch wirken (3.4).	Gleichsetzung von Information und Merkmal
DNA dient der Identifizierung von Individuen.	*Anknüpfung:* genetischer Fingerabdruck	Einseitige Beschränkung
Gene sind vollständige Bauanweisungen für den Organismus.	*Perspektivenwechsel:* Rezeptmetapher (3.5, ⇨ entwickeln), systemische Zusammenhänge (3.6 und 3.7)	Genzentrismus: Gene legen die Entwicklung starr fest. Autonomie der Gene ruft einseitige Hoffnungen und Ängste hervor.

Tabelle 1: Alltagsvorstellungen zum Gen geben Hinweise für fachliches Lernen.

3.2 Klassische und molekulare Gene

Während in der klassischen Genetik das Merkmal durch seine Konstanz im Erbgang klar und scharf definiert ist, bleibt offen, was ein Gen ist. In der Molekulargenetik wird umgekehrt das Gen als DNA-Sequenz (oder ein Komplex mehrerer DNA-Sequenzen) festgelegt und die Merkmale bleiben unbestimmt bzw. werden Gegenstand nachfolgender Untersuchung. Es sollte dabei deutlich gemacht werden, dass die DNA zwar die genetische Substanz ist, aber DNA und Gene nicht dasselbe sind. Gene, d. h. solche DNA-Sequenzen, die in RNA umgeschrieben werden, machen nur etwa 4 % der DNA des Menschen aus. Die übrigen, so genannten nicht codierenden Teile haben überwiegend wichtige regulatorische Funktionen. Gene sind also molukulargenetisch definiert, doch der Weg vom Gen zum Merkmal ist breit und kompliziert. Es ist molekulargenetisch zunächst nicht bekannt, welche „Merkmale" in ihrer Ausprägung von einem molekulargenetisch identifizierten Gen beeinflusst werden.
Die in Alltagsvorstellungen vorherrschende Gleichsetzung von Gen und Merkmal hat zur Folge, dass die Lernenden keinen Anlass haben, sich über den Zusammenhang von Genen und Merkmalen Gedanken zu machen. Für das Verstehen müssen die Alltagsvorstellungen (z. B. „Gene sind Behälter von phänotypischen Merkmalen") und die Vorstellungen der molekularen Genetik („Gene sind chemisch wirksame Teile der Zelle") miteinander reflektiert werden. Das ist ebenfalls nötig, wenn in populären Medien eine direkte und einfache Genwirkung für komplexe Eigenschaften angenommen wird, z. B. mit Behauptungen wie: „Gen für Langlebigkeit entdeckt" oder „Gen für Homosexualität nachgewiesen." „Langlebigkeit" bzw. „Homosexualität" sind ganz sicher keine konstanten Merkmale mit Mendelschen Erbgängen. Was jeweils nachgewiesen wurde, ist eine familiäre Häufung, d. h. eine Korrelation des Auftretens der Eigenschaft bei bestimmten Familien mit einem molekularen Marker. Eine einfache Gen-Merkmals-Beziehung (wie in der klassischen Genetik) lässt sich daraus nicht ableiten. Die Unbestimmtheit zwischen Gen und Merkmalen wird unzulässig umgangen, wenn von einer molekulargenetischen Analyse unvermittelt auf ein Merkmal geschlossen wird.
Die Beziehung von Genen und Merkmalen wird durch die Erforschung der Proteinbestände der Zelle (Proteom) und der Stoffwechselwege (Metabolom) zu einem komplexen Gefüge („-omik"-Revolution, ↗ Genetik und Abb. 3, S. 167). Menschen besitzen etwa 25 000 Gene; dem stehen etwa 230 000 Proteine bzw. Proteinvarianten gegenüber. Das Proteom übersteigt also das Genom um etwa eine Zehnerpotenz. Die molekulare Identifikation von Genen klassischer Erbgänge ist die Ausnahme. Die klare 1 : 1 Beziehung von Gen und Merkmal darf nicht beliebig für molekulare Gene angenommen werden, sie ist vielmehr ein seltener Sonderfall (⇨ erben).

3.3 Gene sind „charakterlos“

Gene und Merkmale, Genotyp und Phänotyp sollten deutlich unterschieden werden: Gene sind jeder Eigenschaft des Phänotyps zu entkleiden.

Phänomen-Ebene **Wahrnehmung**	**Gen-Ebene** **Kausalanalyse**
Merkmale	*chemische Stoffe*
Farbe, Größe, Gestalt	Gene Genprodukte
Charaktere	*Genwirkungen*
defekt/funktionierend gut/schlecht krank/gesund dominant/rezessiv	*quantitativ:* mehr/weniger der Genprodukte, d. h. Produktionsrate aufgrund regulierter Genaktivität *qualitativ:* mutiertes Gen, d. h. unterschiedliche Genprodukte
„bedeutungsvoll“	*„charakterlos“*

Tabelle 2: Unterscheidung der Ebenen der Phänomene und der Gene

Eigenschaften der Phänomen-Ebene sind nicht auf die Gen-Ebene anzuwenden und umgekehrt (Tabelle 2). Die Unterscheidung von Genotyp und Phänotyp sollte auch sprachlich markiert werden, indem die Fachsprache strikt genetisch formuliert wird (⇨ erben).
Die Rede von „defekten“ oder gar „kranken Genen“ ist demgemäß zu vermeiden, da sie eine Vermengung von Genotyp (mutiertes Gen) und Phänotyp (Krankheit) darstellt. Hinter dieser Redeweise steckt noch die Anschauung der Vererbung von Eigenschaften. Dasselbe gilt für bewertende Zuschreibungen an die Gene als „gut“ und „schlecht“, wie sie u. a. der Eugenik zugrunde liegen. Dies gilt ebenso für das häufig gebrauchte Wort „Gendefekt“. Mit welchem Recht kann etwa ein Gen als „krank“, „defekt“ oder „schlecht“ bezeichnet werden, wenn es zwar homozygot eine schwere Krankheit verursacht, seinem Träger im heterozygoten Zustand aber einen Überlebensvorteil verschafft? Dies trifft z. B. bei Sichelzellenanämie in Malariagebieten zu. Die Begriffe von Gesundheit und Krankheit und entsprechende Eigenschaften sind schlicht nicht auf Gene anzuwenden (⇨ erben, ⇨ Eugenik, ⇨ Gesundheit).
Gene sind auch nicht dominant oder rezessiv, wie es leider in vielen Lehrbüchern steht. Diese Eigenschaften haben eine streng begrenzte Bedeutung. Sie sind ausschließlich auf Merkmale, und zwar auf deren Auftreten in Mendelschen Erbgängen zu beziehen (⇨ dominant).

3.4 Metapher „genetische Information"

In Alltagsvorstellungen wird genetische Information umgangssprachlich verstanden und mit Merkmal gleichgesetzt (s. 2.2). Gene haben nicht die Eigenschaften des Organismus, die sie mitbestimmen. Ein Gen, das blaue Augen bewirkt, ist selbst nicht blau. Gene sind charakterlos (⇨ informieren).

Die Aussage, dass ein Gen „Information" über ein Merkmal enthalte, kann für Lernende die für sie naheliegende Gleichsetzung von Gen und Merkmal bestätigen. Die Informationssprache stützt so die lebensweltliche Vorstellung von Genen als Eigenschaftsträgern, nach der die Merkmale (miniaturisiert) in den Genen enthalten sind. Durch die Informationssprache wird diese materielle Vorstellung durch eine informationelle ersetzt, aber nicht korrigiert. Anstelle von Merkmalen (aber gleichbedeutend mit ihnen) werden in dieser Vorstellung nun Informationen weitergegeben. Das übliche Reden von „genetischer Information" („Erbinformation") verstärkt demnach Alltagsvorstellungen und gaukelt ein wissenschaftlich angemessenes Verstehen nur vor. Das Gen enthält dann z. B. die Information für die Blütenfarbe rot. Merkmale werden so als „Information" in die Gene hineinverlegt. Die Blütenfarbe wird aber nicht vom Gen, sondern über einen Entwicklungsprozess ausgeprägt, in dem Enzyme die Herstellung roter Blütenfarbe katalysieren (⇨ Enzym, ⇨ dominant).

Die Informationssprache bezieht sich bei Proteinbiosynthese mit dem Wort „Code" auf die Basenfolge des codogenen Strangs der DNA, die die die Reihenfolge der Basen in der mRNA, und diese wiederum die Reihenfolge der Aminosäuren im Protein festlegt. Die Nucleotide werden daher als Buchstaben, Gene als Sätze betrachtet. Die chemische Grundlage gerät dabei leicht aus dem Blick. Die Basenpaarung bei der Transkription erfolgt aufgrund der *Struktur* der Basen (2 bzw. 3 Wasserstoffbrücken) und der beteiligten Enzyme. Nichts anderes ist mit „Code" gemeint, aber die Informationssprache suggeriert eine darüber hinausgehende Bedeutung. Und das verführt Lernende leicht dazu, mit dem Code nicht die chemische Struktur der DNA zu verbinden, sondern die genetisch bedingten Merkmale.

Die in der Informationssprache gezogene metaphorische Analogie von Sprache (Code, Buchstaben) und Struktur (Basenpaarung, Sequenz) sollte reflektiert werden, sodass die Informationssprache als Metapher verstanden werden kann, die das Nachvollziehen der rein chemischen Prozesse erleichtern soll. Bei Genen handelt es sich um Teile von Molekülen, also um chemische *Strukturen*. Wissenschaftlich kann daher nur von der Struktur der Gene, d. h. allein vom syntaktischen Aspekt von Information die Rede sein und nicht vom semantischen (⇨ informieren). Der genetische Code trägt also keine Bedeutung, sondern ist eine Metapher für die Entsprechung der Sequenzen. Die Metapher „Information" kann also immer durch die Wirkung von chemischen Strukturen ersetzt werden. Mit „Information" werden dagegen weder Strukturen noch die mit Strukturen der Moleküle verbundenen chemischen Reaktionen erklärt. Gene enthalten keine über die chemische Wirkung hinausgehende „Information". Die Informationssprache erklärt nichts. Information ist vielmehr nur eine Metapher für die Funktion, die die Gene aufgrund ihrer *Struktur* in der Zelle ausführen können. Man sollte daher anstelle der „Weitergabe genetischer Information" von der *„Vererbung genetischer Strukturen"* sprechen. Das Reden von „Information" ist als metaphorische Beschreibung zu verstehen: Für eine Erklärung muss anstelle der Informationssprache der physiologisch-biochemische Zusammenhang erfasst werden (⇨ erben, ⇨ informieren, ⇨ Metapher). [5] [6]

3.5 Metaphern für Gen

In der populärwissenschaftlichen Literatur werden Gene häufig mit einer „Blaupause" für den Aufbau des Organismus verglichen, entsprechend dem Bauplan, den ein Architekt auf dem Reißbrett konstruiert.
Eine solche Metapher setzt voraus, dass in den Genen eines Lebewesens sämtliche Informationen über die Merkmale in einer Punkt-zu-Punkt-Zuordnung vom „Plan" bis zum verwirklichten „Bau" enthalten sind. Dieses Bild ist aus fachlichen Gründen zu verwerfen. Den Verhältnissen angemessener ist die Metapher des Rezepts, die im Unterricht anschaulich vermittelt werden kann (↗ Rezeptmetapher). [1]

3.6 Integration der Gene in die Zelle

Gene als Teile des chemischen Systems der Zelle. Die komplexen Vorstellungen, die fachlich mit dem Wort „Gen" und seiner Umdeutung in der molekularen Genetik verknüpft sind, stellen eine große Herausforderung für die Lernenden dar.
Die Definition als reales Objekt (Gen als ein DNA-Abschnitt) wird durch die molekulargenetische Forschung zunehmend differenziert. Das „Gen" wird hier in vielen verschiedenen Formen und Funktionen erfasst. Je nachdem, welche Funktion betrachtet wird, gibt es vielerlei verschiedene Definitionen von Genen. Das „Gen" wird dadurch immer mehr zu einem durch die Forschungspraxis der Wissenschaftler geprägten Arbeitsbegriff.
Obwohl es in manchen Lehrbüchern so steht, können sich weder die Gene noch die DNA selbst verdoppeln. Die Replikation (oder Duplikation) ist vielmehr eine Leistung der gesamten Zelle. Die DNA kann ihre Matrizenfunktion nur in diesem chemischen System ausüben (das man im Reagenzglas teilweise nachbauen kann). Daher sind die Vorstellungen zum Begriff „Enzym" für das Verständnis genetischer Prozesse und Gentechnik besonders wichtig (↗ Enzym).
Gene werden in ihrer Aktivität von der Zelle kontrolliert, in der Zelle verdoppelt und bei Zellteilungen an die Tochterzellen weitergegeben. Gene sind durch ihre *Genprodukte* (RNA, Proteine) nur indirekt an der Entwicklung des neuen Organismus beteiligt, insbesondere an der Ausprägung der Merkmale. Die Wege vom Genotyp zum Phänotyp sind komplex (↗ Zelltheorie, Abb. 3).
Mit der Re-Integration der Gene in die Zelle ist auch die soziobiologische Auffassung von den Genen als „egoistischen", den Organismus bestimmenden Einheiten hinfällig. Angesichts der komplexen Organisation von Verhaltensweisen kann vielmehr angenommen werden, dass das *systemische Zusammenspiel* die entscheidende Rolle für den Evolutionserfolg von so genannten Verhaltensprogrammen spielt. Mit der molekularen Forschung muss von der Vorstellung vom Gen als einer „autonomen Einheit" Abschied genommen werden. Die Dynamik und Interaktion der Gene, aber vor allem ihre Vernetzung mit anderen Teilen des chemischen Systems der Zelle zwingen dazu, die Gene nicht länger als unabhängige autonome Dirigenten oder gar schicksalhafte Agenten zu denken. Somit ist auf die genetischen Prozesse und die Gene selbst eine systemische Sicht anzuwenden (s. Abb, 3, ↗ chemisches System der Zelle, ⇨ System). [4] [8]

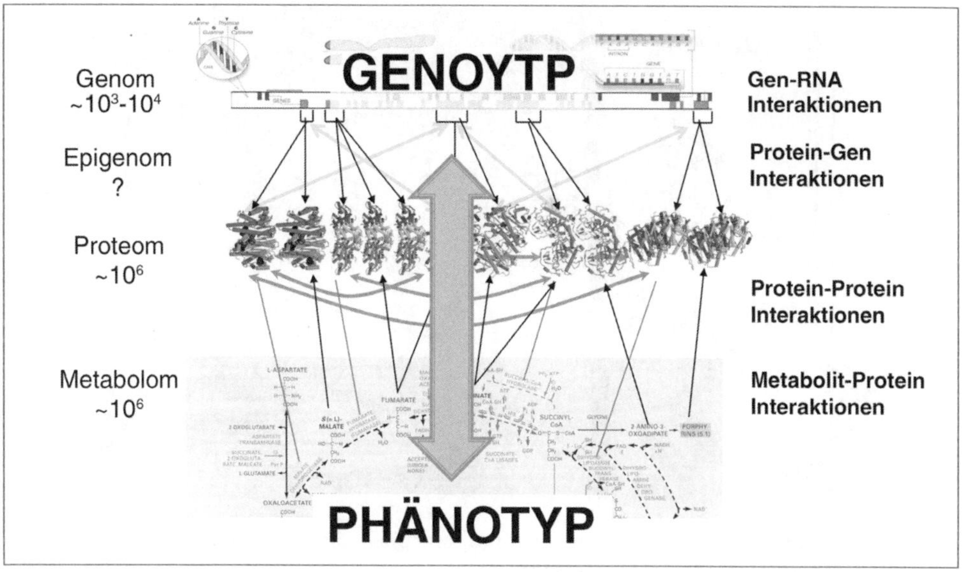

Abb. 3: Interaktionen zwischen Genen, Proteinen und Stoffwechselprodukten (Metaboliten) auf dem Weg vom Genotyp zum Phänotyp (aus einem Vortrag von Wolfram Weckwerth, Wien, 2014, freundlich überlassen vom Autor)

Konstanz der Gene. In der Regel sind Gene tatsächlich etwa so konstant, wie es in Alltagsvorstellungen angenommen wird. Auch in der Fachwissenschaft wurden sie ursprünglich für konstant gehalten und diese Vorstellung wird durch die Erbgangdiagramme der Klassischen Genetik noch verstärkt. Mutationen wurden dabei ausgeklammert und in der Folge kaum als Charakteristik von Genen beachtet. Man müsste mindestens von einer nur *relativen Konstanz* der Gene sprechen (↷ mutieren).

Die Alltagsvorstellung von der Konstanz der Gene wird durch die moderne Genetik weiter relativiert: Im dynamischen System des Genoms verändern Gene ihre Stellung und ihre Funktion. Besonders zu beachten ist die *Genregulation* bis hin zum Stilllegen von Genen, das häufig mit der Methylierung der entsprechenden DNA-Abschnitte oder mit Wirkungen bestimmter RNA-Moleküle verbunden ist (epigenetische Prozesse). Die Gene spielen demgemäß nicht die Sonderrolle, die man ihnen als autonome Einheiten zugeschrieben hatte.

3.7 Allmacht der Gene

Wenn man Gene als autonome und bestimmende Teile versteht, die selbst „Bedeutung“ (Information im semantischen Sinne) in sich tragen, wird ihnen leicht jene heilsbringende oder unheilsschwangere Macht zugeschrieben, die u.a. mit den Hoffnungen und Ängsten gegenüber der Gentechnik und dem Klonen verbunden ist. Wenn der Glaube an die Macht der Gene unser Handeln bestimmt, so werden die Gene am Ende tatsächlich die Macht haben, die wir ihnen zuschreiben. An die Stelle des Gen-Glaubens sollte eine überlegte und nüchterne Betrachtung der Gene treten, die sie zwar als zum Leben notwendige, aber allein nicht hinreichende Komponenten ansieht (Abb. 4, ↷ genetische Technik).

„Kollegen, ich habe das Gen entdeckt, dass uns glauben macht, alle Dinge seien durch Gene determiniert!"

Abb. 4: Genetischer Nachweis des Gen-Glaubens

[1] Dawkins, R. (1990). Der blinde Uhrmacher. München. – [2] Gaitano Franke, Franz-Josef Scharfenberg, and Franz X. Bogner, "Investigation of Students' Alternative Conceptions of Terms and Processes of Gene Technology," ISRN Education, vol. 2013, Article ID 741807, 13 pages, 2013. doi:10.1155/2013/741807 Copyright © 2013 Gaitano Franke et al. This is an open access article distributed under the Creative Commons Attribution License. – [3] Frerichs, Vera: Schülervorstellungen und wissenschaftliche Vorstellungen zu den Strukturen und Prozessen der Vererbung. Ein Beitrag zur didaktischen Rekonstruktion. Oldenburg: Didaktisches Zentrum, Carl-von-Ossietzky-Universität 1999. Abdruck mit freundlicher Genehmigung des BIS-Verlags der Carl von Ossietzky Universität Oldenburg. – [4] Kattmann, U. (1995). Gene und Genetik. Unterricht Biologie (209). – [5] Knippels, M.C.P.J. (2002). Coping with the abstract and complex nature of genetics in biology education. Utrecht. – [6] Lewis, J. & Kattmann, U. (2004). Traits, genes, particles and information: Re-visiting students' understandings of genetics. International Journal of Science Education. – [7] Schwanewedel, Julia (2010). Biologie verstehen: Gesundheit und Krankheit im Kontext von Genetik und Gesellschaft. Beiträge zur didaktischen Rekonstruktion 30. Oldenburg. Abdruck mit freundlicher Genehmigung des BIS-Verlags der Carl von Ossietzky Universität Oldenburg. – [8] Shapiro, J.A. (2009). Revisiting the central dogma in the 21st century. New York Academy of Sciences. – [9] Thörne, K., Gericke, N.M. & Hagberg, M. (2013). Linguistic challenges in Mendelian genetics: teachers' talk in action. Science Education (5). – [10] Venville, G., Gribble, S.J. & Donovan, J. (2005). An exploration of young children's unterstanding of genetic concepts from ontological and epistemological perspectives. Wiley InterScience.

↗ genetische Technik

Geschlecht

Wegweiser

Zwischen den Geschlechtern gibt es gleitende Übergänge und Gemeinsamkeiten. Aus der Zugehörigkeit zu einem Geschlecht lassen sich keine Normen oder gesellschaftliche Rollen ableiten.

1 Vom Wort zum Begriff

Das Hauptwort „Geschlecht" ist vom Verb „schlagen" abgeleitet. Wörtlich heißt „Geschlecht" daher „das, was in dieselbe Richtung schlägt", wobei „schlagen" im Sinne von „eine bestimmte Eigenschaften haben" steht. Diese Bedeutung findet sich beispielsweise in Wendungen wie „er schlägt nach seinem Vater" oder „er schlägt aus der Art". Bestimmte, vom jeweiligen Rassentyp leicht abweichende Haustiere bezeichnet man in diesem Sinne auch als „Schlag". Ursprünglich wird „Geschlecht" auf vornehme Herkunft angewendet: „Geschlecht der Stauffer" oder auf die gesamte Menschheit: „Menschengeschlecht".
Das Wort wurde sehr bald auf Männer bzw. Frauen als männliches bzw. weibliches Geschlecht übertragen und in der Biologie entsprechend auf Tiere sowie später auch auf Pflanzen. Aus dieser Bedeutung entspringen dann zusammengesetzte Wörter wie „Geschlechtsorgane", „Geschlechtstrieb", „Geschlechtsverkehr", „Geschlechterrollen" und das Adjektiv „geschlechtlich".
Die Tatsache, dass es in diesem Sinne nur zwei Geschlechter gibt und nicht mehrere, ist *biologisch* begründet. Mit dieser Dichotomie sind jedoch einige Missverständnisse und Fehldeutungen verbunden. Zunächst bedeuten diese Zweiteilung und die damit verbundene Polarität der Geschlechter nicht, dass beide klar voneinander geschieden seien und es keine Übergänge gäbe. Das Gegenteil ist der Fall: Unterschiede und Übergänge zwischen den Geschlechtern gibt es bei allen Merkmalen. Im Gegensatz zur biologischen Tatsache der Geschlechterdifferenzierung sind Geschlechtstypen vereinfachende soziale Konstrukte.
Im Bemühen, die Typisierung der Geschlechter zu überwinden sowie Intersexuellen und Transsexuellen menschlich und gesellschaftlich gerecht zu werden, ist die dichotome Unterscheidung der Geschlechter im sozialpolitischen Begriff *Gender* aufgehoben (im doppelten Sinn des Worts).

2 Alltagsvorstellungen

Die Geschlechter sind in Alltagsvorstellungen zwei gegensätzliche Typen. Das Geschlecht wird an den äußeren primären und sekundären Geschlechtsmerkmalen festgemacht. Von dort aus wird auf typische Merkmale geschlossen. Den beiden Typen werden verschiedene Gene und genetisch bedingte Merkmale zugeordnet. Übergänge zwischen den Geschlechtern und Überschneidungsbereiche sowie Vielfalt der Merkmale werden kaum wahrgenommen. Das entspricht dem in Alltagsvorstellungen gängigen Prinzip dichotomer Bewertung. (s. 3.2, ⇨ verschieden, ⇨ typisch, ↗ anthropomorph).

3 Für Unterricht: Anschauung und Vertiefung

3.1 Potenziale der Alltagsvorstellungen

Alltagsvorstellung	Chancen für fachliches Lernen	Hindernis für fachliches Lernen
Die Geschlechter sind genetisch und wesensmäßig verschieden.	*Perspektivenwechsel:* Ausprägung geschlechtstypischer Merkmale (3.2), Polarität der Geschlechter (3.3) *Kontrast:* Übergänge und statistische Verteilung der Merkmale (3.4, ⇨ verschieden, ↗ vielfältig)	typologisches Denken
Frauen und Männer unterscheiden sich aufgrund verschiedener Evolution.	*Perspektivenwechsel:* genetische Rekombination zwischen den Geschlechtern	

Tabelle 1: Alltagsvorstellungen zu Geschlecht geben Hinweise zum fachlichen Lernen.

3.2 Geschlechtsbestimmung und Geschlechtsausprägung

Es ist zu betonen, dass (wie alle Merkmale) nicht die Geschlechter „vererbt" werden, sondern Gene, hier: geschlechtsbestimmende Gene. Bei manchen Tiergruppen wird das Geschlecht indes nicht von Genen bestimmt, sondern durch Umweltfaktoren, bei Reptilien z. B. durch die auf die Eier wirkende Umgebungstemperatur. Der Unterschied zwischen genetischer und umweltbedingter Geschlechtsbestimmung besteht lediglich darin, wodurch die Kaskade der Prozesse, die zur Ausprägung des Geschlechts führen, ausgelöst wird, durch Gene oder durch Umweltfaktoren. Die Ausprägung des Geschlechts ist ein mehrstufiger und mehrdimensionaler Entwicklungsprozess, der beim Menschen biologische, psychische und soziale Aspekte betrifft. [5]

Bei *Intersexualität* liegt die Ausprägung der Geschlechtsmerkmale zwischen den Geschlechtern oder ist uneindeutig. Bei *Transsexualität* fallen das durch die Ausprägung der äußeren Geschlechtsorgane festgelegte Geschlecht (morphologisches Geschlecht) und das Gefühl der Geschlechtszugehörigkeit (psychisches Geschlecht) auseinander. Die Person fühlt sich im Körper des falschen Geschlechts gefangen und wünscht sich eine Geschlechtsumwandlung. Diese kann auf der Basis eines befürwortenden psychologischen Gutachtens durch Hormonbehandlungen und meist mehrfache plastische Operationen vollzogen werden, bei denen die peripheren Geschlechtsmerkmale (Scheide bzw. Penis) modelliert werden. Von Transsexualität ist die von ihr unabhängige sexuelle Orientierung zu unterscheiden (↗ sexuell).

In manchen biologisch orientieren Darstellungen werden die Geschlechter so gegeneinander gestellt und Unterschiede aus der Evolution hergeleitet, als handele es sich bei ihnen um zwei verschiedene miteinander konkurrierende Arten. Entsprechend wird dann unbedacht von geschlechts*spezifischen* Eigenschaften und Verhalten gesprochen, wo allenfalls geschlechts*typisch* stehen müsste. *Geschlechtstypische Eigenschaften* werden in dieser Sicht häufig

ohne weiteres auf Selektionsbedingungen während der Evolution des Menschen zurückgeführt, so z. B. Fähigkeiten zur Kooperation und Raumorientierung auf die von Männern ausgeübte Jagd. Dabei wird übersehen, dass Frauen und Männer zur selben Art gehören und die Kombination ihrer Gene bei der sexuellen Fortpflanzung somit zwingend gegeben ist (⇨ sexuell).
Unterschiede zwischen Frauen und Männern können daher durch Selektion nur dann herausgebildet werden, wenn die für das eine Geschlecht vorteilhafte Eigenschaft für das andere nachteilig wäre. Selbst wenn also die Männer der Jagd Kooperationsbereitschaft und Orientierungsvermögen verdanken sollten, gäbe es keinen Grund anzunehmen, dass die Fähigkeiten für Frauen nachteilig sein sollten. Die genetische Neukombination müsste dann bewirken, dass diese Eigenschaften gleichermaßen bei Frauen anzutreffen sind.

3.3 Geschlechtsunterschiede und Geschlechterrollen

Abgesehen vom geschlechtsbestimmenden Gen sind Geschlechtsunterschiede nicht als dichotome Gegensätze zu erfassen, sondern nur als Differenzen in den *Mittelwerten*. Mittelwerte sagen über das Individuum nichts aus. Die geschlechtstypische Ausprägung der sowohl bei Männern wie bei Frauen auftretenden Merkmale betrifft lediglich die Häufigkeitsverteilung dieser Merkmale in beiden Geschlechtern (⇨ verschieden). [1] [3]
Im alltäglichen Verständnis ist ein Mensch entweder ein Mann *oder* eine Frau. Tatsächlich sind Menschen in ihren Eigenschaften stets teilweise „Mann *und* Frau". Jedes Geschlecht hat gewissermaßen am anderen teil: Männer und Frauen besitzen z. B. sowohl „männliche" wie „weibliche" Hormone; Eigenschaften und Verhaltensweisen sind bei Frauen teilweise „manntypisch" bzw. bei Männern „frautypisch" ausgeprägt.
Da sich die Variationsbereiche überschneiden, kann vom Geschlecht her bei dem einzelnen Mann oder der einzelnen Frau nicht auf Unterschiede geschlossen werden, die auf den Durchschnitt der Männer und den Durchschnitt der Frauen zutreffen. Es ist also sachlich nicht zu rechtfertigen, aus den Durchschnitten für Individuen „natürliche" oder „biologisch bedingte" *Rollenvorschriften* für Geschlechter oder Zurücksetzung eines Geschlechts ableiten zu wollen. Die gesellschaftlich ungleiche Stellung von Geschlechtern wird als Sexismus bezeichnet. Ähnlich wie bei der Benachteiligung von Angehörigen fremder Bevölkerungsgruppen werden biologisch bestimmte Merkmale zu Wesensmerkmalen einer Gruppe deklariert und mit unterschiedlichen Bewertungen belegt. Der sozialen Gleichberechtigung und der von Rollenvorschriften unabhängigen Selbstbestimmung der Menschen sollten also biologische Argumente nicht entgegengesetzt werden (⇨ verschieden, ⇨ Rassismus).
Man sollte über die biologisch bestimmte Sichtweise hinausgehen und das Selbstverständnis eines Menschen unabhängig von der Typisierung in zwei Geschlechter formulieren. Im sozialpolitischen Konzept *Gender* wird die typologische Dichotomie männlich–weiblich zugunsten vielfältiger Geschlechtsausprägungen aufgehoben. Das bedeutet nicht, dass Männer und Frauen sich nicht als solche verstehen sollen, schafft jedoch Raum für das Verständnis der persönlichen Identität von intersexuellen und transsexuellen Menschen. Diese Sichtweise ist im Biologieunterricht sexualpädagogisch bedeutsam (s. 3.4).

3.4 Heterogenität der Geschlechter im Unterricht

Die biologischen Gemeinsamkeiten zwischen den Geschlechtern sind beim Menschen größer als typologische Argumente vermuten lassen.
Die Geschlechter besitzen (mit Ausnahme des geschlechtsbestimmenden Gens) denselben Satz von Genen. Selbst die Geschlechtsorgane entstehen während der Embryonalentwicklung aus einander entsprechenden (homologen) Teilen: Der Hodensack entspricht den großen Schamlippen, die Klitoris dem Penis. Die Klitoris wird von denselben Nerven versorgt und ist entsprechend reizempfindlich wie die Eichel des Penis: ein Resultat der gemeinsamen Evolution und des gleichen genetischen Systems von Männern und Frauen. [4]
Im Unterricht ist die gegenseitige Teilhabe der Geschlechter besonders zu beachten. Die Geschlechter sind aufeinander bezogene Formen des Menschen. Die individuelle Ausprägung ist dabei unterschiedlich. Wenn Unterschiede (Heterogenität) ernst genommen werden, gibt es keine Trennung nach Geschlechtern, sondern nur den Blick auf das *Individuum*. In einem bestimmten Ausmaß gilt: In jedem Mann steckt auch eine Frau und in jeder Frau auch ein Mann (⇨ verschieden).
Unterschiede sind nicht nebensächlich. Beispielsweise sollte Intersexualität im *Unterricht* nicht stillschweigend übergangen, sondern angemessen zur Sprache gebracht werden (⇨ Intersexualität). [5]

[1] Bischof, N. & Preuschoft, H. (Hrsg.). (2008). Geschlechtsunterschiede, Entstehung und Entwicklung. Mann und Frau in biologischer Sicht. München. – [2] Biologos (1991). Homologe Lust. Mitteilungen des Verbandes Deutscher Biologen (391). – [3] Bischof-Köhler, D. (2006). Von Natur aus anders. Die Psychologie der Geschlechtsunterschiede. Stuttgart.. – [4] Gould, S. J. (1991). Male nipples and clitoral ripples. In Bully for Brontosaurus. London. – [5] Rosen, U. (2009). Vom Umgang mit der Intersexualität. Unterricht Biologie (342).

⇨ Gesetz/Regel

⇨ Gesundheit

⇨ Größe

⇨ Haut

⇨ Hautfarbe

⇨ Herz

Höherentwicklung

Wegweiser

Die heutigen Lebewesen sind gleich hoch entwickelt. Hoch und niedrig sind subjektive Werturteile.

1 Vom Wort zum Begriff

Der Verlauf der Evolution wird häufig als Weg vom Einfachen zum Komplexen, als Fortschritt vom „Niedrigen" zum „Höheren" gedacht. „Höher" und „niedriger" sind jedoch keine Kategorien, um die Vielfalt der Lebewesen angemessen zu beschreiben. Ein wechselwarmer Frosch lebt nicht schlechter als ein gleichwarmer Vogel, sondern anders; ein Schimpanse steht nicht unter dem Menschen, sondern als biologische Art neben ihm.
Einlinige, gleichsam aufsteigende Stammeslinien sind Täuschungen, die in der (zurückschauenden) Rekonstruktion durch Vernachlässigung der tatsächlich erfolgten Verzweigungen entstehen. An die Stelle der angeblichen Höherentwicklung ist die Vielfalt der Lebensformen und Lebensweisen zu setzen.

2 Alltagsvorstellungen

2.1 Aufstieg und Fortschritt

Wenn Jugendliche aufgefordert werden, ihre Vorstellungen zur Evolution zu äußern, dann denken sie (obwohl sie allgemein gefragt werden) zuallererst an den Menschen und seinen Aufstieg aus den Niederungen der Tiere. In einer Interviewstudie wurden sie aufgefordert, Menschenaffen und Mensch stammesgeschichtlich in Beziehung zu setzen, indem sie Bilder von Mensch und Menschenaffen anordnen. Stets stellten die Befragten den Menschen „über" die Menschenaffen (⇨ Affenabstammung).
Dieser Befund entspricht dem in Alltagsvorstellungen virulenten anthropomorphen Prinzip der Tendenz (↻ anthropomorph). Er lässt sich auf der Grundlage zweier mentaler Schemata interpretieren. Lernende greifen mit ihnen auf Alltagsvorstellungen zurück, die in frühkindlichen Erfahrungen gründen (erfahrungsbasiertes Verstehen):

- *Oben-Unten-Schema.* Der Mensch wird in einer übergeordneten Position gesehen. Lernende jeden Alters benutzen – unabhängig vom bisherigen Unterricht – Gegensatzpaare wie „oben" und „unten", mit denen sie die Beziehung zwischen Menschenaffen und Menschen durch „Aufrichtung" buchstäblich als „Höherentwicklung" erklären (Zitat Nils). Metaphorische Anschauungen dieser Art sind nicht willkürlich, sondern gründen in unserer physischen Erfahrung und sind mit Wertungen verbunden: Wertvoller ist „oben"; minderwertig ist „unten"; besser ist „höher", schlechter ist „niedriger".
- *Start-Weg-Ziel-Schema.* Aus Interviews wird deutlich, dass Evolution das Ziel der Menschwerdung hat. Die Vorfahren *versuchen* sich weiterzuentwickeln (Zitat Franziska). Das Schema von der geradlinig auf ein Ziel zusteuernden Entwicklung wird durch Abbildungen in zahlreichen Lehrbüchern bestätigt, in denen die Entwicklung „vom Affen zum Menschen" in einer Reihe von sich aufrichtenden Primaten dargestellt wird.

Empor zum Menschen
„Zuerst war der Mensch ein bisschen gebeugt und lief ein bisschen auf den Beinen und dann wurde er immer höher, immer höher … lief immer noch ein bisschen geduckt und irgendwann ging er dann ganz aufrecht, so wie wir heute."

Nils, 18 Jahre

„… also, früher waren halt Affen da und es gab, denk ich mal, verschiedene Arten … die sind halt gewandert und durch Eiszeiten oder so mussten sie wandern und haben sich dadurch immer weiterentwickelt oder es versucht, und sie haben irgendwann immer mehr, denke ich mal, versucht, sich Werkzeuge zu bauen und dadurch ist dann irgendwann der Mensch entstanden."

Franziska, 17 Jahre [3]

Die beiden Schemata „Oben-Unten" sowie „Ziel" können miteinander verbunden und als „Treppen-Schema" darstellt werden (⇨ Affenabstammung). [3] [7]
Die vorherrschende Vorstellung von Höherentwicklung widerspricht jedoch einem angemessenen Verständnis der Evolution. In der Evolution werden nicht Herrschaft oder Hierarchie begründet, sondern vielfältige Lebensmöglichkeiten verwirklicht (⇨ Evolution).

2.2 Geschichtliches: Die Stufenleiter der Wesen

In der Antike bis in die frühe Neuzeit herrschte bei der Einteilung der Naturdinge eine feststehende „Stufenleiter der Wesen", die Aristoteles (384–322 v. Chr.) als „scala naturae" beschrieben hatte. Die Lebewesen wurden nach der Ähnlichkeit zum Menschen niedriger und höher angeordnet, an der Spitze der Mensch, aber über ihm zunächst noch die Geister, Engel und Götter (Psalm 8 „Was ist der Mensch …?). Nach Beseitigung von Göttern und Engeln steht der Mensch heute (endlich) an der Spitze der immer noch in gleicher Weise gedachten Stufenleiter.
Nach *Jean-Baptiste de Lamarck* (1744–1829) sind die Lebewesen nacheinander entstanden, haben also eine verschieden lange Entwicklungsdauer hinter sich. Die zuletzt entstandenen sind die am wenigsten weit, die am längsten existierenden die am höchsten entwickelten. Fische sind nach *Lamarck* eine jüngere Gruppe als Vögel und Säugetiere. *Lamarck* deutete so die vorher statische Stufenleiter im Sinne der Höherentwicklung dynamisch um.
Charles Darwin (1809–1882) hielt gar nichts von der aristotelischen Stufenleiter und der mit ihr einhergehenden Bewertung von Lebewesen als „ höhere" und „niedrigere". Er hielt diese Benennung für voreingenommen und subjektiv, je nach dazu ausgewählten Eigenschaften (Kasten).

Alle Tiere sind gleich hoch entwickelt
„Es ist absurd, davon zu reden, dass ein Tier höher stehe als ein anderes. Wir Menschen betrachten diejenigen mit den am besten entwickelten geistigen Fähigkeiten als die höchsten. Eine Honigbiene würde zweifellos die Instinkte als Kriterien heranziehen."

Charles Darwin, Notebook on Transmutation, 1837

In einem seiner Notizbücher schrieb *Darwin* deshalb eine Mahnung an sich: „Sag niemals höher oder tiefer!“ Er hat sich in seinen Büchern nicht an seine eigene Vorschrift gehalten, möglicherweise, weil er an den Anschauungen seiner Leser nicht vorbeigehen wollte (oder konnte). *Darwin* hat jedoch die – auch von ihm so bezeichneten – „niederen Tiere“ stets gekonnt mit den „höheren“ verbunden, indem er zeigte, dass die Eigenschaften der „niederen“ evolutionäre Voraussetzungen der Eigenschaften der „höheren“ sind. Und er mahnte seine Leser, sie möchten selbst bei ihren höchsten Fähigkeiten bedenken, dass sie von „niederen“ Tieren abstammen.

Darwin betonte darüber hinaus, dass Evolution nicht unbedingt zu „höheren“ und „komplexeren“ Formen führe, also nicht zwangsläufig mit Fortschritt verbunden sei, obgleich es so aussehe, als ob sie dahin tendiere.

Bis heute sind die Redeweisen von „höheren“ und „niederen“ Pflanzen sowie „niederen Tieren“ sowie die Anschauungen von evolutionärem Fortschritt in der Biologie erhalten geblieben. [5] [6]

3 Für Unterricht: Anschauung und Vertiefung

3.1 Potenziale der Alltagsvorstellungen

Alltagsvorstellungen	**Chancen für fachliches Lernen**	**Hindernisse für fachliches Lernen**
von klein zu groß; von einfach zu kompliziert	*Brücke:* eigene Individualentwicklung (3.2)	wertende Deutung
evolutionärer Aufstieg	*Kontrast*: keine Linie, sondern Verzweigungen: „Rosstäuschung“ und „Buntbarschprinzip“ (3.3) scheinbare Tendenz (3.4) *Anknüpfung:* Entfaltung des Lebens auf der Erde; Differenzierung des Gesamtsystems, nicht Höherentwicklung einzelner Stammeslinien (⇨ Bioplanet).	zielgerichtete (teleologische) Vorstellung
Stufenleiter der Wesen	*Kontrast*: nicht höher und niedriger, sondern anders (3.5, ⇨ Affenabstammung)	Wertung „höher“ – „niedriger“

Tabelle 1: Alltagsvorstellungen zur Höherentwicklung geben Hinweise für fachliches Lernen.

3.2 Von klein zu groß: Evolution der Pflanzen

Das Verhältnis von „klein – groß“ wird wie das von „einfach – kompliziert“ oft wertend gedeutet. Die Verhältnisse können jedoch unter Umständen ein Zugang zur Evolution sein, wie die Vorstellungen der Lernenden zur Evolution der Pflanzen zeigen. Die Zeichnung und ihre Erläuterungen wurden vor dem Unterricht über Pflanzen am Anfang der Klassenstufe 5 erhoben. Die Frage lautete: Wie stellst du dir vor, dass Pflanzen auf der Erde entstanden sind? (Kasten).
Die Evolution der Pflanzen wird offensichtlich in Analogie zur eigenen Entwicklung verstanden. Die Erfahrung des eigenen Wachstums wird auf die Vorstellungen zur Evolution übertragen. Dabei spielt auch eine Rolle, dass Wachstum und Blühen als deutlichste Anzeichen dafür angesehen werden, dass Pflanzen leben (⇨ Pflanze). Bei Pflanzen handelt es sich um eine Höherentwicklung im wörtlichen Sinn (größer Werden), ohne dass damit die Kleinen und Einfachen abgewertet werden müssten (s. 3.5).

Evolution der Pflanzen

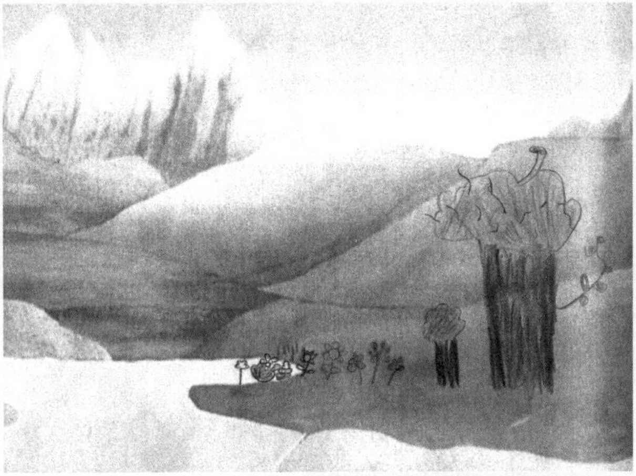

Zeichnung zur Evolution der Pflanzen

Erläuterung zur Zeichnung
„Als die Pflanzen aufs Land gegangen sind, haben sie sich verändert, weil man sich halt im Laufe der Zeit verändert. Man wird größer und stärker. …
Ich habe die Entwicklung so vom Wasser aufs Land gemalt, dass die Blumen oder dass die Pflanzen aus dem Wasser gekommen sind. … Sie kamen dann langsam heraus mit einer Blüte. Dann war auf dem Land das erste Gras. Dann kam eine einfache kleine Blume, dann schon eine etwas dickere Blume mit Farbe. Danach kam noch mehr Farbe und dann kamen die ganz Großen, also die, die wir jetzt auch haben. Dann kam ein kleiner Baum und danach ein ausgewachsener Baum. Die einzelnen Schritte nacheinander von Pflanzen im Wasser bis zu dem riesengroßen dicken Baum waren möglich, weil die sich fortgepflanzt haben.“

Hans, 5. Klasse [1]

3.3 Stammeslinien, Tendenzen und Höherentwicklung

Die Alltagsvorstellung von der Höherentwicklung kann (unbeabsichtigt) durch Darstellung von Stammbäumen des Menschen bestätigt werden. Mit ihnen wird das Oben-unten-Schema angesprochen, insbesondere, wenn die heute lebenden Arten nicht oben auf einer Linie, sondern auf verschiedenen Höhen im Stammbaum platziert werden (⇨ Affenabstammung). Zu verbreiteten Vorannahmen bei der Evolution zählt, dass man glaubt, bestimmte Entwicklungstendenzen annehmen zu können. Die Evolution von Pferd und Mensch sind solche Fälle, bei denen in der Evolutionsbiologie zunächst eine direkte Entwicklung mit der „Tendenz" zur „Höherentwicklung" zu einer optimalen Form angenommen wurde. Das so gewonnene Bild hat sich als ergänzungs- bzw. korrekturbedürftig herausgestellt. Sowohl zum Pferd wie zum Menschen führt jeweils keine gerade, unverzweigte Stammeslinie. Vielmehr sind die Gruppen fossil mit einer Vielfalt von Arten vertreten, die zeitgleich nebeneinander gelebt haben. Naturwissenschaftlich kann weder höhere Komplexität und entgegen den Alltagsvorstellungen auch nicht der Mensch als Ziel der Evolution angesehen werden. Die Funde von fossilen Verwandten des Menschen sind inzwischen zahlreich, wenn auch weiterhin lückenhaft. Der Schössling, der einsam zum Menschen führen sollte, wird so zum dichten Busch mit vielen abgestorbenen Zweigen (⇨ abstammen). Die Überlebenden müssen nicht unbedingt besser angepasst gewesen sein als die ausgestorbenen; eine Katastrophe macht z. B. keine Unterschiede: Sie selektiert nicht.

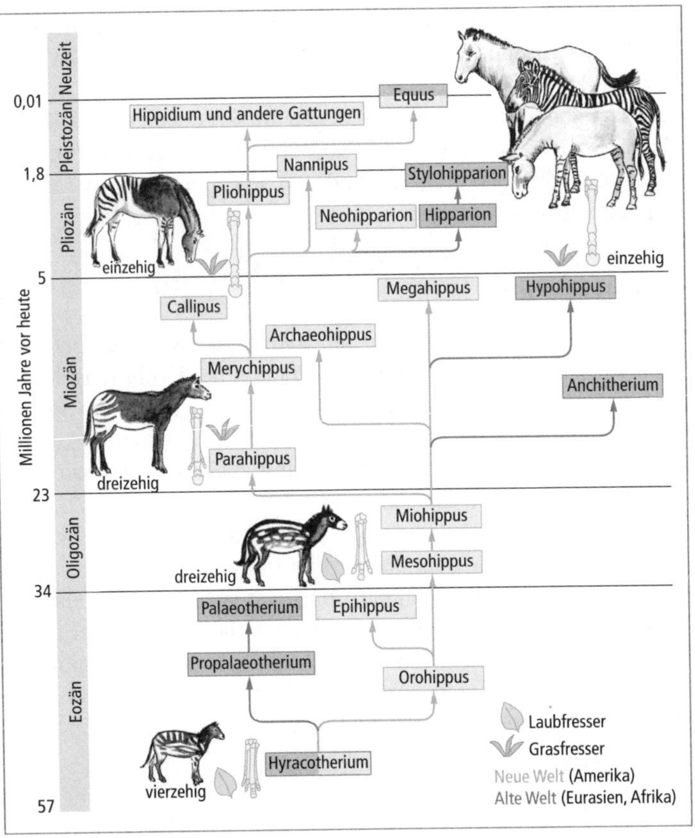

Abb. 1: Der Stammbaum der Pferdeartigen: ausgehend von Hyracotherium (Eohippus) gibt es zahlreiche verzweigte Stammeslinien, von denen nur eine Gattung (Equus) übrig geblieben ist. [8]

Die *Folgen* von Katastrophen können hingegen die Umweltbedingungen drastisch verändern und so zu neuen Selektionsbedingungen führen (z.B. verändertes Klima, Fehlen zuvor konkurrierender Arten).

Der Eindruck einer zielgerichteten Entwicklung entsteht, wenn man die Stammesgeschichte von Homo sapiens oder Equus zurückverfolgt (rekonstruiert). Durch die allein übrig gebliebene Gattung bzw. Art entsteht zwangsläufig eine einzige gerade Abstammungslinie, die eine gerichtete Evolution vortäuscht. Die „Höherentwicklung" ist so das Ergebnis einer „Rosstäuschung" der einzig überlebenden Gattung.

In der Geschichte der Stammeslinien gibt es dagegen Aufspaltung in alle möglichen Richtungen (Radiation), d.h. ungerichtete Weggabelungen. Evolution besteht nicht in einer einlinigen Vorwärtsbewegung, sondern in Verzweigungen, wie u.a. die Analyse der zahlreichen Funde der Pferdeartigen zeigt. (Abb. 1).

Dass Überleben einer Gattung oder Art bedeutet nicht, dass sie in jedem Fall besser angepasst war als die ausgestorbenen Arten. Zugleich mit dem Einwandern des Menschen nach Amerika vor ungefähr 15 000 Jahren v. Chr. wurden alle Pferdeartigen in Amerika (einschließlich die Vertreter der Gattung Equus) ausgerottet. Mehr als 500 000 Jahre vorher waren jedoch Vertreter der Gattung Equus nach Eurasien ausgewandert, wo ihre Nachfahren in gemeinsamer Evolution mit dem Menschen überlebten. Die Spanier brachten nach der neuzeitlichen Entdeckung Amerikas Pferde wieder nach Amerika.

Wenn man schon in den Kategorien „höher" und „niedriger" denken möchte, dann zeugt der Umstand, dass nur eine Gattung von zahlreichen früheren übrig geblieben ist, eher vom Niedergang der zuvor mit vielen Arten und Gattungen erfolgreichen Gruppe als von einer zielgerichteten Höherentwicklung.

Die zahlreichen Funde menschenähnlicher Fossilien belegen die Verzweigungen in der Stammesgeschichte des Menschen. Haben viele Arten und Gattungen überlebt (wie bei Wiederkäuern, u.a. Hirsche, Antilopen, Rinder), so sind die Ergebnisse der stammesgeschichtlichen Verzweigungen noch heute sichtbar.

3.4 Scheinbar in Richtung auf Fortschritt

Wie kommt es zu dem Augenschein, dass überall in der Evolution „Komplexität" und „Organisationshöhe" zuzunehmen scheinen? Das Phänomen erläutert der Evolutionsbiologe *Stephen Jay Gould* mit dem Modell vom „Weg des Betrunkenen" (Kasten). „In einem System geradliniger Bewegungen, die aus Gründen der Struktur auf einer Seite eingeschränkt sind, führt zufällige Bewegung ohne jede Bevorzugung einer Richtung zwangsläufig dazu, dass sich die durchschnittliche Position von dem Ausgangspunkt an der Wand entfernt." [2] [5]

Bei Zu- und Abnahme von Komplexität gibt es in der Evolution ebenfalls eine „linke Wand": Da eine Mindestgröße und ein Mindestmaß an Komplexität (worin immer sie auch bestehen mag) von Lebewesen nicht unterschritten werden können, ohne dass sie die Lebensfähigkeit verlieren, ist eine Komplexitätszunahme die zwangsläufige Folge, ohne dass eine gerichtete Entwicklung oder eine absichtsvolle Steuerung angenommen werden müsste. Es ergibt sich eine Zunahme der Mittelwerte und der Extremwerte von der „linken Wand" zur rechten Seite hin, also ein Scheintrend, der auf ungerichteter Variation beruht.

Der Weg des Betrunkenen

Ein Betrunkener soll beim Verlassen eines Wirtshauses seine Schritte nur vorwärts oder rückwärts setzen können. Welchen Schritt er tut, ist zufällig und ohne Absicht, und doch fällt er früher oder später in die Gosse. Schuld daran ist die Wand des Wirtshauses, hinter die der Betrunkene nicht zurückkann. Mit einem Würfel und einer Münze lässt sich sein rein statistisch bestimmter Weg simulieren: Die Zahl auf dem geworfenen Würfel bestimmt die Anzahl der Schritte auf dem Spielfeld, per Münzwurf wird die Richtung bestimmt (Zahl: vor, Bild: zurück). Bis die Spielfigur im Rinnstein landet, kann es zwar unterschiedlich viele Würfel-/Münz-Würfe dauern, aber irgendwann wird sie unweigerlich hineinfallen (Abb.). [2] [5]

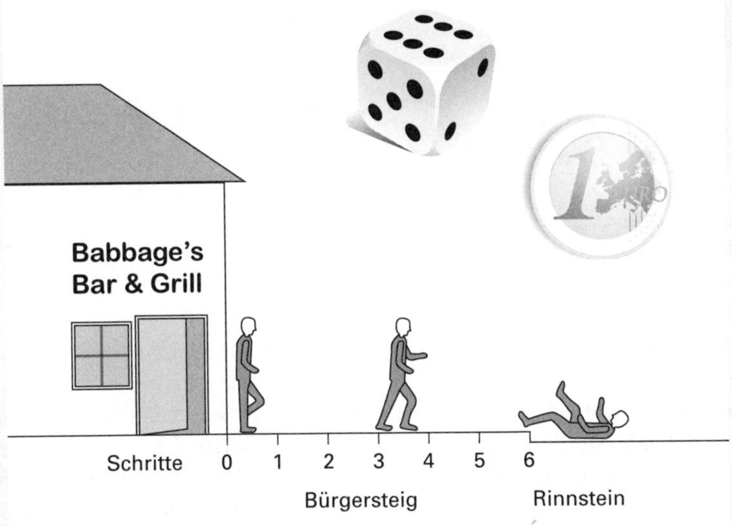

Es entstehen also in der Evolution tatsächlich größere und komplexer aufgebaute Lebewesen. Alle vielzelligen Organismen befinden sich in einem schmalen rechten Schwanz der Komplexität, in dem auch der Mensch irgendwo seinen Platz hat (Abb. 2). Aber die ziel- und absichtslosen Prozesse der Evolution führen nicht zur Überlegenheit oder zu Höherem, sondern zur Vermehrung von Lebenschancen und damit zu größerer Vielfalt von Lebensweisen und Lebensformen. In der Regel ersetzen sie nicht die einfachen, sondern treten hinzu. Noch heute stellen die Bakterien (einschließlich Archäbakterien) den größten Anteil der genetischen Vielfalt auf der Erde und bestimmen sämtliche globalen Stoffkreisläufe (⇨ Bakterie).

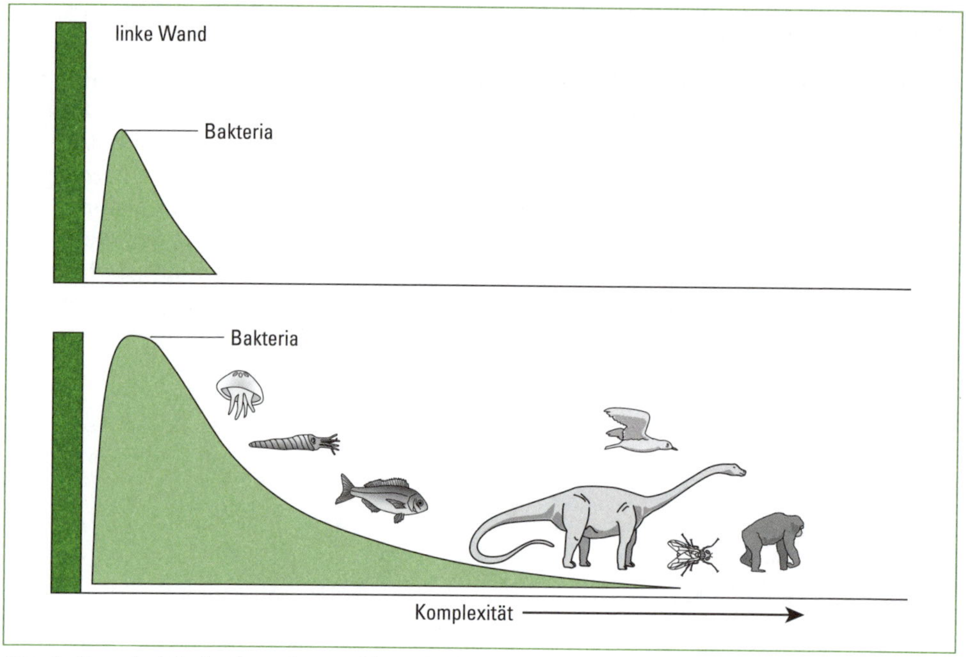

Abb. 2: Komplexität der Organismen. Oben: Präkambrium, unten: vom Kambrium bis heute (nach [2]) [5]

„Höher" und „niedriger" sind keine angemessenen Kategorien für die Vielfalt der Lebewesen (⇨ abstammen).

Wegen der ungeheuren Vielfalt der Buntbarscharten in afrikanischen Seen kann das Phänomen der Aufspaltung in verschiedenste Richtungen als „Buntbarschprinzip" bezeichnet werden. Es bewahrt vor der fachlich unangemessenen Vorstellung von Höherentwicklung einzelner Stammeslinien bzw. Arten: Mäuse, Wiederkäuer oder gar Käfer treten in einer unübersehbaren Vielfalt auf, sodass – anders als bei Pferd und Mensch – niemand auf die Idee kommt, von Höherentwicklung etwa der Rötelmaus, des Rindes oder des Maikäfers zu sprechen. Die Vielfalt der Lebensmöglichkeiten, der Lebensweisen und Lebensformen ist während der Evolution erhöht worden. Nur im Blick auf das Ganze, den Bioplaneten Erde, nicht aber in Bezug auf einzelne Stammeslinien, kann man daher mit Recht von Höherentwicklung reden.

3.5 Nicht höher und niedriger, sondern anders

Die Vorstellungen zu Höherentwicklung und Stufenleitern können revidiert werden, wenn erkannt wird, wie unsinnig es wäre, die Strukturen angeblich höherer Lebewesen auf scheinbar niedrigere zu übertragen.

Ein Frosch wäre beispielsweise mit einer Lunge und einem Blutkreislauf der Säugetiere schlecht ausgestattet und müsste wegen des höheren Energiebedarfs elend zugrunde gehen. Dass „anders leben" nicht „schlechter", „höher" oder „niedriger" bedeutet, zeigt sich, wenn unterschiedliche Lebensweisen und Bau von Lebewesen systematisch aufeinander bezogen werden. Ein Beispiel gibt der Vergleich der großen Wirbeltiergruppen (⇨ Wirbeltierevolution). [4]

[1] Cypionka, R. (2012). Pflanzen als Lebewesen in Evolution und Entwicklung. Beiträge zur Didaktischen Rekonstruktion 39. Oldenburg. Abdruck mit freundlicher Genehmigung des BIS-Verlags der Carl von Ossietzky Universität Oldenburg. – [2] Gould, Stephen Jay (1998). Illusion Fortschritt. Die vielfältigen Wege der Evolution. © 1996 by Stephen Jay Gould. Aus dem Amerikanischen von Sebastian Vogel. © S. Fischer Verlag GmbH, Frankfurt am Main. – [3] Groß, J. (2007). Wirkungen außerschulischer Lernangebote. Beiträge zur Didaktischen Rekonstruktion 16. Oldenburg. Abdruck mit freundlicher Genehmigung des Didaktischen Zentrums, Carl von Ossietzky Universität Oldenburg. – [4] Harwardt, M. (1996). „Low Tech" kontra „Upper Class"? Unterricht Biologie (218). © Friedrich Verlag GmbH, Seelze. – [5] Kattmann, U. (2007). Fortschritt und Richtung in der Evolution? In U.H.J. Körtner & M. Popp (Hrsg.), Schöpfung und Evolution – zwischen Sein und Design. Wien. – [6] ders. (2009). Adam und Eva und die Evolution. Zeitschrift für Pädagogik und Theologie (4). – [7] Kattmann, U. & Groß, J. (2007). Aspekt Evolution. Unterricht Biologie (329). – [8] Jaenicke, J. & Paul, A. (Hrsg.). Biologie heute entdecken SII © Bildungshaus Schulbuchverlage Westermann Schroedel Diesterweg Schöningh

hypothetisch/Hypothese

Wegweiser

Hypothesen sind Grundlage naturwissenschaftlichen Vorgehens.

Das Wort ist aus dem Griechischen entlehnt, hypo: „unter" , thesis: „These", „aufgestellter Satz", „Unterstellung".

Alltagsvorstellung	Chance für fachliches Lernen	Hindernis für fachliches Lernen
Hypothesen sind unsichere Vermutungen.	*Perspektivenwechsel:* Mit Hypothesen werden Theorien geprüft (⇨ theoretisch).	umgangssprachliche Bedeutung

Tabelle 1: Alltagsvorstellung zu Hypothese gibt Hinweise für fachliches Lernen.

In *Alltagsvorstellungen* bedeutet hypothetisch „subjektiv begründet", „spekulativ", „unbewiesen", „fraglich", „zweifelhaft". Eine Hypothese gilt entsprechend als eine unbewiesene Vermutung.

Eine *wissenschaftliche* Hypothese ist eine Annahme über einen Sachverhalt, mit deren Hilfe Ergebnisse von Beobachtungen und Experimenten vorhergesagt und erklärt werden können. Die wissenschaftliche Bedeutung ist also von der umgangssprachlichen weit entfernt, sie bezeichnet das methodisch kontrollierte Vorgehen in den Erfahrungswissenschaften. Wissenschaftliche Hypothesen sind immer empirisch überprüfbar. Ein System widerspruchsfrei zusammengefügter Hypothesen nennt man Theorie. (⇨ theoretisch, ↗ beobachten, ↗ experimentieren).

Es gibt keine Methode, Hypothesen ihrerseits aus Empirie abzuleiten. Hypothesen werden vielmehr *intuitiv* durch Verknüpfen von vorhergehenden Erfahrungen und Ideen gewonnen. Nach dem Erkenntnistheoretiker *Karl Popper* (1902–1994) können wissenschaftliche Hypothesen nicht verifiziert (d.h. als endgültig wahr nachgewiesen), sondern nur *falsifiziert* werden. Allaussagen, die sich auf Empirie beziehen, können ebenfalls nur widerlegt, aber nicht endgültig bestätigt werden. Solange Hypothesen nicht widerlegt sind, müssen sie als *vorläufig* gültig angesehen werden. Hypothesen können durch (noch so viele) Beobachtungen und Experimente bestätigt sein, ein einziges gegenteiliges Ergebnis widerlegt sie: Die Hypothese ist damit ungültig. *Popper* hat diesen Sachverhalt mit der Hypothese „Alle Schwäne sind weiß" veranschaulicht (Abb. 1).

Der Schluss vom Besonderen (Einzelbeobachtungen) auf das Allgemeine heißt *Induktion*. Er ist also gleichbedeutend mit einer *Verallgemeinerung* (Generalisierung). Der Schluss vom Allgemeinen (Hypothese) auf das Besondere heißt *Deduktion*. Das nach dieser Logik arbeitende wissenschaftliche Vorgehen heißt daher *hypothetisch-deduktive Methode*. Das Vorgehen gilt modifiziert auch für die Vergangenheit (⇨ experimentieren, ⇨ Evolution). [1]

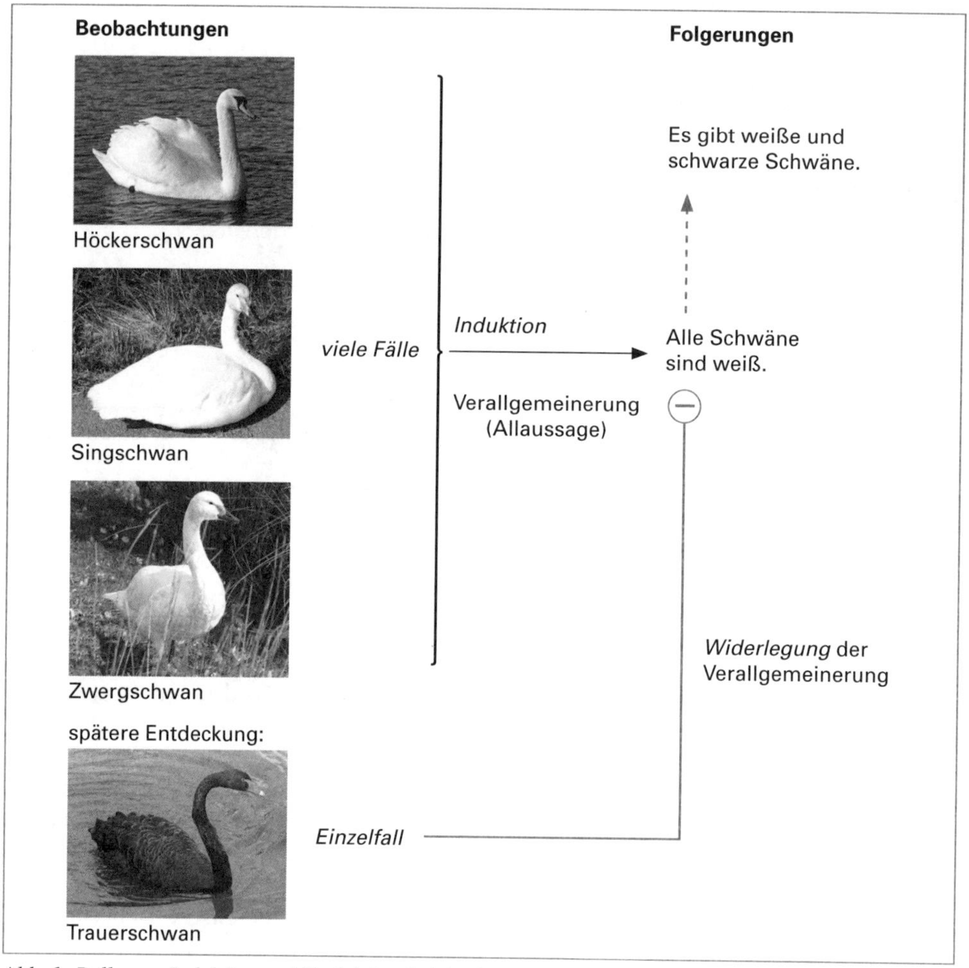

Abb. 1: Rolle von Induktion und Deduktion bei der Bestätigung und Widerlegung von Hypothesen [1]

[1] Langlet, J. (2013). Kultur der Naturwissenschaften. In H. Gropengießer, U. Harms & U. Kattmann (Hrsg.), Fachdidaktik Biologie. Hallbergmoos.

informieren/Information

Wegweiser

Im biochemischen (und genetischen) Zusammenhang ist „Information" dasselbe wie Struktur.

1 Vom Wort zum Begriff

Das Wort „Information" stammt von lateinisch: informare, wörtlich: „in Form bringen", „eine Gestalt geben", „formen", „bilden". Information meint also ursprünglich das „Einprägung einer Form in einen materiellen Träger". Im übertragenen Sinne heißt es „eine Nachricht überbringen", „unterrichten", „unterweisen". Wahrscheinlich geht diese Bedeutung auf das Einprägen von Zeichen zurück. Bei der Keilschrift ist die ursprüngliche Bedeutung des Worts „Einformen" mit der übertragenen (Nachricht) verknüpft. Die metaphorische Bedeutung hat die ursprüngliche in der *Umgangssprache* schon im Lateinischen ersetzt.
Im deutschen Sprachschatz existiert das Wort als Verb („informieren", „mitteilen", „benachrichtigen") seit dem 15. und als Substantiv („Nachricht", „Auskunft", „Belehrung") seit dem 16. Jahrhundert. In diesen Bedeutungen wird es in Beruf, Freizeit und in der Werbung auch heute verwendet.
In der *Wissenschaft* bezeichnet man den inhaltlichen Aspekt der Information (Nachricht) als *semantisch.* Semantisch (gr. semeion: das Zeichen) heißt „Bedeutung-tragend", Semantik bzw. Semiotik heißen „Bedeutungslehre". Der semantische Aspekt betrifft also die *Bedeutung* einer Information, die umgangssprachlich und in Alltagsvorstellungen allein gemeint ist.
Die Informationstheorie befasst sich ausschließlich mit Informationsmengen (bits). Eine Nachricht hat in der Informationstheorie daher keinen Inhalt, sondern nur *Struktur*. Der strukturelle Aspekt wird in der Wissenschaft als *syntaktisch* bezeichnet. Syntaktisch (griechisch syntaxis: Einrichtung, Organisation, Schlachtordnung) bezeichnet die Struktur eines Informationsträgers. Der syntaktische Aspekt betrifft also die wahrnehmbare und naturwissenschaftlich objektivierbare *Struktur* eines Objektes. Strukturen haben für sich genommen keine „Bedeutung". Bedeutung ist vielmehr eine psychologische Kategorie, die an Wahrnehmung gebunden ist, mit der den wahrgenommenen Strukturen Bedeutung zugewiesen wird. In Physiologie („Informationsübertragung" durch Neuronen) und Genetik („genetische Information" der DNA) ist mit Information stets Struktur gemeint (⇨ wahrnehmen, ⇨ Gen)

2 Alltagsvorstellungen: Information heißt Bedeutung haben

In einer Befragung von Oberstufenschülerinnen und -schülern an Gymnasien zum Stichwort „Information" wurden Assoziationen („Was fällt Ihnen beim Stichwort Information ein?") und Definitionen („Definieren Sie bitte den Begriff Information.") erhoben. Die geäußerten *Assoziationen* wurden in Kategorien eingeteilt. Zum Vergleich wurden die Inhalte der *Definitionen* denselben Kategorien zugeordnet (Tabelle 1).

„Unter Information versteht man, sich über etwas zu informieren, worüber man nicht Bescheid weiß, z. B.: Wenn man wissen möchte, wann ein Flugzeug nach Kairo fliegt, dann ruft man bei der Flughafeninformation an und informiert sich.“

Schüler, 8. Klasse [2]

Kategorien der Inhalte	Anteile an den Assoziationen (%)	Anteile an den Definitionen (%)
formale Ausdrücke	7	38
reine Wortassoziationen	3	1
wissenschaftliche Theorien, z. B. Informatik	8	9
Informationsträger, Medien	28	7
Informationsübertragung als Prozess	10	13
Informationszentren, z. B. Schule, Universität	6	1
Informationstechnologie und -ökonomie	10	2
soziale Umwelt	10	9
menschliche Psyche darunter positive Emotionen darunter negative Emotionen	20 5 4	20 4 1

Tabelle 1: Häufigkeit der bei Assoziationen und Definitionen von Lernenden der gymnasialen Oberstufe zu findenden Kategorien (Prozentangaben beziehen sich auf die Anzahl aller Assoziationen n = 960 bzw. die Anzahl aller Definitionselemente n = 1204) [2]

Unter den geäußerten *Assoziationen* überwiegen die zu konkreten *Informationsträgern* (Internet, Zeitung, Fernsehen, Computer, Nachrichten, Bücher, Radio, Schule) und die zum *psychologisch-subjektiven* Bereich (Wissen, Neues Lernen, Kenntnis, Erkenntnis, Übersicht). Dagegen treten Assoziationen zum syntaktisch-strukturellen Aspekt, die in Kategorien wie „Informationstechnologie“ und „wiss. Theorien, z. B. Informatik“ zu finden sind, mit zusammen weniger als 1/5 kaum in Erscheinung. (Der Rest der Assoziationen entfällt auf formale Angaben, die mit Information selbst gar nichts zu tun haben, sowie auf reine *Wort*-Assoziationen wie „informieren“, „informativ“, „formal“, „Formular“ usw.)
Dieses Bild wiederholt sich auch bei den *Definitionen*, die von den Befragten formuliert wurden. Diese könnten als Ergebnis gezielten Nachdenkens eigentlich viel stärker die syntaktisch-semantische Doppelnatur des Informationsbegriffs zum Ausdruck bringen. Auch hier liegen mit Informationsübertragung (informieren, benachrichtigen, Briefzustellung, Fernsehübertragung usw.) und dem psychologischen Bereich (Wissen, Kenntnis, Übersicht, Verständnis usw.) jedoch semantische Kategorien an der Spitze. Die Summe der Prozentzahlen aller semantischen Kategorien beträgt hier ungefähr die Hälfte; syntaktische Inhalte

(„Informatik“, „Struktur“, „System“, „Regelung“, „Ordnung“, „Anordnung“, „Zeichen“, „bit“) – betragen nur etwas mehr als 1/10, der Rest entfällt auf formale Aussagen.
Die befragten Oberstufenschülerinnen und Schüler verstehen Information also überwiegend umgangssprachlich, d. h. semantisch, und nehmen den syntaktischen (physikalisch-technischen bzw. mathematisch-quantitativen) Aspekt kaum in den Blick.

3 Für Unterricht: Anschauung und Vertiefung

3.1 Potenziale der Alltagsvorstellungen

Alltagsvorstellungen	Chancen für fachliches Lernen	Hindernisse für fachliches Lernen
Information ist eine Nachricht oder ihr Inhalt.	*Perspektivenwechsel:* syntaktischer Aspekt der Information: Struktur (3.2)	umgangssprachliche Bedeutung
Information ist die Einrichtung, die Information gibt.	*Anknüpfung:* Unterscheidung von Bedeutungsträger und Bedeutung (3.3)	Information als Einrichtung
Gene sind Informationsträger.	*Kontrast:* Gene sind charakterlos (3.4, ⇨ Gen, ⇨ erben).	Vererbung von Merkmalen
Reize sind Informationsträger.	*Kontrast:* Produktion der Erregung (Transduktion), Bedeutungszuweisung im Gehirn (3.4, ⇨ wahrnehmen)	Kontinuität der Information bei der Wahrnehmung (⇦ anthropomorph)

Tabelle 2: Alltagsvorstellungen zu Information geben Hinweise zum fachlichen Lernen.

3.2 Quantifizierung der Information

Die *„Informationstheorie“* des Elektroingenieurs und Mathematikers *Claude Shannon* (1916–2001) entstand 1948 in der Absicht, die in technischen Kommunikationssystemen übertragenen Daten zuverlässig zu komprimieren und zu speichern. Es ging um die *Messbarkeit* von Information, also nicht um Information als Bedeutung einer Nachricht (semantischer Aspekt), sondern allein um die quantifizierbare Zeichenmenge (syntaktischer Aspekt, s. Kasten, S. 187).
Zum Verständnis des Informationsbegriffes gehört der Hinweis, dass *„Informationsmenge“* eine Anzahl ist. Bezeichnet man die statistische Wahrscheinlichkeit einer Zeichenstruktur mit „p“, so ist nach der Shannonschen Formel die „Informationsmenge“ $I = \mathrm{ld}\ 1/p$. Sie wird also mit dem Duallogarithmus „ld“ berechnet. Da der Logarithmus immer eine reine Zahl ist, ist die Strukturmenge ebenfalls eine reine Zahl. Diese Zahl bezeichnet die Anzahl der binären Entscheidungen.
Seit Entwicklung der „Informationstheorie“ kommt es zu Überlappungen und Verwechslungen von syntaktischen und semantischen Aspekten der Information.
Damit wird zugleich *Information* (als Bedeutung) mit der *Informationsmenge* (als Menge von Daten: binären Entscheidungen, bits) gleichgesetzt. Die von *Shannon* definierte „Informationsmenge“ sollte entsprechend als *Strukturmenge* bezeichnet werden. Die

Shannonsche Theorie ist eigentlich eine „Struktur-Mengen-Theorie“. Die *Bedeutung* und *Bewertung* von Informationen werden mit quantitativen Angaben zur Strukturmenge (also von der Informationstheorie) nicht erfasst.

3.3 Zwei Dimensionen: Äußeres und Inneres

Für ein klares Verständnis von semantisch und syntaktisch ist es zweckmäßig, zwischen zwei Dimensionen zu unterscheiden: einer „äußeren“ und einer „inneren“. Die äußere Dimension wird über Sinne erfahren, kann weitgehend objektiviert werden und ist somit Gegenstand der Naturwissenschaften. Die innere Dimension dagegen ist nur subjektiv über innere Wahrnehmung (Gefühl, Phantasie, Vorstellung, Denken usw.) oder durch Intuition erfahrbar und somit Gegenstand der Psychologie (⇨ wahrnehmen, ⇨ Gehirn).
Der *semantische* Aspekt von Information als Bedeutung einer „Nachricht“, „Mitteilung“ gehört primär zur inneren Dimension – Information ist demnach ein psychologischer Begriff. So wird sie in der Alltagssprache auch überwiegend verstanden (s. 2). Der *syntaktische* Aspekt von Information, mit seinem Blick auf objektivierbare Strukturen, gehört zur naturwissenschaftlich erfassbaren äußeren Dimension. Durch Gleichsetzung von „Information“ und „Informationsmenge“ werden die beiden Dimensionen „innen“ und „außen“ vermischt und es kommt zur verwirrenden Verwendung des Wortes „Information“. Im Sinne fachlicher Klarheit sollte man von Information nur dann sprechen, wenn der semantische Aspekt angesprochen ist. Ist allein der syntaktische Aspekt gemeint, sollte man das Wort Information durch das Wort Struktur ersetzen.
Dennoch ist die Informationssprache, insbesondere in der Genetik und Neurobiologie beliebt und wird z. T. extensiv angewendet (s. 3.6).

3.4 Bedeutungsträger und Bedeutung

In die Biologie ist der Informationsbegriff in mehr oder weniger umgangssprachlichem Sinne eingeführt worden. Der semantische Aspekt wird in bestimmte rein chemisch-physikalische Vorgänge hineingelegt, obgleich Bedeutung gebende „Sprecher“ und „Hörer“ nicht vorhanden sind (so in der Immunbiologie, Hormonphysiologie, Sinnesphysiologie und besonders in der Genetik). Dieser Gebrauch des Wortes erschwert die Bildung zutreffender Vorstellungen, wenn sie wörtlich verstanden wird (⇨ wahrnehmen, ⇨ erben, ⇨ Gen).
Im Sinne der Unterscheidung semantischer und syntaktischer Aspekte (s. 3.3) ist es angebracht, klar zwischen „Bedeutungsträger“ und „Bedeutung“ zu unterscheiden. Bedeutung kann den Strukturen durch Personen zugewiesen werden. Man spricht in der Informationstheorie „technisch“ von „Sender“ und „Empfänger“, bei der Verständigung zwischen Menschen – auch im übertragenen Sinn – besser von „Sprecher“ und „Hörer“. [1]
Sprecher und Hörer weisen den übermittelten Strukturen jeweils eine Bedeutung zu. Dadurch wird das Übermittelte zum *Informationsträger*. Es wird in diesem Fall auch dann von Information gesprochen, wenn der „Hörer“ derselben übermittelten Struktur eine andere Bedeutung beilegt als der „Sprecher“. Eine Bedeutungszuweisung kann vom Wahrnehmenden (dem „Hörer“) sogar erfolgen, wenn gar kein „Sprecher“ vorhanden ist (z. B. bei Eisblumen am Fenster, Wolkenbildern, Sternbildern usw., die – rein subjektiv – als bestimmte Gestalten gedeutet werden).
Bei der strengen Unterscheidung von *Bedeutungsträgern* und *Bedeutung* ist die Verwendung

des Wortes „Information" unmissverständlich auf letztere, die *Bedeutung*, hin zu beschränken (semantischer Aspekt). Die *Bedeutungsträger* sollten dann grundsätzlich anders bezeichnet werden, z. B. als Zeichensystem, Medium, Datensatz oder allgemein als Struktur (syntaktischer Aspekt).

Unterscheidung von Strukturmenge und Bedeutung

Die Grün-weiß-Strukturen (Abb. a und b) bestehen beide aus 5 mal 7 = 35 Kästchen; jedes Kästchen kann grün oder weiß sein, jede der beiden Möglichkeiten hat also die Wahrscheinlichkeit ½; die statistische Wahrscheinlichkeit der gesamten Struktur ist dann $p = (½)^{35}$ und entsprechend die (syntaktische) Strukturmenge I = 35 bit. Die Anzahl der Entscheidungsschritte gehört zum *syntaktischen Aspekt.*
Bei gleicher Strukturmenge von I = 35 bit hat die eine Struktur die Bedeutung „F" (Abb. a) und die andere die Bedeutung „H" (Abb. b). Die Bedeutungen „F" und „H" sind der *semantische Aspekt*, d. h. die Information.
Mit anderen Worten: die *Strukturmenge* sagt nur etwas darüber aus, wie viele Einzelentscheidungen mindestens nötig sind, um die *Information* „F" oder „H" mitzuteilen. Dazu bedarf es jeweils 35 qualitativ unterschiedlicher Einzelentscheidungen. [3]

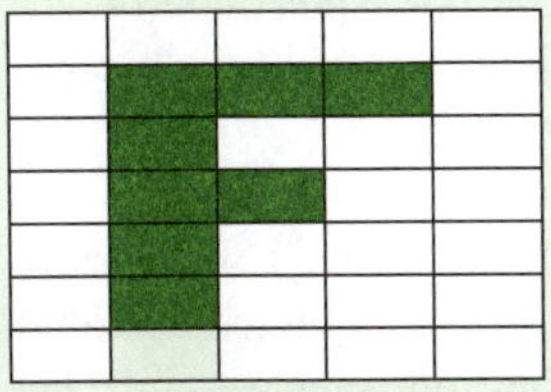

Abb. a: Kästchenstruktur mit der (syntaktischen) Strukturmenge 35 bit und der Information „F"

Abb. b: Kästchenstruktur mit der gleichen (syntaktischen) Strukturmenge 35 bit, aber der ganz anderen Information „H"

3.5 Information ist häufig eine irreführende Metapher

Aufgrund der besonderen Eigenschaften ist „Information" (neben Materie und Energie) als „drittes Grundphänomen unseres Weltbildes" bezeichnet worden. [4] Wenn man Materie und Energie zusammen als „Substanz" unserer Welt betrachtet, so bildet „Struktur" eine ganz andere Dimension, nämlich die Art und Weise, in der diese Substanz angeordnet ist (⇨ ordnen, ⇨ Energie).
Energie und Materie unterliegen den Erhaltungssätzen: In einem abgeschlossenen System bleibt bei allen Stoffumwandlungen die Masse und bei allen Formen der Übertragung

und Speicherung (Energieumwandlungen) die Energiemenge jeweils erhalten. Anders die Struktur. Sie kann zerstört werden, aber auch beliebig vermehrt und gespeichert werden. *Speicherung* geschieht durch Aufbewahren der Informationsträger, Vermehrung durch Kopieren oder Strukturbildung (Entropieabnahme in der Individualentwicklung und der Evolution), *Abnahme* durch Zerstörung (im abgeschlossenen System ständig durch Entropiezunahme, ⇨ ordnen).
Es gibt also keinen „Satz von der Erhaltung der Struktur" und damit auch keinen Satz von der Erhaltung der Information. Strukturen sind vielmehr nur *reproduzierbar*, wobei Abweichungen („Fehler") unvermeidbar sind oder sogar im Sinne dynamischer Prozesse genutzt werden (wie Mutationen in der Evolution).
Die Vermehrung von Genen wäre ohne das Kopieren ihrer Struktur nicht möglich. Das in der Genetik häufig verwendete Wort „Information" (z.B. „Erb-Information", „genetische Information") ist allerdings unzutreffend und allenfalls als (anthropomorphe) Metapher zu verstehen: In der Zelle und zwischen Zellen werden keine Bedeutungen weitergegeben. Es gibt dort nur Strukturen und deren chemische Wirkungen oder deren Funktion aufgrund der molekularen Passung. Dass keine Bedeutungen weitergegeben werden, lässt sich erkennen, wenn man statt des Substantivs das Verb benutzt: Wenn die Aussage „Die Information der DNA wird auf die RNA übertragen" verwandelt wird in „Die DNA informiert die RNA", dann merkt man, dass mit der ersten Aussage allein der syntaktische Aspekt (Struktur) gemeint sein kann. Er besteht hier darin, dass durch die Sequenz der Nucleotide der DNA (Struktur der DNA) die Sequenz der Nucleotide der RNA (Struktur der RNA) chemisch festlegt wird (molekulare Passung: „Schlüssel-Schloss-Prinzip").
Die Informationssprache wird von Wissenschaftlern, besonders von Genetikern, meist unbefangen verwendet (genetischer Code, Ablesen des codogenen Strangs, Informationsübertragung, 2. Code für epigenetische Prozesse etc.). Im Unterricht sollte jedoch deutlich gemacht werden, dass „Information" in diesem Zusammenhang nur eine vereinfachende Metapher ist. Aus molekularen Strukturen und deren Passung zueinander resultieren physiologische Prozesse und biochemische Produkte. Wenn genetische Information nicht als Metapher erkannt wird, setzen die Lernenden sie an die Stelle von Merkmal. Ein chemisches – strukturelles – Verständnis des Begriffs Gen wird dadurch erschwert. Ebenso ist in der Neurobiologie die Informationsmetapher mit Vorsicht zu verwenden, da sowohl Reize wie Erregungs- und Aktionspotentiale keine (semantische) Information enthalten. Bedeutung wird erst im Gehirn erzeugt (⇨ Gen, ⇨ wahrnehmen, ⇨ Metapher).

[1] Harms, U. & Kattmann, U. (2013). Kommunikation biologischer Phänomene und Erkenntnisse. In H. Gropengießer, U. Harms & U. Kattmann (Hrsg.), Fachdidaktik Biologie. Hallbergmoos. – [2] Schaefer, G. (1972). Kybernetische Konzepte als Instrumente für die Begriffsbildung in der Biologie (Habilitationsschrift). Kiel.– [3] ders. (1972). Kybernetik und Biologie. Stuttgart. – [4] Weizsäcker, C. F., von (1977). Zu den Begriffen Materie, Energie, Information und Form. In K. Wenk, & G. Trommer (Hrsg.), Naturerscheinung Energie. Leitthemen 1.

⇨ instinktiv/Instinkt

intelligent/Intelligenz

Wegweiser

Gemessene Intelligenz (IQ-Wert) ist umweltabhängige Testintelligenz.

1 Vom Wort zum Begriff

Die Wörter intelligent und Intelligenz werden umgangssprachlich mit der Bedeutung klug, begabt, und einsichtig assoziiert. Sie stammen vom lateinischen Verb intellegere: „mit Sinn und Verstand wahrnehmen", „erkennen"; dessen wörtliche Bedeutung ist (abgeleitet aus der Zusammensetzung inter-legere): „zwischen etwas auswählen", „durch kritische Unterscheidung erkennen".
In der *Psychologie* ist die Bedeutung uneinheitlich. Intelligenz wird sowohl als allgemeine intellektuelle Fähigkeit aufgefasst, wie auch als Fähigkeit, neue Situationen angemessen zu bewältigen. In diesem Sinne wird intelligent ebenfalls auf mentale Fähigkeiten von Tieren angewendet (vergleichende Kognitionsforschung).
Die wissenschaftlich größte Bedeutung hat Intelligenz in der differentiellen psychologischen Forschung, in der versucht wird, Unterschiede in der Ausprägung von Intelligenz zwischen Individuen und Gruppen zu erfassen. Da es an einer eindeutigen Definition mangelt, wird Intelligenz als das bezeichnet, was der verwendete Intelligenztest misst: *Testintelligenz*. Ob das zusammengefasste Ergebnis eines solchen Tests, nämlich eine bloße Zahl (IQ), überhaupt als Merkmal angesehen werden kann, ist fraglich und deshalb zwischen Psychologen und Genetikern umstritten.

2 Alltagsvorstellungen

Das Wort intelligent wird in Alltagsvorstellungen im umgangssprachlichen Sinne verstanden. Auch die Ergebnisse von Intelligenztests werden so gedeutet und nicht im eingeschränkten Sinn von Testintelligenz.
Von manchen Lernenden wird angenommen, dass Intelligenz angeboren („mit in die Wiege gelegt") und nicht stark zu verändern sei. Der Zusammenhang von Genen und Intelligenz wird als linear verstanden, so als würde Intelligenz wesentlich durch ein Gen bestimmt. Andere lehnen den Einfluss von Genen ab, sodass sie Intelligenz für ausschließlich umweltbedingt halten. Die Alltagsvorstellungen zur Intelligenz sind teilweise durch Missverständnisse bzw. irreführende Aussagen von Wissenschaftlern geprägt.

3 Für Unterricht: Anschauung und Vertiefung

3.1 Potenziale der Alltagsvorstellungen

<table>
<tr><th>Alltagsvorstellungen</th><th>Chancen für fachliches Lernen</th><th>Hindernisse für fachliches Lernen</th></tr>
<tr><td>Intelligent heißt klug.</td><td>Brücke: Intelligenz ist etwas anderes als Testintelligenz.</td><td></td></tr>
<tr><td>Intelligenz wird von den Genen bestimmt.</td><td rowspan="2">Kontrast: untrennbares Zusammenwirken von Genen und Umwelt (3.2, ⇨ erblich).</td><td rowspan="2">Gegensatz von Genen und Umwelt</td></tr>
<tr><td>Intelligenz wird nur durch die Umwelt ausgeprägt.</td></tr>
<tr><td>Intelligente Eltern haben intelligente Kinder.</td><td>Kontrast: Streuung von Intelligenz, Polygenie (3.3, ⇨ erblich, ⇨ Eugenik)</td><td>Intelligenz erscheint als gruppenspezifisch ausgeprägt.</td></tr>
</table>

Tabelle 1: Alltagsvorstellungen zur Intelligenz geben Hinweise für fachliches Lernen.

3.2 Erblichkeit der Intelligenz

Aus Intelligenzvergleichen zwischen Bevölkerungsgruppen, die unter unterschiedlichen Umweltbedingungen leben und unterschiedliche Testergebnisse haben, kann man nicht folgern, dass die untersuchten Gruppen hinsichtlich Intelligenz genetisch unterschiedlich ausgestattet sind.

Als Erblichkeit wird der genetische Anteil an der Variabilität eines Merkmals bei bestimmten Umweltbedingungen bezeichnet. Erblichkeit betrifft also die Unterschiede zwischen Individuen und nicht die individuelle Ausprägung eines Merkmals Die Unterschiede *zwischen* den Gruppen könnten selbst bei 100 % Erblichkeit gänzlich von unterschiedlichen Umweltbedingungen bewirkt werden. Die bekannten Untersuchungen zum Vergleich von Intelligenzunterschieden zwischen „Weißen" und „Schwarzen" in den USA sind ebenso unstatthaft wie die zum Vergleich zwischen verschiedenen sozialen Gruppen in Deutschland. Unterschiedliche Aussagen zur Erblichkeit von Intelligenz (eigentlich Testintelligenz) von 30 % bis 80 % sind durch die in den untersuchten Gruppen herrschenden ungleichen Umweltbedingungen verursacht. Je unterschiedlicher die Umweltbedingungen für die Individuen sind, desto geringer ist die Erblichkeit (Kasten, ⇨ erblich).

Wie stark kann Intelligenz durch Umweltbedingen beeinflusst werden?

Wenn gemeint wird, bei einer Erblichkeit von 100 % spielte die Änderung von Umweltbedingungen keine Rolle, so trifft das nicht zu. Gedankenexperimente zeigen, dass gleiche Umweltbedingungen die Erblichkeit erhöhen (⇨ erblich).
Man kann z. B. annehmen, dass in einer Gruppe alle Mitglieder optimal durch die Umweltbedingungen gefördert werden. Dann würden alle Individuen sich optimal entfalten können und die Unterschiede könnten nur auf unterschiedlichen Genen beruhen. Der Wert der Erblichkeit betrüge also 100 %. In diesem Fall wäre die Absicht, Intelligenz durch Änderung der Umweltbedingungen zu steigern selbstverständlich gegenstandslos, denn eine optimale Umwelt lässt sich nicht verbessern. Wären jedoch die Umweltbedingungen für alle gleich hemmend, die Erblichkeit also ebenfalls 100 %, so würden Änderungen der hemmenden Umweltbedingungen in fördernde einen entsprechenden Einfluss auf die Intelligenz haben.
Eine Minderung von optimalen Umweltbedingungen für alle hätte bei ungleicher Verteilung auf die Individuen ebenfalls einen gravierenden Einfluss: Die durchschnittliche Intelligenz würde sinken. Und ebenso würde der Wert der Erblichkeit sinken, da nun Umwelteinflüsse eine Rolle spielen. Die Abweichung von einem Erblichkeitswert von 100 % gibt demgemäß eine unterschiedliche Verteilung der Umweltbedingungen in der untersuchten Gruppe an. [4]
Bei Angaben zur Förderung der Intelligenz durch Umweltoptimierung wird bei einer Erblichkeit von 50 % (entsprechend der Wirkung von Umweltunterschieden von 50 %) eine durchschnittliche Erhöhung der gemessenen Intelligenz um etwa eine Standardabweichung, und damit ein erheblicher Effekt von etwa 11 Intelligenzpunkten angenommen. Dabei handelt es sich nur um einen Durchschnittswert. Die individuellen Werte können bei einer schon bisher geförderten Person niedrig sein oder gleich bleiben, bei einer benachteiligten weit höher sein (z. B. 20 Punkte). [5]

3.3 Die Rolle von Genen und Umwelt

Abgesehen davon, wie hoch oder niedrig man den Einfluss von Genen bei der Ausprägung von Intelligenzunterschieden ansetzt, bleibt zu berücksichtigen, dass Intelligenz polygen bedingt ist: Es gibt kein einzelnes „Intelligenz-Gen"; vielmehr beeinflussen viele Gene die Intelligenz mit Haupt- oder Nebeneffekten. Die verschiedenen Gene werden mit der Befruchtung bei jedem Individuum neu zusammengewürfelt, sodass die Intelligenz der Nachkommen eines Paares kaum vorausgesagt werden kann. Unter den körperlichen Merkmalen ist u. a. die Körpergröße polygen bedingt. Da bei der Befruchtung die unterschiedlichen an der Ausprägung der Körpergröße beteiligten allelen Gene neu zusammengestellt werden, können genetisch bedingt große Eltern genetisch bedingt kleine Kinder haben und umgekehrt. Entsprechendes gilt für Intelligenz.
Wollte man tatsächlich „intelligente" Menschen „reinzüchten", so hätte man einen langen Weg vor sich. Innerhalb von Bevölkerungsschichten geschieht eine solche Züchtung nicht: Polygenie bewirkt, dass die an der Ausprägung von Intelligenz beteiligten allelen Gene zwischen den gesellschaftlichen Schichten gleich gestreut sind. Festzustellende Unterschiede in der Testintelligenz zwischen Bevölkerungsgruppen verschiedener sozialer, kultureller oder

geografischer Herkunft sind daher aller Wahrscheinlichkeit nach umweltbedingt. [3] [4] Dass die Bedeutung der Umwelt für die Ausprägung von Verhaltensmerkmalen selbst dann wesentlich ist, wenn man das Merkmal reinzüchten kann, zeigt ein Experiment mit Ratten. Menschen verhalten sich komplexer als Ratten. Selbstverständlich ist also das Verhalten von Ratten, sofern man es auf das Verhalten von Menschen bezieht, nur ein vereinfachtes Abbild, also ein Modell. Es ist aber wohl ein Schluss vom Einfachen zum Komplexen gestattet: Wenn die Umwelt sich schon bei Ratten so entscheidend auswirkt, um wie viel mehr sollte dies für Menschen gelten (Kasten). [1] [3] [5]

„Kluge" und „dumme" Ratten

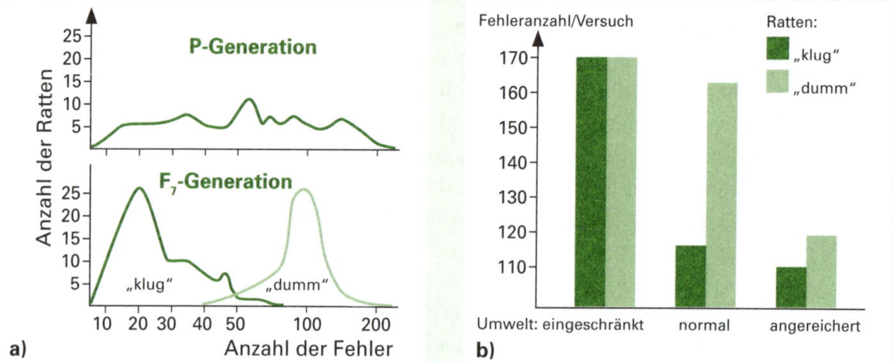

Abb. a) Züchtung von Labyrinth-klugen und Labyrinth-dummen Ratten. Fehler im Labyrinth bei Aufzucht und Haltung in normaler Umgebung nach 7 Generationen. Abb. b) Fehleranzahlen der gezüchteten Ratten bei Aufwachsen der Ratten in verschiedenen Umwelten

Ratten, die sich im Labyrinth „klug" und solche, die sich im Labyrinth „dumm" verhalten, lassen sich züchten: Aus der Parentalgeneration, in der die Labyrinth-Klugheit weit gestreut ist, entstehen nach 7 Generationen bei konsequenter Zuchtwahl zwei Populationen (F_7), deren Verteilungskurven sich hinsichtlich Labyrinth-Klugheit kaum überschneiden (Abb. a).
Die Nachkommen der beiden Populationen zog man nun in drei verschiedenen Umwelten auf, angereicherte, normale und eingeschränkte. Die angereicherte Umwelt enthielt Rampen, Tunnel, Spiegel und Bälle, also viele Gelegenheiten zum Erkunden und Spielen. Die normale Umwelt war die Aufzucht in üblichen Rattenkäfigen, während die eingeschränkte Umwelt wenig Anlässe zum Erkunden gab. Zieht man Junge von Labyrinth-dummen Ratten und solche von Labyrinth-klugen in einer eingeschränkten Umwelt auf, so machen die so aufgewachsenen Ratten gleich viele Fehler im Labyrinth. Die Nachkommen von Labyrinth-dummen Ratten, die in einer angereicherten Umwelt aufwachsen, machen entscheidend weniger Fehler als diejenigen, die in normaler Umgebung aufwachsen (Abb. b). [2]

3.4 Verdummungsthese

Manche Intelligenzforscher ziehen aus Untersuchungen zur genetischen Bedingtheit von Intelligenz simple Folgerungen, auch wenn ihre Annahmen mit denen von Populationsgenetikern und Humangenetikern in Widerspruch stehen. Ihre Verdummungsthese knüpft nahtlos an eugenische Tradition an: Da wertvolles „Erbgut" (hier „Intelligenzgene") in den oberen Bevölkerungsschichten, mindere in den Unterschichten verortet werden, wird vor der Gefahr schichtspezifischer Vermehrungsraten gewarnt: Die stärkere Vermehrung der Unterschichten (heute vornehmlich Einwanderer) führe zwangsläufig zur Anhäufung von genetisch bedingt Dummen in der Bevölkerung (⇨ Eugenik). [4]
Die Verdummungsthese wird jedoch dadurch ad absurdum geführt, dass die Testintelligenz in den letzten Jahrzehnten in industrialisierten Gesellschaften nicht ab- sondern zugenommen hat, von 1947 bis 1978 um über 14 Punkte. Dieser nach dem Entdecker benannte *Flynn-Effekt* ist in den Testergebnissen dadurch versteckt, dass die Intelligenztests mehrmals nachgeeicht wurden. Nötig war dies, weil der IQ von 100 als Durchschnitt der „weißen" Bevölkerung der USA definiert ist. [3]

[1] Caroll, J.B. (1989). Intellectual abilities and aptitudes. In A. Lesgold & R. Glaser (Eds.), Foundations for a psychology of education. New Jersey. – [2] Gropengießer, H. (1983). Intelligenz – Einfluß von Erbe und Umwelt? Unterricht Biologie (88). – [3] Kattmann, U. (1991). Umwelt und Gene. Unterricht Biologie (167). – [4] ders. (2014). Wiedergeburt der Eugenik: Mutmaßungen zum Niedergang der Intelligenz. Der mathematische und naturwissenschaftliche Unterricht. – [5] Elsbeth Stern / Aljoscha Neubauer, Intelligenz - Große Unterschiede und ihre Folgen © 2013, Deutsche Verlags-Anstalt, München, in der Verlagsgruppe Random House GmbH

kausal/Kausalität

Wegweiser

Ein regelmäßiger Zusammenhang zwischen zwei Ereignissen wird naturwissenschaftlich als kausal bezeichnet, wenn er durch eine Theorie erklärt werden kann.

1 Vom Wort zum Begriff

Kausalität bezeichnet den Zusammenhang von *Ursache und Wirkung*. Das Wort „Ursache" stammt ursprünglich aus der Rechtssprechung und bedeutet dort „Anlass zu einem Gerichtsverfahren". Von dort ist es *umgangssprachlich* als Auslöser für jede Wirkung verallgemeinert worden.

Naturwissenschaftlich ist Kausalität schwer zu definieren. Eine Abfolge zweier Ereignisse bedeutet noch keinen kausalen Zusammenhang. Es kann sich um ein zufälliges Zusammentreffen handeln (Koinzidenz, ⇨ zufällig).

Auch aus einer *regelmäßigen* Abfolge lässt sich nicht eindeutig auf Kausalität schließen. Die Regelmäßigkeit kann auf einem (zwischen den beobachteten Größen stehenden) Zusammenhang beruhen, der nicht unter allen Umständen gegeben ist. Deshalb ist aus einem statistisch nachweisbaren Zusammenhang nicht auf einen kausalen zu schließen: *Korrelationen* sind (ohne weitere Annahmen) keine Kausalitäten. Um einen kausalen Zusammenhang anzunehmen bedarf es außer der Regelmäßigkeit einer *Theorie*, die den Zusammenhang als gesetzmäßig, d. h. als notwendig, erklärt: Naturwissenschaftlich bezeichnet Kausalität einen *gesetzmäßigen Zusammenhang* zwischen Ursache und Wirkung, (⇨ theoretisch, ⇨ erklären).

2 Alltagsvorstellungen

Das intuitive Verstehen von Kausalität entsteht schon in der frühen Kindheit. [1]

Wissenschaftliche Orientierung hat einen weiteren differenzierenden Einfluss auf die Annahme von Kausalität: Bei der Auswertung von Experimenten, Beobachtungen und Erhebungen wird von Jugendlichen und Erwachsenen leichter als bei lebensweltlichen Erfahrungen auf kausale Zusammenhänge geschlossen. Im naturwissenschaftlichen Rahmen werden Abfolgen und Korrelationen ohne Weiteres als Kausalitäten gedeutet. In einer Untersuchung zu *logischen Fehlschlüssen* wurden mehrere Möglichkeiten zur Wahl gestellt, die geschilderte Situation zu deuten. Die (unlogische) kausale Deutung von Abfolgen überwiegt bei Lernenden auch dann, wenn die logisch richtige Antwort bei den Wahlantworten mit vorgegeben ist. Der Anteil bei Lehrerinnen und Lehrern ist auch dann noch hoch (s. Kasten, S. 195 f., ⇨ experimentieren). [2]

Abfolge-Fehlschluss

Einige Schüler haben Tomaten im Labor eines Gymnasiums gezüchtet. Eines Tages wurden die Tomatenpflanzen versehentlich mit Seifenwasser gegossen. Die Pflanzen wuchsen weiter, aber es erschienen purpurfarbene Flecken auf den Blättern.
Wie lautet Ihre Schlussfolgerung?

Auswahlantworten [(+)-Item]:*

- Die Verunreinigung hat das Auftreten der purpurfarbenen Flecken verursacht, da vorher keine derartigen Flecken aufgetreten sind. (unlogisch)
- Im Garten wird oft mit Seifenwasser gegossen, es wurden aber keine purpurfarbenen Flecke auf den Blättern gesehen, so dass dies nicht die Ursache für die Flecken sein kann. (kontextuell)
- Wir können keine Schlussfolgerung aus dieser Geschichte ziehen. (richtig)
- Ich stimme keiner dieser Möglichkeiten zu, weil …

** Die (+) Items enthalten unter den Auswahlantworten die logisch richtige Antwort (hier die dritte), die (-) Items anstelle der logisch richtigen eine weitere kontextuelle Antwort.*

Ergebnis:

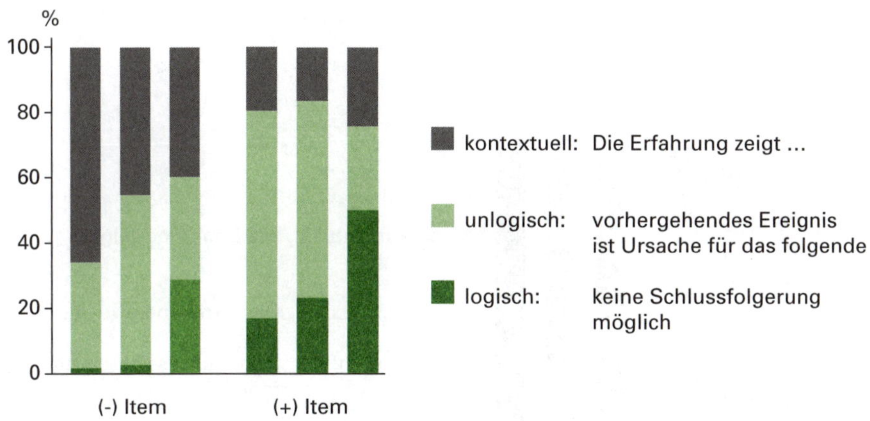

Säulen jeweils von links nach rechts:
Klasse 9/10 (N=186), Kursstufe: 12/13 (N=178), Biologielehrer (N=48)

Die Reihenfolge der Auswahlantworten wurde mit Ausnahme der letzten systematisch variiert. Die letzte Möglichkeit wurde je nach Begründung als logisch, unlogisch oder kontextuell gewertet. Kontextuelle Antworten beziehen sich nicht auf die logische Struktur der Aufgabe, sondern enthalten lediglich allgemeine Feststellungen zum Thema. [2]

Korrelations-Fehlschluss

- Weiße Ratten werden in vielen Schullaboratorien gezüchtet.
- Schule A liegt an der Nordseeküste.
- Schule B liegt 35 km von der Nordseeküste entfernt.
- Schule C liegt 60 km von der Nordseeküste entfernt. Die Ratten in Schule A entwickelten sich alle gut und waren am Ende eines Schuljahres noch am Leben. In Schule B waren 30 % vor Ende des Jahres gestorben und in Schule C waren 70 % der Ratten gestorben.

Wie lautet Ihre Schlussfolgerung?

Auswahlantworten [(+)-Item]:*

- Die Ergebnisse zeigen, dass weiße Ratten sich schlechter entwickeln, je größer die Entfernung zur Nordseeküste ist. (unlogisch)
- Es scheint, dass weiße Ratten die Bedingungen wie Temperatur und Luftfeuchtigkeit benötigen, die wir an der Nordseeküste vorfinden. (kontextuell)
- Man kann aus diesem Bericht keine Schlussfolgerung ziehen, weil wir nicht wissen, wie die Ratten in diesen Schulen behandelt wurden. (richtig)
- Ich stimme keiner dieser Möglichkeiten zu, weil …

** Die (+) Items enthalten unter den Auswahlantworten die logisch richtige Antwort (hier die dritte), die (-) Items anstelle der logisch richtigen eine weitere kontextuelle Antwort.*

Ergebnis

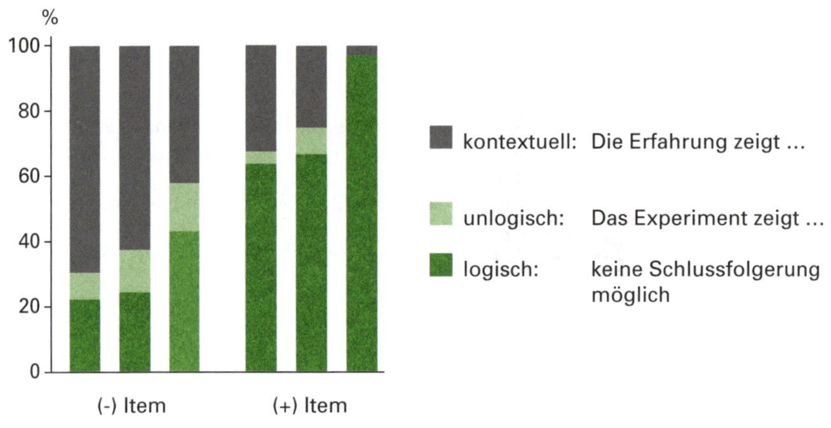

Säulen jeweils von links nach rechts:
Klasse 9/10 (N=186), Kursstufe: 12/13 (N=178), Biologielehrer (N=48)

Die Reihenfolge der Auswahlantworten wurde mit Ausnahme der letzten systematisch variiert. Die letzte Möglichkeit wurde je nach Begründung als logisch, unlogisch oder kontextuell gewertet. Kontextuelle Antworten beziehen sich nicht auf die logische Struktur der Aufgabe, sondern enthalten lediglich allgemeine Feststellungen zum Thema. [2]

3 Für Unterricht: Anschauung und Vertiefung

3.1 Potenziale der Alltagsvorstellungen

Alltagsvorstellungen	Chancen für fachliches Lernen	Hindernisse für fachliches Lernen
Vorhergehende Ereignisse sind Ursache für darauffolgende.	*Kontrast:* Abfolgen können aus nicht voneinander abhängigen Ereignissen bestehen.	Abfolge-Fehlschluss
Korrelation ist Kausalität.	*Kontrast:* korrelierende Größen können nur statistisch zusammenhängen (3.2).	Korrelation-Fehlschluss
Es gibt in der Natur einen geschlossenen Kausalzusammenhang.	*Perspektivenwechsel:* Geschlossener Kausalzusammenhang wird durch die naturwissenschaftliche Methode geschaffen (3.3, ➩ theoretisch).	naturwissenschaftlich nicht belegbare Verallgemeinerung

Tabelle 1: Alltagsvorstellungen zu Kausalität geben Hinweise für fachliches Lernen.

3.2 Korrelationen sind keine Ursachen

Die Deutung von *Korrelationen* als Kausalitäten (Ursachen) ist besonders verführerisch. Mit Korrelationen *beschreibt* man statistisch einen Zusammenhang, mit Kausalität *erklärt* man eine Regelmäßigkeit aufgrund einer Theorie (➩ erklären).
Dass der Schluss von einer Korrelation zur Kausalität ein Fehlschluss ist, kann durch absurde statistische Zusammenhänge erhellt werden, wie der Geburtenrückgang in Deutschland und der gleichsinnige Rückgang der Störche. Einen statistischen Zusammenhang hat man auch zwischen dem privaten Benzinverbrauch und der Größenzunahme (Akzeleration) der Jugendlichen festgestellt. Der vermittelnde Zusammenhang ist hier der wachsende Wohlstand mit erhöhtem Benzinverbrauch und besserer Ernährung. In Kriegszeiten geht die Akzeleration (und der private Benzinverbrauch) entsprechend zurück. Auch aus gleichsinnig verlaufenden (korrelierenden) Kurven lässt sich also kein kausaler Zusammenhang ablesen (Abb. 1).

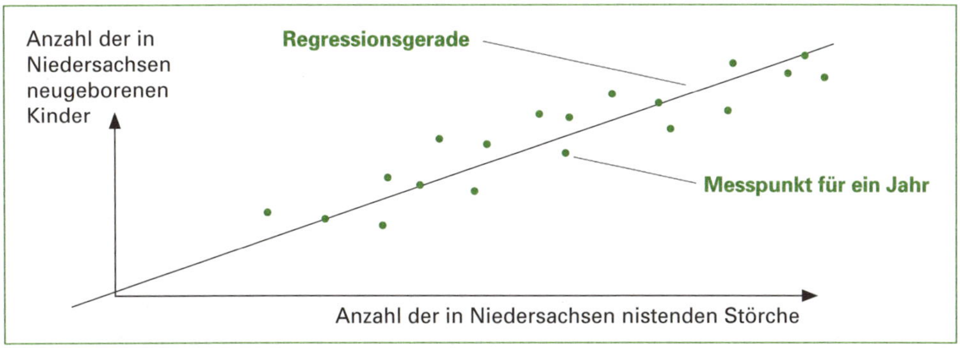

Abb. 1: Korrelation

3.3 Geschlossener Kausalzusammenhang

Naturwissenschaften kennen keine Ausnahme von Ursache-Wirkungs-Zusammenhängen. Die ausnahmslose Geltung von Kausalzusammenhängen ist vielmehr Voraussetzung ihres methodischen Vorgehens. Nach *Immanuel Kant* (1724–1804) ist Kausalität eine Kategorie a priori. Sie ist also nicht aus der Erfahrung (a posteriori) herzuleiten (dort gibt es nur Abfolge und Wiederholung). Folglich kann aus den Ergebnissen der Naturwissenschaften nicht zusätzlich geschlossen werden, dass es einen *geschlossenen Kausalzusammenhang* unabhängig von ihren methodischen Festlegungen gebe (⇨ theoretisch).
Naturwissenschaften verpflichten somit nicht zu einer kausal determinierten, mechanistischen Weltanschauung, ihre Ergebnisse sind vielmehr für Deutungen der Welt jenseits ihres Geltungsanspruchs offen (⇨ Gehirn/Geist, ⇨ Schöpfung).

[1] Corrigan, R. & Denton, P. (1996). Causal understanding as a developmental primitive. Developmental Review. – [2] Kattmann, U. & Jungwirth, E. (1988). Beachten logischer Strukturen im Biologieunterricht. Unterricht Biologie (139).

⇨ Keim

⇨ Körper

⇨ Kreislauf

Kultur

> **Wegweiser**
>
> Kultur ist Artmerkmal von *Homo sapiens*. Kulturen leben vom Austausch.

1 Vom Wort zum Begriff

Das Wort stammt von lateinisch colere: „pflegen“, „Pflanzen anbauen“, und davon abgeleitet culta: „Pflanzungen“. Diese Bedeutung ist im Wort „Kulturpflanzen“ sowie z. B. in der Bezeichnung von im Labor gehaltenen Algen als „Algenkultur“ bewahrt. Einen wohlerzogenen Menschen mit gutem Benehmen bezeichnet man entsprechend als „kultiviert“. Auch Kulturpflanzen tragen diesen Namen im ursprünglichen Sinn. Sie haben zugleich die Kulturentwicklung des Menschen mitbestimmt, ihr Name hat also einen doppelten Sinn.
Umgangssprachlich wird Kultur allgemein für kulturelle Erscheinungen verwendet wie Kunst, Theater, Literatur. Im Besonderen wird mit „Kultur“ die gegen andere Gruppen abgegrenzte Lebensweise einer Gruppe von Menschen bezeichnet, einschließlich der damit verbundenen Leistungen, Gewohnheiten, Rituale, Traditionen und Produkte.
In der *Biologie* wird der Begriff außer auf gesellschaftlich geprägte Lebensweisen, Leistungen und Produkte des Menschen auf ähnliche Verhaltensleistungen von Tieren angewendet, z. B. auf die Erscheinung, dass in verschiedenen Schimpansengruppen unterschiedliche Werkzeuge und Techniken des Nahrungserwerbs entwickelt sind und tradiert werden.
Abgrenzungen der unterschiedlichen menschlichen Kulturen stehen traditionell im Vordergrund der Betrachtung der *Kulturwissenschaften*, Ethnologie und Anthropologie. Zwischen den Kulturen hat es jedoch von Beginn der Menschheitsgeschichte an stets Handel und Informationsaustausch gegeben. Die unterschiedlichen Kulturen waren fast von Anfang an zu einer die Kontinente umspannenden „Weltkultur“ vernetzt.
Gegenüber der aufteilenden Sichtweise der Menschheit in verschiedene Kulturen oder gar gegensätzliche *Kulturkreise*, sollte man Kultur (in Einzahl) als allgemeines Phänomen menschlicher Lebensweise begreifen: Es gibt keine menschlichen Gemeinschaften ohne Kultur. „Naturvölker“ besitzen keine Schrift, sind aber in gleicher Weise als *Kulturvölker* zu begreifen wie die Völker mit Schrift besitzenden Kulturen (die traditionell als „Hochkulturen“ bezeichnet werden).
Verschiedene Kulturen sind keine sich ausschließenden Gegensätze, sondern verschiedene Ausprägungen der einen, die gesamte Menschheit umfassenden Kultur. Kultur ist als Kennzeichen der Eigenart des Menschen anzusehen, d. h. als Artmerkmal des Menschen. Die einzelnen Kulturen sind so gesehen Facetten der einen menschlichen Kultur.

2 Alltagsvorstellungen

2.1 Kultur ist Gegensatz zur Natur

Kultur ist in Alltagsvorstellungen ein Gegenbegriff zur Natur, sodass
- der Gegensatz natürlich-künstlich in die Anschauung von Kultur hineinspielt, z. B. beim Gegenüber von Naturlandschaft und Kulturlandschaft (⇨ natürlich).
- Kultur wird ausschließlich auf den Menschen bezogen und mit zerstörerischen Eingriffen assoziiert (⇨ Mensch-Natur-Beziehungen).

2.2 Eigene und fremde Kulturen

Kultur wird in gesellschaftlichen und politischen Zusammenhängen als Besitz von Menschengruppen definiert und bewertet:
- „Kultur" wird zur Beschreibung der eigenen Identität benutzt, und zwar fast immer, indem die eigene positiv bewertet und von anderen (fremden) Kulturen abgegrenzt wird.
- Mit einer positiven Bewertung der eigenen Kultur wird häufig die Forderung nach Bewahrung der „kulturellen Identität" verknüpft.
- Ein Inhalt der eigenen Kultur wird meist nicht angegeben, stattdessen an ein aus gemeinsamer Geschichte entspringendes „Zusammengehörigkeitsgefühl" appelliert.
- Fremde Kulturen werden gegenüber der eigenen als „wesensfremd" abgegrenzt und häufig abgewertet.
- Mit der Unterscheidung von „Kulturkreisen" wird traditionell die Annahme von einander feindlich gesinnten Weltanschauungen verbunden (abendländische Kultur vs. orientalische; westliche vs. islamische). Ein solches Kulturverständnis neigt dazu, gesellschaftliche Ausgrenzungen und Diskriminierungen mit dem „Bewahren von kultureller Identität" zu rechtfertigen, wie es früher mit der „Reinhaltung von Volk und Rasse" geschehen ist (⇨ Rassismus).

> *Unauslöschliche Herkunft*
> „Ich glaube nicht, dass ein Jamaikaner irgendwann unsere Mentalität annehmen kann. Ich glaube nie, dass er so ganz dieses Europäische wird annehmen können. … Im Grunde ist man immer, selbst wenn man sich anstrengt – man kann sich anstrengen wie man will und man kann irgendwie machen was man will – irgendwo ist immer noch ein letzter Funke von Herkunft. Sich so vollkommen in einen anderen Lebensbereich einbringen, das kann man nicht."
>
> *Christian, 12. Klasse [2]*

Obgleich Natur und Kultur des Menschen sich spannungsvoll gegenüberstehen, wird zuweilen die jeweilige Form der „Kultur" gleichsam zu einem eingeprägten Merkmal der betreffenden Bevölkerung „naturalisiert": Mit „kulturelle Herkunft" wird dann – auch unabhängig von äußeren Merkmalen – die *Wesensart* der Menschen assoziiert. Die kulturelle Prägung mache es Einwanderern unmöglich, ein vollgültiger Teil der aufnehmenden Bevölkerung zu werden (Zitat Christian). Wenn kulturelle Unterschiede zur Wesensverschiedenheit der Menschen erklärt werden, so führt dies leicht zur Zurücksetzung und Ablehnung von Ausländern und emotionaler Abwehr gegen angebliche „Überfremdung" (s. 3.2).

2.3 Geschichtliches: „Kulturstufen“ und „Rassen“

In der Antike wurde bereits die Vorstellung von der Verfeinerung und *Veredelung* des Menschen durch Erziehung und Gesellschaft entwickelt, die spätestens seit dem 18. Jahrhundert mit dem Wort „Kultur“ verbunden wurde. In der Aufklärung wurde diese Vorstellung zusätzlich vom Gedanken des *Fortschritts* in der Menschheitsgeschichte gespeist. Entsprechend wurden Kulturstufen angenommen: Als höchste Stufe galt die „Hochkultur“ der „weißen“ Europäer, als die niedrigste im Kontrast dazu die der dunkelhäutigen „Wilden“. Letztere wurde unter dem Einfluss der Evolutionsgedanken mit der „primitiven“ Kultur der Vorfahren des Menschen gleichgesetzt. Während *Thomas Henry Huxley* (1825–1895) und seine Zeitgenossen die ungeheure Kluft betonten, die den „zivilisierten“ Menschen von den „primitiven“ Völkern und den „niederen“ Tieren trennten, ermahnte sie *Charles Darwin* (1809–1882), nicht zu verkennen, dass „wir alle von Barbaren abstammen.“
Die unterschiedlichen kulturellen Leistungen wurden in der europäischen Geistesgeschichte auf unterschiedliche genetisch bedingte Fähigkeiten der sie schaffenden Menschen zurückgeführt. *Joseph Arthur de Gobineau* (1816–1882) hatte dazu eine Geschichtsphilosophie ausgearbeitet, nach der der Aufstieg und Niedergang von Kulturen rassebedingt ist. Der Zusammenhang von *Rasse und Kultur* sowie von Rasse und psychischen Eigenschaften war von Anfang an auch eine zentrale These der biologischen Anthropologie. Rasse und Kultur wurden weitestgehend in eins gesetzt: Die Stufe der Kultur wurde als Rasseneigenschaft definiert: „hochwertige Rassen“ schufen „Hochkulturen“, „minderwertige“ blieben auf Steinzeitniveau stehen. Bis in die Gegenwart findet man Ausläufer dieses Denkens (s. Kasten: Kultur als Leistung der „Rasse“). Man beachte, dass Kultur als „autochthon“ (bodenständig) bezeichnet wird und aus den speziellen Fähigkeiten der Menschen hergeleitet wird (Zitat Knußmann). Ähnlich wurden „Blut“ und „Boden“ in völkischer Ideologie verbunden. Derartige Anschauungen sind zwar wissenschaftlich überholt (s. 3.4), nichtsdestoweniger sind sie in Aussagen zum „Volkscharakter“, zur „Mentalität“ und zu „kultureller Identität“ lebendig (⇨ Rassismus, ⇨ Menschenrasse).

Kultur als Leistung der „Rasse“

„Eine jede autochthone Kultur muss ursprünglich auf dem Boden dessen gewachsen sein, was die sie tragenden Menschen an speziellen Fähigkeiten und Neigungen besessen haben.“

Rainer Knußmann (Vergleichende Biologie des Menschen, 1996)

Den Bevölkerungen der armenid-dinariden Rassen „verdankt die Menschheit die wiederholte Ausbildung von Hochkulturen, etwa die der Hethiter, vielleicht auch der Sumerer. Temperament, Kreativität und Eigensinn der Kelten und ihrer heutigen Enkel, der Gallier, Schwaben und mancher Bayern, sind wohl dinarides Erbe.“

(Herder Lexikon der Biologie, 1. Aufl. 1985)

3 Für Unterricht: Anschauung und Vertiefung

3.1 Potenziale der Alltagsvorstellungen

Alltagsvorstellungen	Chancen für fachliches Lernen	Hindernisse für fachliches Lernen
Kultur gibt es nur beim Menschen.	*Perspektivenwechsel:* Tradition bei Tieren *Anknüpfung*: Definition von Kultur als durch Symbole (Sprache) vermittelt (3.2)	kategoriale Unterscheidung Mensch–Tier
Die eigene Kultur verleiht Zusammengehörigkeit und Identität.	*Kontrast:* Austausch zwischen den Kulturen (3.3)	Deutung von Kulturen als wesensmäßig verschieden
Verschiedene Kulturen stehen sich feindlich gegenüber.	*Perspektivenwechsel:* Eigenbild bestimmt Fremdbild (3.3, ⇨ Rassismus)	
Kultur ist das Gegenteil von Natur.	*Perspektivenwechsel:* Mensch als Teil und Gegenüber der Natur (⇨ Mensch-Natur-Verhältnis, ⇨ natürlich) *Kontrast:* biogeografische Bedingungen der Kulturentwicklung (3.4)	Gegensatz natürlich-künstlich Ablösen der Kultur von Natur
Kulturen sind Leistungen der dazu fähigen Bevölkerungen.	*Kontrast:* biogeografische Bedingungen der Kulturentwicklung (3.4) *Perspektivenwechsel:* Kultur als Artmerkmal des Menschen (3.5)	Verknüpfung von Kulturen und Genen

Tabelle 1: Alltagsvorstellungen zu Kultur geben Hinweise für fachliches Lernen.

3.2 Kultur bei Tieren?

Besonders im angelsächsischen Schrifttum werden Verhaltensweisen von Tieren, die einer Gruppe innerhalb der Art eigen sind, als „Kultur" bezeichnet. Als Kennzeichen solcher Tierkulturen wird die Weitergabe der Verhaltensweisen durch Lernprozesse angegeben. Kultur wird hier also lediglich als *gruppenspezifische Tradition* von Verhaltensweisen definiert, sodass sie auch einfach als solche bezeichnet werden könnte.
Ein umfassendes Verständnis von Kultur ist jedoch an Sprache gebundene *symbolvermittelte* Tradition. Das dadurch vermittelte *Gruppenbewusstsein* ist mit bestimmten kulturellen *Normen* verbunden. Von Kultur sollte man bei Tieren daher nur sprechen, wenn diese Merkmale bei ihnen nachgewiesen werden. Das ist bisher selbst bei Schimpansen nicht der Fall. Der Mensch bleibt bis zum Nachweis des Gegenteils das einzige Tier mit einer Kultur.

3.3 „Kampf der Kulturen“?

In Teilen der Psychologie und Kulturwissenschaften werden das Gegeneinander und die *Isolation* der Kulturen als deren hervorstechende Merkmale angesehen.
Der deutsch-US-amerikanische Psychologe *Erik Erikson* (1902–1994) verglich die Vielfalt der Kulturen beim Menschen mit der Vielfalt der Arten bei Tieren. Er meinte, dass die genetische Isolation der Arten bei Tieren der Abgrenzung der Kulturen beim Menschen entspreche. Der Vielfalt der Arten bei Tieren stehe daher die Vielfalt der Kulturen des Menschen gegenüber. Kulturen seien als „Pseudospezies“ zu betrachten.
Der US-amerikanische Politikwissenschaftler *Samuel Huntington* (1927–2008) meinte, scharf gegeneinander abgegrenzte kulturelle Blöcke unterscheiden zu können, wie den westlichen, islamischen, hinduistischen Kulturblock. Es gibt seiner Meinung nach keine zusammenhängende menschliche Kultur, sondern nur gegeneinander stehende Kulturräume mit ihren jeweils eigenen Traditionen und Werten. Deshalb komme es zwischen den Kulturen unweigerlich zu schweren Konflikten („clash of civilizations“, 1993).
Mit den Anschauungen von kultureller Isolation bzw. feindlicher Auseinandersetzung, wie sie von *Erikson* bzw. *Huntington* vertreten wurden, wird jedoch nur eine Seite der Medaille betrachtet: Über kulturelle Grenzen hinweg hat es immer auch Gemeinsamkeiten und vor allem lebhaften *Austausch* gegeben, was kulturelle Differenzierung wesentlich von der genetischen Isolation und Differenzierung der Arten unterscheidet. Die Charakterisierung von Kulturen als „Pseudospezies“ geht daher fehl.
Gegeneinander abgeschlossene Kulturkreise oder kulturelle Blöcke gab und gibt es in Wahrheit nicht. Die angeblich „abendländische“ christliche Religion teilt mit dem zum „Morgenland“ gerechneten Islam und dem Judentum eine gemeinsame, kleinasiatische Herkunft. Die Kulturen Europas gründen in den frühen Kulturen Vorderasiens. Von dort breitete sich der dort etwa 8500 v. Chr. erfundene Ackerbau samt Viehzucht nach Nordwesten aus, was mit der Einwanderung kleinasiatischer Bauern verbunden war. Schon früh gab es einen Austausch des Wissens von Westeuropa bis China: Von den Nahrungspflanzen im römischen Reich waren ursprünglich nur zwei, nämlich Hafer und Mohn, in Italien heimisch, die Hauptnahrungspflanzen (Weizen, Gerste) stammen aus Kleinasien; außerdem gab es Hirse (aus Zentralasien), Zitrusfrüchte (aus Indien), Hühner, Reis, Pfirsiche, Birnen (aus China). Etwa 500 v. Chr. wurde im Mittelmeerraum der Apfelbaum kultiviert. Die dazu nötige Veredelungstechnik aber stammt aus China. [1]
In der späteren kulturellen Entwicklung ging der Informationsstrom ebenfalls von Südosten nach Nordwesten und nicht umgekehrt. Ohne die Tradition der Araber hätte Europa keine Kenntnis der griechischen Philosophie, einschließlich *Plato* und *Aristoteles*. Die erste wissenschaftliche Blüte gab es in Europa im damals muslimischen Spanien.

3.4 Ursachen unterschiedlicher Kulturentwicklung

Es sind keine Merkmale und keine Genvarianten bekannt, die die Bewohner Kleinasiens oder Chinas auszeichnen könnten, sodass dort zuerst Schriftkulturen entstehen konnten und woanders nicht.
Die Intelligenz der Menschen wurde unter den Bedingungen des Sammelns und Jagens herausgebildet. Demnach ist es abwegig, dass als Sammlerinnen und Jäger lebende Menschen weniger intelligent oder weniger kulturfähig sein sollten als diejenigen, die heute

in Industriestaaten mit Schrift und hoch entwickelter Technik leben. Eigenschaften, die man als „intelligent" bezeichnet (Auffassungsgabe, Beobachtungs-, Unterscheidungs- und Orientierungsvermögen), spielen für das Überleben der Individuen bei der Lebensweise der Sammlerinnen und Jäger eine größere Rolle als bei Völkern mit Ackerbau und Viehzucht oder in Industriegesellschaften. Den häufigsten Todesursachen in Stammesgesellschaften wie Morden, Stammeskriegen, Unfällen und Verhungern kann der Einzelne durch Intelligenz entgegenwirken, während das Überleben bei Seuchen, die die bäuerlichen und städtischen Gesellschaften Europas als häufigste Todesursachen wiederholt heimsuchten, mit Intelligenz kaum etwas zu tun hat. Es hängt vielmehr von biochemischen Eigenschaften des Körpers ab (Beispiel: größere Anfälligkeit von Menschen mit Blutgruppe A gegenüber Pocken).

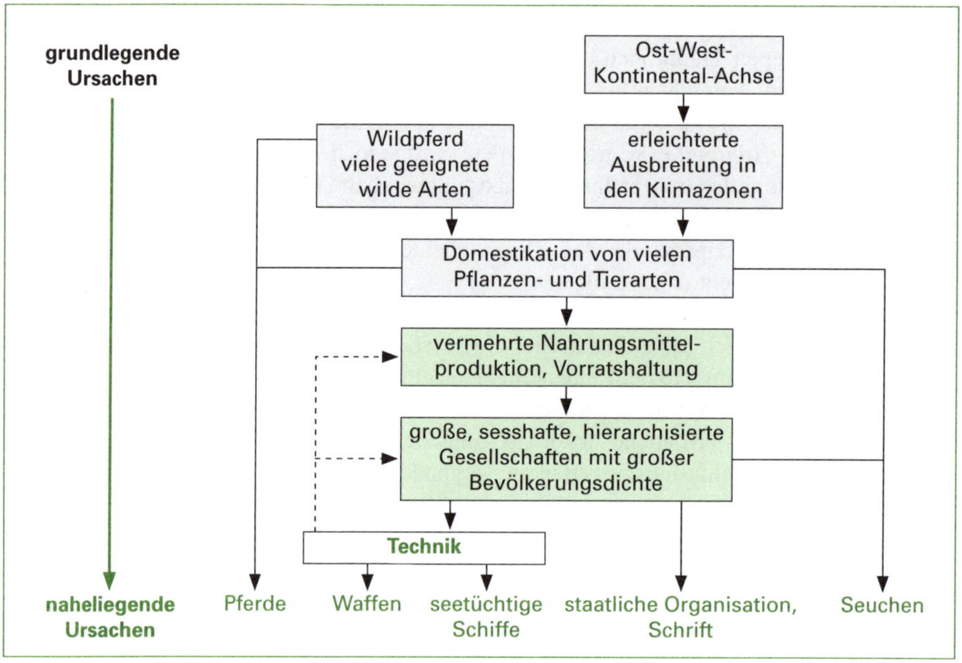

Abb. 1: Grundlegende und naheliegende Bedingungen für die Entwicklung der Kultur in Eurasien [1]

Die Kulturentwicklung beruht nicht auf genetischen Besonderheiten der Menschen, sondern auf den besonderen *biogeografischen Bedingungen* ihrer Wohngebiete.

Schriftkulturen basieren auf verbesserter Nahrungsgrundlage durch Ackerbau und Viehzucht. Zur Domestikation geeignete Pflanzen und Tiere gab es nur in wenigen Regionen der Erde. Als Folge entwickelten sich primär nur in diesen Regionen Ackerbau, Viehzucht, Bevölkerungswachstum, Arbeitsteilung (mit Spezialisten), soziale Hierarchien und staatliche Organisation sowie damit verbunden Metallverarbeitung und Schrift (Abb. 1). [1] [4]

Die Ursachen unterschiedlicher Kulturentwicklung sollten im *Unterricht* im Zusammenhang mit den Vorstellungen zu Kultur und Rassen behandelt werden (↗ Kulturentwicklung).

3.5 Kultur als Artmerkmal des Homo sapiens

Globalisierung ist eigentlich nur verkehrs- und informationstechnisch sowie wirtschaftlich eine neue Erscheinung. Kulturell gibt es sie schon seit den steinzeitlichen Anfängen. In einem umfassend humanen Sinne gibt es *nur eine einzige Kultur* als Artmerkmal des Menschen, d. h. als globale Einheit in vielfältigen regionalen und lokalen Varianten.
In diesem Zusammenhang ist die Vorstellung zu revidieren, dass sogenannte Naturvölker primitive Gesellschaften ohne entwickelte Kulturen seien. Vielmehr können die schriftlosen Kulturen der Sammlerinnen und Jäger genutzt werden, um universale Züge menschlicher Kulturen und deren Ausprägung unter verschiedenen Lebensbedingungen zu verdeutlichen: Arbeitsteilung, soziale Regeln bei Nahrungserwerb und Nahrungsteilung, Gegenseitigkeit, Geräteherstellung und -nutzung, Feuernutzung und -bewahrung, Traditionen, Spiele, Heiratsriten und Feste, Kunst und Musik, Naturkenntnisse und Naturvorstellungen, Religion. [3]
Die Abhängigkeit der Kulturentwicklung von den Lebensbedingungen stellte bereits der Anatom und Bearbeiter des ersten Neandertaler-Fundes, *Hermann Schaaffhausen* (1816–1893), heraus und betonte dabei, dass die *eine* erdumfassende Kultur der gemeinsame Besitz aller Völker sei (Kasten).

Kultur als Gemeingut
„Die glücklichen Völker, die nun einmal durch das Zusammentreffen der günstigsten Lebensbedingungen seit Jahrtausenden die Träger und Förderer der menschlichen Kultur geworden sind – nicht durch sich selbst allein, sondern durch jene von Geschlecht zu Geschlecht, von Volk zu Volk, von Weltteil zu Weltteil fortgepflanzte Erbschaft von Geistesschätzen, sind schon darum nicht berechtigt, die höchsten Güter der Welt für sich allein in Besitz zu nehmen, weil die Erfahrung gelehrt hat und die Zukunft es immer wieder lehren wird, dass die menschliche Kultur einen um so höheren Aufschwung nimmt, je mehr sie Gemeingut aller Völker der Erde wird. Wenn man die Rassen als im Wesen verschiedene Menschenstämme ansieht, so zerfällt die ganze Geschichte in eine Reihe unzusammenhängender, nacheinander ablaufender Schauspiele.“

Hermann Schaaffhausen, 1885

Entgegen der Alltagsvorstellung, dass unterschiedliche Kulturen als gegensätzlich und die Menschen trennend gedacht werden, sollte Kultur (im Singular) als allen Menschen gemeinsam vermittelt werden. Unterschiede bedeuten Reichtum; kulturelle Abgrenzung und Ausgrenzung sind Armutszeugnisse. Die Kulturkreislehre ist ein Abkömmling der Rassentheorien (⇨ Rassismus). [5]

[1] Diamond, J. (1999). Arm und Reich. Das Schicksal menschlicher Gesellschaften. München. – [2] Janßen, Anne (1998). Vorstellungen von „Menschenrassen“ in der Fachwissenschaft und bei Schülerinnen und Schülern. Oldenburger Vordrucke 368. Abdruck mit freundlicher Genehmigung des Didaktischen Zentrums, Carl von Ossietzky Universität Oldenburg. – [3] Kattmann, U. (1996). Vorschläge zur Unterrichtsgestaltung am Beispiel „Zusammenleben in den Gesellschaften von Sammlerinnen und Jägern“. In R. Hedewig, U. Kattmann & D. Rodi (Hrsg.), Handbuch des Biologieunterrichts Sekundarbereich 1 (Band 7). Köln. – [4] ders. (2009). Überlegene Europäer? Unterricht Biologie (342). – [5] ders. (2013). Race, genes and culture. In M. Koegeler-Abdi & R. Parncutt (Eds.), Interculturality: Practice meets research. Newcastle upon Tyne.

lebendes System

Wegweiser

Lebende Systeme sind Lebewesen oder Systeme, in denen Lebewesen eine wesentliche Rolle spielen.

Lebende Systeme (Biosysteme) zeigen dieselben Eigenschaften wie andere offene Systeme, speziell Rückwirkungssysteme. Gegenüber den rein formalen Definitionen der allgemeinen Systemtheorie sind jedoch im biologischen Bereich einige Besonderheiten zu beachten. Bei der Unterscheidung von biologischen „Organisationsebenen" ist zum Beispiel von besonderem Belang, welche *Art* von Relationen betrachtet wird. Verschiedene Relationen (z. B. ökologische und physiologische) werden beim Gehen von einer Organisationsebene zur anderen meist nicht beachtet (z. B., wenn Ökosysteme als Organismen aufgefasst werden.).
In *Alltagsvorstellungen* werden Biosysteme vor allem daran unterschieden, wie groß sie sind; z. B. sind Zellen kleiner als Lebewesen und diese wiederum kleiner als die sie umfassenden Ökosysteme. Neben der Größe spielt die Komplexität eine Rolle für die Unterscheidungen. So gelten Ökosysteme als komplexer als das einzelne Lebewesen.
Bei der globalen Sicht auf die Erde werden mit den Stoffströmen z. T. andere Aspekte beachtet als beim Blick auf einzelne Ökosysteme. Bei den einzelnen Ökosystemen stehen in Alltagsvorstellungen die Beziehungen zwischen Lebewesen und abiotischen Faktoren im Vordergrund. [1]

Alltagsvorstellungen	Chancen für fachliches Lernen	Hindernis für fachliches Lernen
Betrachten von Systemen als reale Objekte	*Perspektivenwechsel:* Systeme als gedankliche Konstrukte erfassen (⇨ System)	alltäglicher Realismus
Unterscheidung anhand von Komplexität	*Kontrast:* Steigerung der Komplexität durch höhere Auflösung in Elemente	
Unterscheidung anhand der Größe	*Perspektivenwechsel:* Hierarchie der lebenden Systeme, Unterscheidung verschiedenartiger Relationen, Wechsel zwischen den Ebenen	

Tabelle 1: Alltagsvorstellungen zu lebendes System geben Hinweise für fachliches Lernen.

Fachlich wird aufsteigend von der einfachen Zellebene bis hinauf zu Ökosystemen der Erde eine Abfolge von Biosystemen unterschieden, die sich nicht nur im Umfang und in den Elementen, sondern vor allem in der Art der *Relationen* unterscheiden. Berücksichtigt man dies, so können drei Biosysteme als *grundlegend* beschrieben werden (Abb. 1):
- der *Organismus*: Betrachtet werden *physiologische* Relationen in und zwischen den organismischen Einheiten (Organe, Gewebe, Zellen);

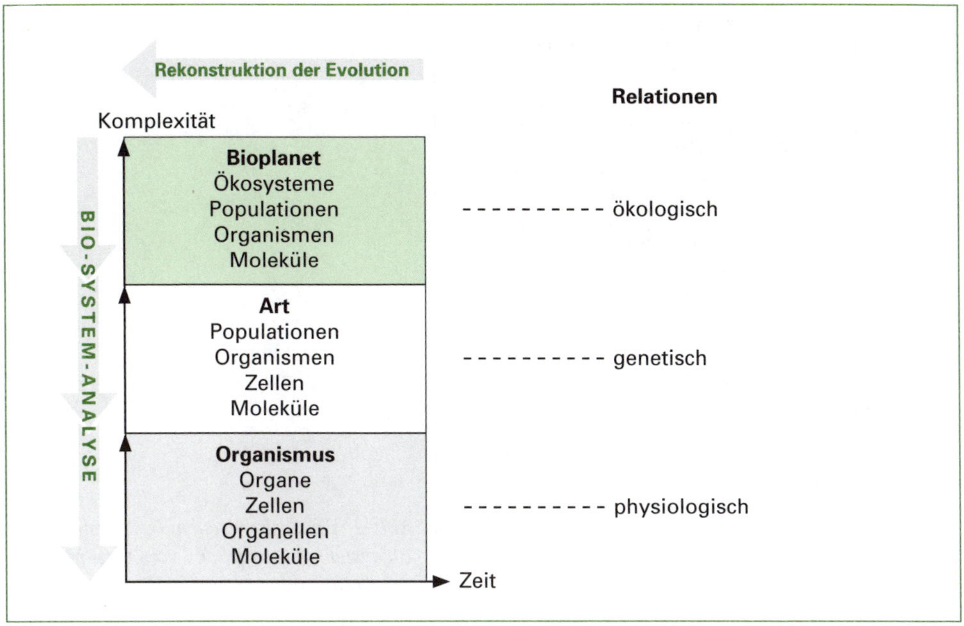

Abb. 1: Ebenen und Relationen der Biosysteme sowie auf sie gerichtete wissenschaftliche Tätigkeiten [2]

- die *Art*: Betrachtet werden *genetisch-generative* Relationen in und zwischen den Populationen einer biologischen Art (⇨ Art);
- der *Bioplanet* Erde: Betrachtet werden *ökologische* Relationen in und zwischen den ökologischen Einheiten (⇨ Ökosystem, ⇨ Bioplanet). [2]

Ein weiteres Unterscheidungsmerkmal zwischen Biosystemen ist ihre Fähigkeit, sich selbst zu reproduzieren, zu organisieren oder nur zu strukturieren (⇨ ordnen).

Unter den organismischen Systemen spielt die *Zelle* eine besondere Rolle: Zellen sind entweder Teile von Organismen oder selbst Organismen (Einzeller). Sie werden daher hier nicht als eigene Ebene behandelt (⇨ Zelle).

Biosysteme haben eine *Geschichte*: Ihre spezifischen Relationen sind evolutionär, d.h. historisch zu erklären (⇨ Evolution).

Biosysteme können daher in das Achsenkreuz *Komplexität* und *Zeit* gestellt werden (Abb. 1). Die durchgehenden wissenschaftlichen Tätigkeiten, Systemanalyse und Rekonstruktion der Evolution sind der Komplexität bzw. der Zeit entgegengesetzt: lebende Systeme lassen sich nur zerlegen, aber nicht einfach zusammensetzen; Evolution lässt sich nur rekonstruieren, aber nicht eindeutig vorhersagen.

Um die Besonderheiten der Ebenen lebender Systeme zu beachten und die damit verbundenen Prozesse zu verstehen, wird empfohlen, das Auf- und Absteigen zwischen verschiedenen Ebenen besonders zu üben (Abb. 2). [3]

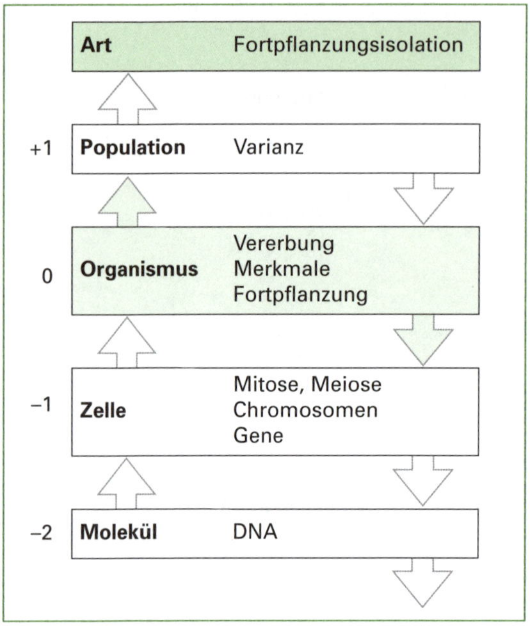

Abb. 2: Wechsel zwischen den Ebenen von Biosystemen (ausgehend vom Organismus) zur Erklärung genetischer Prozesse (Yo-Yo-Strategie) [3]

[1] Jelemenská, P. (2006). Biologie verstehen: ökologische Einheiten. Beiträge zur Didaktischen Rekonstruktion 12. Oldenburg. – [2] Kattmann, U. (2013). Geschichte und Struktur der Biologie. In H. Gropengießer, U. Harms & U. Kattmann, (Hrsg.), Fachdidaktik Biologie. Hallbergmoos. – [3] Knippels, M.C.P.J. (2002). Coping with the abstract and complex nature of genetics in biology education. Utrecht.

lebendig/Leben

Wegweiser

Biologisch beschreibbares Leben ist eine Systemeigenschaft: Lebenserscheinungen entstehen durch das Zusammenwirken gleich notwendiger Teile.

1 Vom Wort zum Begriff

Jeder Mensch glaubt zu wissen, was Leben heißt. Dennoch gibt es sehr verschiedene Meinungen darüber, was das Wort bedeutet und woran man erkennen kann, ob etwas lebt. Die Unsicherheit, was Leben konkret bedeutet, zeigt sich auch bei den Adjktiven „lebend", „lebendig" und „belebt". Ist ein „belebtes" System ein „lebendes" System und „lebendig"? Nach heutiger Kenntnis liegt die Wurzel des Worts Leben im indoeuropäischen -(s)lei*, das so viel wie „feucht", „schleimig", „glitschig", „kleben(bleiben)" bedeutete. Für eine Assoziation dieser Wörter zu „Leben" denke man z. B an das Protoplasma der Zellen, den „Urschleim". Unter Wegfall des „s" ergibt sich eine Entwicklungslinie vor allem zum Wort „Leib" (vgl. den Ausdruck „mit Leib und Leben"). Diese Linie führte auch zu dem heutigen „bleiben" und dokumentiert, dass „leben" etwas mit „bleiben" (ursprünglich kleben bleiben) zu tun hat: Solange etwas lebt, *bleibt* es (vgl. Zitat Florian, Kasten, S. 211). Zerfall setzt erst mit dem Tod ein (↗ sterben/Tod).

Innerhalb der *Biologie* gibt es Meinungsverschiedenheiten darüber, ob der Begriff „Leben" überhaupt Gegenstand des Faches sein sollte. Manche Biologen wollen das Wort „Leben" vermeiden, da es einen „metaphysischen Begriff" bezeichne. Gegenstand der Biologie seien nur die konkreten „Lebewesen" oder „lebende Systeme" und nicht „Leben" selbst. Andere definieren Leben in systemtheoretischer Sicht als umfassenden Prozess, an dem die Lebewesen teilhaben.

2 Alltagsvorstellungen

2.1 Was heißt Leben?

Empirische Untersuchungen zeigen, dass das Alltagsverständnis von Leben auf verkörperten Vorstellungen beruht, die durch ursprüngliche Erfahrungen gebildet werden. [5]

Die Unterscheidung von „lebendig" und „nicht lebend" erfolgt entsprechend anhand anschaulicher Kriterien:

- Eigenbewegung ist das hervorstechende Merkmal von Lebendigem. Fließendes Wasser heißt daher auch „lebendiges Wasser"; Kerzenlicht nennt man im Gegensatz zu elektrischen Lampen „lebendes Licht", ohne dass damit wirklich „leben" gemeint ist.
- Zuweilen wird Leben stofflich oder energetisch als „Lebenssaft" oder „Lebenskraft" vorgestellt.
- Lebewesen werden anhand von Erscheinungen und Prozessen, die man an sich selbst erlebt (neben Bewegung, Wachstum, Atmung, Fühlen, Reagieren, Bewusstsein) von unbelebten Dingen unterschieden.

Darüber hinaus hat „Leben“ in *Alltagsvorstellungen* eine Doppelnatur:
- Leben wird als subjektives Erleben begriffen („Ich lebe bewusst“, „Ich koste mein Leben aus“).
- Leben wird als objektiver Tatbestand bzw. natürlicher, objektivierbarer Prozess verstanden (z. B. Sauerstoffverbrauch durch Atmung).

Leben heißt …		
… zum Ersten verkörperte Vorstellungen	*… zum Zweiten* mit alltäglicher Erfahrung assoziierte Vorstellungen	*… zum Dritten* wissenschaftliche Vorstellungen
Dasein, Bleiben, Leib	Freude, Freiheit, Liebe, Glück, Sinn, Wärme, Licht, Nähe	zellulär strukturierter Aufbau
Bewegung, Wachsen und sich Entwickeln	Aktivität, Bedürfnisse, Veränderung, Wandel	Wachstum, autonome Eigenbewegung, Reizbarkeit, Fortpflanzung und Entwicklung, Stoffwechsel; ständige Selbststeuerung
Bewusstsein, Wille, Absicht	Tiefgründigkeit, Gesundheit, Offenheit, Helligkeit	physikalisch und chemisch erklärbare Selbststrukturierung der Materie
Erfahrung der Ganzheit	Hoffnung, Glauben, Zuversicht, Zukunft, Freunde, Zusammensein mit anderen: Beziehung	Ausbalancierung polarer Gegensätze zu überlebensfähigen Kompromissen
Leben heißt: „In Beziehung bleiben“.		

Tabelle 1: Drei Stufen der Vorstellungen zum Leben, zum Ersten verkörperte Vorstellungen aus primären Erfahrungen [5], zum Zweiten Vorstellungen aus alltäglicher Erfahrung, zum Dritten biologische Vorstellungen

Spektrum der Bedeutungen. Die Mehrdeutigkeit des Worts „Leben“ kann auf einen dreischrittigen Prozess der Vorstellungsbildung zurückgeführt werden. „Leben“ ist dabei ein Paradebeispiel, wie Begriffe erfahrungsbasiert verstanden werden können. „Aus frühkindlichen Erfahrungen mit der Wahrnehmung, der Körperbewegung, der physischen und sozialen Umwelt entwickeln wir eine verkörperte Vorstellung zu ‚Leben‘ und ‚lebendig‘“. [5] Diese verkörperte Vorstellung ist die Grundlage, den Satz „ich lebe“ direkt verstehen zu können (Tabelle 1, linke Spalte).

Leben heißt „da-sein"

„Ich denke, dass die Pflanzen in meinem Zimmer auf jeden Fall leben, weil sie sonst nicht mehr da sein würden, wenn sie nicht leben würden. Wenn ich jetzt nicht leben würde oder du, dann würden wir auch nicht mehr da sein. Mit ‚da sein' meine ich, dass man einen sieht und dass man überhaupt da ist."

Florian, 10 Jahre [4]

Lebenssaft

„Der Lebenssaft ist das, was die Pflanze zum Blühen bringt. Zu ihm gehören die Nährstoffe im Boden, Wasser und auch die Sonne, weil durch Wärme die Pflanze blühen kann. Er ist in der Pflanze, in den Blättern und als Plasma im Stängel. Wenn man die Pflanze (Blume) abschneidet, ist der Lebenssaft noch da, zum Beispiel als Milch im Löwenzahn."

Silke, 17 Jahre [6]

Das weitere Verständnis von „leben" (als Tätigkeit) und „Leben" (als Phänomen) wird dagegen nur indirekt, d. h. aufbauend auf der verkörperten Vorstellung gebildet, indem dieses (imaginativ) auf andere Bereiche übertragen und erweitert wird. Die verkörperte Vorstellung bestimmt so auch, welche Phänomene in welcher Weise als „lebendig" betrachtet werden (s. 2.2). Die einfachste und zugleich existenziell verankerte Vorstellung ist, dass das Leben einfach „Dasein" bedeutet. (Zitat Florian, vgl. Tabelle 1 linke Spalte, 1. Zeile). Dabei gabelt sich das Verständnis in die alltäglichen Vorstellungen, und die stärker eingeschränkten und formalisierten wissenschaftlichen Vorstellungen (Tabelle 1, mittlere und rechte Spalte).
Aus *Assoziationen* zum Stichwort „Leben" ist zu erschließen, was die Befragten im Alltag spontan bewegt und was sich dann auch in vielen ihrer Handlungen niederschlägt. Dazu gehören emotional getönte Erfahrungen (Gefühle und Befindlichkeiten) und sachlich orientierte Phänomene (Lebewesen und Lebensäußerungen). Die Assoziationen spiegeln damit die umgangssprachliche Mehrdeutigkeit des Worts „Leben" wider (Tabelle 1).
„Tod" wird innerhalb der Kategorie Lebenslauf relativ häufig assoziiert (6 %). Das kann daran liegen, dass das Gegenteil eines Begriffs häufig aufgrund des „Flipflop-Mechanismus" genannt wird: Zu einem bestimmten Reizwort schaltet man gern erst einmal – auch ohne inhaltliche Füllung – auf das Gegenteil um, z. B. wird das Wort „warm" am häufigsten mit „kalt" assoziiert. Die Assoziation von Leben zu „Tod" hat jedoch darüber hinaus eine inhaltliche Füllung, da dieselben Jugendlichen im Interview tiefgehende Gedanken über Leben und Tod äußerten (➩ sterben).
Leben als soziale Beziehung. Zu Beginn eines Ferienseminars von Schülerinnen und Schülern der gymnasialen Oberstufe zum Thema „Leben und Tod" wurde eine Kartenabfrage „Was denkst du bei dem Wort ‚Leben'?" durchgeführt. Die Teilnehmenden schrieben ihre Gedanken sehr häufig in derselben Reihenfolge auf: Sie bewegten sich von grundlegenden biologischen Erscheinungen über die Wahrnehmung des eigenen Lebens hin zu zwischenmenschlichen Beziehungen. Diese Reihenfolge ist sowohl bei mehr assoziativem Nachdenken (z. B. Zitat Anne) wie auch bei definierendem Vorgehen (Zitat Bernd) erkennbar (s. Kasten). Die Befragten waren durch ihr Engagement in der evangelischen Jugend besonders an sozialen Fragen interessiert. Die wissenschaftlichen Begriffe scheinen ihnen als

Assoziation	Häufigkeit (%)
Gefühle/Befindlichkeiten	
Freude, Freiheit, Liebe, Glück, Gesundheit, Trauer, Sinn	15
Lebenslauf	
Tod, Geburt, Sterben	10
Lebewesen/Natur	
Tiere, Menschen, Pflanzen	9
Lebensäußerungen	
Bewegung, Atmung, Entwicklung, Fortpflanzung, Stoffwechsel	6
Schule	1

Tabelle 2: Die 20 häufigsten Assoziationen zum Stichwort „Leben" (Klassen 9 bis 13, N = 1050; Häufigkeit in % aller 5923 abgegebenen Assoziationen). Die 20 häufigsten Assoziationen nehmen insgesamt 41 % aller genannten Assoziationen ein. [13] (Man vergleiche auch das Zitat Hubert zum Stichwort „lebendig", s. 2.2).

sachlicher Ausgangspunkt gedient zu haben, von dem her sie über die alltägliche Erfahrung einen Begriff von Leben im „Vollsinn" anzielen, der durch das Zusammenleben mit anderen Menschen (Mitmenschlichkeit) erreicht wird. [7]

Was denkst du bei dem Wort ‚Leben'?

Lebensziel Miteinander
„Dass ich atme, mich bewegen kann und mich meiner Gesundheit erfreue. Aber nicht nur das, sondern ich will in der Zeit meines Lebens so viel, wie ich kann, für andere tun."

Anne, 11. Klasse Jahre

„Rauchen, schlafen, essen. Das Zusammensein mit anderen Menschen."

Gerburg, 12. Klasse

„Dieser Begriff müsste aufgegliedert werden: biologisch, psychisch, gesellschaftlich, theologisch."

Bernd, 12. Klasse [7]

Logischer Kern des Begriffs. Hinweise auf den logischen Kern des Lebensbegriffs Jugendlicher gibt ein Multiple-Choice-Test, dessen vorgegebene Wahlantworten auszugsweise in Tabelle 3 wiedergegeben sind.
Die *biologisch* präzise formulierten Aussagen 2, 4, 6 und 7 werden zwar von einem großen Anteil der Befragten angekreuzt, es bleibt jedoch jeweils ein beachtlicher Rest, die diese Aussagen nicht wählen.
Bei den extremen Standpunkten der Aussagen 8 und 9 beträgt die Summe aus entschiedenen „Materialisten" und „Idealisten" zusammen 35 %. Der Rest sind hier ganz offensichtlich Jugendliche, die – darauf weist die Aussage 10 mit 77 % Zustimmung hin – beide Standpunkte bewusst im Sinne eines *Sowohl-als-auch* verknüpfen.

Aussage	**angekreuzt**
1. Leben ist das Gegenteil von Tod.	67 %
Grundlage und Bedingung für Leben	
2. Leben ist nur auf zellulärer Basis möglich.	50 %
3. Leben ist nur auf der stofflichen Grundlage von Eiweiß (Protein) möglich.	25 %
4. Leben ist immer dann vorhanden, wenn Sauerstoff-Atmung nachweisbar ist.	46 %
5. Leben ist nur dann vorhanden, wenn Sauerstoff-Atmung nachweisbar ist.	9 %
Lebensprozesse	
6. Leben ist durch die Merkmale Stoffwechsel, Fortpflanzung, Wachstum, Bewegung und Reizbarkeit hinreichend gekennzeichnet.	46 %
7. Leben ist ein Prozess ständiger Regelung.	36 %
Wesen des Lebens	
8. Leben stellt eine ausschließlich physikalischen und chemischen Gesetzmäßigkeiten gehorchende besondere Form der Materie dar.	19 %
9. Leben ist ein geistiger Vorgang, der das Wirken eines spezifischen „Lebensgeistes" in der materiellen Welt voraussetzt.	16 %
10. Leben ist an Materie gebunden, aber ebenso durch geistige, seelische und kulturelle Entfaltung gekennzeichnet.	77 %

Tabelle 3: Auswahlantworten eines Multiple-Choice-Tests zum Lebensbegriff. (N = 559 Oberstufenschüler). Die Prozentzahlen geben den Anteil der Befragten an, die die betreffende Aussage angekreuzt haben. [15]

2.2 Was ist lebendig?

Eine große Anzahl von Untersuchungen betrifft die Frage, was Menschen für „lebendig" bzw. für „nicht lebend" ansehen. Diese Zuschreibungen werden wesentlich von der verkörperten Vorstellung von „Leben" bestimmt (Tabelle 1, S. 210, linke Spalte). Tiere werden danach wie Menschen uneingeschränkt als lebendig und als Lebewesen bezeichnet (Tabelle 4).
Daneben gibt es zwei Tendenzen:

- Dinge, die der verkörperten Vorstellung wenigstens teilweise entsprechen, werden „verlebendigt", so können „Stein, Sonne, Mond, Wind, Regen, Feuer, Fahrrad, Auto, Stift, Uhr, Bewegung, Gefühle oder Schaffen und Streben" im lebensweltlichen Verständnis als „lebendig" begriffen werden (Zitat Hubert).
- Auf der anderen Seite werden Lebewesen „entlebendigt", d. h. für nicht lebend gehalten, weil ihnen bestimmte Eigenschaften zu fehlen scheinen: Eier, Seepocken, Korallen Schwämme, Samen und Früchte werden von vielen Befragten nicht für lebendig gehalten, weil sie sich nicht bewegen und „nichts tun" (s. 3.4 „Ist der Apfel lebendig?"). Pflanzen werden häufig nur eingeschränkt für lebendig gehalten, vor allem, weil an ihnen keine Bewegung wahrgenommen wird oder ihnen kein Wille und kein Bewusstsein zugeschrieben werden (⇨ Pflanze). [2] [5]
- Manche Befragte differenzieren zwischen „lebendig" und „Lebewesen", da mit letzterem nicht nur Bewegung und Stoffwechsel, sondern verstärkt Bewusstsein, Geist und Wille verbunden werden (Zitat Hubert). Besonders bei Pflanzen wird zwischen Lebewesen und lebendig unterschieden. Außerdem kann ein Objekt, weil es nicht aktiv ist, zwar als „nicht lebendig" bezeichnet werden, aber es kann dennoch das „Potential zum Leben" haben, wie z. B. ein Pflanzensame (⇨ Pflanze). [2] [4]
- Im ökologischen Bereich wird in Alltagsvorstellungen eine Landschaft oder ein Gewässer oft als „tot" bezeichnet, wenn keine Tiere oder Pflanzen in ihnen leben (z. B. Totes Meer).

Lebendiges Lebewesen
„Zu dem Begriff lebendig fallen mir die Wörter Stoffwechsel, Seele, Geist, Herz, Verstand, Gehirn, Lebewesen, Tier, Mensch, Pflanze, nicht tot, aufgeweckt und sportlich ein. Gehirn, Seele und Geist sind für mich Grundvoraussetzungen dafür, dass ein Wesen lebendig ist, also dass es ein Lebewesen ist, also ein Tier oder Mensch und keine Pflanze. "

Hubert, 18 Jahre [2]

Kategorien	**Biologisch nicht zutreffende Antworten (%) „nicht lebendig"**
Tiere	*0,6*
Katze Schmetterling Fisch	0,2 0,5 0,9
Pflanzen	*18*
Kräuter Pilz Baum	14 19 22
Enwicklungsstadien	*44*
Samen Ei	39 48
Kategorien	**„lebendig"**
Nichtlebendes	*19*
Wind Sonne Luft Feuer Fluss Wolken Zug Fernsehen	26 25 24 22 21 20 09 1

Tabelle 4: Klassifizierung von Objekten durch israelische Schüler als „lebendig" oder „nicht lebendig" (N = 424; Klassen 4 bis 9, Prozentangaben gerundet) Angaben nach [5]

2.3 Geschichtliches: Gibt es in Lebewesen eine „Instanz des Lebens"?

Obgleich Lebewesen und Lebenserscheinungen Denker und Forscher seit je beschäftigt haben, wurde ein allgemeiner wissenschaftlicher Begriff von „Leben" erst zu Beginn des 18. Jahrhunderts formuliert, etwa gleichzeitig mit der Entstehung der Biologie als eigenständiger naturwissenschaftlicher Disziplin.

Vitalismus-Mechanismus-Streit. Die Beschäftigung mit Lebewesen stand von Beginn an vor dem Problem, dass Pflanzen und Tiere auf der einen Seite raumzeitlich strukturierte, stoffliche Wesen sind, die zweifellos mit den normalen Gesetzen der Natur (den heutigen Gesetzen der Physik und Chemie) zu beschreiben sind, auf der anderen Seite aber Merkmale wie „Zweckmäßigkeit", „Zielstrebigkeit", „Innerlichkeit", „Selbsterhaltung" und „Aktivität" aufweisen, die sie von den nicht-belebten Objekten der Natur unterscheiden. Der Gedanke, dass eine Komponente die physikalischen und chemischen Prozesse im Organismus zielbezogen steuert, hat sich seit *Aristoteles* (384 – 322 v. Chr.) über die Jahrhunderte hinweg bis zum Anfang des 20. Jahrhunderts erhalten und führte zum Streit zwischen Vitalisten, die eine einen „Lebensstoff" oder „Lebenskraft" annahmen, und Mechanisten, die allein chemisch-physikalische Faktoren akzeptierten (↗ Vitalismus).

Systemtheoretische Sicht von Leben. Der Arzt, Psychologe, Naturforscher, romantischer Naturphilosoph und Künstler *Carl Gustav Carus* (1789–1869), ein Zeitgenosse *Goethes*, betonte 1818 in seiner „Abhandlung über verschiedene Begriffsbestimmungen des Lebens" die *Wechselwirkungen* der Naturobjekte und -prozesse als Kennzeichen von Leben: „So wollen wir es demnach fest im Auge behalten, dass Leben seinem Wesen nach Wechselwirkung sei, und seine Erscheinung folglich nie als Attribut eines Objekts allein, sondern als Produkt aller Objekte zu betrachten ist, welche zu dieser Wechselwirkung beitragen ... Und so folgern wir: Alles ist lebendig, so lange es in jenem Kreise allgemeiner Wechselwirkung der Natur selbstkräftig eingreift, allein nichts ist lebendig, sobald es aus jenem Kreise völlig heraustritt."
In der „Organismischen Auffassung" von *Ludwig von Bertalanffy* (1901–1972) werden lebende Systeme ganz und gar als *physikalisch-chemisch funktionierende, jedoch offene Systeme* betrachtet. Leben wird dabei nicht mehr gedachten oder konkreten Elementen oder Bauteilen der Lebewesen („Lebenskraft", „Lebensstoff", „Entelechie" bzw. „Herz", „Gehirn", „Protoplasma", „Zelle", „Gen" oder „DNA") zugeschrieben, sondern aus den geordneten Prozessen, d.h. dem Zusammenwirken der Teile im lebenden System erklärt (*Systemeigenschaften*, ➪ System). Damit wurde die Anschauung des Vitalismus – mit ihrer Suche nach einem Sitz des Lebens – systemtheoretisch überwunden, ohne die besonderen Eigenschaften der lebenden Systeme zu übersehen. [1]
Der Physiologe *Erwin Bünning* (1906–1990) definierte entsprechend: „Was uns als typischer Lebensvorgang entgegentritt, ist also das Resultat gleich notwendiger Elemente. Jeder dieser Teile leistet eine wichtige Teilfunktion, und wenn wir irgendeinen von ihnen fortnehmen, erscheint gerade dieser eine uns plötzlich als besonders wichtig, weil er jetzt den ganzen Lebensvorgang verhindert." [3]
Es fällt auf, dass diese systemtheoretische Definition weitestgehend mit der viel früheren von *Carus* übereinstimmt. Über die Frage, was ein lebendes System ausmacht und wie „Leben" zu definieren sei, sind sich Biologen jedoch bis heute nicht einig. (s. 3.2).

3 Für Unterricht: Anschauung und Vertiefung

3.1 Potenziale der Alltagsvorstellungen

Alltagsvorstellungen	Chancen für fachliches Lernen	Hindernisse für fachliches Lernen
Es gibt eine Instanz des Lebens.	*Perspektivenwechsel:* Leben ist Systemeigenschaft (3.2, ➪ System, ➪ lebendes System).	vitalistische Vorstelllungen von Lebensstoff oder Lebenskraft
Lebewesen sind allein Träger des Lebens.	*Perspektivenwechsel:* Zusammenhang des Lebens auf der Erde (3.3, ➪ Bioplanet)	auf Organismen beschränkte Sicht des Lebens
Pflanzen sind nicht richtig lebendig.	*Perspektivenwechsel:* Bewusstmachen der Lebensäußerungen bei Pflanzen (3.4, ➪ Pflanze)	tierliche Lebensäußerungen als Maßstab

Gebiete ohne Tiere und Pflanzen sind tot.	*Perspektivenwechsel:* Mikroorganismen leben ebenfalls (3.4).	Vernachlässigung der Mikroorganismen
Menschliches Leben ist (nichts) Besonderes.	*Anknüpfung:* objektivierende und subjektivierende Sicht auf menschliches Leben (3.5)	vereinfachende Sichtweise auf menschliches Leben
Leben heißt Gemeinschaft mit anderen.	*Brücke:* Kein Lebewesen lebt für sich allein (↝ Bioplanet).	

Tabelle 5: Alltagsvorstellungen zu lebendig und Leben geben Hinweise für fachliches Lernen.

3.2 Was ist Leben und was sind lebende Systeme?

Biologie hat es primär mit *Objekten* zu tun, die durch „Leben“ charakterisiert sind: Zellen, Zellverbände, Organismen, Populationen, Lebensgemeinschaften, Ökosysteme, Bioplanet. Sie werden als „Lebendiges“ oder als „lebende Systeme“ bezeichnet (⇨ lebendes System). Es bleibt jedoch fraglich, wer oder was von lebenden Systemen wirklich „lebt“. Sollte man generell Systeme, die lebende Zellen als *Bestandteile* in sich enthalten, dann auch als Ganze für „lebendig“ halten? Ist dann ein Haus, in dem lebende Menschen dauerhaft wohnen, folglich ein „lebendes System“? Es erscheint angemessen, in diesem Fall besser von *belebt* als von „lebend“ (oder „lebendig“) zu sprechen.
Mehrere Biologen meinen, dass man naturwissenschaftlich stets nur vom Lebendigen oder vom lebenden Systemen sprechen darf. Leben sei kein wissenschaftlicher sondern ein metaphysischer Begriff: „‚Leben‘ tritt uns ausschließlich als das Lebendigsein diskreter Wesenheiten, der Organismen, entgegen. Außerhalb der Organismen und unabhängig von ihnen gibt es kein Leben.“ [11] [10]
Mit dieser Aussage wird davon abgesehen, dass wesentliche Lebensprozesse nicht in, sondern zwischen Lebewesen sowie zwischen Lebewesen und ihrer nicht lebenden Umwelt stattfinden. Tatsächlich gibt man mit der Bezeichnung „lebendig“ an, dass die so bezeichneten Objekte „leben“.“, „lebendes System“ und „Lebendiges“ setzen den Begriff *Leben* bereits voraus. In systemtheoretischer Sicht kann die Gesamtheit der in lebenden Systemen ablaufenden Prozesse daher in völlig naturwissenschaftlichem Sinn als Leben bezeichnet werden (s. oben Zitate von *Carus* und *Bünning*). Diese Sicht kann auf physiologische Prozesse bei Organismen, auf genetische Populationen und auf ökologische Gruppen in Ökosystemen den Bioplaneten Erde angewendet werden: Ist die Erde nur „belebt“ wie ein Haus, weil Lebewesen auf und in ihr „leben“. Oder „lebt“ die Erde tatsächlich als ganze? Lebewesen können nur (zusammen) und in Abhängigkeit von ihrer Umwelt existieren. Leben die Lebewesen demgemäß nur im Zusammenhang mit dem „Ganzen“ des irdischen Lebens? „Träger“ des Lebens wäre dann die Erde selbst, die Lebewesen leben dann nur in dem Sinne, dass sie an dem globalen Lebensprozess des Planeten Erde teilnehmen. Als „Leben“ kann in diesem Sinne der Gesamtprozess bezeichnet werden. „Leben“ umfasst somit seine Geschichte, Entstehung und Entfaltung und die damit verbundene Umgestaltung des Bioplaneten Erde (⇨ Evolution, ↝ Bioplanet). [8] [9] [14]

3.4 „Lebt ein Apfel"?

Pflanzen wird oft abgesprochen, im Vollsinn „lebendig" zu sein. Das gilt verstärkt für Früchte und Samen (s. 2.2).

Kartenabfrage: Ist der Apfel lebendig?
Es werden Äpfel verteilt und an der Tafel steht: „Ist der Apfel lebendig?" Die Teilnehmer bekommen eine Karteikarte im Postkartenformat und sie werden aufgefordert, ihre Antwort aufzuschreiben und dabei zu beginnen: „Weil der Apfel …". Den Teilnehmenden wird Anonymität zugesichert. Als Bearbeitungszeit werden 3 Minuten angesetzt.

Beispiele für Antworten:
Karte 1: „Weil ein Apfel runzlig wird, ist er lebendig."
Karte 2: „Weil ein Apfel nicht alle Kennzeichen des Lebendigen zeigt, nein!"
Karte 3: „Weil ein Apfel von einer Pflanze stammt, die die Kennzeichen des Lebendigen erfüllt, ist auch der Apfel lebendig: 1. Gestalt, 2. Bewegung, 3. Stoffwechsel, 4. Fortpflanzung, 5. Entwicklung/Wachstum, 6. Reizbarkeit."
Karte 4: „Weil ein Apfel ein Teil eines Baumes ist, → Pflanze. → Pflanzen gehören nicht zu den Lebewesen auf unserer Erde."
Karte 5: „Weil er zu den Pflanzen gerechnet wird, und diese gehören zu den Lebewesen."
Karte 6: „Weil der Apfel nur ein ‚Teil' eines Lebewesens ist, ist er nicht lebendig! Er hat aber viel mit ‚Leben' zu tun!"
Karte 7: „Ja, weil er in sich die Samen für die Entstehung neuer Bäume trägt."

Auswertung:
Es werden zunächst alle Karten kommentarlos vorgelesen. Jeder Teilnehmende wird damit in seiner Antwort gewürdigt. Dabei kann schon still auf einander widersprechende und besonders interessante Antworten geachtet werden, die im Anschluss in einer ausgewählten Reihenfolge zur Diskussion gestellt werden. In den Beispielen zeigt sich, dass eine offene Frage nicht zu vorschnellen Antworten, sondern zu tiefgreifenden und bedeutungsvollen weiteren Fragen führt. Zum Beispiel wird u. a. geklärt, dass

- der Gegensatz von „lebendig" nicht „tot", sondern „nicht lebendig" ist; „tot" kann nur etwas sein, was vorher „lebendig" war;
- Kennzeichen des Lebendigen am Apfel demonstriert werden können (z. B. atmen), und dass Pflanzen Lebewesen sind. Der Stoffwechsel z. B. wird beeinflusst, indem der Sauerstoffgehalt der Atmosphäre bei der Lagerung für den Handel stark gesenkt und der Kohlenstoffdioxidgehalt erhöht wird. Bei Temperaturen um den Gefrierpunkt läuft der Stoffwechsel so langsam, dass die Äpfel ein Jahr frisch bleiben.
- dass Samen „reisefertig verpackte Pflanzenembryonen" sind, mit allem, was zu einer Pflanze gehört – wenn auch klein. [5]

Durch eine Kartenabfrage kann die Einsicht, was „lebendig" im alltäglichen und biologischen Sinn heißt, vertieft und reflektiert werden (Kasten).

3.5 Personales und objektiviertes Leben

Komplex wird die Frage nach dem Leben, wenn es um *menschliches*, genauer *personales* Leben geht. Im Zusammenhang mit Zeugung und Schwangerschaft ist strittig, wann das Leben eines Menschen als Person beginnt. Jedenfalls wird kein Mensch zum Menschen ohne einen anderen Menschen: Der Keim hat nicht von sich aus die Potenz, Mensch zu werden. Er braucht die Beziehung zur Schwangeren und später zu weiteren Menschen, um als Mensch zu leben. Menschsein besteht im Zusammenleben mit anderen Menschen.
Die Beachtung von personalem Leben und der naturwissenschaftlichen Seite von „Leben" legt es nahe, im Alltag beide Arten der Betrachtung gleichwertig nebeneinander stehen zu lassen und nicht die eine (das „subjektive" Erleben) durch die andere (das „objektivierte" Leben) ersetzen zu wollen. Dann kann Leben umfassend verstanden werden: in einem empathischen Sinne als einfühlend, nacherlebend – als „Erleben" bzw. „leben" (als Verb) sowie im rational analysierenden und objektivierenden Sinne als biologisches „Leben" (als Substantiv). Leben vereinigt dann personal und objektiv Gegensätze, d.h., miteinander auszubalancierende Polaritäten (➩ sterben/Tod). [12]

[1] Bertalanffy, L. von (1990). Das biologische Weltbild, Wien, Köln. – [2] Brookmann, Inga (2000). Was ist lebendig? Oldenburger Vordrucke 428. Abdruck mit freundlicher Genehmigung des BIS-Verlags der Carl von Ossietzky Universität Oldenburg. – [3] Bünning, E. (1959). Der Lebensbegriff in der Physiologie. Studium generale. – [4] Cypionka, Regina: Pflanzen als Lebewesen in Evolution und Entwicklung: ein Beitrag zur didaktischen Rekonstruktion. Oldenburg: Didaktisches Zentrum, Carl-von-Ossietzky-Universität 2012 (= Beiträge zur Didaktischen Rekonstruktion; Bd. 39) Abdruck mit freundlicher Genehmigung des BIS-Verlags der Carl von Ossietzky Universität Oldenburg. – [5] Gropengießer, H. (2006). Lebenswelten. Denkwelten. Sprechwelten. Beiträge zur Didaktischen Rekonstruktion 4. Oldenburg. – [6] Hilge, Catja: Schülervorstellungen und fachliche Vorstellungen zu Mikroorganismen und mikrobiellen Prozessen. Oldenburg: DIZ 1999. Abdruck mit freundlicher Genehmigung des BIS-Verlags der Carl von Ossietzky Universität Oldenburg. – [7] Ulrich Kattmann, Biologie und Religion © 1972, Kösel-Verlag, in der Verlagsgruppe Random House GmbH, München. – [8] ders. (2004). Bioplanet Erde. Erdgeschichte ist Lebensgeschichte. Unterricht Biologie (299). – [9] Lovelock, J. (1991). Das Gaia-Prinzip. München. – [10] Nachtigall, W. (1972). Biologische Forschung. Heidelberg. – [11] Penzlin, H. (2014). Das Phänomen Leben. Grundfragen der theoretischen Biologie. Berlin/Heidelberg. – [12] Schaefer, G. (1990). Die Entwicklung von Lehrplänen für den Biologieunterricht auf der Grundlage universeller Lebensprinzipien. Der Mathematische und naturwissenschaftliche Unterricht (8). – [13] Schaefer, G. & Wille, J. (1995). Der Lebensbegriff unserer Jugendlichen. Der mathematische und naturwissenschaftliche Unterricht. – [14] Wahlert, G. von (1990). Zur Evolutionsökologie der Biosphäre. In U. Jüdes, G. Eulefeld & T. Kapune (Hrsg.), Evolution der Biosphäre. Stuttgart. – [15] Wille, J. (1997). Der Lebensbegriff. Aachen.

➩ Lebensgemeinschaft

Mensch

Wegweiser

Der Mensch ist eine Tierart.

1 Vom Wort zum Begriff

Umgangssprachlich wird das Wort Mensch für Individuen verwendet, die man für wesensgleich mit sich selbst hält. Dabei wird sowohl das Adjektiv „menschlich" wie auch das Substantiv „Mensch" häufig moralisch wertend im Sinne von human verwendet: „Sie verhält sich menschlich", „Er ist ein Mensch" oder „Das ist kein Mensch mehr". Das Wort human: „menschlich" wurde im 17. Jahrhundert aus dem lateinischen humanus entlehnt, das ursprünglich „irdisch" heißt (von humus „Erde", „Erdboden"). Im Sinne nicht sexistischer Sprache wurde im Englischen „man" für Mensch durch „human (being)" ersetzt.
Biologisch ist der Mensch ein Tier. Er ist eine Art innerhalb der Ordnung der Primaten (Affen) mit dem Artnamen *Homo sapiens*. Wie jede andere Art unterscheidet sich die Art Mensch von anderen Tierarten (➩ Eigenart, s. 3.2).

2 Alltagsvorstellungen

2.1 Gegenbegriff zu „Tier" und „Natur"

Dazu, wie die Art Mensch im Gegenüber zu den *Tieren* von Lernenden verstanden wird, gibt es keine einheitlichen Ergebnisse. Während in einer älteren Untersuchung 10- bis 12-Jährige (5./6. Klasse) den Menschen schroff gegen Tiere abgrenzen: „Der Mensch ist doch kein Tier", „Der Mensch hat Verstand, die Tiere haben Instinkt", akzeptierten sie in einer neueren Untersuchung Tiere uneingeschränkt als Partner und sprechen ihnen – falls sie eine soziale Beziehung zu ihnen aufnehmen können – fast uneingeschränkt menschliche Eigenschaften zu (➩ Tier). [1] [2]
Viele Untersuchungen zeigen, dass Mensch und Natur grundsätzlich voneinander geschieden und gegeneinander gestellt werden, was sich besonders im Gegensatz von „künstlich" (menschengemacht) und „natürlich" ausdrückt (⇨ natürlich). Der Mensch gehörte vielleicht einmal zur Natur, aber jetzt nicht mehr (⇨ Mensch-Natur-Verhältnis).
Derselbe Gegensatz drückt sich in der Gegenüberstellung von Natur und Kultur aus. Kultur ist jedoch Teil der arttypischen Eigenschaften des Menschen. Die Kulturentwicklung war zudem von „natürlichen", d. h. von biogeografischen, Bedingungen abhängig (⇨ Kultur).

2.2 Geschichtliches: Wer gilt als ein Mensch?

Als Gedanke, der alle Artangehörigen, also die gesamte Menschheit umfasst, hat sich der Begriff Mensch erst spät herausgebildet.
Die Selbstbezeichnung vieler Völker bedeutete in ihrer Sprache „Mensch", und man grenzte sich damit von anderen Stämmen ab. So heißt Inuit (Selbstbezeichnung der Stämme, die von

Indianern „Eskimos", d h. „Fleischfresser", genannt wurden) einfach „Mensch", ebenso wie der Name der aus Indien stammenden Roma (von Europäern „Zigeuner" genannt) und der Khoi khoi Afrikas („echte Menschen", die von den Kolonialherren wegen des Klangs ihrer Sprache als „Hottentotten" bezeichnet wurden).
Fremde Stämme wurden nicht als Menschen bezeichnet; mit einigen fühlte man sich verwandt, unterhielt Heiratsbeziehungen (Verpflichtung zur Exogamie) und schloss sie mehr oder weniger in die Selbstbezeichnungen ein.
In jüdisch-christlich-moslemisch geprägten Gesellschaften ist der Gedanke der universalen Einheit der Menschheit durch den Adam- und Noah-Mythos bereits früh religiös begründet. Jedoch gab es innerhalb der Aufklärung seit dem 18. Jahrhundert Strömungen, die die (biologische) Einheit der Menschheit infrage stellten. Die Polygenisten postulierten die getrennte Abstammung verschiedener *Menschenarten* von verschiedenen Menschenaffen.
Die Monogenisten hielten dagegen an einer gemeinsamen Wurzel aller Menschen fest, indem sich die meisten auf den Adam- und Noah-Mythos der Bibel beriefen und ihn mit biologischen Argumenten wie gemeinsame Merkmale und Fähigkeiten aller Menschen untermauerten.
Heute ist die enge stammesgeschichtliche Verwandtschaft aller Menschen nachgewiesen (⇨ abstammen, ⇨ Affenabstammung, ⇨ Menschenrasse).
Carl von Linné (1707–1778) stellte den Menschen als eine Art mit den Affen in dieselbe Ordnung und gab ihm den Namen *Homo sapiens* – mit dem erläuternden Zusatz: Nosce te ipsum (erkenne dich selbst). Das *sapiens* („weise") im Artnamen ist im Sinne *Linnés* also weniger eine Beschreibung der Realität als eine verpflichtende Mahnung.

3 Für Unterricht: Anschauung und Vertiefung

3.1 Potenziale der Alltagsvorstellungen

Alltagsvorstellungen	Chancen für fachliches Lernen	Hindernisse für fachliches Lernen
Mensch ist Gegenbegriff zu Tier.	*Kontrast:* Vergleich vom Menschen mit einer einzigen Tierart oder -gruppe (⇨ Eigenart)	Vielzahl von Tieren
Mensch ist Gegenbegriff zu Natur.	*Anknüpfung:* Mensch als Teil und Gegenüber der Natur (⇨ Mensch-Natur-Verhältnis)	Abwerten oder Übersehen der Natürlichkeit des Menschen
Mensch ist anhand von Merkmalen zu definieren.	*Perspektivenwechsel:* Die biologische Art Mensch ist eine Abstammungsgemeinschaft (3.2).	typologisches Denken

Tabelle 1: Alltagsvorstellungen zu Mensch geben Hinweise für fachliches Lernen.

3.2 Die biologische Art „Mensch" – eine Abstammungsgemeinschaft

Es gibt viele Versuche zur *Definition des Menschen*. Meistens bestehen sie darin, den Menschen durch besondere Eigenschaften gegen Tiere abzugrenzen. (⇨ Eigenart).

Die Zugehörigkeit zu einer (biotischen) Art folgt jedoch nicht aus dem Besitz arttypischer („menschlicher") Eigenschaften. Menschsein (und biologisch menschlich) folgt (wie bei anderen biologischen Arten) aus der Mitgliedschaft in der Abstammungsgemeinschaft, hier des *Homo sapiens*.

Dieser Auffassung entspricht bereits die mittelalterliche Bestimmung: „Mensch ist, wer vom Weibe geboren ist." Eine biologische Art wird also nicht durch die gemeinsamen Eigenschaften der Individuen konstituiert; vielmehr können artgleiche Organismen gemeinsame Merkmale haben, weil sie (seit langem) eine Fortpflanzungsgemeinschaft bilden und somit an derselben Natur-Geschichte teilhaben (⇨ verwandt, ⇨ Art).

Die Grund- und Menschenrechte wurden so formuliert, dass sie für alle Menschen ohne Ansehen der Person gelten sollen. Sie beziehen sich also gerade nicht auf besondere Eigenschaften, sondern gelten vorbehaltlos für alle Menschen ohne Rücksicht auf Qualifikationen und Leistungen. Deshalb ist es entscheidend, dass das Menschsein nicht durch eine Kombination menschentypischer Eigenschaften definiert wird, sondern durch die gleichberechtigte Zugehörigkeit zur Menschheit, d. h. zu anderen Menschen: Menschsein besteht in der Mitmenschlichkeit.

Das Leben des Menschen ist darüber hinaus nicht allein vom Individuum her zu bestimmen. Personsein ergibt sich nicht aus Eigenschaften oder Potenzen des Individuums, sondern immer nur soweit und sofern es in seiner Entwicklung und Existenz von anderen als Mensch angenommen wird. Die Menschlichkeit des Menschen besteht in seinem Zusammensein mit anderen Menschen.

Versuche, „Mensch" im Sinne eines Klassenbegriffs anhand bestimmter Merkmale zu definieren, sollten als vergeblich oder unangemessen erkannt werden. Aus demselben Grund kann eine kontrastierende Unterscheidung von Mensch und anderen Tieren für das Selbstverständnis des Menschen nicht angemessen sein. Jede biologische Art hat ihre eigene Geschichte. Jedes Exemplar hat Teil an der Geschichte der Art. Menschsein heißt Teilhabe an der (Natur-) Geschichte der Art *Homo sapiens*.

[1] Kamelger, K. (2004). Tierisch Menschliches – Vorstellungen zu den biologischen Grundlagen menschlichen Verhaltens. In H. Gropengießer, A. Janßen-Bartels & E. Sander (Hrsg.). Lehren fürs Leben. Köln. – [2] Kattmann U & Stange-Stich, S. (1974). Der Mensch und Die Tiere. Köln.

Mensch-Natur-Verhältnis

Wegweiser

Der Mensch ist zugleich Teil und Gegenüber der Natur.

1 Vom Wort zum Begriff

Mensch und Natur werden traditionell als Gegensätze behandelt. *Ökologisch* gesehen hat der Mensch eine *Doppelrolle* inne: Der Mensch stellt sich in seinem Bewusstsein und mit seinem technischen Können der Natur als Gestalter und Veränderer gegenüber und bleibt doch zu jeder Zeit und unentrinnbar als Lebewesen ein Teil von ihr. Indem der Mensch schützerisch, gestaltend oder zerstörerisch in die nichtmenschliche Natur eingreift, wirkt sein Tun auf ihn selbst (als Teil der Natur) zurück. Der Mensch ist zugleich *Teil und Gegenüber der Natur.*

2 Alltagsvorstellungen

2.1 Der Mensch ist Störenfried

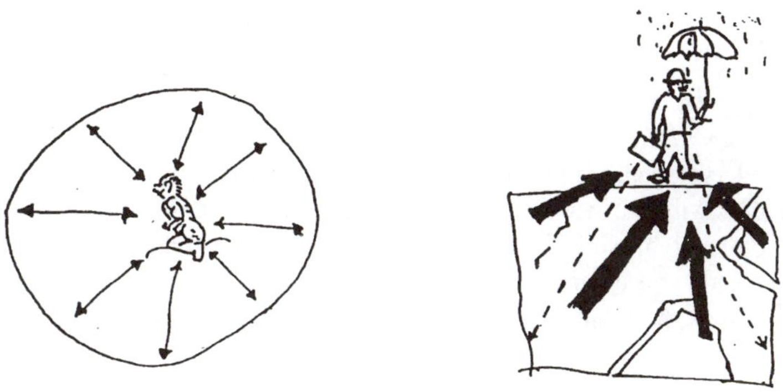

Mensch mit der Natur
„Auf der linken Seite sieht man den ‚Urmenschen', der harmonisch im Sinne von nicht zerstörerisch in seiner Umwelt (Natur) lebt. Die Harmonie ist durch den Kreis und die beidseitigen Beziehungspfeile veranschaulicht. Der Mensch ist nur aufgrund unserer menschzentrierten Betrachtungsweise in die Mitte des Bildes gesetzt worden. Objektiv betrachtet könnte er auch irgendwo in den Kreis gezeichnet werden, gleichwertig zu den anderen Faktoren."

Mensch gegen die Natur
„Auf der rechten Seite sieht man den Menschen seit der Industrialisierung, der (scheinbar) außerhalb der (Natur) Umwelt steht. Er lebt nicht mehr in der Natur, sondern scheinbar über ihr. Die Beziehungspfeile führen massiv nur in Richtung von der Natur zum Menschen, was zeigen soll, dass der Mensch die Natur gleichsam aussaugt, sodass diese ‚zerbröckelt', was durch die Risse im Rechteck Natur verdeutlicht werden soll."

Abb. 1.: Mensch-Natur-Verhältnis, früher und heute: Ergebnis der Gruppenarbeit von Biologiestudenten zur Geschichte der Mensch-Umwelt-Beziehungen [4]

Lebensweltliche Vorstellungen zur Natur sind vor allem durch die Überzeugung geprägt, dass die Natur sich selbst zum Gleichgewicht reguliert und der heutige Mensch ein *Störenfried* ist, weil er eigentlich kein Teil der Natur (mehr) ist. Er stellt sich außerhalb der und über die Natur und muss sich doch gegen Einflüsse abschirmen (Abb. 1).

Herrscher über die Natur
„Jetzt ist der Mensch in der Lage, die gesamte Natur zu zerstören. Es ist einfach kein Gleichgewicht mehr da zwischen der Natur und dem Menschen, seit der Mensch viel mehr Macht über die Natur hat. … Er sieht sich selber nicht mehr so, als ob er zur Natur gehört, sondern stellt sich über die Natur."

Claudia, 16 Jahre [7]

Die befragten Jugendlichen äußern übereinstimmend, dass die Natur sich ohne den Menschen (fraglos und selbstverständlich) in einem *natürlichen Gleichgewicht* befindet und sich dieses Gleichgewicht ohne Störungen durch den Menschen immer wieder einstellt. Das natürliche Gleichgewicht bedeutet Harmonie und Überleben, Ungleichgewicht bedeutet Zerstörung (Zitat Claudia, ⇨ biologisches Gleichgewicht).
Mensch und Natur werden daher meist grundsätzlich voneinander geschieden und als sich ausschließende Größen gegenübergestellt. Dies drückt sich besonders im Gegensatz von „künstlich" (menschengemacht) und „natürlich" aus. Ähnliche Vorstellungen werden zu den Begriffen Natur und Nachhaltigkeit geäußert (⇨ natürlich, ⇨ nachhaltig). [1] [2] [6] [7]
Auf der anderen Seite können technische Möglichkeiten des Menschen als „natürlich" angesehen werden, weil der Mensch zur Natur gehört.

Menschliches ist auch natürlich
„Man kann auch anders fragen, man kann auch sagen … dass wir Menschen uns so entwickelt haben, dass wir in unsere Natur eingreifen können, dass das ja ein natürlicher Prozess ist, dass wir uns so weiterentwickelt haben, dass wir in der Lage sind, solche Krankheiten vorherzusagen."

Hamburger Jugendliche in einer Gruppendiskussion zur Gentechnik [2]

2.2 Wandel des Welt- und Menschenbildes: Vom Geschöpf Gottes zum Produkt der Evolution

Die Vorstellungen von der Rolle des Menschen in der Natur haben sich im Laufe der europäischen Geistesgeschichte gewandelt (Abb. 2).
In der jüdisch-christlich-moslemischen Schöpfungslehre ist die *Erde Mittelpunkt* der Welt (geozentrisches Weltbild). Der Mensch ist das Geschöpf, das mit der Gestaltung und Bewahrung der Erde beauftragt ist. Der Mensch ist in die Natur eingeordnet (Abb. 2, oben).
Durch die Himmelsrevolution des Kopernikus wurde das geozentrische Weltbild abgelöst: Die Planeten kreisen um die Sonne (heliozentrisches Weltbild). Zusammen mit der Erde verlor auch der Mensch seine Vorrangstellung im Kosmos. Dieser Verlust der kosmischen und irdischen Mitte wurde jedoch dadurch kompensiert, dass in der Folgezeit verstärkt herausgestellt wurde, dass Natur für den Menschen und auf ihn hin angelegt sei. Die Richtung

wurde also einseitig: Während ursprünglich die Natur wohl für den Menschen da war, aber der Mensch auch für die Natur, ist jetzt die Natur nur noch für den Menschen da. Diese *teleologisch-anthropozentrische* Sicht, die sich erst im 18. Jahrhundert völlig durchsetzte, war eine notwendige Reaktion auf das sonst sinnlose Verlorensein des Menschen im Kosmos. Die im Mittelalter voll entwickelte Vorstellung von der Stufenleiter des Seienden lieferte die leitende Idee, mit der der Mensch als Krone und Ziel der Schöpfung angesehen wurde: Die Harmonie der Bewegung der Himmelskörper setzt sich fort in der auf den Menschen ausgerichteten Harmonie der Natur, der Angepasstheit der Lebewesen, die in der Existenz und im Handeln des Menschen ihr Ziel findet (Teleologie der Natur). Die Verwandtschaft mit der übrigen Natur konnte in diesem Welt- und Menschenbild keine Angst machen. Der Mensch ließ sich konfliktlos als Natur- und Kulturwesen zugleich verstehen. Mit der Zuordnung von *Homo sapiens* zu den Affen und der Aufforderung zur Selbsterkenntnis kommt dies bei *Linné* klar zum Ausdruck (⇨ Mensch).

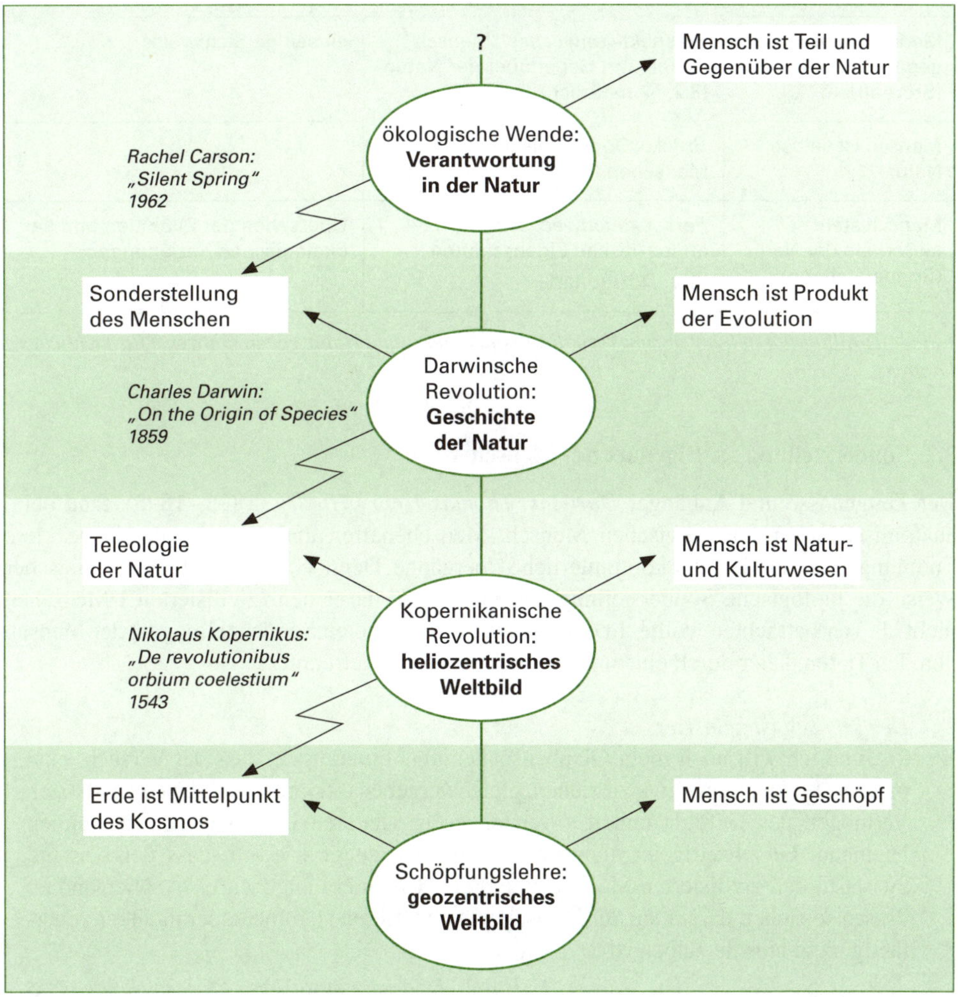

Abb. 2.: Der Wandel des Welt- und Menschenbildes [3]

Mit der *Darwin*'schen Revolution wurde der Mensch dagegen zum Produkt ungerichteter Evolutionsprozesse. Teleologische Annahmen haben innerhalb der Selektionstheorie *Darwins* keinen Platz. Daher scheint diese Form der Evolutionslehre die Grundlagen der menschlichen Existenz in Frage zu stellen: Hat der Lauf der Natur keine vorgesehene Richtung, dann droht das menschliche Leben seinen Eigenwert zu verlieren. Die Nähe zu den Menschenaffen verstärkt diese Gefahr. Wo der Weg nicht vorgezeichnet ist, muss der Mensch ausgezeichnet werden. Dem wurde mit dem *Postulat der biologischen Sonderstellung* nachgekommen (s. 3.3).

3 Für Unterricht: Anschauung und Vertiefung

3.1 Potenzial der Alltagsvorstellungen

Alltagsvorstellungen	Chancen für fachliches Lernen	Hindernisse für fachliches Lernen
Mensch steht gegen die Natur (Störenfried).	*Perspektivenwechsel:* Mensch ist Teil und Gegenüber der Natur (3.2, ⇨ natürlich).	einseitige Sichtweise
Mensch ist selbst Natur.	*Brücke:* Doppelrolle des Menschen (3.2)	
Mensch steht außerhalb der Natur (Sonderstellung).	*Perspektivenwechsel:* artspezifische Eigenschaften (3.3, ⇨ Eigenart)	Übersehen der Evolution und der ökologischen Beziehungen

Tabelle 1: Alltagsvorstellungen zum Verhältnis von Mensch und Natur geben Hinweise für fachliches Lernen.

3.2 Sonderstellung vs. Eigenart des Menschen

Der Zeitgenosse und Anhänger *Darwins*, *Thomas Henry Huxley* (1825–1895), fand beim anatomischen Vergleich zwischen Mensch, Menschenaffen und Neandertaler keine klare Trennungslinie, sondern nur kontinuierliche Übergänge. Dennoch begründete er in klassischer Weise die biologische Sonderstellung des Menschen, da er den (zivilisierten!) Menschen nicht als Tier betrachten wollte. In der von *Huxley* geglaubten Sonderstellung ist der Mensch von den Tieren daher durch eine unüberbrückbare Kluft getrennt.

Der Mensch ist kein Tier
„… und ich will noch mein Glaubensbekenntnis hinzufügen, dass der Versuch, eine psychische Trennungslinie zu ziehen, gleich vergebens ist und dass selbst die höchsten Vermögen des Gefühls und des Verstandes in niederen Lebensformen zu keimen beginnen. Gleichzeitig ist niemand so stark überzeugt wie ich, dass der Abstand zwischen den zivilisierten Menschen und den Tieren ein ungeheurer ist. Niemand ist dessen so sicher, dass, mag der Mensch von den Tieren stammen oder nicht, er zuverlässig nicht eins derselben ist."

Thomas. H. Huxley, Evidences as to Man's Place in Nature, 1863

Mit der Vorstellung von der Sonderstellung ist die *Beherrschung der Natur* mit Hilfe von Wissenschaft und Technik verknüpft. Sie erweist sich heute auch aus ökologischen Gründen als gefährliche Illusion. Innerhalb der europäischen Geistesgeschichte wurde die Sonderstellung des Menschen ursprünglich in griechischer Philosophie und (daran anknüpfender) christlicher Theologie formuliert. Ihre biologisch begründete Version jedoch ist ein Reflex auf die Einordnung des Menschen in die von nun an ganz ohne Vorsehung und Plan gedachte Natur: Mit der Evolution droht der Mensch seine aus der Natur herausgehobene Stellung zu verlieren. Die nachdarwinsche Behauptung der biologischen Sonderstellung ist ein Kind der Affenverwandtschaft des Menschen.

Das Postulat der biologischen Sonderstellung des Menschen löst ihn aus der übrigen Natur heraus und suggeriert damit eine weitgehende Unabhängigkeit des Menschen von seinen natürlichen Existenzbedingungen (Abb. 3, Mitte). Spätestens mit den sich abzeichnenden Umweltkrisen ist die Sonder- und Abseitsstellung des Menschen als Illusion entlarvt: Seit dem aufrüttelnden Buch von Rachel Carson „Der stumme Frühling" (1962) wurde zunehmend bewusst, dass die Eingriffe des Menschen in die nichtmenschliche Natur auf ihn selbst zurückwirken und seine eigenen Lebensgrundlagen gefährden. Das Mensch-Natur-Verhältnis ist seitdem als *Doppelrolle des Menschen* zu beschreiben: Der Mensch ist immer zugleich sowohl Teil als auch Gegenüber der Natur. Mensch und übrige Natur sind daher stets zusammen zu betrachten (Abb. 3, unten). Ein solches Mensch-Natur-Verhältnis zu denken ist grundlegend für eine Umweltbildung, Tier- und Umweltethik (⇨ natürlich). [3] [4] [5] [8]

Deshalb wird vorgeschlagen, die „Sonderstellung" durch den Begriff Eigenart zu ersetzen, mit dem die evolutionär bedingten spezifischen Eigenschaften des Menschen und anderer Lebewesen beschrieben werden (⇨ Eigenart).

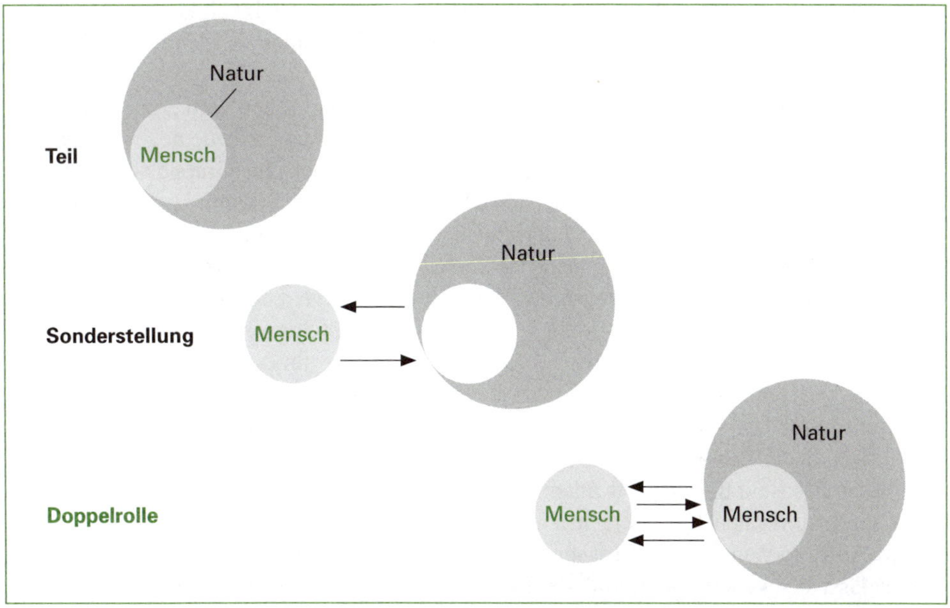

Abb. 3: Anschauungen zum Mensch-Natur-Verhältnis; von oben nach unten: Einordnung (und auch Unterordnung) des Menschen als Teil der Natur; Sonderstellung des Menschen als von der Natur abgesonderter Teil; Doppelrolle des Menschen als Teil und Gegenüber der Natur [5]

[1] Feigenspan, K. (in Vorb.). Natur- und Nachhaltigkeitsverständnis von Lehramtsstudierenden (unveröffentlichter Artikel, Nürnberg 2014). – [2] Gebhard, U. (2004). Wie beim Nachdenken über Gentechnik Menschenbilder aktualisiert werden. In H. Gropengießer, A. Janßen-Bartels & E. Sander, Lehren fürs Leben. Köln. – [3] Kattmann, U. (1994). Menschenbild und Evolution des Menschen. Unterricht Biologie (200). © Friedrich Verlag GmbH, Seelze. – [4] ders. (1994). Verantwortung in der Natur. In G. Pfligersdorffer & U. Unterbruner (Hrsg.), Umwelterziehung auf dem Prüfstand. Innsbruck. – [5] ders. (1997). Der Mensch in der Natur. Die Doppelrolle des Menschen als Schlüssel für Tier- und Umweltethik. Ethik und Sozialwissenschaften (2). – [6] Sander, E. (i. Vorb.). Natur, Mensch & Gleichgewicht – Sichtweisen von Wissenschaftlern und Lernenden. Beiträge zur Didaktischen Rekonstruktion. Baltmannsweiler. – [7] Sander, E. & Kattmann, U. (2007). Aspekt Ökologie. Unterricht Biologie (329). © Friedrich Verlag GmbH, Seelze. – [8] Unterbruner U. (2013). Umweltbildung. In H. Gropengießer, U. Harms & U. Kattmann (Hrsg.), Fachdidaktik Biologie. Hallbergmoos.

Menschenrasse

Wegweiser

Vielfalt ohne Grenzen: Menschen in „Rassen" einzuteilen, ist biologisch sinnlos.

1 Vom Wort zum Begriff

„Rasse" ist – bezogen auf den Menschen – ein umstrittenes und historisch wie politisch belastetes Wort. Es geht jedoch nicht um einen Streit um Wörter. Einigkeit könnte darüber bestehen, dass es besser ist über „Rasse" zu reden, als über Rassismus zu schweigen (⇨ Rassismus).

Das deutsche Wort „Rasse" ist aus dem französischen oder englischen Wort „race" abgeleitet, das ursprünglich soviel wie Geschlecht, Volk oder Völkerstamm bedeutet. Während im englischen und französischen Sprachgebrauch „race" oft einfach eine Gruppe von Menschen oder die gesamte Menschheit („human race") bezeichnet, ohne damit die Absicht einer Klassifizierung oder tiefgreifender Unterschiede zu verbinden, steht „Rasse" im Deutschen für Menschengruppen, die durch genetische Verschiedenheit definiert werden sollen.

Das Wort Rasse wurde in der biologischen Systematik früher gleichbedeutend mit „Unterart" verwendet. Heute wird es in der Zoologie nur noch für Haustiere verwendet.

Der Streit um den Rassenbegriff beim Menschen geht nicht um die Frage, ob es genetisch bedingte Unterschiede zwischen Menschen gibt. Der traditionelle *biologische Begriff* der „Menschenrasse" ist jedoch untauglich, die augenfällige Vielfalt der Menschen angemessen zu erfassen. In der Biologie ist der Begriff „Rasse" bezogen auf den Menschen heute obsolet. Bei dieser Feststellung wird oft unterstellt, dass der Abschied vom Rassenkonzept allein durch die historischen Belastungen begründet sei. Es gibt jedoch wesentliche biologisch-genetische Tatsachen, die den Rassenbegriff als ungeeignet ausweisen. Mit der Einteilung in Rassen lässt sich genetische Vielfalt der Menschen nicht angemessen beschreiben:

- Viele der zur Unterscheidung von Rassen herangezogenen Merkmale variieren unabhängig voneinander. Deshalb gibt es zahllose mögliche „Rasseneinteilungen", je nachdem, welche Merkmale man heranzieht.

- Die durchschnittlichen genetischen Unterschiede zwischen den geographischen Gruppen sind geringer als die zwischen den Individuen innerhalb der jeweiligen geographischen Gruppe.
- Es lassen sich keine (über längere Zeit) getrennten Stammeslinien unterscheiden.
- Stattdessen bestehen Übergänge in der Verteilung genetisch bedingter Merkmale, die alle Populationen über die Grenzen der Kontinente hinweg verbindet: Genetische Differenzen der Bevölkerungen ändern sich überwiegend kontinuierlich mit der geographischen Entfernung.

Das traditionelle Rassenkonzept ist zugunsten einer geschichtlichen und dynamischen Sicht der Art *Homo sapiens* aufzugeben.

2 Alltagsvorstellungen

2.1 Unwillkürliche Einteilung von Menschen

> „Wenn ich Rasse höre, denke ich natürlich sofort ans Dritte Reich. Und mir fällt sofort rassistisch ein. Aber es gibt für mich schon bestimmte Merkmale an Personen, weswegen ich sie bestimmten Gruppen zuteile. …
> Die Menschen sind (ursprünglich) ziemlich isoliert geblieben. Die verschiedene Entwicklung der Völker ist durch diese Isolation zu erklären, während der sie sich der Natur anpassen mussten, bzw. sich durch Mutation veränderten."
>
> *Christian, 12. Klasse [10]*

Die Äußerung von Christian stammt aus einer Interviewstudie mit Oberstufenschülern. Sie zeigt, dass er „Rasse" als vorbelastetes Wort ansieht, aber dennoch meint, dass die Einteilung in „Rassen" zu Recht und eindeutig anhand der äußeren Erscheinung der Menschen gebildet wird. Die in Diskussionen um Menschenrassen zu hörende Meinung, „Rasse kann man sehen", entspricht dem in Alltagsvorstellungen häufig anzutreffenden Prinzip der Evidenz (↗ anthropomorph).
Nach psychologischen Studien haben schon 3- bis 6-jährige Kinder eine Vorstellung von der Unveränderlichkeit von Rassenmerkmalen und wenden sie an, um Menschen zu unterscheiden. Die Tendenz, Menschen in Gruppen einzuteilen scheint demnach biologisch angelegt zu sein. Die konkrete rassische Orientierung entspringt indessen Wertungen, die durch verbale Äußerungen an die Kinder herangetragen werden, die sie somit aus ihrer sozialen Umwelt übernehmen. [8] [29]
Der scheinbaren biologischen Begründung von „Rasse" widerspricht die Tatsache, dass „Rassen" von den Menschen je nach kulturellem und gesellschaftlichem Umfeld ganz unterschiedlich wahrgenommen und entsprechend Menschen ganz unterschiedlich in Rassen eingeteilt werden. Während die Arten von Pflanzen und Tieren in allen menschlichen Kulturen ähnlich abgegrenzt werden (und mit der biologischen Systematik in hohem Grade übereinstimmen) trifft dies auf „Rassen" des Menschen nicht zu: Zwischen den Einteilungen, die in unterschiedlichen Gesellschaften und Kulturen anzutreffen sind, gibt es kaum Übereinstimmungen (gleichermaßen auch nicht zwischen den verschiedenen Klassifikationen in der biologischen Anthropologie, s. 2.2). Die einzige Übereinstimmung solcher Einteilungen be-

steht darin, dass Menschen immer und überall in irgendwelche Gruppen eingeteilt werden. Die Kriterien für die Einteilungen in Rassen sind überall verschieden und richten sich nicht nach biologisch bestimmbaren Eigenschaften, sondern nach Wertungen aufgrund sozialer und politischer Bedingungen. Die Einteilungen sind stets nicht durch die Merkmale selbst, sondern durch soziale Beziehungen oder gesellschaftliche Gegensätze motiviert. Sie werden dann mit (auch nur scheinbar unterschiedlichen) Merkmalen begründet. Ein Beispiel hierfür ist die Unterscheidung von Hutu und Tutsi in Ruanda, die die schrecklichen Folgen eines Genozids nach sich zog. Die Einteilung entspricht keinerlei anthropologischen Merkmalen, sie wurde vielmehr von den Kolonialherren für die sozialen Schichten eingeführt. [22]
Die Verschiedenheit von Menschengruppen wird vielfach mit einer Entstehung und Entwicklung in voneinander isolierten Lebensräumen erklärt, die – als biologische Anpassung an die jeweilige Umwelt – zu unterschiedlichen Eigenschaften geführt habe. Mit der angenommenen Isolation wird dann die Annahme gerechtfertigt, dass Menschen anderer Herkunft wesensmäßig von der eingesessenen Bevölkerung verschieden sind (Zitat Christian, vgl. aber 3.2, ➪ Kultur).

2.2 Geschichtliches: Beschreibung von Menschen als Typen

Ziel der Anthropologen war es, Menschen verschiedener Regionen als „zoologische Formengruppen“ umfassend sowohl hinsichtlich der *Morphologie* wie des *Verhaltens* zu beschreiben. Die Unterscheidung von Rassen war so von Beginn an eng mit Aussagen über psychische und kulturelle Eigenschaften verbunden, die als seelische „Rasseneigenschaften“ verstanden wurden (Kasten, ➪ Rassismus).

Typologische Rassenklassifikationen

Der „Vater“ der biologischen Systematik, *Carl von Linné* (1707–1778), hat die Art „Mensch“ nicht nur in eine Ordnung mit den Affen gestellt (➪ Mensch), sondern er unterschied 1740 auch *vier geographische „Varietäten“*: amerikanische Indianer (americanus), Europäer (europaeus), Asiaten (asiaticus), Afrikaner (afer), denen er – entgegen der ihm bekannten tatsächlichen Variabilität in den Bevölkerungen – verschiedene *Hautfarben* zuschrieb (rot, weiß, gelb, schwarz). Seine Typologie leitete er u. a. aus der Lehre des *Hypokrates* (5. bis 4. Jahrhundert v. Chr.) ab. In dieser Lehre wurden – in Analogie zu den vier Elementen Feuer, Luft, Erde, Wasser – vier Körpersäfte unterschieden: Blut, Galle, schwarze Galle, Schleim. Daher teilte Linné den vier Varietäten des Menschen die den Körpersäften entsprechenden *Charaktere* zu: Sanguiniker (americanus), Choleriker (europaeus), Melancholiker (asiaticus), Phlegmatiker (afer).
Der Göttinger Anatom *Friedrich Blumenbach* (1752–1840) gilt als „Vater der Anthropologie“. Er stellte 1775 anhand von *Schädelvergleichen* drei (idealtypische) Grundformen auf (Afrikaner, Kaukasier, Mongole), zwischen die er noch zwei Zwischenformen einfügte (Malaye und Indianer). Obgleich er also seine Rasseneinteilung von Schädelformen hergeleitet hatte, wurde sie durch die gleichfalls zugeteilten Hautfarben populär: „Schwarze“, „Weiße“, „Gelbe“, „Braune“ und „Rote“ (s. Abb., ➪ Hautfarbe).

Abb.: Rassentafel aus einem Heimatmuseum (19./20. Jahrhundert) in Anlehnung an Blumenbachs Einteilung in Gelbe, Braune, Weiße, Schwarze und Rote. Man beachte die zentrale Stellung und die zivilisierte Kleidung des Europäers.

Die im 19. Jahrhundert entstehenden anthropologischen Messmethoden zur Erfassung der Unterschiede (vor allem Schädelmessungen) trugen entscheidend dazu bei, dass die gemeinsame Herkunft der Menschen in Frage gestellt wurde. Rassen wurden wie *Arten* aufgefasst, d.h. als klar getrennte Typen, deren Ursprung weit in die Stammesgeschichte zurückverlegt wurde. Der in Deutschland führende Verfechter der Evolutionstheorie, *Ernst Haeckel* (1834–1919), spaltete die Menschheit in seiner „Natürlichen Schöpfungsgeschichte“ in 12 Menschenarten *(Homo papua, H. hottentottus, H. niger, H. australis, H. malayus, H. mongolus, H. arcticus, H. americanus, H. dravida, H. nuba, H. meditteraneus)* mit zusammen 36 Rassen auf. Den bis heute einflussreichsten Versuch einer Rasseneinteilung machte 1934 *Egon von Eickstedt* (1892–1965), indem er *drei geographische „Großrassen“* sowie zahlreiche regionale „Rassen“ und „Unterrassen“ unterschied. Den Großrassen gab er wissenschaftlich gemeinte Namen: „Europide“, „Negride“, „Mongolide“. Die Einteilung erfolgte wie in allen älteren Versuchen typologisch vor allem anhand von Methoden der deskriptiven oder messenden Morphologie. Entsprechend wurden sie wiederum durch Hautfarben gekennzeichnet: „Weiße“, „Schwarze“, „Gelbe“.
Dem typologischen Vorgehen entsprach die Vorstellung *von Eickstedts*, dass die von ihm unterschiedenen Großrassen in drei *eiszeitlichen Isolaten* (sogenannten Züchtungsräumen) durch Mutation und Selektion herausgebildet worden seien (s. Abb. 1, S. 237). Dem Vorschlag der Einteilung in drei Großrassen folgte man in Deutschland fast einmütig bis in die 90er Jahre des vorigen Jahrhunderts; durch molekulargenetische Untersuchungen ist sie inzwischen überholt (s. 3.4).

Von Eickstedt verwendete zwar auch exakte Messmethoden, er meinte jedoch, dass „Rasse“ unmittelbar wahrgenommen werden könne. Dazu sei die „Typenschau“ des erfahrenen Wissenschaftlers geeignet. Mit „Rassenformeln“ glaubte er, *Mischungsanteile* der „Rassen des Deutschen Volkes“ (z. B. von „Nordiden“ und „Osteuropiden“) im Individuum bestimmen und auf diese Weise prozentuale „Rassenanteile“ in den Bevölkerungen ermitteln zu können. „Rasse“ wurde dabei als eine *überdauernde Größe* vorausgesetzt, die durch die Rekombination der Gene bei der Fortpflanzung nicht zerstört werde (⇨ Rassenmischung, ⇨ Rassismus).
Im US-amerikanischen Schrifttum wurden die Namen, die *von Eickstedt* den Großrassen gegeben hatte, abgewandelt in „Caucasoide“ (in Anlehnung an *Blumenbach* für Europide), „Negroide“ und „Mongoloide“. Die aus dem Griechischen abgeleitete Endung -id: „-artig“ wurde also ersetzt durch die ebenfalls aus dem Griechischen abgeleitete Endung -oid:
„-ähnlich“. Was eine fachliche Präzisierung sein sollte, war im Fall „Mongoloide“ ein Fehlgriff, da „mongoloid“ lange Zeit eine Bezeichnung für Menschen mit Downsyndrom war. Der Entdecker, der britische Mediziner *John Langdon-Down* (1828–1896), hielt die von ihm als „mongoloide Idiotie“ bezeichnete Behinderung als Rückfall in eine stammesgeschichtlich primitive Stufe, und zwar – aufgrund der Augenfalte – zu den Mongolen (Observations on an ethnic classification of idiots, 1866). Entgegen der rassistischen Benennung und Deutung des später nach ihm benannten Syndroms setzte *Langdon-Down* sich für geistig behinderte Menschen ein. Er gründete u. a. ein Heim, in dem sie betreut und gefördert werden sollten.
Die Aufteilung der Menschheit in Rassetypen erschütterte als einer der ersten der deutsch-US-amerikanische Anthropologe *Franz Boas* (1858–1942), indem er nachwies, dass die seit *Blumenbach* für die Klassifikation herangezogenen Schädelmaße innerhalb der Populationen stark variieren. *Boas* zeigte zudem an Einwanderern in die USA, dass sich deren Schädel schon in der Folge zweier Generationen stark verändern können.

Angeregt durch die Synthetische Theorie der Evolution, in der Populationsgenetik und Selektion vereinigt ist, wurde versucht Rasse allgemein und im Besonderen beim Menschen polulationsgenetisch zu definieren (Kasten).
Hinsichtlich einer Klassifizierung der Art Mensch in „Rassen“ bestand unter Biologen nie Einigkeit. Es wurden beinahe so viele *Rassensystematiken* aufgestellt wie es Wissenschaftler gibt, die sich mit dem Problem befasst haben. Die Anzahl der unterschiedenen „Rassen“ reicht dabei von 3 bis über 200. Offensichtlich ließen sich die Rassenkundler beim Aufstellen ihrer Rassensysteme von den Wertungen in ihrem jeweiligen kulturellen und gesellschaftlichen Umfeld leiten. Die herangezogenen biologisch bestimmten Merkmale dienten zur Bestätigung der vorgefassten Einteilungen. Abweichungen wurden zu nicht wesentlichen Ausnahmen erklärt. Heute ist eindeutig: Die Einteilung in Rassen hat keine tragfähige genetische Basis (s. 3.3). Die Rassenklassifikationen sind zum größten Teil *politisch* und *sozialpsychologisch* zu erklären (⇨ Rassismus). In dieser Hinsicht gleichen die wissenschaftlichen Versuche der Übernahme der Rassenvorstellungen aus der sozialen Umwelt, wie sie bei Kindern zu beobachten ist. Die Rassenteinteilungen sind trotz ihrer genetischen Begründungen in Wirklichkeit soziale Konstrukte. [1] [8] [13] [14] [20] [24] [26]

Populationsgenetische Definition von Menschenrasse

Schon in den 1930er Jahren rückten die Vielfalt in Populationen und die Übergänge zwischen Populationen des Menschen stärker in den Blick als zuvor. Die biologische Einheit der Art Mensch steht danach außer Frage. Die Konsequenzen für das Verständnis von „Rasse" kamen in Deutschland erst nach 1945 zum Tragen. Sie wurden durch Untersuchungen von biochemischen Merkmalen (vor allem der Blutproteine) verstärkt, mit deren Ergebnissen sich genetische Unterschiede zwischen den Populationen als Häufigkeitsverteilungen der zugrundeliegenden Gene (Allele) beschreiben ließen. Entsprechend wurden „Rassen" als geografische Populationen definiert, die sich in der *Häufigkeit bestimmter Allele von anderen unterscheiden.* [3]
Die populationsgenetische Betrachtung steht eigentlich im Gegensatz zur Typologie, da diese in Frage gestellt ist, wenn Menschengruppen sich nicht mehr durch Merkmale, sondern nur noch in deren Häufigkeit unterscheiden. Dies ist der Grund, für den Versuch, die Rassentypologie mithilfe der Populationsgenetik aufzuheben. Aufgrund statistisch beschreibbarer genetischer Unterschiede zwischen den Bevölkerungen wurde dabei jedoch zunächst an der Unterscheidung von Rassen beim Menschen festgehalten. [4] [11]
Die Typologie blieb jedoch weiterhin im Spiel, indem die Vielfalt in den Populationen (die eigentlich der Gegenstand sein sollte) auf so genannte *populationstypische* Merkmale reduziert wurde. Damit versuchte man wiederum eine Rassensystematik wissenschaftlich zu begründen. Die Fragwürdigkeit dieses Vorhabens zeigt sich, wenn nicht nur „Schwerpunkte" der geographischen Merkmalsausbildung, sondern auch die „Abstufungen zwischen ihnen" als eigene Rassen klassifiziert werden sollen (so *Rainer Knußmann* in seinem Lehrbuch „Vergleichende Biologie des Menschen", 1980). Übergänge wurden hier gleichsam durch „taxonomische Rassentrennung" beseitigt. Auf diese Weise wurde weiterhin eine Vielzahl von „Rassen" und „Unterrassen" konstruiert, zu der es in der zoologischen Systematik keine Parallele gibt. [2] [9] [27]

Austausch von Wörtern. Vielfach herrscht die Alltagsvorstellung, dass zwar das Wort „Rasse" durch die nationalsozialistische Rassenideologie und verbrecherische Politik belastet, dass Rassenkonzept selbst jedoch nach wie vor biologisch gültig sei. Dem folgen auch Wissenschaftler. So waren die Verfasser eines führenden Lehrbuchs zur Evolutionsbiologie 2001 nur bereit, das Wort „Rasse" angesichts des Missbrauchs gegen das Wort „Ethnie" auszutauschen: „Die heutige Menschheit ist körperlich nicht einheitlich gestaltet, und es werden daher seit langem verschiedene Gruppierungen unterschieden, die man seit mehr als hundert Jahren Rassen nennt. Dieser Begriff ist aber im 19. Jh. … und dann … insbesondere im Dritten Reich mit so viel dummer und gefährlicher Ideologie (Rassismus) überfrachtet worden, dass er verständlicherweise in Misskredit geriet. … Alternative unbelastete Begriffe sind Populationen oder Ethnien. …" (Storch, V., Welsch, U. & Wink, M., Evolutionsbiologie). Das ist jedoch fachlich unangemessen, weil mit dem Wort Ethnie kein biologischer sondern ein kultureller Begriff bezeichnet wird, der der Ethnologie (Völkerkunde) zugeordnet ist (griechisch enthnos: „Volk"). Mit dem Austausch der Wörter ist in dem biologischen Lehrbuch keine Veränderung des Begriffs verbunden. Die Autoren vertreten

vielmehr eine traditionelle typologische Rasseeinteilung. In der revidierten Auflage (2007) werden die Termini „Rassen“, „Ethnien“ und Populationen“ als gleichbedeutend betrachtet. Kontinentale Populationen werden als „Rassen“ zusammengefasst („Europäer“, „Schwarzafrikaner“, „Asiaten“), obgleich eine solche Einteilung in die ehemals als Großrassen bezeichneten Gruppen populationsgenetisch obsolet ist. Die lokalen Populationen variieren untereinander sehr stark, sodass die Zusammenfassung zu Großgruppen keine genetische Basis hat (s. 3.3). [6] [26]
Es darf beim Thema Menschenrassen nicht um einen Austausch von Wörtern gehen, sondern um eine Veränderung der Begriffe. Mit dem Abschied vom biologischen Rassenbegriff sind gesellschaftliche Rassenprobleme und Rassismus nicht erledigt. Das Wort „Rasse“ ist in vielen bedeutsamen politischen Erklärungen enthalten, wie u. a. der Erklärung der Menschenrechte. Es sollte beachtet werden, dass die Vorstellungen von „Rasse“ als soziales Konstrukt im gesellschaftlichen Zusammenhang bedeutsam bleiben (⇨ Rassismus). [1] [8] [12]

3 Für Unterricht: Anschauung und Vertiefung

3.1 Potenziale der Alltagsvorstellungen

Alltagsvorstellungen	Ansätze zum fachlichen Lernen	Probleme für fachliches Lernen
Rasse ist (auch beim Menschen) ein systematischer Begriff.	*Perspektivenwechsel:* evolutionäre Voraussetzungen für die Unterscheidung von Unterarten (3.2).	Schwierigkeiten der Klassifikation unterhalb der Art
Menschenrassen kann man sehen: Sie lassen sich nach biologischen Kriterien unterscheiden.	*Kontrast:* Vielzahl von Rasseeinteilungen (2.2) Rasseeinteilung als Werkzeug sozialer Wertungen, (⇨ verschieden, ⇨ Kultur)	typologisches Denken Übersehen der Variabilität innerhalb der Gruppen und Übergänge zwischen ihnen
Man hat zu viele Rassen unterschieden, aber die Großrassen existieren.	*Kontrast:* Die Einteilung in Großrassen wird durch molekulargenetische Untersuchungen widerlegt (3.3).	
Das Wort Rasse ist belastet, aber der Begriff biologisch weiterhin gültig.	*Kontrast:* Der biologische Rassenbegriff ist ungeeignet, die genetische Vielfalt der Menschen zu erfassen (3.3).	fehlende fachliche Auseinandersetzung mit dem biologischen Rassenbegriff
Rassen sind ihrem Wesen nach verschieden.	*Kontrast:* Genetische Nähe aller Menschen (3.3 und 3.4) *Perspektivenwechsel:* Eigenbild bestimmt das Fremdbild (⇨ Rassismus).	Wertungen von statistischen Unterschieden als Gegensätze Abwertung anderer Menschen

Tabelle 1: Alltagsvorstellungen zu Menschenrasse geben Hinweise für fachliches Lernen.

3.2 Rassenkonzepte und biologische Systematik

Im Sinne der zoologischen Systematik bilden alle heute lebenden Menschen eine einzige Art. Die Einteilung von vielgestaltigen Arten in Unterarten macht selbst bei Tieren häufig Schwierigkeiten und ist mit willkürlichen Entscheidungen verbunden. Nach der zoologischen Nomenklatur ist dies weder bei anderen Lebewesen noch beim Menschen biologisch gefordert, d. h. es gibt keine Vorschrift, innerhalb einer Art Untergruppen zu bilden. Dies hat einen klaren Grund in den Lebewesen selbst: Zwar gehört jedes Individuum bei sich zweielterlich (biparental) fortpflanzenden Lebewesen zwangsläufig einer Fortpflanzungsgemeinschaft an und damit zu einer biologischen Art, die Unterscheidung von Unterarten oder Rassen ist aber eine Sache der Zweckmäßigkeit.

Dennoch gibt es zahlreiche untaugliche Versuche (besonders von Zoologen) einen Rassenbegriff beim Menschen beizubehalten (↗ Rassenbegriff).

Ob eine Unterscheidung in Unterarten zweckmäßig ist, ist für verschiedene Arten je nach der erfassbaren Populationsdifferenzierung ganz unterschiedlich zu beurteilen. Nach den in der Zoologie angewandten *Kriterien zur Klassifizierung* von Tieren sind Unterarten

1. geographisch begrenzte, klar differenzierte Populationen;
2. über längere Zeit getrennte Stammeslinien.

Beide Bedingungen treffen beim Menschen nicht zu (s. 3.3 und 3.4). [9] [17] [27]

3.3 Molekularbiologische Auflösung von Rassentypologien

Die Unterschiede zwischen Menschen, wie die Pigmentierung (Hautfarbe, Haarfarbe, Augenfarbe), Haarform und Gesichtsform fallen ins Auge, sind aber geografisch weitestgehend durch gleitende Übergänge miteinander verbunden. Die Expertengruppe einer UNESCO-Arbeitstagung kommt daher zu dem Schluss, „dass es keinen wissenschaftlich zuverlässigen Weg gibt, die menschliche Vielfalt mit den starren Begriffen ‚rassischer' Kategorien oder dem traditionellen ‚Rassen'-Konzept zu charakterisieren. Es gibt keinen wissenschaftlichen Grund, den Begriff ‚Rasse' weiterhin zu verwenden.“ [28]

Bereits 1962 kam der US-amerikanische Anthropologe und Populationsgenetiker *Frank Livingston* (1928–2005) in seinem Aufsatz “On the nonexistence of human races” zu dem Schluss: „Es gibt keine Rassen, sondern nur Kline.“ (Mit Klinen wird kontinuierliche geografische Variation von Merkmalen beschrieben). [1] [3] [14] [15] [23]

Molekularbiologische Methoden erlauben, DNA-Sequenzen, Gene und monogen bedingte Merkmale direkt zu erfassen. Dabei werden vorzugsweise selektionsneutrale Merkmale berücksichtigt, z. B. Sequenzen von DNA, die keine RNA codieren, und Merkmale, die keine erkennbare physiologische Wirkung haben, wie etwa 200 Hämoglobinvarianten (ausgenommen Sichelzellen-Hämoglobin). Die Ergebnisse haben zusammen mit der statistischen Auswertung der geographischen Verteilung von Allelfrequenzen monogen bedingter Merkmale zu einem neuen Bild der menschlichen Vielfalt und der Geschichte menschlicher Populationen geführt.

Die heute lebenden Menschen stimmen zu 99,9 % in ihren DNA-Sequenzen überein. Alle denkbaren *genetischen Unterschiede* betreffen also nur 1 ‰ der genetischen Substanz. (Das ist im Übrigen eine Zehnerpotenz geringer als der Abstand der Art zu den nächsten Verwandten unter den Menschenaffen.) Unterschiede zwischen Populationen des Menschen können zwar statistisch erfasst werden, sie sind aber entweder zu gering oder zu unbedeutend, um nach den Maßstäben der zoologischen Systematik Unterarten unterscheiden zu können. Zwischen europäischen und asiatischen Populationen können statistisch signifikante genetische Differenzen festgestellt werden, aber auch zwischen Norddeutschen und Süddeutschen oder gar zwischen den Bevölkerungen verschiedener Stadtteile derselben Stadt. Die genetischen Distanzen zwischen Populationen verändern sich weitestgehend kontinuierlich: Sie korrelieren mit der *geographischen Entfernung*, in der die Bevölkerungen leben. Je weiter die Wohngebiete voneinander entfernt sind, desto größer sind die genetischen Distanzen. Aber selbst bei größten Entfernungen bleiben sie gering und in der gleichen Größenordnung.

Die Rassensystematiken finden durch molekulargenetische Forschung keine Bestätigung. Das gilt besonders für die Aufteilung auf verschiedene Kontinente mit so genannten „Großrassen“, an der vielfach in Lehrbüchern der Evolution und Genetik noch festgehalten wird (s. 2.2). Vielmehr sind die Populationen auch über die Kontinente hinweg kontinuierlich verbunden. Ergebnisse von Untersuchungen, die die Unterschiede zwischen den Menschen verschiedener Kontinente, und damit die traditionelle Rasseneinteilung zu bestätigen scheinen, beruhen auf einer einseitigen Auswahl der untersuchten Populationen und Individuen. Die Variation von Gensequenzen verbindet alle Kontinente miteinander. Die Einteilung in so genannte geographische Großrassen findet demnach keine Bestätigung. Die herkömmlichen Vorstellungen von „Rasse“ werden durch die tatsächliche molekulargenetische Vielfalt der Menschen widerlegt. Die sichtbaren Unterschiede zwischen Menschen verschiedener geographischer Herkunft können nur deshalb als groß und bedeutsam erscheinen, weil sie uns besonders auffallen. [1] [5] [9] [12] [14] [23] [26] [27] [28]

Durch die Suche nach so genannten *ethnischen Krankheiten* haben genetische Unterschiede zwischen Populationen scheinbar wieder an Bedeutung gewonnen. Dagegen ist zu betonen, dass die allelen Gene, die Krankheiten bedingen oder mitbedingen, in keiner Population fixiert wurden. Sie können gegenüber anderen Populationen nur relativ häufiger sein. Krankheiten sind keine „Rassenmerkmale“. Sie stimmen mit „Rasseneinteilungen“ nicht überein. Die Registrierung von Allelen nach traditionell als „rassisch“ klassifizierten geografischen Gruppen erfolgt zuweilen aus rein praktischen Gründen und führt unüberlegt zu einer Wahrnehmung von „Rasse“ als vermeintlicher „Realität“. Von medizionischen Populationsgenetikern wurde daher vorgeschlagen, einer scheinbaren Bestätigung von Rasseneinteilungen durch eine Anmerkung in den betreffenden Arbeiten entgegen zu wirken: „Allelfrequenzen variieren zwischen allen ausgewählten Menschengruppen – anzunehmen, dass solche Variationen ‚rassische Kategorien’ widerspiegeln, ist unbegründet.“ [5] Die Einteilung in Großrassen übersieht die Diversität der lokalen Populationen und ist daher u. a. für medizinische Therapien, bei denen molekulargenetisch bedingte Dispositionen berücksichtigt werden sollen, völlig ungeeignet. [6] [26]

Die auf Oberflächenmerkmalen beruhenden, typologisch erfassten Unterschiede sagen nichts über die genetische Nähe oder Distanz von Menschen aus: Für jeden hellhäutigen Deutschen kann ein dunkelhäutiger Afrikaner gefunden werden, der ihm in seinen persönlichen Fähigkeiten und Eigenschaften ähnlicher ist als sein hellhäutiger Nachbar. Ein Genetiker hat das so ausgedrückt: „Rasse geht nicht unter die Haut.“ [16]

Die Problematik des Rassenbegriffs beim Menschen kann im *Unterricht* behandelt werden, indem traditionelle Rassenklassifikation und die Auflösung des Begriffs der Menschenrassen durch molekulargenetische Ergebnisse miteinander kontrastiert werden (↗ Rassen oder Vielfalt?). [12]

3.4 Populationsgeschichte

Was immer man unter „Rassen" verstanden hat, sie waren nie etwas Konstantes oder gar eine zu bewahrende Einheit. Typen existieren nur in Gedanken, real vorhanden sind nur die Individuen und ihre Vielfalt. Typen sind statische Konstrukte (⇨ typisch). [18]
Dem entspricht die Rassenkunde, in der „Rassen" als an die jeweilige Umwelt angepasste Typen betrachtet wurden, die durch Selektion herausgezüchtet wurden. Exemplarisch steht dafür die Auffassung *Egon von Eickstedts*, die drei Großrassen seien in getrennten Züchtungsräumen während der Eiszeit entstanden (Abb. 1). Diese einseitige Sicht ist auf die Erhaltung der Rassen ausgerichtet und betrachtet sie als etwas Bleibendes.

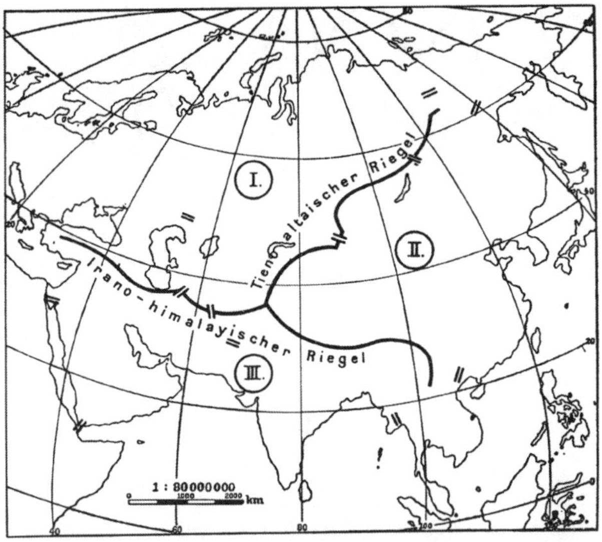

Abb. 1: Angebliche Züchtungsräume der von Egon von Eickstedt unterschiedenen Großrassen, die in der Eiszeit isoliert gewesen sein sollen und sich danach ausgebreitet haben, I: Europide, II: Mongolide, II: Negride (von Eickstedt, 1934)

Die Aufspaltung von Populationen, ihre Isolation und ihre unterschiedliche Entwicklung in verschiedener Umgebung erscheinen in der Evolutionsbiologie häufig als Vorbedingungen zur Artbildung und daher als allgemeines Prinzip der Evolution. Besonders manche deutschen Zoologen scheuen deshalb davor zurück, den Rassenbegriff aufzugeben und begnügen sich damit, das Wort Rasse zu vermeiden, anstatt den Rassenbegriff zu ersetzen (s. 2.2).
Das Bild der Populationsdifferenzierung durch Isolation ist allerdings durch neuere Ergebnisse der Populationsgenetik insofern überholt, als geografische Barrieren nur eine der möglichen Ursachen für die Populationsdifferenzierung innerhalb der Art sind.

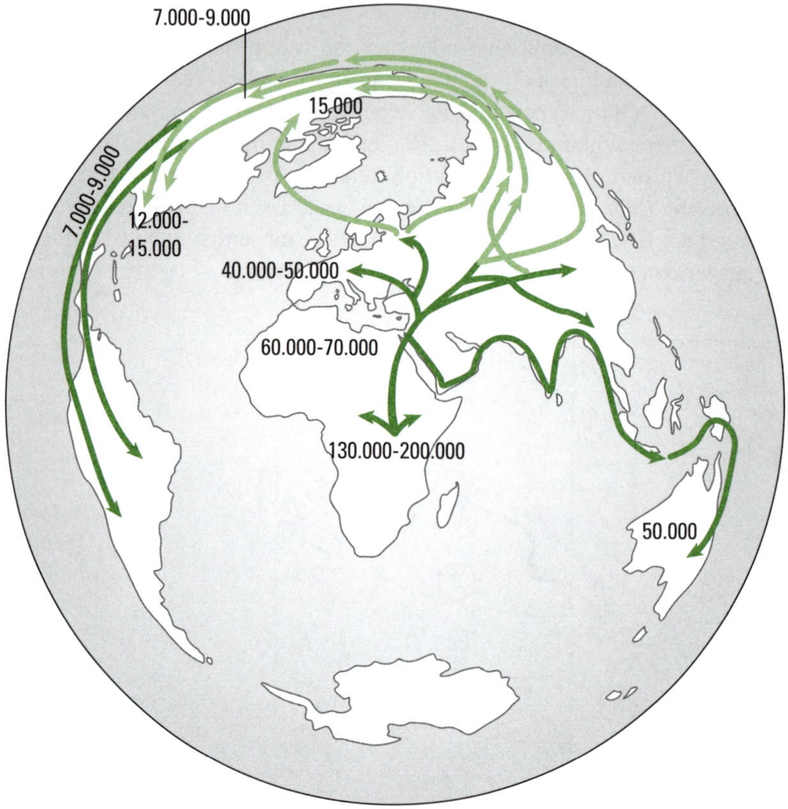

Abb. 2: Ausbreitung von Homo sapiens ausgehend von Afrika auf die übrigen Kontinente. Angaben: wahrscheinliche erste Besiedlung in Jahren vor unserer Zeit. Die Wanderwege konnten mit Booten entlang der Küsten erfolgen. Australien war ohne seetüchtige Boote nicht erreichbar.

Die Ergebnisse der populationsgenetischen Forschungen weisen nicht auf eine „Züchtung" von „Rassen" in abgeschlossenen Isolaten hin, sondern auf Ausbreitung der Bevölkerungen, *Wanderschübe* und wiederholte Besiedelung der Wohngebiete. Für die Ausbildung der geringen genetischen Unterschiede zwischen den Populationen hat die Trennung durch *geographische Entfernung* (isolation-by-distance) sowie Wanderungen und wechselnde Populationsgröße (Flaschenhalseffekt) offensichtlich eine größere Rolle gespielt als geographische Barrieren (Abb. 2). [3] [9] [27]

Im Lichte der Evolution rückt die *Dynamik der Populationen* in den Vordergrund: Die genetischen Unterschiede (Allelhäufigkeiten und -verteilungen) waren und sind nur Momentaufnahmen in der Populationsgeschichte. In heutiger Sicht sind die populationsgenetischen Unterschiede Hilfsmittel in dem Bemühen, die Geschichte der menschlichen Bevölkerungen zu rekonstruieren.

Die große genetische Nähe zwischen den Menschen und die Muster der genetischen Variabilität legen nahe, dass Phasen geografischer Isolation zwischen den Populationen während der gesamten Populationsgeschichte der Art *Homo sapiens* unbedeutend waren.

Nach allen fossilen Dokumenten und gemäß der engsten *stammesgeschichtlichen Verwandtschaft* mit den afrikanischen Menschenaffen (Schimpanse, Bonobo, Gorilla) kann als sicher gelten, dass die Gattung *Homo* in Afrika entstanden ist. Demnach sind alle heute lebenden Menschen die Nachfahren von Auswanderern aus Afrika. In Europa lassen sich 95 % der Bevölkerung auf 7 mitochondriale DNA-Typen von Afrikanern und damit genealogisch auf 7 mütterliche afrikanische Linien zurückführen (⇨ Mensch). [25]
Die genetischen Distanzen der Populationen dokumentieren so die Auswanderungen aus Afrika, die Besiedlung der Kontinente und neuer Wohngebiete. Die neuerdings nachgewiesene Kreuzung der nichtafrikanischen Populationen von *Homo sapiens* mit dem *Homo neanderthalensis* (in Europa und Asien) und dem *Homo denisovensis* (in Südostasien) ändert kaum etwas an der genetischen Nähe aller menschlichen Populationen (einschließlich der Afrikas), da der Allelfluss (Genfluss) von den anderen Menschenarten nur sehr gering war. [21]
Nach dem *Out-of-Africa-Modell* begann die Auswanderung unserer Vorfahren aus Afrika als *Homo sapiens* vor rund 100 000 Jahren vor unserer Zeit. Beim *Multiregionalen-Modell* wird angenommen, dass der Mensch als *Homo erectus* aus Afrika bereits vor etwa 2 Millionen Jahren auswanderte und sich in den Kontinenten parallel zu *Homo sapiens* entwickelte. Die größte genetische Variabilität in afrikanischen Populationen, die enge Verwandtschaft der übrigen untereinander und mit den Afrikanern, d. h. die große genetische Nähe aller heute lebenden Menschen stützen das Out-of-Africa-Modell. Beim Multiregionalen-Modell muss angenommen werden, dass der Allelfluss zwischen den Populationen seit etwa 2 Millionen Jahren besteht. Die festgestellte genetische Nähe der menschlichen Populationen wäre nicht berührt, wenn sich das Multiregional-Modell schließlich doch noch in größerem Umfang als zutreffend herausstellte. Es würde sich lediglich das Datum der Auswanderung aus Afrika ändern. Ob es uns gefällt oder nicht: Im Grunde genommen sind wir alle Afrikaner.

[1] Barbujani, G & Pigliucci, M. (2013). Human races. Current Biology (5). – [2] Cavalli-Sforza, L.L. (1999). Gene, Völker, Sprachen. München. – [3] Cavalli-Sforza, L.L., Menozzi, P. & Piazza, A. (1996). The history and geography of human genes. Princeton. – [4] Dobzhansky, T. (1966). Sind alle Menschen gleich erschaffen? Naturwissenschaft + Medizin (13). [5] Duster, T. (2005). Race and reification in science. Science (307). – [6] ders. (2014). Social diversity in humans: Implications and hidden consequences for biological research. In A. Chakravarti (Ed.), Human variation: A genetic perspective on diversity, race and medicine. Cold Spring Harbor. – [7] Gould, S.J. (1988). Der falsch vermessene Mensch. Franfurt/M. – [8] Hirschfeld, L.A. (1995). Do children have a theory of race? Cognition. – [9] Hunley, K.L. u. a. (2009). The global pattern of gene identity variation reveals a history of long-range migrations, bottlenecks, and local mate exchange: Implications for biological race. – [10] Janßen, Anne (1998). Vorstellungen von „Menschenrassen" in der Fachwissenschaft und bei Schülerinnen und Schülern. Oldenburger Vordrucke 368. Abdruck mit freundlicher Genehmigung des BIS-Verlags der Carl von Ossietzky Universität Oldenburg. – [11] Kattmann, U. (Hrsg.). (1973). Rassen – Bilder vom Menschen. Wuppertal. – [12] Kattmann, U. (1995). Was heißt hier Rasse? Unterricht Biologie (204) – [13] ders. (1999). Warum und mit welcher Wirkung klassifizieren Wissenschaftler Menschen? In H. Kaupen-Haas & F. Saller (Hrsg.), Wissenschaftlicher Rassismus. Frankfurt. – [14] ders. (2009). Vielfalt der Menschen. Unterricht Biologie (342). – [15] ders. (2013). Genes, race and culture. In M. Koegeler-Abdi & R. Parncutt (Eds.), Interculturality: Practice meets research. Newcastle upon Tyne. – [16] Lewontin, R.C., Rose, S. & Kamin, L.J. (1988). Die Gene sind es nicht … München, Weinheim. – [17] Malina, R.M. (2001). "Race": Confusion about zoological and social taxonomies and their places in science. American Journal of Human

Biology. – [18] Mayr, E. (1979). Die Evolution und die Vielfalt des Lebens. Berlin, Heidelberg. – [19] Poliakov, L. (1993). Der arische Mythos. Hamburg. – [20] Preuschoft, H. & Kattmann, U. (Hrsg.). (1992). Anthropologie im Spannungsfeld zwischen Wissenschaft und Politik. Oldenburg. – [21] Sankararaman, S. u. a. (2014). The genomic landscape of Neanderthal ancestry in present-day humans. Nature. – [22] Schürings, H. (1992). Ethnien und Stämme haben eine Geschichte – Zur Genese eines Konflikts in Rwanda, Zentralafrika. In H. Preuschoft & U. Kattmann (Hrsg.), Anthropologie im Spannungsfeld zwischen Wissenschaft und Politik. Oldenburg. – [23] Serre, D. & Pääbo, S. (2004). Evidence for gradients of human genetic diversity within and among continents. Genome Research. – [24] Smart, A., u. a. (2012). "Race" as a social construction in genetics. In K. Schramm, D. Skinner & R. Rottenburg (Eds.), Identity politics and the new genetics: Re/creating categories of difference and belonging. New York. – [25] Sykes, B. (2001). The seven daughters of Eve. New York, London. – [26] Takezawa, Y. u. a. (2014). Human genetic research, race, ethnicity and the labeling of populations: Recommendations based on an interdisciplinary workshop in Japan. BioMed Central Medical Ethics. – [27] Templeton, A.R. (1999). Human races: A genetic and evolutionary perspective. American Anthropologist (3). – [28] UNESCO Stellungnahme zur Rassenfrage (Statement on Race). Stadt Schlaining 1995. (Deutscher und englischer Text verfügbar unter: www.staff.uni-oldenburg.de/ulrich.kattmann/32177.html). – [29] Baron, A.S. & Banajii, M.R. (2006). The development of implicit attitudes. Psycological Science.

↗ Metapher/Analogie

↗ Mischling

↗ modellieren/Modell

↗ mutieren/Mutation/Modifikation

↗ nachhaltig/Nachhaltigkeit

↗ Name

natürlich/Natur

Wegweiser

Die Natur schreibt uns nichts vor, sie bildet den Rahmen für unser Handeln.

1 Vom Wort zum Begriff

Das bereits im Mittelhochdeutschen gebrauchte Wort (nature) ist aus dem Lateinischen natura: das „Hervorbringende“, die „Geburt“, das „Wesen“ entlehnt. Es stammt aus derselben

sprachlichen Wurzel wie das lateinische Verb generare: „hervorbringen“.
Das Wort „Natur“ wird in philosophischer Tradition und *umgangssprachlich* in zweierlei Weise gebraucht:

– Es bezeichnet einerseits die *„Natur“ eines Dings*, d. h. dessen Wesen (Essenz), das heißt seine innerste Charakteristik, die anders ist als die Summe seiner (äußeren) Merkmale. In diesem Sinne spricht man von der „Natur des Menschen“ und der „Natur einer Sache“ oder vom „Naturell“.
– „Natur“ bezeichnet andererseits die *Gesamtheit der vorgegebenen physischen Welt*. Als solche wird die Natur häufig als schöpferische oder das Schicksal bestimmende Macht personifiziert (Mutter Natur) und vielfach als göttlich verehrt. Für dieses Verständnis sind die Aspekte des durch die Natur „Vorgegebenen“ und des vom Menschen „Unberührten“ leitend. „Natürlich“ wird dabei normativ verwendet, d. h., das „Natürliche“ (das von der Natur Hervorgebrachte) im ethischen Sinne als *gut*, das „Künstliche“ (das vom Menschen Geschaffene) als *schlecht* oder gar gefährlich angesehen (s. naturalistischer Fehlschluss, 3.3, ⇨ Mensch-Natur-Verhältnis).

In den *Naturwissenschaften* ist „Natur“ lediglich ein zusammenfassender Begriff für die Gegenstände, die durch sie erfasst werden können. Natur setzt dabei keine Norm, sondern besteht lediglich in der Gesamtschau auf das naturwissenschaftlich Beschriebene und Erklärte. „Natur“ ist lediglich ein beschreibender (deskriptiver) und kein ethischer (normativer) Begriff (⇨ erklären).

2 Alltagsvorstellungen

2.1 Schöne, gefährdete Natur

Eine US-amerikanischen Interviewstudie ergab, dass Schüler (9th Grade) mit Natur eine breite Palette von Aspekten verbinden: religiöse, ästhetische, naturwissenschaftliche und naturschützerische. Dabei wird besonders das Wundern über die Natur und die Erkennbarkeit der Natur angesprochen (Zitate Patricia und Bruce). [3]

> *Geheimnisvolle Schöpfung*
> „Gott hat die Natur (natural world) geschaffen. Sie hat viele Eigenschaften: Sie ist machtvoll, vielfältig, wandelbar und materiell und emotional wunderschön. Natur ist alles, was Gott gemacht hat: alle Pflanzen und Tiere auf der Erde und das ganze Solarsystem. Die natürliche Welt ist für mich sehr geheimnisvoll. Ich denke über viele Dinge in der Natur nach. Ein Ding, was ich gerne wissen möchte, ist, was außerhalb des Universums existiert. Vielleicht eine andere Erde? Obgleich die Natur geheimnisvoll ist, ist alles erkennbar, wenn vielleicht auch nicht in naher Zukunft. Die Verwunderung über die Natur vermehrt das naturwissenschaftliche Wissen, aber dieses ist begrenzt durch die Komplexität der Natur.“
>
> *Patricia [3]*

Gefährdete Natur

„Die Natur (natural world) ist eine reine Welt, unverschmutzt, ein Ort, an dem alles zusammenleben kann. Natur ist komplex, aber geordnet und erkennbar.

Das Meiste der natürlichen Welt kann mit Hilfe der Naturwissenschaft und mit Theorien die durch die Naturwissenschaft entwickelt wurden, erkannt werden. Unser Wissen ist durch harte Fragen begrenzt, wie „Warum ist der Spin der Erde so, wie er ist?", „Was ist Schwerkraft?", „Warum ist unser Planet fest und nicht gasförmig?" Dieses Geheimnis und unser Wissen führt uns zu einer philosophischen Art von Schönheit. Mit offenen Sinnen kann man die Schönheit der Natur sehen, z. B. in der Wüste Sahara. Manche Leute denken, sie ist hässlich und eine Einöde, aber wenn man über sie nachdenkt, dann hat sie eine überquellende Fülle von Leben, die sie schön macht.

Die natürliche Welt wird von uns Menschen ausgebeutet. Die Natur ist in Gefahr, weil Menschen die Ozonschicht, die Regenwälder und kostbares Land zerstören. Es ist unglaublich, dass unsere Ressourcen ausgebeutet und aufgebraucht werden, obwohl wir diese Dinge benötigen, um unser Leben auf diesem Planeten fortzusetzen. Als Menschen haben wir die persönliche und religiöse Verpflichtung gegenüber unserer Welt, sie zu erhalten."

Bruce [3]

Bei US-amerikanischen Jugendlichen spielt die religiöse Überzeugung eine wichtige Rolle für das Naturbild und die Verantwortung gegenüber der Natur (⇨ Schöpfung). Der im Zitat von Bruce erkennbare Gegensatz von harmonischer Natur und gefährdendem Eingreifen des Menschen findet sich ebenfalls bei deutschen Grundschulkindern. [6]

In einer Interviewstudie mit 16- bis 17-Jährigen wurden Vorstellungen zu Natur und Naturschutz erhoben. Hervorstechende Aspekte des Naturverständnisses der deutschen Jugendlichen sind „Selbsterhaltung" der Natur sowie „Gefährdung" der Natur durch den Menschen. Selbsterhaltung bedeutet, dass die Natur als selbstständig handelndes Subjekt angesehen wird (Zitat Tanja). Die Natur strebt einen Gleichgewichtszustand an, der bei allem Wandel im Prinzip gleich bleibt. Ähnliche Naturvorstellungen werden von Lehramtsstudierenden zum Begriff der Nachhaltigkeit geäußert (⇨ biologisches Gleichgewicht, ↗ nachhaltig). [14] [15]

2.2 Der Gegensatz natürlich – künstlich

Interviewstudien zum Naturverständnis und zum biologischen Gleichgewicht zeigen: Der Mensch gilt als „Störenfried". Er gefährdet oder zerstört die Natur. Dabei wird ein scharfer Gegensatz zwischen „natürlichen" Prozessen und Eingriffen des Menschen gemacht. Natur und Mensch werden mit dem Gegensatz *„natürlich – künstlich"* grundsätzlich positiv bzw. negativ bewertet (Zitat Tanja und Zitate S. 243 f., ⇨ Mensch-Natur-Verhältnis, ↗ Naturschutz). [14] [15] [16]

Sich selbst erhaltende Natur – schädliche Eingriffe
„Gleichgewicht bedeutet, dass die Natur es selber schafft, dass sie selber überleben kann.“

Claudia, 10. Klasse

„Ich glaube nicht, dass die Natur sich selbst so richtig kaputt machen würde, also dass auf natürlichem Wege irgendwo Gravierendes passieren würde, sodass eine Art ausstirbt. Wenn das passiert, dann ist das halt so, aber dadurch entsteht auch gleichzeitig etwas Neues. Oder wenn ein Baum umkippt, wachsen gleichzeitig neue Bäume. Und wenn der Mensch da eingreift, dann wird was genommen, aber es kommt nichts wieder zurück und das ist für mich der Unterschied zwischen einer natürlichen Veränderung und der Veränderung durch den Menschen.“

Tanja, 10. Klasse [16]

„Bei der Verlandung des Sees [Abb.] gibt es eine Entwicklung, dass der See immer ein bisschen kleiner wird. Weil die Natur immer ungefähr gleich bleiben würde, gehe ich davon aus, dass der Mensch da eingegriffen hat. [Ja] es ist klar, dass von außen eingegriffen wurde und der See zurückgedrängt wurde.“

Christian, 11. Klasse [14]

Selbst die natürliche Sukzession bei einem verlandenden See wird als menschlicher Eingriff gedeutet, der den See zurückdrängt (Zitat Christian). Das angenommene Gleichbleiben der Natur entspricht dem Prinzip der Konstanz in Alltagsvorstellungen und der Vorstellung vom stets herrschenden biologischen Gleichgewicht (⇨ anthropomorph, ⇨ biologisches Gleichgewicht).
Mit Jugendlichen im Alter von 16 bis 23 Jahren wurden Gruppendiskussionen zur Gentechnik geführt, bei denen die Natur als Norm und der Gegensatz von natürlich – künstlich prägnant formuliert wurden (Kasten). [8]
In einigen biologischen Zusammenhängen führt der als wesensmäßig empfundene Gegensatz von „natürlich“ und „künstlich“ zu Unterscheidungen, die sachlich nicht zutreffen. So wird von den Befragten einer Studie zum Klimawandel angenommen, dass das „künstliche CO_2“ nicht in den Kohlenstoffkreislauf eingeht, sondern nur das „natürliche“. [12] In gleicher Weise nehmen zur Genetik Befragte an, dass Mutationen schädlich sind, weil sie vom Menschen verursacht werden. [5]

Natürlich ist gut – künstlich ist schlecht
„Gibt es nicht bestimmte Regeln der Natur, die man einfach einhalten sollte?“

„Die Natur hat einen Grund, dass alles so ist, wie es ist, und dass man da nicht so dran herumdreht.“

„Natürlich ist gut. Die Natur zeigt uns in unserer orientierungslosen Zeit, was wir tun und lassen sollen. So sollte man der Natur auch nicht ins Handwerk pfuschen.“

„Ich finde, wir haben die Natur schon genug verpfuscht und es sollen auch noch natürliche Sachen bleiben.“ *[8]*

In ökologischen Zusammenhängen und bezogen auf den Naturschutz ergeben sich ebenso drastische Folgerungen. So wird z. B. von Befragten geurteilt, dass eine von Menschen geschaffene Obstplantage im Gegensatz zu „natürlich“ gewachsenen Bäumen ohne Weiteres abgeholzt werden dürfe (↗ Naturschutz).

2.3 Zukunftsvorstellungen

Der wertbehaftete Gegensatz „natürlich – künstlich“ zeigt sich sehr deutlich in Studien zu Zukunftsvorstellungen von Jugendlichen. Dabei wird Technik fast durchgehend negativ als Naturzerstörung empfunden. Eine von Technik beherrschte Welt steht positiven Zukunftsbildern schroff gegenüber (Abb. 1). [17]

Alles schön und gut … *Mädchen, 16 Jahre*

… staubig und dunkel … *Mädchen, 15 Jahre*

Abb. 1: Zukunftsvorstellungen von Jugendlichen: Nach einer Phantasiereise gemalte Bilder der zukünftigen Welt [17]

Zuweilen werden die beiden Perspektiven als Kontrast im Zukunftsbild vereinigt (Zitat „Aufgeteilte Zukunft“).

Aufgeteilte Zukunft

„Da waren überall Hochhäuser und alles war grau und so richtig dunkel … Dann war da so etwas wie ein Strahl auf dem Boden und dahinter war dann alles grün und hat richtig geleuchtet. … Die eine Welt war nur grau, da habe ich gar keine Farben gesehen, und auf der anderen Seite war sehr saftiges, leuchtendes Grün und da waren auch ganz viele Menschen und die Sonne hat geschienen. Die Menschen waren fröhlich, aber auf der anderen Seite war die Stimmung trist.“

16-jähriger Junge [17]

Anheimelnde Natur

„Für mich ist Natur wie ein Zuhause, weil man sich da immer frei bewegen kann und weil da auch wilde Tiere leben und es schön aussieht: viele Bäume und ab und zu auch so 'ne schöne Lichtung, wo dann halt die Sonne drauf scheint. …
Spinnen und Käfer, die mag ich nicht so gerne. Und nachts, wenn es dunkel ist, da kommen wilde Tiere an, also da würde ich dann Angst kriegen.“

Elena, 10 Jahre [7]

2.4 Naturbewusstsein

An negative Bewertung von Technik und positive von „Natur“ appelliert ganz offensichtlich eine Werbung für den Bau von Eigenheimen im Grünen (Abb. 2).

Abb. 2: Werbung für Eigenheime: Flucht aus der verschmutzten Umwelt in die Natur?

Die positive Bewertung von „Natur" hängt vor allem von der Annahme „Unberührtheit" durch den Menschen und damit der Vorstellung von „Wildnis" ab. Derartige Naturerfahrung scheint für die Entwicklung von Kindern und das Wohlbefinden von Menschen überhaupt von großer Bedeutung zu sein (⇨ wild). [6] [7]

In einer repräsentativen Befragung zum Naturbewusstsein von Erwachsenen in Deutschland kommt einerseits die Wertschätzung unberührter Natur stark zum Ausdruck. Andererseits nennen die Befragten ausschließlich stark vom Menschen gestaltete Landschaften als Gegenstände ihrer Naturerfahrung: „Wald", „Wiese", etwas weniger häufig sogar „Acker" und „Garten". Tiere sind häufig genannte Gegenstände des Naturerlebens, genannt in absteigender Häufigkeit: „Reh, Kuh (!), Pferd (!), Hund (!), Hase". Insgesamt wird die gewünschte Natur idyllisch geschildert: z. B.: „... einen Wald – die Sonne scheint durch das Laub, die Vögel zwitschern, das Moos duftet, ein Bach murmelt", „... mein Garten: Rasen, blühende Staudenbeete, Rosen in voller Blüte, Regentropfen auf Grashalmen in der Sonne". [2]

Ähnlich idyllische Naturbilder entwerfen auch Grundschulkinder. Häufiger als bei Erwachsenen werden jedoch negative Gefühle geäußert, sodass das Naturerleben zwiespältig erscheint (Zitat Elena). [1] [7]

3 Für Unterricht: Anschauung und Vertiefung

3.1 Potenziale der Alltagsvorstellungen

Alltagsvorstellungen	Chancen für fachliches Lernen	Hindernisse für fachliches Lernen
Die (schöne) Natur ist durch den Menschen gefährdet.	*Perspektivenwechsel:* Mensch als Teil und Gegenüber der Natur (⇨ Mensch-Natur-Verhältnis)	einseitige Sichtweise
„Natürlich" ist der Gegenbegriff zu „künstlich" und „technisch".		Herauslösen des Menschen aus der Natur
Unberührte Natur (Wildnis) ist die geschätzte und als wertvoll erlebte Natur.	*Perspektivenwechsel:* unterschiedliche Naturverständnisse (3.2) *Anknüpfung:* Als „ursprünglich" und „wild" erlebte Natur ist tatsächlich künstlich gestaltete Natur (Kulturlandschaft, ⇨ Naturschutz)	einseitige Sichtweise
„Natürlich" ist gut.	*Kontrast:* Ethisch ist ein Schluss vom Sein auf das Sollen nicht gerechtfertigt (3.3).	ethischer Fehlschluss

Tabelle 1: Alltagsvorstellungen zu Natur geben Hinweise für fachliches Lernen.

3.2 Sieben Weisen, die Natur zu verstehen

Angesichts von harmonisierender Idylle sowie ambivalenten Gefühlen gegenüber „wilder" Natur ist zu fragen, ob für das erstrebenswerte Verhältnis zur Natur tatsächlich der Gegensatz von „natürlich" und „künstlich" bzw. von „Natur" und „Mensch" oder die Sehnsucht nach „Wildnis" zugrunde gelegt werden darf (s. 2.3, ↗ wild).

Nötig erscheinen vielmehr ein angemessenes Naturverständnis und die Einsicht in menschliche Naturgestaltung. Im Folgenden sind sieben Weisen genannt, wie Menschen die Natur verstehen können. Jede schließt eine besondere Rolle des Menschen im Umgang mit der Natur ein (⇨ Mensch-Natur-Verhältnis):

1. *Die benötigte Natur:* Die Natur ist Lebensgrundlage des Menschen. Im Vordergrund stehen die natürlichen Ressourcen, von denen der Mensch abhängt und die er für seinen Lebensunterhalt nutzen muss: Ernährung, Bekleidung, Bau- und Brennmaterial. Gleich wichtig erscheinen emotionale Aspekte: Entspannung und Erholung in der Natur.
2. *Die geliebte Natur:* Dieses Verständnis ist durch die individuelle Begegnung und Sorge für die Natur geprägt. Artgerechter Umgang mit Pflanzen und Tieren, Pflege der Landschaft, Gestaltung von Park und Garten gehören dazu.
3. *Die verehrte Natur:* Vorstellungen von allgemeiner Beseelung der Natur, wie sie in so genannten Naturreligionen mit der Betonung des Geheimnisvollen vorherrscht, oder aufgeklärte Gleichsetzung von Natur und Gott.
4. *Die erlebte Natur:* Die Natur erscheint als das Anrührende, zunächst Fremde. Es ist die unberührte Natur, die Gefühle auslöst. Dazu gehören positives Aufgehen in der Natur, Bewundern der Schönheit usw., aber auch negativ Abschreckendes, Angst oder erregende Züge der Natur.
5. *Die beherrschte Natur:* Es geht um die erkannte und durchschaute Natur, die im Nutzungsinteresse des Menschen umgestaltet wird.
6. *Die bedrohte Natur:* Umweltzerstörung, Ausbeutung der Ressourcen, Ausrottung von Pflanzen und Tieren lassen die Natur als schutzbedürftig erscheinen.
7. *Die gelebte Natur:* Natur ist der Lebenszusammenhang, in dem der Mensch lebt. Natur umfasst nichtmenschliche und menschliche Natur. Der Mensch ist so in die Natur eingeschlossen, er ist zugleich Teil und Gegenüber der Natur. Aussagen zur gelebten Natur zeichnen sich dadurch aus, dass Mensch und übrige Natur stets zusammengedacht werden. Sie bilden so ein im Letzten unauflösbares Ineinander, das nicht analytisch trennend, sondern nur dialektisch verbindend als Verhältnis von Teil und Ganzem zu beschreiben ist.

Die Natur des Menschen kann so auf die gesamte Natur ausstrahlen: Ist der Mensch Teil der Natur, so hat auch die nichtmenschliche Natur Teil am Menschlichen (⇨ Mensch-Natur-Verhältnis). In den sieben Weisen spiegeln sich zum Teil Alltagsvorstellungen zur Natur. Das Verständnis der „erlebten Natur" trifft sich besonders mit der Sehnsucht nach dem Erleben von „Wildnis" als vom Menschen unberührter Natur. Nach ökologischen Bestandsaufnahmen ist aber solche „Natur" auf der Erde kaum noch anzutreffen, da es fast nur noch von Menschen geprägte oder zumindest beeinflusste Landschaften gibt. [9] [10]

Im Verständnis der „gelebten Natur" werden nichtmenschliche und menschliche Natur zusammengeschaut. Nicht die Verklärung der Wildnis sondern das Bild des Gartens kann Grundlage für Umweltbildung und Ethik sein (⇨ Mensch-Natur-Verhältnis, ↗ wild). [10] [11]

3.3 Naturalistischer Fehlschluss

In Umgangssprache und Alltagsvorstellungen gilt etwas, das „natürlich" ist, allein dadurch als moralisch und ethisch gerechtfertigt. Ein solcher unmittelbarer und nicht weiter reflektierter Schluss vom Sein auf das Sollen wird naturalistischer Fehlschluss genannt. [4] Dabei werden vielfach biologische Tatsachen direkt als ethische Normen verstanden. So ist z. B. die Argumentation, dass Formen des Gentransfers ebenfalls zwischen den Organismen vorkämen, der Mensch nur natürliche Vorgänge nutze und *aus diesem Grunde* Gentechnik legitim sei, ein naturalistischer Fehlschluss. Dasjenige, was jeweils als „natürliche Norm" angesehen wird, ist nur die zugrunde liegende, jeweilig zeit- und erkenntnisgebundene Sicht der Natur.

Diese normative Sicht liegt ebenfalls der Unterscheidung von „natürlich" als gut und „künstlich" als schlecht zugrunde (s. 2.2).

Von einem solchen Fehlschluss ist der Umstand zu unterscheiden, dass ethische Überlegungen sich auf natürliche Gegebenheiten beziehen müssen, da Menschen überhaupt nur im Rahmen der biotischen Bedingungen handeln können, die ihr Handeln insofern begrenzen.

[1] Bögeholz, S. & Rüter, S. (2004). Wenn Erfahrung weh tut. The dark side of nature experience. In H. Gropengießer, A. Janßen-Bartels & E. Sander, Lehren fürs Leben. Köln. – [2] Bundesministerium für Umwelt und Naturschutz (Hrsg.). (2010). Umfrage Naturbewusstsein. Berlin. – [3] Cobern, W. W., Gibson, A. T. & Underwood, S. A. (1999). Conceptualization of nature: An interpretive study of 16 ninth graders' everyday thinking. In: Journal of Research in Science Teaching. Vol. 36, Iss. 5, pp. 541–564. Copyright © 1999 John Wiley & Sons, Inc. – [4] Dulitz, B. & Kattmann, U. (1990). Bioethik. Stuttgart. – [5] Frerichs, V. (1999). Schülervorstellungen und wissenschaftliche Vorstellungen zu den Strukturen und Prozessen der Vererbung. Oldenburg. – [6] Gebauer, M. (2007). Kind und Naturerfahrung. Hamburg. – [7] Gebhard, Ulrich (2009). Kind und Natur. Die Bedeutung der Natur für die psychische Entwicklung. 3. Aufl. Wiesbaden: VS. Mit freundlicher Genehmigung von Springer Science + Business Media. – [8] ders. (2004). Wie beim Nachdenken über Gentechnik Menschenbilder aktualisiert werden. In H. Gropengießer, A. Janßen-Bartels & E. Sander, Lehren fürs Leben. Köln. – [9] Kareiva, P., et al. (2007). Domesticated nature. Science, 316. – [10] Kattmann, U. (1994). Verantwortung in der Natur. In G. Pfligersdorffer & U. Unterbruner (Hrsg), Umwelterziehung auf dem Prüfstand. Innsbruck. – [11] ders. (1997). Der Mensch in der Natur. Ethik und Sozialwissenschaften (2). – [12] Niebert, K. (2010). Den Klimawandel verstehen. Beiträge zur Didaktischen Rekonstruktion 31. Oldenburg. – [13] Radits, F., Rauch, F. & Kattmann, U. (Hrsg.). (2005). Gemeinsam Forschen – Gemeinsam Lernen. Wissen, Bildung und Nachhaltige Entwicklung. Innsbruck. – [14] Sander, E. (1998). Das Verständnis des biologischen Gleichgewichts. Oldenburger VorDrucke 366. Abdruck mit freundlicher Genehmigung des Didaktischen Zentrums, Carl von Ossietzky Universität Oldenburg. – [15] dies. (i. Vorb.). Natur, Mensch & Gleichgewicht – Sichtweisen von Wissenschaftlern und Lernenden. Beiträge zur Didaktischen Rekonstruktion. Baltmannsweiler. – [16] Sander, E. & Kattmann, U. (2007). Aspekt Ökologie. Unterricht Biologie (329). © Friedrich Verlag GmbH, Seelze. – [17] Unterbruner, U. (2011). Geschichten aus der Zukunft. Wie Jugendliche sich Natur, Technik und Menschen in 20 Jahren vorstellen. München: oekom Verlag.

➩ **Naturschutz**

Nische

> **Wegweiser**
>
> Die ökologische Nische beschreibt keinen Raum, sondern die Ansprüche einer Art an ihren Lebensraum (Art-Umwelt).

1 Vom Wort zum Begriff

„Nische“ bezeichnet *umgangssprachlich* einen kleinen, engen Raum, in dem man sich ungestört aufhalten oder verstecken kann. Im übertragenen Sinne bedeutet sie eine besondere Lebensmöglichkeit (für sich allein, ohne Konkurrenz), wie es etwa im Wort „Marktnische“ für ein Produkt zum Ausdruck kommt.

In der *Wissenschaft* wird der Begriff „ökologische Nische“ (häufig nur „Nische“) dagegen verwendet, um eine Art von Lebewesen *ökologisch* zu kennzeichnen (➩ Art).

Mit „Nische“ einer Art sind also nicht ein bestimmter Aufenthaltsort oder ein Lebensraum und seine Bedingungen gemeint, sondern vielmehr die *Ansprüche*, die ein Lebewesen an seine Umwelt für sein Leben stellt. Jede Art hat eine spezifische ökologische Nische: Die Nische ist ein (ökologisches) Art-Kennzeichen. Sie bezeichnet das System der Umweltbeziehungen, die eine Art von Lebewesen im Laufe der Evolution in Auseinandersetzung mit den biotischen und abiotischen Bedingungen der Umgebung entwickelt hat.

Der Schlüssel zu einem *zutreffenden Verständnis* des Begriffs liegt darin, sich vom umgangssprachlichen räumlichen Wortverständnis zu lösen und die Umweltbeziehungen in den Blickpunkt zu rücken.

2 Alltagsvorstellungen

In einer Interviewstudie zum Begriff „ökologische Nische“ zeigen die befragten Schüler eines Leistungskurses der Sekundarstufe II, dass sie sich die ökologische Nische als „idealen Lebensraum“ vorstellen, als den Ort, wo die Tiere jeweils „hinpassen“. Wenn sie zur Umsiedelung gezwungen werden, dann kommen sie an Orte, wo sie nicht hingehören, weil sie dort nicht die richtigen Bedingungen zum Leben finden. Damit werden zwar die Lebensbedingungen einer Art mitgedacht, die Nische aber wird – entsprechend dem Wortsinn – vor allem räumlich gedacht (Zitat Tanja). [1]

Optimaler Lebensraum
Ökologische Nische bedeutet, dass es ein optimaler Platz zur Nahrungssuche für Tiere ist, wo sie am besten leben können, sich auch am besten vermehren können.

Tanja, Klasse 13 [1]

Zwar kann die ökologische Nische räumliche Faktoren enthalten, nämlich *Ansprüche an den Lebensraum* (z.B. an die Reviergröße, die Bruthöhle oder die Nahrungsquellen), sie ist aber deshalb noch lange kein Raum, sondern ein *Beziehungsgefüge* (s. 3.2). Das Wort „Nische" verursacht jedoch fast immer ein räumliches Missverständnis, dem selbst Biologen vielfach nicht entgehen: Ein schwedischer Paläontologe soll einmal formuliert haben: „Dieses Tier lebte in einer so versteckten ökologischen Nische, dass es nur sehr schwer fossilisiert werden konnte." Und in einem Forschungsbericht wird die Nische als zu „besiedelnder" Raum aufgefasst, wobei die Natur als Person angeführt wird, die den „Lebensraum" bereitstellt (Kasten, ⇨ natürlich).

„Der Holzwurm nagt gern in den ökologischen Nischen"
So lautet die Überschrift zu einem Forschungsbericht und darunter steht: Der Holzwurm ist „ein gutes Beispiel dafür, mit welcher Meisterschaft es die Natur fertig bringt, auch die schwierigsten ‚ökologischen Nischen' zu besiedeln und selbst wenig nahrhafte Stoffe wie Holz zu einem Lebensraum für Kerbtiere werden zu lassen."

Gerhard Jurzitza, Universität Karlsruhe, in Mitteilungen der DFG 2/1981

3 Anschauung und Vertiefung

3.1 Potenziale der Alltagsvorstellungen

Alltagsvorstellungen	Chancen für fachliches Lernen	Hindernisse für fachliches Lernen
Ökologische Nischen werden von Lebewesen besetzt.	*Kontrast:* Die ökologische Nische wird von der Art gebildet (entwickelt) (3.2).	Verwechslung mit Lebensraum
Die ökologische Nische ist ein Raum.	*Kontrast:* Absehen vom Wortsinn: System der Umweltbeziehungen (Art-Umwelt, 3.3)	Verständnis im Wortsinn

Tabelle 1: Alltagsvorstellungen zu Nische geben Hinweise für fachliches Lernen.

3.2 Ökologische Nischen werden von Arten gebildet (Artmerkmal)

Kaum ein anderes Fachwort ist so missleitend wie „ökologische Nische" (s. 2). Die räumliche umgangssprachliche Bedeutung des Worts schwingt in Alltagsvorstellungen zum Fachbegriff immer mit: Selbst in der Fachliteratur ist davon die Rede ist, ökologische Nischen wären in einem Lebensraum „vorhanden" und würden von Lebewesen „besetzt", „eingenommen"

oder „besiedelt“. Angemessen wäre es zu formulieren: Ökologische Nischen werden von der jeweiligen Art „entwickelt“ oder „gebildet“; Lebewesen *haben* eine Nische oder „besitzen“ sie (als ökologische Eigenschaft). Sie können ihre Nische „verändern“ (aber nicht verlassen).
In die ökologische Nische bringt die *Art* mit der Organisation und dem Verhalten ihrer Organismen die *eine Seite* („Nutzer“), die *Umwelt* mit den bedeutsamen physikalisch-chemischen und biotischen Faktoren die *andere Seite* ein („Angebote“: Rohstoffe, Energie und Lebewesen als Lieferanten von Produkten, Partner und Konkurrenten). Die ökologische Nische ist also nicht etwas, was unabhängig von der jeweiligen Art im Lebensraum existiert. Sie ist ein *Beziehungsgefüge*, das im Laufe der Evolution einer Art *gebildet* worden ist: Ohne die zugehörige Art gibt es nur Bedingungen in einem Lebensraum, aber keine Nische; als *Artmerkmal* ist die ökologische Nische immer nur bezogen auf eine bestimmte Art, Lebewesen zu erfassen und zu beschreiben.
Die ökologische Nische ist streng auf die biologische Kategorie der Art bezogen. Für das charakteristische Beziehungsgefüge höherer systematischer Gruppen ist das Fachwort *ökologische Zone* vorgeschlagen worden. So ist die ursprüngliche ökologische Zone der Säugetiere „Insektenfang bei Nacht“, worauf sich u. a. Fell (Warmblütigkeit) und feines Gehör (drei Gehörknöchelchen) als typische Säugermerkmale beziehen lassen. Diese evolutionär ursprüngliche ökologische Zone wird u. a. dadurch belegt, dass „Insektenfresser“ die urtümlichsten Gruppen der Säugetiere stellen. [2]
Um die ökologische Nische einer Art zu veranschaulichen, wird sie meist mit den Nischen anderer (ähnlicher) Arten verglichen, die im selben Lebensraum leben. Unterschiede und Gemeinsamkeiten ergeben die Einnischung (Annidation) der verschiedenen Arten.

3.3 Ökologische Nische als Beziehungsgefüge einführen und veranschaulichen

Ein zutreffendes Verständnis des Fachbegriffs ist zu erreichen, wenn der Begriff (das gedankliche Konzept) zunächst anschaulich vor Augen geführt wird, *ohne* das Fachwort zu verwenden. Dabei kann man den Begriff treffend als das „System der Umweltbeziehungen einer Art (Spezies)“ umschreiben. Erst wenn das gedankliche Konzept von den Lernern gebildet und gefestigt werden konnte, sollte man das Wort „ökologische Nische“ für diesen Sachverhalt einführen (nicht ohne das räumliche Missverständnis zu erwähnen).
Ohne räumliche Fehlleitung kann die ökologische Nische mit einem Diagramm veranschaulicht werden, in dem das Beziehungsgefüge aus Art und Umweltfaktoren konsequent mit gleichbedeutenden Pfeilen symbolisiert wird (Abb. 1).

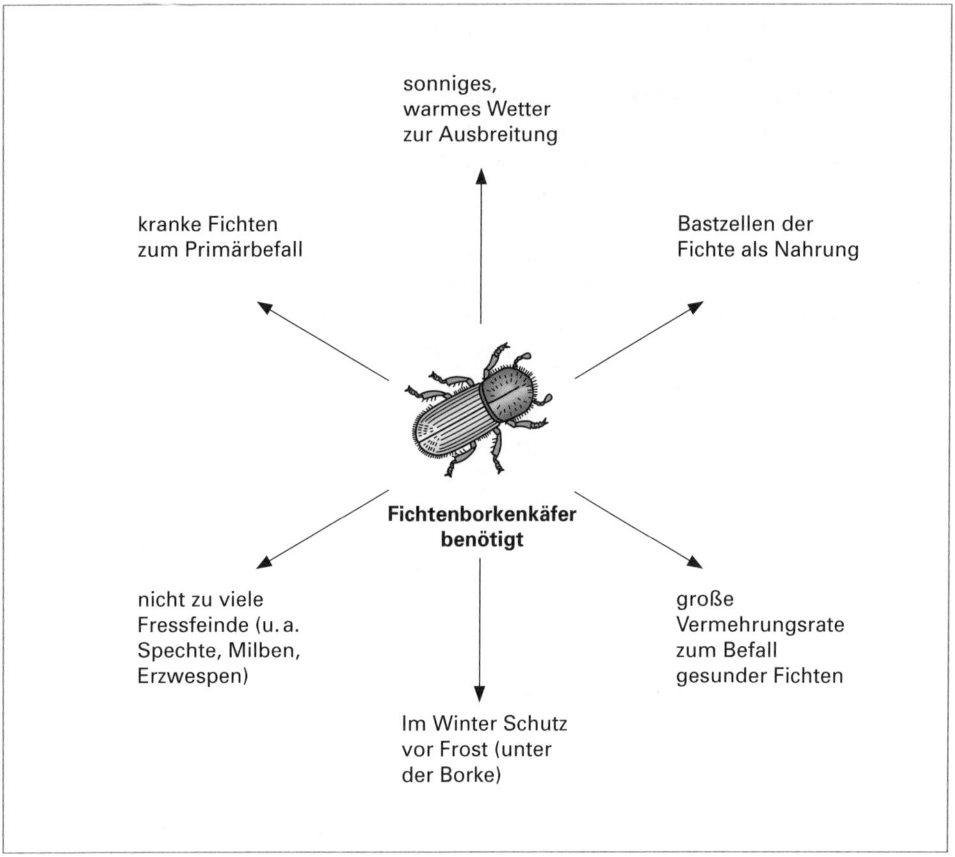

Abb. 1: Die ökologische Nische des Fichtenborkenkäfers.
Jeder Pfeil des Diagramms bedeutet: „Der Borkenkäfer benötigt".

[1] Huff, M. (2002). Naturverständnis am Beispiel „Ökologische Nische". Oldenburger VorDrucke 462. Abdruck mit freundlicher Genehmigung des Didaktischen Zentrums, Carl von Ossietzky Universität Oldenburg. – [2] Wahlert, G. von (1981). Evolution als Geschichte des Ökosystems „Biosphäre". In U. Kattmann, G. von Wahlert & J. Weninger, Evolutionsbiologie. Köln.

↗ ökologisch/Ökologie

Ökosystem

Wegweiser

Ökosysteme sind keine Naturgegenstände, sondern das Ergebnis der ökologischen Systemanalyse.

1 Vom Wort zum Begriff

Das Wort ist ein *wissenschaftlicher Terminus*, der in der Ökologie als Bezeichnung der grundlegenden ökologischen Einheit vorherrscht (⇨ lebendes System). Die Elemente eines Ökosystems sind die Lebewesen und die nichtlebenden Teile. Das Ökosystem wird konstituiert durch die Wechselbeziehungen zwischen diesen Elementen. Es kann daher gedanklich in die Lebensgemeinschaft (Biozönose) und den Lebensraum (den Biotop) zerlegt, nicht aber aus ihnen zusammengesetzt werden (s. 3.3).

Von Ökosystemen spricht man, wenn sie trotz beobachtbarer Veränderungen eine gewisse Stabilität aufweisen. Man hat diese Fähigkeit als Regulationsfähigkeit des Systems beschrieben und damit das so genannte biologische Gleichgewicht verbunden, das sich unweigerlich als Ergebnis einstelle. Diese Betrachtungsweise ist heute angesichts der zahlreichen, z.T. gegeneinander stehenden Wechselwirkungen in Ökosystemen überholt (⇨ biologisches Gleichgewicht).

Ökosysteme können beliebige Größe haben: vom Wassertropfen bis zum Ozean, von Kleinökosystemen einer mit Pflanzen bewachsenen Baumscheibe bis hin zu geographischen Zonen wie der tropischen Regenwaldzone. Die Gesamtheit der Ökosysteme der Erde wird als Biosphäre bezeichnet (⇗ Bioplanet). Bis auf die Biosphäre sind zwischen den Ökosystemen mehr oder weniger willkürliche Grenzen gezogen, wie es die Systembetrachtung erfordert (⇨ System). Man sollte zwischen Systemen als Ergebnissen der Systembetrachtung und Naturobjekten unterscheiden: Bei einer Exkursion kann man z.B. nicht in das Ökosystem „Wald" gehen, sondern nur in einen konkreten Wald.

2 Alltagsvorstellungen

Assoziationen von Befragten eines Leistungskurses Ökologie betreffen fast ausschließlich die Natur (belebte Natur 42 %, Natur, allgemein 23 %, Umweltschutz 15 %). Formal abstrakte Begriffe treten im Assoziationstest zu 15 % auf; ihr Anteil verstärkt sich erwartungsgemäß im Definitionstest, er beträgt dort 38 %. [6]

In Interviewstudien sehen Schülerinnen und Schüler Ökosysteme als ein sich selbst aufbauendes, selbstständiges Ganzes an, in dem alles – wie in einem Organismus – zusammengehört. Sie erkennen Ökosysteme an ihren Grenzen, obgleich sie Übergänge feststellen. Ökosysteme seien dadurch gekennzeichnet, dass sie sich selbst erhalten: Ohne Gleichgewicht breche das Ökosystem zusammen. Selbstorganisation, Selbsterhaltung, Kreislauf und gegenseitige Abhängigkeit werden als Erklärung für den Zusammenhalt des Ökosystems als ein „Ganzes" herangezogen (Zitate, S. 254).

Selbst erhaltendes Ökosystem

„Unter dem Begriff Ökosystem stelle ich mir ein System der Natur vor, das sich aus sich selbst aufbaut. Also kann das Ökosystem aus sich alleine bestehen. Das ist praktisch ‚Fressen und Gefressen werden'. Die Pflanzen können sich selbst aufbauen. Der Pflanzenfresser aus der Tierwelt kann sich davon ernähren. Der Fleischfresser aus der Tierwelt kann sich von den Pflanzenfressern ernähren. Der Kreislauf nimmt praktisch auf dieser Ebene kein Ende und dadurch bleibt das Ökosystem geschützt. Sobald der Mensch eingreift, wird es meistens zerstört."

Anne, 17 Jahre

„Als ein erstes Kriterium für ein Ökosystem werde ich das Zusammenleben von den Organismen ansehen. Das ist, wie ich denke, das Allerwichtigste. Wenn es eine Form von Zusammenleben gibt, dann kann man das als ein Ökosystem betrachten. …
Die Pflanzen, Tiere und die unbelebte Natur, alles gehört eigentlich zusammen und bildet irgendwelche Ökosysteme …
Es ist ein System, in dem bestimmte Teile voneinander abhängen. Sie hängen von dem System ab. Das ist alles."

Martin, 17 Jahre

„Alles gehört zusammen … Ich denke, dass alles ein Zusammenspiel bildet, so einen Einklang, das alles funktioniert, wie es funktionieren soll. Ich denke an die Luftströmung, an das Meer und Wasser. Alles gehört zusammen und so soll es sein."

Tom, 16 Jahre

„Es ist alles irgenwie *ein* Ding. Also ein System. Das ist wie beim Menschen, ein Körperteil könnte ohne die anderen nicht überleben."

Fin, 17 Jahre

„Die Erde ist ein großes Ökosystem, das kleine Unterökosysteme hat. Die Erde ist aus allen kleinen Ökosystemen zusammengesetzt, also sollte sie selbst ein größeres Ökosystem sein."

Luk, 17 Jahre [2]

Ökosysteme werden als selbstständige, sich selbst erhaltende Einheiten verstanden:

- Die Regulationsfähigkeit der Ökosysteme wird als Garant verstanden, dass das Gleichgewicht des Lebens auf seinem gegenwärtigen Stand erhalten bleibt und die Natur sich selbst erhält (⇨ biologisches Gleichgewicht, ⇨ natürlich).
- Ökosysteme werden aus abiotischen und biotischen Teilen (Biotop und Biozönose) zusammengesetzt gedacht.
- Die Befragten erfassen Wechselwirkungen von Biotischem und Abiotischem und folgern daraus dynamische Prozesse in Ökosystemen.
- Natürliche Veränderungen haben das Leben in seiner Geschichte bewahrt. Die Entwicklung von Pflanzen und Tieren erfolgte aufeinander abgestimmt mit dem Ziel der Erhaltung der Natur (⇨ anpassen).

- In der Gegenwart gibt es keine Veränderungen der Ökosysteme, außer durch zerstörerische Eingriffe des Menschen (⇨ Mensch-Natur-Verhältnis; ⇨ natürlich).
- In der globalen Perspektive werden die Nahrungsbeziehungen durch globale Stoffflüsse ergänzt und dadurch die Selbstständigkeit der Ökosysteme eingeschränkt.
- Fast ausnahmslos werden Ökosysteme als *reale Naturgegenstände* betrachtet (Reifizierung). Grund ist u. a. die Definition der Ökosysteme als Raum mit sichtbar wahrnehmbaren Grenzen und Teilen (Pflanzen, Tiere). Die Systembetrachtung als solche wird daher nicht reflektiert (⇨ System). [2] [5]

Zur Abgrenzung und Charakterisierung werden von den Befragten die sichtbare Topografie (Ausdehnung und Grenzen) sowie die angenommen Beziehungen zwischen den Teilen verwendet. Lebensgemeinschaft und Ökosystem werden fast gleichgesetzt:
- Lebensgemeinschaft und Ökosystem werden vielfach als gleichbedeutend verstanden, da Belebtes und Unbelebtes zusammengedacht wird.
- Als Unterschied zwischen Ökosystem und Lebensgemeinschaft wird die Größe angesehen, obwohl kleine und große Ökosysteme bis hin zum globalen Ökosystem der Erde unterschieden werden.
- Das Wort „Lebensgemeinschaft" wird anthropomorph im Sinne einer fürsorgenden harmonischen Gemeinschaft (wie die der menschlichen Familie) und der Terminus „Lebensraum" als schützende Wohnung verstanden. [2]

3 Für Unterricht: Anschauung und Vertiefung

3.1 Potenziale der Alltagsvorstellungen

Alltagsvorstellungen	Chancen für fachliches Lernen	Hindernisse für fachliches Lernen
Ökosysteme erhalten sich selbst.	*Anknüpfung:* Selbstorganisation (⇨ ordnen)	
Der Mensch gefährdet Ökosysteme.	*Perspektivenwechsel:* Mensch als Teil und Gegenüber der Natur (⇨ Mensch-Natur-Verhältnis)	einseitige Sichtweise
Ökosysteme und Lebensgemeinschaften sind (fast) dasselbe.	*Anknüpfung:* Die Definitionen von Ökosystem und Lebensgemeinschaft werden nicht einheitlich verwendet (3.2).	
Biotop und Biozönose ergeben zusammen das Ökosystem.	*Kontrast:* Ökosysteme lassen sich nur *gedanklich* zerlegen (3.3).	additive Sicht
Ökosysteme sind an ihren Grenzen real erkennbare Objekte.	*Perspektivenwechsel:* Grenzen von Ökosystemen werden konstruktiv festgelegt (3.4).	alltäglicher Realismus

Tabelle 1: Alltagsvorstellungen zu Ökosystem geben Hinweise für fachliches Lernen.

3.2 Bedeutungen von Ökosystem und Lebensgemeinschaft

Der Begriff „Ökosystem" wurde 1935 von *Arthur G. Tansley* (1871–1955) in Auseinandersetzung mit den holistischen Naturanschauungen eingeführt, die sich an Begriffen Gemeinschaft und „komplexer Organismus" orientierten. Dagegen will Tansley mit dem Begriff „Ökosystem" das Systemverhalten aus der Wechselwirkung aller Teile – der Lebewesen und der abiotischen Teile – erklären, die empirisch zu erfassen sind. Er will die Ökologie damit von empirisch nicht zu erfassenden ganzheitlichen, zielgerichteten Faktoren befreien. [7]
In der Nachfolge sind jedoch mit dem Postulat, dass jedes Ökosystem letztendlich einen Klimaxzustand erreiche, und mit der Vorstellung vom angestrebten „biologischen Gleichgewicht" von mehreren Autoren wieder ganzheitliche und zielgerichtete Vorstellungen in den Ökosystembegriff eingeführt worden (⇨ biologisches Gleichgewicht). [4]
Da alle Biosysteme auf den Austausch mit nicht lebenden Faktoren der Umwelt angewiesen sind – und deshalb die abiotischen Teile immer eingeschlossen sind – wird von einigen Ökologen der Terminus Ökosystem für überflüssig gehalten, da mit „Lebensgemeinschaft" dasselbe gemeint sei. [1]
In der modernen Ökologie hingegen wird der Begriff der Lebensgemeinschaft (Biozönose) abgelehnt, da er zu viel Gewicht auf die Lebewesen lege, die jedoch kein zusammenhängendes System bildeten, ein solches vielmehr erst durch die abiotischen Zusammenhänge (Struktur des Lebensraums) zustande komme. Wie bei Tansley wird der Nachdruck auf die Wechselwirkung und die dadurch entstehende ökologische Dynamik gelegt und deshalb der Terminus Ökosystem bevorzugt. [8]

3.3 Biotop und Biozönose sind keine eigenständigen Systeme

In Alltagsvorstellungen ist ein Ökosystem aus Biotop und Biozönose zusammengesetzt. In Lehrbüchern entsteht zuweilen derselbe Eindruck. Plakativ wird manchmal formuliert: Biotop + Biozönose = Ökosystem.

Eine solche Anschauung und die damit verbundene additive Sicht werden den ökologischen Zusammenhängen nicht gerecht: Ohne den Biotop gibt es die Biozönose nicht, aber ohne Lebewesen gäbe es auch den Biotop nicht, da seine Gestalt und die wirkenden „abiotischen Faktoren" wesentlich von den Lebewesen geprägt werden; man denke z. B. an die Klimafaktoren im Wald (Temperatur, Licht, Feuchtigkeit), die Bodenbildung, Verlandung eines Sees. Die gesamte Erde ist mit ihren drei großen Bereichen Atmosphäre (z. B. Sauerstoff), Lithosphäre (z. B. Kalkgesteine) und Hydrosphäre (z. B. Riffe) von Lebewesen umgestaltet worden (↗ Bioplanet).
Die Addition von Lebewesen und abiotischen Teilen ergibt also kein Ökosystem. Ökosysteme lassen sich lediglich gedanklich in die Biozönose und den Biotop zerlegen (s. Abb. 1).
In der populären Literatur wird der Lebensraum häufig „das" Biotop genannt, besonders dann, wenn z. B. ein Teich oder eine Mauer eingerichtet wird. Der Biotop existiert – wie oben ausgeführt – ohne Lebewesen nicht. Das Biotop (in populärer Literatur) unterscheidet sich also von dem Biotop (in wissenschaftlicher Definition) darin, dass angenommen wird, man könne es für Lebewesen (zunächst ohne sie) „einrichten".

Abb. 1: Ökosystem (oben), gedanklich zerlegt in den Biotop (Mitte) und die Biozönose (unten)

3.4 Grenzen von Ökosystemen werden gezogen

Wie es die Systembetrachtung erfordert, sind bei Ökosystemen Grenzen zur Umgebung zu ziehen. In Alltagsvorstellungen orientiert sich die Grenzziehung am Sichtbaren, z. B. der Wasserfläche eines Sees oder am Waldrand.

Johanniskraut und Raubfische: eine grenzüberschreitende Beziehung

Johanniskrautpflanzen, die in der Nähe von Teichen mit Raubfischen wachsen, werden öfter bestäubt und produzieren mehr Samen als solche, die in der Nähe von Teichen ohne Raubfische blühen. Was haben Fische mit der Bestäubung des Johanniskrauts zu tun?

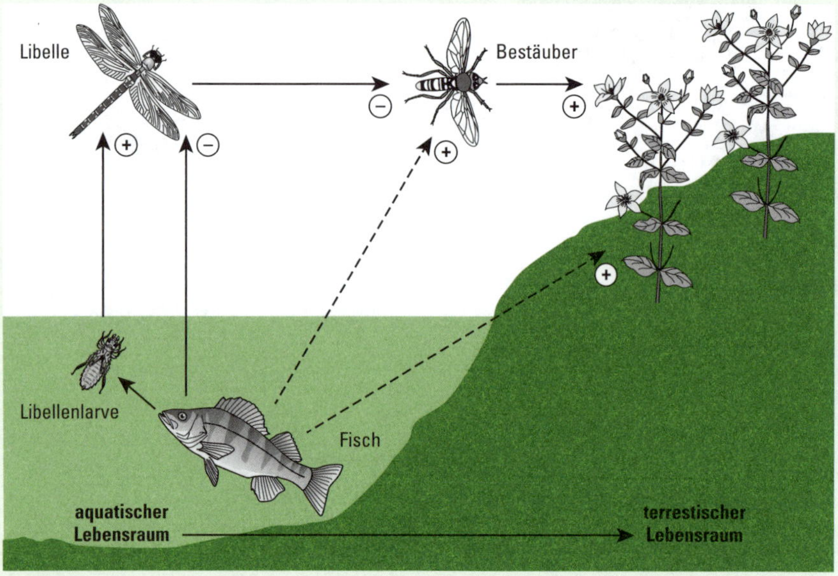

Raubfische stellen den im Wasser lebenden Larven von Großlibellen nach. Werden die Libellenlarven dezimiert, schlüpfen weniger Libellen; sie fangen weniger bestäubende Insekten, z. B. Schwebfliegen. Mehr Bestäuber aber bewirken eine höhere Bestäubungsrate und größere Samenproduktion der Johanniskrautpflanzen. In dieser empirisch belegten Kaskade ökologischer Beziehungen gibt es keine Grenze zwischen den aquatischen und den terrestrischen Systemen. Sie zeigt damit deutlich, dass solche „Systemgrenzen" von Ökologen künstlich gezogen werden. Mit der Systembetrachtung werden notwendig Grenzen für die Systeme festgelegt, die analysiert werden sollen. Diese wissenschaftlichen Definitionen (wörtliche Bedeutung von lat. de-finire: abgrenzen) finden sich nicht in der Natur, und die Natur hält sich nicht an die mit Begriffen gezogenen Grenzen. [3]

Die Grenzziehung ist jedoch im wissenschaftlichen Bereich ebenfalls immer willkürlich, da z. B. Nahrungsketten und -netze über die Systemgrenzen hinwegreichen. Der räumlichen Abgrenzung stehen also die Grenzen überschreitenden Beziehungen gegenüber. [2]

Ökosysteme sind energetische Durchflusssysteme (⇨ Energie). Im Idealbild eines Ökosystems kreisen die Stoffe innerhalb der Grenzen des Systems. Tatsächlich sind Ökosysteme aber materiell offene Systeme, die im Stoffaustausch mit der Umgebung stehen (⇨ Stoffkreislauf, ⇨ System). In Ökosystemen wie dem Wattenmeer sind der Stoffeintrag und die Stoffausfuhr mit den Gezeiten größer als die Stoffkreisläufe im System. Selbst aquatische

und angrenzende terrestrische Ökosysteme können durch Kaskaden von biotischen Beziehungen eigenartig verknüpft sein (s. Kasten).
Am Beispiel des Ökosystems sollte der Systembegriff (Elemente, Relationen, Grenzen) angewendet und damit demonstriert werden, dass das Bild eines konkreten Ökosystems nicht in der Natur zu finden, sondern das konstruierte Ergebnis einer Systemanalyse ist (⇨ System).

[1] Jax, K. (2002). Die Einheiten der Ökologie. Frankfurt/M. – [2] Jelemenská, P. (2006). Biologie verstehen: ökologische Einheiten. Beiträge zur Didaktischen Rekonstruktion 12. Oldenburg. Abdruck mit freundlicher Genehmigung des BIS-Verlags der Carl von Ossietzky Universität Oldenburg. – [3] Knight, T. M., u. a. (2005). Trophic cascades across ecosystems. Nature. – [4] Odum, E. P. (1999). Ökologie. Stuttgart. – [5] Sander, E. (i. Vorb.). Natur, Mensch & Gleichgewicht – Sichtweisen von Wissenschaftlern und Lernenden. Beiträge zur Didaktischen Rekonstruktion. Baltmannsweiler. – [6] Schaefer, G. (1981). Grundsätze zu einer Didaktik der Ökologie. In G. Trommer & W. Riedel (Hrsg.), Didaktik der Ökologie. Köln. – [7] Tansley, A. G. (1935). The use and abuse of vegetational concepts and terms. Ecology. – [8] Townsend, C. R., Begon, M. & Harper, J. L. (2009). Ökologie. Berlin, Heidelberg, New York.

ordnen/Ordnung

Wegweiser

Unordnung stellt sich im Leben von selbst ein, Ordnung nicht.

1 Vom Wort zum Begriff

Das Wort „Ordnung“ stammt aus dem Lateinischen ordo: „Reihe“, „Rang“, „Stand“, im weiteren Sinne auch „Regel“, „Vorschrift“, „systematische Gliederung“. Dies kommt heute noch in der Wendung „Recht und Ordnung“ oder im Wort „Rechtsordnung“ zum Ausdruck. „Ordnung ist das halbe Leben.“ Ordnung wird in der *Umgangssprache* grundsätzlich positiv bewertet, wie es in den Wendungen „in Ordnung“ und „ordentlich“ und „Halte Ordnung, liebe sie …,“ zum Ausdruck kommt. Ordnung wird auch im Sinne von „Aufgeräumtheit“ und „Sauberkeit“ benutzt.
Im Französischen wird „ordre“ häufig synonym mit „arrangement“ verwendet: Ordnung ist so etwas wie die *Anordnung* von Teilen in einem Gegenstandsbereich, wobei festgestellt wird, in welcher räumlichen oder zeitlichen Beziehung die Teile zueinander stehen. Die vorfindlichen *Ordnung* wird häufig als verbindlicher *Zustand* angesehen, z. B. in der Verbindung von „Recht und Ordnung“ oder „Schöpfungsordnungen“. Die Verben „anordnen“ und „zuordnen“ verweisen dagegen auf Ordnen als *Prozess*, bei dem Entscheidungen darüber zu fällen sind, welche Ordnung angestrebt wird. Ordnen setzt einen oder mehrere „Ordner“, d. h. Urheber der Ordnung (eine „ordnende Hand“) voraus, die eine „neue Ordnung“ schaffen. Die *Wissenschaften* beschäftigen sich mit der Aufgabe der *Objektivierung* von Ordnung,

indem sie Gegenstände nach Eigenschaften *klassifizieren*, d.h. in Ähnlichkeitsgruppen einteilen und damit „Ordnung" schaffen. So beginnt jede neue Wissenschaft: Sie ordnet, sortiert, beschreibt, benennt. So werden die Stoffklassen in der Chemie, Gesteinsarten in der Mineralogie und ursprünglich auch die Klassen und Arten der Pflanzen und Tiere in der biologischen Systematik gebildet (vgl. aber ⇨ verwandt). Eine Kategorie der Taxonomie wird selbst als „Ordnung" bezeichnet (z. B. Ordnung der Paarhufer), mit Ordnungszahlen wird der Stand in einer Hierarchie (Konsumenten 1. und 2. Ordnung usw.) angegeben.
Insbesondere in Formalwissenschaften wird nach Möglichkeiten gesucht, Ordnung zu *quantifizieren*, indem sie fragen: Gibt es ein Mehr oder Weniger an Ordnung? Der Begriff System wird mathematisch als „geordnete Menge" definiert. Ordnung ist daher nahe verwandt mit *Struktur*, die die Menge und Anordnung der Relationen zwischen den Elementen eines Systems bezeichnet (⇨ System).
Besonders in der *Biologie* wird untersucht, wie Ordnung *entsteht* und *aufrechterhalten* wird, wie es in der Individualentwicklung und beim Baustoffwechsel eines Organismus sowie bei der Struktur von Ökosystemen der Fall ist. Nach dem 2. Hauptsatz der Thermodynamik wäre zu erwarten, dass auch in lebenden Systemen die *Entropie* (Unordnung) ständig zunimmt, was jedoch erst mit dem Tod oder der Zerstörung des Biosystems eintritt. Aus lebenden Systemen wird Entropie ständig durch Abgabe niedermolekularer Stoffe und vor allem durch Wärmefluss ausgeschieden. Der physikalische Begriff der *Negentropie* (Ordnung) dient in der Biologie als Hilfsmittel, die Strukturen der lebenden Systeme zu erklären.

2 Alltagsvorstellungen

2.1 Alltägliche und wissenschaftsorientierte Aspekte

In Alltagsvorstellungen wird Ordnung vorwiegend mit „systematisch" und gesetzmäßig verknüpft (⇨ System). Unter den 12 häufigsten *Assoziationen* der befragten Oberstufenschülerinnen und -schüler sowie Studierenden befinden sich ungefähr gleich viele aus dem persönlich-sozialen und dem wissenschaftlich orientierten Bereich (Tabelle 1).
Die häufigste Assoziation, Unordnung, ist dabei eine rein assoziative Negativspiegelung, wie sie bei polaren Stichworten oft vorkommt (kalt/warm, Gesundheit/Krankheit, usw.). Sie wird oft rein formal als Gegensatz ohne weitere inhaltliche Assoziation zum assoziierten Begriff aufgeführt. Ein Überwiegen von Assoziationen zu Abstrakta (hier: System, Gesetz) ist ungewöhnlich, zeigt aber, dass ein wissenschaftsbezogenes Verständnis von „Ordnung" im Denken der befragten Oberstufenschülerinnen und Schüler sowie Biologiestudierenden eine wesentliche Rolle spielt.
Bei *Definitionen* der Befragten zum Begriff „Ordnung" liegen die wissenschaftsbezogenen Aspekte erwartungsgemäß noch deutlicher vor den persönlich-sozialen. Die befragten Jugendlichen verfügen also neben persönlich geprägten inhaltlichen Vorstellungen offenbar auch über einen formalen Begriff von „Ordnung". [5]
Im *Multiple-Choice-Test* stimmt – entgegen den durch die Ergebnisse bei Definitionen und Assoziationen naheliegenden Erwartungen – nur etwa ein Fünftel der Befragten einer *objektiven* Existenz von Ordnung (Aussage 1, Tabelle 2) zu, vier Fünftel betrachten sie nur als subjektive Vorstellung (Aussage 2). Vor der gleichbedeutenden aber krassen Formulierung in Nr. 3 schrecken jedoch viele zurück (79 % schrumpfen auf 17 %).

Assoziationen	**Anteil (%)**
Verneinung	18
Unordnung	15
Persönlicher und sozialer Bereich	38
Sauberkeit, sauber	15
aufräumen	9
Polizei, Polizist	6
Zimmer	5
Garten	3
Bezug zu Wissenschaften und Denken	44
System, systematisch, Systematik	15
Gesetz, gesetzmäßig	12
Reihenfolge	5
Regel	5
Übersichtlichkeit	4
Einteilung	3

Tabelle 1: Die 12 am häufigsten genannten Assoziationen zum Wort „Ordnung" von Schülerinnen und Schülern der Oberstufe sowie und Studierenden der Biologie aus Kiel und Hamburg (N = 163). Prozentangaben bezogen auf die Anzahl der 12 häufigsten Assoziationen. [5]

Beim Verhältnis von „Ordnung" zu *exakten Begriffen der Mathematik und Naturwissenschaft* wird die logische Verwandtschaft zu „Struktur" offenbar vielfach nicht gesehen, statt dessen eine stärkere Verwandtschaft zu „System" (Tabelle 2, Aussage 9). Diese Nähe zu System ist auch aus Tabelle 1 ersichtlich, wo „System" bzw. „systematisch" bereits an dritter Stelle der häufigsten Assoziationen steht. Vom Wort „System" wird umgekehrt stark „Ordnung" assoziiert, sodass die beiden Begriffe in beide Richtungen assoziativ stark miteinander verknüpft sind (⇨ System).

2.2 Wesen und Entstehung von Ordnung

Die überwiegende Mehrheit der Befragten nimmt an, dass Ordnung in der Natur von selbst ohne den Menschen entsteht. Dieses Ergebnis passt zu den Alltagsvorstellungen zum biologischen Gleichgewicht, das sich immer wieder von selbst einstellt. Ordnung scheint auch mit Regelung stark assoziiert zu werden. Die Natur zielt damit selbst auf Ordnung,

Streben nach Ordnung scheint der Natur innezuwohnen (Teleologie); der Mensch erscheint demgegenüber als ein Störenfried, der Unordnung schafft (⇨ biologisches Gleichgewicht, ⇨ Mensch).

Nr.	Aussagen zum Wesen von Ordnung	Zustimmung (%)
1	Ordnung ist die klare Gliederung der In- und Umwelt.	19
2	Ordnung ist kein objektivierbarer Begriff der Umwelt, sondern bezeichnet nur eine Eigenschaft unserer subjektiven Vorstellungswelt.	79
3	Ordnung ist eine reine Fiktion, die es in der objektiven Realität gar nicht gibt.	17
	Aussagen zur Entstehung von Ordnung	
4	Ordnung kann in der materiellen Welt von selbst (ohne Einwirkung des Menschen) entstehen.	71
5	Ordnung kann in der materiellen Welt nur unter Einwirkung des Menschen entstehen.	12
6	Ordnung kann nur mit Hilfe von Energie aufgebaut werden (Energie ist notwendig).	52
7	Ordnung kann nur mit Hilfe von materiellen Trägern aufgebaut werden (Materie ist notwendig).	38
	Aussagen zum wissenschaftlichen Ordnungsbegriff	
8	Ordnung ist dasselbe wie Struktur.	10
9	Ordnung ist dasselbe wie System.	31
10	Ordnung ist dasselbe wie Entropie.	5
11	Ordnung ist das Gegenteil von Entropie.	40
12	Ordnung lässt sich durch Entropie messen.	29
	Aussagen zur Bewertung von Ordnung	
13	Ordnung in unserem Leben bedeutet immer Zwang und Unterdrückung.	14
14	Ordnung bedeutet in unserem Leben im Wesentlichen Freiheit, Erleichterung, Entlastung.	33
15	Erziehung zur Ordnung bedeutet Selbstverfremdung des Menschen.	17
16	Unordnung erhöht die Kreativität.	36

Tabelle 2: Häufig gewählte Auswahlantworten in einem Multiple-Choice-Test zum Begriff Ordnung. (Befragte wie bei Tabelle 1) [5]

In der *Geschichte* der Biologie hat man vielfach versucht, die Entstehung der Ordnung in Lebewesen als Fall oder als Parallele zur Kristallbildung zu erklären, bevor sie sich mit der Systembetrachtung als die Wechselwirkungen zwischen den Teilen und Selbstorganisation beschreiben ließen (⇨ Kristallbildung, ⇨ System, s. 3.6).

3 Für Unterricht: Anschauung und Vertiefung

3.1 Potenziale der Alltagsvorstellungen

Alltagsvorstellungen	Chancen für fachliches Lernen	Hindernisse für fachliches Lernen
Ordnung heißt ordentlich: sauber, übersichtlich, systematisch, strukturiert.	*Anknüpfung:* Ordnung bedeutet, dass jedes Element seinen festen Platz hat (3.2).	umgangssprachlich breite und persönlich wertende Bedeutung
Ordnung ist dasselbe wie System oder Struktur.	*Brücke:* Ordnung als Systemeigenschaft (3.2)	
Ordnung und Unordnung sind subjektive Begriffe.	*Perspektivenwechsel:* Entropie ist eine physikalische Größe (3.2 und 3.3).	einseitige Bewertung
Ordnung entsteht in der Natur ohne Zutun des Menschen von selbst.	*Kontrast:* Zunahme der Entropie *Perspektivenwechsel:* Bedingungen für die Abnahme von Entropie (3.4)	alltäglicher Realismus ohne Suche nach Ursachen
Für das Entstehen und Erhalten von Ordnung braucht man Energie.	*Brücke:* mögliche Abnahme der Entropie bei Wärmeabgabe (3.4)	
Ordnung ist dasselbe wie Gesetzmäßigkeit.	*Perspektivenwechsel:* Entstehung von Ordnung durch Aufnahme von Negentropie und Abgabe von Entropie (3.4)	Ordnung wird als Prinzip der Natur verstanden.
Ordnung entsteht nach einem Prinzip.	*Perspektivenwechsel:* Fähigkeit zur Formbildung in verschiedenen Systemen (3.5)	zu starke Generalisierung
Ordnung entsteht zielgerichtet.	*Kontrast:* Entstehung von Ordnung durch nicht lineare Prozesse (3.6)	Annahme von Zielen in der Natur (Teleologie)

Tabelle 3: Alltagsvorstellungen zu Ordnung geben Hinweise für fachliches Lernen.

3.2 Unordnung und Ordnung als wissenschaftliche Begriffe: Entropie und Negentropie

Der physikalische Begriff von Ordnung (im Sinne negativer Entropie, Negentropie) unterscheidet sich – wie alle physikalischen Begriffe – erheblich von der umgangssprachlichen Bedeutung. Ordnung und Unordnung sind hier physikalisch statistische Begriffe, die die thermodynamisch wahrscheinliche Struktur eines Systems angeben. Unordnung (Entropie) bedeutet hier, dass Teile in einem System mehrere Zustände oder Orte einnehmen können; Ordnung (Negentropie) entsprechend, dass Teile in einem System nur einen Zustand bzw. Ort (oder wenige Zustände bzw. Orte) einnehmen können.
Der Grad der Ordnung bzw. Unordnung (Entropie) wird dadurch definiert, wie viele (Mikro-) Zustände der Elemente (Teilchen) in einem System einnehmen können. Die größte Anzahl möglicher Zustände ist der höchste Grad an Unordnung.
Entropie (Unordnung) kann entsprechend auf mehrere Weisen in einem System zunehmen:

- indem die Anzahl der Teilchen in einem System vermehrt wird (z. B. durch Zerlegung von Makromolekülen in kleinere Moleküle).
- durch eine Temperaturerhöhung (durch Zufuhr von Energie), da die Teilchen aufgrund ihrer erhöhten Wärmebewebung mehr verschiedene Zustände einnehmen können als zuvor.
- Durch Vergrößerung des Systems, wenn dadurch die Teilchen mehr mögliche Orte einnehmen können als zuvor.

Paradebeispiel für Entropiezunahme ist die Diffusion eines gasförmigen oder gelösten Stoffes, der zunächst im Teil eines Systems konzentriert ist. Die Wärmebewegung der Teilchen führt zu einer Gleichverteilung im Raum, die bedeutet, dass jedes Molekül mehr Orte im Raum einnehmen kann als zuvor. Gleichverteilung ist Unordnung. (Abb. 1).

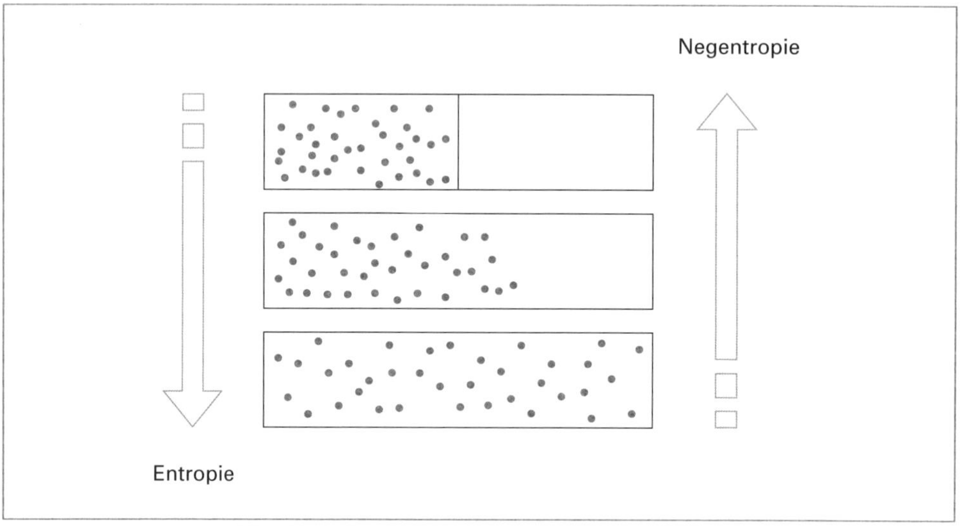

Abb. 1: Diffusion führt zur Gleichverteilung der Teilchen („Unordnung"), d. h. zur Zunahme von Entropie. Herstellung von Ungleichverteilung (Differenzen) führt zur Abnahme der Entropie, d. h. zur Zunahme von Ordnung: Negentropie.

Entropie ist eine *Richtungsgröße*: Sie kann in abgeschlossenen Systemen nur zu- aber nicht abnehmen. Die Zunahme der Entropie bestimmt (zusammen mit dem Energieaufwand) die Irreversibiltät von Prozessen und die Richtung, in der die Prozesse spontan bzw. freiwillig ablaufen können. Biologisch ist dieser Umstand z. B. bei der Osmose (Diffusion durch selektiv permeable Membranen) von Bedeutung. Bei osmotischen Prozessen nimmt die Entropie zu, da die Gleichverteilung der die Membran passierenden Teilchen zunimmt. Osmotische Prozesse laufen daher freiwillig ab.
Ungleichverteilung und Gleichverteilung lässt sich nicht nur auf Materie, sondern ebenso auf *Energie* beziehen. Energie hat die Eigenschaft, sich im Raum zu verteilen (Dissipation). Entropie kann daher auch als „Maß für die Verteilung der Energie im Raum" umschrieben werden. Gleichverteilung der Energie durch Ausgleich der Temperatur (Wärmefluss) bedeutet Zunahme der Entropie im Gesamtsystem (⇨ Energie). [7]

3.3 Metaphern für Entropie

Obgleich der physikalische Begriff Entropie nicht der umgangssprachlichen Bedeutung von „Ordnung" entspricht, kann er doch mit zutreffenden *Metaphern* veranschaulicht werden. Entropie und Negentropie beziehen sich niemals auf einzelne Teilchen, sondern auf die Verteilung von Teilchen oder Einheiten im Raum, d. h. auf ein System. Der Grad an Entropie (oder Negentropie) ist also eine Systemeigenschaft (⇨ System). Daher sind die Metaphern Unordnung und Ordnung ebenfalls auf Systeme zu beziehen.
Eine beliebte Metapher für Entropie und Negentropie ist die Unordnung bzw. Ordnung in einer *Bibliothek*. Wenn die Bücher einer Bibliothek klar nach einem Ordnungskriterium aufgestellt werden (z. B. alphabetisch), dann erhält jedes Buch einen einzigen festen Platz. Solange das so ist, hat die Bibliothek den niedrigsten Entropiegrad, also die größte Ordnung (Negentropie). Wenn nun die Benutzer die Bücher an einen beliebigen Ort zurückstellen, dann gerät die Bibliothek in Unordnung (Zunahme der Entropie). Es bedarf ordnender Energie durch Bibliotheksangestellte, um die Ordnung gegen die Tätigkeit der Benutzer wiederherzustellen.
Wenn für das Aufstellen der Bücher mehrere Kriterien gelten, z. B. Wissensgebiet oder Erscheinungsjahr, dann gibt es mehrere mögliche Orte, sodass die Unordnung zunimmt. Die Unordnung wird auch erhöht, wenn neue Bücher angeliefert und zunächst ungeordnet gestapelt werden. Auch hier muss Energie der Ordner oder der Bibliothekare aufgewendet werden, um eine größere Ordnung herzustellen.
Die Benutzer, mehrere Kriterien und ungeordnete Anlieferung von Büchern verursachen Unordnung in der Bibliothek. Das entspricht der Wärmebewegung, die die Gleichverteilung der Teilchen bewirkt. Soll eine Ungleichverteilung, also ein Konzentrationsgradient oder eine Differenz der Verteilung hergestellt werden, so bedarf es dazu Energie, z. B. für den aktiven Transport von Molekülen durch Membranen (entgegengesetzt zu den osmotischen Prozessen).
Eine weitere Metapher für die Zunahme der Entropie ist die Ordnung oder Unordnung auf dem Schreibtisch, im Arbeits- oder Kinderzimmer. Eine englische Physikerin nennt ihr kleines Kind oft "Entropies little helper." Warum?

3.4 Abnahme von Entropie in offenen Systemen

Zuweilen ist die Meinung zu hören, die Zunahme von Ordnung, die in der Lebenswelt zu beobachten ist, verstoße gegen den 2. Hauptsatz der Wärmelehre, nach dem die Unordnung (Entropie) in einem System stets zunimmt. Dabei wird verkannt, dass die Zunahme der Entropie nur für *abgeschlossene* Systeme zutrifft. Lebewesen (allgemein Biosysteme) sind jedoch materiell und energetisch *offene* Systeme, sodass der 2. Hauptsatz der Thermodynamik auf sie nicht ohne Einbeziehen der Umgebung anwendbar ist. Das gilt allgemein für energetisch offene Systeme (Kasten).

Kristallbildung und Entropie
Betrachtet wird ein Becherglas, in dem sich ein Salzkristall bildet. Kristallisation bedeutet eine Zunahme an Ordnung (Strukturbildung) und damit Abnahme der Entropie. Widerspricht das dem 2. Hauptsatz der Wärmelehre, d. h. der wahrscheinlichen Zunahme der Entropie?
Beim Becherglas handelt es sich um ein energetisch offenes System: Bei der Kristallisation wird Energie an die Umgebung des Becherglases abgegeben (Kristallisationswärme).
Auf energetisch offene Systeme ist der 2. Hauptsatz nicht anwendbar. Betrachtet man hingegen Becherglas *und* Umgebung als abgeschlossenes System, so nimmt die Entropie zu: Durch die Wärme wird die Unordnung in der Umgebung so vergrößert, dass ihre Zunahme die Abnahme im Becherglas ausgleicht oder überwiegt.

Entropie ist eine definierte physikalische Größe ist, die eng mit der physikalischen Grundgröße Energie zusammenhängt: Entropie ist Energie pro Temperatur, gemessen in Joule pro Kelvin [J/K]: Bei *gleicher Energiemenge* ist die Entropie (Unordnung) bei höherer Temperatur geringer (die Negentropie, Ordnung, größer) als bei niedrigerer Temperatur. Es werden bei gleicher Energiemenge bei niedriger Temperatur also mehr Energieeinheiten abgestrahlt als aufgenommen wurden. Die größere Anzahl von Einheiten bedeutet Zunahme der Entropie in der Umgebung. Die Aufnahme von Sonnenstrahlung von der heißen Sonne erniedrigt die Entropie auf der kühlen Erde (Sonnenstrahlung liefert Negentropie, „Ordnung", ins Biosystem Erde), Wärme führt Entropie von der Erde ab. (beseitigt „Unordnung" aus dem System Erde und erhöht sie im Universum, s. 3.5).
Die Bedeutung von Entropie für die *Lebewesen* ist von den Physikern *Ludwig Boltzmann* (1844–1906) und *Erwin Schrödinger* (1887–1961) herausgearbeitet worden. In seiner Schrift „Was ist Leben?" bezieht sich *Schrödinger* auf *Boltzmann*, indem er die Aufnahme von Negentropie als Ursachen für den Erhalt der Ordnung in Lebewesen angibt: als Kampf gegen die Entropie (Kasten).
Entropie nimmt auf der Sonne ständig zu, während Negentropie (Ordnung) mit der Sonnenstrahlung der Erde zugeführt und von den Pflanzen bei der Fotosynthese verwertet wird (s. 3.2). Mit der Fotosynthese machen Pflanzen (genauer: fototrophe Bakterien und Chloroplasten) die Erde nicht nur zum Speicherort von Energie („Energiefalle"), sondern auch zum Speicherort von Negentropie („Ordnungsfalle"). Tiere nehmen Negentropie (Ordnung) mit den Molekülen der Nährstoffe auf.
Bei allen Lebensprozessen nimmt die Entropie im System ständig zu. Sie kann in offenen

Systemen dennoch abnehmen, indem sie aus dem System ausgeschieden wird. Entropie wird ausgeschieden

- durch Abgabe von niedermolekularen Stoffwechselprodukten (Wasser, Kohlenstoffdioxid, Mineralstoffe) mit Ausatemluft, Kot und Harn;
- durch Abgabe von Wärme, d. h. durch Erwärmung der Umgebung.

Kampf um Ordnung

„Der allgemeine Daseinskampf der Lebewesen ist daher nicht ein Kampf um die Grundstoffe – die Grundstoffe aller Organismen sind in Luft, Wasser und Erdboden im Überflusse vorhanden – auch nicht um Energie, welche in Form von Wärme leider unverwandelbar in jedem Körper reichlich vorhanden ist, sondern ein Kampf um die [Neg-]Entropie, welche durch den Übergang der Energie von der heißen Sonne zur kalten Erde disponibel wird. Diesen Übergang möglichst auszunutzen, breiten die Pflanzen die unermessliche Fläche ihrer Blätter aus und zwingen die Sonnenenergie … chemische Synthesen auszuführen, von denen man in unseren Laboratorien noch keine Ahnung hat. Die Produkte dieser chemischen Küche bilden das Kampfobjekt für die Tierwelt.“

Ludwig Boltzmann, Der zweite Hauptsatz der mechanischen Wärmetheorie, 1886 [2]

Aufsaugen von Ordnung, Ausscheidung von Unordnung

„Wie entzieht sich der lebende Organismus dem Zerfall? Die Antwort lautet: Durch Essen Trinken, Atmen und (im Fall der Pflanzen) durch Assimilation. …

Es wäre unsinnig anzunehmen, dass der Austausch von Stoffen das Wesentliche wäre. Jedes Atom Stickstoff, Sauerstoff, Schwefel usw. ist ebensoviel wert wie jedes andere seiner Art. Was ließe sich durch ihren Austausch gewinnen?

In der Vergangenheit wurde unsere Neugier eine Zeitlang durch die Behauptung beschwichtigt, wir ernährten uns von Energie. … Unnötig zu sagen, dass das, wörtlich genommen, genauso unsinnig ist. In einem erwachsenen Organismus ist der Energiegehalt ja ebenso feststehend wie der Gehalt an stofflicher Substanz. Denn jede Kalorie ist bestimmt gerade so viel wert wie jede andere.

… Der Kunstgriff, mittels dessen ein Organismus sich stationär auf einer ziemlich hohen Ordnungsstufe … hält, besteht in Wirklichkeit in einem fortwährenden ‚Aufsaugen‘ von Ordnung aus seiner Umwelt. …

Energie ist nicht nur notwendig, um die mechanische Energie unserer Körpertätigkeit zu ersetzen, sondern auch als Hitze, die wir beständig an unsere Umwelt abgeben. Und dass wir Hitze abgeben, ist nicht zufällig, sondern sehr wesentlich. Denn gerade dadurch entledigen wir uns ja der überschüssigen Entropie, die wir bei den physischen Lebensvorgängen ständig erzeugen.“

Erwin Schrödinger, Was ist Leben?, 1944 [6]

Die von lebenden Systemen abgegebene Wärme ist biologisch nicht als Energieverlust oder Entwertung, sondern als Erhalt von Ordnung (Struktur) zu beurteilen. Physiologisch ist Abwärme Abfuhr von Entropie. Jede Struktur- oder Formbildung ist mit der Abgabe von Wärme verbunden (s. Zitat Schrödinger, ⇨ Energie, ⇨ lebendig, ⇨ informieren).

3.5 Fähigkeiten zur Formbildung in Rückwirkungssystemen

Biosysteme sind materiell, energetisch und strukturell (informationell) *offene Systeme*, da Lebensprozesse an den Austausch von Materie, Energie und Struktur („Information") gebunden sind. Da Formbildung Abnahme der Entropie bedeutet, ist aus dem System Entropie abzuführen. Das geschieht durch Abwärme (s. 3.4).
Unter den für die Biologie besonders bedeutsamen Systemen kann man mehrere Stufen der Fähigkeit der Formbildung unterscheiden (Abb. 3). *Selbststeuerung* ist eine grundlegende Fähigkeit aller Rückwirkungssysteme. Die Strukturierung besteht hier lediglich im Aufbau und Konstanthalten einer Größe (beim Durchflussbecken die Höhe des Wasserspiegels). Die nächst komplexere Stufe der Formbildung ist die *Selbststrukturierung*, wie sie u. a. durch unregelmäßige Diffusionsprozesse hervorgerufen werden (Eisblumenprinzip, s. 3.6). Die darauf aufbauende noch komplexere Stufe der Formbildung ist *Selbstorganisation*. Ökosysteme sind selbstorganisierend, sie gliedern sich selbsttätig in abgrenzbare Zonen und Schichten.
Die Fähigkeit zur *Selbstreproduktion* besteht darüber hinaus in der identischen Verdoppelung der Strukturen eines Systems. Sie ist (streng genommen) auf teilungsfähige Zellen bzw. regenerierende Gewebe und Organe beschränkt. Auf die DNA trifft diese Fähigkeit (entgegen verbreiteter Meinung) ebenso wenig zu wie für Chromosomen und Viren, da zu ihrer Reproduktion ein umfassenderes Enzymsystem nötig ist, wie es eine lebende Zelle zur Verfügung hat. Die Fähigkeiten der komplexeren Systeme umfassen die der einfacheren.

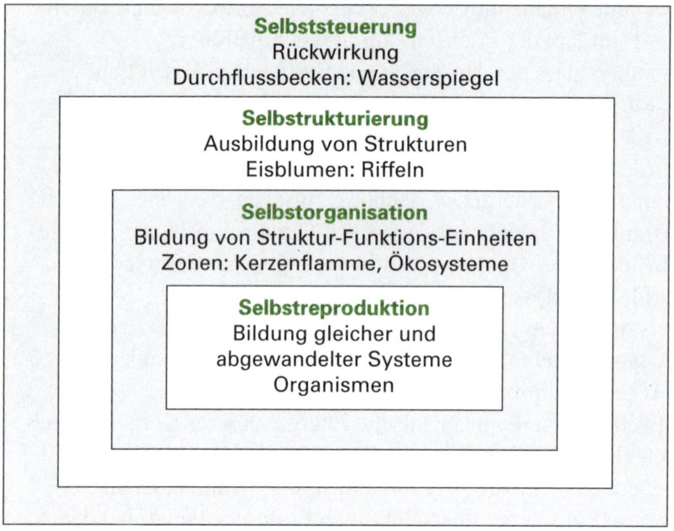

Abb. 3: Strukturbildende Systeme, verschachtelt nach ihren Fähigkeiten, Ordnung (Strukturen) zu schaffen und zu erhalten

Demgemäß haben selbstreproduzierende Systeme immer auch die Fähigkeit zur Selbstorganisation, Selbststrukturierung und Selbststeuerung. Die Unterscheidung der Stufen der Formbildung sollte helfen, schematische Übertragungen von einer Stufe zur anderen zu vermeiden. Selbstreproduktion wird durch komplexere Ursachen bewirkt als Selbststrukturierung und Selbstorganisation (s. 3.6, ⇨ lebendig, ⇨ System, ⇨ steuern).

3.6 Entstehen von Ordnung

Wo Ordnung, Gestalt und regelmäßig ablaufende Prozesse wahrgenommen werden, vermutet man meist planmäßig zielgesteuerte Programme, sinnvoll abgestimmte Rückkoppelungen, bereits existierende Ordnung, die Ordnung schafft oder schlicht Naturweisheit. Biologisches Gleichgewicht und Regelung erscheinen dann als der Gegenbegriff zu Unordnung und Chaos (⇨ natürlich, ↗ Kristallbildung).
Ohne Zielstrebigkeit erklärt der Begründer der biologischen Systemtheorie, *Ludwig von Bertalannfy* (1901 – 1972), die Ordnung in Lebewesen nicht wiederum mit Ordnung sondern mit Ordnung schaffenden Prozessen. Alltägliche Erscheinungen können die Entstehung von Ordnung aus Unordnung zeigen. Jede Kerzenflamme baut sich selbst in ihre nichtleuchtende Zone, leuchtende Zone und Saum auf (Kasten, ↗ Metapher/Analogie).

Ordnung durch Wechselwirkungen
„Es gibt keine lebende Substanz. ... Die organischen Strukturen sind selbst Ausdruck eines geordneten Prozesses und bestehen nur durch diesen; daher kann die primäre Ordnung der organischen Abläufe nur im Prozess selbst, nicht in vorgegebenen Strukturen gesucht werden. ... Das organische Geschehen (ist) gelenkt durch das Wechselspiel der im Gesamtsystem enthaltenen Bedingungen, durch eine dynamische Ordnung."

Ludwig von Bertalannfy, Das biologische Weltbild, 1949 [1]

Eisblumen entstanden früher an winterlich vereisten Fenstern. Aus unregelmäßiger Bewegung der Wassermoleküle bilden sich bizarr verzweigten Formen. Die Blatt- und Blumenstrukturen werden nicht durch die Struktur der kristallbildenden Wassermoleküle geprägt. Die bestimmen nur das Kristallgitter, jedoch nicht das Wachstum der „Blumen". Dem Gestalt bildenden Prozess der Eisblumen liegt kein verborgenes „Programm" zugrunde.
Man beschreibt die Bildung der Strukturen vielmehr als *diffusionsbegrenztes Wachstum* (diffusion limited aggregation). Anschaulich kann man diese Form des kreativen Chaos als „Eisblumenprinzip" bezeichnen: An einen anfänglichen Kristallkeim lagern sich weitere Eisteilchen an. Die Bewegung der Wasserteilchen stört ständig die Anlagerung. Nur dort, wo zufällig ein kleiner Höcker entsteht, lagern sich aufgrund des dort zu erreichenden stabileren Zustands neue Teilchen an, an anderen lösen sie sich wieder ab. Die Eisblumenstruktur entsteht – ebenso wie die Organisation einer Kerzenflamme – nicht zielstrebig. Vielmehr bleiben in dem Prozess der Entstehung immer diejenigen Zustände erhalten, die sich gegenüber der zerstörerischen Wärmebewegung als stabil erweisen.
Die Gestalt ist in diesem Sinne selektioniert. Ob eine Struktur stabil ist, richtet sich nach den Randbedingungen. Diese Erscheinungen werden daher mit Vokabeln wie selektive Stabilität und *adaptive Selbstorganisation* umschrieben.
Die entstehende Anfangsstruktur produziert immer wieder selbstähnliche Teile und determiniert so das Wachstum der Eisblume. Im Wechsel von Anlagerung und Ablösen entsteht eine Gestalt, deren sichtbare Makrostruktur die anfänglich gebildete Mikrostruktur widerspiegelt. Solche Selbstähnlichkeit, die über mehrere Ebenen besteht, wird mathematisch als *Fraktal* beschrieben. Organismische Strukturen können daher als Fraktale beschrieben werden, sofern sie nach dem Prinzip der Selbstähnlichkeit aufgebaute Strukturen sind. So

können z. B. mit Hilfe des Computers nach einfachen Wachstumsprinzipien Fraktale erzeugt werden, die Farnwedeln täuschend ähnlich sehen (Abb. 1). [3]

Abb. 1: Ein im Computer erzeugtes Fraktal sieht einem Farnwedel ähnlich.

Handelt es sich bei den frappierenden Übereinstimmungen zwischen mathematisch erzeugten Fraktalen und organismischen Formen um oberflächlich-phänomenologische Analogien oder stehen dahinter gleichartige kausale Gesetzmäßigkeiten der Strukturbildung? Lebewesen sind hochkomplexe Gefüge aus verschiedenen Teilen. Eisblumen und Kerzenflamme, begrenzte Diffusion und Fraktale können daher nur als einfache Modelle für organismische Formbildung dienen und nur Teilprozesse erklären, wie z. B. Färbungsmuster auf Schneckenschalen und Fellen oder Schmetterlingsflügeln durch chemische Gradienten. [3] Wie durch abwechselnde stabile und instabile Zustände pflanzenähnliche Gebilde wachsen können, zeigt der „chemische Garten" (Kasten).

Chemischer Garten
Versuchsdurchführung. Auf den Boden eines großen Becherglases (500 ml) gibt man etwas Sand. Mit destilliertem Wasser und Natriumsilikat wird eine etwa 40%ige Natronwasserglaslösung hergestellt, in das Becherglas gegeben und die gleiche Menge destilliertes Wasser hinzugegeben. Mit einem Holzspatel wird umgerührt, bis keine Trübungen oder Schlieren mehr zu sehen sind.
Leitungswasser sollte man für diesen Versuch nicht verwenden.
Nun können verschiedene Salze mit einem Spatel auf die Oberfläche gebracht werden. Falls sie nicht sofort versinken stubst man sie mit dem Holzspatel vorsichtig an.
Ergebnis. Nach wenigen Minuten wächst eine kleine „chemische Pflanze", je nach verwendetem Salz in verschiedenen Farben und in verschiedensten Formen.
Deutung. Sobald sich die zugegebenen Salze im Wasser gelöst haben, reagieren sie mit dem Natriumsilikat, sodass sich eine feste Haut um die Lösung bildet und sie samt den noch nicht gelösten Salzkristallen umschließt. Die Haut ist eine selektiv permeable Membran, d. h., es können Wassermoleküle eindringen, aber die Salzionen nicht hinaus gelangen (Osmose).
Der Druck im Inneren des Salz-Wasser-Silikathautgebildes steigt durch das hinein gelangende Wasser solange an, bis die Haut an einer Stelle platzt. Salzlösung tritt an dieser Stelle aus und reagiert sofort wieder mit dem Natriumsilikat, sodass sich eine neue Haut bildet. Auf diese Weise wachsen die „Pflänzchen" in der Wasserglas-Lösung.
Entsorgung. Man versetzt den chemischen Garten mit Kalkwasser bis ca. pH 8 erreicht ist und gießt die Flüssigkeit ab. Sie kann in den Ausguss gegeben werden. Der Niederschlag wird in den Sammelbehälter für mindergiftige anorganische Abfälle gegeben.

Die Erklärungsmächtigkeit, die viele Naturwissenschaftler der adaptiven Selbstorganisation und den Fraktalen zusprechen, kann als eine wissenschaftshistorische Parallele zur Kristallisationstheorie angesehen werden (↗ Kristallbildung): „Wir neigen dazu, von einer uns überredenden verborgenen Ähnlichkeit angezogen zu werden, die wundervoller erscheint als alle offenbaren Unterschiede. Wir sollten unser Bestes tun, um diese Neigung zu überwinden." [4]

[1] Bertalanffy, L. von (1990). Das biologische Weltbild, Wien, Köln. – [2] Boltzmann, L. (1979). Populäre Schriften. Braunschweig. – [3] Komorek, M., Duit, R. & Schnegelberger, M. (Hrsg.). (1998). Fraktale im Unterricht. Kiel. – [4] Lorch, J. (1975). The charisma of cristals in biology. In Y. Elkana (Ed.), The interaction between science and philosophy. Atlantic Highlands, N.J. – [5] Schaefer, G. (1984) Information und Ordnung. In G. Schaefer (Hrsg.), Information und Ordnung. Köln. – [6] Erwin Schrödinger: Was ist Leben? © 1989 Piper Verlag GmbH, München. – [7] Wei, R. u. a. (2014). Energy spreading or disorder? Understanding entropy from the perspective of energy. In Chen. R.F. u. a. (Eds.), Teaching and learning of energy in K-12 education. Switzerland.

Pflanze

Wegweiser

Pflanzen sind anders als Tiere, aber nicht weniger komplex.

1 Vom Wort zum Begriff

Das Wort Pflanze ist aus dem Lateinischen planta: „Setzling“ entlehnt. Das lateinische Verb plantare heißt: „Erde um einen Setzling feststampfen“ (vgl. Plantage, planieren); pflanzen bedeutet ursprünglich: „einen Setzling in die Erde stecken“. Das Substantiv „Pflanze“ ist also aus dem Verb pflanzen, der Tätigkeit des Pflanzens, abgeleitet und bezieht sich anfangs auf Kulturpflanzen. *Umgangssprachlich* werden Lebewesen mit Stängel und Blättern (Kräuter, Sträucher, Bäume) als Pflanzen bezeichnet, aber auch solche, die an einer Stelle wachsen oder emporschießen (Pilze).
In der *Biologie* ist der Umfang des Begriffs unterschiedlich. Traditionell wurden alle Lebewesen als Pflanzen bezeichnet, die oxygene Fotoynthese betreiben: Landpflanzen und Algen. In die Algen waren Cyanobakterien (früher Blaualgen) eingeschlossen sowie einzellige und mehrzellige eukaryotische Formen (Tange). Außerdem wurden die Pilze zu den Pflanzen gerechnet. In der neueren Systematik ist die Dichotomie Pflanze–Tier aufgegeben. Bakterien, Pilze sowie Einzeller (Protoktista oder Protisten) bilden drei eigene Gruppen. Zu den letzteren werden auch die verschiedenen Gruppen der mehrzelligen Algen (Tange) gerechnet. Sie bilden keine Gewebe (ihre Zellen haben untereinander keine plasmatischen Verbindungen), und werden als komplexe Kolonien von Einzellern gewertet. Eine vierte Gruppe bilden die Pflanzen (Plantae). Zu ihnen werden nur noch diejenigen gerechnet, die Gewebe bilden: Moose und Gefäßpflanzen (Farn- und Samenpflanzen). (Die fünfte Gruppe bilden die mehrzelligen Tiere.)
Die Protoktisten sind eine aus vielen Stammeslinien zusammengewürfelte Gruppe. Sie sind eigentlich eine Ähnlichkeitsgruppe aus ähnlichen Organisationstypen. Um den stammesgeschichtlichen Zusammenhang zwischen einzelligen und mehrzelligen Organismen zu wahren, werden Grünalgen, Moose und Gefäßpflanzen jedoch auch als Chlorophyta zusammengefasst. Konsequenterweise müssten Grünalgen im stammesgeschichtlichen („natürlichen“) System zu den Pflanzen gerechnet werden (einige einzellige Pilze entsprechend zu den Pilzen, eine Gruppe der Flagellaten, Choanoflagellaten, zu den Tieren.)
Der Aufbau der Lebewesen aus Zellen wurde zuerst an Pflanzengeweben entdeckt. Später erkannte man, dass die anderen Lebewesen ebenfalls aus Zellen aufgebaut sind (⇨ Zelle).

2 Alltagsvorstellungen: Wie Pflanzen erlebt und beurteilt werden

Pflanzen werden den Tieren als wesensmäßig verschieden gegenübergestellt. Pflanzen interessieren Lernende im Allgemeinen weniger als Tiere und der Mensch. Werden Lernende der 5./6. Klasse gefragt, welche Themen sie bei Pflanzen noch am meisten interessieren, so nennen sie (in dieser Reihenfolge) fleischfressende Pflanzen, Giftpflanzen, Heilpflanzen, Zierpflanzen. Die fleischfressenden Pflanzen erregen die Aufmerksamkeit wegen ihrer Ähnlichkeit zu Tieren, die anderen durch ihren Bezug zum täglichen Leben.
Fordert man Lernende der 5. Klasse auf, eine Pflanze zu zeichnen, so malen sie vorwiegend eine Blume, selten einen Baum. Gezeichnet werden nur die sichtbaren oberirdischen Teile: Blätter, Blüten, Früchte, Stiel, Stamm. Eine typische Pflanze ist kleiner als ein Baum. Bäume entsprechen dem Prototyp einer Pflanze weniger als Blumen (Abb. 1, Zitate Francesco und Florian). [1]

Abb. 1: Prototypische Zuordnung zum Begriff Pflanze

Die von den Kindern und Jugendlichen vorgenommene *Einteilung* von Pflanzen erfolgt vorwiegend nach Aussehen, Nützlichkeit und Lebensraum. Aussehen umfasst hier neben der Blütenfarbe vor allem die Wuchsformen wie Blume, Baum, Strauch, Gras. Daneben spielt die Größe für das Einteilen der Pflanzen eine Rolle, die Skala reicht von Blumen, über Büsche zu Bäumen. Größe und Stärke berühren das eigene Erleben von Blumen und Bäumen (Zitat Florian). [1] [5]

Keine richtige Pflanze
„Ich denke der Unterschied zwischen Rose und Rhododendron ist, dass der Rhododendron keine richtige Pflanze ist. Es ist mehr so ein Busch. Ich denke Bäume sind auch keine richtigen Pflanzen, weil sie eben viel zu groß sind."

Francesco

Baum und Blume
Der Unterschied zwischen Baum und Blume ist, dass man gegen einen Baum gegenrennen kann und eine Blume, rennt man einfach um. Und die Blume ist ganz klein, der Baum ganz groß und der ragt in den Himmel hinaus."

Florian

Lebendig
„Pflanzen sind für mich lebendig, weil sie so ähnlich wie Menschen sind. Sie können sich fortpflanzen, sie wachsen, sie brauchen Sauerstoff zum Atmen und sie gehen auch ein. Beim Menschen ist das ja auch so."

Hans

Lebewesen? –„ nicht so ganz – aber doch!"
„Lebewesen sind für mich Tiere und Menschen und ein bisschen sind es Pflanzen, aber nicht so ganz. Das Gemeinsame bei den Lebewesen ist, dass sie sich alle von Wasser ernähren und sich bewegen können. …
Ich denke, dass mein Rosenbusch lebt. Ich sehe ja, wenn man ihm kein Wasser gibt, dann trocknet er aus. Wenn wir kein Wasser kriegen, können wir auch austrocknen und dann muss es ja irgendwie bei den Pflanzen genauso sein, dass sie lebt."

Sophie

Wachsen und Wasser
Pflanzen sind Gewächse, weil sie wachsen. Unter Wachsen stelle ich mir größer und kleiner werden vor. Sie wachsen, weil sie Wasser kriegen … Ich denke [mein Kaffeebaum] ist größer geworden durch seine eigene Kraft wegen des Wassers. Die eigene Kraft der Pflanzen ist wie bei den Menschen das Wachstum."

Francesco

Wasser ist Lebenselixier
„Wasser ist für mich ein Lebenselixier für Pflanzen: Wenn sie nichts trinken, dann trocknen sie ja aus. Und dann sind sie tot, so wie Menschen halt. Mit Lebenselixier meine ich, dass sie dadurch leben. Also die Pflanzen ernähren sich alle durch Wasser … Wenn das Wasser nicht kommen würde, würde die Kraft wegbleiben."

Sophie

Nahrung aus dem Boden: Mutterboden
„Pflanzen brauchen außer Wasser zur Ernährung noch richtigen Boden, noch schwarze Erde, Mutterboden. Und da sind die eingepflanzt und wachsen da."

Sophie

Nährstoffe im Dünger
„Also meine Oma, die hat immer Pferdeäpfel als Dünger genommen. Und daher wuchsen die Pflanzen auch gut, da sind Nährstoffe drin. Elefanten essen ja auch ihre eigenen."

Francesco
Schüler/innen der 5. Klasse [1]

Nährstoffe aus dem Boden
„Pflanzen (Bäume, Wurzeln) nehmen … Mineralien, Nährstoffe, Wasser, Stärke und alles Nährreiche, was sie aus dem Boden kriegen können, auf. Je nährreicher der Boden ist, desto besser geht es auch der Pflanze. Sie braucht die Nährstoffe und wächst schneller, weil sie dadurch mehr Energie kriegt. . … Nährstoffe sind Eiweiße und Stärke."

Anne, Klasse 12 [4]

Eigenbewegung gilt gemeinhin als das offensichtlichste Kennzeichen von Leben (⇨ bewegen). Das Bewegungsvermögen von Pflanzen (Wachstumsbewegungen: Hinwendung zum Licht von Stängel und Blüten) wird von vielen Befragten als Lebensäußerung der Pflanze genannt. Dennoch gelten Pflanzen in Alltagsvorstellungen bei manchen weniger als Lebewesen und weniger lebendig als Tiere, was darauf zurückzuführen ist, dass die Eigenbewegungen der Pflanzen nicht auffällig sind.
Im Alltag und selbst in der Wissenschaft werden Pflanzen zuweilen aus den Lebewesen ausgeschlossen, indem nur Tiere und Mensch als solche bezeichnet werden: In einer in den 1960er Jahren populären Rundfunksendung wurden die zu ratenden Naturgegenstände in das „Reich der Lebewesen" (d.h. Tiere und Mensch), das „Reich der Pflanzen" und das „Reich der Mineralien" geordnet. Dieselbe Einteilung war 2015 in einer Ausgabe des Bahnmagazins „mobil" zu lesen. Schließlich scheuen sich zoologisch orientierte Ökologen nicht, Pflanzen als Teile des Biotops der von ihnen untersuchten Tiergemeinschaften zu beschreiben, also als nicht lebende Teile des Ökosystems (⇨ lebendig).
Während für Tiere Bewegung das wichtigste Kennzeichen des Lebendigen ist, ist es für Pflanzen das *Wachstum*. Die Geschwindigkeit des Wachsens wird von einigen Befragten auch zur Einteilung von Pflanzen verwendet. Wachstum wird seinerseits eng mit Pflanzen verknüpft (⇨ wachsen).
Neben Wachstum ist die Aufnahme und Abhängigkeit von *Wasser* die zweitwichtigste Lebensäußerung der Pflanzen. Manchmal werden Wachstum und die Abhängigkeit vom Wasser sogar miteinander verknüpft (Zitate, Francesco und Sophie). [1] [7]
Weitere Anzeichen für das Leben der Pflanzen sind in den Anschauungen der Befragten Atmung, Entwicklung (aus Samen, von klein zu groß, Bildung von Blüten) und die Aufnahme von Nahrung aus dem Boden. Auch die Zustimmung zu vorgegebenen Antworten in

einem Fragebogen zeigen diese vielfach erhobene Vorstellung (Zitate Sophie und Francesco, Tabelle 1).
Die botanischen Fachwörter „Pflanzennährstoffe" und „nährstoffreicher Boden" sind irreführend (Zitat Anne, Tabelle 1). Pflanzen ernähren sich wie heterotrophe Lebewesen von Nährstoffen, die sie jedoch nicht aufnehmen, sondern selbst herstellen (⇨ ernähren, ⇨ Fotosynthese).

Vortest	Behaltenstest
Durch die Mineralstoffe aus dem Boden werden die Früchte süß.	
52	4
Die Pflanze nimmt den Zucker aus dem Boden auf.	
33	5
Das Wasser, das die Pflanze aufnimmt, enthält Zucker.	
17	0
Honigbienen machen die Frucht süß.	
24	1
Die Pflanze stellt den Zucker in den Blättern her.	
15	84

Tabelle 1: Wie kommt der Zucker in die Frucht? Antworten von 11- bis 12-Jährigen (6. Klasse, Realschule) in Prozent. (Fragebogen, Antworten der Experimentalgruppe N=92, Vortest vor, Behaltenstest 10 Wochen nach dem Unterricht mit selbstständig durchgeführten Experimenten) [8]

Dass Pflanzen wie Tiere Zellatmung betreiben ist Lernenden nicht bekannt oder nicht bewusst. Auch in Schulbüchern wird das beispielsweise in Schemata zum Kohlenstoffkreislauf unterschlagen, da nur die Nettoproduktion Sauerstoff beachtet wird. Pflanzen sind jedoch Sauerstoff atmende Lebewesen (⇨ atmen).
Zur Evolution der Pflanzen äußern sich 10- bis 11-Jährige durchaus phantasievoll. Dabei spielt auch eine Rolle, dass Wachstum und Blühen als deutlichste Anzeichen dafür angesehen werden, dass Pflanzen leben: Im Laufe der Evolution werden die Pflanzen größer und auch bunter (⇨ Höherentwicklung). [1]

Wenn es plötzlich keine Pflanzen mehr gäbe …

„…, dann hätten die Menschen wenig Chancen zu überleben, denn die Bäume filtern ja den Sauerstoff und machen ihn wieder rein.
…, dann würde das für Tiere bedeuten, dass sie keine Überlebenschance mehr hätten, die Menschen auch nicht. Denn das Meiste von dem, was wir essen, hat was mit Pflanzen zu tun, alles was wir essen. Und Schweine zum Beispiel müssen ja auch irgendwie überleben. Brot und Kartoffeln kommen auch aus den Pflanzen, also würde es fast keine Menschen mehr auf der Welt geben.“

Hans, 5. Klasse

„…, dann sähe die Welt nur so grau in grau aus, nicht so bunt. Man hat keinen Schmuck im Haus und auch keinen Garten. Man hätte keinen Kletterbaum.
Man könnte auch gar keine Häuser bauen, dazu braucht man ja Bäume. Man hat kein Papier mehr. Das wäre schlimm!“

Francesco, 5. Klasse [1]

Die Frage: „Wenn es plötzlich keine Pflanzen mehr gäbe, dann?“ erfährt als häufigste Antwort (sinngemäß): „ … dann würden wir ersticken, weil die Pflanzen keinen Sauerstoff mehr liefern“ (eine irrige Annahme, ⇨ Sauerstoff). Seltener wird die Ernährung angesprochen (Zitat Hans) und zuweilen die Schönheit und der Gebrauchswert (Zitat Francesco).

In der *Geschichte* der Biologie spiegeln sich die Alltagsvorstellungen, da auch hier Pflanzen lange Zeit als weniger lebendig angesehen wurden als Tiere (⇨ Tier oder Pflanze?)

3 Für Unterricht: Anschauung und Vertiefung

3.1 Potenziale der Alltagsvorstellungen

Alltagsvorstellungen	Chancen für fachliches Lernen	Hindernisse für fachliches Lernen
Bäume sind weniger eine Pflanze als Kräuter.	*Perspektivenwechsel:* Lebenslauf bei Bäumen: anfänglich leben als Kraut Blühen von Bäumen	Prototyp einer Pflanze
Pflanzen sind weniger lebendig als Tiere.	*Kontrast:* Demonstrieren von Bewegung, Wachstum und Reizbarkeit von Pflanzen (⇨ lebendig)	Lebensäußerungen bei Pflanzen sind nicht augenfällig.
Pflanzen ernähren sich vom Boden.	*Anknüpfung*: Entnahme von Mineralstoffen aus dem Boden, *Kontrast*: Pflanzen stellen ihre Nährstoffe selbst her (3.2)	Fachwort Pflanzen„nährstoffe"
Pflanzen sind weniger interessant und komplex als Tiere.	*Perspektivenwechsel:* Vergleich mit Mensch und Tieren: anthropomorphe Metaphern (3.3)	„Fremdheit" der Lebenserscheinungen und des Baus von Pflanzen
Pflanzen liefern für uns Sauerstoff.	*Kontrast:* Stöchiometrie Zellatmung–Fotosynthese (⇨ Sauerstoff)	isolierte Betrachtung der Fotosynthese

Tabelle 2: Alltagsvorstellungen zu Pflanze geben Hinweise für fachliches Lernen.

3.2 Ernährung der Pflanzen

Nach zahlreichen Untersuchungen zu Alltagsvorstellungen beziehen Pflanzen ihre Nahrung aus dem Boden. Die Ausdrücke Mutterboden und die Düngung mit Kot und Mist bestärken diese Vorstellung (Zitat Francesco) ebenso wie die Termini „Pflanzenernährung" und „Pflanzennährstoffe", „nährstoffreicher Boden" in Lehrbüchern. (⇨ ernähren). [6] [8]
Vielfach wird diese Anschauung einfach als Fehlvorstellung gewertet, die zu ersetzen sei. Tatsächlich jedoch nehmen Pflanzen aus dem Boden Wasser und Mineralstoffe auf (die Hydrokultur zeigt, dass sie aus und mit dem Wasser aufgenommen werden). Wasser und Mineralstoffe gehören auch beim Menschen zur Nahrung. Man sollte die Vorstellung der Nahrung aus dem Boden daher nicht verwerfen, sondern an sie anschließen, indem sie eingeschränkt wird: Nährstoffe stellen sich die Pflanzen durch Fotosynthese selbst her, beziehen sie also nicht aus dem Boden. Aus dem Boden (und gegebenenfalls aus Gefäßen mit wässeriger Lösung) entnehmen sie aber Wasser und Mineralstoffe, die sie zum Leben brauchen (Aufbau von Nährstoffen und anderen Baustoffen sowie Farbstoffen und Enzymen). Durch selbstständig durchgeführte Experimente können diese Vorstellungen nachhaltig gebildet werden. [8]

3.3 Pflanzen anthropomorph als Lebewesen erfahren

Der Umstand, dass Pflanzen weniger angesehen sind als Tiere und als weniger interessant gelten, legt es nahe, die Fähigkeiten und Eigenschaften von Pflanzen anthropomorph zu beschreiben, sodass deren Leben dadurch empathisch nachempfunden wird. Die hergestellte emotionale Nähe muss bei Pflanzen die fachliche Darstellung nicht behindern, wenn die anthropomorphe Beschreibung nicht als unangemessene Vermenschlichung, sondern als metaphorisch verstanden wird. Es konnte gezeigt werden, dass bereits 10- bis 13-Jährige die anthropomorphen Ausdrücke weitestgehend metaphorisch verstehen. Beispiel für ein solches Vorgehen gibt eine *Unterrichtseinheit* über Kletterpflanzen (↗ Kletterpflanzen, ↗ anthropomorph). [1] [7]

[1] Cypionka, Regina: Pflanzen als Lebewesen in Evolution und Entwicklung: ein Beitrag zur didaktischen Rekonstruktion. Oldenburg: Didaktisches Zentrum, Carl-von-Ossietzky-Universität 2012 (= Beiträge zur Didaktischen Rekonstruktion; Bd. 39) Abdruck mit freundlicher Genehmigung des BIS-Verlags der Carl von Ossietzky Universität Oldenburg. – [2] Darwin, C. (1876). Die Bewegungen und Lebensweisen kletternder Pflanzen. Stuttgart. – [3] ders. (1876). Insektenfressende Pflanzen. Stuttgart. – [4] Hilge, Catja: Schülervorstellungen und fachliche Vorstellungen zu Mikroorganismen und mikrobiellen Prozessen. Oldenburg: DIZ 1999. Abdruck mit freundlicher Genehmigung des BIS-Verlags der Carl von Ossietzky Universität Oldenburg. – [5] Krüger, D. & Burmester, A. (2005). Wie Schüler Pflanzen ordnen. Zeitschrift für Didaktik der Naturwissenschaften. – [6] Leach, u. a. (1996). Children's ideas about ecology 2: Ideas found in children aged 5-16 about the cycling of matter. International Journal of Science Education (1). – [7] Sieke, F. (2005). Wie Pflanzen mit Wasser umgehen. Oldenburger VorDrucke 491. – [8] Steigert, T. (2012). Schülervorstellungen zum Pflanzenstoffwechsel und die Bedeutung von Experimenten bei der Entwicklung von Konzepten. Hamburg.

↗ Rassenmischung

Rassismus

Wegweiser

Die genetische Vielfalt der Menschen besteht nicht aus drei, 30 oder 300 „Rassen" sondern aus über 7 Milliarden Individuen.

1 Vom Wort zum Begriff

Durch die Wortbildung *-ismus* wird allgemein eine ideologische Verengung zu einem Gegenstand (hier „Menschenrassen") gekennzeichnet. „Rassismus ist der Glaube, dass menschliche Populationen sich in genetisch bedingten Merkmalen von sozialem Wert unterscheiden, so dass bestimmte Gruppen gegenüber anderen höherwertig oder minderwertig sind. Es gibt keinen überzeugenden wissenschaftlichen Beleg, mit dem dieser Glaube gestützt werden könnte" [25].

Menschen beurteilen und bewerten sich und andere nach ihrer Gruppenzugehörigkeit. Im Rassismus werden so tatsächliche oder nur angenommene Unterschiede zwischen Menschengruppen als Anlass zu sozialer Trennung und Zurücksetzung bzw. Bevorzugung von Menschengruppen benutzt. „Rasse“ ist damit ein *soziales* und *sozialpsychologisches* Problem, bei der die Vielfalt der Menschen auf Gruppeneigenschaften reduziert wird (➪ Menschenrasse, ➪ verschieden).

2 Alltagsvorstellungen

2.1 Rasse (Herkunft) bestimmt das Wesen von Menschengruppen

Unauslöschbare Herkunft
„Wenn man vergleicht, was vererbt wird, und das, was an Umgebung da ist, dann prägt einen ganz eindeutig das mehr, was man vererbt bekommen hat. Ja ganz klar: Man kann sich anstrengen, wie man will, irgendwo ist da immer noch ein kleiner Funken Herkunft.“

Christian, 12. Klasse [8]

Die Äußerung von Christian ist einer Interviewstudie mit Oberstufenschülern entnommen. Sie enthält die Meinung, dass Menschen anderer „Rasse“ sich grundlegend und unveränderbar von dem eigenen Wesen unterscheiden. Rassistisch wurde dies beispielsweise ausgedrückt in dem Spruch „Jude bleibt Jude“. In jüngster Zeit wurde solche Anschauung von der „Rasse“ auch auf die kulturelle Herkunft von Menschen übertragen, sodass kulturell bedingte Eigenschaften wie unveränderliche, biologisch bestimmte Merkmale behandelt wurden. Dies geschah, um gegen die Aufnahme von Migranten aus der Türkei und Afrika zu protestieren (Kasten).

„Gegen die Gefährdung des deutschen Volkes“
„Völker sind (biologisch und kybernetisch) lebende Systeme höherer Ordnung mit von einander verschiedenen Systemeigenschaften, die genetisch und durch Tradition weitergegeben werden. Die Integration großer Massen nichtdeutscher Ausländer ist daher bei gleichzeitiger Erhaltung unseres Volkes nicht möglich.“

Heidelberger Manifest vom 17. Juni 1981

Derartige Anschauungen scheinen früh angelegt und tief verankert zu sein. Sie entsprechen den anthropomorphen Prinzipien der Konstanz sowie in der Bewertung von Eigen- und Fremdgruppe dem der dichotomen Bewertung (Valenz, ➪ anthropomorph).
Nach psychologischen Untersuchungen nehmen bei der Zuordnung und Beurteilung von Bildern schon drei- bis vierjährige Vorschulkinder die (kulturell und gesellschaftlich bedingten) Einteilungen ihrer Umgebungen wahr und bilden dabei die Vorstellung, dass Menschengruppen wesensmäßig voneinander verschieden sind. Diese Anschauung wird sekundär mit äußeren Merkmalen der Gruppen verknüpft, und erst dadurch werden sie „biologisierend“ zu „Rassen“ gemacht. [6] [27]

Die Tendenz, Rassen zu unterscheiden, ist – als „naive Rassentheorie" – schon im frühen Kindesalter in drei Schritten angelegt:

1. mit dem Bedürfnis, überhaupt Menschengruppen zu unterscheiden,
2. mit der damit verknüpften Überzeugung, dass Menschengruppen wesensmäßig verschieden sind und
3. durch die Annahme, dass die (unsichtbare) wesensmäßige Verschiedenheit an äußeren Merkmalen einer Menschengruppe erkannt werden kann (↗ Hautfarbe).

Polaritätenprofile: eher schmutzig

Das semantische Differential ist eine Methode, mit der Einstellungen unauffällig erhoben werden können, sodass nicht die Gefahr besteht, nur gewünscht erscheinende Antworten zu erhalten. Der Erhebungsbogen besteht aus einer Abfolge von gegensätzlichen Eigenschaften (wie warm-kalt), zwischen denen eine fünfteilige Bewertungsskala steht.

Jeweils ein Begriff soll dann assoziativ danach bewertet werden, wie er auf der Skala zwischen dem gegensätzlichen Eigenschaftspaar bewertet wird. Es ergibt sich ein Polaritätenprofil des Begriffs. Mit einer solchen Erhebung konnte gezeigt werden, wie Lernende der 5. und 6. Klasse auf die Begriffe „Mensch", „Deutscher", „Chinese" und „Neger" (1974, d. h. zur Zeit der Erhebung noch ein politisch korrekter Ausdruck) emotional reagieren. Das erhobene Polaritätenprofil zum Oberbegriff „Mensch" diente dabei als Gradmesser der positiven oder negativen Einstellung gegenüber den anderen Personenbegriffen, also der mit dem Begriff jeweils angesprochenen Menschengruppe. Die Befragten reagierten auf „Deutscher" eindeutig positiver als auf „Mensch" (positives Eigenbild). Gegenüber dem „Neger" reagierten die Befragten eindeutig negativer als gegenüber „Mensch": „Neger" wurde bei den Polaritäten „schmutzig-sauber", „wild-sanft", „freundlich-grausam", „friedlich-feindlich" und „dumm-klug" eher als schmutzig, wild, grausam, feindlich und dumm eingestuft (negatives Fremdbild); „Mensch" deutlich als sauber, sanft, freundlich, friedlich, klug. Das Fremdbild war gegenüber „Chinese" viel geringer ausgeprägt. Die Einstellungen waren auch an hohen positiven bzw. negativen Korrelationen der Polaritätenprofile zu den ebenfalls erhobenen Begriffen „Zärtlichkeit" und „Grausamkeit" ablesbar. [9]

Angelehnt an die Untersuchung von 1974 wurden 2004 die Einstellungen zu fremden Menschen bei Schülerinnen und Schülern der Sekundarstufe I untersucht. Mit der Aufforderung „Stell dir einen … vor" wurden Polaritätenprofile zu folgenden Personenbegriffen erhoben: „Deutscher", „Afrikaner", „US-Amerikaner". Die Tendenz ist dieselbe wie 1974: „Gegenüber einem ‚Deutschen' und einem ‚US-Amerikaner' wird ein ‚Afrikaner' als mehr oder weniger altmodischer, schmutziger, gewalttätiger, hässlicher, uncooler, … unpünktlicher beurteilt." [2]

Anhand der Analyse zahlreicher Untersuchungen kann man bei der Herausbildung von Einstellungen gegenüber Fremdgruppen vier Phasen unterscheiden.

1. Wahrnehmung der Gruppenzugehörigkeit. Kulturell unterschiedliche Gruppenbildungen;
2. Gruppenabgrenzung und -distanzierung. Bewusstsein eigener Gruppenidentität;
3. bewertende Diskriminierung: Gegenüber von (meist) positivem Eigenbild und (meist) negativem Fremdbild;

4. freundliches oder feindliches Verhalten gegenüber „Fremdgruppen“ aufgrund von gesellschaftlichen und politischen Interessen. [10]

Die geschilderten Einstellungen und die Phasen ihrer Entstehung bilden die Grundlage für das Verhalten gegenüber gesellschaftlich unterschiedenen Menschengruppen. Ob dabei tatsächlich rassische Vorurteile und die Bereitschaft zur Zurücksetzung von Menschengruppen entstehen, ist davon abhängig, ob die Verschiedenheit der Menschen als Bedrohung oder vielmehr als Bereicherung und Chance für ein Zusammenleben verstanden wird (s. 3.3).

2.2 Geschichtliches: Rassentheorien und Rassenkunde deuten Geschichte

In der sich naturwissenschaftlich verstehenden biologischen Anthropologie waren die Rassenklassifikationen von Anfang an mit sozialer Bewertung verbunden. Bereits *Carl von Linné* (1707–1778) versah 1740 (ohne selbst rassistische Folgerungen damit zu verbinden) die von ihm unterschiedenen geographischen Varietäten mit psychischen und kulturellen Attributen (⇨ Menschenrasse).

Rassismus wurde besonders seit dem 19. Jahrhundert als *Rassenlehre* begründet, indem u. a. *Arthur de Gobineau* (1816–1882) *„Rassentheorien“* mit philosophischen und politischen Ansprüchen formulierte, mit denen der Verlauf der Geschichte als Folge von Rassenkampf und Rassenmischung gedeutet wurde. Sich wissenschaftlich verstehende *„Rassenkunde“* verknüpfte die Klassifikation von Menschengruppen mit psychischen und kulturellen Merkmalen, womit die rassentheoretischen Geschichtsdeutungen scheinbar untermauert wurden (⇨ Rassenwert).

Ab Mitte des 19. Jahrhunderts wurden diese Anschauungen durch sozialdarwinistische Anschauungen verstärkt. „Rasse“ wurde dabei als eine die Individuen überdauernde und bestimmende Ganzheit betrachtet. Die Bestimmung durch die Rasse wurde als *Lebensgesetz* für Individuum und Volk betrachtet. Daraus wurde das Gebot der *„Rassereinheit“* gefolgert sowie die Überzeugung der Schädlichkeit von „Rassenmischungen“ gespeist, d. h. der Minderwertigkeit von „Mischlingen“. Durch diese Konzepte war die biologische Rassenkunde eng mit gesellschaftlich und politisch motivierten Rassenlehren verbunden. Die Einteilung der Menschen in „Rassen“ war daher stets von sozialer Diskriminierung und gruppenegoistischen Interessen angeleitet (⇨ Rassenmischung, ⇨ Darwinimus).

So wurden die „Rassen des Deutschen Volkes“ nicht nur morphologisch, sondern auch seelisch gekennzeichnet (beispielsweise bestimmt „nordischer“ Charakter zum Herrscher, „östlicher“ zum Untertan). Die Juden galten als Fremdrasse (Abb. 1).

Der Humangenetiker *Fritz Lenz* (1887–1976), der den morphologischen Rasseneinteilungen kritisch gegenüberstand, sah stattdessen den Kern der Rassenfrage im Psychischen und definierte 1936 im führenden Lehrbuch der Zeit die „Juden“ als eine „seelische Rasse“, die unter den Bedingungen des Ghettos herausgezüchtet worden sei (Baur, Fischer, Lenz: „Grundriss der menschlichen Erblichkeitslehre und Rassenhygiene“, ⇨ Eugenik). [1] [3] [17] [18] [19] [20] [21] [23] [24] [26]

Abb. 1: Titelblatt eines Heftes zur Rassenkunde verfasst vom Zoologen Paul Brohmer, 1939. Man beachte die Abseitsstellung des Juden. Nordisch galt als Ideal mit entsprechenden „heldischen“ Eigenschaften.

Sozial bestimmte Vorstellungen zu Rassen tragen auch weiterhin zum Fortbestehen des Rassenkonzepts in der Biologie bei, indem soziale Gruppen auch in biologischen Lehrbüchern als biologisch definierte „Rassen“ bezeichnet werden (z.B. die „Schwarzen“ in den USA in *Knußmann*: Vergleichende Biologie des Menschen). So sind wissenschaftlich orientierte Rassenkunde und weltanschaulich politische *Rassenlehre* in ihrer Wirkungsgeschichte kaum zu trennen.
An der Rassenpolitik der *Nationalsozialisten* beteiligten sich führende Anthropologen, wie *Egon von Eickstedt* (1892–1965), *Eugen Fischer* (1874–1967) und Genetiker wie *Fritz Lenz* und *Othmar von Verschuer* (1896–1969), u.a. durch populäre Schriften, Unterrichtsmaterialien und besonders durch das Erstellen gerichtlicher Rassengutachten, mit denen festgestellt werden sollte, ob die untersuchten Personen „jüdischer Abstammung“ waren und damit unter die Bestimmungen der Nürnberger Rassengesetze fielen. [23][24]

3 Für Unterricht: Anschauung und Vertiefung

3.1 Potenziale der Alltagsvorstellungen

Alltagsvorstellungen	Chancen für fachliches Lernen	Hindernisse für fachliches Lernen
Rassen haben wesensmäßig verschiedene Fähigkeiten.	*Kontrast:* Streuung der psychischen Eigenschaften in allen Populationen (3.2 und 3.5)	typologisches Denken Annahme „höherer" und „niederer" Rassen
Rassen sind ihrem Wesen nach verschieden.	*Perspektivenwechsel:* Verhältnis von Rasse und Kultur (⇨ Kultur) Eigenbild und Fremdbild (3.3 und 3.4)	Wertung von statistischen genetischen Unterschieden Abwertung anderer Menschen
Rassismus hat eine biologische Grundlage.	*Perspektivenwechsel:* Rassismus entspringt wie Rasse sozialpsychologischen Wertungen (3.4).	Missbrauch biologischer Aussagen

Tabelle 1: Alltagsvorstellungen zum Rassismus geben Hinweise für fachliches Lernen.

3.2 Rasse und Kultur

Wesentliche Elemente der Verbindung von „Rasse" und Kultur waren die Annahme psychischer Rasseneigenschaften und das Postulat unterschiedlicher Kulturfähigkeit der Rassen. In der rassentheoretischen Geschichtsbetrachtung wurde angenommen, dass die *Kulturentwicklung* von der genetischen Ausstattung der jeweiligen Bevölkerung abhinge, wonach die Hochkulturen von so genannten *Kulturrassen* gebildet wurden.

Man weiß bis heute wenig über die humangenetischen Grundlagen und so gut wie gar nichts über die Häufigkeitsverteilung *psychischer Merkmale* in den Populationen des Menschen. Eine Ausnahme bildet nur scheinbar die *Test-Intelligenz*. Der Stanford-Binet-Intelligenztest und seine Nachfolger wurden im Hinblick auf das kulturelle Umfeld der Euroamerikaner konstruiert und häufig im Interesse sozialer Diskriminierung und Siebung durchgeführt. Die Ergebnisse sind daher keinesfalls als genetisch bedingte Gruppenunterschiede zu deuten (⇨ erblich, ⇨ intelligent). [5] [14] [16]

Der Annahme unterschiedlicher kultureller Fähigkeiten von Menschengruppen ist entgegenzusetzen, dass die jeweiligen biogeographischen Bedingungen – vor allem das Vorkommen von zur Domestikation geeigneten Pflanzen- und Tierarten – die weitere Kulturentwicklung entscheidend bestimmt haben (das Wort „Kultur" bezeichnet ursprünglich den Pflanzenanbau). Wenn man die Bevölkerungen von Europa und Australien vor etwa 10 000 Jahren gegeneinander ausgetauscht hätte, so wären die Historie und die Kulturentwicklung auf beiden Kontinenten vermutlich nicht wesentlich anders verlaufen: „Nicht Gene, sondern Kontinente machen Geschichte" (⇨ Kultur). [4] [13]

3.3 Sozialpsychologie des Rassismus

Sozialpsychologisch bezeichnet „Rasse" den „Volksglauben", dass Gruppen des Menschen anhand äußerlicher Merkmale in eindeutig getrennte Gruppen eingeteilt werden können. Typischerweise wird dabei angenommen, dass die sichtbaren Merkmale mit inneren, nicht offensichtlichen, aber unveränderbaren Wesensmerkmalen verbunden sind.
Diese Gedanken waren in Europa und Nordamerika verbreitet, lange bevor sie im Nationalsozialismus weltanschaulich radikalisiert und politisch in verbrecherische Praxis umgesetzt wurden. Populär wurden sie in Deutschland vor allem durch den von Anthropologen geförderten, aber anfänglich auch heftig kritisierten Germanisten *Hans F. K. Günther* (1891 – 1968) mit dessen „Rassenkunde des deutschen Volkes" (1. Aufl. 1922). Rassistische Vorstellungen finden sich schon vor 1933 ebenfalls in den wissenschaftlichen und populären Schriften der führenden Anthropologen und Humangenetiker, aber auch von Medizinern, Psychologen und Ethologen (z. B. *Konrad Lorenz*). In Deutschland wurden vor allem Juden sowie Sinti und Roma („Zigeuner") als „fremdrassig" diskriminiert; unter den „Rassen des deutschen Volkes" wurde vor allem die „osteuropide" („Untertanenrasse") als der „nordischen" Rasse (Herscherrassen, Herrenrasse) unterlegen angesehen (⇨ Menschenrasse, ⇨ Eugenik). [3] [16]
Man ist von der Überlegenheit der „Weißen", der Europäer überzeugt. Das *Eigenbild* bestimmt das Fremdbild (⇨ Fremdbild).
Dazu gehört auch die Bewertung der Pigmentierung der Haut (⇨ Hautfarbe). Man ist davon überzeugt, dass die Wesensmerkmale unterschiedliche soziale und kulturelle Fähigkeiten der „Rassen" verursachen. Im Rassismus werden solche Alltagsvorstellungen genutzt: Kulturelles und Geschichtliches werden ins Genetische umgemünzt. [10] [15]
Äußere Kennzeichen, die so genannten „Rassenmerkmale", sind nicht die Ursache, eine (als fremd empfundene) Menschengruppe als Rasse oder Fremdgruppe zu kennzeichnen. Ursachen sind stets gegensätzliche gesellschaftliche Interessen. Die Merkmale werden sekundär zugeordnet und dienen dann als Erkennungsmarken, mit denen die Menschen einer Fremdgruppe rassisch diskriminiert und ausgesondert werden können (s. 2.2). Für diese sozialpsychologischen Zuschreibungen liefert(e) die biologische Rassenkunde mit vermeintlich gesicherten „Fakten" zusätzlich „wissenschaftliche" Argumente. Schon früher waren die so aufgestellten Rassenklassifikationen kaum mit biologischen Kriterien zu rechtfertigen. Heute ist erwiesen, dass die Einteilung in Rassen beim Menschen keine genetische Grundlage hat (⇨ Menschenrasse).
„Rasse" ist als *soziale* Kategorie aufzufassen. Wo immer so genannte Rassenkonflikte zwischen Bevölkerungsgruppen aufbrechen, sind nicht Haut- und Haarfarben oder „Wesensverschiedenheit" der Gruppen die Ursachen, sondern soziale Gegensätze und widerstreitende politische Interessen. [5] [6] [14] [15] [22]
Mit dem Abschied vom Menschenrassen-Konzept ist Rassismus daher nicht erledigt. Eine solche Annahme wäre naiv und gefährlich, da sie menschenverachtende rassistische Anschauungen bagatellisieren würde. Rassistische Überzeugungen sind von der Existenz von Rassen nicht abhängig, sondern erzeugen sich ihre Rassen selber. Nicht „Rassen" sind hier das Problem, sondern der Glaube an deren Existenz und die damit verbundenen Wertungen und Wirkungen.

Wie so genannte Rassenmerkmale als Signale für Rassenvorurteile und Rassendiskriminierung dienen, kann im *Unterricht* exemplarisch an der Bewertung von Hautfarben gezeigt werden (⇨ Rassenmerkmal, ⇨ Hautfarbe). [11] [12]

Bei der Ausprägung des Rassismus kann man miteinander verbundene und aufeinander aufbauende Ausprägungen unterscheiden. Die am Beginn stehenende Formen des Rassismus entsprechen weitgehend den Phasen, die bei der Ausprägung von Einstellungen gegen fremde Gruppen erhoben wurden (s. 2.1, ➩ Rassismusstufen).

3.4 Die Vermittlung von Eigenem und Fremden

Aus dem Gegenüber von Eigenbild und Fremdbild können mindestens drei Konsequenzen für Aufklärung und Vermittlung gezogen werden, die nachhaltig gegen Rassismus wirken können:

- Fremdbilder sagen kaum etwas aus über Fremdgruppen, viel mehr aber über die Befindlichkeit der Eigengruppe. Um Feindbilder abzubauen muss daher primär am Eigenbild angesetzt werden. Ohne dass sich die Einschätzung der eigenen Gruppensituation oder deren realen Lebensbedingungen (unabhängig von der Anwesenheit von Fremden) ändern, kann der Ablehnung des Fremden und dem Rassismus nicht effektiv entgegengewirkt werden.
- Wenn das Bedürfnis nach feindlicher Abgrenzung gegenüber den Fremden vorwiegend aus Selbstentfremdung und Selbstunsicherheit entspringt, folgt daraus die grundlegende Konsequenz, dass die Frage der Menschen nach Identität und Zugehörigkeit zu einer Gruppe nicht gänzlich als ungebührlicher Nationalismus abzuweisen ist. Vielmehr gilt es, ein selbstbewusstes und selbstsicheres Verständnis von der eigenen Gruppe zu entwickeln, das die Offenheit für das Fremde und die Fremden enthält und einer feindlichen Abgrenzung nicht bedarf.
- Da die Fremdbilder aus dem Eigenbild entspringen, sind sie austauschbar. Es nutzt also nicht, eine Fremdgruppe durch Aufklärung von der Diskriminierung auszunehmen. Nimmt man sie weg, so wird eine neue Fremdgruppe gesucht, so lange das Selbstbild nicht geändert ist. Der Austausch der Fremdgruppe ist allerdings nicht beliebig: Da das Bedürfnis nach Feindbildern durch eigene uneingestandene Unsicherheit hervorgerufen wird, werden diejenigen Gruppen gewählt, die jeweils als die schwächsten erscheinen: Asylsuchende, sozial diskriminierte Ausländer, Behinderte. Immer betrifft es unterdrückte Minderheiten. Statt Diskriminierte auszutauschen, ist das Bewusstsein der unterdrückenden oder diskriminierenden Gruppe zu verändern.

Eine hervorragende, biologisch bestimmte Eigenschaft des Menschen ist, dass er sich an die Stelle des anderen versetzen kann. Nahes und Fernes, Eigenes und Fremdes sind daher nach menschlichem Vermögen austauschbar: Fremdes und Fernes können jeweils ein Stück vom Selbstbild werden. Das Zusammenleben von Menschen verschiedener Herkunft enthält Chancen und Risiken zugleich. Es kann zu gegenseitigem Nutzen glücken oder in zerstörender Gewalt enden.

3.5 Blick auf das Individuum

Ein Grundfehler des Rassismus besteht darin, die Individuen nach den vermeintlichen Gruppeneigenschaften auf bestimmte Eigenschaften festzulegen. Diese Tendenz liegt offensichtlich – ohne Rücksicht auf tatsächliche Eigenschaften – bereits den Alltagsvorstellungen (s. 2.1) und auch wissenschaftlichen Bemühungen zur Einteilung der Menschen in Rassen zugrunde (➩ Menschenrasse).

In rassistischen Vorstellungen wird vom Individuum abgesehen und stattdessen der Blick auf das Scheinbild von einer vermeintlichen Fremdgruppe gelenkt. Die Eigenschaften des Individuums aber können nicht einmal von Gruppeneigenschaften erfasst werden, die für den Durchschnitt oder im Mittel zutreffen (⇨ verschieden).

„Das ist Gordon"
Eine Szene, die sich vor einiger Zeit in einem Kindergarten in Kiel abspielte: Die Betreuerin bringt ein neues Kind in die Gruppe. Es ist dunkelhäutig und hat krause Haare. Die Kinder der Gruppe reagieren unsicher. Ein Mädchen zeigt auf den schüchternen Jungen und ruft: „Schaut mal, ein Neger". Die Erzieherin reagiert mit sicherem Gespür für die Situation: „Das ist kein Neger: Das ist Gordon!" Gordon wird daraufhin von der Gruppe sofort voll als Mitglied akzeptiert.

„Elly ist doch jüdisch"
Eine Frau erzählt betroffen von einem Ereignis aus ihrer Jugend im nationalsozialistischen Deutschland. Sie hatte in der Schule eine beste Freundin mit Namen „Elly". Sie wusste, dass Elly Jüdin war.
Eines Tages kam Elly nicht mehr zur Schule. Der Lehrer teilte ohne weitere Erklärung mit, dass Elly die Schule verlassen musste.
Zu Hause äußerte die Freundin, dass es doch schade sei, dass Elly nicht mehr in ihrer Klasse sei und sie nicht verstehe, dass sie die Schule hat verlassen müssen.
Die Reaktion der Mutter: „Du weißt: Elly ist doch jüdisch."

Jenseits der Einsicht, dass Kindermund nicht politisch korrekt sein muss, illustriert die Szene „Das ist Gordon", wie der Blick auf das Individuum das Schubladendenken in vorgeprägten rassischen Kategorien zugunsten der Einmaligkeit der Person von Gordon auflöst (Kasten). In der gesellschaftlichen Wirklichkeit überdeckt dagegen das Miteinander bzw. Gegeneinander der Gruppen häufig die Wahrnehmung der Individuen und ist damit für rassistisches Denken anfällig. In dem Bericht „Elly ist doch jüdisch" wird deutlich, wie leicht durch die bloße Zuteilung zu einer Gruppe das weitere Denken blockiert und die Wertschätzung einer Person zugedeckt werden kann. Heute kann sich die Frau nicht erklären, warum sie damals nicht weiter gefragt, sondern sich mit dieser Erklärung zufrieden gegeben hat.

[1] Bäumer, Ä. (1990). NS-Biologie. Stuttgart. – [2] Brünjes, W. (o. J.). Stell dir einen „Afrikaner" vor. Polaritätenprofile in den Klassenstufen 5–10. Eine Welt in der Schule. (Verfügbar unter: www.weltinderschule.uni-bremen.de/pdf/profil.pdf). – [3] Deichmann, U. (1995). Biologen unter Hitler. Frankfurt. [4] Diamond, J. (1999). Arm und Reich. Das Schicksal menschlicher Gesellschaften. München. – [5] Gould, S.J. (1988). Der falsch vermessene Mensch. Frankfurt/M. – [6] Hirschfeld, L.A. (1995). Do children have a theory of race? Cognition. – [7] Hund, W.D. (2007). Rassismus. Bielefeld. – [8] Janßen, Anne (1998). Vorstellungen von „Menschenrassen" in der Fachwissenschaft und bei Schülerinnen und Schülern. Oldenburger Vordrucke 368. Abdruck mit freundlicher Genehmigung des BIS-Verlags der Carl von Ossietzky Universität Oldenburg. – [9] Kattmann, U. (1974). Die Einstellung elfjähriger Schüler zu Menschen fremder Rassen. Westermanns Pädagogische Beiträge. – [10] ders. (1977). Die Entwicklung ethnischer Vorurteile bei Schülern. Die Deutsche Schule (7/8). – [11] ders. (1998). Vorschläge zur Unterrichtsgestaltung am Beispiel „Hautfarben

und Rassismus". In R. Hedewig, U. Kattmann & D. Rodi (Hrsg.), Handbuch des Biologieunterrichts Sekundarbereich 1. Band 7. Köln. – [12] ders. (2007). „Schwarz-weiße" Zwillinge. Unterricht Biologie (329).– [13] ders. (2009). Überlegene Europäer? Unterricht Biologie (342). – [14] ders. (213). Genes, race and culture. In M. Koegeler-Abdi & R. Parncutt (Eds.), Interculturality: Practice meets research. Newcastle upon Tyne. – [15] Kaupen-Haas, H. & Saller, F. (1999). (Hrsg.), Wissenschaftlicher Rassismus. Frankfurt/M. – [16] Lewontin, R.C., Rose, S. & Kamin, L. J. (1988). Die Gene sind es nicht ... München, Weinheim. – [17] Lösch, N. (1997). Rasse als Konstrukt. Leben und Werk Eugen Fischers. Frankfurt/M. – [18] Lüddecke, A. (2000). Rassen, Schädel und Gelehrte. Zur politischen Funktionalität der anthropologischen Forschung und Lehre in der Tradition Egon von Eickstedts. Frankfurt/M. – [19] Lutzhöft, H.-J. (1971). Der Nordische Gedanke in Deutschland. 1920–1940. Stuttgart. – [20] Müller-Hill, B. (1984). Tödliche Wissenschaft. Reinbek. – [21] Poliakov, L. (1993). Der arische Mythos. Hamburg. – [22] Preuschoft, H. & Kattmann, U.(Hrsg.). (1992). (Hrsg.). Anthropologie im Spannungsfeld zwischen Wissenschaft und Politik. Oldenburg. – [23] Seidler, H. & Rett, A. (1982). Das Reichssippenamt entscheidet. Wien, München. – [24] dies. (1988). Rassenhygiene. Ein Weg in den Nationalsozialismus. Wien, München. – [25] UNESCO Stellungnahme zur Rassenfrage (Statement on Race).Stadt Schlaining 1995. (Deutscher und englischer Text verfügbar unter: www.staff.uni-oldenburg.de/ulrich.kattmann/32177.html). – [26] Weingart, P., Kroll, J. & Bayertz, K. (1988). Rasse, Blut und Gene. Frankfurt/M. – [27] Baron, A.S. & Banaji, M.R. (2006). The development of implicit attitudes. Psychological Science, 17(1), 53–58.

↗ reizen/Reiz

↗ Samen

Sauerstoff

Wegweiser

Sauerstoff ist nicht die Voraussetzung für Leben: Er wurde in der Erdgeschichte durch Lebewesen erst freigesetzt.

1 Vom Wort zum Begriff

Sauerstoff ist der Name für ein chemisches Element. Der Name leitet sich aus lateinisch Oxygenium: „Säuremacher" ab. Er rührt daher, dass viele Oxide, die bei der Reaktion mit Sauerstoff entstehen, zusammen mit Wasser eine Säure ergeben, z. B. entsteht schwefelige Säure, wenn das bei der Verbrennung von Schwefel gebildete Schwefeldioxid in Wasser geleitet wird.
Kaum ein chemisches Fachwort hat so in die *Umgangssprache* Eingang gefunden wie das Wort Sauerstoff. Die Aussagen „Sauerstoff ist Leben" oder „Sauerstoff tanken" sind ebenso Beispiele wie der Ausspruch eines Religionslehrers beim Öffnen der Fenster des Klassenzimmers: „Sauerstoff ist genauso wichtig wie der Heilige Geist."
In den *Fachwissenschaften* wird der Name Sauerstoff sowohl für das Element (Atomsymbol O) wie für den molekularen Reinstoff (Molekülsymbol O_2) gebraucht. Wenn man von Sauer-

stoff zum Atmen redet, meint man den molekularen Sauerstoff; er liegt bei Zimmertemperatur gasförmig vor und ist mit 21 Volumenprozent in der Atmosphäre enthalten. In Wasser kann er zu etwa 2 % gelöst sein (↗ Wasser).

„Die tropischen Regenwälder sind als Sauerstoffproduzenten nicht viel Wert". Diese provokante Behauptung des Biologen *James Lovelock* widerspricht der Alltagsvorstellung, dass uns die heutigen Pflanzen den Sauerstoff zum Atmen liefern. Tatsächlich ist die Sauerstoffbilanz eines Baumes während seines ganzen Lebens gleich null. Einen großen Teil des von ihm freigesetzten Sauerstoffs veratmet derselbe Baum mit der eigenen Zellatmung. Der Rest des freigesetzten Sauerstoffs wird gebunden, wenn seine Biomasse zersetzt oder verbrannt wird. Diese Tatsache ergibt sich allein dadurch, dass die Zellatmung (biologische Oxidation) und die Verbrennung stöchiometrisch die Umkehrung der Fotosynthese sind: Bei der Zersetzung (oder [chemisch anders] bei der Verbrennung) wird die Biomasse mit dem durch Fotosynthese freigesetzten Sauerstoff zu Wasser und Kohlenstoffdioxid umgewandelt: Vom produzierten Sauerstoff bleibt nichts übrig (s. 3.2).

2 Alltagsvorstellungen

2.1 „Pflanzen produzieren Sauerstoff zum Atmen"

Werden Jugendliche oder Erwachsene in einer Kartenabfrage aufgefordert, den Satz „Wenn es keine Pflanzen mehr gäbe …" zu ergänzen, so schreiben sie in der Regel sinngemäß „… dann würden wir ersticken, da Pflanzen keinen Sauerstoff mehr für uns produzierten." Die Lieferung von Sauerstoff zum Atmen steht weitaus an der Spitze der spontanen Antworten. Abgeschlagen landet die Nahrung an zweiter Stelle. Die Bindung von Kohlenstoffdioxid wird trotz Diskussionen um den Klimawandel kaum erwähnt. 13-jährige griechische Schülerinnen und Schüler antworteten auf Mehrfachwahlaufgaben in derselben Weise (Tabelle 1).

Was liefern Pflanzen an Menschen und Tiere? Antworten	Anteile der Antworten (%)
Sauerstoff	60
Nahrung	10
Sauerstoff, Nahrung und Energie	25

Tabelle 1: Ergebnisse einer Multiple-Choice-Aufgabe (13-Jährige, N = 292, Anteile: Prozentangaben gerundet) [6]

Auch in einer Interviewstudie zu Pflanzen mit 10- bis 11-Jährigen werden Bäume in erster Linie als Sauerstofflieferanten angesehen (Zitate Florian und Sarah). Da Sauerstoff die Voraussetzung für das Leben von Pflanzen und Tieren ist, wird er selbst von Schülerinnen und Schülern der Oberstufe für die Entstehung des Lebens vorausgesetzt (Zitat Kai).

Sauerstoffspender
„Ohne die Pflanzen können wir nicht leben. Die Bäume nehmen einen anderen Sauerstoff als wir auf und geben unseren Sauerstoff wieder her … sodass wir atmen können."

Florian, 5. Klasse

„Wenn es keine Pflanzen mehr gäbe, würden erst mal alle Menschen sterben, weil die Bäume ja Sauerstoff geben. Ohne Sauerstoff kann kein Mensch leben … Also ich glaube, die Bäume, die nehmen Kohlendioxid auf, dann geht das so durch die Blätter, die machen das irgendwie … Und dann geben die Blätter den Sauerstoff ab. Und ohne Bäume kann man auch nicht leben."

Sarah, 5. Klasse [3]

Erst Sauerstoff, dann Leben
„Es gab wahrscheinlich zuerst Sauerstoff, und dann hat sich Leben entwickelt."

Kai, 12. Klasse [4]

Dass die heutigen grünen Pflanzen uns den Sauerstoff liefern, den wir atmen, ist tief in die Alltagsvorstellungen eingewurzelt und steht in manchen Lehrbüchern. Auch die Versuche von *Joseph Priestley* (1733–1804) mit Pflanzen und Tieren in geschlossenen Gefäßen verführen dazu, diese Vorstellung für wahr zu halten (☞ schlechte Luft). Da Sauerstoffproduktion und Sauerstoffverbrauch sich durch Atmung ausgleichen, äußern zwei Botaniker in einem Leserbrief, dass die Pflanzen wenigstens vorübergehend Sauerstoffüberschuss liefern. Sie versuchen also, die Vorstellung von Pflanzen als Sauerstofflieferanten, zu retten (sehen sich aber gezwungen, sie letztendlich zu revidieren). Die Hartnäckigkeit, mit der an dieser Vorstellung festgehalten wird, ist bemerkenswert. Man kann von einer „Sauerstofflüge" sprechen, obgleich keine böse Absicht zu unterstellen ist (s. 3.2). [1] [2]

Sauerstoffüberschuss?
„Da … integriert über Tag und Nacht, die organische Masse in den Grünanlagen zunimmt, muss … eine entsprechende Anreicherung des Sauerstoffs erfolgen. … Der so von den Pflanzen erwirtschaftete Überschuss an organischem Material wird vom Menschen entnommen (Mähen, Beschneiden und Fällen von Bäumen), es verbleibt der Überschuss. … Entsprechende Sauerstoffmengen werden an anderer Stelle durch Verbrennen, Veratmen oder sonstigen oxidativen Abbau der entnommenen organischen Substanz aufgezehrt, meist jedoch zeitlich verzögert."

Professoren W. Haupt und K. M. Hartmann, Erlangen
Leserbrief zu [1]

2.2 Aktiver Sauerstoff

In Alltagsvorstellungen erfährt der Sauerstoff größte Aufmerksamkeit und Wertschätzung bei Prozessen, an denen er beteiligt ist: „Ohne Sauerstoff gibt es kein Leben“ (was für Tiere und Pflanzen zutrifft, nicht aber für alle Bakterien und Pilze), „Das Blut transportiert Sauerstoff zu den Organen“ (der Abtransport von Kohlenstoffdioxid ist physiologisch ebenso wichtig, wird aber häufig nicht erwähnt). Man ist versucht, angesichts dieser und ähnlicher Äußerungen (s. 2.1) von einem „Mythos Sauerstoff“ zu sprechen.

Im Zusammenhang mit Zersetzungsprozessen in der Natur wird dem Sauerstoff eine dominierende Rolle zugeschrieben:

- Sauerstoff erhält den Körper am Leben, fehlt er, setzen Zersetzungsprozesse ein.
- Sauerstoff treibt den Stoffwechsel von Organismen an.
- Durch Sauerstoff werden Zersetzungsprozesse ausgelöst, durch Sauerstoff können Stoffe zu Erde oder Staub zerfallen.
- Abbauprozesse gehen schneller, wenn Sauerstoff dabei mitwirkt. [4]

Im Gegensatz zu dieser hohen Meinung von Sauerstoff steht, dass die Lernenden zumeist nicht wissen, für welche Prozesse der eingeatmete Sauerstoff wichtig ist. Da die Nährstoffe irreführend als Energieträger bezeichnet werden, ist nicht klar, dass zur effektiven Energienutzung Sauerstoff nötig ist (⇨ Energie, ⇨ Fotosynthese).

In der Wissenschaftsgeschichte war die Rolle des Sauerstoffs zunächst nicht klar, man vermutete aber, dass ein Bestandteil der Luft verbraucht werde und verband diese Annahme mit der Phlogistontheorie (*Priestley*, ⇨ schlechte Luft).

3 Für Unterricht: Anschauung und Vertiefung

3.1 Potenziale der Alltagsvorstellungen

Alltagsvorstellungen	Chancen für fachliches Lernen	Hindernisse für fachliches Lernen
Pflanzen produzieren den Sauerstoff, den wir atmen.	*Kontrast:* Stöchiometrie Zellatmung–Fotosynthese (3.2) *Anknüpfung:* Der Sauerstoffgehalt der Atmosphäre bleibt gleich, weil Fotosynthese und Zellatmung sich global die Waage halten (3.2). *Perspektivenwechsel:* Freisetzung des Sauerstoffs durch Fotosynthese im Laufe der Erdgeschichte (3.3)	isolierte Betrachtung der Fotosynthese
Sauerstoff ist Leben.	*Anknüpfung:* Zellatmung: Energienutzung durch Reaktion mit Sauerstoff (3.4)	einseitige Sicht auf Sauerstoff atmende Lebewesen
Sauerstoff treibt den Stoffwechsel an.		
Sauerstoff bewirkt Zersetzung.	*Perspektivenwechsel:* Tätigkeit der Mikroorganismen (⇨ zersetzen)	Übersehen der Mikroben

Tabelle 1: Alltagsvorstellungen zu Sauerstoff geben Hinweise für fachliches Lernen.

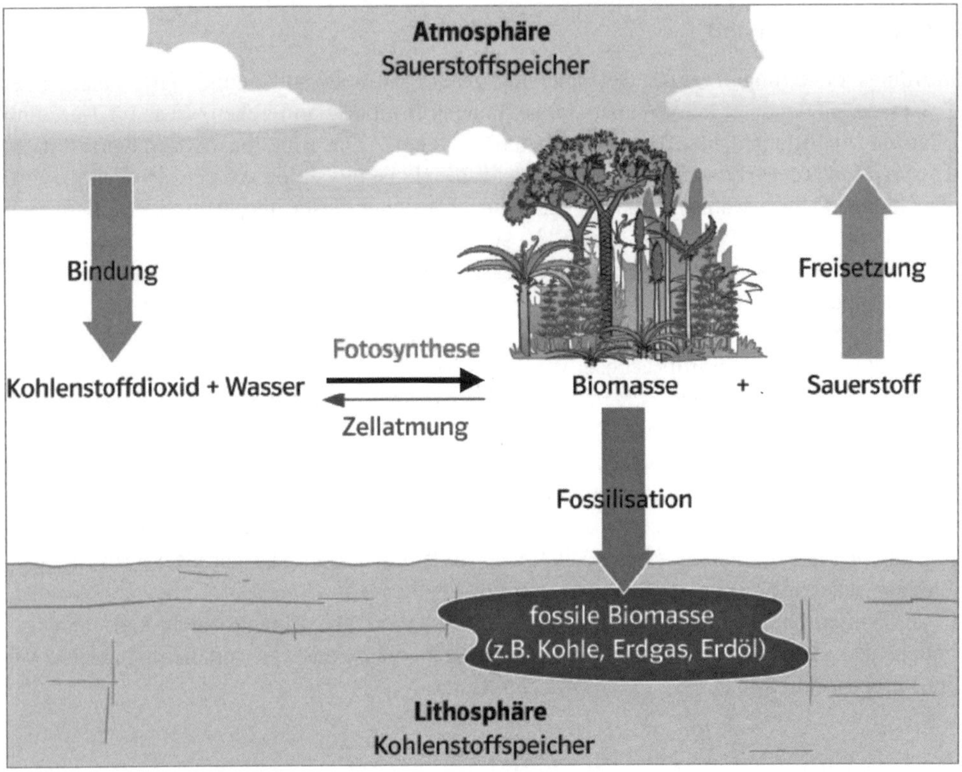

Abb. 1: Anreicherung des Sauerstoffs in der Atmosphäre (Die Sauerstoffbindung durch Gesteine ist nicht berücksichtigt; Grafik nach einem Vorschlag des Verfassers in Prisma Naturwissenschaften 3 A., Ernst Klett Verlag, Stuttgart, 2014).

3.2 Nur ein wachsender Wald kann Sauerstoff freisetzen

Einen Überschuss an freigesetztem Sauerstoff kann es nur geben, wenn mehr Biomasse (z. B. Holz) produziert wird, als in gleicher Zeit wieder zersetzt oder veratmet wird. Dass bei einem Gleichgewicht von Fotosynthese und Atmung keine Überschussproduktion von Sauerstoff erfolgt, ergibt sich aus dem Verhältnis, d. h. der Stöchiometrie, der Stoffumwandlungen bei Fotosynthese und Zellatmung (biologischer Oxidation). Bei der Veratmung oder Zersetzung der Biomasse (symbolisiert durch Glucose: $C_6H_{12}O_6$) wird dieselbe Menge Sauerstoff (6 O_2) gebunden, wie bei ihrer Produktion freigesetzt wurde:

$$6\,CO_2 + 12\,H_2O \rightleftharpoons C_6H_{12}O_6 + 6\,O_2 + 6\,H_2O$$

Nur ein junger, wachsender Wald kann Sauerstoff freisetzen (und gleichzeitig Kohlenstoffdioxid binden, ⇨ Treibhauseffekt). Ein alter Wald, der nicht mehr wächst, setzt demgemäß keinen Sauerstoff frei (s. 1: Zitat Lovelock). [1] [2]

3.3 Wie kam der Sauerstoff in die Atmosphäre?

Der ungeheure Vorrat an Sauerstoff in der Atmosphäre würde auch dann, wenn es keine Pflanzen gäbe, noch mehrere 10 000 Jahre ohne Atemnot ausreichen. Er ist in der Erdgeschichte freigesetzt worden und – da die entsprechende produzierte organische Substanz abgelagert (fossilisiert) wurde – wurde der Sauerstoff nicht durch Atmung oder durch Verbrennung gebunden, sondern verblieb in der Atmosphäre. Eine vollständige Verbrennung oder biologische Oxidation der in der Erdgeschichte erzeugten Biomasse hätte den freigesetzten Sauerstoff in Gänze wieder verschwinden lassen (s. 3.2, Abb. 1, ➪ Fotosynthese). Dem erdgeschichtlichen Ungleichgewicht zwischen Fotosynthese und Atmung verdanken wir die Sauerstoffvorräte in der Atmosphäre. In der Atmosphäre hat der Sauerstoff zuerst vor etwa 2, 5 Milliarden Jahren über 1 % zugenommen. Der Anstieg des Sauerstoffgehalts in der Atmosphäre trifft etwa zusammen mit der Entwicklung mehrzelliger Cyanobakterien [8]. Eine weitere Beschleunigung bis zum gegenwärtigen Gehalt (und zeitweise darüber hinaus) erfolgte mit der Entwicklung der Landpflanzen. Der in Hydrosphäre und Atmosphäre vorhandene molekulare Sauerstoff macht jedoch nur etwa 4 % des insgesamt in der Erdgeschichte freigesetzten Sauerstoffs aus. Die übrigen 96 % befinden sich in oxidierten Gesteinen (Roteisenstein: Fe_2O_3/Sulfatgesteine: SO_4^{2-}). Bis zu 99 % des molekularen Sauerstoffs wurden demnach von Cyanobakterien freigesetzt. Der Sauerstoff der Atmosphäre wird seitdem durch Fotosynthese und Zellatmung nur ständig umgesetzt – aber es wird kein zusätzlicher Sauerstoff freigesetzt, da die beiden Prozesse (zusammen mit Verwitterung von Gesteinen) heute ausgeglichen sind. Diese Zusammenhänge sollten im *Unterricht* vermittelt werden (☞ Woher kommt der Sauerstoff?). [5] [7]

3.4 Energienutzung mit Sauerstoff

Die Vorstellung „Sauerstoff ist Leben" entspringt der eigenen Erfahrung. Sie bezieht sich auf die Atmung. Atmen gilt als Zeichen des Lebens, das Ausbleiben früher als sicheres Todeskriterium (➪ lebendig).

Diese Vorstellung hat für die Sauerstoff atmenden Lebewesen ihre biochemische und energetische Berechtigung: Der Hauptteil der Energie wird durch Umsetzung der Nährstoffe mit Sauerstoff freigesetzt, die Energie ist also nicht in den Nährstoffen enthalten, sondern im System Sauerstoff–Nährstoffe. Sie ist zum ganz überwiegenden Teil nur durch biochemische Reaktionen nutzbar, an denen beide, Nährstoffe und Sauerstoff, beteiligt sind (➪ Fotosynthese, ➪ Energie).

[1] Biologos (1992). Die Sauerstofflüge. Mitteilungen des Verbandes Deutscher Biologen (402). – [2] ders. (1993). Es gibt viele Gründe einen Baum zu Pflanzen. Mitteilungen des Verbandes Deutscher Biologen (406). – [3] Cypionka, Regina: Pflanzen als Lebewesen in Evolution und Entwicklung: ein Beitrag zur didaktischen Rekonstruktion. Oldenburg: Didaktisches Zentrum, Carl-von-Ossietzky-Universität 2012 (= Beiträge zur Didaktischen Rekonstruktion; Bd. 39) Abdruck mit freundlicher Genehmigung des BIS-Verlags der Carl von Ossietzky Universität Oldenburg. – [4] Hilge, Catja: Schülervorstellungen und fachliche Vorstellungen zu Mikroorganismen und mikrobiellen Prozessen. Oldenburg: DIZ 1999. Abdruck mit freundlicher Genehmigung des BIS-Verlags der Carl von Ossietzky Universität Oldenburg. – [5] Kattmann, U. (2004). Bioplanet Erde. Erdgeschichte ist Lebensgeschichte. Unterricht Biologie (299). – [6] Marmaroti, P. & Galanopoulou, D. (2007). Pupils' understanding of photosynthesis: A questionaire for simultaneous assessment of all aspects. International Journal of Science Education. – [7] Sander, E., Jelemenská, P. & Kattmann, U. (2004). Woher kommt der Sauerstoff? Unterricht Biologie (299). – [8] Schirrmeister, B.E. u. a. (2013). Evolution of multicellularity coincided with increased diversification of cyanobacteria and the great oxidation event. Proceedings of the National Academy of the United States. (5).

Schöpfung

Wegweiser

Beim Begriff der „Schöpfung" geht es um eine pflegerische Haltung zur Natur, nicht um wissenschaftliche Tatsachen oder Theorien.

1 Vom Wort zum Begriff

Das Wort „Schöpfung" wird in der *Umgangssprache* vorwiegend für das von Gott (dem „Schöpfer") Geschaffene verwendet und in diesem Sinne – nicht immer religiös gemeint – gleichbedeutend mit „Natur" verwendet (⇨ natürlich).
Im Deutschen wird „Schöpfung" erst seit dem 18. Jahrhundert dichterisch für „Welt" oder „Natur", danach auch für Kunstwerke verwendet. Das Wort stammt aus dem Mittelhochdeutschen „schepfunge", das ausschließlich für das „Von-Gott-Geschaffene" steht. Das Wort ist mit dem Verb „schaffen" verwandt. Im Lateinischen sind die Substantive „Schöpfung" (creatio) und „Schöpfer" (creator) direkt aus dem Verb „schaffen" (creare) abgeleitet. Im Hebräischen ist das mit „schaffen" übersetzte Verb (bara) allein dem schöpferischen Tun Gottes vorbehalten.
Das von Schöpfung abgeleitete Wort „Geschöpfe" wird für Tiere und Menschen gebraucht. Ein Zusammenhang mit den im jüdisch-christlich-moslemischen Kulturbereich aus der Hebräischen Bibel (1. Mose 1 und 2) stammenden Schöpfungsvorstellungen ist dabei nicht immer gegeben. Wohl aber hat die Verwendung der Worte „Schöpfung" und „Geschöpf", bezogen auf die Natur, häufig einen emotionalen und ethisch-moralischen Klang, mit dem auf den Eigenwert der Natur verwiesen wird. Daneben werden „Schöpfung" und das Adjektiv „schöpferisch" auf den Menschen bezogen, z.B. bei „schöpferischen" künstlerischen Tätigkeiten, oder neuartigen Redewendungen („Wortschöpfungen").
In der *Biologie* wurde das Wort im 19. Jahrhundert zunächst von Anhängern der Evolutionstheorie in Anspruch genommen (s. 2.4). Heute wird der Begriff der Schöpfung von einigen Biologen als Gegensatz zur Evolution angesehen, ein Verständnis, das von der Auseinandersetzung mit dem Kreationismus geprägt ist, demzufolge die Schöpfungsaussagen der Bibel buchstäblich verstanden werden sollen. Ein tiefergehendes Verständnis des Verhältnisses von Naturwissenschaft und Glaube wird erreicht, wenn der naturwissenschaftliche Charakter der Aussagen über Evolution und der religiöse Charakter von Aussagen über Schöpfung beachtet werden.

2 Alltagsvorstellungen

2.1 Tatsachenaussagen

Demoskopische Erhebungen in Deutschland zeigen, dass „Schöpfung" von etwa 20 % der Befragten als Alternative zur evolutionstheoretischen Erklärung der Entstehung des Menschen angesehen wird. Evolution halten etwa 70 % für die beste Erklärung, 10 % haben andere Erklärungen oder keine. Im Religionsunterricht wurde ermittelt, dass mehr als die Hälfte der 16- bis 17-Jährigen (10. Klasse) dem Satz zustimmt: „Die moderne Naturwissenschaft widerlegt die biblische Schöpfungserzählung". [15]

Abb. 1: Eva verführt Adam, Kupferstich 17. Jahrhundert

In spontanen Äußerungen verbindet jedoch – selbst in kirchlich nicht stark geprägten Gegenden – etwa ein Drittel der befragten Jugendlichen (10. Klasse, Gymnasium Oldenburg) Evolution direkt mit biblischen Aussagen zur Schöpfung. Evolution und Schöpfung werden auf derselben Tatsachenebene und daher meist als einander widersprechend angesehen. Da die Befragten überwiegend an die Evolution des Menschen denken, wird die Abstammung von „Affen" häufig als Gegensatz zur Geschichte von Adam und Eva formuliert (Zitate Jens und Lena). Manche Befragte versuchen, den empfundenen Gegensatz durch persönliche Konstruktionen auszugleichen. Die skurril anmutende Fortsetzung der Geschichte von Adam und Eva (Zitat Jan) ist kein Einzelfall und wirkt weniger abwegig, wenn man eine Paradiesdarstellung aus dem 17. Jahrhundert hinzunimmt. Vor *Darwins* Abstammungstheorie bedeutete die Nähe des Menschen zu den Affen keine Beleidigung, sondern wurde anscheinend als unproblematisch empfunden. Daher wurden Menschenaffen ganz ohne Vorbehalt menschlich dargestellt (⇨ Mensch). Andere Befragte schildern die Geschichte von Schöpfung und Evolution allgemeiner, indem sie die ursprüngliche Schöpfung mit anschließender Entstehung von neuen Pflanzen und Tieren verknüpfen (Zitate Ben und Marie). [7] [8] [9]

Kennzeichnend für alle zitierten Vorstellungen ist also, dass Evolution und Schöpfung gleichermaßen auf derselben Ebene als Tatsachen behandelt werden, die sich entweder widersprechen oder (auf Umwegen) miteinander zu vereinbaren sind.

Schöpfung und Evolution als Gegensätze
„Unter Evolution verstehe ich, wie wir, die Menschen, abstammen. Manche sagen aber auch, dass Gott die ersten Menschen, Adam und Eva, geschaffen hat. – Das mit Gott glaube ich aber nicht so ganz."

Jens

„Unter Evolution verstehe ich: die Lehre von der Entwicklung der Erde. Aus Affen wurden mit der Zeit Menschen. Die Erde hat sich allmählich entwickelt und wurde nicht von Gott geschaffen. – Ich glaube aber an einen Gott, der die Tiere, die Pflanzen und die ersten Menschen geschaffen hat und sie danach auf die Erde gesetzt hat!"

Lena

Die Evolution von Adam und Eva
„Unter Evolution verstehe ich die Abstammung vom Affen zum Menschen. Vielleicht sind wir auch durch Adam und Eva entstanden. Diese haben Kinder bekommen, welche sich langsam zu Affen entwickelt haben, da es die damalige Zeit erzwang – und wurden so zu Menschen."

Jan

Auf Schöpfung folgt Evolution
„Ich glaube, dass jedes Tier und jede Pflanze von Gott selber geschaffen wurde. Doch nun gibt es noch viel mehr Tiere, als Gott geschaffen hat. Es sind alles Abstammungen von denen, die Gott geschaffen hat. Doch nun hat der Mensch versucht, ebenfalls andere Tiere zu schaffen."

Ben

„Unter Evolution verstehe ich, dass Gott Licht, Meer, Erde, Himmelskörper etc. erschaffen hat. Mit Hilfe des Lichts und des Wassers wurde das Wachstum von Pflanzen angeregt, die haben sich vermehrt (Selbstbestäubung, Fremdbestäubung) und weiterentwickelt. Es sind neue Pflanzen entstanden, bis zum heutigen Stand. Ebenso ist es bei den Tieren, die sich durch Kreuzungen entwickelt haben und sich ihrer Umwelt angepasst haben."

Marie [9]

Es ist bemerkenswert, wie Jugendliche zuweilen biblische Motive (Erschaffung, Licht etc.) mit biologischen Kenntnissen (Bestäubung, Anpassung) zu einer anschaulichen Vorstellung kombinieren. So werden Schöpfung und Evolution zu einer Sequenz von göttlichem Handeln und bekannten Prozessen der Fortpflanzung vereint (Zitat Marie).
In einer Studie zu den Naturvorstellungen US-amerikanischer Jugendlicher wurden deren Naturbilder erhoben. Einige der Befragten versuchen ihre religiösen Überzeugungen mit wissenschaftlichen Erkenntnissen zusammenzubringen. Im Zitat von Alice werden mindestens ansatzweise verschiedene Ebenen der Erkenntnis unterschieden, sodass Naturwissenschaft (science) und religiöse Überzeugung vereinbar erscheinen. [2]

Naturwissenschaft und Religion
„Ich will Naturwissenschaftlerin werden. Mit Hilfe der Naturwissenschaft verstehen wir viel von den Mustern in der Natur: Nahrungsnetze, Muster beim Wetter, wie das Sonnensystem funktioniert usw. …
Ich bin mir nicht sicher über die Beziehung zwischen Gott und der Natur. Obgleich ich Christin bin, akzeptiere ich doch, dass die Naturwissenschaft viele Dinge der Bibel als falsch nachgewiesen hat. Dennoch glaube ich wirklich, dass es ein Ziel für unsere Existenz gibt und Gott dahinter steht. Naturwissenschaft kann erklären, wie die Dinge funktionieren, aber es gibt viele Warum-Fragen, die die Naturwissenschaft nicht beantwortet."

Alice [2]

2.2 Aufteilung in Lebensbereiche

Eine andere Strategie, Schöpfung und Evolution im Alltag zu vereinbaren, besteht darin, sie verschiedenen Lebensbereichen zuzuordnen und die Regeln jedes Bereichs gleichsam mitzuspielen. In einer Interviewstudie wurde ermittelt, dass muslimische Schüler/-innen dazu neigen, Evolution für die Schule zu lernen, aber im Alltag Schöpfung für maßgeblich zu halten: das eine „für das Lernen in der Schule", das andere „für Allah". [5]
Einer solchen Aufteilung entspricht die durch zahlreiche empirische Untersuchungen gut belegte Tatsache, dass religiöse Schöpfungs-Überzeugungen, ja selbst die Ablehnung der Evolutionstheorie, für das *Lernen* und das *Verstehen* von Evolution nicht hinderlich sind. Mit anderen Worten: Personen, die von der Evolutionstheorie überzeugt sind, lernen und verstehen Evolution ebenso gut oder ebenso schlecht wie solche, die die Evolutionstheorie ablehnen (⇨ Evolution). [14] [17] [18]
Dieser Umstand ist überraschend, erscheint jedoch für das Verhältnis von Naturwissenschaft und religiösen Überzeugungen besonders bedeutsam (s. 3.2).

2.3 Kreationistische und wissenschaftsgläubige Einstellungen

Während es keinen (oder nur schwachen) negativen Zusammenhang von religiöser Einstellung zum Verstehen der Evolution gibt, ist ein solcher für dogmatische Einstellungen zu Schöpfung bzw. Evolution erhoben worden (⇨ Evolution). [17]
In einer Fragebogenstudie wurden kreationistische und szientistische Überzeugungen sowie Einstellungen zu Evolutionstheorie und Schöpfungserzählungen bei Schülerinnen und Schülern der Klassen 10 bis 13 untersucht (Gymnasien, Gesamtschulen). Bei den Befragten sind sowohl kreationistische wie szientistische (wissenschaftsgläubige) Einstellungen anzutreffen. Als Anzeichen für kreationistische Überzeugungen werden Ablehnung der Evolutionstheorie und wortwörtlicher Schöpfungsglaube gewertet, als szientistisch die Ansicht, dass wissenschaftliche Methoden und Theorien absolute Gültigkeit haben können. Die Evolutionstheorie wird von Lernenden mit szientistischer Überzeugung anerkannt, Schöpfungsaussagen werden abgelehnt. Szientistische und kreationistische Einstellungen verhalten sich spiegelbildlich zueinander. [10]
Die Zustimmung zu szientistischen und kreationistischen Aussagen scheint bei den Befragten im Mittel gering zu sein. Das ist jedoch dem Informationsverlust durch Mittelwert-

bildung geschuldet (⇨ verschieden). Es scheint nämlich nicht wenige Lernende mit relativ kreationistischen und mehr noch mit relativ szientistischen Einstellungen zu geben: Unter etwa 25 Lernenden kann man eine Person mit kreationistischer Einstellung finden, unter nur 5 Lernenden eine mit szientistischer (Angaben im Vortrag zu [10]).
Für den Biologieunterricht scheint damit Szientismus ein größeres Problem zu sein als Kreationismus. Bei beiden ist die damit verbundene dogmatische Haltung lernhinderlich (⇨ selektieren). Es gibt jedoch eine Anzahl von Schülerinnen und Schülern, die eine differenzierende Einstellung äußern: Sie haben eine positive Haltung sowohl zur Evolutionstheorie wie zu Schöpfungsaussagen und lehnen kreationistische und szientistische Positionen gleichermaßen ab. Es ist anzustreben, diese reflektierte Haltung im Unterricht zu verstärken (s. 3.4) [8]

2.4 Geschichtliches: Vom Gottesbeweis aus der Schöpfung zur „natürlichen Schöpfungsgeschichte"

In der frühen Aufklärung des 18. Jahrhunderts diente die als wundervoll empfundene Angepasstheit der Lebewesen an die Bedingungen ihres Lebens als Nachweis der Erschaffung durch einen weisen Schöpfer. Diese theologische Deutung war im 18. Jahrhundert durch zahlreiche hervorragende Naturforscher vertreten: Der Engländer *William Paley* (1743–1805) argumentierte in seiner „Natural Theology", wie man von einem Uhrwerk auf die Existenz eines Uhrmachers schließe, könne man aus der Beschaffenheit der Natur in gleicher Weise die Existenz des Schöpfers folgern. Der Nordhausener Pfarrer *Friedrich Christian Lesser* (1692–1754) pries in seiner „Insectotheologia" den Bau und das Leben der Insekten sowie in der „Malacotheologia" den wunderbaren der Molluskenschalen als Beweise für die Existenz Gottes. Der Vater der biologischen Systematik, *Carl von Linné* (1707–1778), stellte die Rolle der Organismen in der vom Schöpfer geordneten „Ökonomie der Natur" heraus (⇨ biologisches Gleichgewicht).
Von Anhängern des Evolutionsgedankens wurde das Wort „Schöpfung" aufgegriffen, um biblische Schöpfungsvorstellungen durch evolutionäre Anschauungen zu ersetzen, das Wort seiner religiösen Bedeutung zu entkleiden und es mit einer neuen *weltanschaulichen Deutung* zu versehen. In England wurde von dem Verlagsbuchhändler *Rudolf Chambers* (1802–1871) schon 1844 anonym ein spekulatives Werk zur Evolution veröffentlicht, das schnell zum Bestseller wurde. In seinem Titel verknüpfte Chambers die damalige Bezeichnung für Naturwissenschaft, Naturgeschichte, mit der Schöpfung: „Vestiges of the natural history of creation". Ganz entsprechend nannte *Ernst Haeckel* eines seiner populärwissenschaftlichen Bücher „Natürliche Schöpfungsgeschichte" (1868): Darin legte er sein Verständnis von Evolution breit dar und evolutionäre Gedanken sogar in das Schöpfungsgedicht der Genesis hinein (1. Mose 1, s. dagegen 3.3). Neben anderen versuchte der damals bekannte Schriftsteller *Wilhelm Bölsche* mit einem Büchlein „Die Schöpfungstage" (1924) die Vorstellung von „Schöpfung" naturwissenschaftlich neu zu füllen.
Aus der Evolution selbst ergeben sich unmittelbar keine religiösen oder weltanschaulichen Deutungen. Gegenüber evolutionären Aussagen können Sinnfragen gestellt, aber nicht daraus abgeleitet werden. Wie alle naturwissenschaftlichen Aussagen sind Aussagen zur Evolution für verschiedene persönliche Deutungen offen. [1] [16]

3 Für Unterricht: Anschauung und Vertiefung

3.1 Potenziale der Alltagsvorstellungen

Alltagsvorstellungen	Chancen für fachliches Lernen	Hindernisse für fachliches Lernen
Evolutionstheorie ist „nur" eine Theorie.	*Kontrast*: Nutzen der Evolutionstheorie als Erklärungsprinzip (⇨ Evolution)	umgangssprachliches Verständnis von „theoretisch"
Der Mensch stammt von (heutigen) Affen ab.	*Anknüpfung:* letzter gemeinsamer Vorfahr von Affen und Menschen (⇨ Affenabstammung)	ungeschichtliches Verständnis
Naturwissenschaftliche Aussagen gelten absolut; Evolution widerspricht Schöpfungsglauben.	*Perspektivenwechsel:* Leistungen und Grenzen naturwissenschaftlicher Methode (3.2)	Naturwissenschaft als Religion: Szientismus
Biblische Aussagen gelten buchstäblich; Schöpfungsglaube widerspricht Evolutionstheorie.	*Perspektivenwechsel:* theologische Aussagen von Schöpfungstexten (3.3)	Religion als Naturwissenschaft: Kreationismus
Natur beweist Schöpfung (nicht); Evolution ist (nicht) bewiesen.	*Perspektivenwechsel:* Beziehungen der Ansichten zu Schöpfung und Evolution auf der Sinnebene: Korrespondenzen (3.4)	Behauptung von Tatsachen

Tabelle 1: Alltagsvorstellungen zu Schöpfung geben Hinweise für fachliches Lernen.

3.2 Verhältnis von Naturwissenschaft und Religion heute

Das heutige Verständnis von Schöpfung und Evolution ist wesentlich dadurch geprägt, wie das Verhältnis von naturwissenschaftlichem Wissen und religiösen Überzeugungen verstanden wird. Es lassen sich vier Positionen unterscheiden:

- Religion als Naturwissenschaft,
- Naturwissenschaft als Religion,
- kategoriale Trennung von Naturwissenschaft und Religion als verschiedene Erkenntnisweisen aufgrund spezifischer Zugangsweisen, womit Naturwissenschaft und Religion sich der Wirklichkeit annähern,
- Dialog auf der Sinnebene (bei Respektierung der unterschiedlichen Erkenntnisweisen). [13]

Religion als Naturwissenschaft. Der Konflikt zwischen Aussagen zu Schöpfung und Evolution hat eine lange Geschichte und eine tief liegende Ursache. In den drei auf der hebräischen Bibel aufbauenden Religionen Judentum, Christentum und Islam hat die Welt einen Anfang und ein Ende, d. h. eine Geschichte. Anders als in ungeschichtlichen Mythen und Religionen können wissenschaftliche Aussagen über die Entstehung des Lebens unmittelbar mit religiösen Vorstellungen konkurrieren: Vordergründig kann Evolution als der Versuch verstanden werden, Heilsgeschichte durch Naturgeschichte zu ersetzen. Als Reaktion auf die als Bedrohung der religiösen Überzeugung angesehenen Aussagen zur Evolution hat sich der traditionelle *Kreationismus* formiert, eine fundamentalistische Anschauung, in der Schöpfungsaussagen als naturwissenschaftliche Tatsachen erachtet werden: Aussagen der Bibel bzw. des Korans werden buchstäblich als Aussagen über die naturwissenschaftlich beschreibbare Wirklichkeit aufgefasst. Kreationisten argumentieren also durchgehend auf der Tatsachenebene – darin gleichen sie Alltagsvorstellungen (s. 2.1). Moderne Kreationisten bestreiten dabei ihre religiöse Motivation. Sie sehen in ihren Vorstellungen naturwissenschaftliche „Denkmöglichkeiten", die aus ihrer Sicht den Vorteil haben, mit religiösen Überzeugungen (wörtlich) vereinbar zu sein. Auch hier werden – wie bei den traditionellen Kreationisten – religiöse Aussagen auf Naturwissenschaft übertragen und als naturwissenschaftlich gültige Aussagen angeboten. [6]

Naturwissenschaft als Religion. Das Spiegelbild zum Kreationismus bilden biologisch motivierte Weltanschauungen, die naturwissenschaftliche Aussagen zur Evolution religiös auslegen. Es wird geglaubt, dass einzig und allein die Naturwissenschaften Antwort auf die Fragen der Welt geben können. Das Vertrauen in die unbedingte Zuverlässigkeit naturwissenschaftlicher Aussagen ist begründet, denn die wissenschaftliche Methode besteht gerade darin, verlässliches anwendbares Wissen zu gewinnen. Diese Verlässlichkeit führt im Szientismus zu einer naturwissenschaftlich eingeschränkten Weltdeutung, die andere religiöse Deutungen ersetzen soll, da sie als überflüssig betrachtet werden. Die damit verbundene *Wissenschaftsgläubigkeit* hat der Physiker und Philosoph *Carl Friedrich von Weizsäcker* Szientismus genannt und als heute vorherrschende Weltreligion beschrieben. [20]
Auch im *ontologischen Naturalismus*, einer philosophischen Denkrichtung über das Wesen des Seins, gibt es über den naturwissenschaftlich ermittelten Naturzusammenhang hinaus keine Realität. Die Existenz eines in die Natur eingreifenden Gottes gilt danach so lange als widerlegt, wie supranaturale Einflüsse nicht nachgewiesen werden können. Weil Grenzen naturwissenschaftlicher Aussagen ebenfalls nicht erkannt oder anerkannt werden, kann der ontologische Naturalismus als Variante des Szientismus bezeichnet werden. [6]
Anhänger der von *Ernst Haeckel* begründeten Weltanschauung des *Monismus* sowie naturalistisch argumentierende Biologen wie *Richard Dawkins* stellen naturwissenschaftliches Wissen auf eine Stufe mit religiösen Glaubensaussagen. Damit legen sie – nicht anders als Kreationisten – die religiös zu verstehenden Aussagen des Gottesglaubens naturwissenschaftlich aus. In beiden Fällen werden naturwissenschaftliche und religiöse Aussagen also auf der Tatsachenebene angesiedelt und dann missbräuchlich für die eigene weltanschauliche Position angeführt. [3] [9] [12]
Wenn naturwissenschaftliche Aussagen religiös gedeutet und diese Deutung als persönliche Glaubensüberzeugung vertreten wird, ist dagegen nichts einzuwenden, sofern damit kein Anspruch auf intersubjektiv gültige Wissenschaftlichkeit verbunden ist. Wird jedoch Naturwissenschaft als Glaubensinhalt verbindlich gemacht, so wird der Charakter der Naturwissenschaft verkannt, die den Geltungsbereich ihrer Aussagen durch ihre Methoden selbst beschränkt. Naturwissenschaftliche Aussagen dürfen selbstverständlich nicht als Argumente für die Wahrheit von Überzeugungen dienen, die außerhalb des durch die naturwissenschaftlichen Methoden abgesteckten Bereichs liegen (⇨ theoretisch, ⇨ kausal). [6] [9] [11] [13]

Kategoriale Trennung. Bereits die antiken Kirchenväter, allen voran *Aurelius Augustinus* (354–430 n. Chr.), haben betont, dass die Bibel kein wissenschaftliches Lehrbuch ist, sondern ihre Aussagen nach dem religiösen Gehalt im übertragenen Sinn (metaphorisch) auszulegen sind. Was das Wissen über die Natur betreffe, solle man sich besser an die griechischen Philosophen halten, weil die von der Natur mehr verstünden als die biblischen Autoren. Deshalb haben schon die antiken Kirchenväter fast ausnahmslos die Meinung verworfen, dass die Erde – gemäß dem Weltbild von 1. Mose 1 – eine Scheibe sei. Sie schlossen sich damit den antiken und mittelalterlichen Wissenschaftlern an, die, von verschwindend wenigen Ausnahmen abgesehen, die Kugelgestalt der Erde annahmen. [11]
Ob Religion und Naturwissenschaft als widersprüchlich verstanden werden, hängt also davon ab, ob man die Schöpfungstexte als Tatsachenberichte ansieht. Mit der historisch-kritischen Erforschung der Bibel wurde eine solche – theologisch schon immer fragwürdige – Auffassung obsolet. Die Bibel ist kein kosmologisches oder biologisches Lehrbuch. Bibelauslegung sucht daher nicht (länger) nach naturwissenschaftlichen Erklärungen, sondern nach Zeugnissen des Glaubens an die Beziehungen zwischen Gott, Mensch und Welt. Auch für den Koran gibt es in der Auslegung durch liberale moslemische Theologen Ansätze für ein modernes Verständnis. Die kategoriale Trennung zwischen religiösen Überzeugungen und naturwissenschaftlichem Wissen wird von den großen Kirchen und vielen Biologen vertreten, wenn auch nicht immer durchgehalten. Der Evolutionsbiologe *Stephen Jay Gould* spricht von zwei großen Straßen (Non Overlapping Magisteria, NOMA), die unterschiedliche Zugänge zur Realität eröffnen; beide seien für das Welt- und Selbstverständnis der Menschen unverzichtbar. Sowohl Naturwissenschaft als Religion (Szientismus) wie Religion als Naturwissenschaft (Kreationismus) beruhen auf der Annahme, dass Aussagen zu Schöpfung und Evolution mit der Frage „Wer hat Recht?" auf der Tatsachenebene behandelt werden können. Sie münden daher stets in Rechthaberei. Die Wahrnehmung unterschiedlicher Perspektiven im Sinne von NOMA wäre angebracht. [4] [6] [19]

Dialog. Solange man sich auf der Tatsachenebene bewegt, ist die Trennung der Kategorien angebracht, um unfruchtbare und unsachgemäße Auseinandersetzungen zu vermeiden. Die kategoriale Trennung kann jedoch zu einem beziehungslosen Nebeneinander von Naturwissenschaft und Religion führen, wenn sie auf die existentiellen Fragen nach Sinn und Verantwortung ausgedehnt wird. Nach dem Erfassen und Anerkennen der unterschiedlichen Perspektiven ist zu prüfen, ob Naturwissenschaft und Religion sich nicht doch etwas zu sagen haben. Werden Versuche vermieden, sich gegenseitig zu vereinnahmen, könnte sich ein fruchtbarer Dialog zwischen richtig verstandenen Schöpfungsaussagen und der Auslegung naturwissenschaftlicher Erkenntnisse entwickeln, in dem die Beziehungen zwischen beiden herausgearbeitet werden (Korrespondenzen, s. 3.4). [6] [9] [11] [13]

3.3 Poesie zu Evolution und Schöpfung

Im berühmten Schlusswort zur „Entstehung der Arten" stellt *Charles Darwin* die Entfaltung der Lebenswelt gegen die ewigen Gesetze, nach denen der Planet Erde unveränderlich seine Bahn zieht. Er nimmt den ganzen belebten Planeten in den Blick: Der Fokus liegt auf der Dynamik und Veränderung der Lebenswelt gegenüber der Statik und Konstanz der Planetenbewegung aufgrund ewig gültiger Gravitationsgesetze, er liegt auf der Entstehung der Vielfalt gegenüber dem ewig Gleichen, auf der Geschichte der organischen Wesen gegenüber der

Annahme einer ein für allemal erfolgten Schöpfung konstanter Arten. Dabei bedient er sich mit dem „Einhauchen" eines Bildes aus den biblischen Schöpfungsvorstellungen (Kasten). Man kann aufgrund der getragenen Sprache von einem *Evolutionsgedicht Darwins* sprechen und es dem biblischen *Schöpfungslied* gegenüber stellen, das missverständlich als „Schöpfungsbericht" bezeichnet wird. Dabei sind die unterschiedlichen *Perspektiven* von Evolution und Schöpfung zu beachten. [6] [8]

Evolutionsgedicht

„Es liegt etwas Erhabenes in dieser Ansicht vom Leben,
das mit seinen vielfältigen Kräften ursprünglich einigen wenigen oder nur einer Form eingehaucht wurde, und
– während sein Planet fortwährend kreist nach den ehernen Gesetzen der Schwerkraft –,
sich aus einem so einfachen Beginn zu unendlich vielen schönsten und wundervollsten Formen entwickelt hat und noch entwickelt."

Charles Darwin 1859

Der Text zur Schöpfung von 1. Mose 1–2,3 ist von Priestern wahrscheinlich während des Zwangsexils der Elite Israels (oder kurz danach) vor etwa 2500 Jahren in Babylon verfasst worden. Sein Inhalt ist auf dem Hintergrund des babylonischen Weltbildes und Schöpfungsmythos zu verstehen; der Text wurde in Frontstellung gegen den babylonischen Polytheismus zu einem Loblied für den Gott Israels umgeschrieben. Anhand der sieben Tage diente das Lied liturgisch zur Begründung der Sabbatruhe.

Die Abfolge der Schöpfungstage spiegelt keine Entwicklung in der Natur, sondern die Ordnung der Welt in *Lebensbereiche* wider (Abb. 2, S. 162): Werke der Scheidung der Lebensbereiche (Tage 1 bis 3); Werke der Erschaffung der Geschöpfe (Tage 4 bis 6). Damit entspricht die Darstellung sehr weitgehend den Vorstellungen, nach denen Menschen in ihren Alltagsvorstellungen Tiere nach großen Lebensräumen ordnen (⇨ verwandt).

Das Schöpfungslied zeigt damit deutlich die gegenüber dem Evolutionsgedanken ganz andere Perspektive: Der Mythos bzw. die biblische Dichtung enthält keine naturwissenschaftlichen Aussagen über die Entstehung der Lebewesen, im engeren Sinne nicht einmal Aussagen über die Vergangenheit. Vielmehr sind Aussagen zum Verständnis der Gegenwart, über die Lebenswelt des Menschen und das Selbstverständnis als Geschöpf enthalten.

Als Geschöpf des 6. Tages ist der Mensch eingeordnet in die Komposition der Schöpfungswoche: Er wird zusammen mit den Landtieren als Landtier geschaffen. (Der Mensch wird wohl kaum als „Krone" der Schöpfung verstanden, sonst hätten die Verfasser und Redakteure ihm sicher einen eigenen Schöpfungstag zugestanden.) Das Besondere der Erschaffung des Menschen liegt nach der Erzählung nicht in besonderen natürlichen Eigenschaften des Menschen, sondern in der göttlichen Selbstaufforderung „Lasset uns Menschen machen nach unserem Bilde".

Wenn der Mensch ausgezeichnet wird, dann durch seine Beziehung zum Schöpfer, die durch den Schöpfer selbst und eben nicht durch besondere Fähigkeiten des Geschöpfs gestiftet wird. Darin besteht auch die – meist falsch verstandene – Aussage vom „Ebenbild Gottes" und das sich daran anschließende Missverständnis einer *Sonderstellung* des Menschen in der Natur (⇨ Mensch).

Abb. 2: Schöpfungstage, gezeichnet von Jens, 9 Jahre. Links: Schöpfungstage der Scheidung: 1 Scheidung von Licht und Finsternis, 2 Scheidung der Wasser über dem Himmelsgewölbe und unter dem Himmelsgewölbe, 3 Scheidung von Wasser und Land (und Heraussprießen der Pflanzen). Rechts: Tage der Erschaffung der Geschöpfe: 4 Schaffen von Sonne, Mond und Gestirnen (bei den Babyloniern Götter, jetzt Lampen zur Beleuchtung von Tag und Nacht), 5 Schaffen der Geschöpfe des Himmels und des Wassers, 6 Schaffen der Landtiere (einschließlich Mensch) [6] [8]

3.4 Korrespondenzen

Wenn man Evolutionsgedicht und Schöpfungslied – und damit Evolution und Schöpfung – in Beziehung setzen will, dann ist dies nicht auf der Tatsachenebene zu machen. Es geht vielmehr um die *Sinn-* und *Handlungs*ebene. Man kann solche Beziehungen als *Korrespondenzen* bezeichnen. Dabei sind die unterschiedlichen Perspektiven zu beachten, mit denen Wirklichkeit gesehen wird.

Das Schöpfungslied erzählt, dass Gott am siebten Tag ruhte. Nach alter rabbinischer Auslegung sind mit der Ruhe Gottes die Vollendung und das Ziel der Schöpfung angegeben. Das Ziel der Schöpfung ist danach nicht der Mensch, sondern der Schöpfer selbst. In der Ruhe Gottes in seiner Schöpfung wird die Schöpfung als Ganzes vollendet. Damit ist auch gesagt, dass das Ziel eben nicht in der Schöpfung selbst oder einem ihrer Teile zu suchen ist.

Von den Inhalten des biblischen Schöpfungsglaubens her gibt es daher mindestens drei Korrespondenzen zu naturwissenschaftlichen Erkenntnissen:

- Die Schöpfung trägt das Ziel nicht in sich selbst (sondern im Bezug zum Schöpfer). Diese Aussage korrespondiert mit der biologischen, dass Evolution selbst ohne ein naturwissenschaftlich erkennbares Ziel abläuft.
- Die biblische Aussage von der Einheit der Schöpfung korrespondiert mit der naturwissenschaftlichen von dem eines Lebensgefüges des Planeten Erde.
- Die Einheit der Menschheit im Adam- und Noah-Mythos korrespondiert mit der naturgeschichtlichen und genetischen Einheit der Art *Homo sapiens*.

Die Korrespondenzen entstammen verschiedenen Zugängen zur Wirklichkeit. Sie betreffen deshalb keineswegs die Tatsachenebene, als könne die eine Seite die andere im Wahrheitsgehalt stützen. Sie vermischen die verschiedenen Kategorien nicht, sind aber für Sinnsuche und Handeln bedeutungsvoll. Das Suchen nach Korrespondenzen entspricht dem Bedürfnis des Menschen nach Sinngebung. Sinn ist nicht aus wissenschaftlichen Sachverhalten ableitbar; sie sind jedoch für persönliche Sinngebung offen. Religiöse Überzeugung *und* naturwissenschaftliches Wissen können Motive zum verantwortlichen Handeln liefern, die zusammenspielen und einander verstärken können:

- Ein Motiv ist die Sorge um die Schöpfung bzw. den Erhalt des Lebens auf dem Bioplaneten Erde.
- Ein zweites Motiv betrifft das Eintreten für Menschenwürde und Menschenrechte für alle Menschen gleichermaßen.

Der Mensch ist nach den biblischen Texten als Geschöpf, d.h. als Teil der Schöpfung, zu einem pflegerischen Umgang mit der Natur und Mitmenschen verpflichtet. Naturwissenschaftliches Wissen ist dabei eine unverzichtbare Hilfe, nicht nur das Gute zu wollen, sondern auch das unter den jeweiligen Bedingungen Richtige zu tun. Dazu gehört das Beachten ökologischer Zusammenhänge und menschlicher Grundbedürfnisse.
Tatsachenbehauptungen verstellen ein zutreffendes Verständnis von Evolution und Schöpfung. Durch die mit den Korrespondenzen nahegelegten Motive zu verantwortlichem Handeln gegenüber Mensch und übriger Natur kann der Unterricht in Religion und Biologie in einen fruchtbaren Dialog treten.

[1] Altner, G. (2009). Charles Darwin und die Instabilität der Natur. Waldkirchen. – [2] Cobern, W. W., Gibson, A. T. & Underwood, S. A. (1999). Conceptualization of nature: An interpretive study of 16 ninth graders' everyday thinking. Journal of Research in Science Teaching. Vol. 36, Iss. 5, pp. 541–564. Copyright © 1999 John Wiley & Sons, Inc. – [3] Dawkins, R. (2007). Der Gotteswahn. Berlin. – [4] Gould, S. J. (2002). Rocks of ages. Science and religion in the fullness of life. New York. – [5] Illner, R. (2001). Einfluß religiöser Schülervorstellungen auf die Akzeptanz der Evolutionstheorie. Oldenburg. – [6] Kattmann, U. (2008). Evolution und Schöpfung. Unterricht Biologie (333). – [7] ders. (2009). Adam und Eva und die Evolution. Zeitschrift für Pädagogik und Theologie (4). – [8] ders. (2012). Mit der Bibel Evolution lehren? Der mathematische und naturwissenschaftliche Unterricht (8). – [9] ders. (2013). Glaube an die Evolution? Darwins Theorie im Spiegel der Alltagsvorstellungen von Schülern, Lehrern und Wissenschaftlern. In H. P. Weber & R. Langthaler (Hrsg.), Evolutionstheorie und Schöpfungsglaube. Göttingen. – [10] Konnemann, C., Asshoff, R. & Hammann M. (2013). Einstellungen zur Evolutionstheorie bei SchülerInnen. Ein mehrdimensionaler

Ansatz. In J. Mayer u. a. (Hrsg.), Theorie. Empirie. Praxis. Kassel. – [11] Körtner, U.H.J. & Popp, M. (Hrsg.). (2007). Schöpfung und Evolution. Wien, Köln, Weimar. – [12] Langthaler, R. & Appel, K. (Hrsg.). (2009). Dawkins' Gotteswahn. Wien, Köln, Weimar. – [13] Reiss, M. J. (2008). Should science educators deal with the science/religion issue? Studies in Science Education (2). – [14] Retzlaff-Fürst, C. & Urhahne, D. (2009). Evolutionstheorie, Religiosität und Kreationismus und wie Schüler darüber denken. Der mathematische und naturwissenschaftliche Unterricht (3). – [15] Rothgangel, M. (2009). Zwischen „Schöpfungsbericht" und „Evolutionismus". Zeitschrift für Pädagogik und Theologie (4). – [16] Schrader, C. (2007). Darwins Werk und Gottes Beitrag. Stuttgart. – [17] Sinatra, G.M. u. a. (2003). Intentions and beliefs in students' understanding and acceptance of biological evolution. Journal of Research in Science Teaching. – [18] Wandersee, J.H., Good, R.G. & Demastes, S.S. (1995). Forschung zum Unterricht über Evolution, Zeitschrift für Didaktik der Naturwissenschaften. – [19] Waschke, T. & Lammers, C. (2011). Evolutionstheorie im Biologieunterricht – (k)ein Thema wie jedes andere? In D. Dreesmann, D. Graf & K. Witte (Hrsg.), Evolutionsbiologie. Heidelberg. – [20] Weizsäcker, C.F. von (2006). Die Tragweite der Wissenschaft. Stuttgart.

↗ Schwimmblase

selektieren/Selektion

Wegweiser

Natürliche Selektion ist „Zuchtwahl ohne Züchter": Sie ist ein Prinzip, dessen Folgen sich zwangsläufig einstellen.

1 Vom Wort zum Begriff

Dem Fremdwort „Selektion" entspricht das deutsche Wort „Auslese" oder „Auswahl". Es wird *umgangssprachlich* im Sinne von Sortieren gebraucht. Die Wörter setzen also voraus, dass Gegenstände oder Individuen verschieden sind, sonst könnte nicht sortiert oder ausgelesen werden. Sie werden vorwiegend wertend verwendet: Etwas Gutes wird ausgewählt; Schlechtes verworfen, z.B. Produkte, aber auch Schülerinnen und Schüler: „Ausgelesene", „Ausgewählte", „Handverlesenes", „Weinlese". In diesem Sinne wird das wohl aus der Schafzucht stammende Wort „ausmerzen" gebraucht, ursprünglich, um „Untaugliches von der Zucht auszuschließen". (Das zugehörige Substativ „Ausmerze" ist heute kaum mehr gebräuchlich.) Selektion und Auslese stehen im biologischen und landwirtschaftlichen Bereich für „Zuchtwahl". Beide Wörter werden sowohl positiv (als Auswahl der zur Zucht Tauglichen) als auch negativ (als Aussonderung der Untauglichen) verstanden. Tatsächlich enthält der mit Auslese bzw. Selektion bezeichnete Vorgang stets eine sowohl positive wie auch eine negative Seite, wie sie klassisch in der Selektion der Linsen durch die Tauben im Märchen vom Aschenputtel enthalten sind: „die Guten ins Töpfchen, die Schlechten ins Kröpfchen".
Mit mörderischer Absicht wurde das Wort „Selektion" von SS-Medizinern an der Rampe von Auschwitz missbraucht, indem sie es für die Aussonderung von Arbeitsfähigen benutzten, während sie die Schwachen und Kranken sofort in die Gaskammern schickten.

In der *Biologie* wird Selektion in einem eingeschränkten Sinne verwendet: Es bedeutet ausschließlich das Sortieren nach dem Fortpflanzungserfolg (Zuchtwahl). Für das Sortieren nach anderen Kriterien steht das sozialwissenschaftliche Fachwort „*Siebung*" zur Verfügung. (Die sogenannte Selektion an Schulen durch Notengeben ist also eigentlich eine Siebung.)
Künstliche Selektion erfolgt durch gezielte Auswahl der zu Fortpflanzung geeigneten Individuen durch den Züchter; *natürliche Selektion* beruht darauf, dass die Individuen im Wettbewerb um Ressourcen unterschiedlich erfolgreich sind: Diejenigen, die bei bestimmten Umweltbedingungen erfolgreich sind, haben mehr Nachkommen, die weniger Erfolgreichen dagegen weniger als der Durchschnitt. Es werden also diejenigen Individuen vermehrt zur Fortpflanzung „gewählt", die im Wettbewerb erfolgreicher sind als andere.

2 Alltagsvorstellungen

2.1 Zielgerichtete Anpassung

Fachbegriffe und Alltagsvorstellungen	Verwendung: Anteil der Studierenden (%)			
	ein Item	zwei Items	drei Items	vier Items
unterschiedlicher Fortpflanzungserfolg	73	49	35	14
Typus (Essentialismus)	70	43	25	8
Variation	60	46	29	14
begrenzte Ressourcen	60	15	4	0
Zwecke (Teleologie)	43	21	7	2
Vererbung	30	15	9	2
Veränderung der Population	16	4	2	1
Intentionen	8	1	0	0
Konkurrenz	7	1	0,3	0,3
Überproduktion	0	0	0	0

Tabelle 1: Verwendung von Fachbegriffen und Alltagsvorstellungen durch US-amerikanische Studierende (Hauptfach Biologie). Anteile der Studierenden, die im Einführungskurs die Kategorie benutzten (Angaben in Prozent der Studierenden, gerundet; N = 320, Durchschnittsalter 21 Jahre). In den vier Items wurde in gleicher Weise nach der wissenschaftlichen Erklärung für das Entstehen eines angepassten Merkmals gefragt. Nur die Organismen und ihre Merkmale waren verschieden: zum einen den Lernenden vertraute und weniger vertraute Lebewesen, zum anderen Pflanzen und Tiere. Da von den Lernenden mehrere Konzepte nebeneinander benutzt wurden, ergeben sich pro Spalte mehr als 100 %. [9]

In den Alltagsvorstellungen zum evolutionären Wandel gibt es kaum Anknüpfungspunkte zur Selektion. Umfangreiche Untersuchungen zeigen, dass die in der Biologie durch die Selektionstheorie erklärten Vorgänge von Jugendlichen auch nach dem Unterricht über Genetik und Evolution vorherrschend als *zielgerichtete* und *absichtsvolle Handlungen der Individuen* verstanden werden (⇨ anpassen). [1] [4] [5] [6] [9] [11]
Selbst bei Studierenden der Biologie bestehen die Alltagsvorstellungen neben den fachlich gelernten weiter (Tabelle 1). 73 % der Studierenden verwendeten sowohl fachliche Vorstellungen wie auch Alltagsvorstellungen; ein Hinweis darauf, dass fachliche Vorstellungen die im Alltag gebildeten nicht einfach ersetzen. Vielmehr müssen die Alltagsvorstellungen beim fachlichen Lernen explizit angesprochen und reflektiert werden. [9]

2.2 Evolution von Typen

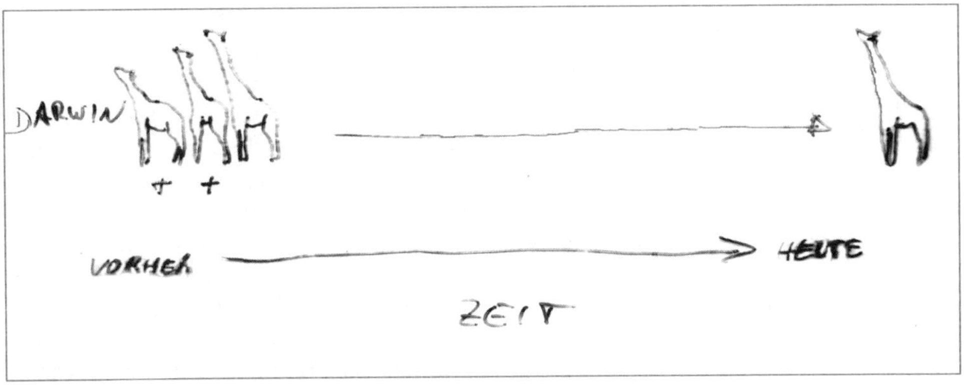

Abb. 1: Zeichnung von Studierenden der Biologie zur Giraffenevolution nach Darwin

Abb. 2: Die Entstehung der Giraffe nach Darwin. Darstellung aus einem Biologie-Schulbuch für die Klassenstufe 9/10. Dort wird die Abbildung wie folgt erläutert: „Von Generation zu Generation steigt die Anzahl der langhalsigen Giraffen, bis nur noch Tiere mit der günstigsten Halslänge vorhanden sind". Man beachte, dass hier wie in der Zeichnung der Studierenden (Abb. 1) nur ein Typ übrig bleibt und eine langhalsige Giraffe schon zu Beginn vorhanden ist!

Die Variabilität in Populationen ist nicht im Blick, Mutation und Selektion werden nur selten als Erklärungen herangezogen:

- Arten werden als Typen angesehen, die sich als Ganze verändern (⇨ Art). Selektion wird zuweilen als Selektion zwischen Arten und als Resultat die Bildung neuer Arten (Speziation) anstelle der Abänderung der Art angenommen. [5] [8] [9]
- Selbst wenn die Befragten aufgrund des Gelernten von variablen Populationen ausgehen, nehmen sie meist an, dass als Ergebnis der Selektion nur ein Typ (mit den optimalen Eigenschaften) übrig bleibt (Abb. 1). Ganz ähnliche Vorstellungen finden sich in unsachgemäßen Schulbuchdarstellungen (Abb. 2). Tatsächlich sind durchgehend variable Populationen vorauszusetzen. Im Unterricht der Klasse 5 gingen die Lernenden von einer variationslosen Population aus, lernten zwar selektives Überleben und selektive Fortpflanzung, nahmen aber als Ergebnis weiterhin eine variationslose Population an (s. 3.3, ⇨ vielfältig). [5]

2.3 Abweichende Individuen erschließen neue Lebensweisen

Neben der vorwiegend typologischen Orientierung äußern sich Schüler der 7. Klasse auch zu Unterschieden zwischen den Individuen einer Art. [4] Häufig tritt die Vorstellung auf, dass sich ein Individuum zufällig von anderen unterscheiden kann, neue Eigenschaften hat, sich anders verhält und dadurch Neues anfangen oder sich neue Lebensmöglichkeiten erschließen kann. Die Jugendlichen nennen einen solchen „Abweichler", „Außenseiter" und (ohne abwerten zu wollen) „Missgeburt".
Besonders deutlich wird dieses positive Außenseitermotiv in einer Untersuchung, in der 13- bis 14-jährige Schülerinnen und Schüler die Aufgabe hatten, Geschichten zu schreiben, wie sie sich die „Entstehung des Wals" vorstellen. Man kann hier von einem Erzählschema „erfolgreicher Außenseiter" sprechen (Kasten). [12]
Die Alltagsvorstellung „erfolgreicher Außenseiter" kann als Vorstufe zum Begriff der Selektion verstanden werden, da mit dem Auftreten von Außenseitern – wenn auch noch als Ausnahme und auf individueller Ebene – die Abänderung von Populationen durch Variation und Selektion berührt wird. Ebenso wird die Entstehung neuer körperlicher Merkmale angesprochen (s. 3.2, ⇨ Evolution, ⇨ anpassen).

Evolution des Wals

„Bernd wurde immer von den anderen Urwalkindern gehänselt, weil er größer war und einen längeren Schwanz hatte. Außerdem konnte er meisterhaft schwimmen. Da immer mehr Kinder geboren wurden, gab es eine Nahrungsknappheit auf der Insel. Selbst die Allerkleinsten schlugen sich um etwas Essbares. Doch Bernd nicht. Da er schwimmen konnte, besorgte er sich seine Nahrung aus dem Meer. Er war ein Individuum.
Alle Urwale waren ausgemergelt, und die Weibchen flogen alle auf Bernd ab, weil er ja kräftig war. Schließlich gründete er mit Susi eine Familie. Ihre Kinder konnten auch schwimmen. Diese gründeten auch Familien und immer so weiter.
Und so entstand der Wal."

Max, 13 Jahre [12]

Im Zusammenhang mit Alltagsvorstellungen zur Eugenik hat das neutral gemeinte Fachwort „natürliche Selektion" einen positiv-wertenden Beiklang, da „natürlich" – wie in anderen Zusammenhängen – als Norm angesehen wird (⇨ natürlich, ⇨ Eugenik).

2.4 Geschichtliches: Zuchtwahl ohne Züchter

Obgleich schon zu Beginn des 19. Jahrhunderts von mehreren Autoren Überlegungen zur natürlichen Auslese geäußert wurden, so haben doch erst *Charles R. Darwin* (1809–1882) und *Alfred R. Wallace* (1823–1913) die Selektionstheorie begründet. Sie wurde von *Darwin* in seinem Buch „On the origin of species or the preservation of the favoured races in the struggle for life" (1859) breit entfaltet. An hervorgehobener Stelle, gleich in der Einleitung des Buchs, betont *Darwin* die Bedeutung, die er der Erklärung der Entstehung der Arten zumisst. In Analogie zur Haustierzucht beschreibt er anschließend die Selektionstheorie (Kasten, Abb. 3, S. 310).

Die Notwendigkeit, den Artenwandel zu erklären

„Ein Naturforscher, der die Entstehung der Arten bedenkt, über die Verwandtschaft der Lebewesen, ihre embryonalen Ähnlichkeiten, ihre geografische Verbreitung, ihre geologische Abfolge und andere solche Fakten reflektiert, mag wohl zu dem Schluss kommen, dass jede Art nicht getrennt erschaffen worden ist, sondern – wie die Varietäten – von anderen Arten abstammt. Dennoch wäre ein solcher Schluss, selbst wenn er gut begründet wäre, unbefriedigend, so lange nicht auch gezeigt werden kann, wie die unzähligen unsere Erde bewohnenden Arten abgeändert worden sind. …
Es ist daher von größter Wichtigkeit, einen klaren Einblick in die Mittel der Abänderung und gegenseitige Anpassung zu gewinnen. Schon zu Beginn meiner Untersuchungen hielt ich es für wahrscheinlich, dass ein sorgfältiges Studium der Hautiere und Kulturpflanzen die beste Aussicht bietet, dieses undurchsichtige Problem zu lösen.
Ich habe mich auch nicht getäuscht. Bei diesem wie bei allen anderen komplizierten Fällen habe ich immer gefunden, dass unser, wenn auch unvollkommenes Wissen über die Variation im Zustande der Domestikation den besten und sichersten Aufschluss gewährt."

Charles Darwin, 1859

Alfred R. Wallace war als kommerzieller Verkäufer von Präparaten tropischer Insekten daran interessiert, immer mehrere Exemplare derselben Art zu sammeln. Er leitete die Selektionstheorie direkt aus den dabei beobachteten Unterschieden der Individuen derselben Art ab. *Darwin* war während seiner Weltreise (wie fast alle Wissenschaftler seiner Zeit) noch von der Konstanz der Arten überzeugt und sammelte daher immer nur ein Exemplar oder wenige Exemplare derselben Art. Als er später seine Theorie entwickelt hatte und stützen wollte, nahm er Kontakt zu Züchtern auf und führte selbst umfangreiche Messungen u. a. an Tauben durch, um Unterschiede zwischen Individuen nachzuweisen (⇨ vielfältig).

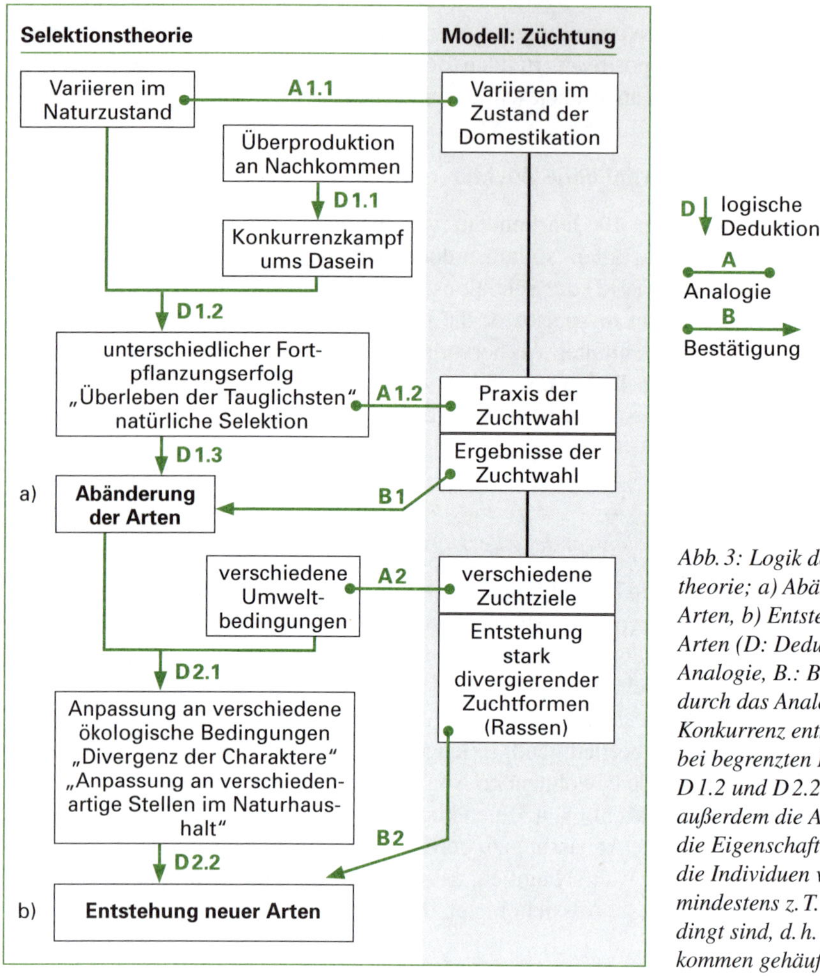

Abb. 3: Logik der Selektionstheorie; a) Abänderung der Arten, b) Entstehung neuer Arten (D: Deduktion, A: Analogie, B.: Bestätigung durch das Analog-Modell). Konkurrenz entsteht nur bei begrenzten Ressourcen. D 1.2 und D 2.2 enthalten außerdem die Annahme, dass die Eigenschaften, in denen die Individuen variieren, mindestens z. T. genetisch bedingt sind, d. h. bei den Nachkommen gehäuft auftreten.

Um die Entstehung von abgewandelten Arten in der Natur zu erklären, dienten *Darwin* die Wirkungen der künstlichen Selektion durch den Menschen bei der Züchtung und Umzüchtung von Haustieren und Nutzpflanzen als Modell. Mit den nicht bestreitbaren Wirkungen der künstlichen Selektion konnte er die Folgen der natürlichen Selektion einsehbar machen, die er nicht direkt nachweisen konnte. Er leitete sie vielmehr logisch aus Überproduktion, Konkurrenz und Verschiedenheit der Individuen ab (Abb. 3). Dabei postulierte er, dass die herangezogenen Merkmale wenigstens zum Teil erblich sind.

Darwin betont, dass die Wirkung künstlicher Selektion (im Gegensatz zur natürlichen) nicht hypothetisch sei, da der Prozess und die Ergebnisse nachzuweisen seien. Die Analogie zur künstlichen Selektion ist also fundamental für ein zutreffendes Verständnis der natürlichen Selektion. Die künstliche Selektion dient als Analog-Modell für die natürliche Selektion. Natürliche Selektion ist fachlich als *Analogie* zu künstlicher Selektion zu betrachten und darf nicht mit ihr gleichgesetzt werden (↗ Metapher/Analogie). Natürliche Selektion hat keinen Züchter, sie handelt selbst nicht und hat kein (vorgegebenes) Zuchtziel (Abb. 3).

Aufgrund der anthropomorphen Neigung, natürliche Prozesse zielgerichtet und mit einem

Akteur zu verbinden, wird der Begriff Selektion jedoch leicht missverstanden, indem (wie bei künstlicher Zuchtwahl) ein Züchter als Akteur und ein Zuchtziel angenommen wird. Dies liegt in Alltagsvorstellungen auch deshalb nahe, weil darin Angepasstheit als von Individuen angestrebtes Ziel verstanden wird. Schon die Zeitgenossen *Darwins* missverstanden Selektion in gleicher Weise wie heutige Lernende. Obwohl *Darwin* die natürliche Selektion logisch als Analogie zur künstlichen Selektion verstanden wissen will, versucht er gleichzeitig, die anschauliche Funktion der Metapher zu nutzen, um seine Theorie verständlich zu machen. Solche Missverständnisse sind zu klären, indem die Metapher als solche reflektiert wird (➪ anthropomorph, ➪ anpassen). [3]
Die zielgerichtete Auslegung der natürlichen Selektion entkräftet *Darwins* Kollege *Thomas H. Huxley* (1825–1895) 1864 mit folgendem Beispiel aus der unbelebten Natur: „Die Winde und Wellen der Biscaya haben nicht viel Bewusstsein, doch haben sie aus einer ungeheuren Masse von Kieseln in jeder Form und Größe mit großer Sorgfalt ‚ausgelesen' und für eine weite Fläche angehäuft. Dieser Sand ist ‚unbewusst ausgelesen' aus dem Kies, in welchem er früher lag, mit derselben Genauigkeit, als wenn ein Mensch mit Hilfe eines Siebes ihn ‚bewusst ausgelesen' hätte. ... Was aber Wind und Meer für einen sandigen Strand sind, das ist die Summe der Einflüsse, die wir als die ‚Daseinsbedingungen' bezeichnen, für die lebenden Organismen." Was in diesem Beispiel naturgemäß fehlt, ist die Fortpflanzung und damit Variation und das wiederholte Anpassen. Das Beispiel erhellt aber das nicht bewusste Sortieren als einen wesentlichen Aspekt der Selektion (s. 3.4).
Aufgrund des anthropomorphen Missverständnisses des Wortes Selektion übernahm *Darwin* 1869 einen Vorschlag des Philosophen *Herbert Spencer* (1820–1903) und gebrauchte neben Selektion den Ausdruck *Überleben des Tauglichsten* (survival of the fittest). Diese Umschreibung gab allerdings ebenfalls zu Missverständnissen Anlass: „Überleben" ist nicht als Lebensdauer, sondern als relativ größerer Fortpflanzungserfolg zu verstehen: *Fitness* besteht im relativen Fortpflanzungserfolg der tauglichen Individuen gegenüber den Mitbewerbern, d. h. den anderen Individuen derselben Art (➪ fit).
Außerdem wurde angemerkt, dass die Wendung nichtssagend sei: Wenn das Überleben bestimmt, wer der Tauglichste ist, dann ist die Formel tautologisch („Überleben des Überlebenden", „survival of the survivor"). Der Vorwurf der Tautologie entfällt jedoch, wenn der „Tauglichste" (the fittest) durch spezielle Merkmale definiert und sein „Überleben", d. h. sein Fortpflanzungserfolg, als *Effekt* der Wechselwirkung zwischen Eigenschaften und den Lebensbedingungen des betreffenden Individuums vorhergesagt wird. Die Formel vom *Überleben des Tauglichsten* kann dann als wissenschaftliche *Prognose* verstanden werden und als eine einfache Umschreibung des Selektionsprinzips gelten. Allerdings sollte der „Tauglichste" des Superlativs entledigt und besser in den Plural gesetzt werden („Überleben der Tauglichen").
Ein heute noch zu hörender Einwand gegen die Selektionstheorie bereitete schon *Darwin* Schwierigkeiten. Durch Selektion können die Eigenschaften einer Art nur abgeändert, d. h. die Art kann umgewandelt werden. Dann aber bleibt die Anzahl der Arten gleich. Wie kann sie durch Selektion vermehrt und so die Vielfalt der verschiedenen Arten entstehen, wie wir sie heute vorfinden? Den Schlüssel zur Antwort fand *Darwin* in der Erkenntnis, „dass die Arten verschiedenen Stellen im Naturhaushalt angepasst werden". Unterschiedliche Lebensbedingungen sind mit verschiedenen Zuchtzielen in der künstlichen Selektion zu analogisieren und haben dieselben Wirkungen: Der Vielfalt der Sorten und Zuchtrassen entspricht die Vielfalt der Arten (Abb. 3 b). Die Metapher der „Stellen im Naturhaushalt" hat allerdings die Schwäche, als handelte es sich um von der Natur geschaffene „unbesetzte"

Stellen. Tatsächlich schaffen die Lebewesen zum größten Teil die Bedingungen selbst. Der Prozess wird heute als *Einnischung* bezeichnet (⇨ Nische).
Für die mit der Überproduktion der Nachkommen gegebene Konkurrenz der Individuen übernahm *Darwin* die bei seinen Zeitgenossen geläufige Wendung „Kampf ums Dasein“ (struggle for existence). Er macht jedoch sogleich klar, dass er diese Bezeichnung nur im übertragenen Sinne verwendet (☞ Metapher).

3 Für Unterricht: Anschauung und Vertiefung

3.1 Potenziale der Alltagsvorstellungen

Alltagsvorstellungen	Chancen für fachliches Lernen	Hindernisse für fachliches Lernen
Anpassung erfolgt durch zielgerichtetes Handeln.	*Perspektivenwechsel*: Selektion ist Angepasstwerden; *Anknüpfung:* Aneignung der Umwelt (⇨ anpassen)	intentional teleologische Vorstellungen
Individuen der Arten verändern sich gleichsinnig.	*Kontrast*: variable Populationen (☞ vielfältig)	typologische Vorstellung
Selektion findet zwischen Arten statt.	*Kontrast:* Selektion zwischen Individuen einer Art (☞ fit)	
Natürliche Selektion ist gut, weil „natürlich“.	*Kontrast:* Natur setzt keine Normen (⇨ natürlich, ⇨ Eugenik).	naturalistischer Fehlschluss
Es treten manchmal Außenseiter auf.	*Anknüpfung* an Außenseitermotiv erschließt Unterschiede in Populationen (3.2, ⇨ anpassen).	Beschränkung auf vom Typus abweichenden Individuen
Natürliche Selektion setzt einen „Züchter“ voraus.	*Anknüpfung*: Selektion ist ein aus individuellen Unterschieden und Konkurrenz resultierendes Prinzip (3.3, ⇨ selektieren).	anthropomorphe Deutung der Züchtungsanalogie
Mutationen und Selektion erfolgen gerichtet.	*Kontrast*: Mutationen sind ungerichtet, Selektion erfolgt nach dem Zufallstrefferprinzip (3.4).	teleologische Vorstellung
Selektion bewirkt das Überleben nur eines Typs.	*Kontrast:* variable Population: In jeder Generation treten erneut Individuen auf, deren Merkmale ungerichtet variieren (3.5). Stammeslinien spalten sich aufgrund unterschiedlicher Lebensbedingungen auf (3.6).	teleologische und typologische Vorstellung

Tabelle 1: Alltagsvorstellungen zur Selektion geben Hinweise für fachliches Lernen.

3.2 Wege zum Lernen der Selektionstheorie

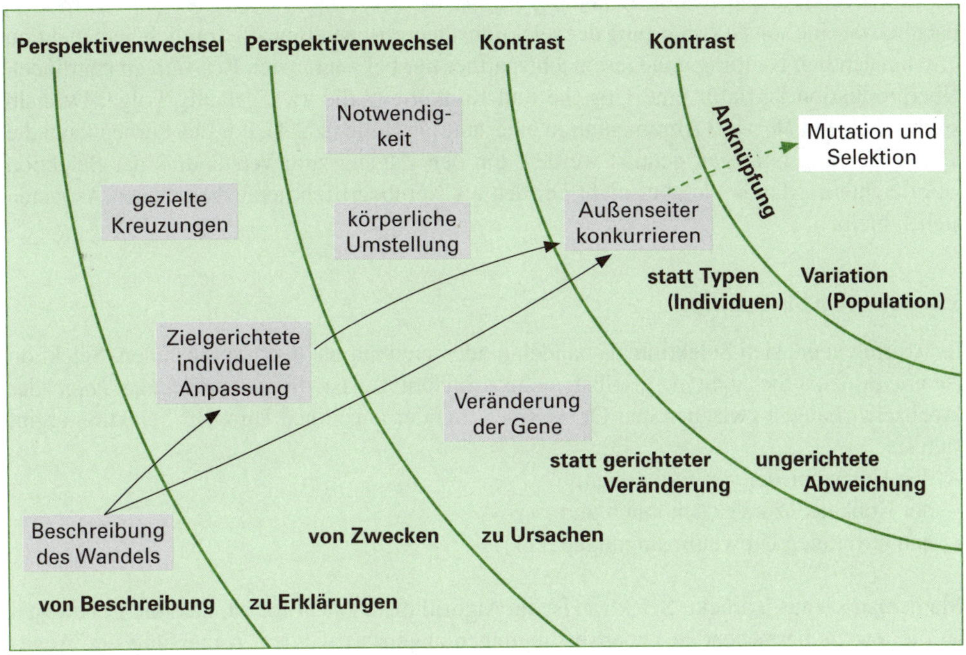

Abb. 4: Lernwege zum evolutionären Wandel (nach [13], u.a. anhand der in anderen Untersuchungen erhobenen Alltagsvorstellungen geändert sowie durch Konzeptionen zum Umlernen ergänzt). Gestrichelter Pfeil: Erfolg versprechender Lernschritt durch Anknüpfung an das Außenseitermotiv; durchgezogene Pfeile: Lernschritte, die bei mehr als 10 % der Lernenden ermittelt wurden; weißer Kasten: angestrebte selektionstheoretische Vorstellung; grau unterlegte Kästen: Alltagsvorstellungen, die von Lernenden vor (und nach) dem Unterricht über Evolution geäußert werden (⇨ anpassen)

Seit die Populationsgenetik in der Synthetischen Theorie der Evolution mit den Vorstellungen zum Artenwandel vereinigt wurde, sind viele direkte Belege für natürliche Selektion geliefert worden, sodass die Selektionstheorie nach wie vor den Kern für die Erklärung des Artenwandels darstellt (⇨ Evolution).
Anhand der Evolution der Wale wurden vor und nach dem Unterricht die Vorstellungen erhoben und daraus eine große Anzahl unterschiedlicher Lernwege ermittelt. [13] Die Ergebnisse werden hier genutzt, um die wichtigsten Lernwege und die Rolle der Alltagsvorstellungen darin zu zeigen sowie die wesentlichen Übergänge als Kontrast oder Perspektivenwechsel zu kennzeichnen. Der Übergang vom Außenseitermotiv zur Vorstellung von Variation und natürlicher Selektion konnte im zugrunde gelegten Unterrichtsversuch nicht gezeigt werden, wird jedoch als ein Erfolg versprechender Lernschritt vermutet (Anknüpfung, Abb. 4).

Bei US-amerikanischen Studierenden zeigte sich, dass vier Begriffe – Variation, Vererbung, unterschiedlicher Fortpflanzungserfolg, Veränderung der Population – für den Lernerfolg beim Thema Selektion ausschlaggebend waren. Die Autoren heben sie daher als *Kernbegriffe* (core key concepts) heraus, während sie Konkurrenz, Überproduktion und begrenzte Ressourcen nur als ergänzend ansehen. Tatsächlich werden von den Studierenden unter-

schiedlicher Fortpflanzungserfolg und Variation am häufigsten zur Erläuterung von Selektion herangezogen (Tabelle 1, S. 306). [9]
Fachlich ist eine solche Bewertung der selektionstheoretischen Begriffe fraglich, da Selektion u. a. hinsichtlich Nahrung und Geschlechtspartner nur bei begrenzten Ressourcen stattfindet, Überproduktion ist dafür eine Ursache und Konkurrenz die zwangsläufig Folge. Deshalb spielen beide in *Darwins* Argumentation eine zentrale Rolle (s. 2.4). Für das Lernen kann die Unterscheidung hingegen genutzt werden, um den Zugang zum Verständnis der Selektion zu erleichtern. Man sollte aber nicht bei den als Kernbegriffen herausgehobenen Aspekten stehen bleiben.

3.3 Selektion als Prinzip

Es ist irreleitend, sich Selektion als handelnd oder auch nur als Kraft vorzustellen. Selektion ist ein Prinzip. Sie „bewirkt" selbst nichts, sondern sie ist die *zwangsläufige Folge* der Wechselwirkungen zwischen den Organismen und der jeweiligen Umwelt: Selektion ergibt sich aus
- den Unterschieden der Individuen,
- der Konkurrenz zwischen ihnen und
- den jeweiligen Umweltbedingungen. [11]

Mathematisch ausgedrückt: Selektion ist ein Algorithmus. Die Folge ist, dass die Lebewesen an die jeweils herrschenden Lebensbedingungen angepasst werden. Anpassung und Angepasstheit sind als Folgen des Prinzips der natürlichen Selektion zu definieren (⇨ anpassen).

3.4 Zufall und Selektion

Einwände gegen die Evolution entspringen der Alltagsvorstellung, dass die Ergebnisse der Evolution „zufällig" entstehen. Dabei ist das Alltagsverständnis von Zufall leitend, in dem Zufall mit „nicht voraussehbar", „unwahrscheinlich" gleichgesetzt wird (⇨ zufällig).
Die Selektion wird bei diesem Einwand nicht gut berücksichtigt. Der Artenwandel erfolgt in zwei Schritten: ungerichtete Variation, also Mutation und Rekombination, die die Varianten bereitstellen, unter denen die Tauglichen zur Fortpflanzung ausgewählt werden (Selektion).
Die Aussage, dass durch Selektion eine „gerichtete" Auswahl stattfinde, ist missverständlich und sollte durch die Betrachtung der Wechselwirkungen zwischen den Eigenschaften der Lebewesen und den Umweltbedingungen differenziert werden. Die genetisch bedingten Eigenschaften der Individuen variieren durch Mutation und Rekombination in jede Richtung. Die Umweltbedingungen können für eine Weile als konstant angenommen und die Selektion kann als *Schrotschussprinzip* erläutert werden: Von den ungezielt in alle Richtung streuenden Schrotkörnern (variierende Eigenschaften) treffen einige zufällig auf passende Objekte (Umweltbedingungen). Die Eigenschaften werden erst durch das Auftreffen zum „Ziel", auch wenn diese Zufallstreffer im Nachhinein (in der Rekonstruktion der Stammesgeschichte) als zielgerichtete Anpassung erscheinen mögen. *Darwin* formulierte das Zufallsereignis der Eignung bestimmter Eigenschaften unter bestimmten Umweltbedingungen treffend: „It happens to be useful." Das Prinzip der natürlichen Selektion besteht in diesen Zufallstreffern (Einzelereignissen, ⇨ zufällig). Sofern die Lebensbedingungen konstant sind, hat Selektion demgemäß ausrichtende Folgen, ohne selbst gerichtet zu sein. Das Ergebnis

Die Selektion von aufmerksamen und von unerschrockenen Mäusen

Mäuse sind beliebte Beutetiere von Greifvögeln wie Mäusebussard und Turmfalken. Man nehme an, dass es in einem Gebiet viele Greifvögel gibt, die den Feldmäusen nachstellen. In der Population der Feldmäuse gibt es Tiere, bei denen der Spiegel des Hormons Adrenalin besonders hoch ist. Dadurch sind diese Feldmäuse besonders wachsam und stets fluchtbereit. Andere Feldmäuse haben einen besonders niedrigen Adrenalinspiegel, sodass sie nicht so leicht zu erschrecken sind. Gesetzt den Fall, zwei dieser Feldmäuse sitzen dicht nebeneinander und ein Turmfalke nähert sich ihnen im Sturzflug, so wird er die unerschrockene Maus fangen, während die wachsame ihm entkommt. Das ist Selektion: Die Wechselwirkung zwischen der Lebensbedingung (Verfolgung durch Greifvögel) und den Eigenschaften der Individuen (wachsam, unerschrocken) entscheidet über das Überleben und damit über die Chancen, viele Nachkommen zu haben. Die Mutationen, die zum unterschiedlichen Adrenalinspiegel führen, sind ungerichtet, was man „Zufall" nennen kann. Welche der beiden Mäuse gefressen wird, ist (da statistisch vorhersagbar) nicht zufällig, sondern höchst wahrscheinlich.
Man nehme andererseits an, dass sich die beiden Feldmäuse in einem Gebiet (z. B. einer Insel) befinden, in dem es keine Greifvögel und auch sonst keine Raubtiere gibt. Hier ist die Maus mit hohem Adrenalinspiegel hyperaktiv und schreckhaft und vergeudet dadurch viel Energie. Die Maus mit niedrigem Adrenalinspiegel frisst sich dagegen satt und versorgt ruhig ihre Jungen. In diesem Gebiet hat also die unerschrockene Maus bessere Chancen auf viele Nachkommen als die aufmerksame. Die Folgen der Eigenschaften sind statistisch vorhersagbar, also nicht zufällig: Die Lebensbedingungen entscheiden über die Folgen der Selektion.

kommt nicht zielgerichtet zustande; es ist aber auch nicht zufällig in dem Sinne, dass es unwahrscheinlich oder nicht vorhersehbar wäre. Das Ergebnis ist zwangsläufige Folge des Selektionsprinzips (Kasten).
Hieran kann die Rolle der Genetik (Mutation und Rekombination) angeschlossen werden, wodurch Genetik in den Kontext der Evolution gestellt wird: Der Fall Birkenspanner dient dann nicht nur als Beispiel für Selektion, sondern auch für Mutation und klassische Genetik (⇨ Evolution). [2]

3.5 Ohne Ziel und ohne Aussetzer

In Lehrbuchbeispielen findet Selektion meist aufgrund von Umweltänderungen statt. Alltagsvorstellungen zu zielgerichteter Anpassung legen nahe, dass Selektion mit dem Erreichen der Angepasstheit aufhört. Das beliebte (auch von *Lamarck* und *Darwin* hypothetisch verwendete) Beispiel der Evolution der Giraffe endet in vielen Lehrbuchdarstellungen mit dem Erreichen der gegenwärtigen Giraffenform, darüber hinaus fälschlich mit nur einem Typ und suggeriert damit einen (idealen) Endzustand (Abb. 2, S. 307). Das kommt der Alltagsvorstellung von zielgerichteter Anpassung entgegen, vermag also am wenigsten zum Umlernen anzuregen (⇨ anpassen).
Auch wenn zutreffend eine variable Population als Ergebnis dargestellt wird (Abb. 5, S. 316), ist nicht sicher, dass deren Bedeutung für die weitere Evolution von den Lernenden erkannt

wird. Da die optimale durchschnittliche Halslänge erreicht ist, wird von den Lernenden überwiegend angenommen, dass die Selektion nun zu Ende sei.
Entscheidend für das Verständnis der Selektion ist, wie die Frage beantwortet wird: „Wie geht es weiter?“ Die folgende Information dient den Lernenden als *Werkzeug zum Umlernen:* „In jeder Generation treten stets Giraffen mit unterschiedlich langen Hälsen auf. Die Halslänge variiert dabei ungerichtet.“ Daraus ist zu folgern: In der nächsten Generation treten auch solche Giraffen, deren Hals noch länger ist, als die in der vorigen (angepassten) Generation erreichte durchschnittliche Halslänge (Abb. 6).

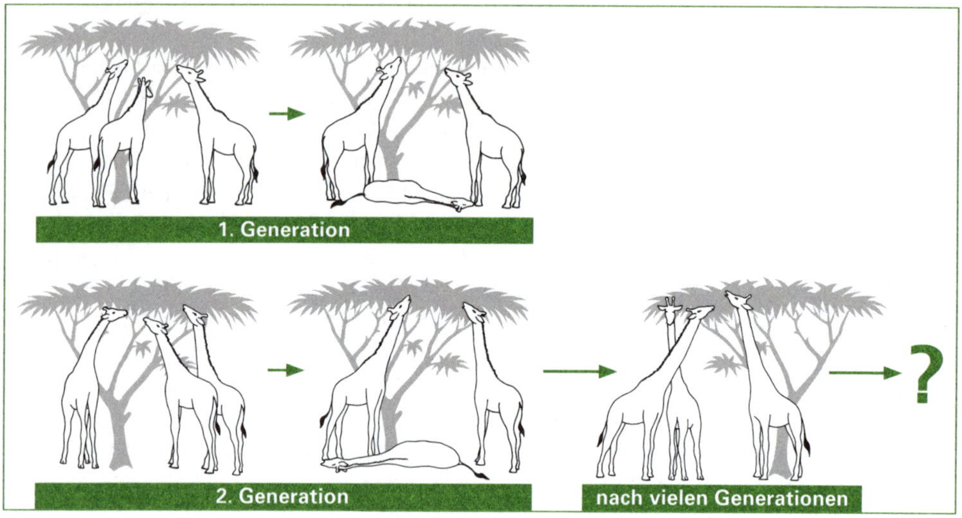

Abb. 5: Entstehung der Giraffe nach Darwin. In jeder Generation treten Tiere mit unterschiedlich langen Hälsen auf. – Wie geht die Sache weiter? (s. Abb. 6) [7]

Abb. 6: Wie geht die Evolution weiter? In jeder Generation treten Giraffen mit längeren und kürzeren Hälsen auf. Welche Giraffen haben die besten Chancen, viele Nachkommen zu haben? [7]

Mit diesem Wissen gelangen die Lernenden auf die Ebene der Population, und zwar zur Vorstellung der variablen Population, wodurch die Ebene des Individuums, also das Denken in Typen, abgelöst wird (⇨ typisch). Sie können aufgrund dessen folgern, dass die Selektion auch nach Erreichen der durchschnittlich optimalen Halslänge andauert.
Die Anwendung des Selektionsprinzips auf angepasste Populationen demonstriert damit zweierlei:

- Die stabilisierende Selektion zeigt, dass das Selektionsprinzip ständig gilt, und zwar auch dann, wenn als Resultat keine Veränderung wahrnehmbar oder messbar ist. Selektion setzt nicht aus, sondern gilt immer weiter, da in jeder Generation stets neue Varianten eines Lebewesens auftreten (Variation durch Mutation und Rekombination). [7]
- Die Gedanken an zielgerichtete Entwicklung und Höherentwicklung werden weitestgehend ausgeschlossen. Im Gegensatz zur transformierenden Selektion (missleitend „gerichtete“ Selektion genannt) erscheint *stabilisierende* Selektion daher nicht auf einen Fortschritt gerichtet zu sein.

Stabilisierende Selektion kann daher als ein Testfall betrachtet werden, ob das Prinzip der Selektion verstanden ist (Abb. 7).

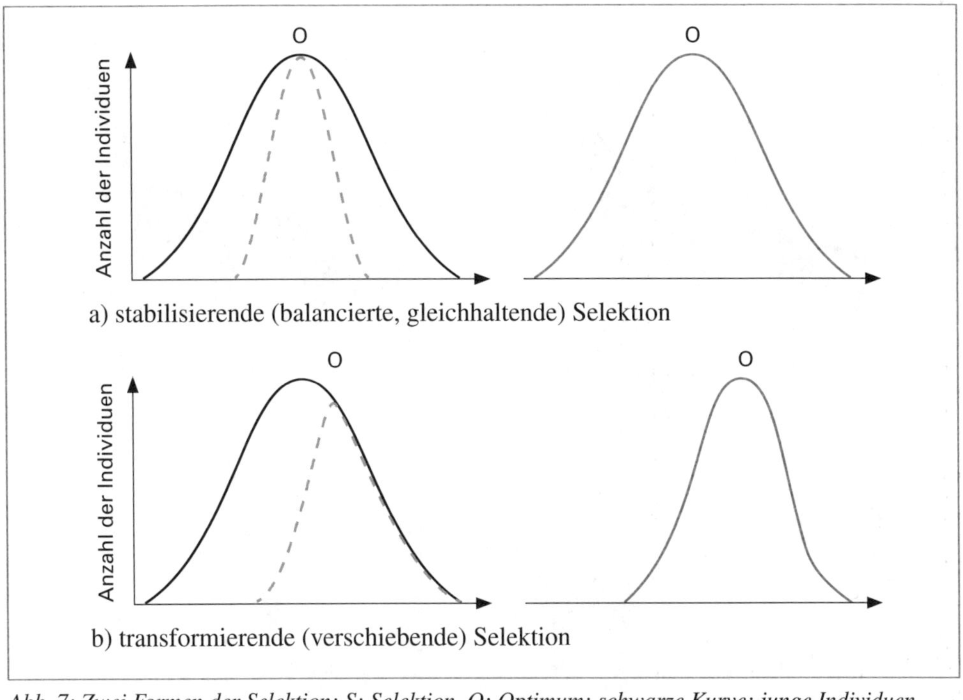

Abb. 7: Zwei Formen der Selektion; S: Selektion, O: Optimum; schwarze Kurve: junge Individuen der Elterngeneration, grau gestrichelte Kurve: zur Fortpflanzung kommende Individuen der Elterngeneration, farbige durchgezogene Kurve: junge Individuen der Tochtergeneration

3.6 Selektion bei unterschiedlichen Lebensbedingungen: Entstehung von Giraffe und Okapi

In Alltagsvorstellungen lässt Selektion nur einen Typ übrig. Zusammen mit Mutation und Rekombination bezieht sich Selektion jedoch immer auf variable Populationen (s. 3.5). Während in Klasse 5 das Ziel der variablen Population kuam erreicht wird, sind in Klasse 7 Voraussetzungen dafür gegeben. [4] [5]
Ein weiterer Faktor sind verschiedene Lebensbedingungen von Individuen oder Teilpopulationen, sodass unterschiedliche Selektionsfaktoren wirken. In verschiedenen Lebensräumen sind daher nah verwandte Arten mit unterschiedlichen Merkmalen anzutreffen. Ein Beispiel sind Steppengiraffe und Okapi. Ein Vergleich von Huftieren in Regenwald und Steppe zeigt die Angepasstheit an die Bedingungen dieser Lebensräume. Da der ursprüngliche Lebensraum von Huftieren als auf Zehenspitzen gehenden Schnellläufern die offene Graslandschaft (Savanne, Steppe) ist, kann als letzter gemeinsamer Vorfahr von Giraffe und Okapi – entgegen anfänglich intuitiver Vermutung – eine bereits langhalsige Giraffe vermutet werden (Abb. 8). Die Unterrichtseinheit zur Entstehung von Giraffe und Okapi für Klasse 7 führt die Überlegungen von der Entstehung der Giraffe durch Selektion bis zu dieser Schlussfolgerung fort (⇨ Giraffe). [7]

Das Gabeldiagramm zur Abstammung von Giraffe und Okapi bewahrt so davor, eine zielgerichtete Entwicklung zur Giraffe anzunehmen (⇨ Höherentwicklung).

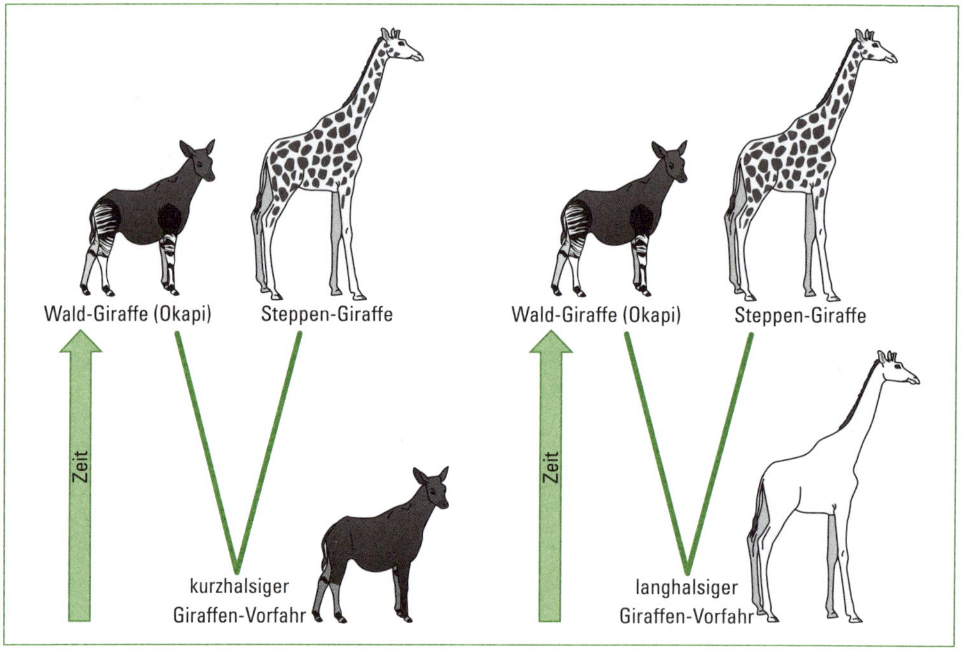

Abb. 8: Gabeldiagramme zum letzten gemeinsamen Vorfahren von Giraffe und Okapi: War er a) kurzhalsig oder b) langhalsig? [7]

[1] Baalmann, W. u. a. (2004). Schülervorstellungen zu Prozessen der Anpassung. Zeitschrift für Didaktik der Naturwissenschaften. – [2] Baalmann, W. & Kattmann, U. (2000). Birkenspanner: Genetik im Kontext von Evolution. Unterricht Biologie (260). – [3] Blancke, S. u. a. (2014). From ends to causes (and back again) by metaphor: The paradox of natural selection. Science and Education. – [4] Brennecke, J. S. (2014). Schülervorstellungen zur evolutionären Anpassung. Diss. Universität Gießen. – [5] Fenner, A. (2013). Schülervorstellungen zur Evolutionstheorie, Konzeption und Evaluation von Unterricht zur Anpassung durch Selektion. Diss. Gießen. – [6] Johannsen, M. & Krüger, D. (2005). Schülervorstellungen zur Evolution. Institut für Didaktik Biologie (IDB) Münster. – [7] Kattmann, U., Janßen-Bartels, A. & Müller, M. (2005). Selektion: Die Entstehung von Giraffe und Okapi. Unterricht Biologie (310). © Friedrich Verlag GmbH, Seelze. – [8] Nehm, R. H. & Reilly, L. (2007). Biology majors' knowledge and misconceptions of natural selection. BioScience (3). – [9] Opfer, J. E., Nehm, R. H. & Ha, M. (2012). Cognitive foundations for science assessment design: Knowing what students know about evolution. In: Journal of Research in Science Teaching. Vol. 49, Iss. 6, pp. 744–777. Copyright © 2012 Wiley Periodicals, Inc. – [10] Provine, W. (2001). The origins of theoretical population genetics. Chicago. – [11] Wandersee, J. H., Good, R. G. & Demastes, S. S. (1995). Forschung zum Unterricht über Evolution. Zeitschrift für Didaktik der Naturwissenschaften. – [12] Zabel, J. (2009). Biologie verstehen: Die Rolle der Narration beim Verstehen der Evolutionstheorie. Beiträge zur Didaktischen Rekonstruktion 24. Oldenburg. Abdruck mit freundlicher Genehmigung des BIS-Verlags der Carl von Ossietzky Universität Oldenburg. – [13] Zabel, J. & Gropengießer, H. (2010). Darwins konzeptuelle Landkarte. Lernfortschritt im Evolutionsunterricht. In U. Harms & I. Mackensen-Friedrichs (Hrsg.), Lehr- und Lernforschung in der Biologiedidaktik, Band 4. Innsbruck.

↗ Sexismus

↗ sexuell/Sexualität/Sex

Stammbaum

> **Wegweiser**
>
> Stammbäume stellen Hypothesen zur Stammesgeschichte dar.

1 Vom Wort zum Begriff

Das Wort „Stammbaum" ist wie das Wort „Abstammung" von der baumähnlichen Darstellung einer verzweigten familiären Verwandtschaft abgeleitet. In diesem Sinne wird (besonders in „vornehmen" Kreisen) vom *Familienstammbaum* – in gleicher Weise von Stammbäumen von „noblen" Haustieren: Hunden und Pferden – sowie vom Stammbuch (Familienregister) gesprochen, während der Stammhalter als ältester Sohn die Familientradition fortsetzen soll. Zur gleichen botanischen Metapher gehört es, wenn man von Wurzeln im Sinne von (biologischer oder geistiger) Herkunft spricht.

In der *Biologie* ist der Stammbaum von familiärer Verwandtschaft auf die stammesgeschichtliche Verwandtschaft übertragen worden, seit *Charles Darwin* die Verwandtschaft der Lebewesen genealogisch gedeutet hat. Stammbäume sind hypothetische Darstellungen zur Verwandtschaft und Stammesgeschichte von Lebewesen (⇨ verwandt, ⇨ abstammen).

2 Alltagsvorstellungen

In Alltagsvorstellungen werden Stammbäume häufig als Beschreibung des tatsächlichen stammesgeschichtlichen Verlaufs verstanden. Unsicherheiten im Stammbaum gelten als Beleg für eine Unzuverlässigkeit der Evolutionstheorie. Wenn fossile Formen in einen Stammbaum eingeordnet werden, werden sie leicht als eine Abwandlung von Formen gedeutet. Damit wird das Alltagsverständnis von Evolution als Abfolge von Typen verstärkt (⇨ typisch, ⇨ Art).
Dendrogramme (Baumdiagramme), die nur Ähnlichkeiten erfassen, werden ebenfalls als Stammbäume angesehen, obwohl sie keine Zeitachse enthalten (s. 3.2). Außerdem werden kulturelle Entwicklungen (z. B. technischer Instrumente) gerne als Stammbaum dargestellt und es wird nicht beachtet, dass die Linien in Stammbäumen genetisch getrennte Abstammungslinien darstellen, was bei kulturellen Entwicklungen ebenso wenig angenommen werden kann wie bei biologischen Differenzierungen unterhalb des Artniveaus (z. B. Unterarten, „Rassen").

3 Anschauung und Vertiefung

3.1 Potenziale der Alltagsvorstellungen

Alltagsvorstellungen	**Chancen für fachliches Lernen**	**Hindernisse für fachliches Lernen**
Stammbäume bilden den tatsächlichen Verlauf der Stammgeschichte ab.	*Perspektivenwechsel:* Hypothesen anhand von Stammbäumen erkennen, Stammbäume konstruieren (3.2 und 3.3, ⇨ verwandt)	naiv realistisches Verständnis
Ähnlichkeitsdiagramme sind Stammbäume.	*Anknüpfung*: Unterscheidung von Ähnlichkeit und Verwandtschaft (3.4, ⇨ ähnlich)	Vernachlässigung der Zeitachse

Tabelle 1: Alltagsvorstellungen zu Stammbaum geben Hinweise für fachliches Lernen.

3.2 Theoretische Begründung von Stammbäumen

Stammbäume, wie gut sie begründet sein mögen, stellen *Hypothesen* über den stammesgeschichtlichen Ablauf und die stammesgeschichtliche Verwandtschaft der darin aufgeführten Lebewesen dar. Sie enthalten als Darstellung des stammesgeschichtlichen Ablaufs notwendigerweise eine *Zeitachse*.
Beim Aufstellen und Deuten von Stammbäumen sollte ausdrücklich auf die zugrunde gelegten Voraussetzungen Bezug genommen werden. Dabei sind die implizierten Evolutionsbedingungen (z. B. Selektionsfaktoren, ökologische Beziehungen, Nahrungsnischen) be-

sonders zu beachten. Es sollten darüber hinaus verschiedene Stammbaumversionen erörtert werden, die für den einen oder den anderen Verlauf der Stammesgeschichte sprechen.
Verschiedene Stammbäume entstehen nicht nur durch theoretische Vorannahmen, wie die Bewertung typisch menschlicher Merkmale (z. B. einmaliges oder mehrfaches Entstehen des aufrechten Gangs), sondern auch durch außerwissenschaftliche Motive wie die politische Bedeutung des Fundorts für das Prestige der Staaten (Kenya, Südafrika, Äthiopien werben damit, Urheimat der Menschheit zu sein) sowie Eitelkeit der Forscher (Ruhm, den angeblich ältesten Vorfahren des Menschen gefunden zu haben).
Revisionen von Stammbäumen sprechen nicht gegen, sondern für die Evolutionstheorie.
Molekulare Stammbäume beruhen auf evolutionstheoretischen Hypothesen, z. B. auf der Berechnung der Wahrscheinlichkeit, mit der bestimmte genetische Änderungen (u. a. Frequenz des Basenaustauschs, Rückmutationen) stattgefunden haben. Die wahrscheinliche Verwandtschaft wird mit statistischen Verfahren wie „größte Wahrscheinlichkeit" (likelihood) oder „Sparsamkeit" (parsimony) berechnet. Anhand von Vergleichen mit datierten Fossilien bzw. bekannten Mutationsraten wird eine Zeitachse erstellt. DNA-Analysen mit phylogenetischen Annahmen gehen also sowohl methodisch wie auch in den theoretischen Grundlagen und in ihrer Aussagekraft über bloße Merkmals-Klassifikationen bzw. Ähnlichkeits-Baumdiagramme hinaus (s. 3.4).

3.3 Darstellungen und Lesen von Stammbäumen

Die heutigen Lebewesen stehen gemäß der Zeitachse des Stammbaums auf einer Ebene nebeneinander (Gegenwart). Stammbäume können absatzförmig oder gabelförmig dargestellt werden. Empirische Untersuchungen zeigen, dass die Beziehungen zwischen den Teilen in der rechteckigen Absatzdarstellung (Abb. 1 b) leichter von den Lernenden erkannt werden als in der gabelförmigen (Abb. 1 a). [1]
Die gabelförmige Darstellung symbolisiert den Prozess der Abänderung und damit der Evolution besser als die absatzförmige. Das kleinste Element eines solchen Stammbaums ist das *Gabeldiagramm* (⇨ abstammen, ⇨ Affenabstammung).
Bei beiden Darstellungen können die Teile an einem Knotenpunkt (Wurzel der Spaltung) gedreht werden, ohne dass sich damit die Aussage über den Verlauf der Stammesgeschichte oder die verwandtschaftliche Beziehungen ändern. (Der Stammbaum in Abb. 1 c ist identisch mit dem in Abb. 1 a und b.) Entscheidend ist also der mit dem Knoten angegebene letzte gemeinsame Vorfahr und nicht die Nachbarschaft auf der Gegenwartsebene. [2]

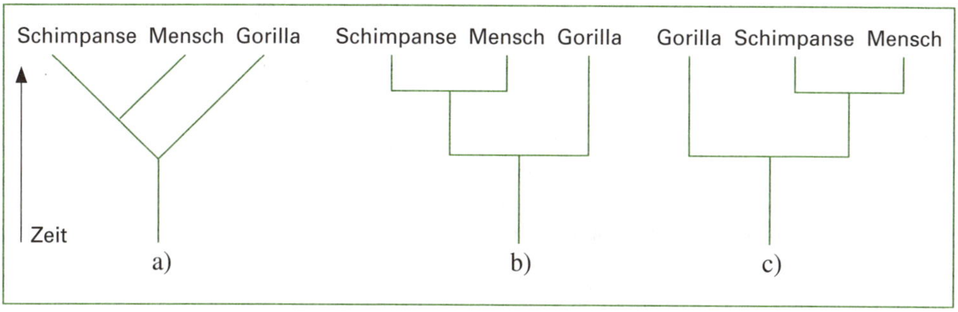

Abb. 1: Stammbaumdarstellungen: a) Gabeln, b) Absätze, c) wie b, aber am unteren Knoten gedreht

3.4 Ähnlichkeits-Baumdiagramme sind keine Stammbäume

Bei Merkmalsvergleichen (einschließlich bloßen DNA-Vergleichen) ist es üblich geworden, den ermittelten Zusammenhang in *Baumdiagrammen* (Dendrogrammen) darzustellen. Sie werden umgangssprachlich ebenfalls als Stammbäume bezeichnet und in Alltagsvorstellungen so gedeutet, obwohl sie weder eine Zeitachse haben noch stammesgeschichtliche Verhältnisse abbilden, sondern lediglich *Ähnlichkeits-Abstände* angeben. Für eine sachgemäße Interpretation dieser Diagramme ist es nötig, ihre statistischen Voraussetzungen zu kennen (↗ Clusteranalysen).

[1] Gregory, T. R. (2008). Understanding evolutionary trees. Evolution: Education and outreach. – [2] Jördens, J., Asshoff, R. & Kullmann, H. (2011). Stammbäume lesen und verstehen. In D. Dreesmann, D. Graf & K. Witte (Hrsg.), Evolutionsbiologie. Heidelberg.

↗ sterben/Tod

↗ steuern/regeln

Stoffkreislauf

Wegweiser

Stoffe können in Ökosystemen kreisen, müssen es aber nicht.
Vollständige Stoffkreisläufe sind die Ausnahme.

1 Vom Wort zum Begriff

Die verbreitete *Alltagsvorstellung* vom Kreislauf der Stoffe entspringt zwei anthropomorphen Prinzipien, nämlich der regelmäßigen Wiederkehr und Wiederholung von Ereignissen („alles ist schon einmal da gewesen", Konstanz) sowie der Harmonie und Erhaltung in der Natur („alles ist aufeinander abgestimmt", „leben und leben lassen", Kohärenz, ↗ anthropomorph, ⇨ natürlich).
Wissenschaftlich gehört der vollständige Kreislauf der Stoffe zum Idealbild eines Ökosystems. Das Bild des (ewigen) Kreislaufs wurde besonders in der frühen Aufklärung als Beweis dafür angesehen, dass alles in der Natur vom Schöpfer gut geordnet ist. Hierin liegt eine der Wurzeln des ökologischen Denkens.
Tatsächlich aber kreisen viele Stoffe in den meisten Ökosystemen nicht, sondern werden importiert, exportiert oder fließen hindurch ⇨ Ökosystem).

2 Alltagsvorstellungen

2.1 Kreislauf ist Zeichen harmonischer Ordnung

Alltagsvorstellungen zum Kreislauf weichen häufig vom Wortsinn ab, die Vorstellung eines tatsächlichen Kreislaufs ist nicht selbstverständlich:

- Mit „Kreislauf" wird die Wiederkehr eines Phänomens oder Stadiums bezeichnet (Kontinuität, ⮳ anthropomorph).
- „Kreislauf" wird mit gegenseitiger Abhängigkeit gleichgesetzt (z.B. Fressen und Gefressen-Werden).
- An das Laufen im Kreis, d.h. die Rückkehr an denselben Ort, wird nur selten gedacht (⮳ Kreislauf).
- Kreislauf wird stark mit biologischem Gleichgewicht und Ökosystem assoziiert.

In einer Interviewstudie mit Lernenden der Studienstufe äußerten einige Befragte Vorstellungen zum Kreislauf in Ökosystemen, die von harmonischer Ordnung in der Natur geprägt sind, so dass ein „Kreislauf des Lebens" beschrieben wird (Zitate Luk, Silke, vgl. dazu auch *Linné*, s. 2.2: Kasten „wunderbarer Kreislauf", S. 325). [4]
Die Befragten sehen den Begriff des *Ökosystems* wesentlich durch den „Kreislauf" charakterisiert oder setzen beides sogar gleich. Als geschlossener globaler Kreislauf wird von den Befragten fast nur der Wasserkreislauf beschrieben. In Ökosystemen wird Kreislauf meist als „Fressen und Gefressen-Werden" mit der *Nahrungskette* gleichgesetzt, ohne dass der Kreis dabei zu den Produzenten hin geschlossen würde. Obgleich das Wort „Kreislauf" benutzt wird, scheint das Bild der Kette (Nahrungskette) das des Kreislaufs zu ersetzen (⇨ Ökosystem). [3] [4]
Diese Unabgeschlossenheit des Kreises taucht in anderen Zusammenhängen ebenfalls auf. In den Äußerungen der Befragten werden Abhängigkeit und geregeltes Leben (z.B. durch Räuber-Beute-Beziehungen) gleichermaßen als Eigenschaften des Ökosystems wie auch des Kreislaufs angesehen (Zitate Tom, Ada). Beide erscheinen zudem eng mit *Gleichgewicht* verknüpft (Zitat Silke, ⇨ biologisches Gleichgewicht, ⮳ Kreislauf, ⮳ steuern/regeln).

Kreislauf des Lebens
„Auf der Erde bleibt das Leben erhalten, weil hier verschiedene Prozesse funktionieren, denen wir es verdanken, dass wir am leben sind. Zum Beispiel produzieren Pflanzen den Sauerstoff, den wir dann atmen können; die Pflanzen werden von einem Pflanzenfresser gefressen und der macht ein Häufchen und dieses enthält viele unbelebte Stoffe, sodass dort, wo es sich befindet, es den Pflanzchen leichter fällt zu leben und sie stärker und besser wachsen. Und die werden weiteren Sauerstoff produzieren … Das sind solche Prozesse, die voneinander abhängen und dank derer der Kreislauf des Lebens gehen kann."

Luk, 17 Jahre [4]

„Stoffkreislauf" als Nahrungskette
„Unter einem Kreislauf verstehe ich z. B., dass der Adler die Maus frisst und, wenn er gestorben ist, selbst wieder vom Fuchs gefressen würde."

Tom, 16 Jahre

„Geregelter Kreislauf, das ist, dass es kleine Tiere gibt, die von großen Tieren gefressen werden und die großen Tiere werden von größeren Tieren gefressen und so weiter. …
Kreislauf ist für mich diese Abhängigkeit voneinander, die dieses Ökosystem einfach mit sich bringt … Dieser Kreislauf führt dann zur Regelmäßigkeit."

Ada, 17 Jahre [4]

Kreislauf und Gleichgewicht
„Ohne Bakterien würde das Gleichgewicht in der Natur auseinanderkippen, der Kreislauf unterbrochen werden. Dann könnten die Blumen vielleicht nicht verwelken (verwesen) und sich nicht in Erde umwandeln. Die Natur besteht aus diesem Lebenskreislauf, in dem Pflanzen aus der Erde herauskommen, wachsen, verwelken und zu Erde werden. Aus der Erde wächst dann wieder etwas Neues."

Silke, 17 Jahre [3]

„Das biologische Gleichgewicht existiert in gewisser Weise dadurch, … dass sich alles in einem Lebenskreislauf ausgleicht, Man kann einen Lebenskreislauf von einem Tier annehmen, das in seinem Leben die ganzen einzelnen Phasen durchgeht und am Schluss stirbt, aber auch einen ganzen Kreislauf der Natur, weil jedes Tier seinen Platz darin hat. Dieser Kreis macht es, dass alles im Gleichgewicht bleibt."

Christian, 12. Klasse [6]

Die Unabgeschlossenheit des Kreislaufs zeigt sich in der vorherrschenden Vorstellung, dass vermodernde oder verfaulende Stoffe nicht umgewandelt, sondern nur verkleinert werden und schließlich verschwinden. Endstation der Zersetzung ist der Boden, in dem die Stoffe zu Erde werden (⇨ zersetzen). [1] [2] [3] [5]

2.2 Geschichtliches: Naturkreislauf zum Nutzen des Menschen

Die Anschauung vom globalen Stoffkreislauf steht schon früh im Zentrum ökologischen Denkens (Kasten).
Die Gleichsetzung von Kreislauf und Ökosystem ist naheliegend, da die Prototypen von Ökosystemen, wie See und Wald, in fachlichen Darstellungen häufig durch einen (vollständigen) Stoffkreislauf charakterisiert werden. (Dabei ist zu beachten, dass eigentlich nur Teile der Stoffe, „Elemente", betrachtet werden und von Stoffumwandlungen abstrahiert wird.) Ein solcher Stoffkreislauf geht über die Nahrungskette von Produzenten zu den Konsumentenstufen und den Zersetzern zurück zu den Produzenten. Unter diesem Aspekt können Konsumenten und Zersetzer zusammen als „Recycler" betrachtet werden (⇨ zersetzen).

Wunderbarer Kreislauf

„Der allmächtige Schöpfer hat alles auf unserem Erdballe in einer so wunderbaren Ordnung eingerichtet, dass nicht ein einziges gefunden wird, das nicht des Beistandes eines anderen bedürfte. Der Erdball selbst mit seinen Steinen und Erzen und Sanden bekommt seine Nahrung und seinen Unterhalt von den Elementen. Die Gewächse, Bäume, Kräuter, Gräser und Moose haben ihr Wachstum von dem Erdballe und die Tiere endlich von den Gewächsen. Diese werden am Ende wieder in ihre ersten Stoffe verwandelt, die Erde wird eine Nahrung für die Pflanzen, die Pflanzen für die Würmer, die Würmer für die Vögel und die Vögel oft für die Raubtiere: Am Ende wird das Raubgetier wieder von den Raubvögeln, die Raubvögel von den Würmern, die Würmer von den Kräutern, die Kräuter von der Erde verzehret: Ja, der Mensch, dem alles zu seiner Notdurft dienen muss, wird oft die Nahrung des Raubtieres, des Raubvogels, des Raubfisches, des Wurmes oder der Erde. So gehet alles in einem Kreise herum."

Carl von Linné, 1739

3 Für Unterricht: Anschauung und Vertiefung

3.1 Potenziale der Alltagsvorstellungen

Alltagsvorstellungen	Chancen für fachliches Lernen	Hindernisse für fachliches Lernen
Kreislauf heißt Abhängigkeit.	*Perspektivenwechsel:* Was heißt im Kreise laufen? (➪ Kreislauf)	Verwechslung von Kreis und Wechselbeziehung
Stoffkreisläufe sind Kennzeichen von Gleichgewicht in Ökosystemen.	*Kontrast:* unausgeglichene Stoffflüsse (3.2), Ungleichgewichte (➪ biologisches Gleichgewicht)	idealisierte Sicht
Stoffkreisläufe sind Zeichen von Harmonie.	*Anknüpfung:* schnelle Teilkreisläufe (3.3)	

Tabelle 1: Alltagsvorstellungen zum Stoffkreislauf geben Hinweise für fachliches Lernen.

3.2 Stoffkreislauf vs. Energiefluss?

Da Stoffe im Prinzip dauerhaft im Ökosystem kreisen (können), während Energie stets durchfließt, wird häufig vom Stoff*kreislauf* im Gegensatz zum Energie*fluss* geredet. Diese Redeweise trifft auf Energie ausnahmslos zu: Energie fließt als Bilanz nur in eine Richtung; Energieumwandlungen sind immer mit Wärmeabgabe verbunden (➪ Energie).

Stoffe kreisen nur potenziell, d.h. unter bestimmten Bedingungen. Kreisläufe gibt es in Ökosystemen nur dann, wenn Stoffe durch physikalische Kräfte (Wasser) oder durch den Stoffaustausch zwischen Organismen (Kohlenstoffkreislauf durch Nahrung und Atmung) *transportiert* werden. Die Betrachtung von Kreisläufen sollte nicht den Blick darauf verstellen, dass fast nie ein vollständiger Stoffkreislauf vorliegt, sondern Stoffe vom Ökosystem ebenso exportiert (z.B. durch Ablagerung, Auswaschung, Abfluss, Auswandern von oder Austrag von Tieren, z.B. Abgabe vom Kot außerhalb des Ökosystems) wie importiert werden (z.B. durch Zufluss, Verwitterung, Niederschlag, Einwanderung oder Eintrag von Tieren). Deshalb ist auch bei Stoffen der allgemeine Oberbegriff nicht Stoffkreislauf, sondern der *Stofftransport*. Manche Ökosysteme, wie Watt und Tiefsee, sind *Importsysteme*, die Nährstoffe von angrenzenden Ökosystemen beziehen. Fließgewässer sind *Exportsysteme*, die große Mengen an Mineralstoffen den Stehgewässern und Meeren zuführen. Stadtökosysteme sind stoffliche *Durchflusssysteme*, die ungeheure Mengen Nahrungsmittel aus agrarischen Ökosystemen importieren und ebenso große Mengen an Abfall und Abwasser zu Deponien, Verbrennungsanlagen und Klärwerken exportieren.

3.3 Schnelle Teilkreisläufe

Die Stoffkreisläufe in Ökosystemen sind nicht nur total zu betrachten, sondern besonders im Hinblick auf die Stoffe, die für das Wachstum der Produzenten Minimumfaktoren sind: In Landökosystemen sind dies Stickstoffverbindungen (vor allem Nitrate), in aquatischen Ökosystemen Phosphate. Bei diesen Mangelfaktoren gibt es häufig *schnelle Teilkreisläufe* durch Konsumenten, die eine bessere Versorgung der Produzenten bewirken als es durch die langsameren Kreisläufe allein über die Zersetzer möglich wäre. Schnelle Teilkreisläufe werden durch die Ausscheidungen von Tieren (Kot und Urin) sowie insbesondere durch Symbiosen hergestellt. Der Teilkreislauf wird durch den Kurzschluss von Stoffflüssen zwischen den symbiotischen Partnern beschleunigt. Dabei wird ein Teil der aufgenommenen Stoffe schnell wieder in den Stofftransport zwischen Partnern eingespeist. So werden z.B. die symbiotisch im Pansen von Wiederkäuern lebenden Mikroben von den Wirtstieren mit Stickstoffverbindungen versorgt, indem Stickstoffverbindungen vom Blut in den Pansen sezerniert werden. Da Stickstoff der begrenzende Faktor für das Wachstum der Bakterien ist, steigert die Versorgung das Wachstum der Mikroben, deren Verdauungsarbeit dadurch gefördert wird. Die Nährstoffe aus der aufgeschlossenen Nahrung werden von den Wiederkäuern in den Blutkreislauf aufgenommen. Außerdem wird ein Teil der Bakterien abgetötet und verdaut. Zwischen Tierkörper und Mikroben entsteht so ein schneller innerer Teilkreislauf der Stickstoffverbindungen (Abb. 1, ⇨ Symbiose).
Darauf beruht die große Fleisch- und Milchproduktion von Wiederkäuern, die für die Evolution und Geschichte des Menschen eine erhebliche Rolle gespielt haben, u. a. als Großtierbeute in den afrikanischen Savannen und seit der Domestikation während der neolithischen Revolution als Haustierherden von Rindern, Ziegen und Schafen (⇨ Kultur).

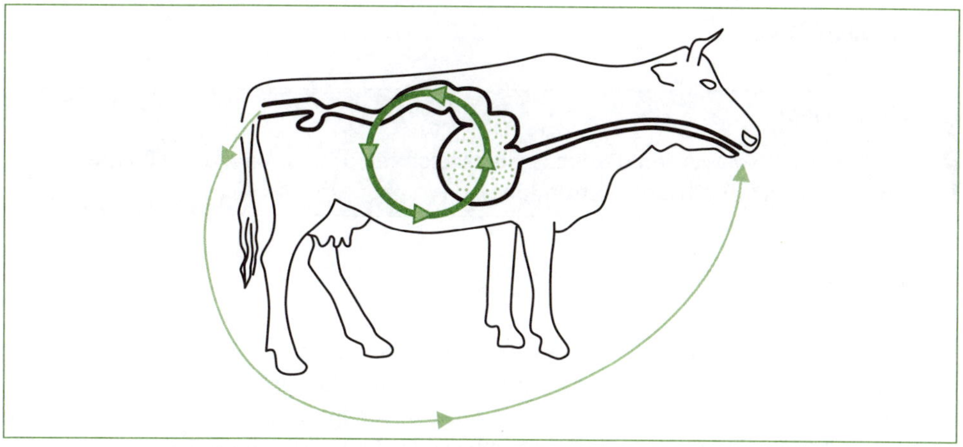

Abb. 1: Der schnelle Teilkreislauf von Stickstoffverbindungen besteht zwischen dem Körper von Wiederkäuern und den Symbionten im Pansen (dicke Pfeile). Es dauert nur Stunden oder Tage, bis der Stickstoff wieder in den Pansen gelangt. Ein langsamerer Teilkreislauf verläuft über Kot, Zersetzer und Nahrungspflanzen (dünne Pfeile). Es dauert Monate, bis der Stickstoff wieder zurück ist. Der langsamste Teilkreislauf wird beim Zersetzen des Kadavers nach dem Tod des Tieres geschlossen. Er dauert Jahre oder Jahrzehnte.

[1] Baisch, P. (2009). Schülervorstellungen zum Stoffkreislauf. Hamburg. – [2] Helldén, G. (2004). What will happen to the leaves on the ground? In H. Gropengießer, A. Janßen-Bartels & E. Sander (Hrsg.), Lehren fürs Leben. Köln. – [3] Hilge, C. (1999). Schülervorstellungen und fachliche Vorstellungen zu Mikroorganismen und mikrobiellen Prozessen. Oldenburg. Abdruck mit freundlicher Genehmigung des BIS-Verlags der Carl von Ossietzky Universität Oldenburg. – [4] Jelemenská, P. (2006). Biologie verstehen: ökologische Einheiten. Beiträge zur Didaktischen Rekonstruktion 12. Oldenburg. Abdruck mit freundlicher Genehmigung des BIS-Verlags der Carl von Ossietzky Universität Oldenburg. – [5] Leach u. a. (1996). Children's ideas about ecology 2: Ideas found in children aged 5–16 about the cycling of matter. International Journal of Science Education (1). – [6] Sander, E. (1998). Das Verständnis des biologischen Gleichgewichts in der Fachwissenschaft und in den Vorstellungen von Schülerinnen und Schülern. Oldenburger VorDrucke 366. Abdruck mit freundlicher Genehmigung des Didaktischen Zentrums, Carl von Ossietzky Universität Oldenburg.

Stoffwechsel

Wegweiser

Mit Stoffwechsel werden die Prozesse bezeichnet, mit denen die biochemische Umwandlung von Stoffen stattfindet.

1 Vom Wort zum Begriff

Stoffwechsel ist ein Fachwort, das seit dem 19. Jahrhundert für die chemischen Stoffumwandlungen im Organismus verwendet wird. Der Wortsinn ist also irreführend, denn es handelt sich nicht um einen Austausch (Auswechseln) von Stoffen, sondern um die Nutzung von chemischen Reaktionen zum Aufbau, Umbau oder Abbau von Stoffen, die als Baustoffe für den eigenen Körper, zur Energienutzung, als Wirkstoffe zur Regelung von Prozessen im Körper oder zur Kommunikation zwischen Organismen dienen können. Nur im Zusammenhang mit den chemischen Stoffumwandlungen im Körper gehören zum Stoffwechsel dann auch die Aufnahme und die Abgabe von Stoffen in bzw. aus dem Körper.

2 Alltagsvorstellungen

Wie aufgrund des erfahrungsbasierten Verstehens zu erwarten ist, entspringen Alltagsvorstellungen zu stoffwechselphysiologischen Prozessen der eigenen körperlichen Erfahrung. [3]

Beim Wort Stoffwechsel wird häufig an Stoffaustausch gedacht und daher Stoffwechsel leicht mit Stoffaustausch gleichgesetzt. Die Alltagsvorstellungen sind von denjenigen Prozessen geprägt, die am eigenen Körper zu beobachten sind: essen (Aufnahme und Zerkauen fester Stoffe, Nahrungsaufnahme), atmen (Heben und Senken des Brustkorbs), gehen und laufen (sich bewegen), wachsen (größer Werden des eigenen Körpers, Wuchern von Pflanzen). Die im Körper verborgen ablaufenden chemischen Prozesse sind nur sehr begrenzt wahrzunehmen und daher häufig nicht bewusst. So ist zwar klar, dass man essen und atmen muss, um zu überleben, d. h. um nicht zu verhungern oder zu ersticken. Die biologischen Funktionen von essen und atmen werden aber häufig nicht oder nur bruchstückhaft gewusst (⇨ atmen, ⇨ ernähren, ⇨ verdauen).

Unter Stoffwechsel wird zuweilen eine einfache Umwandlung verstanden, die einem Austausch nahekommt: „Pflanzen wandeln Kohlenstoffdioxid in Sauerstoff um.“ Es wird also ebenfalls nur der Gasaustausch, aber nicht der chemische Prozess erfasst (⇨ Fotosynthese).

Im Zusammenhang mit Energienutzung durch den Organismus und in den Nahrungsketten wird angenommen, dass Stoffe verschwinden und in Energie umgewandelt werden können (Zitate). [1] [2]

Energie wandelt sich in Stoff um – und umgekehrt
„Sonnenstrahlung wird in Zucker umgewandelt."

Eugen P. Odum, Ökologie, 1999

„Dass im Stoffkreislauf des Waldes kaum Stoffe verloren gehen, stimmt nicht, da von Trophiestufe zu Trophiestufe jeweils etwa 90 % der Biomasse in Energie umgewandelt wird."

Biologielehrer in einem Gutachten zu einem Biologie-Schulbuch

Die Umwandlung von Materie in Energie findet zwar (außer bei kernphysikalischen Prozessen) nicht statt, gängige Schemata zu Stoffkreisläufen bzw. Trophiestufen in Ökosystemen können die Umwandlung von Stoffen in Energie (und umgekehrt) nicht nur bei Lernenden suggerieren, sondern auch bei Wissenschaftlern und Lehrern (Zitate, ⇨ Energie, ⇨ Ökosystem).

In der Geschichte der Biologie wurde vom Stoffaustausch auf den Stoffwechsel der Lebewesen geschlossen (⇨ Stoffaustausch).

3 Für Unterricht: Anschauung und Vertiefung

3.1 Potenziale der Alltagsvorstellungen

Alltagsvorstellungen	**Chancen für fachliches Lernen**	**Hindernisse für fachliches Lernen**
Stoffe können verschwinden.	*Anknüpfung*: Stoffumwandlung *Kontrast:* Erhaltung der Masse (3.2)	Stoff (Materie) und Stoffart werden nicht unterschieden.
Biomasse wird in Energie umgewandelt.	*Kontrast*: Energie(menge) ist abstrakte Verrechnungsgröße (⇨ Energie, ⇨ Größe).	Energie wird als Stoff verstanden.
Stoffwechsel ist Stoffaustausch.	*Perspektivenwechsel:* Stoffumwandlung im Körper Aufnahme und Abgabe verschiedener Stoffe (3.3)	Physiologische Prozesse sind unanschaulich.
Essen und Atmen sind fürs Leben nötig.	*Anknüpfung:* Die (bekannte) organismische Ebene wird durch die (unbekannte) biochemische erklärt und damit verknüpft (3.4).	Notwendigkeit scheint Erklärung überflüssig zu machen (selbstgenügsamer alltäglicher Realismus).

Tabelle 1: Alltagsvorstellungen zum Stoffwechsel geben Hinweise für fachliches Lernen.

3.2 Stoffumwandlung von Erhaltung der Masse unterscheiden

Dass Stoffe verschwinden können, entspricht der Alltagserfahrung: Beim Abbrennen einer Kerze verschwindet tatsächlich das Wachs. Das stimmt auch noch, wenn man erkannt hat, dass Wasser und Kohlenstoffdioxid entweichen, also die Masse der an der Reaktion beteiligten Stoffe vor und nach dem Verbrennungsprozess durchaus gleich bleiben könnte.
Wenn die Kerze vollständig abgebrannt ist, gibt es nur noch Wasser und Kohlenstoffdioxid, aber kein Wachs mehr, und auch den an der Verbrennung beteiligten Sauerstoff gibt es nicht mehr. Wenn man die Stoffumwandlung klar von der Erhaltung der Masse unterscheidet, so kann erkannt werden: Es gibt keine Erhaltung der Stoffart, sondern nur die Erhaltung der Masse. Stoffarten verschwinden; die Masse der bei einer chemischen Reaktion entstehenden Stoffe ist ebenso groß wie die der verschwundenen Stoffe.
Bei kernphysikalischen Reaktionen (Kernspaltung, Kernfusion) verhält es sich anders. Dort wird Masse in Energie(menge) verwandelt. Masse und Energie sind äquivalent. Sie können nach der Formel $E = mc^2$ ineinander umgerechnet werden. Energie(menge) ist danach nur eine andere Angabe für Masse; Masse eine andere Angabe für Energie(menge): Dass die Formel $E = m\,c^2$ lautet und nicht $E = m$, ändert an der Gleichsetzung von Energiemenge und Masse physikalisch nichts, c ist nur eine Konstante, das Quadrat der Lichtgeschwindigkeit.

3.3 Stoffwechsel von Stoffaustausch unterscheiden

Eine Aufnahme und Abgabe derselben Stoffart wie Wasser beim Durchflussbecken oder auch beim Trinken und Schwitzen ist kein Stoffwechsel (obwohl letzteres auf Stoffwechselprozessen beruht). Um den Begriff des Stoffwechsels zu vermitteln, kann man an die Alltagsvorstellungen vom Stoffaustausch anknüpfen, indem man Stoffwechsel dadurch charakterisiert, dass durch ihn andere Stoffe abgegeben werden als aufgenommen wurden. Das betrifft den Input-Output-Vergleich, der – wie in der Geschichte der Biologie – das Augenmerk auf die Stoffumwandlungen im Organismus, also auf die Stoffwechselprozesse lenkt (s. 2.2).

3.4 Organismische und molekulare Ebenen verknüpfen

Da die Alltagsvorstellungen an den anschaulichen Phänomen des Organismus orientiert sind, ein physiologisches Verständnis des Stoffwechsels jedoch durch die chemischen Prozesse im Körper erreicht wird, sollte die Betrachtung von der organismischen Ebene auf die molekulare Ebene (Teilchenebene) gelangen und von dieser wieder auf die organismische aufsteigen. Die Ebenen der Organe, Gewebe, Zellen und Organellen sollten dabei nicht übersprungen, sondern durchschritten werden (Kasten, Yo-Yo-Strategie, ⇨ lebendes System).

Wechsel zwischen den Ebenen (hinab und hinauf) am Beispiel Atmung
- *Organismus-Ebene.* Atembewegungen;
- *Organ-Ebene.* Lungenfunktion, Herzschlag, Blutbewegung;
- *Gewebe-Ebene.* Zusammenwirken gleicher Zellen, Diffusion von Sauerstoff durch die Gewebeflüssigkeit;
- *Zell-Ebene.* Zusammenwirken verschiedener Prozesse, Sauerstofftransport durch Blutzellen;
- *Organell-Ebene.* Glykolyse im Zellplasma, Zitronensäurezyklus und Endoxidation in Mitochondrien;
- *Molekül-Ebene.* Diffusion auf Teilchenebene; Zellatmung: Umsatz von Sauerstoff mit Nährstoffen, Wiedervereinigung von Sauerstoff mit Wasserstoff zu Wasser, die in der Fotosynthese getrennt wurden (⇨ Energie);
- *Zell-Ebene.* Kohlenstoffdioxidtransport durch Blutzellen und Blutplasma;
- *Gewebe-Ebene.* Diffusion Kohlenstoffdioxid durch die Gewebeflüssigkeit;
- *Organismus-Ebene.* Gasaustausch (⇨ atmen, ⇨ Blutkreislauf).

[1] Burger, J. & Gerhardt, A. (2003). Energie im biologischen Kontext. Der mathematische und naturwissenschaftliche Unterricht. – [2] Chabalengula u. a. (2011). Diagnosing students' understanding of energy and its related concepts in biological context. International Journal of Science and Mathematics Education. – [3] Gropengießer, H. (2007). Theorie des erfahrungsbasierten Verstehens. In D. Krüger & H. Vogt (Hrsg.), Theorien in der biologiedidaktischen Forschung. Berlin, Heidelberg.

⇨ Symbiose

System

Wegweiser

Systeme gibt es in der Natur nicht. Sie werden von Menschen durch Abgrenzen und Zerlegen der Naturobjekte in Elemente und Relationen (gedanklich) hergestellt.

1 Vom Wort zum Begriff

Das griechische Substantiv systéma bedeutet: „Vereinigung, das aus mehreren Teilen zusammengesetzte und gegliederte Ganze". Das entsprechende griechische Verb *synhistánein* besteht aus *syn-*: „zusammen" und *histánein*: „stellen", „aufstellen". Im Wort „System" steckt also die Vorstellung von etwas Standfestem, Gefügtem, Verlässlichem, das man heute noch bei diesem Wort spürt und das leicht dazu führt, dass man in einem System etwas Festgefügtes sieht und es zu einem Gegenstand verdinglicht, wie es auch in Alltagsvorstellungen häufig der Fall ist.

In der *Umgangssprache* wird das Wort außerdem im Sinne von „Plan", „Absicht", „Strategie" benutzt: „Was er macht, macht er mit System". Es ist erst seit dem 18. Jahrhundert in unserem Kulturkreis bezeugt, nimmt aber dennoch nicht nur in den Wissenschaften, sondern auch in der Öffentlichkeit einen breiten Raum ein: in Politik (Verteidigungssystem, Wirtschaftssystem, Gesundheitssystem), in Medizin und Biologie (Verdauungssystem, Nervensystem) oder im Umweltbereich (Ökosystem). Das Wort wird immer dann verwendet, wenn ein „Gefüge", ein „aus einzelnen Teilen zusammengesetztes Ganzes", bezeichnet wird:
- ein Prinzip, Plan, eine Ordnung oder Anordnung,
- ein aus Einzelerkenntnissen zusammengestelltes grundlegendes Lehrgebäude,
- die Form der staatlichen, wirtschaftlichen oder gesellschaftlichen Organisation,
- eine geordnete Menge von Elementen (EDV, Sprachwissenschaften, Kybernetik, Systemtheorie),
- Zusammenfassung und Einordnung der Tiere und Pflanzen in verwandte oder ähnlich gebaute Gruppen (Linné: „Systema naturae", biologische Systematik, ⇨ verwandt).

In den *Fachwissenschaften* wird der Begriff „System" mehr oder weniger unanschaulich definiert. Systeme sind nicht einfach vorhanden, sondern werden anhand von Daten *konstruiert*. „Ein System ist eine Menge von Elementen und die Menge der Relationen, die zwischen diesen Elementen bestehen." [3] Die Relationen zwischen den Elementen machen die *Struktur* des Systems aus. Dazu gehören *räumliche Strukturen* (in der Biologie u. a. Blütenmuster, Symmetrien), aber auch *Zeitstrukturen* (Entwicklungsmuster, Periodik) und *Sozialstrukturen* (Paarungssysteme). Charakteristisch für Systeme ist, dass sie Eigenschaften haben, die bei ihren Teilen nicht zu finden sind. Die *Systemeigenschaften* sind also von den *Elementeigenschaften* zu unterscheiden.

2 Alltagsvorstellungen

2.1 Systemverständnis

In *Alltagsvorstellungen* wird „System" anschaulich und intuitiv erfasst:
- „System" wird stark mit „Ordnung" assoziiert.
- „System" wird als „Ganzheit" verstanden und mit ihr gleichgesetzt.

Bei einer Befragung von Studierenden der Universität Hamburg wurde Anfang der 90er-Jahre ein Assoziationstest durchgeführt, um herauszufinden, an was die jungen Leute spontan denken, wenn ihnen das Stichwort „System" vorgegeben wird . Alle genannten Assoziationen wurden Kategorien zuordnet, die so einen Gesamtüberblick über die Schwerpunkte des Assoziierens zum Wort „System" geben (Tabelle 1).
Die drei am stärksten vertretenen Kategorien zeigen, dass die Befragten über einen theoretischen Zugang zum wissenschaftlichen Systembegriff verfügen, indem sie Struktur und Wechselbeziehungen sowie Systemtypen und systematisches Denken assoziieren.
Auffallend ist, dass bei den Jugendlichen, die zum Teil Biologie studierten, Assoziationen zu den ihrem Studium nahestehenden Bereichen nur gering vertreten sind, dagegen spielt der Bereich *Politik/Wirtschaft/Gesellschaft* eine etwas stärkere Rolle, vermutlich weil solche Assoziationen durch die täglichen Nachrichten („Wirtschafts- und Finanzsysteme", „Parteiensysteme") häufig gestiftet werden.

Mit einer Interviewstudie zu ökologischen Einheiten wurde gezeigt, dass die 17 bis 18 Jahre alten Interviewpartner der 11. Klasse Systeme als reale Gegenstände betrachten. Sie setzen z. B. das gedankliche Konstrukt „Ökosystem“ mit der wahrgenommenen realen Landschaft gleich (⇨ Ökosystem). [4]

Kategorie	%
Beziehung, Wechselwirkung, Struktur	14
Systemtypen (u. a. Ökosystem)	12
menschliches Denken, systematisches Erfassen	11
Schule, Universität, Bücher, Medien, lernen, lehren	2
Politik, Wirtschaft, Gesellschaft	6
Biologie allgemein, biologische Systeme (Organsysteme usw., außer Ökosystem)	4
speziell: biologische Systematik (Taxonomie)	1
Physik	3
Technik	4
speziell: Computertechnik	2
Kybernetik (Steuerung und Regelung), Systemtheorie	3
Formales (ganz allgemeine Ausdrücke, nicht inhaltsgebunden)	9

Tabelle 1: Kategorisierung aller abgegebenen Assoziationen zu System; Häufigkeit gerundet in % der Befragten (Studierende der Biologie) [11]

2.2 System und Ordnung

Sehr oft wird System in Alltagsvorstellungen mit Ordnung assoziiert. Diese Verknüpfung scheint im Alltag weit verbreitet zu sein scheint, z. B. auch in einer Werbung (Abb. 1). Von den Befragten frei aufgestellte *Definitionen* zeigen, dass bei etwa einem Drittel eine Verknüpfung von Ordnung zu System auch im logischen Kern der Begriffe verfügbar ist. Dieser Befund wird durch einen *Multiple-Choice-Test* bestätigt: Die Aussage, Ordnung sei „dasselbe wie System“, wurde immerhin von etwa einem Drittel der Befragten angekreuzt. Die Aussage, „Du bist selbst ein System“ wurde von 72 % der befragten 15-Jährigen für interessant gehalten (⇨ ordnen). [7] [10] [11] [12]

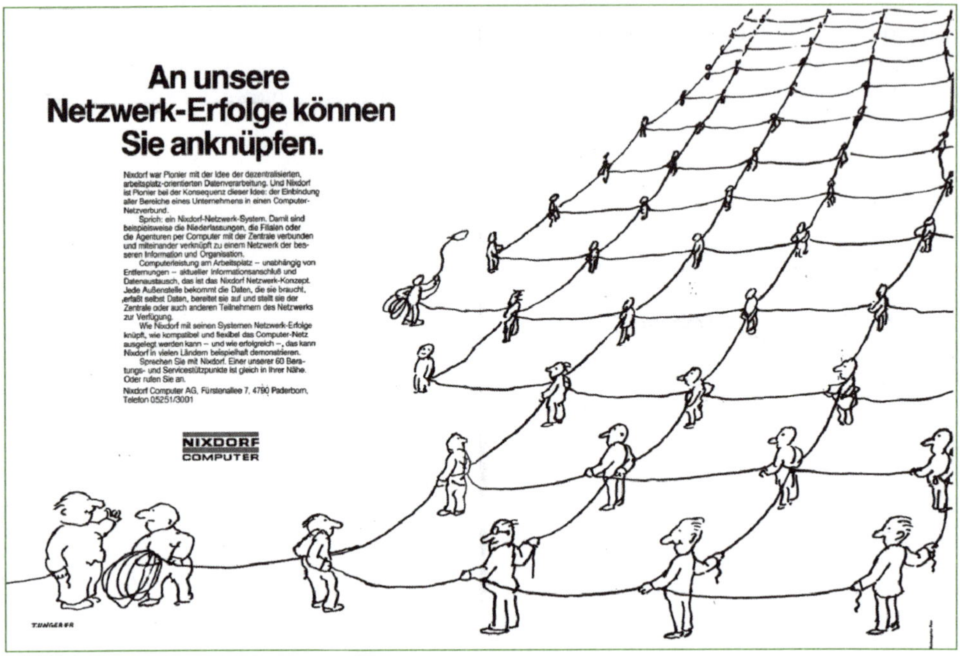

Abb. 1: Werbung für „Netzwerksysteme" des Computer-Herstellers Nixdorf. Der Künstler Tomi Ungerer hat (wohl nicht ganz im Sinne des Auftraggebers) mit dem Netzwerk die gleichschaltende Ordnung und das Gefangensein der Mitarbeiter im System karikiert, woran die Nutzer „anknüpfen"(!) sollen. Man beachte, dass der Chef (links), dem das Netzwerk-System überreicht wird, selbst noch an einer (anonymen) Leine hängt. Die Darstellung reflektiert damit Alltagsvorstellungen, die auch bei Lernenden bei „System" anklingen.

3 Für Unterricht: Anschauung und Vertiefung

3.1 Potenziale der Alltagsvorstellungen

Alltagsvorstellungen	Chancen für fachliches Lernen	Hindernisse für fachliches Lernen
System ist ein reales Ding (Gegenstand)	*Kontrast:* Systeme sind vereinfachende Konstrukte des Denkens (3.2 und 3.3)	alltäglicher Realismus
System bedeutet Beziehungen und Ganzheit.	*Brücke* zu Struktur (Relationen) und Systemeigenschaften (3.4)	
System heißt Ordnung.	*Anknüpfung:* System als geordnete Menge, Struktur und Dynamik von Systemen (3.5 und 3.6).	umgangssprachliche Bedeutung von Ordnung

Tabelle 3: Alltagsvorstellungen zu System geben Hinweise für fachliches Lernen.

3.2 Systeme sind keine realen Objekte sondern Konstrukte des Denkens

Systeme werden theoriegeleitet konstruiert. Vom Standpunkt der allgemeinen Systemtheorie aus spielen Unterschiede in den Bauteilen und Relationen keine Rolle für die Systembetrachtung. Es geht allein um das Erfassen der *allgemeinen* Systemstruktur und deren Funktion. Systeme sind stark vereinfachte Abbilder der Realität. Sie haben daher den Charakter von Modellen (⇨ modellieren).
Selbst bei der konkreten Analyse von Biosystemen ist der konstruktive Charakter der Systembetrachtung weiterhin deutlich, da auch hier konkret entschieden und bewertet werden muss:

- wo Grenzen des Systems zu ziehen sind,
- welche Teile (Elemente) im System unterschieden werden sollen,
- welche Beziehungen (Relationen) zwischen den Elementen für die Beschreibung ausgewählt werden und damit das System konstituieren.

Um den Charakter von Systemen als Konstrukte des Denkens zu erfassen, sollte man den fundamentalen Unterschied zwischen *Objekten* (den „Gegenständen" wissenschaftlicher Analyse) und *Systemen* (als Ergebnis der Analyse) herausstellen. *Carl Friedrich von Weizsäcker* (1912–2007) hat darauf hingewiesen, dass *Objekte* „Unendlichkeitsmerkmale" besitzen, da sie unter unendlich vielen Perspektiven betrachtet werden können und man ihnen daher unendlich viele Eigenschaften zuerkennen kann. *Systeme* werden dagegen – wie alle Modelle – vom Menschen „gemacht", und zwar auch dann, wenn ihre ausgewählten sowie definierten Elemente und Relationen eine Entsprechung in der Realität haben, die wissenschaftlich nachweisbar ist (⇨ modellieren).
Die Beschränkung eines Systems auf ausgewählte Teile und Relationen sowie die Abgrenzung des so konstruierten Systems von seiner Außenwelt setzen immer Entscheidungen des Betrachters voraus, die von der Natur nicht unbedingt vorgegeben sind. Natürlich ist die Abgrenzung eines Käfers von der Außenwelt durch den Chitin-Panzer objektiv vorgegeben und keine Erfindung des Beobachters, aber der fortwährende Austausch von Stoffen, Energien und Informationen mit der Umwelt zeigt, wie offen dieses Käfer-System ist und wie leicht man auch die Systemgrenze des Individuums zur Umwelt hin verschieben könnte. Das ist besonders deutlich bei Ökosystemen, deren „Grenzen" häufig in der Natur kaum nachweisbar sind, die aber der Mensch aus Gründen unmittelbarer Wahrnehmung, oft auch aus rein praktischen oder aus Forschungsgründen zieht (⇨ Ökosystem). [6]
In diesem Zusammenhang sollte bewusst gemacht werden, was beim Übergang vom wahrgenommen Realobjekt zur Systembetrachtung geschieht: Ein Lebewesen ist ein Realobjekt, das sich mit Sinnen und zunächst auch dem Denken und Fühlen als eine Einheit, als „Ganzheit" darstellt. Beim Übergang vom lebenden Objekt zum „lebenden System" schleichen sich – oft unbemerkt – leicht solche Eigenschaften des Systems in das Denken über das Realobjekt ein, die nur dem *System* zukommen. Beispielsweise gibt es „Elemente", mit naturwissenschaftlich fassbaren „Beziehungen" (Relationen) nur im System, nicht im Realobjekt. Das *Realobjekt* wird in der Systembetrachtung aufgelöst in *Teile (Elemente)* und *Beziehungen* (Relationen). Diese Zerteilung ist eine Folge des wissenschaftlichen Zugriffs, denn ohne Analyse kann keine Wissenschaft betrieben werden. Der Übergang vom Realobjekt zum System sollte jedoch beachtet und bei den Aussagen über das Realobjekt reflektiert werden.

3.3 Systembetrachtung als Vereinfachung

Die Systembetrachtung ist ein wirksames Mittel, die Komplexität der Naturobjekte zu vereinfachen:

- Der erste Schritt zur Vereinfachung ist das Ziehen von *Systemgrenzen*;
- erscheint das System danach zu komplex, um es angemessen wissenschaftlich erfassen zu können, so wird es im zweiten Schritt in kleinere Systeme (Teilsysteme, Untersysteme) zerlegt, die dann einzeln Gegenstand der Systembetrachtung werden;
- ein dritter Schritt zur Vereinfachung kann dadurch erfolgen, dass (an sich komplexe) Teilsysteme als (einfache) *Elemente* des Systems behandelt werden (z. B. Organellen als Elemente der Zelle, Organe als Elemente des Organismus, Ökosysteme als Elemente des Bioplaneten).

Die Entscheidungen des Betrachters werden von der Natur nicht unbedingt vorgegeben. „Systeme“ sind eben keine in der Natur vorgegebenen Objekte, sondern Konstrukte des systemtheoretischen Vorgehens. Sie werden in die Natur „hineingedacht“ (s. 3.2).
Bei Systembetrachtungen wird häufig die Komplexität der Naturobjekte herausgestellt, ohne die erfolgte Reduktion der Komplexität zu reflektieren. Komplexität wird nur mit den jeweils unterschiedenen Elementen eines Systems (Systemteilen) und den ausgewählten Relationen zwischen ihnen erfasst. Ausgehend von der Systembetrachtung ist ein Schluss vom Kleineren zum Größeren erlaubt: Wenn schon Systeme als komplexitätsreduzierte Konstrukte unserer Denkens so komplex sind, dass wir sie kaum fassen können, um wie viel komplexer ist dann die Wirklichkeit, die nicht Gegenstand unserer naturwissenschaftlichen Erkenntnis wird.

3.4 Systemeigenschaften

Die besondere Leistung der Systemtheorie für die biologischen Wissenschaften besteht in der Einführung des Begriffs Systemeigenschaft und der klaren Unterscheidung von den Elementeigenschaften. Grundlegend ist dabei die Erkenntnis, dass aufgrund von Wechselwirkungen zwischen den Elementen eines Systems ganz neue Eigenschaften entstehen. Man denke etwa an die Eigenschaften des Wassers im Vergleich zu den Elementen Wasserstoff und Sauerstoff: Systeme haben Eigenschaften, die ihre Teile nicht haben. Dieser Umstand wird oft ausgedrückt in dem Satz. „Das Ganze ist mehr als die Summe seiner Teile.“ Präziser lautet dieser Satz: „Das Ganze ist *anders* als die Summe seiner Teile.“
Der Satz kann mit Blick auf die Teile umgedreht werden: „Die Teile sind anders als das Ganze“ (⇨ verschieden).

Experiment zu Systemeigenschaften

Man lasse, an einem Stativ aufgehängt, eine Feder schwingen, an der unten ein Massestück hängt (die Utensilien hierzu gibt es in jeder Physik-Sammlung der Schulen). Die Feder mit dem Massestück ist ein recht einfaches System, bestehend aus zwei Teilen (Elementen).
Die Feder allein schwingt nicht bzw. fast nicht, und das Massestück allein auch nicht. Aber beide zusammen – als *System* – schwingen. Das Schwingen ist eine *Systemeigenschaft*, die den beiden Einzelteilen allein nicht zukommt.

Das Auftreten von Sytemeigenenschaften wird auch „Emergenz“ (lat. emergere: auftauchen) genannt. Mit diesem Wort verbinden manche Philosophen und Biologen (in Weiterführung der Vitalismus-Tradition) jedoch die Vorstellung, dass das Auftreten der neuen Eigenschaften *prinzipiell* nicht erklärt werden könne. Da man naturwissenschaftlich nicht entscheiden kann, ob eine Erscheinung „prinzipiell unerklärlich“ sei, ist der neutrale Ausdruck „Systemeigenschaft“ gegenüber emergenten Eigenschaften vorzuziehen.

Die systemtheoretische Betrachtung wird auch als *„ganzheitliche“* bezeichnet. In der Geschichte der Ökologie spielen ganzheitliche Auffassungen eine wesentliche Rolle (⇨ Ökosystem). Die „ganzheitliche“ Sichtweise steht in der Gefahr, das „Ganze“ (das System) gegenüber der Autonomie der Teile unangemessen zu betonen. In diesem Sinne wurden die ganzheitliche Sichtweise im Nationalsozialismus ideologisch missbraucht („Du bist nichts, dein Volk ist alles“, Behauptung von „Rasse“ als übergeordnete Ganzheit etc.).

3.5 Systemtypen und Gleichgewichte

Man unterscheidet statische von dynamischen, offene von geschlossenen, stabile von instabilen Systemen usw., je nachdem worauf das besondere Augenmerk gerichtet wird. Entsprechend den Rückwirkungen im System können sich auf unterschiedliche Weise Gleichgewichtszustände einstellen. (Abb. 2). Von besonderem Interesse sind in der Biologie multiple Rückwirkungssysteme und Sollwertsysteme (⇨ lebendes System, ⇨ steuern).
In der allgemeinen Systemtheorie werden Systeme, die weder Energie noch Materie mit ihrer Umgebung austauschen, als abgeschlossen, diejenigen, die Energie austauschen als geschlossen, und diejenigen, die Materie (und damit stets auch Energie) austauschen, als offene Systeme bezeichnet. Da der Unterschied zwischen abgeschlossen und geschlossen sprachlich gering ist, sollte man besser differenzieren, indem man angibt, in welcher Hinsicht ein System offen oder geschlossen ist, also von energetisch offenen oder energetisch geschlossen sowie von und materiell offenen bzw. geschlossenen sprechen.

Biologie hat generell mit offenen Systemen zu tun. [1] [2] [9]
Lebende Systeme sind *energetisch offene Systeme*. Energie fließt durch sie hindurch, sodass der Energiefluss für Lebensprozesse genutzt werden kann. Die Abfuhr von Wärme ermöglicht Aufbau und Erhalt von Strukturen. Lebende Systeme sind obligat energetische Durchflusssysteme (⇨ ordnen, ⇨ Energie).

Ökosysteme und Organismen sind durch den Austausch mit der Umgebung außerdem *materiell offene Systeme*. Während Energie obligat durch lebende Systeme hindurchfließt, können Stoffe im System verbleiben und in ihm unbegrenzt im Kreis transportiert werden. Ein beinahe vollständiger Stoffkreislauf besteht beim *Bioplaneten* Erde (Biosphäre), wenn man geologische Prozesse einbezieht. Der Bioplanet ist annähernd materiell geschlossen. Für Ökosysteme ist ein vollständiger Stoffkreislauf und materielle Geschlossenheit theoretisch ebenfalls möglich. Faktisch steht ein Ökosystem jedoch in einem mehr oder weniger umfangreichen Austausch mit anderen Ökosystemen (⇨ Stoffkreislauf, ⇨ Ökosystem, ⇨ Bioplanet).

Statische Systeme
Elemente und Relationen sind konstant. Dynamik betrifft nur das System als Ganzes: Impulse, Drehmomente. *Statisches Gleichgewicht:* Summe aller Drehmomente = 0: labil, stabil oder indifferent

Dynamische Systeme
Elemente und Relationen sind variabel und daher zeitabhängig.

Abgeschlossene Systeme
Kein Austausch von Materie, Energie und Strukturen mit der Umgebung. Dynamik durch Hin- und Rückreaktionen innerhalb des Systems. Im Gleichgewicht ist Summe der Hin- und Rückreaktionen im System = 0; *Thermodynamisches Gleichgewicht*

Offene Systeme
Austausch von Materie, Energie oder Strukturen („Informationen") mit der Umgebung. Dynamik durch Zu- und Abflüsse von und nach außen. Im Gleichgewicht ist die Summe der Zu- und Abfllüsse im Mittel = 0

Überlauf-Systeme
Einfache Rückwirkung: Die Stärke des Zuflusses bestimmt die Stärke des Abflusses bei Wasser durch die Höhe der Wassersäule, bei Wärme durch die Temperaturdifferenz. *Einfaches Fließgleichgewicht:* Zufluss = Abfluss

Rückwirkungs-Systeme
Systeme mit Selbststeuerung (feedback). Dynamik: Wirkungen wirken auf die eigene Ursache zurück – „zyklische Kausalität", Nichtlinearität.

Selbstverstärkende Systeme
Abweichungen vom Systemzustand werden durch „positive Rückwirkung" (je mehr, desto mehr; aber auch: je weniger, desto weniger) verstärkt. Wachstum, Aufschaukelung, Eskalation oder Schrumpfung, Kollaps, Zusammenbruch.

Regelungs-Systeme
Abweichungen vom Systemzustand werden durch „negative Rückwirkung" (je mehr, desto weniger; aber auch: je weniger, desto mehr) kompensiert: Regelung. Gleichgewicht wird durch Ausgleich von Abweichungen erreicht.

Multiple Rückwirkungs-Systeme
Dynamik durch vielfach vernetzte direkte positive und negative Rückwirkungen der Elemente aufeinander: Die innere Dynamik kann ein „Gleichgewicht" von Zu- und Abflüssen bewirken (auch mit Schwingungen): *Komplexes Fließgleichgewicht (steady state).*

Sollwert-Systeme
Rückkoppelung über spezielle Bauteile im System (Regel-, Mess- Stellglieder). Dynamik: Vorgegebene „Sollwerte" werden angesteuert oder eingehalten. Vom Sollwert abweichende „Istwerte" werden an den Sollwert angepasst. Gleichgewicht: Stabiler Endzustand nach Erreichen des Sollwerts: *Rückkopplungsleichgewicht (Homöostase).*

Abb. 2: Systematik der Systeme. Der Einteilung der Systeme entsprechen mögliche Gleichgewichtszustände.

3.6 Oberbegriffs-/Unterbegriffs- und Teil-Ganzes-Beziehungen

Das Betrachten von Gegenständen als System verlangt die Fähigkeit zum schnellen Transfer von einem Sachverhalt auf einen anderen und das wiederholte Auf- und Absteigen zwischen den *Systemebenen* (Abb. 3). In der allgemeinen Systemtheorie wird von den besonderen Eigenschaften der Elemente und den verschiedenen Arten der Relationen der verschiedenen Systemebenen abgesehen (s. 3.2). In der Biologie sollten dagegen die besonderen Relationen (physiologich, genetisch, ökologisch) auf den Systemebenen des Organismus, der Art und des Bioplaneten beachtet werden (⇨ lebendes System). [5]
Vielfach wird in Darstellungen nicht zwischen Oberbegriffs-Unterbegriffs- und Teil-Ganzes-Relationen unterschieden, sondern beides für dasselbe ausgegeben. Unterbegriffe bezeichnen jedoch jeweils *Beispiele* (hier Ökosystem Wald) für den (abstrakteren) Oberbegriff (hier Ökosystem), während Teil-Ganzes-Relationen jeweils räumliche bzw. funktionelle *Teilsysteme* (z. B. Baumschicht) eines (gleichermaßen konkreten) umfassenderen Systems (Ökosystem Wald) darstellen (Abb. 3).

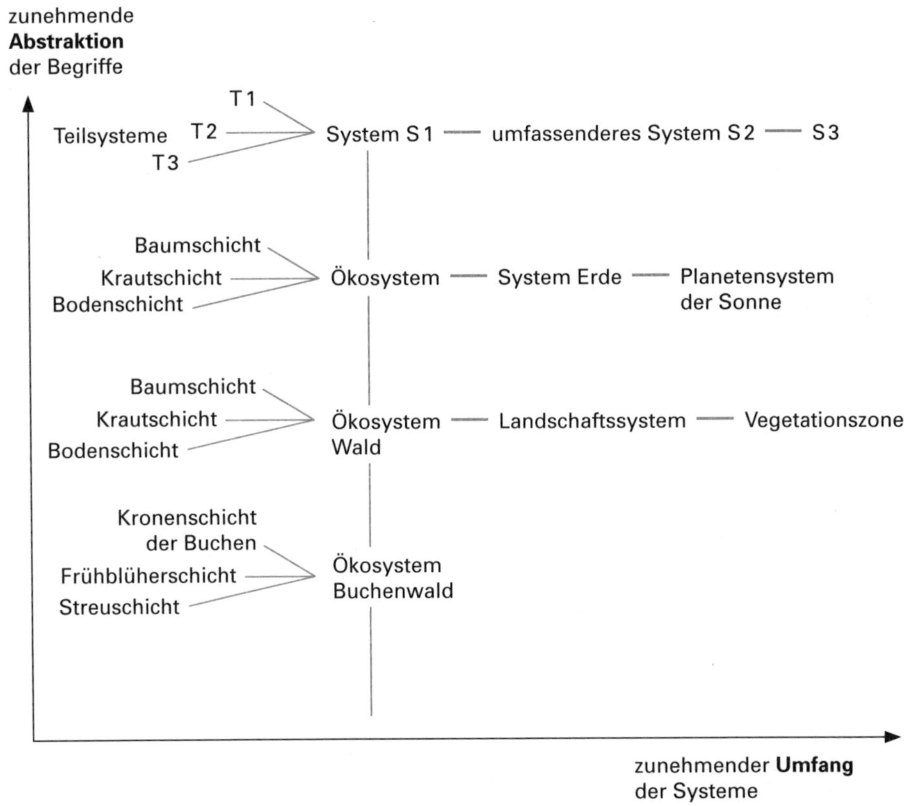

Abb. 3: Unterscheidung von Oberbegriffs-/Unterbegriffs-Beziehungen (Abstraktion) und Teil-Ganzes-Beziehungen (Umfang) am Beispiel Ökosystem

Teilsysteme liegen also auf derselben Konkretionsebene: Es sollte also beachtet werden, dass das Ganze genau so konkret ist wie seine Teile (z.B. Erde, Population, Organismus und Zelle). Ober- und Unterbegriffe liegen dagegen auf verschiedenen Abstraktionsebenen: Oberbegriffe sind immer abstrakter als die zugehörigen Unterbegriffe (z.B. Biosphäre, Ökosystem und Waldökosystem). Die letzteren sind in einer Auflistung daher zweckmäßig auf einer (vertikalen) *Abstraktions*-Achse, die ersteren auf einer (horizontalen) *Umfangs*-Achse zu veranschaulichen (Abb. 3).

Mit dem Umfang des Systems nimmt real auch die *Komplexität* zu, diese kann jedoch durch das Behandeln der Teilsysteme als einfache Elemente auf jeder Systemebene wieder reduziert werden (s. 3.3).

[1] Bertalanffy, L. von, Beier, W. & Laue, R. (1977). Biophysik des Fließgleichgewichts. Braunschweig. – [2] Bünning, E. (1959). Der Lebensbegriff in der Physiologie. Studium generale, (3). – [3] Klaus, G. (1969). Wörterbuch der Kybernetik. Band 2. Frankfurt/M., Hamburg. – [4] Jelemenská, P. (2006). Biologie verstehen: ökologische Einheiten. Beiträge zur Didaktischen Rekonstruktion 12. Oldenburg. – [5] Kattmann, U. (2013). Geschichte und Struktur der Biologie. In H. Gropengießer, U. Harms & U. Kattmann (Hrsg.), Fachdidaktik Biologie. Hallbergmoos. – [6] Knight, T.M. u. a. (2005). Trophic cascades across ecosystems. Nature, 437 – [7] Langlet, J. & Schaefer, G. (2008) Einstellungen zu den Naturwissenschaften und naturwissenschaftlich relevante Haltungen bei deutschen und japanischen Jugendlichen. Frankfurt/M. – [8] Meadows, D. u. a. (1972). Die Grenzen des Wachstums. Stuttgart. – [9] Nijhout, H.F. (1990). Metaphors and the role of genes in development. BioEssays 12. – [10] Schaefer, G. (1972). Kybernetik und Biologie. Stuttgart. – [11] ders. (1978). Inklusives Denken. In G. Trommer, G. & K. Wenk, (Hrsg.), Leben in Ökosystemen. Leitthemen (1). – [12] ders. (1976). Was ist „Wachstum"? In G. Schaefer, G. Trommer, & K. Wenk, (Hrsg.), Wachsende Systeme. Leitthemen (1).

theoretisch/Theorie

Wegweiser

Theorien sind Hypothesengefüge.
Sie sind Voraussetzungen und Mittel für naturwissenschaftliche Erklärungen.

1 Vom Wort zum Begriff

Umgangssprachlich werden „theoretisch" und „Theorie" als Gegensatz zu „praktisch" und „Praxis" sowie „wirklich" und „tatsächlich" gebraucht. Die letzteren Bedeutungen werden in dem Verb theoretisieren besonders deutlich. Das Wort Theorie stammt von griechisch theoria: Anschauen, Anschauung, Betrachtung, was ursprünglich die Teilnahme an einem Schauspiel oder Fest meint. Erst sekundär wird das Wort auf wissenschaftliche Untersuchung und abstrakte Erkenntnis angewendet. Dieselbe Metapher wird mit den Worten „spekulieren", „Spekulation" (lateinisch speculare: umherschauen, ausspähen) verwendet und umgangssprachlich ähnlich abwertend gebraucht wie theoretisieren.
Darin, dass die in der Regel unanschauliche Theorie sich im Wortsinn von „Anschauung" ableitet, steckt die Annahme, dass sie zu erweiterter wissenschaftlicher „Einsicht" führt. Im Verhältnis zur Praxis ist so der Satz einsehbar: „Praxis ohne Theorie ist blind."
Fachlich sind Theorien notwendige Bedingung für naturwissenschaftliche Aussagen. Eine Theorie ist ein widerspruchsfreies Gefüge aus miteinander verbundenen Hypothesen zur Erklärung von Phänomenen.

2 Alltagsvorstellungen

Die gegenüber wissenschaftlichen Theorien anzutreffenden Alltagsvorstellungen schließen einerseits an die umgangssprachliche Verwendung von theoretisch und theoretisieren an, andererseits werden zuweilen Theorien gegenüber Hypothesen als gesicherte Erkenntnis angesehen.
Die Bedeutung von Theorie als ungesicherte Spekulation ist weit verbreitet: Selbst innerhalb von manchen Wissenschaften werden Theorie und Praxis entgegengesetzt, indem der Theorie das Praxiswissen gegenübergestellt wird. In den Naturwissenschaften wird zuweilen die Theorie der Empirie gegenübergestellt. Die Auffassung, dass Theorien aus Resultaten von Beobachtungen und Experimenten (aus der so genannten Induktionsbasis) abgeleitet werden könnten, ist überholt. Selbstverständlich gibt es inspirierende Vorerfahrungen und Zufallsbeobachtungen. Die systematische Planung und Auswertung von Experimenten und Beobachtungen sind jedoch auf Theorie angewiesen. Dem entspricht das hypothetisch-deduktive Vorgehen (s. 3.2).
In einer Interviewstudie wurden Biologie-Fachleiter/-innen zu ihren Vorstellungen zu Evolution und Evolutionsunterricht befragt. Dabei zeigt sich ebenfalls, dass „Theorie" auch von Fachleitern überwiegend in umgangssprachlicher Bedeutung verwendet wird (Zitat). [11]

Theorien sind Vermutungen

„Solange etwas nicht bewiesen ist, ist es eine Theorie."
„Eine Theorie ist eine Vermutung, die nicht 100%ig bewiesen ist."
„Eine Theorie ist die Vermutung eines Wissenschaftlers zu einem bestimmten Problem." *[10]*

„Theorien sind Vermutungen, die auf gewissen Grundlagen basieren, die aber so noch nicht zu 100 % bewiesen werden können."
„Bei Theorien muss man halt immer sich bewusst machen, dass eine Theorie eine Theorie ist. Das heißt, es ist ein gedankliches Konstrukt erst mal, für das man halt, wie gesagt, Indizien finden kann."

Anna

„Bei der Theorie gibt es keine Sicherheit, weil eine Theorie für mich etwas ist, was sich jemand gedacht hat. […] seine persönlichen Gedankengänge dazu. Aber jeder Mensch hat andere Gedankengänge und geht mit einer anderen Herangehensweise [vor]."

Jasmin
Studierende Lehramt Biologie [8] [9]

Nur eine Theorie

„Da [beim Thema Evolution] hat mein Unterricht noch Mängel, dass das im Prinzip nur eine Theorie ist. … Wenn man sich mit den kreationistischen Argumenten auseinandersetzt, dann haben die für fast jedes evolutionäre Argument auch ein kreationistisches Gegenargument, und da gibt es Schwierigkeiten, und da habe ich mich noch nicht daran getraut."

Biologiefachleiter [11]

In einer Interviewstudie wurden Vorstellungen von Studierenden des Lehramts zu den Begriffen Theorie, Gesetz und Modell untersucht. Die Befragten verstehen Theorie einerseits als unsichere Vermutung oder Spekulation, andererseits als ziemlich sicheres naturwissenschaftliches Wissen. In der Sicherheit wird die Theorie von Gesetzen übertroffen, sodass sich eine Sicherheits-Hierarchie des naturwissenschaftlichen Wissens von Hypothesen über Theorien zu Gesetzmäßigkeiten ergibt. Als Theorie in der Biologie wird fast ausschließlich die Evolutionstheorie genannt. Ähnliche Vorstellungen ermittelte eine US-amerikanische Studie von Studierenden (Kasten, ⇗ Gesetz). [8] [9] [10]

Theorien sind sicheres Wissen

„Eine Theorie ist ziemlich sicher, also sehr zuverlässig. Im Sprachgebrauch wird es immer so verwendet als wäre sie noch unsicher."

„Theorien sind für mich sozusagen verifizierte Hypothesen. … Erst, wenn es so häufig überprüft wurde und man sich ziemlich sicher ist, dann wird es ja zu einer Theorie zusammengefasst."

„Also [die] Evolutionstheorie, zum Beispiel, ist ja etwas, was bewiesen ist."

„Im weitesten Sinne ist Theorie ein Konzept, das bewiesen ist und auf dem aufbauend man in andere Richtung weiterforschen kann."

Leon, Studierender des Lehramts Biologie [8] [9]

In einer Studie wurden 9- bis 16-Jährige zu einem Szenario zum Sauerwerden von Milch bei verschiedenen Temperaturen befragt. Die Vorstellungen zur Theorie umfassten neben der Meinung, dass Theorien nur Vermutungen seien (ein Drittel der jüngeren Befragten), die überwiegende Meinung der 16-Jährigen, dass Theorien Erklärungsansätze seien. Dabei zeigten sich zwei Denkweisen [1]:

- Theorien dienen der *Beschreibung eines Phänomens*. Dahinter kann der alltägliche Realismus stehen, dass die Welt erfasst wird, wie sie ist und dies zur Erklärung ausreicht. (Evidenz, ⇨ anthropomorph)
- Theorien dienen der Erklärung auf der Grundlage von erkannten Zusammenhängen. Die Befragten meinen, dass Theorien dazu dienen, *Zusammenhänge zwischen Variablen* zu bestätigen. Welche Variablen untersucht werden, ergibt sich für die Befragten nicht aus der Theorie, sondern aus der Kenntnis des Phänomens. Das entspricht der Auffassung, dass Theorien sich aus Beobachtungen ergeben (induktionistische Auffassung, s. 3.2, ⇨ wahrnehmen).

Wenn Theorien als der höchste Grad wissenschaftlicher Erkenntnis charakterisiert werden, die durch Zusammenführen von Ergebnissen entstehen, so entspricht dies implizit ebenfalls einer induktionistischen Auffassung. [2] Theorien sind hingegen nicht aus Daten zu gewinnen und entstehen nicht aus Ergebnissen von Untersuchungen: Es gibt keine Methode, wie Theorien gewonnen werden können. Ein großer Teil sind bei der Entstehung von Theorien Intuition und kreativ herangezogene Analogien.
Neben den vorherrschenden werden zuweilen auch Vorstellungen geäußert, die einer erkenntnistheoretischen Beurteilung von Theorien nahe kommen (Zitat Anna).

Theorien sind revidierbare Erklärungen

„Der andere Weg ist, [dass] man über irgendetwas stolpert, was nicht sein kann oder was nach dem bisherigen Erkenntnisstand nicht sein kann und versucht, das mit einer neuen Theorie zu erklären."

Anna
Studierende des Lehramts Biologie [8]

3 Für Unterricht: Anschauung und Vertiefung

3.1 Potenziale der Alltagsvorstellungen

Alltagsvorstellungen	Chancen für fachliches Lernen	Hindernisse für fachliches Lernen
Theoretisch heißt „nicht sicher".	*Perspektivenwechsel:* Naturwissenschaft ist auf Theorien gegründet. (3.2)	Abwertung der Theorie
Theorien werden durch Tatsachen bewiesen.	*Kontrast*: Naturwissenschaftliche Theorien führen zu empirischem Wissen, bleiben aber stets hypothetisch (3.3).	Fehldeutung von Theorie
Theorien sind revidierbare Erklärungsansätze.	*Brücke:* Theorien sind die Voraussetzung für wissenschaftliche Erklärungen (↗ erklären).	

Tabelle 1: Alltagsvorstellungen zu Theorie geben Hinweise für fachliches Lernen.

3.2 Theorie geht empirischer Erkenntnis voraus

Hinsichtlich der Naturwissenschaften hält sich hartnäckig die Vorstellung, dass sie mit dem Experiment beginnen und von vagen Hypothesen zur (sicheren) Theorie fortschreiten. Danach geht man zum Lösen einer allgemeinen Frage oder eines Problems von einer Reihe von Beobachtungen aus und stellt Beziehungen zwischen den einzelnen Beobachtungen oder Messergebnissen her. Erst zur Erklärung der gewonnenen Daten stellt man Hypothesen auf, die nach neuerlicher Prüfung zu Theorien entwickelt werden. Das Gewicht liegt bei diesem Verständnis logisch auf der *Induktion*, also dem Schluss von den Einzeldaten auf allgemeine Gesetzmäßigkeiten. Daher wird diese Auffassung Induktionismus genannt. Sie wird *Francis Bacon* (1561–1626) zugeschrieben und ist von *Max Hartmann* (1876–1962) in eine neue Form gebracht worden. Bis in die 1980er Jahre hat sie die Vermittlung von Biologie an Gymnasien geprägt. Auch die Wissenschaftsgeschichte wird zuweilen so dargestellt, als ob Experimente und Beobachtungen allein die modernen Naturwissenschaften haben entstehen lassen. Durch derartige Darstellungen werden Alltagsvorstellungen bestätigt, wonach die Sinnesorgane ein zutreffendes Abbild der Wirklichkeit vermitteln (⇨ wahrnehmen).

Demgegenüber ist zu betonen: Theorien werden *intuitiv* gewonnen und mit Vorerfahrungen verknüpft, ohne daraus ableitbar zu sein. Es gibt deshalb keine Methode, wie Theorien zu gewinnen sind. Wissenschaftliche Erkenntnis setzt Theorien voraus; sie gelangt nicht etwa erst am Ende zu ihnen. Die angeblichen Kronzeugen für empirisch ausgerichtete Biologie – *Darwin, Mendel* und *Harvey* – haben sich bei ihren Forschungen von intuitiv gewonnen Theorien (Ideen) leiten lassen:

- *Gregor Mendel* (1822–1884) hat nicht zuerst mit Erbsen experimentiert und danach die später nach ihm benannten Regeln gewonnen. Mendel hatte Mathematik studiert. Daher hatte er von vornherein die Vorstellung von (unvermischt weitergegebenen) Merkmalen,

die nach den Regeln der mathematischen Kombinatorik auftreten. Deshalb kontrollierte er die Konstanz der Merkmale in der Elterngeneration und zählte genau aus. Er teilt sogar – von seiner Theorie überzeugt – statistisch überoptimale Ergebnisse mit. *Charles Darwin* (1809–1882) war ebenfalls auf der Suche nach Vererbungsregeln, machte ähnliche Versuche wie Mendel, indem er Löwenmäulchen kreuzte. Er entdeckte, dass ein Merkmal dominant ist und nannte das Phänomen „Prinzip des Übergewichts" in der Vererbung. Aber er kontrollierte die Konstanz der Merkmale nicht und glaubte an den „Rückschlag zu den Großeltern", durch den das Übergewicht des einen Merkmals in der 2. Tochtergeneration abgeschwächt werde (bei Mendel: Wiederauftreten des rezessiven Merkmals: Spaltungsregel). [6]
- *Darwin* hat seine Evolutionstheorie nicht aus den umfangreichen Beobachtungen und Sammlungen seiner Weltreise gewonnen. Auf der Reise sammelte er noch nach Art eines Naturwissenschaftlers, der von der Konstanz der Arten überzeugt ist. Erste Ansätze zu seiner Evolutionstheorie entwickelte er wenige Monate nach seiner Weltreise. Danach brauchte er ein Jahr, um die gesammelten Beobachtungen und Materialien im Lichte seiner Theorie neu zu ordnen, nahm Kontakte zu Taubenzüchtern und Gärtnern auf, um mit deren Erfahrungen die Selektionstheorie am Modell der künstlichen Selektion zu belegen. Außerdem führte er jetzt eigene Untersuchungen und Experimente dazu durch. [4]
- Selbst *William Harvey* (1578–1657), der mit seinen Berechnungen zum Blutkreislauf vielen als der Prototyp eines induktiv experimentell arbeitenden Naturwissenschaftlers gilt, lässt sich von der zuvor gefassten Annahme des Kreislaufs leiten, sonst hätte er nicht die Richtung des Bluts in den Venen bestimmt und nicht nachzuweisen versucht, dass das durch die Herzschläge beförderte Blutvolumen unmöglich neu gebildet werden kann, sondern kreisen muss. [3]

Am Unsichtbaren wird die „Anschauung" durch die Theorie sichtbar: *Harvey* hat den Blutkreislauf nicht entdeckt (er hat ihn nicht gesehen), sondern z. B. die Verbindung zwischen Venen und Arterien im Sinne des Kreislaufs postuliert, denn die Kapillaren waren unbekannt. *Darwin* konnte die Wirkung der natürlichen Selektion nicht sehen, sondern die der nachweisbaren künstlichen Selektion aufgrund seiner Theorie auf die natürliche übertragen. *Mendel* kannte keine Erbanlagen, hat sie nicht einmal als getrennte Einheiten postuliert, sondern erwartete, dass die Merkmale aufgrund einer nicht sichtbaren Unverträglichkeit in den Keimzellen rein vorliegen und daher bei der Befruchtung nach mathematischen Regeln neu kombiniert werden (⇨ erben). [5]

3.3 Theorien bleiben stets hypothetisch

Die Beurteilung, welchen Stellenwert Theorien in der Naturwissenschaft haben, ist Teil der Überlegungen zur Kultur der Naturwissenschaften (Nature of Science, NOS). Es wird empfohlen, die Reflexion zum naturwissenschaftlichen Wissen nicht punktuell durchzuführen, sondern an möglichst vielen Stellen im Biologieunterricht zu praktizieren. [2] [10] Dabei ist die Vorstellung, dass Naturwissenschaft von (unsicheren) Hypothesen zu (sicheren) Theorien fortschreitet, zu revidieren. Theorien sind ein Gefüge aus aufeinander bezogenen Hypothesen. Wie gut ein solches Hypothesengefüge auch bestätigt sein mag, es bleibt hypothetisch, denn durch eine einzelne Widerlegung einer (zentralen) Hypothese würde die Theorie fraglich, sie wäre zu modifizieren oder zu verwerfen (⇨ hypothetisch). [7]

Die Anforderungen, die grundsätzlich an Theorien zu stellen sind, sind logische *Widerspruchsfreiheit* und die *empirische Überprüfbarkeit* der daraus abzuleitenden oder sie konstituierenden Hypothesen. Die Bestätigung ihrer Hypothesen ist jedoch keine notwendige Bedingung für Theorien. Selbstverständlich sind auch heute nicht mehr akzeptierte Anschauungen völlig zu Recht als Theorien zu bezeichnen (wie die Keimchentheorie [Pangenesistheorie] der Vererbung von *Darwin* oder in der Chemie die Phlogistontheorie). Ob Theorien wissenschaftlich akzeptiert oder abgelehnt werden, hängt nicht allein von der empirischen Bestätigung ab, sondern ebenso von den Gewohnheiten und Vorlieben der betreffenden Wissenschaftlergemeinschaft.
Biologie hat als historische Naturwissenschaft zwei auf empirische Überprüfung zielende Fragen: die aktual kausale „Wie kommt es?“ und die historisch kausale „Wie kam es dazu?“ (⇨ kausal, ⇨ erklären).
Die *aktual kausale* Frage ist allgemein naturwissenschaftlich. Sie wird durch Beobachtungen und Experimente beantwortet (Abb. 1, ⇨ experimentieren). In diesem Bereich sind vor allem Zelltheorie und Keimtheorie als biologische Theorien zu nennen.
Die *historisch kausale* Frage ist für historische Naturwissenschaften charakteristisch – neben Biologie gehören dazu Geologie und Kosmologie. Gegen die *Evolutionstheorie* wird eingewendet, dass sie nicht durch Experimente überprüfbar sei, da sie ein einmaliges Geschehen betrifft. Tatsächlich beruht Evolution nicht nur auf Prinzipien wie Selektion, sondern ebenso auf einmaligen Ereignissen (⇨ zufällig).
Das Problem der empirischen Überprüfung evolutionsbiologischer Aussagen löst sich jedoch weitestgehend auf, wenn Prognosen nicht nur auf die Zukunft, sondern auch auf die Vergangenheit angewendet werden. Derartige „rückwärtsgewandte Vorhersagen“ werden Retrodikte genannt. Sie betreffen zwar die Vergangenheit, sind jedoch Prognosen logisch völlig gleichzusetzen: Retrodikte werden aus der Evolutionstheorie abgeleitet und sind prinzipiell widerlegbar (Abb. 1, rechts). Die empirische Überprüfbarkeit kann durch materiale historische Quellen (Fossilien) erfolgen oder – insbesondere bei Experimenten – über das *Aktualitätsprinzip* hergestellt werden. Nach diesem Prinzip herrschten in der Vergangenheit dieselben Gesetzmäßigkeiten wie in der Gegenwart (Abb. 1, schräger Pfeil nach rechts): So können z. B. bei gegebener Teilchengröße und Masse die gleichen Sedimentationsgeschwindigkeiten, bei gleicher Organisation der Lebewesen und entsprechenden Umweltfaktoren ähnliche Selektionsprozesse angenommen werden (⇨ aktuell).
Ein Retrodikt ist z. B. in der Aussage enthalten, dass zwei heute lebende Formen miteinander verwandt seien. Darin steckt die Behauptung, dass sie einen gemeinsamen Vorfahren haben. Ein solches Retrodikt kann durch Aussagen über die wahrscheinlichen Eigenschaften des angenommenen Vorfahren ausgeschärft werden. Aufgrund des Vergleichs von Kiefer- und Gehörknochen bei Reptilien und Säugetieren kann als Säugervorfahr z. B. ein Reptil postuliert werden, das zwei Kiefergelenke (bzw. Kiefergelenkflächen) gehabt hat. Dieses Retrodikt wurde durch Fossilien bestätigt. Es könnte aber prinzipiell widerlegt werden, wenn z. B. eine andere Abstammung durch Fossilien besser belegt und die Entsprechung der Kiefer- und Gehörknochen sich als fehlerhaft herausstellen würde.
Stammesgeschichtliche Verwandtschaft kann durch Beobachtungen und Experimente überprüft werden oder sogar zu praktischer Anwendung führen. Bindeglied zwischen historischen und aktualen Erklärungen ist das Aktualitätsprinzip. Angewendet wurde es beispielsweise bei der Suche nach einem Kulturmedium für den Erreger der Rindertuberkulose. Die Prognose, dass freilebende Verwandte dieser Bakterien bestimmte Stoffe enthalten, die ihnen das Über-

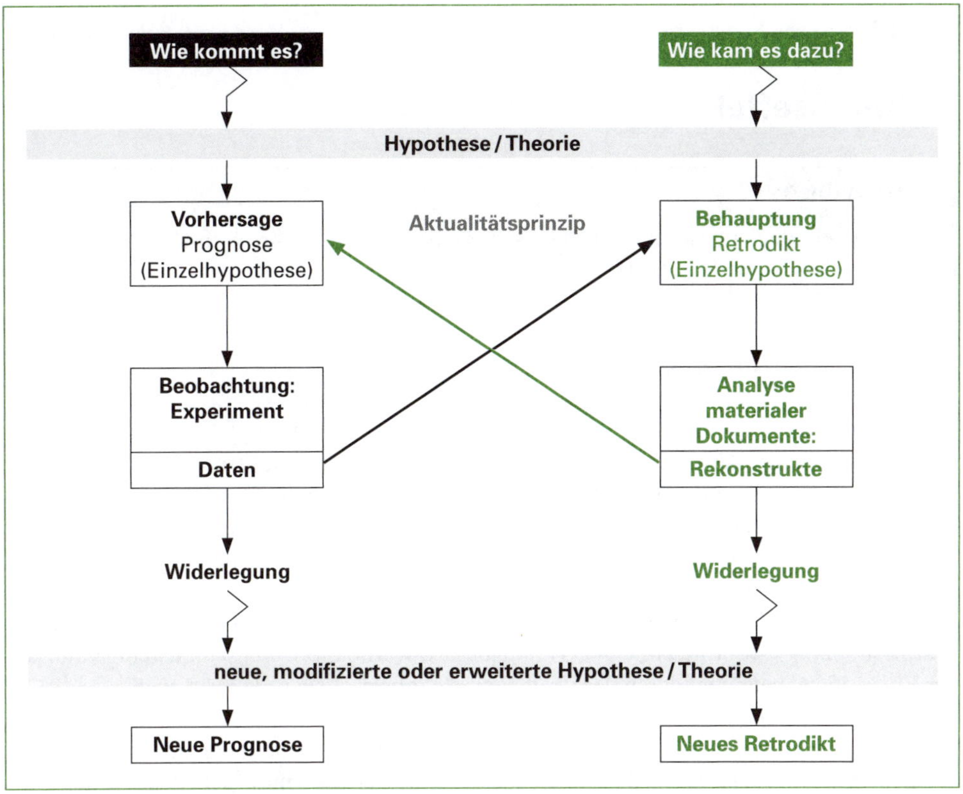

Abb. 1: Hypothetisch-deduktives Verfahren in der Biologie: links: für aktual-kausale, rechts: für historisch kausale Ursachen; ——► Deduktion, ⁄\—► Intuition

leben in einem bestimmten Kulturmedium ermöglichen, enthält zugleich das Retrodikt, dass sich bei den Vorfahren der Krankheitserreger eine Verlustmutation ereignet hat. Durch Zugabe von Extrakten aus freilebenden Verwandten zum Kulturmedium der Tuberkulose-Bakterien (Abb. 1, schräger Pfeil nach links) konnte das Retrodikt bestätigt werden (schräger Pfeil nach rechts).

[1] Driver, R. u. a. (1996). Young people images of science. Philadelphia. – [2] Hammann, M. & Asshof, R. (2014). Schülervorstellungen im Biologieunterricht. Seelze. – [3] Hirschfelder, P., Rüther, F. & Düning, S. (1984). „Das Herz ist der kleinen Welt Sonne." Unterricht Biologie (100). – [4] Kattmann, U. (1984). Geschichte im Biologieunterricht. Unterricht Biologie (100). – [5] ders. (1995). Gene und Genetik. Unterricht Biologie (209). – [6] ders. (1995). Ein Kreuzungsexperiment von Darwin. Unterricht Biologie (209). – [7] Langlet, J. (2013). Kultur der Naturwissenschaften. In H. Gropengießer, U. Harms & U. Kattmann (Hrsg.), Fachdidaktik Biologie. Hallbergmoos. – [8] Reinisch, B. (2014). Schriftl. Mitteilung zur Untersuchung von [9}. – [9] Reinisch, B. & Krüger, D. (2014). Vorstellungen von Studierenden über Gesetze, Theorien und Modelle in der Biologie. Erkenntnisweg Biologiedidaktik. – [10] Schwartz, R. S. (2007). Beyond evolution: A thematic approach to teaching NOS in an undergraduate biology course. Proceedings of the international conference of the National Association for Research in Science Teaching. New Orleans. – [11] Van Dijk, E. M. & Kattmann, U. (2010). Evolution im Unterricht. Zeitschrift für Didaktik der Naturwissenschaften.

↗ Tier

Treibhauseffekt

Wegweiser

Die Atmosphäre umgibt die Erde als dicke Schicht, die Wärme mit Hilfe von Treibhausgasen absorbiert.

1 Vom Wort zum Begriff

Unter Treibhauseffekt wird die Tatsache verstanden, dass die Atmosphäre der Erde Wärmestrahlung absorbiert. Abgeleitet ist der Terminus vom Treibhaus, in dem sich die Temperatur bei Sonneneinstrahlung durch das Einschließen der Luft durch die Glasscheibe erhöht (Verhinderung der Konvektion, d.h. des Austauschs der Luft mit der Umgebung). Anders als die Erwärmung der Luft im Treibhaus erfolgt die Erwärmung der Atmosphäre nicht durch eine abgrenzende Schicht, sondern durch die in der Atmosphäre enthaltenen so genannten Treibhausgase (Wasserdampf, Methan, Kohlenstoffdioxid), die Infrarot-Strahlung (langwellige Wärmestrahlung) absorbieren. Ohne Treibhausgase würde die Durchschnittstemperatur auf der Erde –18 °C betragen, durch den Treibhauseffekt beträgt sie gegenwärtig etwa +14 °C. Es gibt also im Gegensatz zum Treibhaus keine dämmende Grenzschicht, die die Wärme in die Atmosphäre zurücklenkt. Die ganze Atmosphäre wirkt vielmehr durch die darin verteilten Treibhausgase als dicke, die Erde umgebende Schicht. Der vermehrte Gehalt an Kohlenstoffdioxid durch Verbrennung fossiler Brennstoffe verstärkt den Treibhauseffekt (Klimawandel). Der im Terminus Treibhauseffekt enthaltene Vergleich von der Atmosphäre mit einem Treibhaus bezieht sich also lediglich auf die Erwärmung der Luft, nicht auf den gänzlich anderen Prozess, der zur Erwärmung führt (s. 3.2, Abb. 2, S. 351).

2 Alltagsvorstellungen

Die Alltagsvorstellungen zum Treibhauseffekt sind wesentlich durch den Vergleich mit dem Treibhaus bestimmt. Innerhalb von Interventionsstudien wurden die Vorstellungen von Grundschulkindern sowie von Jugendlichen im Alter von 13 bzw. 18 Jahren zum Treibhauseffekt und Klimawandel erfasst und klassifiziert. [1] [2] [5]
Die befragten 13-Jährigen hatten z.T. nur bruchstückhaftes Wissen und keine konsistenten Vorstellungen. Zusammenhängende Vorstellungen wurden zu zwei Konzepten geäußert. Als Ursachen der zunehmenden Erderwärmung werden von den Befragten angegeben:

- *Verstärkte Sonneneinstrahlung auf die Erde.* Sie wird mit dem „Ozonloch“ begründet, durch das die Strahlung der Sonne ungehindert eindringe. Die Ozonschicht selbst wird als Barriere angesehen, die durch das Loch eingedrungene Wärme zurückhält. Das Ozonloch wird mit der Freisetzung von Kohlenstoffdioxid verknüpft (Kasten).
- *Verringerte Wärmeabstrahlung von der Erde.* Die Wirkung der Treibhausgase wird so verstanden, dass sie in der Atmosphäre eine dünne Schicht bilden, die die Wärme (wie die Glasscheibe beim Treibhaus) nicht hinauslässt (Abb. 1). [2]

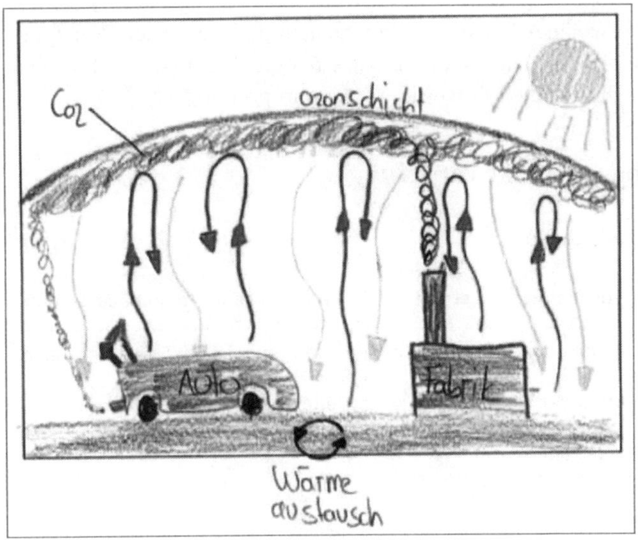

Abb. 1: Zeichnung eines 13-Jährigen zum verstärkten Treibhauseffekt. Die Wärme wird von einer Schicht Kohlenstoffdioxid (zusammen mit der Ozonschicht) zurückgelenkt. Bei manchen Schülerinnen und Schülern hält sich die Reflexions- und Umlenkungsvorstellung an einer Grenzschicht hartnäckig auch nach dem im Übrigen erfolgreichen Unterricht mit einem Arbeitsblatt (u. a. mit Abb. 2, S. 351) und der Arbeit mit einem Modellexperiment zum Treibhauseffekt (S. 352). [2]

Beiden Vorstellungen liegt die Annahme zugrunde, nach der eine besondere *Trennschicht* in oder über der Atmosphäre den Effekt bewirkt.

Ozonloch
„CO_2 ist ein künstliches Gas. Es frisst ein Loch in die Ozonschicht. Dadurch scheint mehr Sonne auf die Erde und es wird wärmer."

Dirk, 18 Jahre

Natürliches und künstliches Kohlenstoffdioxid
„Der Mensch atmet CO_2 aus. Das wird dann von den Pflanzen durch Fotosynthese wieder umgesetzt zu Sauerstoff, den wir atmen. Es ist eine Tatsache, dass das CO_2 aus der Verbrennung strukturell verändert ist, wodurch es nicht mehr, wie bei der Atmung, gebunden werden kann."

Gustav, 18 Jahre [1]

Neben der Schichtvorstellung sind zwei Konzepte in den Alltagsvorstellungen vorherrschend wirksam:

- Die *Umwandlung* der Lichtstrahlung in nicht sichtbare Wärmestrahlung wird auch nach Intervention von einem Drittel der Befragten nicht berücksichtigt; vielmehr hält sich die Alltagsvorstellung, dass Sonnenstrahlen selbst warm sind. [2]
- Das freigesetzte Kohlenstoffdioxid wird in *natürliches* und *künstliches* aufgeteilt. Das natürliche wird als gut, das künstliche als schädlich bewertet (Zitate). [1]

Diese Vorstellungen entsprechen zwei in Alltagsvorstellungen häufig zu findenden Prinzipien: dem Prinzip der Kontinuität, mit dem die Umwandlung von einer Qualität in die andere nicht wahrgenommen wird, sowie der dichotomen Bewertung (↗ anthropomorph).

3 Für Unterricht: Anschauung und Vertiefung

3.1 Potenziale der Alltagsvorstellungen

Alltagsvorstellungen	Chancen für fachliches Lernen	Hindernisse für fachliches Lernen
Ozonloch Strahlung wird von Grenzschicht reflektiert.	*Perspektivenwechsel:* von der Reflexion zur *Umwandlung* der Strahlung, von der Reflexion zur *Absorption* von Wärmestrahlung und nachfolgender Abstrahlung der Wärme (3.2)	Gefangensein der Strahlung nach Eindringen durchs Loch Reflexion
Sonnenstrahlen sind warm.	*Kontrast:* Sonnenstrahlen sind (wie Wärmestrahlen) nicht warm, sondern *erwärmen* Körper beim Treffen auf Licht absorbierende Materie (3.2).	Alltagserfahrung der wärmenden Sonne
Wärmedämmung	*Anknüpfung* an Schichtvorstellung: Atmosphäre ist eine *dicke*, die Wärmestrahlung absorbierende Schicht (3.3).	Annahme einer reflektierenden Trennschicht
Dichotomie natürliches und künstliches Kohlenstoffdioxid	*Kontrast:* nur ein und dasselbe Kohlenstoffdioxid, Wirkung aufgrund der *Konzentration* nur ein Treibhauseffekt, anthropogene Verstärkung (3.4)	angenommene unterschiedliche Eigenschaften aufgrund unterschiedlicher Entstehung

Tabelle 1: Alltagsvorstellungen zum Treibhauseffekt geben Hinweise für fachliches Lernen.

3.2 Umwandlungsprozesse

In der Interventionsstudie mit 13-Jährigen zeigte sich, dass diejenigen, die nur bruchstückhafte Vorstellungen äußerten, ihr Verständnis in Richtung fachlich zutreffender Vorstellungen entwickeln konnten, auch wenn dieses Verständnis nicht sehr robust war. Diejenigen, die von einer verringerten Wärmeabstrahlung ausgingen, lernten die zutreffenden Vorstellungen leichter als solche, die verstärkte Sonneneinstrahlung annahmen. [2]
Grundlegend für ein angemessenes Verständnis des Treibhauseffektes erscheint das Erfassen der vier Prozesse:

1. Die kurzwellige Strahlung von der Sonne (sichtbarer Bereich) wird von der Atmosphäre durchgelassen. Sie passiert die Atmosphäre ungehindert.
2. An der Oberfläche der Erde wird die Sonnenstrahlung in langwellige Strahlung (Infrarot-Strahlung) umgewandelt.

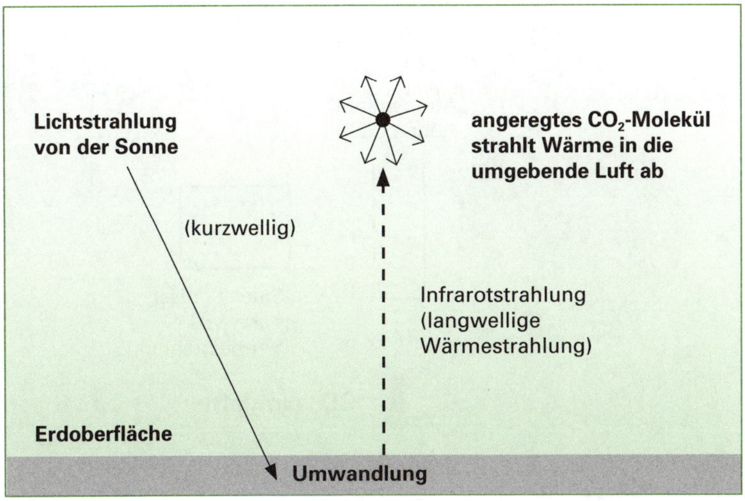

Abb. 2. Treibhauseffekt durch Treibhausgase (hier Kohlenstoffdioxid), nach [2]

3. Die Infrarot-Strahlung wird durch Moleküle der Treibhausgase absorbiert.
4. Die Strahlung der angeregten Moleküle der Treibhausgase erwärmt die umgebende Luft. (Abb. 2).

3.3 Atmosphäre absorbiert Wärme

Die Vorstellung vom Loch in der Atmosphäre (Ozonloch) erscheint nur so lange als einleuchtend, wie die verschiedene Qualität von Lichtstrahlung und unsichtbarer Wärmestrahlung nicht erkannt wird: Mit der Umwandlung von Lichtstrahlung in Wärmestrahlung ist zugleich die Durchlässigkeit der Treibhausgase für Lichtstrahlung und ihre Undurchlässigkeit für langwellige Wärmestrahlung verbunden. Diese Eigenschaft der Treibhausgase macht die Vorstellung eines Lochs in der Atmosphäre überflüssig.

Die Reflexion der Sonnenstrahlung ist in diesem Zusammenhang ebenso zu vernachlässigen wie die teilweise Absorption der Eingangsstrahlung. Da die Reflexion an Grenzschichten in den Alltagsvorstellungen vorherrscht (Abb. 1), sollten Anklänge an Reflexion (wie Einfalls- und Ausfallwinkel von Strahlung) in Abbildungen vermieden werden (s. Abb. 2). Viele Grafiken zum Treibhauseffekt bestätigen leider die Reflexionsvorstellung. [3]

Die Vorstellung von einer Trennschicht ist missleitend, solange sie als getrennte Zone in der Atmosphäre gedacht wird. Die gesamte Atmosphäre kann jedoch als eine einzige dicke, die Erde umhüllende Schicht verstanden werden, in der die wirksamen Treibhausgase verteilt sind. Man kann also durchaus an die Alltagsvorstellung einer Schicht anschließen, wodurch das Umlernen erleichtert wird. Um die Eigenschaft der Atmosphäre als Ganzes zu kennzeichnen, kann von „Treibhausatmosphäre“ [1] gesprochen werden.

Die Verhältnisse können mit einem Modellexperiment veranschaulicht werden (Kasten). Der Rückgang der Wärmeabstrahlung nach dem Einfüllen von Kohlenstoffdioxid überrascht die Lernenden und kann so einen Perspektivenwechsel mit der Suche nach einer Erklärung des Phänomens bewirken: Da hier lediglich die zwischen der Abstrahlung und Messgerät eingeschaltete „Atmosphärenschicht“ wirkt, wird mit dem Experiment jeder Anklang an Reflexion oder Umlenkung ausgeschlossen.

Modellexperiment zum Treibhauseffekt

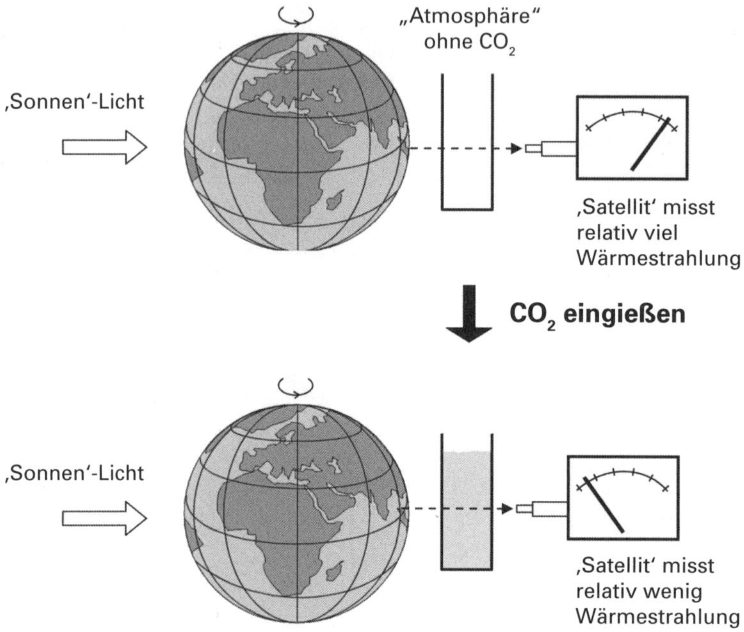

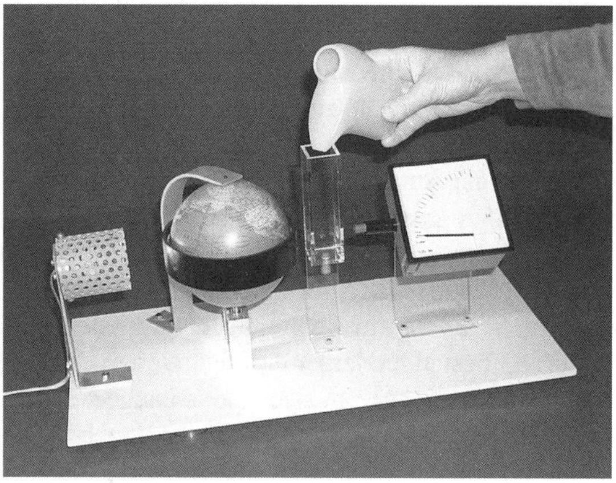

Als Wärmestrahlungsquelle dient ein auf der „Tagseite" mit einer Lampe beleuchteter rotierender Globus. Auf der „Nachtseite" des Globus dient ein kleines Plexiglasrohr mit zwei Fenstern aus Infrarot-durchlässiger Folie als Modell der Atmosphäre. Nachdem in das Plexiglasrohr berührungsfrei von oben Kohlenstoffdioxid eingefüllt wurde, geht der Zeiger des Wärmestrahlungsmessgeräts schlagartig zurück. [4]

3.4 Nur ein Treibhauseffekt

Dass es nicht „künstliches“ und „natürliches“ Kohlenstoffdioxid gibt, sondern es beim Treibhauseffekt lediglich um dessen Menge in der Atmosphäre geht, kann mit einem Speicher-Fluss-Modell anschaulich demonstriert werden. Dabei symbolisieren

- Behälter (Plastikaquarien) die Speicher,
- Tischtennisbälle Kohlenstoffdioxid-Moleküle sowie
- das Transportieren der Bälle von einem Behälter in den anderen die Flüsse des Kohlenstoffdioxids. Durch Zufluss aus der Verbrennung aus dem Speicher der fossilen Brennstoffe wird die Konzentration im Speicher Atmosphäre erhöht. [1]

Die Dichotomie der Alltagsvorstellungen in „natürlich-künstlich“ wird verstärkt, wenn von „natürlichem“ und „künstlichem“ Treibhauseffekt geredet wird. Es gibt nur einen Treibhauseffekt, da die Prozesse in jedem Fall ein und dieselben sind. Man sollte daher besser nur vom Treibhauseffekt sowie vom anthropogen verstärkten Treibhauseffekt sprechen.
Vertiefend kann auf das Strahlungsgleichgewicht (Abstrahlung aus der Atmosphäre und Rückstrahlung auf die Erde) eingegangen werden, das sich bei erhöhter Konzentration auf neuem Niveau einstellt: Klimawandel (Abb. 3).

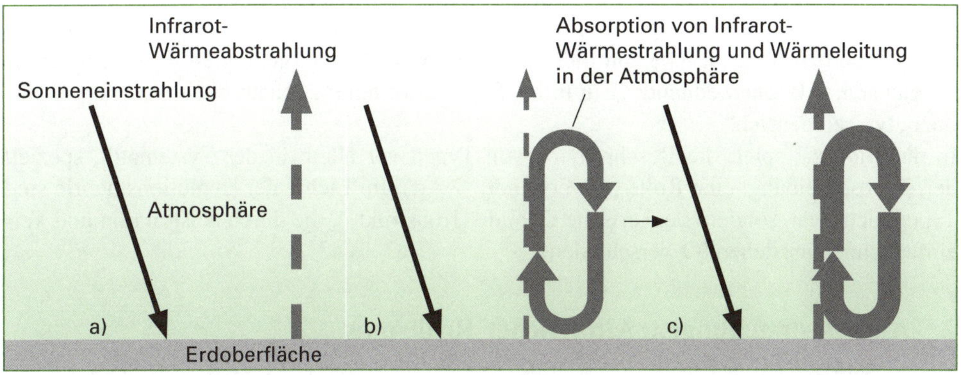

Abb. 3: Strahlung und Treibhauseffekt. a Atmosphäre ohne Treibhausgase (hypothetisch): kein Treibhauseffekt, Strahlungsgleichgewicht (energetisches Fließgleichgewicht: Einstrahlung = Abstrahlung); b und c Atmosphäre mit Treibhausgasen, Treibhauseffekt; b anfänglich kein Strahlungsgleichgewicht (Abstrahlung geringer als Einstrahlung), die Temperatur auf der Erde nimmt durch Absorption und Rückstrahlung auf die Erde zu (s. Abb. 2); c sich einstellendes Strahlungsgleichgewicht, Temperatur bleibt auf erhöhtem Niveau gleich. b und c wiederholen sich bei zunehmender Konzentration von Treibhausgasen in der Atmosphäre auf höherem Niveau (Klimawandel).

[1] Niebert, K. (2010). Den Klimawandel verstehen. Beiträge zur Didaktischen Rekonstruktion 31. Oldenburg. Abdruck mit freundlicher Genehmigung des BIS-Verlags der Carl von Ossietzky Universität Oldenburg. – [2] © S. Reinfried. Reinfried, Sibylle & Tempelmann, Sebastian (2014): Wie Vorwissen das Lernen beeinflusst – Eine Lernprozessstudie zur Wissenskonstruktion des Treibhauseffekt-Konzepts. Zeitschrift für Geographiedidaktik (ZGD), 42(1), 31–56. – [3] Reinfried, S. u. a. (2010). Den Treibhauseffekt zeigen und erklären. In S. Reinfried (Hrsg.), Schülervorstellungen und geographisches Lernen. Berlin. – [4] © DemoEx., Reinfried, Sibylle; Aeschbacher, Urs; Huber,

Erich & Rottermann, Benno: Den Treibhauseffekt zeigen und erklären. In Reinfried, Sibylle (Hrsg.): Schülervorstellungen und geographisches Lernen. Berlin: Logos Verlag 2010, S. 123–157. – [5] Lüschen, I. (2015). Der Klimawandel in den Vorstellungen von Grundschulkindern. Baltmannsweiler.

typisch/Typ

Wegweiser

Typen existieren nur in unseren Köpfen.

1 Vom Wort zum Begriff

Griechisch typos (lateinisch typus) bedeutet: „Schlag", „Gepräge", „Form", „Gestalt", „Abbild", „Vorbild", „Muster", „Modell". Auch im deutschen Wort schwingt diese ursprüngliche Bedeutung mit, indem bei Typen an etwas fest und dauerhaft Eingeprägtes gedacht wird.
Die Wörter „typisch" und „Typ" werden in der Umgangssprache meist dazu verwendet, ein Individuum bzw. eine Gruppe von Individuen mit besonders ausgeprägten Eigenschaften zu bezeichnen, z. B. anerkennend: „Ein toller Typ", abwertend: „Schaut euch diese Typen an" oder „typisch deutsch".
In der Biologie spielt die Beschreibung von Typen vor allem in der Systematik, speziell der Artbeschreibung, eine Rolle (⇨ verwandt, ⇨ Art). Im Lichte der Evolutionstheorie sind Typen nicht real, sondern denkerische Gebilde (Konstrukte), die durch Abstraktion und Vereinfachungen entstehen (⇨ verschieden).

2 Alltagsvorstellungen: Alltäglicher Realismus

Typen werden in Alltagsvorstellungen als reale Individuen gedacht, Gruppen und Arten so auf einen Gruppentypus (Stereotyp) oder Arttypus reduziert; die Verschiedenheit innerhalb von Gruppen, Populationen und Arten wird zugunsten von Mittelwerten eliminiert. Das ist denkökonomisch zu verstehen, unterstützt aber vor allem im Zusammenleben von Menschen gefährliche Entwicklungen (⇨ Rassismus, ⮳ Sexismus).

In der *Geschichte* der Biologie spielt der Typus anfänglich eine ebenso große Rolle wie in den heutigen Alltagsvorstellungen. Mit der Evolutionstheorie wurde typologisches Denken vom Populationsdenken abgelöst (⮳ Variation).

3 Für Unterricht: Anschauung und Vertiefung

3.1 Potenziale der Alltagsvorstellungen

Alltagsvorstellungen	Chancen für fachliches Lernen	Hindernisse für fachliches Lernen
Lebewesen können nach Prototypen geordnet werden.	*Anknüpfung:* Variation der Erscheinungsformen (3.2)	typologisches Denken
Typen sind reale Gebilde.	*Kontrast:* Aufzeigen von Unterschieden, Abwandlungen und Übergängen (⇨ Evolution)	
Typen sind ihrem Wesen nach verschieden.	*Perspektivenwechsel:* Erklären des „Typus" aus der Evolution; Erkennen der typologischen Inversion (3.3)	Ableiten von Eigenschaften und Gesetzmäßigkeiten aus dem Typus

Tabelle 1: Alltagsvorstellungen zu Typ geben Hinweise für fachliches Lernen.

3.2 Ordnen nach Prototypen

In der Geschichte ist die Vorstellung von Prototypen mit der Ausprägung von Urbildern verknüpft (⇦ Variation). Kognitionspsychologisch lässt sich zeigen, dass Lebewesen vielfach prototypisch geordnet werden: Bestimmte Formen werden einem Typus leichter zugeordnet als andere (Abb. 1, ⇨ Pflanze).

Abb. 1: Prototypisches Ordnen von Beispielen zur Kategorie Vogel: Singvögel werden am leichtesten als typischer Vogel bezeichnet. Strauß und noch mehr Pinguin gelten nicht als typische Vögel, u. a. weil sie nicht fliegen (⇨ verwandt).

Wird diese Tatsache bewusst gemacht, dann erscheint Typus nicht starr, sondern variabel. Dadurch kann die Erkenntnis vorbereitet werden, dass Typen nicht real sind, sondern gedanklich konstruiert werden (s. 3.3).

3.3 Populationsdenken als Gegenspieler der Typologie

Für den Unterricht ist der angemessene Gebrauch von Typen zu reflektieren.
Nach dem Evolutionsbiologen *Ernst Mayr* (1904–2005) war die Ablösung des typologischen Denkens durch das Populationsdenken vielleicht die wichtigste *gedankliche Revolution* in der Geschichte der Biologie (Kasten). [2] [3]

> *Typus und Population*
> „Der Populationsdenker betont die Einzigartigkeit des Einzelnen in der organischen Welt. … Durchschnitte sind nichts anderes als statistische Abstraktionen; real sind einzig und allein die Individuen, aus denen sich die Populationen zusammensetzen. Die letzten Schlussfolgerungen, zu denen Populationsdenker und Typologen gelangen, sind genau entgegengesetzt. Für den Typologen ist der Typus (eidos) real und die Variation eine Illusion, während für den Populationsforscher der Typus (Durchschnitt) eine Abstraktion und nur die Variation real ist. Keine zwei Wege der Naturbetrachtung könnten verschiedener sein.“
>
> *Ernst Mayr [2]*

Wie aufgrund der Evolution nicht anders zu erwarten, gab es – und gibt es vielfach noch immer – Übergänge zwischen den definierten Typen. Bei Evolutionsprozessen verhindert Typologie deren Verständnis: In Alltagsvorstellungen wird die Variabilität von Populationen aufgrund typologischer Orientierung übersehen. Populationsdenken ist daher gegenüber typologischem Denken besonders einzuüben (↻ vielfältig).
Die *praktische Bedeutung* der Beschreibung von Typen ist dadurch nicht aufgehoben. Die Unterscheidung von Arten erfolgt nach wie vor anhand der Artbeschreibung eines ersten – für typisch gehaltenen – Exemplars (Holotypus), das zu Vergleichszwecken in Museen archiviert wird. Die Charakterisierung von höheren systematischen Gruppen erfolgt weiterhin anhand verallgemeinerter Eigenschaften. Ordnen und Bestimmen beruht auf der Orientierung an Typen. [1]
Diese pragmatische Anwendung gibt den Typen jedoch *keine theoretische Bedeutung* zurück. Typen sind verallgemeinerte Ergebnisse der Evolution und nicht ihre Ursache. Aus dem Typus abgeleitete Schlussfolgerungen vertauschen Ursache und Wirkung und sind somit als Fehlschluss zu kennzeichnen (typologische Inversion): Wirbeltiere sind nicht deshalb Wirbeltiere, weil sie eine Wirbelsäule besitzen, sondern weil sie Wirbeltiere sind, haben sie eine Wirbelsäule. Der Typus erklärt nichts; aus Typen können keine biologischen Gesetzmäßigkeiten hergeleitet werden: Eigenschaften werden durch gemeinsame Abstammung begründet, nicht durch Verwirklichung eines Typus (⇨ verwandt, ↻ erklären).
In den Sozial- und Erziehungswissenschaften werden Typen anhand statistischer Verfahren „ermittelt“ (statistische Typen), z. B. „Lerntypen“, „Verhaltenstypen“, „Einstellungstypen“. Dabei sollte – wie auch in der Biologie – beachtet werden, dass Typen immer Generalisierungen, d. h. Vereinfachungen, darstellen. Sie sind daher denkökonomisch und im

Alltag praktisch anwendbar; im Einzelfall ist dies jedoch bedenklich. Wenn man die Voraussetzungen für die Verallgemeinerung nicht beachtet, kann die Orientierung an Typen zu gefährlichen Konsequenzen führen, wie bei den Stereotypen in Vorurteilen (⇨ verschieden, ⇨ Rassismus).

[1] Kattmann, U. (2007). Ordnen und Bestimmen. Unterricht Biologie (323). – [2] Mayr, E. (1969) Evolution und Vielfalt des Lebens. Stuttgart – [3] ders. (2003) Das ist Evolution. München.

⇨ Umwelt

verdauen/Verdauung

Wegweiser

Verdauung findet in der eingestülpten Außenwelt des Darmtrakts statt. Verdauliche Makromoleküle der Nahrungsstoffe werden dabei chemisch in kleine Moleküle zerlegt, sodass diese in Zellen und dann ins Blut oder in die Lymphe gelangen können.

1 Vom Wort zum Begriff

„Verdauen" bedeutet wahrscheinlich ursprünglich „verflüssigen", „auflösen". In der *Umgangssprache* wird es für die Tätigkeit der Verdauungsorgane („eine gute Verdauung haben") und im übertragenen Sinne für die Verarbeitung von psychischen Belastungen benutzt („das hat er gut verdaut", auch: „das ist mir auf den Magen geschlagen").
B*iologisch* ist Verdauung Teil der Ernährung. Unter Verdauen wird hauptsächlich das mechanische und chemische Aufschließen der nutzbaren Nahrungsbestandteile verstanden.

2 Alltagsvorstellungen

In Alltagsvorstellungen findet Verdauung im Magen oder irgendwo im Bauch statt. Der Magen wird im Bauch angesiedelt. 4-jährige Kinder zeichnen für den Weg der Nahrung zuerst keine Organe, sondern nur den Bauch ein. Ältere (10-Jährige) zeichnen einen unvollständigen Darm, der blind ohne After endet. Vor allem 12- bis 15-Jährige zeichnen einen Kanal oder zwei Kanäle getrennt für Festes und Flüssiges (Abb. 1). [3]

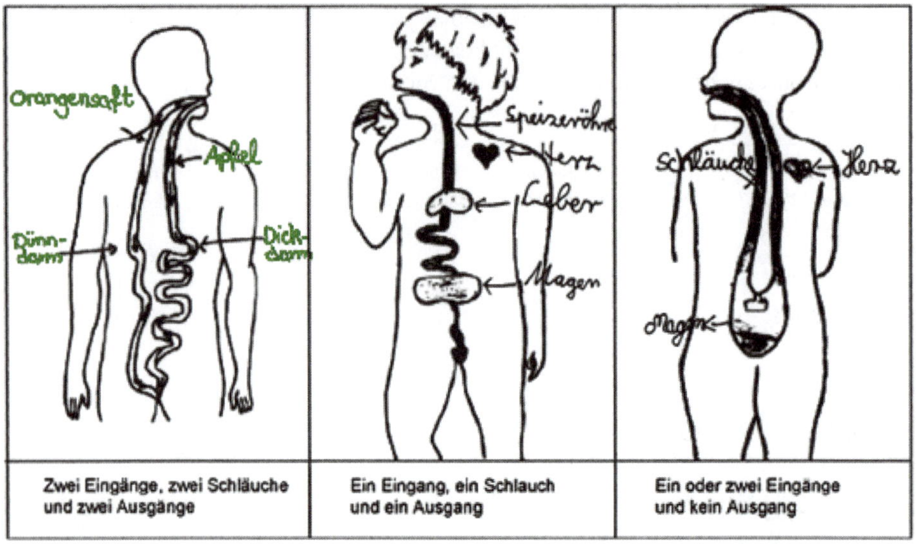

Abb. 1: Typische Zeichnungen von Grundschulkindern und Lernenden der Sekundarstufe I zur Verdauung. [3]

Das Essen wird selbstverständlich als Aufnahme der Nahrung in den Körper verstanden („Nahrung in sich hineinstopfen“, Behälterschema des Körpers). Kleine Kinder stellen sich häufig vor, dass die Nahrung vollständig im Körper bleibt; die Ausscheidung des Kots wird also zunächst nicht mit Nahrungsaufnahme verknüpft. Später wird angenommen, dass die Nahrung sich im Darm nur in der Beschaffenheit ändert, aber nicht in der Menge (Durchleitungsschema). Die Vorstellung, dass Brauchbares aufgenommen und Unbrauchbares ausgeschieden wird, entwickelt sich also erst durch entsprechende Informationen (Aufteilungsschema). [1]

Wenn der Energieaspekt im Zusammenhang mit der Ernährung eingeführt wurde, so wird irrtümlich angenommen, dass für den Organismus nutzbare Energie bei der Zerlegung der Nahrung im Darm freigesetzt wird. [2]

3 Für Unterricht: Anschauung und Vertiefung

3.1 Potenziale der Alltagsvorstellungen

Alltagsvorstellungen	Chancen für fachliches Lernen	Hindernisse für fachliches Lernen
Verdauung findet im Magen oder im Bauch statt.	*Anknüpfung*: Verdauung im gesamten Darmtrakt	ungenaue Vorstellungen von Organen (Behälter und Transportröhren) sowie Prozessen (mechanisch)
Für Flüssiges und Festes gibt es verschiedene Transportröhren im Körper.	*Perspektivenwechsel:* Rollen des Darms und der Nieren.	
Nahrung verbleibt im Körper oder wird durch den Körper (verändert) hindurchgeleitet.	*Anknüpfung:* chemische Verdauungsprozesse, Resorption und Ausscheidung (3.2).	
Kot ist unverdaulicher Rest der Nahrung.	*Anknüpfung:* Ballaststoffe *Kontrast:* Reste der Verdauungssäfte, Bakterien und deren Produkte (3.2)	unvollständige Vorstellung von der Verdauung
Bei der Verdauung wird Energie freigesetzt.	*Kontrast:* Aufschließen der Stoffe benötigt Energie, nutzbare Energie wird durch Zellatmung bereitgestellt (3.3, ⇨ Energie).	Verwechslung der Verdauung mit Abbau im Stoffwechsel des Organismus (Zellatmung)

Tabelle 1: Alltagsvorstellungen zur Verdauung geben Hinweise für fachliches Lernen.

3.2 Verdauliche Stoffe werden chemisch zerlegt

Die großen, nicht wasserlöslichen Moleküle der Kohlenhydrate, Fette und Eiweiße werden chemisch mit Hilfe von Enzymen (Biokatalysatoren) in wasserlösliche Bausteine (Einfachzucker, Glyzerin und Fettsäuren sowie Aminosäuren) zerlegt und dann durch die Dünndarmwand in die Blutkapillaren bzw. (im Fall der langkettigen Fettsäuren) in die Lymphgefäße der Darmzotten aufgenommen (Resorption).

Bedeutsam für das wissenschaftliche Verständnis ist der Umstand, dass der Darmtrakt (Verdauungstrakt: Mund, Speiseröhre, Magen, Darm; Anhangsorgan: Lunge) morphologisch und physiologisch (in den Körper eingestülpte) Außenwelt ist: Die Grenze des Körpers bilden die Schleimhäute des Darmtrakts; Teile der Nahrung befinden sich erst im Körper, wenn sie in die Zellen der Dünndarmwand gelangt sind. Insofern unterscheidet sich die Darmverdauung nicht grundsätzlich von der Verdauung der Bakterien und Pilze, die sichtlich in der Außenwelt stattfindet. Bakterien und Pilze geben so genannte Exo-Enzyme an die Umgebung ab und resorbieren dann die verdauten Stoffe in ihre Zellen. In gleicher Weise sezernieren Verdauungsdrüsen (Drüsenzellen der Speicheldrüsen, der Magenwand und der Bauchspeichel-

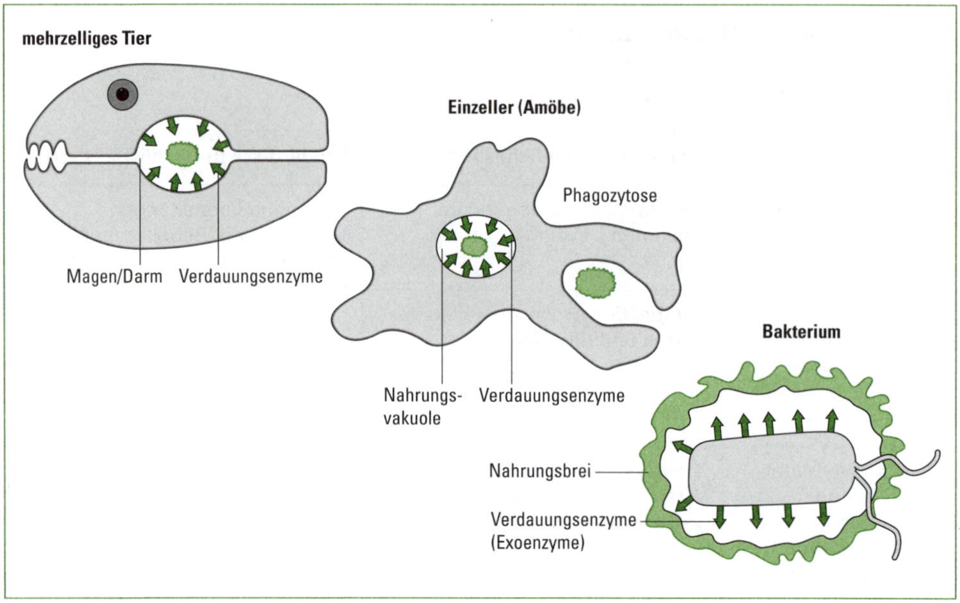

Abb. 2: Schematischer Vergleich der Verdauung bei drei Organismengruppen

drüse Verdauungssäfte mit Enzymen in das Darmlumen (also die Außenwelt). So wird verhindert, dass die Zellen sich selbst verdauen (Abb. 2, ⇨ Enzym).

Die Alltagsvorstellung, dass der Kot nur die unverdaulichen Reste der Nahrung (Ballaststoffe) enthalte, trifft nicht zu. Der Kot setzt sich aus eingedickten Resten der Verdauungssäfte, weiteren organischen Verdauungsprodukten (u. a. von Bakterien), Gasen (wie die stinkenden Merkaptane und Methan) zusammen sowie vor allem aus z. T. abgestorbenen Bakterien.

3.3 Verdauung benötigt Energie

Da die Verdauung in eingestülpter Außenwelt stattfindet, liefert sie entgegen häufig geäußerten Alltagsvorstellungen keine für den Organismus nutzbare Energie. Vielmehr wird z. B. für die Produktion der Verdauungssäfte Energie vom Organismus aufgewendet. Die Nährstoffe befinden sich physiologisch noch außerhalb des Körpers (s. Abb. 2). Für den Organismus nutzbare Energie wird erst *innerhalb der Körperzellen* bei der Zellatmung bereitgestellt (⇨ atmen, ⇨ ernähren, ⇨ Energie).

[1] Teixeira, F.M. (2000). What happens with the food we eat? In Andersson u. a. (Eds). Research in didaktik of biology. Göteborg. – [2] Jungwirth, E. (1988). The cell concept of 10th graders: curricular expectations and reality. Journal of Science Education. [3] Sonnentaler (o.J.). Was wird aus den Nahrungsmitteln, die wir essen? Verfügbar unter: www.sonnentaler.net/aktivitaeten/humanbio/nahrung/verdauung/

verschieden/verschiedenartig

Wegweiser

Mittelwerte sagen wenig: Individuen sind anders als die Gruppen, denen sie angehören.

Im genetischen Zusammenhang wird „verschieden" *umgangssprachlich* und in *Alltagsvorstellungen* häufig als wesensmäßig ungleich, d.h. als verschiedenartig gewertet. Das entspricht dem anthropomorphen Prinzip der typologischen Prägnanz (↗ anthropomorph). Wird festgestellt, dass Merkmale zwischen verschiedenen Gruppen unterschiedlich verteilt sind, so wird aus der Gruppenzugehörigkeit – wie Geschlecht und „Rasse" – leicht geschlossen, dass Individuen anhand der Gruppenzugehörigkeit zu beurteilen seien (⇨ Rassismus, ↗ Sexismus).
Einer solchen Wertung liegt darüber hinaus die Annahme zugrunde, die Verschiedenheit der Menschen widerspreche der sozialen Gleichheit und der Gleichwertigkeit der Menschen. Demgegenüber ist zu betonen, dass biologische Unterschiede geradezu die Norm der Gleichheit aller Menschen vor dem Gesetz (ohne Ansehen der Person) und das Ziel der gesellschaftlichen Gleichheit erfordern. Dazu betont der Genetiker *Theodor Dobzhansky* (1900–1975): „Ich gebe auch zu bedenken, dass die Idee der Gleichheit aller Menschen ja eben deshalb so wichtig und bedeutsam ist, *weil* sich alle Menschen voneinander unterscheiden. Wäre einer wie der andere, so wäre diese Idee sinnlos. … Gleichheit ist also nicht gleichbedeutend mit Identität, und ebenso wenig ergibt sich nun eine Ungleichartigkeit des Rechts oder der Ansprüche aus der von uns festgestellten erblichen Verschiedenheit der Menschen." [1]

Alltagsvorstellungen	Chancen für fachliches Lernen	Hindernis für fachliches Lernen
Sich selbst hält man für einzigartig.	*Anknüpfung*: Unterschiede in Populationen (↗ vielfältig)	
Andere werden stereotyp nach der Gruppenzugehörigkeit beurteilt.	*Kontrast*: Blick auf individuelle Eigenschaften und deren Streuung: Normalverteilung (Abb. 1)	Nivellieren der Unterschiede zwischen Individuen

Tabelle 1: Alltagsvorstellungen zu „verschieden" geben Hinweise für fachliches Lernen.

Biologisch werden Unterschiede ohne Bewertung mit dem Terminus Variabilität beschrieben (↗ vielfältig).
Um die Unterschiede zwischen Gruppen fachlich zutreffend zu bewerten, ist besonders die Bildung von *Mittelwerten* kritisch zu betrachten. Sie sind als Maß für Unterschiede zwischen Gruppen unzureichend, da die Streubreite der Merkmalsausprägung dabei unberücksichtigt bleibt.
Die *Individualität* jedes einzelnen Menschen ist eigentlich eine Binsenweisheit. Sie wird von Menschen aber leider nur für *sich selbst* als selbstverständlich erachtet. Andere Menschen werden gern anhand ihrer Gruppenzugehörigkeit beurteilt. Das erleichtert ein (vor-)

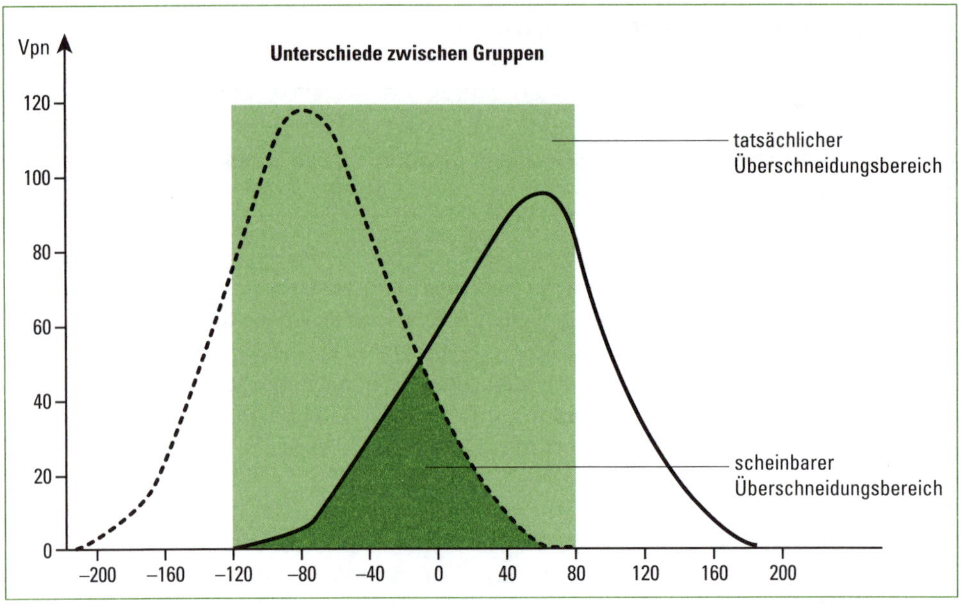

Abb. 1: Normalverteilung (psychologische und Weiblichkeits- und Männlichkeitsindices) bei Frauen und Männern: scheinbarer und tatsächlicher Überschneidungsbereich [2]

schnelles Urteil und liegt deshalb aus Bequemlichkeit nahe (Schubladendenken). Was bei der Bildung von Klassenbegriffen denkökonomisch angebracht erscheint, kann beim Umgang mit Menschen verheerend wirken. Die Überzeugung, dass man selbst ein einzigartiges Individuum ist, reicht daher in der Regel nicht aus, um Vielfalt zu erfassen und angemessen zu beachten: Dazu müsste die Fragwürdigkeit des Urteilens über Menschen aufgrund der Zuordnung zu einer Gruppe bewusst gemacht und so Stereotypen entgegengewirkt werden.

Die Unterschiede in und zwischen Gruppen werden zutreffend durch *Verteilungskurven* dargestellt, die meist einer Normalverteilung angenähert sind. Diese Darstellung der Variation sollte jedoch zusätzlich interpretiert und verdeutlicht werden. (Abb. 1).
Um die Gemeinsamkeiten zwischen den Gruppen zu beurteilen, muss festgelegt werden, was mit „Überschneidungsbereich" gemeint ist. Definiert man ihn als den Bereich, in dem bei beiden Gruppen übereinstimmend ausgeprägte Merkmale vorkommen, in dem also für beide Gruppen gleiche Messwerte auftreten, so umfasst er weite Teile der Kurven. Das ist der *tatsächliche Überschneidungsbereich*. So befinden sich im gewählten Beispiel die Mittelwerte im Überschneidungsbereich der Verteilungskurven beider Gruppen (Abb. 1). Aus Mittelwerten der Gruppen lassen sich bei derart überschneidenden Verteilungskurven keine Aussagen über die Eigenschaften und das Verhalten der *Individuen* erschließen. Um einem solchen Fehlschluss nicht zu erliegen, sollte man daher den Blick auf das Individuum lenken (⇨ Rassismus, ⇨ typisch). [2]
In vielen Darstellungen wird jedoch die Fläche als Überschneidungsbereich gedeutet, die von beiden Kurven gemeinsam eingeschlossen ist. Was sagt dieser Bereich genau aus? Da die Kurven die Merkmalsverteilung angeben, markiert er nicht das Auftreten übereinstimmender Merkmale in beiden Gruppen, sondern sagt lediglich etwas über die (statistische) Merkmals-

verteilung (Streuung). Der Wert am Schnittpunkt der Kurven gibt den Fall an, bei dem ein Merkmal in beiden Gruppen gleich häufig übereinstimmend ausgeprägt ist, rechts und links davon verschiebt sich die Häufigkeit zwischen den Gruppen. Die eingeschlossene (annähernd dreieckige) Fläche zeigt also den Ausschnitt beider Gruppen an, bei dem die Streuung der übereinstimmend ausgeprägten Merkmale gleich ist. Damit gibt er die Anzahl der Individuen an, die man zwischen beiden Gruppen austauschen könnte, ohne die Verteilung der Merkmale in beiden Gruppen zu verändern. Das ist praktisch ohne Bedeutung, denn warum und in welchen Situationen sollten Teile von Gruppen ausgetauscht werden?
Wenn man die obige Definition zugrunde legt, entpuppt sich die beiden Kurven gemeinsame Fläche als *scheinbarer Überschneidungsbereich*. Warum wird jedoch auf sie so viel Gewicht gelegt, dass sie in vielen Darstellungen sogar besonders markiert ist? Wahrscheinlich ist das unserer unmittelbaren Wahrnehmung geschuldet. Der Verlauf der Kurven hebt den scheinbaren Überschneidungsbereich heraus und prägt so den primären Eindruck. Daher ist es besonders wichtig, die tatsächlichen Aussagen der Kurven zu verdeutlichen.
Bei den Werten der in Abb. 1 abgebildeten Kurven handelt es sich außerdem um die fragwürdige Messung von psychischen Merkmalsausprägungen, wie sie in einem Anthropologie-Lehrbuch referiert wurden: „weibliche Eigenschaften“ durch Minuswerte (!); „männliche “ durch positive Werte.

[1] Dobzhansky, T. (1966). Sind alle Menschen gleich erschaffen? Naturwissenschaft + Medizin (13). – [2] Kattmann, U. (2009). Vielfalt der Menschen. Unterricht Biologie (342).

verwandt/Verwandtschaft

Wegweiser

Verwandt sein heißt biologisch zu einer Abstammungsgemeinschaft gehören.

1 Vom Wort zum Begriff

Das Adjektiv „verwandt“ ist eine Partizip-Perfekt-Form von „verwenden“ im Sinne von „hinwenden“. Es hatte seit dem 5. Jahrhundert die Bedeutungen „zugewandt“, „zugehörig“.
In der *Umgangssprache* wird das Wort in erster Linie für die genealogischen Verhältnisse und Zusammengehörigkeit von Familien bzw. Familienangehörigen verwendet, aber ebenfalls für enge persönliche Beziehungen (Wahlverwandtschaft). Im übertragenen Sinne bedeutet Verwandtschaft „Ähnlichkeit“, auch (innere) Übereinstimmung (Seelenverwandtschaft).
In der *Biologie* wird der Begriff „Verwandtschaft“ stammesgeschichtlich definiert. Verwandte Lebewesen, d.h. die Gruppen der biologischen Systematik, bilden *Abstammungsgemeinschaften*: Die Angehörigen einer systematischen Gruppe stammen von einem gemeinsamen Vorfahren ab (⇨ abstammen).

2 Alltagsvorstellungen

2.1 Zusammengehörigkeit von Lebewesen

Fragt man Kinder und Jugendliche danach, wie Lebewesen zusammengehören, orientieren sie sich anschaulich an ihrer Lebenswelt:

- *Tiere* werden überwiegend nach großen Lebensräumen (Wasser, Land, Luft) und Bewegungsweisen (Fliegen, Schwimmen) zusammengeordnet.
- Der Körperbau und damit die biologische Systematik spielen beim Ordnen von Tieren in große Gruppen nur eine untergeordnete Rolle.
- Beim Ordnen von *Pflanzen* spielt das Aussehen (wie Blütenfarbe und Wuchsform) die Hauptrolle; die biologische Systematik hat auch hier kaum eine Bedeutung.

Mit einem Fragebogen wurde geprüft, welche *Tiere* von Kindern und Jugendlichen (der Klassenstufen 4, 5, 7/8) als zusammengehörig betrachtet, d. h. derselben Gruppe zugeordnet werden. Wenn man den Befragten die Ordnungskriterien selbst überlässt, ordnen sie Tiere vorwiegend nach den Kategorien „Lebensraum" und „Bewegungsweise". Dabei herrscht die Orientierung an großen Lebensräumen vor. (Überwiegend wird die Gruppe „Wassertiere" gebildet, außerdem „Landtiere".) Diese Kategorien korrespondieren sehr eng mit den ebenfalls häufig herangezogenen Bewegungsweisen (Kriechen, Fliegen, Schwimmen). Bei der Gruppe „Haus- und Heimtiere" spielt neben dem Lebensraum der Bezug zum Menschen eine Rolle. Beim Körperbau wird fast ausschließlich auf die Anzahl der Beine (Vierbeiner, Zweibeiner) abgehoben (Abb. 1). [4]
Die lebensweltlichen Kriterien stimmen also kaum mit denen der biologischen Systematik überein. Lebensweltliche Kriterien herrschen auf allen Klassenstufen vor (Abb. 2). Bei älteren Jugendlichen treten in der Befragung zwar die Namen einiger biologisch-systematischer Gruppen neu auf, jedoch ohne die lebensweltlichen zu ersetzen. Vielmehr werden einige Gruppen – wie die der „Kriechtiere" – anhand der Wortbedeutung des Namens lebensweltlich gebildet (↗ Name).
Nachfolgende Untersuchungen mehrerer Autoren haben die Dominanz dieser lebensweltlichen Kriterien bei Kindern und Jugendlichen ausnahmslos bestätigt. Darüber hinaus konnte gezeigt werden, dass Primarschullehrer/-innen genauso ordnen wie die in Deutschland untersuchten Schülerinnen und Schüler. Es kann demnach angenommen werden, dass die referierte lebensweltliche Orientierung für ältere Jungendliche und andere Erwachsene ebenso zutrifft. [6] [8] Ein weiteres Ergebnis: Die Befragten wechseln in der Mehrzahl beim Ordnen ihre Kriterien und wenden keineswegs eine Kategorie konsequent an. [2] [4]
Die Ergebnisse zeigen, dass die lebensweltlichen Kategorien sich an Gliederungen der Umwelt orientieren und nicht allein auf der Verarbeitung der sinnlichen wahrgenommenen Merkmale von Organismen beruhen. Die verwendeten Ordnungskriterien lassen sich aufgrund der Entsprechung von Lebensräumen und Bewegungsweisen vier Lebensbereichen zuordnen: Wasser (Wassertiere, Schwimmen); Luft (fliegende Tiere, Flugtiere, Lufttiere); Boden (Kriechen, Krabbeln, Kriechtiere); Land (Landtiere, laufende Tiere, Vierfüßer, Haustiere und Wildtiere).
Für dieses lebensweltliche Ordnen gibt es außerdem zahlreiche Belege in den Vorstellungen schriftloser Kulturen (Ethnobiologie, Folk Biology) sowie in der Kultur- und Wissenschaftsgeschichte. Auch im Gedicht der sieben Schöpfungstage in der Hebräischen Bibel

(1. Mose 1) gehören die Tiere auf dieselbe Weise in den großen Lebensräumen zusammen: Am 5. Tag werden fliegende Tiere und Wassertiere, am 6. Tag die Landtiere (einschließlich Mensch) geschaffen (⇨ Schöpfung).
Die über die Kulturen hinweg verbreiteten lebensweltlichen Vorstellungen über die Zusammengehörigkeit von Tieren beruhen wahrscheinlich auf gemeinsamen Grundannahmen und Grunderfahrungen der Menschen. Dieser Umstand kann erklären, warum diese Kategorien nicht leicht durch andere ersetzt werden können.

Mit einer Untersuchung zum Ordnen von *Pflanzen* konnte bei Befragten der Klassenstufen 4 bis 12 gezeigt werden, dass Aussehen, Nützlichkeit (insbesondere Ernährung) und Lebensraum die hauptsächlich verwendeten Kategorien sind. Biologisch-systematische Kriterien spielen keine Rolle. Die Kategorie Aussehen umfasst neben der Blütenfarbe – ähnlich wie in der Ethnobotanik – vor allem Wuchsformen (Baum, Strauch, Blume, Gras). Die Vorstellungen zu Pflanzen sind also wie die zu Tieren an lebensweltlichen Ordnungskriterien orientiert. Bei Pflanzen spielt aber das Erscheinungsbild eine wichtige Rolle und damit die „Anmutung", die von der Pflanze ausgeht, was beim Bestimmen hilfreich sein kann. [5]
Dies zeigt sich z.B. in einem Namen wie Butterblume, der gleich für eine größere Anzahl buttergelb blühender Pflanzen – einige Hahnenfußarten, Sumpfdotterblume, Löwenzahn – verwendet wird (⇨ Name).

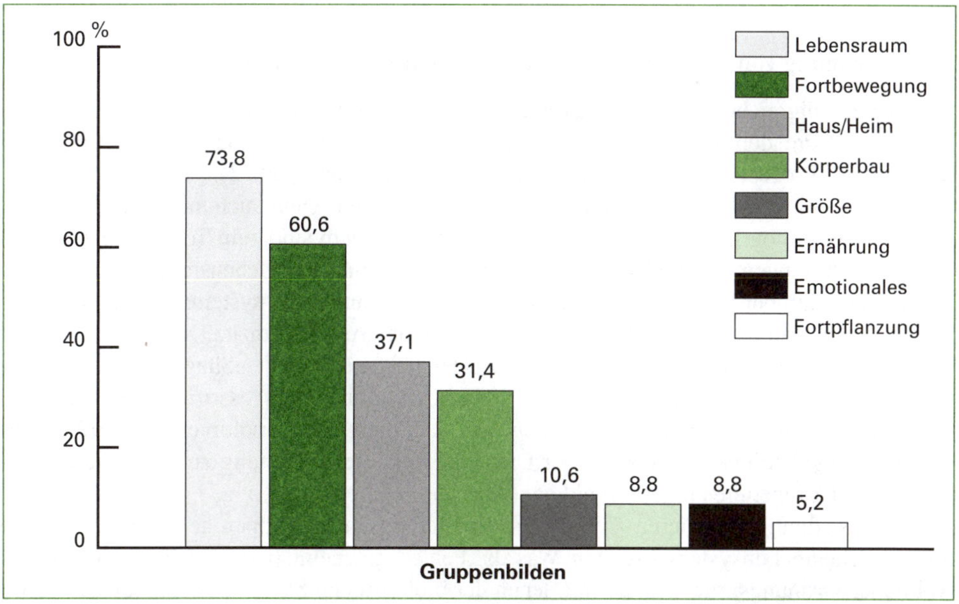

Abb. 1: Von Befragten nach eigener Wahl gebildete Gruppen. Es wurden 25 Tiernamen vorgegeben. Die Tiere waren in Gruppen zu ordnen; für jede gebildete Gruppe sollte ein treffender Name gefunden werden (Anzahl der Befragten: 536 Schüler/-innen der Klassenstufen 4, 5 und 7/8; die gewählten Kriterien sind zusammengefasst und über alle Klassenstufen gemittelt). [4]

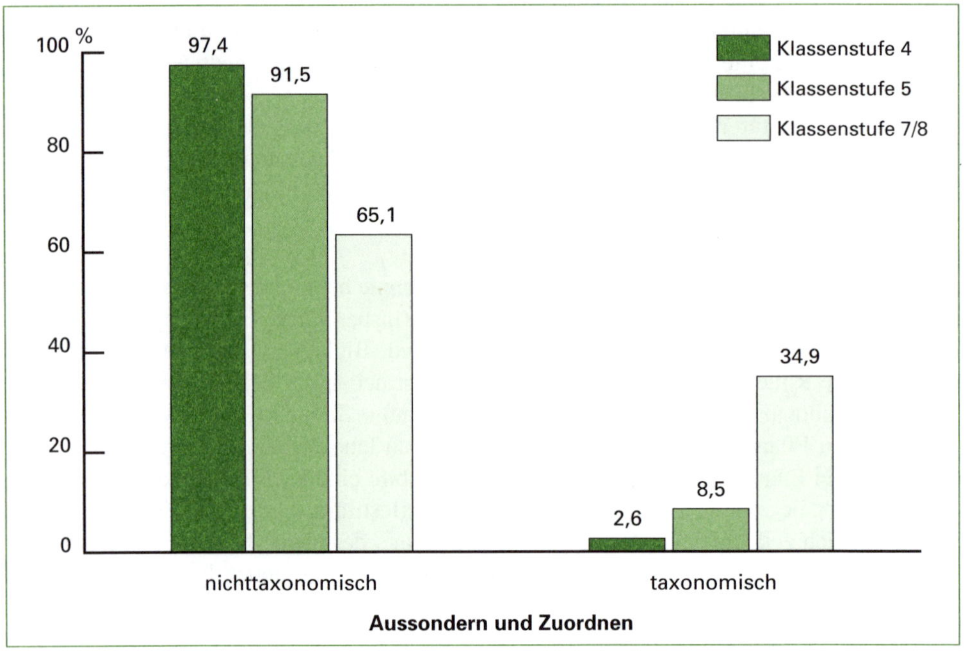

Abb. 2: Lebensweltliche und biologisch-systematische Kriterien beim Aussondern und Zuordnen von Tieren aus bzw. zu einer vorgegebenen Gruppe (nach [4])

2.2 Zuordnung von Tieren zu biologisch-systematischen Gruppen

In einer umfangreichen Querschnittstudie wurde festgestellt, dass die Befragten die ihnen genannten Tiere den zur Auswahl vorgegebenen biologisch-systematischen Gruppen zu einem hohen Prozentsatz im fachlichen Sinne falsch zuordnen (Abb. 3). [7]

Dieses Ergebnis wird durch zahlreiche weitere gleichartige Untersuchungen bestätigt. Die im Sinne der biologischen Systematik falschen Zuordnungen sind zum Teil mit lebensweltlichen Vorstellungen der Befragten erklärbar (Orientierung am Lebensraum, Bewegungsweisen) und darüber hinaus mit Assoziationen zu den Namen der systematischen Gruppen. Beim Namen „animal" kommt ein landessprachlicher Aspekt hinzu. Das Wort „animal" wird im Englischen in der Umgangssprache gleichbedeutend mit „Säugetier" verwendet, so dass Nicht-Säugetiere (engl. „creatures") stark mit „nonanimal" assoziiert werden. Hierdurch können die häufigen Zuordnungen von Reptilien und Amphibien zu Wirbellosen (Invertebrates) bedingt sein, ebenso der Umstand, dass die Zuordnung zu Wirbeltieren vorwiegend auf Säugetiere eingeschränkt ist. (Abb. 3).

Bei der Zuordnung von Tieren zu biologisch-systematischen Gruppen gehen die Befragten also nur scheinbar unsystematisch vor. Was als „Fehler" erscheint, beruht vielmehr auf lebensweltlichen Ordnungskriterien, die mit denen der biologischen Systematik konkurrieren. Die Befragten haben also lediglich ihren eigenen Kopf und damit ihr eigenes „System". Lebensraum und Fortbewegung sind die sich ergänzenden Hauptkategorien (s. 2.1).

Alltagsvorstellungen spielen ebenfalls in der Geschichte der biologischen Systematik eine Hauptrolle (↗ Systematik).

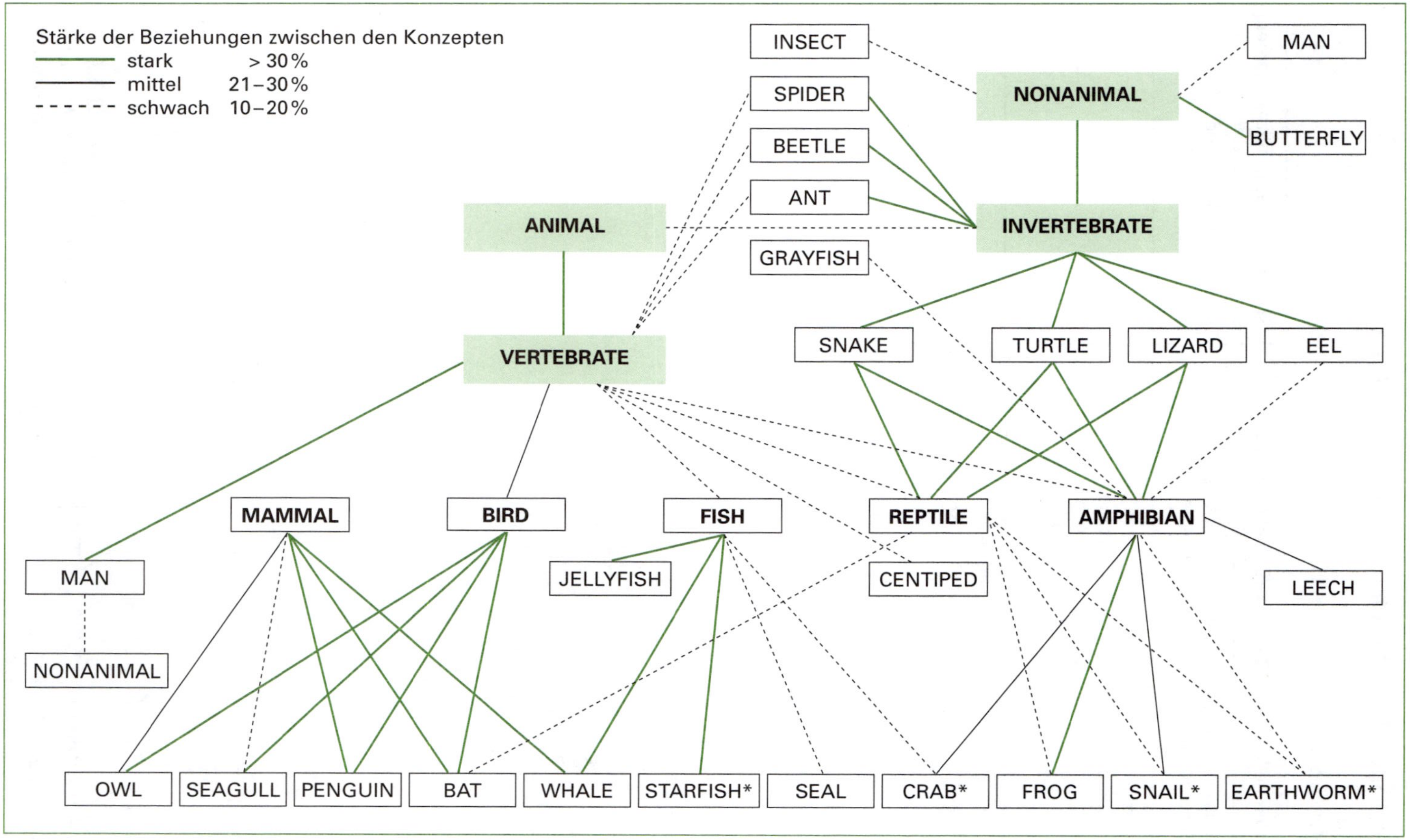

Abb. 3: Übersicht über die Zuordnung von Tieren zu biologisch-systematischen Gruppen.
Befragt wurden 280 englischsprachige Lernende der 5., 8. und 10. Klasse sowie 188 Biologie-Studierende der Einführungskurse (nach [7])

3 Für Unterricht: Anschauung und Vertiefung

3.1 Potenziale der Alltagsvorstellungen

Alltagsvorstellungen	Chancen für fachliches Lernen	Hindernisse für fachliches Lernen
Verwandtschaft heißt Übereinstimmung.	*Perspektivenwechsel:* genealogisches Verständnis (3.2)	Ähnlichkeit kann trügen (↗ ähnlich).
Tiere werden nach Lebensräumen geordnet.	*Brücke:* Einführen des Evolutionsgedankens: Besiedeln der verschiedenen Lebensräume; Abstammungsgemeinschaften (3.3)	
Pflanzen werden nach Aussehen geordnet.	*Anknüpfung:* Hilfe beim systematischen Ordnen und Bestimmen	

Tabelle 1: Alltagsvorstellungen zu Verwandtschaft geben Hinweise für fachliches Lernen.

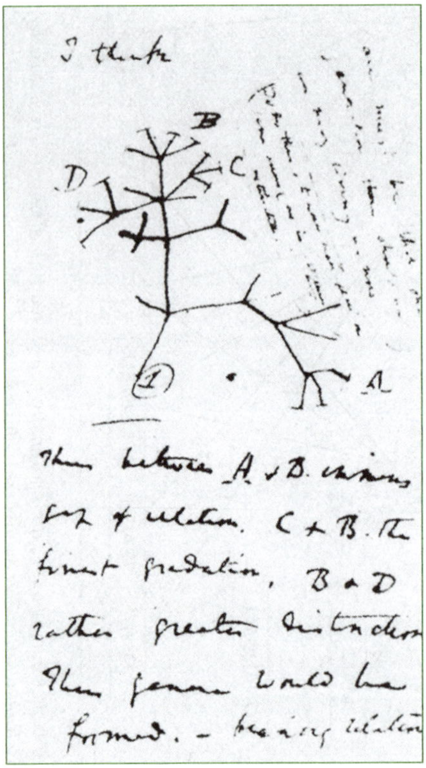

Abb. 5: Stammbaumskizze von Charles Darwin (Notebook on Transmutation 1837) mit der Überschrift "I think.".
Der beigefügte Text lautet: "Thus between A & B immense gap of relation. C & B the finest gradiation, B & D rather greater distinction. Thus genera would be formed – bearing relation to ancient types." [Folglich besteht zwischen A & B eine riesige Lücke der Verwandtschaft, zwischen B & C die feinste Abstufung, zwischen B & D ein deutlich größerer Unterschied. So könnten Gattungen gebildet werden – die Verwandtschaft zu alten Formen in sich tragend.]

3.2 Genealogisches Verständnis der stammesgeschichtlichen Verwandtschaft

Das System der Lebewesen ist nach *Darwin* streng genealogisch aufzubauen. Er machte sich die konsequent genealogische Deutung der Unterschiede zwischen Lebewesen mit einem abstrakten Stammbaum klar, den er bereits 1837 in sein Notizbuch „On Transmutation" zeichnete (Abb. 5). Daraus ergeben sich gravierende Unterschiede zum Ordnen nach Merkmalen: Ähnlichkeit wird nicht weiterhin als vorgegeben betrachtet oder als nicht zu hinterfragende Basis der Systematik akzeptiert, sondern sie muss künftig durch Evolution gedeutet und erklärt werden. Ähnlichkeit und Typus verlieren ihr Eigengewicht für die Ordnung der Lebewesen und werden zu (stammesgeschichtlich) abgeleiteten Phänomenen. Ähnlichkeit und Merkmale wandeln sich so von der Begründung der Verwandtschaft zu einem bloßen *Indiz*: Ähnlichkeit gibt Hinweise auf Verwandtschaft, aber erklärt sie nicht mehr. Damit wird die biologische Systematik vom Kopf auf die Füße gestellt. Die Ähnlichkeits-Verwandtschaft ist in stammesgeschichtlicher Verwandtschaft aufgehoben (im doppelten Sinne des Wortes).
Der Wechsel der Vorstellung kann anhand familiärer Verwandtschaft verdeutlicht werden: Aus der Ähnlichkeit zweier Menschen kann man nicht (sicher) auf ihre (genealogische) Verwandtschaft schließen. (Es gibt mitunter nicht miteinander verwandte Doppelgänger.) Dagegen kann man die Ähnlichkeit von Geschwistern auf ihre genealogische (und genetische) Verwandtschaft zurückführen und so erklären. Mit anderen Worten: Brüder oder Schwestern sind nicht deshalb Geschwister, weil sie sich ähnlich sehen, sondern sie sehen sich ähnlich (falls sie das tun), weil sie Geschwister sind. Was für Familienähnlichkeit gilt, lässt sich auf Ähnlichkeiten der Organismen, auf „Typen" und „Baupläne" übertragen: Säugetiere sind nicht deshalb Säugetiere, weil sie Haare haben, sondern sie besitzen Haare, weil sie Säugetiere sind. Dasselbe gilt für die Federn und Schnäbel der Vögel.
Wenn die Verwandtschaft unbekannt ist, bleibt man auf Merkmals-Indizien angewiesen, um Verwandtschaft zu vermuten. Der Schluss von Ähnlichkeit auf Verwandtschaft ist evolutionsbiologisch gesehen stets zweischneidig. Ähnlichkeit kann stammesgeschichtlich oder funktionsbedingt sein. Im ersten Fall zeigt sie Verwandtschaft an (Homologie), im zwieten keine Verwandtschaft (Analogie und Konvergenz). Umgekehrt wird ein Schuh daraus: Von Verwandtschaft kann auf (homologe) Ähnlichkeit geschlossen werden. Der Fehlschluss wird daher als *typologische Inversion* bezeichnet. Er liegt der bloßen Klassifikation der Organismen anhand von Merkmalen zugrunde (↗ ähnlich, ⇨ typisch).
Die stammesgeschichtliche Verwandtschaft kann mit dem Konzept des *letzten gemeinsamen Vorfahren* verdeutlicht werden (⇨ abstammen).

3.3 Lebensräume helfen ordnen

Bei der Klassifikation der *Wirbeltiere* wird üblicherweise so vorgegangen, dass nach Ähnlichkeit in der Hautbedeckung geordnet wird. Das ist jedoch eigentlich ein Fehlschluss (s. 3.2).
Der Anschluss an die Alltagsvorstellung führt zu einem fachlich angemessenen und für das Lernen fruchtbaren anderen Vorgehen: Wirbeltiere haben vom Wasser aus das Land besiedelt. Wenn man diesen *Evolutionsgedanken* einführt, kann man mit ihm an das lebensweltliche Ordnen nach *Lebensräumen* anschließen und gelangt so Schritt für Schritt zu den Wirbeltiergruppen. Die gebildeten Gruppen sind Abstammungsgemeinschaften; Merkmale werden schließlich nur noch als Hilfskriterien benutzt. Auf diese Weise wird die Klassifikation nach Ähnlichkeit durch die Klassifikation anhand der Stammesgeschichte abgelöst (↗ Klassifikation).

[1] Baumann, B. u. a. (1996). Vom Wasser aufs Land – und zurück. Unterricht Biologie (218). © Friedrich Verlag GmbH, Seelze. – [2] Hammann, M. (2002). Kriteriengeleitetes Vergleichen im Biologieunterricht. Innsbruck. – [3] Kattmann, U. (2007). Ordnen und Bestimmen. Unterrricht Biologie (323). – [4] Kattmann, U. & Schmitt, A. (1996). Elementares Ordnen. Wie Schüler Tiere klassifizieren. Zeitschrift für Didaktik der Naturwissenschaften (2). – [5] Krüger, D. & Burmester, A. (2005). Wie Schüler Pflanzen ordnen. Zeitschrift für Didaktik der Naturwissenschaften. – [6] Papadopoulou, P. & Athanasiu, K. (2005). Primary school teachers' categories for "animal": biology or folkbiology? In M. Ergazaki, J. Lewis & V. Zogza, (Eds.), Trends in Biology Education. Patras. – [7] Trowbridge, J. E. & Mintzes, J. J. (1988). Alternative conceptions in animal classification: A cross-age study. In: Journal of Research in Science Teaching. Vol. 25, Iss. 7, pp. 547–571. Copyright © 1988 Wiley Periodicals, Inc., A Wiley Company. – [8] Burgoon, J. N. & Duran, E. (2012). Investigating elementary teachers' conceptions of animal classification. School Science and Mathematics.

↗ vielfältig/Vielfalt

wachsen/Wachstum

Wegweiser

Wachsen bezieht sich ursprünglich auf das höher werden von Pflanzen, lässt sich jedoch auf alle „Größen" übertragen.

Die Herkunft des Worts wachsen (indogermanisch aug, lateinisch augere: „wachsen", „vermehren") entspricht seiner *umgangssprachlichen* Bedeutung, die sowohl das zunehmen an Masse, Gewicht oder Länge (Wachsen im engeren Sinn) wie auch an Anzahl (Vermehren) enthält („Zuwachs"). Im übertragenen Sinne wird Wachsen auch auf (geistige) Fähigkeiten angewendet („Er ist über sich hinausgewachsen", „Der Mensch wächst mit seinen Aufgaben").
Wachsen ist eine verkörperte Vorstellung aus der eigenen Entwicklung, stammt jedoch ursprünglich aus der Beobachtung von Pflanzen. Die enge Beziehung von Wachstum zu Pflanzen äußert sich umgangssprachlich in den abgeleiteten Wörtern „Gewächs" und „Wuchs" sowie in dem sprachlich verwandten „Wuchern".

Alltagsvorstellungen zum Wachsen sind von der eigenen Entwicklung, d. h. dem Größerwerden geprägt. Wachsen erscheint als zuweilen selbstverständliches Phänomen, wie es dem anthropomorphen Prinzip der Evidenz entspricht (⇨ entwickeln, ↗ anthropomorph). [2]
Im *Assoziationstest* stellen Adjektive wie groß, dick, dünn bei 16- bis 17-Jährigen ein Drittel bis die Hälfte der Angaben. Ein größerer Teil (etwa 1/5) bezieht sich auf Differenzierung (Reifen, Knochen, Gehirn). Bei älteren (18- bis 20-jährigen Gymnasiasten), Biologiestudierenden und Biologielehrkräften kommen Assoziationen zu Zelle und Zellteilung hinzu. [3]

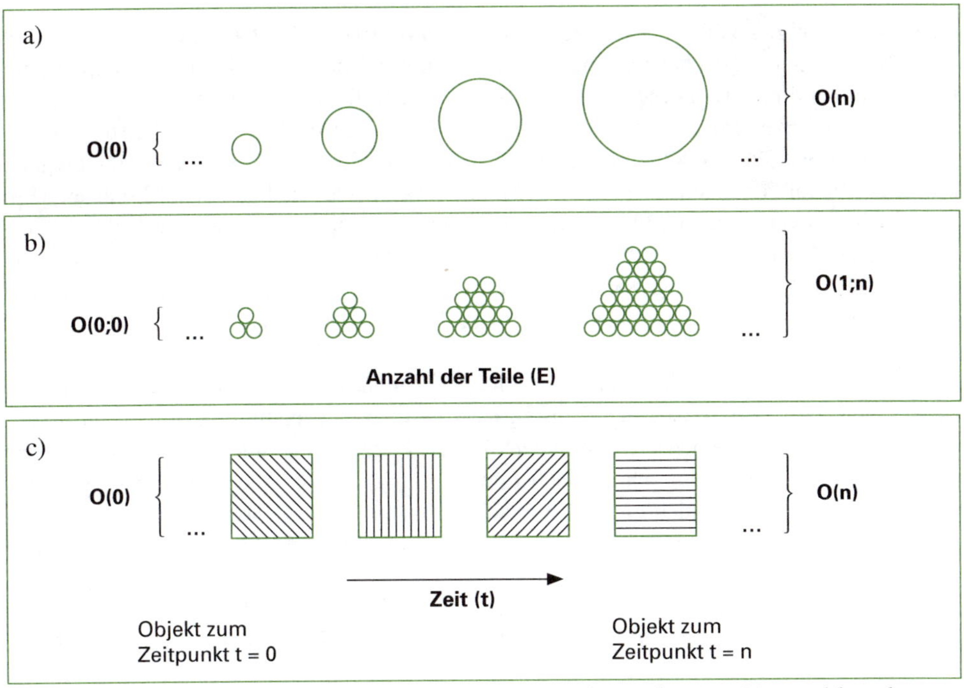

Abb. 1: Schemata zum a) körperlichen Größerwerden, b) Größerwerden einer Menge, d. h. mehr Werden, c) strukturellem „Größerwerden“ (Differenzierung). [2]

Alltagsvorstellungen	Chancen für fachliches Lernen	Hindernisse für fachliches Lernen
Wachsen ist selbstverständlich.	*Anknüpfung:* Fragen anregende Phänomene *Perspektivenwechsel:* Pflanzen bewegen sich durch Wachsen; Wachstum auf Zellebene (⇨ Zellteilung)	fragloses Akzeptieren
Wachsen ist Größerwerden.	*Anknüpfung:* Ist auf das Wachstum von Zellen und Organismus zu beziehen (Abb. 1 a)	
Wachsen heißt Mehrwerden.	*Anknüpfung:* Ist auf Populationswachstum anzuwenden (Abb. 1 b)	
Wachstum ist Zellvermehrung.	*Perspektivenwechsel:* Bewusstmachen des Kleinerwerdens von Teilstücken (⇨ Zellteilung)	Zellwachstum (nötiges größer Werden der Zellen) ist nicht bewusst
Wachsen ist Reiferwerden.	*Perspektivenwechsel:* Unterscheidung von struktureller Differenzierung und Größerwerden eines Körpers (Abb. 1 c).	festes Verknüpfen von Größerwerden und Reifung

Tabelle 1: Alltagsvorstellungen zum Wachstum geben Hinweise für fachliches Lernen.

Diese Bedeutungen von wachsen treten im *Definitionstest* derselben Befragten (16- bis 17- Jährige, 18- bis 20-Jährige, Studierende und Lehrkräfte) verstärkt auf: Adjektive zum Größerwerden finden sich in der Hälfte bis 2/3 der Definitionen (67, 62, 55 %), mehr als 1/3 beziehen sich außerdem auf Differenzierung (35, 41, 37 %). Der Bezug zur Zelle steigert sich von 1/3 auf etwa 3/4 (33, 42, 73 %). Die Definitionen beziehen sich bei den Befragten ganz überwiegend auf Organismen (90, 84, 91 %), und zwar fast ausschließlich auf Pflanzen. [3] Neben dem körperlichen „Größerwerden" wird unter wachsen also „Mehrwerden" (Größerwerden einer Menge) und strukturelles „Reiferwerden" (Zunahme der Differenzierung) verstanden. Die drei Verständnisse von Wachstum entspringen lebensweltlichen (alltäglichen) Erfahrungen. Sie können als drei Denkschemata skizziert werden (Abb. 1).

In der *Biologie* wird – wie in Alltagsvorstellungen – nicht immer klar zwischen Wachstum, Vermehrung und Differenzierung (Reifung) getrennt, da sie häufig zusammen auftreten: Wachstum der Organismen ist verbunden mit Zellvermehrung und Differenzierung. Es gibt jedoch Differenzierung ohne Wachstum (Reifung) sowie Wachstum ohne (weitere) Differenzierung und Vermehrung (u. a. Wachstum von Zellen). Schließlich gibt es Vermehrung ohne Wachstum (z. B. Furchungsteilungen). Die Phänomene sollten also klar unterschieden werden (⇨ entwickeln).
Die Unterscheidung von Vermehrung (der Anzahl) und Vergrößerung eines Körpers (Wachstum) ist u. a. wichtig, um ein zutreffendes Verständnis des Zellzyklus zu erreichen (⇨ Zellteilung).
Wachsen gilt als eines der *Kennzeichen von Lebewesen,* insbesondere als ein Kennzeichen von Pflanzen. Die Assoziationen zum eigenen Wachsen und zum Wachstum von Pflanzen können daher dazu genutzt werden, Pflanzen als Lebewesen vorzustellen (⇨ Pflanze). [1]
Wachstum und Differenzierung gibt es auch oberhalb der Ebene des Organismus (u. a. Populationswachstum, Sukzession von Ökosystemen).

[1] Cypionka, R. (2012). Pflanzen als Lebewesen in Evolution und Entwicklung. Beiträge zur Didaktischen Rekonstruktion 39. Oldenburg. – [2] Riemeier, T. (2005). Biologie verstehen: Die Zelltheorie. Beiträge zur Didaktischen Rekonstruktion 7. Oldenburg . – [3] Schaefer, G. (1976). Was ist „Wachstum"? In G. Schaefer, G. Trommer, & K. Wenk, (Hrsg.), Wachsende Systeme. Leitthemen (1).

wahrnehmen/Wahrnehmung

Wegweiser

Bei der Wahrnehmung wirken Sinnesorgane und Gehirn stets zusammen.

1 Vom Wort zum Begriff

Das Verb wahrnehmen enthält das untergegangene Substantiv Wahr (alt- und mittelhochdeutsch war), das „Aufmerksamkeit“, „Aufsicht“ bedeutet (das Wort ist z. B. in Wahrzeichen enthalten, ebenso im englischen „awareness“ und „beware of“). Wahrnehmen heißt also so viel wie „beachten“, „beaufsichtigen“. Eine Bewertung als richtig „wahr“ (im Sinne von echt, wirklich) ist entgegen naheliegender Interpretation mit dem Wortsinn von „wahrnehmen“ nicht verbunden. Das Eigenschaftswort wahr entstammt einer anderen sprachlichen Wurzel (indogermanisch uer, lateinisch verus).

Umgangssprachlich wird Wahrnehmung vor allem auf das Registrieren von Ereignissen und Zuständen durch die Sinnesorgane bezogen und kann dabei (entgegen der Herkunft des Worts) im Sinne von „für wahr halten“ verstanden werden. Im Allgemeinen werden fünf Sinne (Modalitäten) des Menschen genannt, die anhand der Organe unterschieden werden: Sehen (Auge), Hören (Ohr), Tasten (Haut), Riechen (Nase), Geschmack (Mund).

In der *Biologie* ist das Gehirn die entscheidende Instanz der Wahrnehmung: Aus den von Sinnesorganen über Nervenzellen eingehenden Erregungsmustern werden im Gehirn Bedeutungen konstruiert. Gegenüber dem umgangssprachlichen Gebrauch werden weit mehr als fünf Sinne unterschieden, u. a. Lage- und Bewegungssinn, Temperatursinn (Wärme und Kälte), Schmerz, Körperempfinden. Empfindungen und Gefühle sind Teil der im Gehirn erzeugten Wahrnehmung.

2 Alltagsvorstellungen

Vorstellungen zur Wahrnehmung wurden in mehreren umfangreichen Studien erhoben. Als wesentliche Aspekte der Alltagsvorstellungen sind zu nennen:

- Vorstellungen der *Richtung der Wahrnehmung* von außen nach innen oder umgekehrt oder beides;
- *Kontinuität von Reiz und Erregung:* Reize oder Informationen werden ins Gehirn geleitet;
- alltäglicher Realismus: Wir nehmen die Welt so wahr wie sie ist;
- *Instanzen der Wahrnehmung:* Sinnesorgane allein nehmen wahr oder Gehirn und Sinnesorgane wirken bei der Wahrnehmung zusammen; (s. 2.1 bis 2.4). [1] [6] [10]

2.1 Richtungen der Wahrnehmung

In Alltagsvorstellungen konkurriert das aktive Wahrnehmen durch die Sinnesorgane mit der passiven Aufnahme von Reizen oder Informationen in sie. Während im ersten Fall die Richtung der Wahrnehmung von innen nach außen geht (Richtung der Aufmerksamkeit,

z. B. Blickrichtung), ist die Richtung im zweiten Fall von außen nach innen („Reizaufnahme", „Informationsaufnahme").

Von außen nach innen. Die Denkfigur der *Aufnahme von Reizen oder Informationen* in die Sinnesorgane nimmt mit dem Alter der Befragten zu. Bei 13-Jährigen beträgt die Vorstellung, dass etwas ins Auge hineinkommt etwa 30 % (zitiert bei [5]). Bei älteren Befragten (11. Klasse) ist die vorherrschende Denkfigur verknüpft mit der *Instruktion des Gehirns durch die Sinnesorgane*. Der Weg geht hier also vom Gegenstand über die Sinnesorgane ins Gehirn (Abb. 1). [4] [6] [10]

Von innen nach außen. Einige Lernende beschränken das Sehen auf die eigene Aktivität beim Hinschauen (Kasten).

- Das Sehen ist gegeben, ohne es hinterfragen zu müssen. Das Hingucken entspricht fachlich dem Erfassen des Gegenstandes durch Augenbewegungen (Zitat 1).
- Das Auge sendet Sehstrahlen oder Signale aus, die vom Gegenstand reflektiert werden (Denkfigur *Aussenden*, Zitate 2 und 3).[1*] Handelt es sich beim vom Auge Ausgesendeten um Signale, so werden sie reflektiert und können dann vom Auge direkt ins Gehirn weitergeleitet werden, ohne dass ein Transduktionsprozess angenommen werden muss (Zitat 3).

Sehen ist Hingucken

„Das Auge nimmt die Blume als erstes wahr, die ganze Blume. Das Auge hat den Blickkontakt darauf."

Aussendende Augen

„Unsere (vom Auge) ausgesendeten Sehstrahlen werden von dem Objekt reflektiert und gehen schließlich in unser Auge zurück. So sehen wir."

„Das Auge schickt Signale zu dem, was sich vor ihm befindet, und wenn jetzt zum Beispiel die Blume davor ist, dann kommen die Signale von der Blume wieder zurück und dann ins Gehirn."

Schülerinnen und Schüler, 8./9. Klassenstufe [1]

Die Vorstellung, dass vom Auge *Sehstrahlen* ausgehen, wurde in Anschluss an die antike Sehstrahltheorie in der Physikdidaktik umfangreich als Alltagsvorstellung diskutiert. Im biologischen Zusammenhang wurden bei mehr als 1/5 der Lernenden der 8. und 9. Klasse ähnliche Alltagsvorstellungen erhoben (21 %, N = 217). Da das Auge von dem gereizt wird, was von ihm selbst ausgesandt wurde, ist bei dieser Alltagsvorstellung Licht zum Sehen nicht nötig. Zu beachten ist, dass viele weitere Lernende in der Studie trotz verschiedener Fragen und Kontexte Licht nicht als (unbedingt) notwendig erwähnen (63 %), allerdings verfügten nur 3 der 217 Befragten ausschließlich und sicher über die Vorstellung, dass Licht zum Sehen nicht nötig sei. [1]

Nach Untersuchungen in Schweden nimmt die Deutung des Sehvorgangs von innen nach außen mit zunehmenden Alter ab (zitiert bei [5]).

---

1 * Wegen der Reflexion des vom Auge Ausgesandten vom Gegenstand zurück ins Auge wird diese Denkfigur von den Autoren als „Reflexion" bezeichnet. Dieser Terminus ist jedoch ungünstig, da Reflexion, nämlich die von Licht, ebenfalls eine wesentliche Rolle spielt.

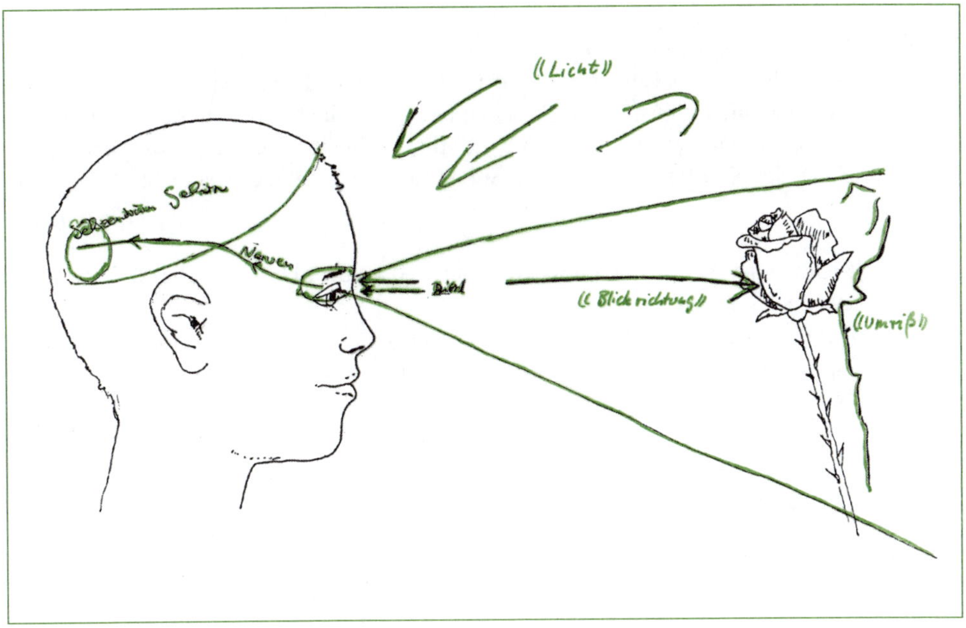

Abb. 1: Zwei Richtungen der Wahrnehmung am Beispiel Sehen. Die Befragten wurden aufgefordert, die Prozesse zwischen Gegenstand und Wahrnehmenden in die Vorlage (schwarze Konturen) einzuzeichnen. Anna zeichnete die Prozesse – vom Auge zum Gegenstand (Blickrichtung) und vom Gegenstand über das Auge zum Gehirn – als Pfeile und Linien. Wörter in Doppelklammern sind nach mündlichen Erläuterungen Annas hinzugefügt (vgl. Zitat Anna). [6]

Zwei Richtungen. Bei der Denkfigur Aussenden geht der Prozess des Sehens bereits in zwei Richtungen: vom Auge aus und durch Reflexion des Ausgesendeten ins Auge zurück. Manche Befragte beschreiben Wahrnehmung ebenfalls in zwei Richtungen, nehmen dabei jedoch keine Augensignale oder Sehstrahlen an. Es handelt sich vielmehr um eine vom Aussenden klar zu unterscheidende Vorstellung. Die Richtungen der Wahrnehmung werden hier durch zwei verschiedene Perspektiven der Betrachtung bestimmt: Einerseits verläuft die *Aufmerksamkeit* des Wahrnehmenden vom Sinnesorgan zum Gegenstand: Ertasten bzw. In-den-Blick-Nehmen eines Gegenstands. Andererseits verlaufen die Prozesse im Körper (gemäß der Denkfigur der Aufnahme) vom Sinnesorgan über Nerven zum Gehirn (Abb. 1, Zitate Hagen und Anne). [6] [10]
Vertieft wird diese Sicht bei einigen dadurch, dass die Vorstellungen zwar im Kopf gebildet, die Gegenstände jedoch als außen befindlich wahrgenommen werden. Daraus wird gefolgert, dass das im Gehirn Wahrgenommene vom Gehirn zurück entweder ins Sinnesorgan oder nach außen projiziert wird. Bei der Projektion ins Sinnesorgan dominiert die Vorstellung, dass das Auge die sehende Instanz ist, sodass die Projektion dorthin gelangen muss. Die Projektion nach außen entspricht durchaus der wissenschaftlichen Vorstellung von *Hermann von Helmholtz* (Denkfigur Projektion, ↗ Instruktion, 3.4). [1] [6]

Zwei Richtungen der Wahrnehmung
„Die Wahrnehmung des Gefühls zwischen einem Stuhl und dem Körper des Menschen verläuft vom Arm in beide Richtungen, weil die Nerven auf der einen Seite merken, dass da was ist. Aber eigentlich geht das nur in eine Richtung vom Stuhl zum Menschen: Nur der Mensch nimmt den Stuhl wahr, der Stuhl merkt ja nichts.“

Hagen [10]

„Die Richtung ist (beim Sehen) eigentlich hin und zurück: Dass man die Rose sieht, dass aber auch das Bild in das Auge reinfällt. …
Die Blickrichtung ist anders herum … Man guckt dahin, um etwas zu erkennen. …
Das Auge hat die Rose erfasst, das ist das Sehen und das Erkennen, dass das eine Rose ist.“

Anna 11. Klasse [6]

Zurück in die Augen
„Aus den kleinen Informationen, die im Gehirn ankommen, wird dort wieder das Bild gebastelt und das Bild wird dann umgedreht. Dann kommen die Informationen wieder zurück zum Auge und dann können wir den Gegenstand sehen.“

Schüler, 8./9. Klassenstufe [1]

Projektion nach außen
„Im Kopf (Gehirn) setzt sich ein Bild zusammen, aber das sieht man … nicht. Man hat also nicht direkt ein Bild im Kopf. Das Bild ist ja außen, aber erst, wenn man es sieht, wenn es durchs Gehirn läuft, dann ist es ein Bild außen. … Dann ist das Bild (also) noch außen, aber im Gehirn weiß man erst, dass es ein Bild ist und was das Bild bedeutet.“

Fee, 11. Klasse [6]

2.2 Kontinuität: Leitung von Reizen ins Gehirn

Eine häufige Vorstellung ist, dass das von den Sinnesorganen Aufgenommene bei der Weiterleitung zum Gehirn fortbesteht, wie es dem anthropomorphen Prinzip der Kontinuität entspricht (☞ anthropomorph):

- *Reize* – wie ein Bild des Gegenstandes (beim Sehen), Druck (beim Tasten), Schall (beim Hören), Gerüche (beim Riechen) – gelangen ohne Umwandlung ins Gehirn (Zitate Kerstin, Fee).
- von den Sinnesorganen werden *Information*en an das Gehirn geleitet. Die Differenz zwischen Reiz und Erregung wird durch die Kontinuität der Information überspielt: Reize werden im letzteren Fall zwar umgewandelt in Informationen oder Impulse, die Eigenschaften bleiben dabei jedoch (verschlüsselt) bestehen (Zitat Denise, ☞ reizen). [1] [3] [6] [10] [11]

Ein weitergehendes Nachdenken über die Prozesse der Erregung erübrigt sich für diese Lernenden. Andere setzen sich jedoch damit auseinander, dass durch die *Transduktion* etwas ganz anderes produziert wird als der Reiz oder das schließlich im Gehirn Wahrgenomme (s. 2.3: Rätsel der Wahrnehmung).

Kontinuität der Reize
„Die Ohrmuschel nimmt alles, was ich höre, z. B. Schallwellen, Lärm ganz viele Wellen, als erstes irgendwie auf, und dann geht das durch den Gehörgang … (von da) sollen die Schallwellen … zum Gehirn transportiert werden. …
Die Stelle, wo Schallwellen und Gehirn zusammentreffen, da müsste so ein kleines Röhrchen sein, wo die Schallwellen durchgehen. …
Die Schallwellen gehen dann rein in das Gehirn und durch das ganze Gehirn durch (so durch die ganzen Abteilungen) und je nachdem welche Abteilung die wahrnehmen kann oder überlegt ‚Mensch, hab ich schon mal gehört', da bleiben die dann und werden dann verarbeitet. Wie das Gehirn das verarbeitet, weiß ich nicht. …
Das (der Schall, das Geräusch) muss … irgendwie im Gehirn drin sein, damit ich das dann verstehe (sonst würde ich das nicht verstehen)."

Kerstin [3]

„ Von der Rose fällt eine Reflexion (Bild) auf das Auge. … Das Auge nimmt das Bild auf … Das Bild wird dann zum Gehirn geleitet."

Fee [6]

Kontinuität des Reizes in der Information
„Fassen die Hände einen Stein an, ertasten sie ihn, dann reagieren die Nerven und es werden Informationen (der Stein ist kalt oder hart) schnell im Körper ans Gehirn geleitet, das einem sagt: Der Stein ist kalt (fühlt sich soundso an, man hat einen Stein angefasst). … Somit weiß man, was es ist. … Die Information wird über Impulse weitergeben."

Denise [10]
Studienstufenschülerinnen, 11. Klasse

2.3 Zusammenwirken von Sinnesorganen und Gehirn

Sinnesorgane informieren das Gehirn, das Gehirn verarbeitet
„Ich denke, dass man mit den Augen, wenn man jetzt irgendwo draufguckt, dass man das noch nicht richtig wahrnimmt und dass erst im Gehirn klar wird, dass man da irgendwas vor sich hat oder dass man irgendwas anguckt."

Schüler, 8./9. Klassenstufe [1]

„Die Sinneswahrnehmung findet eigentlich im Gehirn statt. Das eine kann nicht ohne das andere. Ohne Gehirn würde die Information nichts bringen und ohne Rezeptoren [Sinneszellen] hätte das Gehirn nichts zu verarbeiten. Eigentlich findet es in beiden statt. Die Signale entstehen in den Rezeptoren und im Gehirn werden sie verarbeitet."

Lukas, 11. Klasse [10]

> *Rätsel: Grenzen der Vorstellungskraft*
> „Im Zwischenschritt der Weiterleitung durch den Sehnerv (vom Auge zum Gehirn) gibt es nur … kleine elektrische Impulse. Dass man es (das Bild) sich trotzdem wieder vorstellen kann, dass es dann wieder entsteht, das geht über die menschliche Vorstellungskraft hinaus.“
>
> *Anna, 11. Klasse [6]*

Orte der Wahrnehmung. Von vielen Befragten wird Wahrnehmung im umgangssprachlichen Sinn als das Registrieren der Reize durch die Sinnesorgane verstanden und entsprechend den Sinnesorganen zugesprochen. Viele unterscheiden jedoch zwei Instanzen der Wahrnehmung: Sinnesorgane registrieren, das Gehirn stellt richtig, ordnet und erkennt (Zitate Lukas und Fee, S. 377). [1] [6] [10] [11]
Rätsel der Wahrnehmung. Manche Lernende vergegenwärtigen sich, dass nach der Transduktion keine Reize oder Eigenschaften bzw. Abbilder des Gegenstandes mehr vorliegen, sondern lediglich elektrische Impulse. Wie im Gehirn aus kleinen elektrischen Strömen die Wahrnehmung bzw. Vorstellung von Eigenschaften des Gegenstandes gemacht werden kann, bleibt ihnen dabei zu Recht ein Rätsel (Zitat Anna).

Materiale und immateriale Wahrnehmung. Das als Wahrnehmung im Gehirn entstehende Etwas, wird von den Befragten materiell (z. B. als elektrische Ströme oder Änderung von Eiweißstoffen) oder immateriell als Vorstellung oder Idee gedacht. [6]

2.4 Vorherrschender alltäglicher Realismus

Alltäglicher Realismus ist im Zusammenhang mit Wahrnehmung die vorherrschende epistemologische Überzeugung der Befragten. Er sagt aus: Man nimmt die Gegenstände wahr, die da sind (existieren), und zwar so, wie sie sind. Die Prozesse der Wahrnehmung werden dabei nicht als fragwürdig angesehen, da z. B. das Sehen einfach erscheint: Man schaut und sieht ganz einfach. Dem alltäglichen Realismus entspricht das anthropomorphe Prinzip der Evidenz, mit dem Phänomene als fraglos gegeben angesehen werden (Zitate Anna und Alexander, ⇨ anthropomorph). [1] [4] [6] [10]

> *Wenn man einen Gegenstand wahrnimmt, existiert er wirklich so.*
> „Was ich wirklich sehe, ist halt da. Wenn man es nicht sehen würde, dann wäre ich mir auch nicht sicher. Aber da ich sehe, ist es eigentlich. Darüber denkt man auch nicht nach.“
>
> *Anna [6]*
>
> „Durch das Gefühl (beim Tasten) weiß man, dass das, was man wahrnimmt, auch wirklich so ist.“
>
> *Alexander [10]*

Mit derselben Wahrnehmung verbindet man Unterschiedliches
„Ich glaube nicht, dass ich das gleiche höre, wie du, wenn du mit einem Löffel an diese Tasse schlägst. Ich glaube, das ist immer subjektiv, das kommt auch darauf an, was du gerne hören möchtest …, dass du etwas Anderes hörst als ich, weil … du damit gewisse Erinnerungen verbindest. …
Das Geräusch an sich, also was wir jetzt hören, würde ich schon sagen, ist dasselbe. Aber, was du damit verbindest, das ist anders.“

Kerstin [3]

Wahrnehmen ist nicht zuverlässig
„Die Sinneswahrnehmung gibt nicht das, wie es wirklich ist, wieder, sondern nur ein verfälschtes Bild dessen, was eigentlich um uns herum ist. Die Wahrnehmung ist nur das, wie wir uns denken, wie die Umwelt ist (eine Vorstellung). …
Betasten zwei verschiedene Leute mit geschlossenen Augen dasselbe Objekt, geben sie unterschiedliche Beschreibungen ab, da sie unterschiedliche Erfahrungen … haben.“

Anne [10]
Studienstufenschüler und -schülerinnen, 11. Klasse

Beim Sehen scheint der alltägliche Realismus eng mit der Vorstellung verbunden, dass das auf die Netzhaut fallende Bild als solches an das Gehirn übertragen wird. Das im Gehirn entstehende Vorstellungsbild wird als Kopie des Netzhautbildes verstanden, das lediglich umgedreht wird, das man aber im Übrigen als ein getreues *Abbild* des Gegenstandes betrachtet (s. 3.3). [1] [2]
Einige Befragte deuten Wahrnehmen jedoch als subjektiv und fehlbar. Daher können sie zwischen subjektiven und objektiven Aspekten der Wahrnehmung schwanken (Zitat Kerstin). Andere äußern in diesem Zusammenhang kritisch realistische Anschauungen (Zitat Anne).
Die *Geschichte* der Vorstellungen zur Wahrnehmung führt von Instruktion durch die Sinne zur Wahrnehmung mit dem Gehirn (⇨ Instruktion).

2.5 Nur gedachte Bilder

Kinder können das Denken, Erinnern und Träumen von Bildern oder Gefühlen sehr früh von durch die Sinne wahrgenommenen unterscheiden. Ein großer Teil der 5- bis 6-Jährigen verbindet Träumen, Erinnern und Denken mit dem Gehirn (86 % bis 100 %), ein viel geringerer mit Sinneswahrnehmung wie Sehen und Hören (21 % bis 29 %, ⇨ Gehirn). [8]
Das frühe Vermögen, Träumen vom Wahrnehmen zu unterscheiden, wird durch die Äußerung des dreijährigen Jens illustriert. Sie geschah spontan während er sich einige Tage fern von seinem Zuhause in Kiel befand. Das „in Bildern Denken“ ist seine Erfindung, Träumen zu umschreiben. Es gibt klar die mentale Natur des Träumens an und damit den Unterschied zum Sehen. Das „muss“ zeigt den unwillkürlichen Charakter dieses Erlebens.

„Papi, ich muss immer in Bildern denken, wenn ich schlafe – von Kiel.“

Jens, 3 Jahre

3 Für Unterricht: Anschauung und Vertiefung

3.1 Potenziale der Alltagsvorstellungen

Alltagsvorstellungen	**Chancen für fachliches Lernen**	**Hindernisse für fachliches Lernen**
Vom Auge gehen Sehstrahlen oder Signale aus.	*Perspektivenwechsel* durch Experimente zur Bedeutung des Lichts (3.2)	Das vom Sinnesorgan Ausgesandte ersetzt das Licht.
Licht ist fürs Sehen nicht (unbedingt) nötig.		
Wahrnehmen geht vom Sinnesorgan aus zum Gegenstand.	*Perspektivenwechsel:* von Gegenständen ausgehende Reize, *Anknüpfung:* Aktivität des Organismus (3.3 bis 3.5)	einseitige Richtung
Wahrnehmung ist die Aufnahme von Reizen, Bildern oder Information durch die Sinnesorgane.	*Perspektivenwechsel:* Aktivität beim Sehen *Kontrast:* Reize lösen Erregung nur aus, Transduktion als Produktion von Erregung (nicht Umwandlung von Reizen, 3.4, ⇨ erregen, ⇨ reizen) *Perspektivenwechsel:* Wahrnehmung im Gehirn (3.5).	einseitige Richtung Kontinuität von Reizen oder Informationen Sinnesorgane als Ort der Wahrnehmung
Wahrnehmung hat zwei Richtungen: Sie geht vom Subjekt zum Gegenstand und umgekehrt.	*Brücken* zur Aktivität des Organismus: Konstruktion von Bedeutung (3.5)	
Vorstellungen entstehen im Kopf und werden nach außen projiziert.		
Reize und Informationen werden in den jeweils zuständigen Abteilungen des Gehirns abgelagert.	*Anknüpfung:* Der Ort, an dem die entsprechenden Nerven ins Gehirn eingehen bestimmt die Modalität der Wahrnehmung (3.5). *Perspektivenwechsel:* Eigenaktivität des Gehirns (3.6)	Kontinuität der Reize
Das Gehirn verarbeitet Informationen.	*Perspektivenwechsel:* Nur Aktionspotentiale erreichen das Gehirn (3.5, ⇨ informieren)	Information als Bedeutungsträger
Entstehung der Wahrnehmungsbilder ist rätselhaft.	*Brücke:* Prozesse im Gehirn sind komplex und weitestgehend nicht erforscht (3.6).	

Wahrnehmung ist subjektiv und fehlbar.	*Brücke:* Erkenntnis wird konstruiert (⇨ Gesetz).	
Wahrnehmung kann material oder immaterial sein.	*Anknüpfung:* Verhältnis von Materie und Geist (⇨ Gehirn/Geist).	
Durch Wahrnehmung wird Realität getreu abgebildet.	*Kontrast:* Im Gehirn entstehende Irrtümer (visuelle Täuschungen, 3.5) *Perspektivenwechsel:* Konstruktionsprozesse im Gehirn (3.5 und 3.6)	Abbild-Vorstellung für Reize (Bilder) und Information
Das Auge oder das Gehirn nehmen wahr.	*Perspektivenwechsel:* Organe sind Werkzeuge zur Wahrnehmung (3.7, ⇨ Gehirn).	Personalisierung von Organen

Tabelle 1: Alltagsvorstellungen zur Wahrnehmung geben Hinweise für fachliches Lernen.

3.2 Licht zum Sehen und gesehenes Licht

Zum Sehen braucht man Licht. Jüngere Befragte – besonders solche, die annehmen, dass das Auge Strahlen oder Signale aussendet – beachten oft nicht, dass zum Sehen von Gegenständen Licht nötig ist. Diese Vorstellungen können Lernende mittels eines einfachen Versuchs überprüfen. Die Beobachtungen während des Versuchs helfen Lernenden, ihre Vorstellung über die Rolle des Lichts beim Sehen zu rekonstruieren. (Kasten).

Durch Licht werden Gegenstände sichtbar
Für den Versuch wird ein Kasten mit schwarzen Innenwänden eingesetzt, der vorne eine Öffnung zum Hineinblicken und seitlich ein verschließbares Loch hat.
In dem Kasten befinden sich Gegenstände (darunter zweckmäßig mindestens ein weißer, da häufig angenommen wird, dass „Weiß" von sich aus strahlt).
Durch eine kleine Öffnung blickt die beobachtende Person in den Kasten. Die Öffnung soll sie dabei völlig abdecken. Im völligen Dunkel ist im Kasten nichts zu erkennen. Dann wird langsam das seitliche Loch am Kasten geöffnet, sodass zunehmend Licht in den Kasten hineinfällt. Jetzt können die Gegenstände im Kasten gesehen werden. [2]

3.3 Die physikalisch-chemische Dimension der Reize und die mentale Dimension der Wahrnehmung unterscheiden

In Alltagsvorstellungen ist der Wahrnehmungsprozess eindimensional. Es wird angenommen, dass Reize direkt ins Gehirn geleitet werden. Beim Sehen fallen Bilder von außen ins Auge. Die Existenz der Reize wird – die Reizung der Sinneszellen antizipierend – nach außen verlagert (⇨ reizen).

Dimension 1 **mentale (psychische) Empfindungen (im Gehirn Wahrgenommenes)**	**Dimension 2** **auf erregbare Zellen treffender chemisch-physikalischer Faktor (Reiz)**
Licht 1: im Gehirn (neurophysisch) erzeugtes Licht, Sinneseindrücke hell-dunkel, farbig	*Licht 2:* physikalisches (optisches) Licht: (sichtbare) elektromagnetische Strahlung von 400 bis 750 nm, Photonen
Farbe 1: wahrgenommene „empfundene" Farbe, „Farbeindruck"	*Farbe 2:* physikalische (optische) Farbe: elektromagnetische Strahlung bestimmter Wellenlänge, „Spektralfarbe"
Bild 1: im Gehirn erzeugtes Bild, „Bildsehen" nach außen projiziertes Bild	*Bild 2:* physikalisches Bild, von optischen Apparaten (auch dem des Auges) erzeugtes (reales) Bild, Netzhautbild

Tabelle 2: Die Bedeutungen der Wörter in den Dimensionen der Wahrnehmung und der Reize am Beispiel Sehen (nach [5], verändert).

Um zu klären, was und wie eigentlich wahrgenommen und erkannt wird, ist es angebracht, sinnesphysiologisch zwei Dimensionen zu unterscheiden: 1 die mentalen Sinneseindrücke (das im Gehirn Wahrgenommene) und 2 die physikalisch-chemischen Faktoren (Reize). Die beiden Dimensionen betreffen sowohl die Sinnesmodalität (beim Sehen Licht) wie auch die Sinnesqualitäten (beim Sehen Farben und Bilder). Da die Dimensionen im Alltag nicht unterschieden werden, werden in beiden Dimensionen dieselben Wörter verwendet (Tabelle 2).
Die Dimensionen lassen sich auf andere Sinnesmodalitäten, z. B. Schall oder Druck übertragen. In der zweiten und dritten Zeile stehen dann entsprechende Qualitäten (z. B. Töne, Geräusche beim Schall). Sensoren werden üblicherweise durch spezifische Reize erregt, Lichtsinneszellen z. B. durch Licht 2 (daraus wird im Gehirn Licht 1 erzeugt). Die dabei entstehende Wirklichkeit wird also im Gehirn konstruiert. Eine (angenommene) Wirklichkeit außerhalb des Gehirns ist der Wahrnehmung nicht zugänglich. [6] [9]
Wie die Unterscheidung der Dimensionen zum Verständnis der Wahrnehmung beitragen kann, lässt sich am Beispiel des Bildsehens illustrieren. Verbreitet ist die Vorstellung, dass beim Sehen das *Netzhautbild* zum Gehirn geleitet und dort umgedreht wird. Das Bild, das wir sehen, ist jedoch nicht das Netzhautbild (Bild 2), sondern ein *Wahrnehmungsbild*, das im Gehirn anhand der eingehenden Erregungen erzeugt wird (Bild 1).
Mit dem Weiterleiten des Netzhautbildes ist die Vorstellung verknüpft, dass an das Gehirn ein getreues Abbild der Außenwelt übermittelt wird. Diese *Abbildvorstellung* entspricht dem alltäglichen Realismus, nach dem wir die Wirklichkeit so wahrnehmen, wie sie ist. Der übliche Vergleich des Auges mit einer Kamera ist geeignet, diese Vorstellung zu bestätigen. Sie kann nicht revidiert werden, wenn der Sehvorgang nur bis zur Netzhaut verfolgt wird. [1] [2]
Die Unterscheidung der beiden Dimensionen (Wahrnehmung und Reiz) ist für den Wahrnehmungsprozess erhellend und man sollte ihn in der Sinnesphysiologie klar herausstellen. Licht, Farben und Bilder sind Konstrukte unserer Wahrnehmung: Gegenstände sind nicht farbig, sondern sie erscheinen uns so. Man sollte jedoch nicht erwarten oder fordern, diese Unterscheidungen im Alltag generell anzuwenden. Wo trotz heliozentrischem Weltbild immer noch die Sonne auf- und untergeht (also in Gedanken sich die Sonne um die Erde dreht), da werden Farben im Alltag nicht als mentale Konstrukte sondern als Eigenschaften der Gegenstände gedacht. Das gilt sogar für Naturwissenschaftler: Für den Physiker gibt es

farbiges (monochromatisches) Licht, für den Chemiker Geruch und Farben als Eigenschaften von Stoffen: Kupfer ist rot, Stickstoff ein geruchloses Gas.

3.4 Transduktion ist Produktion von Erregung

Um ein fachlich zutreffendes Verständnis zu erreichen ist es wesentlich, Kontinuität und Diskontinuität im Prozess der Sinneswahrnehmung detailliert bewusst zu machen.
Kontinuität besteht allein in der Leitung und Modifikation der physikalischen oder chemischen Faktoren vor der Transduktion (s. Tabelle 3)

- beim Sehen: Aufnahme der von Objekten reflektierten oder ausgesandten Lichtstrahlen (Licht 2) in den optischen Apparat, Werfen eines *realen Bildes* auf die Netzhaut (Bild 2); dieses Bild wird zum auslösenden Reizmuster: Erregung von Zapfen oder Stäbchen durch Fotoreaktion mit dem Sehpurpur.
- beim Hören: mechanische Modifikation des physikalischen Faktors im Hörgang (Schall 2), Vibrationen des Trommelfells, Übersetzen der Vibrationen in Bewegungen der Gehörknöchelchen und deren Druck auf das ovale Fenster, Verursachen einer stehenden Welle in der Endolymphe der Schnecke. Die stehende Welle wird zum auslösenden Reizmuster: mechanisches Auslenken der Sinneshaare der Sensoren an bestimmten Orten der Basilarmembran.

Diskontinuität entsteht durch die *Transduktion*. Der Reiz wird nicht weitergeleitet, er wird auch nicht umgewandelt, sondern erlischt in dem Augenblick, wo er Erregung in der Sinneszelle auslöst. Die Energie des Reizes wird nicht in Erregung umgewandelt. Reize lösen Erregung aus. Die Analogie zum Schließen eines Stromkreises mit einer Spannungsquelle (Licht anschalten) oder das Auslösen einer gespannten Feder kann die Verhältnisse verdeutlichen. Die Energie der Erregung ist von der reizbaren Zelle selbst erzeugt. Der Prozess der Transduktion besteht also nicht in einer Energieumwandlung. Eine zutreffende energetische Betrachtung kann dazu beitragen, die Diskontinuität zwischen Reiz und Erregung zu erfassen. Man sollte daher weder von „Reizleitung" noch von „Reizumwandlung" sprechen (↗ reizen).
Die Sinneszellen produzieren Neues (s. Tabelle 3):

- beim Sehen: Das Reizmuster des Netzhautbildes löst Erregung in Lichtsinneszellen (Sensoren) aus, Entstehung eines Erregungsmusters in den Sensoren der Netzhaut, Modifizieren des von den Sensoren produzierten Erregungsmusters durch Neuronen der Netzhaut;
- beim Hören: Erregung der Hörsinneszellen (Sensoren) durch das Reizmuster der Schwingungen der Basilarmembran. Erregungsmuster der Sensoren in der Basilarmembran;
- beim Sehen und Hören: Erregungsleitung zum Gehirn, Kettenreaktion durch Auslösung einer Abfolge von Aktionspotentialen entlang der Axone der Nervenzellen: Ein Aktionspotential selbst wandert nicht, es löst vielmehr an der nachfolgenden Stelle am Axon ein weiteres Aktionspotential aus (gebahnte Kettenreaktion, ↗ erregen). Den Erregungsmustern wird im Gehirn Bedeutung zugewiesen: Konstruktion der Seh- bzw. Hörwahrnehmung (Licht 1, Schall 1, s. 3.5).

Bei den geschilderten Prozessen gibt es also keine Kontinuität des Weitergeleiteten, wohl aber *Entsprechungen* zwischen Erregungsmustern und Reizen. Diese erschließen sich nicht durch energetische, sondern durch *strukturelle* Betrachtung. Die Strukturen der Erregung und die der Reize sollten klar unterschieden, jedoch im Wahrnehmungsprozess auf mehreren Ebenen aufeinander bezogen werden (Tabelle 3).

Die Stärke des Wahrgenommenen wird durch die Frequenz der Aktionspotentiale, die Modalität durch den Ort bestimmt, von dem sie ausgesendet werden bzw. an dem sie im Gehirn ankommen. Erregung der Lichtsinneszellen wird über die Augennerven, die der Hörsinneszellen durch Nerven des Ohres übertragen und gelangt entsprechend in unterschiedliche Zentren des Gehirns. Im Gedankenexperiment kann man den Sehnerv an die Ohren, den Hörnerv an die Augen anschließen. Entsprechend dem Ort, wo die Erregungen von Augen bzw. Ohr eingehen, würde man dann Schall sehen und Licht hören.
Die Vorstellungen zur Erregungsleitung und Entstehen der Wahrnehmung in der Wissenschaftsgeschichte können z. B. in einem fächerübergreifenden Unterricht von Biologie und Physik genutzt werden. Dazu sind besonders die Vorstellungen zur „Reizumwandlung“ und Erregungsleitung zu reflektieren. [10]

im Gehirn Wahrgenommenes	**Erregungsstrukturen**		**Reizstrukturen („Information“)**
Modalität (Qualität)	sensorische Nerven/ Gehirn	Sinneszellen (Sensoren)	physikalisch-chemische Faktoren
Sehen (Licht 1)		Sensorpotential der Lichtsinneszellen	elektromagnetische Strahlung (Licht 2)
Hören (Schall 1)		Sensorpotential der Hörsinneszellen	Druckschwankungen (Schall 2)
spezifische Qualität		Erregungsmuster	Reizmuster
Farbe 1	Verschaltungen, Orte des Eingangs der Erregungen	unterschiedliche Sensorpotentiale mehrerer Zapfen	Licht (2) bestimmter Wellenlänge oder Gemisch verschiedener Wellenlängen (Farbe 2)
Lichtbild 1	Änderung der Erregungsmuster des Gehirns	Erregungsmuster in der Netzhaut	reales Bild auf der Netzhaut (Bild 2)
Tonbild 1 (z. B. Akkord, Geräusch)		Erregungsmuster in der Basilarmembran	stehende Welle in der Hörschnecke (Tonbild 2)
Intensität		Sinneszellen/Neurone	Reizstärke
Helligkeit 1		Amplitude des Sensorpotentials/ Frequenz der Aktionspotentiale	Anzahl der Photonen pro Zeiteinheit (Helligkeit 2)
Lautstärke 1			Schalldruck (Lautstärke 2)

Tabelle 3: Entsprechungen der Strukturen von Reiz und Erregung sowie Qualitäten der Wahrnehmung am Beispiel von Sehen und Hören (vgl. Tabelle 2)

3.5 Im Gehirn werden Bedeutungen erzeugt

Im neurobiologisch begründeten Konstruktivismus wird Wahrnehmung aus der Perspektive des Gehirns betrachtet: „Das Gehirn kann zwar über die Sinnesorgane durch die Umwelt erregt werden, diese Erregungen enthalten jedoch keine bedeutungshaften oder verlässlichen Informationen über die Umwelt.“ [9]
Das Gehirn erreichen über die Axone der Nervenzellen ausschließlich *Aktionspotentiale*. Die eingehenden Aktionspotentiale sind allein durch ihre *Frequenz* (Anzahl pro Zeiteinheit) und den *Ort* (zuleitende Nerven in bestimmte Gehirnareale) strukturiert. Das ist alles, womit im Gehirn gearbeitet werden kann. Diese einfache Struktur ist das, was gemeinhin als die von den Sinnesorganen zum Gehirn geleitete „Information“ bezeichnet wird (⇨ informieren). Im Gehirn wird anhand der Erregungsmuster Wahrnehmung erzeugt.
Dass die Bedeutung anhand des Ortes der eingehenden Erregung konstruiert wird, kann mit einem einfachen Versuch demonstriert werden. Unter bestimmten Bedingungen werden Sensoren durch andere Reize als die spezifischen erregt, Lichtsinneszellen z. B. durch Druck: Beim Schlag aufs Auge sieht man Sterne. Ein solcher Lichteindruck (im wörtlichen Sinne!) lässt sich behutsamer auslösen (Kasten).

Druck 2 wird zu Licht 1
Bei geschlossenen Augenlidern wird leicht mit dem Finger an einem seitlichen Rand der Augenhöhle auf den Augapfel gedrückt und der Finger dabei leicht bewegt. Am gegenüberliegenden Rand des Augapfels sieht man eine Lichterscheinung (eine helle Fläche oder einen hellen Ring). Die Erscheinung wird Phosphen genannt.
Man sieht also Licht 1, obgleich gar kein Licht 2 vorhanden ist. Man kann den Versuch daher mit der Frage motivieren: Kann man ohne Licht (Licht) sehen?
Vergleichende Auswertung. Im Gehirn werden die Sinnesmodalitäten nicht getrennt, sondern zusammen ausgewertet. Aufgrund des Vergleichs von Tast- und Sehwahrnehmung wird z. B. das wahrgenommene Bild nach Aufsetzen einer Umkehrbrille nach einiger Zeit wieder umgedreht. Geschmacks- und Geruchserregungen werden so ausgewertet, dass sie die Wahrnehmung gegenseitig verstärken. Blinde können in gewisser Weise „sehen“, indem im Gehirn beispielsweise durch Tast-Erregungen Bilder erzeugt werden.
Sinnliche Täuschungen entstehen im Gehirn. Dass und wie im Gehirn die eingehenden Erregungen interpretiert werden, kann eindrucksvoll mit sinnlichen Täuschungen gezeigt werden. Taktile Täuschung: Verdoppelung einer Struktur beim Fühlen mit gekreuztem Zeige- und Mittelfinger. Visuelle Täuschungen (so genannte optische Täuschungen, die jedoch nicht im optischen Apparat des Auges, sondern im Gehirn entstehen): Längentäuschungen, scheinbare Krümmungen von Linien, Scheinbewegungen, Umspringbilder, Kontrastphänomene, Nachbilder. [5]

3.6 Wie und wo entsteht Wahrnehmung?

Die fachliche Aussage, dass Wahrnehmung im Gehirn entsteht und damit auf das Gehirn beschränkt ist, entspringt dem Umstand, dass das Wort „Wahrnehmung“ im Deutschen sowohl den Prozess wie das Ergebnis bezeichnet. Am *Prozess* der Wahrnehmung sind Sinnesorgane,

Nerven und Gehirn beteiligt, die *Ergebnisse*, d.h. Empfindungen, Gefühle, Sinneseindrücke wie Formen und Farben, Bilder, Gerüche, Geräusche und Töne entstehen erst im Gehirn.
In Alltagsvorstellungen wird das Hinsehen (Hingucken) als das eigentliche Sehen empfunden. Der Sehende bezieht sich dabei auf die eigene Aktivität und Erfahrung (2.1: Zitat Anna). Wahrnehmen ist also eine persönliche Sache, eine eigene Tätigkeit. Die Richtung der Wahrnehmung auf den Gegenstand hin, sollte daher keineswegs als vorwissenschaftlich oder naiv diskreditiert werden. Sie hat, wie die Richtung der Reize auf die Sinnesorgane hin, ein wissenschaftliches Fundament: Sie kann psychologisch und physiologisch als auf den Gegenstand gerichtete *Aufmerksamkeit* beschrieben und erklärt werden. Darüber hinaus wird die Wahrnehmung des Gegenstandes aus dem Gehirn heraus kognitiv nach außen verlegt, sodass wir uns in dieser wahrgenommenen Realität überhaupt orientieren und bewegen können.
Wenn man diese durchaus wissenschaftlich zu fundierende Alltagsvorstellung dahin verkehren will, dass eigentlich „das Gehirn sieht", sollte dies mit Recht erfolglos sein: Zum einen trennt die Aussage das Gehirn von der Person des Wahrnehmenden ab, indem es – sofern die Aussage nicht metaphorisch, sondern buchstäblich verstanden wird – selbst zur selbstständig handelnden Person gemacht wird. Zum anderen ist sie nicht nur lebensfern, sondern auch irreleitend. Weder das Auge sieht (allein), noch das Gehirn (allein), denn nur mit beiden zusammen, im Zusammenwirken von Augen und Gehirn, können wir sehen. Das wird in Alltagsvorstellungen zur Wahrnehmung fachlich zutreffend geäußert (s. 2.3: Zitat Lukas). Die Behauptung, „das Gehirn sieht", sollte also nicht als wissenschaftlich korrekte Feststellung verwendet werden, sondern lediglich als provozierende Aussage, die zum Nachdenken über die Instanzen der Wahrnehmung anregen kann. Die fachliche Aussage „Wahrnehmung entsteht im Gehirn" abstrahiert von den sensorischen Bedingungen der Wahrnehmung und sollte hinsichtlich des *Prozesses* durch das Zusammenwirken von Sinnesorganen und Gehirn ergänzt werden.

Das Loch in der Hand
Ein Blatt Papier (DIN A4) wird längs zu einer Röhre mit etwa 2 bis 3 cm Durchmesser zusammengerollt und mit der linken Hand vor das linke Auge gehalten. Die rechte Hand wird an der Röhre vor das rechte Auge gehalten (Abstand: etwa die Mitte der Röhre). Beide Augen hält man offen.
Man sieht die Hand mit einem Loch, in dem man Dinge durch die Röhre sieht. Wenn man will, kann man eine Person anvisieren, die man dann „in der Hand hat."

Wie Augen und Gehirn beim Prozess des Sehens zusammenwirken, kann mit einem einfachen Versuch demonstriert werden. Selbst wenn von den beiden Augen nicht zu vereinbarende Erregungsmuster eingehen, werden diese im Gehirn zu einem einzigen Wahrnehmungsbild zusammengefügt (Bild 1, Tabelle 2, S. 382); im Versuch: die mit dem linken Auge und dem Gehirn durch eine Röhre gesehenen Dinge, die mit dem rechten Auge und dem Gehirn gesehene Hand, das im Gehirn vereinigte Bild: gesehenes Loch in der Hand (Kasten).
Um zwischen dem Prozess und dem Ergebnis zu differenzieren, könnte man allein den Prozess als Wahrnehmung, das Ergebnis als das *Wahrgenommene* bezeichnen. Dann liegt jedoch das Missverständnis nahe, mit dem Wahrgenommenen sei nicht das mentale Ergebnis, sondern der reale Gegenstand gemeint. Um dies zu vermeiden müsste man stets von dem *im Gehirn* Wahrgenommenen reden.

Erinnerungsbilder, Traumbilder, Halluzinationen. Im Gehirn können ohne eingehende Erregungen von den Sinnesorganen Bilder und Gefühle erzeugt werden. Solche Erscheinungen werden in Alltagsvorstellungen klar vom Wahrnehmen unterschieden (s. 2.5). Autonome Erregung des Gehirns ist auch ohne von den Sinnesorganen eintreffende Erregungen stets vorhanden. Sie erzeugt früher wahrgenommene Bilder oder Gefühle besonders dann aufs Neue, wenn man einen Geruch wahrnimmt, der mit vergangenen Ereignissen verbunden war. Die Erinnerungsbilder oder erinnerten Gefühle werden jedoch nicht von der Geruchswahrnehmung erzeugt, sondern nur ausgelöst: Ursache ist die Eigenerregung des Gehirns.
Ähnlich verhält es sich mit Bildern und Ereignissen in *Träumen*, die im Schlaf im Gehirn erzeugt werden, ohne dass durch Reize ausgelöste Erregungen von den Sinnesorganen in das Gehirn eingehen.
Dass im Gehirn Bilder durch Eigenerregung erzeugt werden, wird besonders bei *Halluzinationen* deutlich. Diese werden durch Drogen verursacht, die die Erregungen im Gehirn verändern. Sie können aber auch dadurch ausgelöst werden, dass von den Sinnesorganen geringe oder keine Erregungen ins Gehirn gelangen. Das kann durch Meditation geschehen, die die Sinnesorgane ausschaltet, oder im Experiment, bei dem die Personen von jeder starken Reizeinwirkung isoliert werden (ohne Tastwahrnehmung in einem dunklen Raum). In diesem Fall berichten die Personen, dass ihnen nach 15 bis 20 Minuten Bilder erscheinen, wie sie unter Drogen gezeichnet werden. Solche Halluzinationen können sich bereits in monotoner Umgebung, z. B. auf einem langen Flug, einstellen. [7]

3.7 Wer oder was nimmt wahr?

Organe sollten nicht als Personen behandelt werden. Werden sie als Subjekte der Wahrnehmung eingesetzt, ist dies immer metaphorisch zu verstehen. Sprachlich gibt es Mittel, die unangemessene Personifizierung zu vermeiden: Nicht das Auge (oder das Gehirn) sieht, sondern der Mensch sieht *mit* den Augen (bzw. *mit* dem Gehirn). Nicht das Gehirn konstruiert oder entscheidet als handelnde Instanz, sondern *im* Gehirn entstehen Bedeutungen, werden Bilder (mit und ohne Sinneswahrnehmung) erzeugt und *mit* ihm werden Entscheidungen (auch unbewusst) erwogen. Diese Aussagen geben mit der unbestimmten Umschreibung im Passiv zutreffend an, dass die im Gehirn stattfindenden Prozesse bisher nicht vollständig erforscht und bisher kaum verstanden sind. Insofern ist es angemessen, wenn das Ergebnis des Prozesses der Sinneswahrnehmung, die Entstehung von Wahrnehmung im Gehirn, als *Rätsel* betrachtet wird (2.3: Zitat Anna, ⇨ Gehirn).

[1] Dannemann, Sarah (2015). Entwicklung und Evaluation eines Diagnoseinstruments für Schülervorstellungen zur visuellen Wahrnehmung. Beiträge zur Didaktischen Rekonstruktion 46. Abdruck mit freundlicher Genehmigung des BIS-Verlags der Carl von Ossietzky Universität Oldenburg. – [2] Dannemann, S. & Krüger, D. (2014). The role of conceptions, metaphors and analogies in students' understanding of seeing. In D. Krüger & M. Ekborg (Eds.), Research in biological education. ERIDOB. – [3] Geisler, Rolf (1998). Das Verständnis des Hörens in der Biologie und in den Vorstellungen der Schüler. Oldenburger VorDrucke 365. Abdruck mit freundlicher Genehmigung des BIS-Verlags der Carl von Ossietzky Universität Oldenburg. – [4] Gropengießer, H. (1997). Schülervorstellungen zum Sehen. Zeitschrift für Didaktik der Naturwissenschaften (1). – [5] ders. (2002). Sehen – Schülervorstellungen, wissenschaftliche Theorie und deren Vermittlung. Materialien des IPN zum BLK-Programm SINUS. Steigerung der Effizienz des mathematisch-naturwissenschaftlichen Unterrichts. (Verfügbar unter: http://sinus-transfer.uni-bayreuth.de/fileadmin/MaterialienDB/60/

gropengiesser1.pdf). – [6] ders. (2007). Didaktische Rekonstruktion des Sehens. Beiträge zur Didaktischen Rekonstruktion 1. Abdruck mit freundlicher Genehmigung des BIS-Verlags der Carl von Ossietzky Universität Oldenburg. – [7] Heron, W. (1957). The pathology of boredom. Scientific American (1). – [8] Johnson, C.M. & Wellman, H.M. (1982). Children's developing conceptions of brain and mind. Research in Child Development. – [9] Roth, G. (1994). Das Gehirn und seine Wirklichkeit. Frankfurt. – [10] Sundermeier, Stefan (2009). Der Prozess der Sinneswahrnehmung. Beiträge zur Didaktischen Rekonstruktion 22. Abdruck mit freundlicher Genehmigung des BIS-Verlags der Carl von Ossietzky Universität Oldenburg. – [11] West, E., Anderson, B. & Lustig, F. (2008). Ten- to 13-year old pupils' conceptions of hearing. In M. Hammann u. a. (Eds.), Biology in context. London.

⇨ warm/Wärme

⇨ Wasser

⇨ wild/Wildnis

Zelle

Wegweiser

Zellen können selbst ein Lebewesen sein (Einzeller) oder sind Teile eines Lebewesens (Mehrzeller).

1 Vom Wort zum Begriff

„Das Leben kommt auf alle Fälle aus einer Zelle.
Doch manchmal endet's auch, bei Strolchen, in einer solchen."

Heinz Erhardt

Der Vers wechselt sehr schön von der fachlichen zur lebensweltlichen Bedeutung des Worts. *Umgangssprachlich* bedeutet „Zelle" ein kleiner Raum: „Gefängniszelle", „Mönchszelle", „Nasszelle", abgeleitet von lateinisch cella: „Vorratsraum", „kleiner Wohnraum". *Robert Hooke* (1635–1702) nannte die im Kork von ihm entdeckten „little boxes" dementsprechend „cells".

Fachlich wird das Wort „Zelle" im ursprünglichen Sinn für die einzelnen Räume der Bienenwaben gebraucht. In der *Zelltheorie* wird die Zelle als grundlegende organismische Einheit definiert. Dazu werden folgende Aussagen gemacht:

- Organismen bestehen aus Zellen und Zellprodukten.
- Zellen entstehen immer nur aus Zellen.
- Die Zelle ist der Elementarorganismus.
- Die Zelle ist die kleinste und zugleich größte Fortpflanzungseinheit (⇨ Zellteilung).

Es gibt zwei Sorten von Zellen, die sich in ihren Strukturen wesentlich unterscheiden: Die Prozyte mit genetischem Material, das nicht durch eine Membranhülle vom Zellplasma abgegrenzt ist (Bakterien und Archaeen, Prokaryoten), sowie die Euzyte mit genetischem Material von einer Membranhülle umgeben, d. h. in einem Zellkern, (Eukaryoten: Protisten, Pflanzen, Tiere, Pilze).
Die Euzyte ist durch Kombination mehrerer prokaryotischer Lebewesen entstanden, also ursprünglich ein System aus mehreren Zellen (s. 3.6).

2 Alltagsvorstellungen

2.1 Zellen als Bausteine von Organismen

Mit der Aussage, dass Lebewesen aus Zellen bestehen, sind folgende Alltagsvorstellungen verbunden:

- Zellen sind hinreichend dadurch gekennzeichnet, dass sie mikroskopisch kleine Behälter (Körperchen, Kügelchen) sind. Deshalb werden auch Strukturen, die sich in der Zelle befinden, selbst als „Zellen“ bezeichnet, z. B. Gene, Chromosomen: „Zellen in der Zelle“. [2] [3] [6]
- Als Strukturen der Zellen werden häufig Zellkern und Zellplasma genannt. Der Kern bildet das Kontrollzentrum, das Plasma die (schützende) Peripherie (↗ Metapher).
- Zellen haben eine Begrenzung, die meist als Zellwand bezeichnet wird, auch dann, wenn die Zellmembran gemeint ist.
- Zellen haben alle den gleichen Bau und die gleichen Eigenschaften (z. B. weich).
- Man kann sich häufig nicht vorstellen, dass alle Teile des Organismus aus Zellen bestehen sollen (Zitat Anke). [6]
- Einzeller werden wie kleine Tiere mit Organen vorgestellt. Nach Absolvieren der Zellenlehre in der 7. Klasse stimmten auch nach korrigierenden Informationen immer noch etwa 2/3 der israelischen Schülerinnen und Schüler der Aussage zu, dass Einzeller einen aus vielen Zellen bestehenden Darmtrakt besitzen können. [1]

> *Lebewesen bestehen (nur) aus Zellen?*
> „Ich kann es mir nicht richtig vorstellen, dass alles nur aus diesen Zellen besteht. Weil, wenn man das jetzt so vergleicht, meine Haare und meine Knochen, das wäre dann ja total unterschiedliches Material. Und eigentlich sieht so eine Zelle theoretisch immer gleich aus.“
>
> *Anke, 9. Klasse [6]*

2.2 Zellen sind eigenständige Lebewesen und Helfer des Körpers

Zellen werden nicht als Elemente angesehen, aus denen der gesamte Körper aufgebaut ist, sondern als eigenständige, vom Körper unabhängige Einheiten:

- Der Körper besteht nicht aus Zellen, sondern er hat Zellen.
- Zellen befinden sich nur an den Stellen des Körpers, wo sie benötigt werden.
- Zellen sind wie kleine Tiere (oder Menschen) mit Mündern, Zähnen und Organen, die sich ernähren und Nahrung verdauen und Organe haben (s. auch 2.1).

- Sie entwickeln sich wie ein Mensch: Sie werden geboren, wachsen, reproduzieren und sterben. „Neue Zellen werden von mir geboren.“ „Wenn Zellen beginnen zu wachsen, starten sie, sich selbstständig im ganzen Körper zu verteilen.“
- Zellen werden vom Körper versorgt: „Ich muss gut essen und mich bewegen, damit meine Zellen leben können.“
- Sie können Nachwuchs bekommen: „Zwei Zellen unterschiedlichen Geschlechts müssen zusammenkommen.“
- Zellen werden nach Bedarf unter Kontrolle des Gehirns vermehrt: „Wenn ich sie benötige, mache ich mehr Zellen, wozu mein Gehirn die Befehle gibt.“
- Die eigene Entwicklung hat als Zelle begonnen: „Ich war eine Zelle.“ Zellen werden also z. T. wie Menschen gedacht (⇨ anthropomorph). [1] [6] [8]

2.3 Geschichtliches: Von Löchern zu kleinen Lebewesen

Alltagsvorstellungen von Zellen als Vesikel bis zu selbstständigen Lebewesen sind ähnlich in der historischen Entwicklung zu finden. Nachdem *Robert Hooke* (1635–1702) die Aussparungen, die er im mikroskopischen Bild des Kork beobachtete, „cells“ nannte, blieb diese aus der Umgangssprache entlehnte räumliche Bedeutung des Worts in der Wissenschaft erhalten. Auch das um 1800 geprägte Fachwort „Gewebe“ bezieht sich – wie Gewebe der Textilien – auf die Verbindung zwischen den Löchern. Noch um 1800 glaubten die meisten Wissenschaftler, dass die grundlegenden Strukturen der Pflanzen und Tiere Fasern oder Röhren (Gefäße, Adern) seien.

Mitte des 18. Jahrhunderts verschob sich das Augenmerk von mechanischen zu stofflichen Grundlagen des Lebens und damit hin zu flüssigen Substanzen, von denen angenommen wurde, dass sie Pflanzen und Tieren gemeinsam sind.

Im 19. Jahrhundert meinte man z. B., dass das Mark der Pflanzen sich aus verbindendem Gewebe und Vesikeln (Flüssigkeitströpfchen) zusammensetzt. In der „Kügelchen“-Theorie (globule theory) wurde angenommen, dass Gewebe aus Eiweißkügelchen zusammengesetzt ist.

Der Botaniker *Hugo von Mohl* (1805–1872) stellte heraus, dass allein Pflanzen eine Zellwand besitzen. Pflanzen und Tieren hätten nur den Inhalt der Zelle gemeinsam: das *Protoplasma*. Die flüssige Substanz bildete nicht mehr selbst die Zellen (Kügelchen), sondern nur noch den Inhalt der Zellen. Das Protoplasma spielte jedoch – auch als Zellen bereits als gemeinsames Bauelement der Lebewesen akzeptiert waren – weiterhin eine dominierende Rolle. Beispielsweise hielt *Theodor H. Huxley* (1825–1895), der Weggefährte von *Charles Darwin*, daran fest, dass das Protoplasma und nicht Zellen die Eigenschaft „Leben“ ausmachen.

Verbesserte Mikroskope zeigten Strukturen der Zellen, insbesondere Zellkern und Plasma. *Matthias Schleiden* (1804–1881) und *Jacob Schwann* (1810–1882) bezeichneten die Zelle „als eigentümlichen kleinen Organismus“ bzw. Zellen „als Elementarteile der Organismen, die ein selbständiges Leben führen.“

Mitte des 19. Jahrhunderts wurde durch Arbeiten mehrerer Wissenschaftler erkannt, dass Zellen durch Teilung und nicht aus sich formierender Materie gebildet werden, wie u. a. *Schwann* annahm (vgl. Abb. 1 a, S. 394, ⇨ Zellteilung).

Diese Entdeckung verstärkte die Anschauung, dass *Zellen selbstständige lebendige Einheiten* sind. So beschrieb der Arzt und liberale Politiker *Rudolf Virchow* (1821–1902) den menschlichen Körper als (demokratischen) *Zellenstaat* (Die Cellularpathologie in ihrer Begründung auf physiologischer und pathologischer Gewebelehre, 1858). Gleichzeitig prägte er den fundamentalen Satz der modernen Zelltheorie: „Omnis cellula e cellula" („Jede Zelle entsteht aus einer Zelle"). *Ernst Brücke* (1819–1892) bezeichnete die Struktur-Funktions-Einheiten bei Protozoen in Analogie zu den Organen der Mehrzeller als *Organellen*. Er betrachtete Zellen als *elementare Organismen*. Ende des 19. Jahrhunderts wurde allgemein akzeptiert, dass Zellen die Bauelemente aller Lebewesen sind.

3 Für Unterricht: Anschauung und Vertiefung

3.1 Potenziale der Alltagsvorstellungen

Alltagsvorstellungen	Chancen für fachliches Lernen	Hindernisse für fachliches Lernen
Zellen sind kleine Strukturen.	*Anknüpfung:* Größen von Zellen und Zellstrukturen (3.2)	mangelnde Differenzierung
Zellen sind Bausteine von Lebewesen. Lebewesen bestehen aus Zellen.	*Anknüpfung:* elementare Einheit Zelle Lebewesen bestehen aus Zellen und Zellprodukten (3.3).	Zellen werden als gleichartig und gereiht vorgestellt (Bausteinmetapher).
Zellen sind nur an den Körperstellen, wo sie gebraucht werden.	*Kontrast:* genereller Aufbau der Organismen aus Zellen (3.3, 3.4) *Anknüpfung:* Ansammlung von weißen Blutzellen bei Entzündungen	Verstehen von Zellen als ad hoc gebildete Werkzeuge des Körpers, ähnlich der Vermehrung von Immunzellen.
Zellen sind wie Tiere oder Menschen gebaut.	*Anknüpfung:* Anwendung des Konzepts von Struktur- und Funktions-Einheiten auf die Zelle: *Organellen* (3.4)	Zellen haben (mehrzellige) Organe.
Zellen sind Behälter.	*Anknüpfung:* Zellen sind räumliche Gebilde. Anwendung auf Strukturen der Zelle: *Kompartimente* (3.5)	Zellwand als feste Zellbegrenzung
Zellen sind eigenständige Lebewesen.	*Brücke:* Zelle ist Elementarorganismus: *Einzeller.* Anwendung auf Plastiden und Mitochondrien: Cytosymbiose (3.6) und *weiße Blutzellen*	
Der Körper *hat* Zellen.	*Kontrast*: Arbeitsteilung und Zelldifferenzierung im Körper: Gewebe	Vorstellung, dass Zellen und Körper selbstständige Partner sind.
Zellen werden vom Körper vermehrt.	*Kontrast:* Zellen entstehen nur aus Zellen (⇨ Zellteilung).	unklare Neubildung von Zellen

Tabelle 1: Alltagsvorstellungen zur Zelle geben Hinweise für fachliches Lernen.

Fachliche Aussagen zur Zelle befinden sich im Spannungsbogen zwischen selbstständigem Lebewesen (Vorbild Einzeller) und abhängigem Teil (von Geweben im mehrzelligen Organismus). Die Alltagsvorstellungen sprechen z. T. ähnliche Aspekte an, wie die fachlichen (s. 2.1 und 2.2). Entsprechend lassen sie sich auf die fachlichen Vorstellungen beziehen und für das Lernen nutzen (Tabelle 1)

Die fachlichen Konzepte zu den Strukturen der Zelle werden manchmal miteinander vermischt, sind jedoch deutlich zu trennen:
- der Struktur-Funktions-Zusammenhang begründet das *Organellkonzept* (s. 3.4);
- die räumliche Schachtelung der Zellstruktur durch Membranen liegt dem *Kompartimentkonzept* zugrunde (s. 3.5);
- die evolutionäre Sicht, d. h. die Entstehung einiger Organellen durch organismische Kombination, führt zum Konzept der *Cytosymbiose* (s. 3.6).

3.2 Größenordnungen und Systemebenen

Da Zellen lediglich als kleine Behälter vorgestellt werden, liegt es nahe, Größenordnungen und Systemebenen durch klare Schnitte zu verdeutlichen. Abbildungen, in denen sich der Maßstab kontinuierlich ändert, sind hierzu wenig geeignet. Besser ist es, ausgehend von der Zelle, jeweils einen Ausschnitt einer vorausgehenden Abbildung vergrößert darzustellen, sodass sich die verschiedenen Größenstufen und Systemebenen ergeben (Tabelle 2).

Systemebenen	Beispiele
Zelle	Einzeller, Körperzellen
Organell	Zellkern, Plastiden, Mitochondrien ER, Zellmembranen
Makromolekül-Komplex	Chromosomen (Organell des Zellkerns) Ribosomen (Organell im Cytoplasma)
Molekül	DNA-Stränge Enzyme
Molekülabschnitt	Gene aktive Zentren von Enzymen
Molekülbaustein	Nucleotide Aminosäuren

Tabelle 2: Systemebenen von oben nach unten in Größenstufen angeordnet

3.3 Zellprodukte

Die Skepsis in Alltagsvorstellungen, dass Lebewesen nur aus Zellen bestehen, ist berechtigt. Der Satz „Lebewesen bestehen aus Zellen" ist auch in fachlicher Sicht ergänzungsbedürftig: Lebewesen bestehen aus Zellen und Zellprodukten. Während die Bedeutung der Zellwand bei Pflanzen und Pilzen unübersehbar ist, wird die der extrazellulären Matrix bei Tieren meist unterschätzt. Besonders deutliche extrazelluläre Matrix enthalten verschiedene Formen des Bindegewebes: Knorpelgewebe, Knochen und Blut (Abb. 1). Die Kollagene der *extrazellulären Matrix* machen etwa 1/3 der Masse aller Proteine des Menschen aus. Die extrazelläre Matrix wirkt wie ein Baugerüst des Körpers, das die Zellen elastisch zusammenhält. Sie wird ständig erneuert. Ihr Zustand ist wahrscheinlich mit entscheidend für die Gesundheit und Lebensdauer. Arbeiten zur Lebensverlängerung setzen bei der Regulation zur Produktion der interzelluären Matrix an. Mit den Funktionen des körperumfassenden Netzes der Bindegewebs-Faszien können möglicherweise die weit reichende Wirkungen von Massagen, Akupunktur und Yoga erklärt werden. [5] [7]

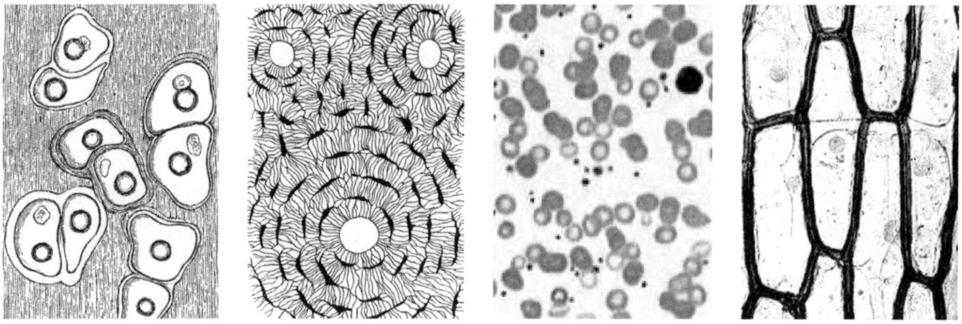

a) b) c) d)

Abb. 1: Lebewesen bestehen aus Zellen und Zellprodukten: a) Knorpelgewebe. Zellen liegen in Knorpelsubstanz, die von ihnen als gelartige extrazelluläre Matrix ausgeschieden wurde. Jacob Schwann nahm dagegen an, dass der Zellkern aus der umgebenden Substanz auskristallisiert und um ihn herum das Plasma sammelt (s. 2.3.); b) Knochenquerschliff. Schwarz: so genannte Knochenhöhlen; sie enthalten beim lebenden Knochen die Knochenzellen, die durch Ausläufer verbunden sind; dazwischen hell: Knochensubstanz, d. h. feste, mineralisierte extrazelluläre Matrix; in der Mitte Kanäle, sie enthalten beim lebenden Knochen die Blutgefäße. c) Blut ist ein Gewebe. Seine extrazelluläre Matrix, das Blutplasma, ist flüssig; seine Zellen sind mobil. Bei anderen tierlichen Geweben ist die extrazelluläre Matrix nicht so deutlich wie bei den abgebildeten, aber immer zwischen den Zellen vorhanden. d) Gewebe der Zwiebelhaut: Bei Pflanzen ist die Zellwand ein strukturiertes Ausscheidungsprodukt der Zellen.

3.4 Organellen

Mit dem Organellkonzept gliedert man die Zelle nach dem Kriterium der „Struktur-Funktions-Einheiten“, gleichgültig wie viele Reaktionsräume sie umfassen und wie sie gebildet werden oder wie sie evolutionär entstanden sind (Abb. 2 a). Die Einführung des Begriffs „Organell“ erfolgt am besten am Beispiel eines Einzellers, da hier die Analogie zu Organen näher liegt als bei einer Körperzelle. Auch historisch wurde der Terminus so gebildet. Es muss allerdings nachdrücklich darauf hingewiesen und anschaulich gezeigt werden, dass die Organellen Teile der Zelle sind und von ihr gebildet werden. Entgegen den Alltagsvorstellungen kann es in der Zelle keine mehrzelligen Gebilde geben. Es ist also anschaulich zu vermitteln, dass Organellen Gebilde der Zellen selbst sind und nicht durch weitere Zellen gebildet werden. Einen gewissen Gegensatz dazu bilden jedoch die Organellen, die durch Cytosymbiose entstanden sind (s. 3.6).

3.5 Kompartimente

Das Konzept der Kompartimente wird oft mit dem Organellkonzept vermengt. Es ist jedoch klar von ihm zu trennen. Kompartiment bezeichnet einen Reaktionsraum, der durch eine Membran von anderen Reaktionsräumen getrennt ist. Organellen haben demnach mehrere Kompartimente, wenn sie durch mehr als eine Membran gebildet werden. Die Entdeckung der inneren Zellmembranen bestätigte die Annahme, dass in der eukaryotischen Zelle die verschiedenen Stoffumbildungen in voneinander getrennten Räumen ablaufen. Dabei sind plasmatische und nichtplasmatische Räume zu unterscheiden. Die nicht-plasmatischen

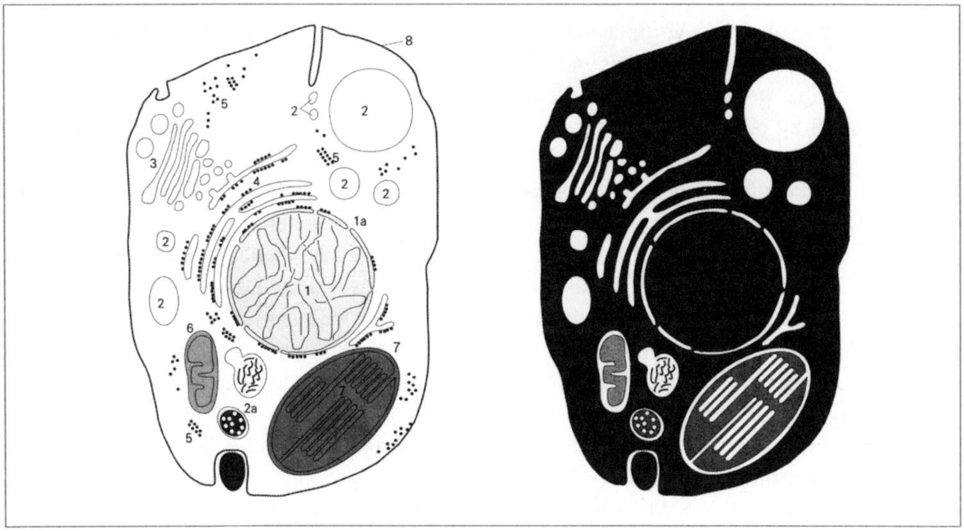

Abb. 2: Organellen und Kompartimente der Eucyte
a) Organellen: 1 Zellkern, 1 a Kernhülle; 2 Vakuole, 2 a Nahrungsvakuole; 3 Dictyosom; 4 Endoplasmatisches Retikulum (ER); 5 Ribosom(en); 6 Mitochondrium; 7 Chloroplast; 8 äußere Zellmembran.
b) Kompartimente: dunkel: plasmatische Kompartimente; hell: nicht-plasmatische Kompartimente.

Räume entstehen durch Einstülpungen und gegebenenfalls Abschnüren von Teilen der äußeren Zellmembran. Sie sind also als eingestülpte Außenwelt der Zelle zu betrachten (z. B. der Raum von Vesikeln, Vakuolen). Zellplasma und Karyoplasma sind plasmatische Kompartimente (Abb. 2 b).

Besonders deutlich ist der beschriebene Unterschied zwischen Organell und Kompartiment bei Plastiden und Mitochondrien. Diese Organellen bestehen aus mindestens zwei Kompartimenten: dem plasmatischen, das von der inneren Membran umschlossen wird, und dem nicht-plasmatischen Kompartiment, das von dem Raum zwischen den beiden Membranen der Organellen gebildet wird. (Intermembranraum; die innere Membran bildet gegebenenfalls durch Einstülpungen weitere nichtplasmatische Kompartimente, wie die Innenräume der Thylakoide bei Chloroplasten).

3.6 Cytosymbiose

In ursprünglichen Ansichten von Zellen wurde die Procyte als einfache Vorstufe der Eucyte angesehen; Der Kern sowie Plastiden und Mitochondrien wurden als Neubildungen der Euzyte betrachtet. Biochemische Untersuchungen haben jedoch gezeigt, dass Plastiden und Mitochondrien (genauer: die innere Membran und das Kompartiment, das von ihr umschlossen wird) Abkömmlinge von Bakterien sind. Sie sind durch Phagocytose in die Zelle aufgenommen worden, dann aber nicht verdaut, sondern als Symbionten in der Vakuole erhalten geblieben. Die äußeren Membranen der beiden Organellen sind also ehemalige Vakuolenmembranen, eingestülpte Zellmembranen.

Die inneren Membranen, Mitoplasma (Matrix) und Plastoplasma (Stroma) sowie die Ribosomen und die DNA von Plastiden und Mitochondrien haben prokaryotischen Charakter. Sie entsprechen einer prokaryotischen Zelle (⇨ Bakterie).
Die Wirtszelle ist ein ursprünglicher Karyot, der möglicherweise von Archaeen abstammt. Da sie aus Zellkern (Nucleus) und Zellplasma (Cytoplasma) besteht, kann sie als „Nucleo-Cytoplast" bezeichnet werden. Mitochondrien und Plastiden entstehen in der Zelle nicht aus anderen Zellteilen, sondern stets dadurch, dass sie sich selbst teilen.
Mit der *Symbiontentheorie* der Euzyte wird die eukaryotische Zelle als ein symbiotisches Kombinat aus dem Nucleo-Cytoplasten und ein bis zwei Populationen prokaryotischer Endosymbionten verstanden. Procyte und Eucyte haben also verschiedene Baupläne. Sie haben gemeinsam, dass sie von einer Zellmembran begrenzt sind, Cytoplasma und DNA enthalten. Darüber hinaus lassen sich von Membranen gebildete Organellen und Ribosomen parallelisieren, die in der Eucyte jedoch unterschiedliche Herkunft haben. Bei Vergleich von Procyte und Eucyte gibt es wenige eukaryotische Neuerungen (Tabelle 3).
Die Membranen unterschiedlicher Herkunft vereinigen sich nicht. Zwischen den inneren Membranen von Plastiden, Mitochondrien und denen des Nucleo-Cytoplasten besteht also kein Membranfluss (Abb. 3).

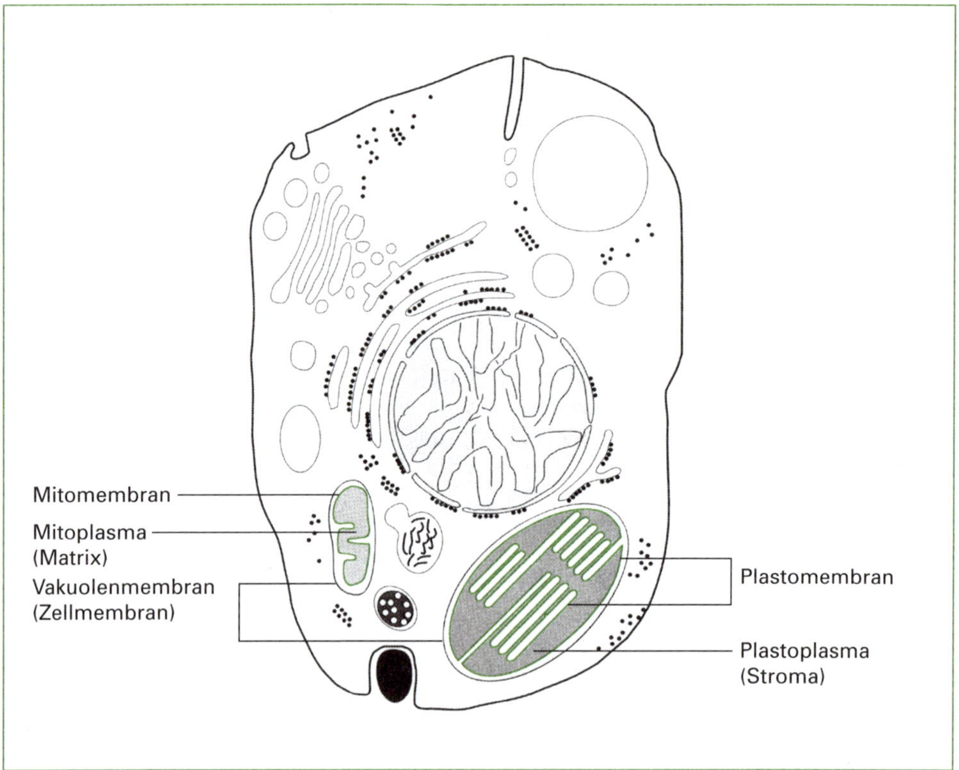

Abb. 3: Cytosymbiose: Mitochondrien und Plastiden stammen von bakteriellen Prokaryoten ab. Ihre inneren Membranen nehmen am Membranfluss der übrigen Zellmembranen nicht teil.

Strukturen	prokaryotische Strukturen	eukaryotische Strukturen
Zellplasma	Procytenplasma sowie Plasma von Chloplasten (Stroma) und Mitochondrien (Matrix)	Cytoplasma und Nucleoplasma der Eucyte
Zellmembranen und Kompartimente	äußere Zellmembran der Protocyte innerplasmatische Membranen --- --- --- innere Membran von Chloroplasten und Mitochondrien Thylakoide in Zellen von autotrophen Bakterien und Chloroplasten	äußere Zellmembran der Eucyte endoplasmatisches Retikulum Dictyosomen Kernhülle Vakuolenmembran äußere Membran von Chloroplasten und Mitochondrien
DNA	gefaltete ringförmige DNA (Bakterienchromosom) in Prozyten sowie Chloroplasten und Mitochondrien Plasmide in Procyten	DNA der Chromosomen im Zellkern
Prozesse		
Zellatmung	Endoxidation: Zellmembran von Bakterien innere Membran der Mitochondrien, ATP-Synthetase	---
Fotosynthese	Fotoreaktion: Zellmembran und Thylakoide von Bakterien Thylakoide der Chloroplasten, ATP-Synthetase	---
Stickstoffbindung	Zellmembran und Thylakoide von Bakterien	---
Membranfluss, Phagocytose, Pinocytose, Exocytose	---	Einstülpungen, Abschnürungen bzw. Verschmelzungen der Zellmembranen, Vesikel und Vakuolen
Fortbewegung	Bakteriengeißel (Flagelle): Rotationsgeißel	Geißel (9+2 Mikrotubuli): Schlaggeißel, undulierende Geißel kontraktile Proteine im Plasma (Scheinfüßchen)
Proteinbiosynthese	kleine Ribosomen (70 S) der Bakterienzellen sowie im Plasma von Chloroplasten und Mitochondrien	große Ribosomen (80 S) im Cytoplasma der Eucyte
Zellverdopplung	kontinuierlich	Zellzyklus, gewöhnlich mit Mitose

Tabelle 3: Prokaryotische und eukaryotische Strukturen und Prozesse

Die gelegentlich zu lesende Aussage, dass die prokaryotischen Zelle keine Mitochondrien und Plastiden besitze oder diese ihr sogar „fehlen", ist unsinnig. Plastiden und Mitochondrien haben selbst die Organisation einer prokaryotischen Zelle. Die Zellen von Cyanobakterien betreiben Zellatmung mit der Zellmembran und Fotosynthese mit den Thylakoiden: Sie sind gleichzeitig Mitochondrium und Chloroplast. Wie also sollten einer Procyte Mitochondrien oder Chloroplasten fehlen, wenn sie ihnen in ihrer Struktur und Funktion entspricht? (Tabelle 3, ⇨ Bakterie)
Die Sicht, dass es sich bei Mitochondrien und Plastiden um selbständige Lebewesen handelt, wird dadurch eingeschränkt, dass sie zu Organellen der Zelle geworden, d. h. getrennt von der „Wirtszelle" nicht mehr lebensfähig sind. Auch ihr Genom ist vereinfacht: Zahlreiche Gene sind aus Mitochondrien und Plastiden in den Kern gewandert, andere sind nicht mehr vorhanden oder funktionslos. Diese Tatsachen sprechen nicht gegen Abstammung der Plastiden und Mitochondrien von Bakterien: Es ist das Schicksal (oder die Strategie) von Symbionten und Parasiten, auf das reduziert zu werden (oder sich zu beschränken), was in der Wirts-Umwelt lebensnotwendig ist.

[1] Dreyfus, A. & Jungwirth, E. (1988). The cell concept of 10th graders: curricular expectations and reality. International Journal of Science Education.– [2] Franke, G., Scharfenberg F.-J. & Bogner, F.X. (2013). Investigation of students' alternative conceptions of terms and processes of gene technology. International Scholarly Research Network Education. – [3] Frerichs, V. (1999). Schülervorstellungen zu Strukturen und Prozessen der Vererbung. Oldenburg. – [4] Kattmann, U. (1993). Das Lernen von Namen, Begriffen und Konzepten – Grundlagen biologischer Terminologie am Beispiel „Zellenlehre". Der mathematische und naturwissenschaftliche Unterricht (5). – [5] Luczak, H. & Thomas, C. (2015). Der innere Halt. GEO (2). – [6] Riemeier, Tanja (2005). Biologie verstehen: Die Zellthorie. Beiträge zur Didaktischen Rekonstruktion 7. Abdruck mit freundlicher Genehmigung des BIS-Verlags der Carl von Ossietzky Universität Oldenburg. – [7] Silverthorn, D.U. (2009). Physiologie. München. – [8] Zamora, S.E. & Guerra, M. (1993). Misconceptions about cells. Cornell University. New York.

Zellteilung

Wegweiser

Die Zellteilung ist eine Phase im Zellzyklus, in dem die Zellen wachsen und sich verdoppeln.

1 Vom Wort zum Begriff

Umgangssprachlich bedeutet teilen „aufteilen“, „aufspalten“, wobei meist ein Teilen in gleiche Anteile vorgestellt wird („gerecht teilen“).
Als Zellteilungen werden fachlich die Abschnitte im Zellzyklus verstanden, in denen bei der eukaryotischen Zelle der Zellkern aufgelöst, die Chromosomen verteilt und zwei Tochterzellen gebildet werden. Außer bei der Bildung der Keimzellen (Reifeteilung, Meiose) werden durch Zellteilung genetisch identische Tochterzellen gebildet: Wachstumsteilung (Mitose).

2 Alltagsvorstellungen

2.1 Der Begriff Zellteilung ist mit Vorstellungen zum Teilen verbunden

Teilen bedeutet das „Trennen in Teilstücke“ oder das „Verteilen von Elementen“ einer Menge. Wenn ein Ding geteilt wird, so ergibt sich von selbst, dass die Anzahl der Teile größer wird und die Teilstücke kleiner werden; wenn man eine Menge aufteilt, dann wird jede der beiden entstehenden Mengen kleiner. Mit Teilen verbinden sich daher anschaulich
– das „mehr Werden“ und indirekt das *„größer Werden“*;
– das „weniger Werden“ und das *„kleiner Werden“*.
Die Vorstellungen zur Zellteilung wurden in einem Lehr-Lern-Experiment untersucht. Aufgrund der Verbindung von „mehr Werden“ und „größer“ meinen manche Lernende, dass Zellteilungen unmittelbar Größenzunahme des Organismus bedeuten. Das dafür nötige Wachstum der Zellen ist nicht bewusst oder als selbstverständlich vorausgesetzt (⇨ wachsen). Die ebenfalls mit dem Teilen verbundenen Vorstellungen „weniger Werden“ und „kleiner Werden“ müssen in diesem Zusammenhang erst bewusst gemacht werden. [1]

2.2 Geschichtliches: Vom Auskristallisieren des Kerns zur Kernteilung

Da Zellteilung als Vermehrung einleuchtend erscheint, wird zuweilen von Lernenden fraglos hingenommen und erscheint uninteressant. Man kann sich Zellteilung dennoch nicht vorstellen, da Anschauung meist fehlt. [1]
Zellteilung ist wissenschaftshistorisch alles andere als selbstverständlich. Der Pionier der Zelltheorie, *Jacob Schwann* (1810–1882), vertrat zwar, dass die Zellen „Elementarteile der Organismen“ seien, verband jedoch mit der Zelle vorrangig ein „Bildungsprinzip“. Nach dem Vorbild der Kristallbildung nahm er an, dass sich der Zellkern aus einer ungeformten Matrix heraus bildete und um ihn herum das Plasma ansammle. Neubildung von Zellen ist also die alternative Vorstellung zur Zellteilung (Kristallisation, ⇨ ordnen).
Erst Mitte des 19. Jahrhunderts erkannte man, dass Zellen durch Teilung entstehen. Die

erste zusammenfassende Abhandlung dazu schrieb der Botaniker *Eduard Strasburger* (1844–1912). *Rudolf Virchow* (1821–1902) prägte den fundamentalen Satz der modernen Zelltheorie: „Omnis cellula e cellula" („Jede Zelle entsteht immer nur aus einer Zelle").
Die Entdeckung der Zellteilung war Voraussetzung dafür, dass die Zelle nicht nur als genereller Baustein der Lebewesen, sonder auch dafür, dass sie als kleinste lebensfähige Einheit und Elementarorganismus angesehen wird (⇨ Zelle).

3 Für Unterricht: Anschauung und Vertiefung

3.1 Potenziale der Alltagsvorstellungen

Alltagsvorstellungen	Chancen für fachliches Lernen	Hindernisse für fachliches Lernen
Zellen vermehren sich durch Teilung, aber wie?	*Perspektivenwechsel:* Fragwürdigmachen der Teilung durch wissenschaftsgeschichtliche Anschauung: Neubildung durch Kristallisation (3.2)	fragloses Akzeptieren des Phänomens Zellteilung ohne klare Vorstellung
Zellteilung und Zellvermehrung heißt größer Werden.	*Kontrast:* Bewusstmachen des *kleiner Werdens* beim Teilen: Schokoladenstücke (3.3)	Zellwachstum ist selbstverständlich oder nicht bewusst.
Teilen heißt trennen: weniger Werden	*Perspektivenwechsel:* Verdopplung des genetischen Materials vor der Zellteilung: Doppelchromosomen (⇨ Chromosom)	Tochterzellen erhalten nur die Hälfte des Zellmaterials
Zellen wachsen	*Brücke:* Einfügen der Zellteilung in den *Zellzyklus*: Wachstum der Zellen und Verdopplung (3.4)	

Tabelle 1: Alltagsvorstellungen zur Zellteilung geben Hinweise für fachliches Lernen.

3.2 Zellteilung ist nicht selbstverständlich

Zellteilung erscheint heute Lehrenden und Lernenden als selbstverständlicher Prozess der Zellvermehrung. Die große Mühe, die es in der Wissenschaftsgeschichte gemacht hat, die Zelllteilung als grundlegenden Prozess zu erkennen, legt indes nahe, diese Vorstellung zu hinterfragen, indem sie mit wissenschaftsgeschichtlichen Vorstellungen der Kristallisation um den Zellkern herum konfrontiert werden (Neubildung von Zellen, s. 2.2). Wenn Zellteilung nicht als selbstverständlich hingenommen wird, können die nötigen Prozesse zur Zellverdoppelung schärfer in den Blick geraten (s. 3.3).

3.3 Wachstum durch Zellteilung?

Vorstellungen vom Teilen bestimmen, wie der Begriff der Zellteilung verstanden wird. Beim fachlichen Lernen können die unterschiedlichen Vorstellungen vom Teilen genutzt werden, um einseitige Sichtweisen zu erweitern (Tabelle 1).

In Vermittlungsexperimenten wurden Lernwege der beteiligten Schülerinnen und Schüler ermittelt. Ein Ausgangspunkt war die Vorstellung, dass Zwiebelwurzeln durch Zellteilung wachsen, weil die Zellen mehr werden. Eine wirkungsvolle Intervention war das Teilen einer Tafel Schokolade in Stücke. Die Lernenden erkannten bei dieser Manipulation schlagartig, dass die Zellteilung für sich genommen zum Wachstum nichts beiträgt (Kasten).

Süße Erkenntnis nach dem Teilen einer Tafel Schokolade

Sarah: „Die Anzahl hat sich durch das Teilen verändert."
Ute: „Es werden mehr Teile, aber … es ist ja immer noch Schokolade. …"
Lisa: „Das Gewicht bleibt gleich und die Teile sehen vollkommen identisch aus."
Sarah: „Aber wenn das jetz bei der Zelle wäre, dann würde das ja gar nichts bringen, weil dann wäre es ja genauso groß. Ich glaube, die teilt sich nicht in dem Sinne, dass sie kleiner wird, sondern dass es dann zwei gleich große sind. … Also, die kopiert sich eher. …"
Lisa „Ja, genau. Wenn sich die Zelle immer nur in sich selbst teilt, würde das ja niemals größer werden … Und meinetwegen teilen die sich noch 500 Tausend Mal und es wird nicht größer, aber es hat sich ganz oft geteilt. Und das würde ja nichts bringen."

Schülerinnen, 9. Klasse [1]

3.4 Einfügen der Zellteilung in den Zellzyklus

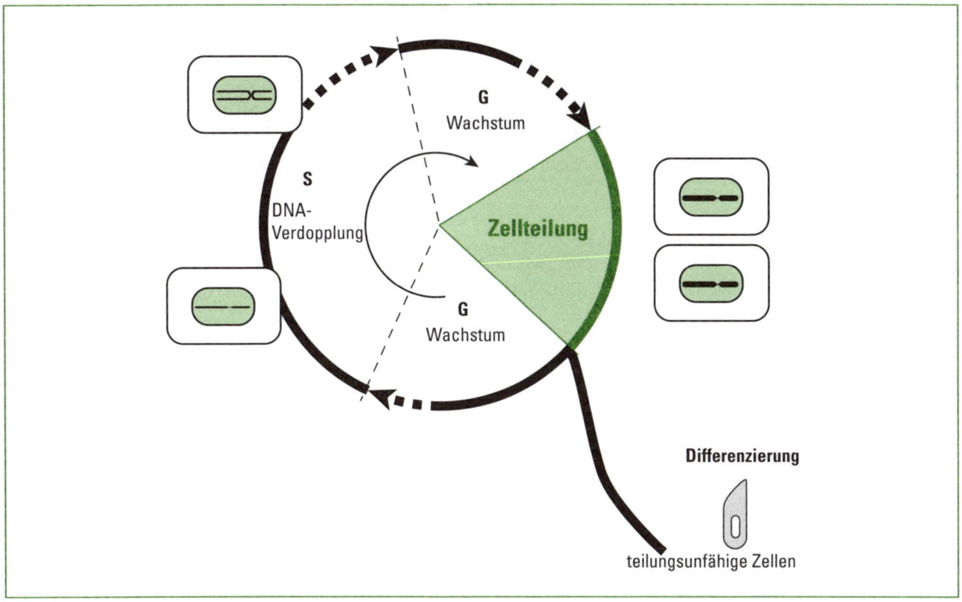

Abb. 1: Zellteilung als Abschnitt des Zellzyklus. Zellen wachsen (G-Phasen, G steht für „growth"). In der Synthesephase (S) werden die Chromosomen verdoppelt (⇨ Chromosom). Synthese- und Wachstumsphasen ergeben zusammen die Interphase.

An die Erkenntnis, dass Zellvermehrung allein zum Wachsen des Organismus nicht ausreicht, lässt sich das auf die Teilung der Zelle folgende Wachstum der Tochterzellen leicht anschließen. Zusammen mit der Verdopplung des genetischen Materials (bzw. der Chromosomen) kann so die Zellteilung als ein kurzer Abschnitt im Zellzyklus eingefügt und verstanden werden: Zellen werden im Zellzyklus verdoppelt (Abb. 1). [2]
Bei diesem Vorgehen werden Alltagsvorstellungen und fachliche Informationen aufeinander abgestimmt für einen fruchtbaren Lernweg genutzt (Abb. 2).

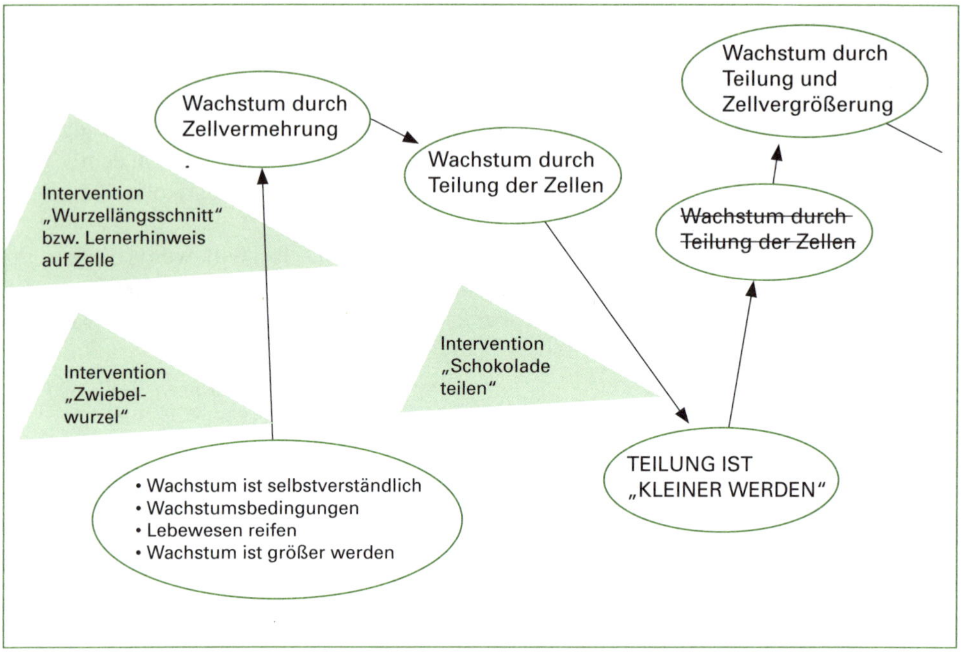

Abb. 2: Lernweg zur Zellteilung ausgehend vom Wachstum der Zwiebelwurzel. An den zuletzt dargestellten Schritt schließt sich die Verdoppelung des genetischen Materials an. [1] [2]

[1] Riemeier, Tanja (2005). Biologie verstehen: Die Zellthorie. Beiträge zur Didaktischen Rekonstruktion 7. Abdruck mit freundlicher Genehmigung des BIS-Verlags der Carl von Ossietzky Universität Oldenburg. – [2] dies. (2005). „Zellteilung müsste eigentlich Zellverdoppelung heißen.“ Unterricht Biologie (307/308).

zersetzen/Zersetzung

Wegweiser

Zersetzung bedeutet die Zerlegung organischer Stoffe (Biomasse) bis hin zu Mineralstoffen. Die Hauptarbeit machen dabei Mikroorganismen.

1 Vom Wort zum Begriff

Die Wörter „zersetzen“ und „Zersetzer“ werden umgangssprachlich häufig negativ im Sinne von „verderben“ und „Verderber“ gebraucht, während die ursprüngliche Bedeutung neutral „auflösen“ oder „zerlegen“ bedeutet.
„Zersetzen“ wird in diesem Sinne als „sich zersetzen“ gebraucht, also als Prozess, der von den Stoffen selbst ausgeht.
In der *Biologie* ist die neutrale Bedeutung erhalten geblieben: Zersetzen und Zersetzung bezeichnen „zerlegen“ bzw. „Zerlegung“ von Biomasse durch Mikroorganismen, Zersetzer bedeutet „Zerleger“, d.h. Organismen, die (tote) Biomasse abbauen und einfachere Stoffe abgeben (Destruenten, englisch: decomposition, decomposer).

2 Alltagsvorstellungen

Alltagsvorstellungen von Lernenden zur Zersetzung wurden vor allem am Abbau der Laubstreu, Verderben von Lebensmitteln und bei der Kompostierung untersucht. [1] [2] [3]
Es wurden mehrere Konzepte erhoben.
Zersetzung wird verstanden als
- Prinzip der Natur (Zitat Silke),
- Zerfallen: Verlust von Zusammenhalt oder Flüssigkeit,
- Zerkleinerung von Substanzen (z.B. Eierschalen im Kompost): Stücke werden immer kleiner, winzige Stücke bilden schließlich Erde,
- Ergebnis von chemischen Reaktionen, besonders Einwirken von Luft oder Sauerstoff,
- von Tieren und Mikroorganismen (Bakterien, Pilze) beschleunigter Prozess,
- wesentliche Tätigkeit von Organismen, besonders von Bakterien.

Die Konzepte werden von Befragten ebenfalls nebeneinander verwendet (Zitate Anne). [3] [5]

Vorstellungen zur Zersetzung – mit ohne Zersetzer
Ein Prinzip der Natur
„Die Ursache dafür, ob etwas verfault oder verwest, ist die gleiche. Das liegt einfach in der Natur. Für solche Sachen ist kein Platz, die können nicht ewig liegen bleiben und müssen einfach weg (verwesen). Von der Natur wird das in Gang gesetzt, was geschehen muss, damit etwas verwest oder verfault.“

Silke, 12. Klasse [3]

Fleisch zersetzt sich

„Fleisch an der Luft kann nicht immer knackig frisch bleiben, sondern die Luft wirkt darauf ein, so dass es vergammelt und anfängt zu stinken. ... Das Wasser geht verloren, die Zellen schrumpeln (fallen) zusammen, sind irgendwann nicht mehr existenzfähig und sterben ab. Die toten Zellen fallen ab. Je mehr Zellen absterben, desto kleiner wird auch der Körper, d.h., es geht Substanz verloren. Das ist der Zersetzungsvorgang."

Eierschalen werden kleiner

„Alles Mögliche auf dem Komposthaufen müsste irgendwie kleiner werden ... Vielleicht hat man am Anfang ein großes Stück, also eine Eierschale, das werden drei oder vier kleinere Stücke, nach und nach wird es immer kleiner und irgendwann hat man nur noch ganz winzige Zellen davon, die man gar nicht mehr als das eigentliche Produkt erkennen kann (z.B. eine Eierschale). Ganz winzige Zellen bilden zusammen diese Erde."

Chemische Reaktionen

„Unter Verwesen versteht man den Zersetzungsvorgang, bei dem unangenehm riechende Dämpfe entstehen, weil chemische Reaktionen ablaufen. Vielleicht fängt deshalb der Komposthaufen irgendwann an, unangenehm zu riechen. Man soll ihn deshalb immer gut durchlüften, damit es nicht stinkt und die Gase weggehen können."

Bakterien als chemische Reaktionspartner

„Vielleicht sind in der Luft Bakterien, die in der Lage sind, Bindungen zu spalten und dann zu ihrer Zersetzung beizutragen. Wenn die Bakterien mit Bananenschalen zusammenkommen, ändert sich irgendwie deren Zusammensetzung, und am Schluss folgert als Reaktionsgleichung die Zersetzung und Teilung der Atome. Möglicherweise reagieren die Atome in den Bakterien mit den Bestandteilen der Atome der Bananenschale zusammen."

Kai, 11. Klasse

Organismen als Helfer

„Im Kompost sind vielleicht irgendwelche Würmer (größere Bakterien und Tierchen, große Insekten), die dabei helfen, das kleiner zu machen ...
Ganz am Anfang ist die große Eierschale, dafür sind große Insekten da. Sie wird immer kleiner, und irgendwann kommen die Bakterien und zersetzen das in ganz kleine Stücke. Sie fressen ganz kleine Stücke ab, nehmen sie in sich auf und scheiden sie wieder aus. In diesem Prozess zerbröselt das langsam und wird zu Humus."

Anne, 12. Klasse

Bakterien und Schimmelpilze ernähren sich
„Ohne Schimmelpilze oder die Bakterien würde das Fleisch nicht verschimmeln. Wenn das Fleisch vergammelt, nutzen das die Bakterien oder die Schimmelpilze und ernähren sich dadurch. Wir Menschen essen das Fleisch und bauen es im gewissen Sinne auch ab, indem wir es zerkauen und zerlegen, aber das ist sicherlich etwas anderes.“

Lars, 12. Klasse

Aufgabe der Bakterien
„Bakterien und Pilze als Destruenten leben im Laub, zersetzen es und ziehen den Zellen die Flüssigkeit heraus, um weiter zu überleben. Das ist ihre Aufgabe und dafür sind sie auch ganz nützlich, weil sonst die ganze Erde voller Laub wäre.“

Ina, 13. Klasse [3]

In der *Geschichte* der Biologie finden sich ähnliche Alltagsvorstellungen zum abiotischen Zerfall und zu der Tätigkeit von Mikroben (↗ Zerfall)

3 Für Unterricht: Anschauung und Vertiefung

3.1 Potenziale der Alltagsvorstellungen

Alltagsvorstellungen	Chancen für fachliches Lernen	Hindernisse für fachliches Lernen
Natur sorgt für Zersetzung.	*Kontrast:* Mikroorganismen als Lebewesen, die organische Substanzen (Biomasse) für sich selbst nutzen (⇨ Bakterie)	selbstgenügsamer, alltäglicher Realismus teleologische Sichtweise
Bakterien „fressen“ Abfall.	*Kontrast:* Exoenzyme (⇨ verdauen)	anthropomorphe oder tierliche Vorstellung von Bakterien
Zersetzung bedeutet Zerfall.	*Anknüpfung:* Ergänzung durch Bedeutung der Mikroorganismen (3.2)	abiotische Erklärungen
Zersetzung bedeutet Zerkleinern.		
Zersetzung besteht in chemischen Reaktionen.		
Organismen helfen und beschleunigen die Zersetzungsprozesse.	*Brücke zu* Lebensprozessen der Mikroorganismen (3.2)	

Tabelle 1: Alltagsvorstellungen zur Zersetzung geben Hinweise für fachliches Lernen.

3.2 Abiotische Erklärungen durch biotische erweitern

Um die Bedeutung der Organismen für die Zersetzungsprozesse zu veranschaulichen, sollte an die von den Lernenden in alltäglicher Erfahrung gemachten, häufig abiotisch gedeuteten Faktoren (Luft, Sauerstoff, Wärme, Gerüche) angeknüpft und sie mit den Lebensprozessen der Organismen verbunden werden.
Die chemischen Reaktionen und die Zerkleinerung sollten also (überwiegend) als Leistungen der Ernährung und des Stoffwechsels von Organismen deutlich werden. Dazu reicht nicht aus, die sichtbaren Veränderungen, z. B. beim Kompost oder bei der Laubstreu, zu beobachten und die Organismen (Tiere in der Laubstreu, Bakterien und Pilzrasen) wahrzunehmen. Vielmehr sind die Lebensprozesse der Organismen zu thematisieren, die die Zersetzung bewirken. [3] [4].
Bei der Zersetzung durch Mikroorganismen sollte deutlich werden, dass eigentlich alle sich heterotroph ernährenden Organismen Zersetzer (Destruenten) sind, da auch die tierischen Konsumenten (und nicht nur Bakterien und Pilze) abgebaute Stoffe (einschließlich Mineralstoffe) ausscheiden. Sie können alle zusammen als Recycler betrachtet werden, die die Mineralstoffe mit ihren Ausscheidungen schneller wieder freisetzen, als es allein Bakterien und Pilze bewirken könnten (schnelle Teilkreisläufe, ⇨ Stoffkreislauf).
Bakterien und Pilze sind die Endzersetzer (Endrecycler), da sie den größten Teil der Mineralstoffe aus der für den eigenen Stoff- und Energiewechsel vollständig verwerteten Biomasse freisetzen.

[1] Baisch, P. (2009). Schülervorstellungen zum Stoffkreislauf. Hamburg. – [2] Helldén, G. (2004). What will happen to the leaves on the ground? In H. Gropengießer, A. Janßen-Bartels & E. Sander (Hrsg.), Lehren fürs Leben. Köln. – [3] Hilge, C. (1999). Schülervorstellungen und fachliche Vorstellungen zu Mikroorganismen und mikrobiellen Prozessen. Oldenburg. Abdruck mit freundlicher Genehmigung des BIS-Verlags der Carl von Ossietzky Universität Oldenburg. – [4] dies. (1999). Wer zersetzt Lebensmittel? Unterricht Biologie (247). © Friedrich Verlag GmbH, Seelze. – [5] Leach, u. a. (1996). Children's ideas about ecology 2: Ideas found in children aged 5–16 about the cycling of matter. International Journal of Science Education (1).

zufällig/Zufall

Wegweiser

Der Zufall ist ein Einzelfall, der unter gleichen Bedingungen (anscheinend oder scheinbar) anders hätte eintreten können.

1 Vom Wort zum Begriff

„Zufall" bedeutet *umgangssprachlich* so viel wie unvorhersehbares oder unwahrscheinliches, ungeplantes „Ereignis" oder „Vorfall", ein Glücksfall, vielfach negativ „Unglücksfall" oder „Zwischenfall", „Unfall". Besonders wird das unvorhergesehene oder unwahrscheinliche Zusammentreffen zweier Ereignisse als „zufällig" betont. Entsprechend wird „Zufall" als das beschrieben, „was außerhalb einer bestimmten oder außerhalb jeder erkennbaren Gesetzlichkeit sich ereignet" oder „was auch anders hätte sein oder geschehen können." Wegen seiner Unbestimmtheit kann der Zufall einerseits positiv, spannend, Hoffnung erweckend sein – andererseits beängstigend, erschreckend.
In der *Wissenschaft* taucht angesichts der formulierten „Naturgesetze" die Frage auf:

- ob der sich ein anscheinend außerhalb der Gesetzlichkeit ereignende Fall nur vom Subjekt noch nicht als gesetzlich (als kausal bewirkt) erkannt ist, also auf einem vorübergehenden Nichtwissen des Subjekts beruht: *subjektiver* Zufall;
- oder ob ein Sachverhalt vorliegt, der für das Subjekt *grundsätzlich* nicht erkennbar ist im Sinne eines durch keine Kausalität bedingten Ereignisses und dann „unvorhersehbaren Schicksals": *objektiver* Zufall.

Ein objektiver Zufall wird in der *Bohr-Heisenberg*'schen Deutung der Quantenphysik postuliert. Danach sind quantenphysikalische Ereignisse, z. B. der radioaktive Zerfall eines bestimmten Uran-Atoms, grundsätzlich nicht vorhersagbar. Es wird also keine Ursache dafür angenommen, warum gerade dieses eine Atom zerfällt – und nicht ein anderes. *Albert Einstein* (1859–1955) hat diese in der Physik bisher mehrheitlich angenommene Deutung nicht akzeptiert. Er meinte: „Gott würfelt nicht."
Man hat der Meinung *Einsteins* entgegengehalten: „Gott würfelt doch – aber er hält sich an seine Regeln." Die Regelmäßigkeiten natürlicher Prozesse werden in der Naturwissenschaft zwar als „Gesetze" formuliert, sie beruhen aber auf der Summe von nicht vorhersagbaren Einzelereignissen („Würfen"). Die naturwissenschaftlich formulierten „Gesetze" gelten als *statistische* Gesetze also nur für ein Kollektiv, nicht für den Einzelfall. Der Zufall ist ein *Einzelfall.*

2 Alltagsvorstellungen

2.1 Assoziationen und Definitionen zum Zufall

Definitionen von Zufall verändern sich mit zunehmendem Alter der Befragten nicht. Sie kreisen stets um das „plötzliche Geschehen, das man nicht voraussagen kann“, also um etwas, das aus der gewohnten Kausalität herausfällt. Der Begriff „Zufall“ hat in Definitionen von 13- bis 17-Jährigen (7. bis 10. Klasse) diese alltäglich-umgangssprachliche Bedeutung: Zufall ist …
„… was ganz plötzlich kommt, ohne dass man es ahnen kann“;
„… eine Sache, die ohne Grund manchmal passiert“;
„… ein Ereignis, das man nicht vorher wissen kann“;
„… eine Ausnahme vom Gewöhnlichen“;
„… ein überraschendes – unglückliches oder glückliches – Geschehen, das man nicht voraussagen kann“;
„… ein Geschehen, das die durchschnittliche Möglichkeit, dass etwas passieren kann, übertrifft“.
[4]

2.2 Der Zufall als „Ursache“

In Alltagsvorstellungen wird der Zufall – als *grundsätzlich* nicht voraussehbares Ereignis – nicht immer nur einem unpersönlichen „Schicksal“ zugeschrieben, sondern häufig ebenfalls einem *personifizierten* Wesen. Der Philosoph und Dramatiker *Gotthold Ephraim Lessing* (1729–1781) hat diesen Aberglauben kommentiert: „Das Wort Zufall ist Gotteslästerung. Nichts unter der Sonne ist Zufall“ (Gräfin Orsina in „Emilia Galotti“). Lessing meint damit, dass es für jemanden, der an Gott als den Erstverursacher allen Geschehens glaubt, keinen „Zufall“ geben könne. Was uns als Zufall erscheint, ist das, was uns von Gott her zufällt.
Da der Mensch das Bedürfnis nach einer „Ursache“ als Begründung von Ereignissen hat, wurde früher Gott oft als Lückenbüßer für menschliches Nichtwissen eingesetzt. Beim Wegfallen eines real-naiven Gottesglaubens wird der Zufall häufig selbst zu einer verursachenden Größe gemacht: Als „Seine heilige Majestät der Zufall“ (Friedrich der Große) tritt er als „Letztverursacher“ an die Stelle Gottes. Daher wird auf die Frage, was denn die Ursache für ein unerwartetes Ereignis sei, im säkularisierten Alltag häufig geantwortet: „Das war Zufall“. Dem Kausalitätsbedürfnis ist damit – formal – Genüge getan.
Das Bedürfnis, allem Geschehen eine Ursache zuzuschreiben und daher anzunehmen, dass in jedem Fall alles eindeutig kausal verursacht sein müsse, kann auf der anderen Seite dazu führen, „Zufälle“ überhaupt zu leugnen. Man stellt sich auf den Standpunkt eines Allwissenden und nimmt an, dass eine Ursache für alle Ereignisse angegeben werden könnte, wenn man nur alle Bedingungen genau erfassen könnte. Aus demselben Grunde wird zuweilen abgelehnt, Ergebnisse der Evolution als „planlos“ entstandene „Zufallsprodukte“ anzusehen (⇨ Evolution).
Die Ablehnung von „Zufällen“ hat noch einen weiteren Grund: „Regelmäßigkeiten“ verlangen intuitiv nach einer Ursache: Beim Würfelspielen ist man z. B. geneigt, das mehrfache Würfeln von sechs Augen hintereinander als „unwahrscheinlichen“ Zufall anzusehen, obwohl beispielsweise das Würfeln von zehn Sechsen hintereinander genauso wahrscheinlich

ist wie jede andere Abfolge von zehn Würfen (z.B. 3, 5, 4, 2, 2, 3, 1, 6, 5, 1). Das ist so, weil ein vorhergehender Wurf den nachfolgenden nicht beeinflusst: Jede Augenzahl wird bei jedem neuen Wurf mit derselben Wahrscheinlichkeit (1/6) gewürfelt. Jede Zahl in jedem Wurf und jede Abfolge von Zahlen ist zufällig. Der „Zufall“ hat kein Gedächtnis.
Das Bedürfnis nach bekannten Ursachen steckt ebenfalls hinter dem Bemühen, aus dem methodischen Grundsatz der Naturwissenschaften, nämlich der ausnahmslosen Geltung des Kausalprinzips, eine geschlossene, von Kausalgesetzen beherrschte Welt abzuleiten und diese Vorstellung als „wissenschaftliches Weltbild“ weltanschaulich zu vertreten (Tendenz, ⇨ anthropomorph, ⇨ kausal).

3 Für Unterricht: Anschauung und Vertiefung

3.1 Potenziale der Alltagsvorstellungen

Alltagsvorstellungen	Chancen für fachliches Lernen	Hindernisse für fachliches Lernen
Ein Zufall kommt unerwartet.	*Anknüpfung:* Zufall ist Einzelfall (3.2)	
Zufall ist unwahrscheinlich.	*Perspektivenwechsel:* Zufall ist Einzelfall in einer Wahrscheinlichkeitsverteilung (3.3).	Zufall wird als Ursache verstanden.
Zufall kann Evolution nicht erklären.	*Kontrast:* Rolle des Zufalls in der Evolution (3.4)	Ablehnung des Zufalls

Tabelle 1: Alltagsvorstellungen zu Zufall geben Hinweise für fachliches Lernen.

3.2 Der Zufall als Einzelfall

Seit der Entwicklung der Wahrscheinlichkeitsrechnung und Statistik in der Mathematik (17. bis 20. Jh.), der Genetik in der Biologie (19. Jh.), der Quantentheorie in der Physik (Anfang 20. Jh.) und ganz besonders mit dem Aufkommen moderner „Zufallsdisziplinen“ wie Chaostheorie, Synergetik und fraktaler Geometrie (Ende 20. Jh.) spielen Begriffe wie Zufall und Wahrscheinlichkeit in den Wissenschaften eine zunehmende Rolle.
Die deterministischen Gesetze der klassischen Physik (z.B. Ohm'sches Gesetz, Gravitationsgesetz, Boyle-Mariotte'sches Gesetz) erwiesen sich als *stochastische* Gesetze, deren Charakter wegen der ungeheuren Anzahl von Teilchen und damit von Einzelfällen früher nicht erkannt wurde. Atomphysik und Quantentheorie verlangten ein neues Verständnis von Kausalität, das auf dem Wahrscheinlichkeitsbegriff fußt und den so genannten „Zufall“ nicht als seltenen Sonderfall, sondern als Normalfall betrachtet. Der Dichter *Friedrich Dürrenmatt,* ein guter Kenner der modernen Physik, schreibt dazu sehr treffend: „Unsere Gesetze fußen nur auf Wahrscheinlichkeit, … sie treffen nur im Allgemeinen zu, nicht im Besonderen. Der Einzelne steht außerhalb der Berechnung“ („Das Versprechen“, 1979). „Das Einzelne“, das sich außerhalb jeder statistischen Berechnung, jeder Regelmäßigkeit und formulierter „Gesetze“ ereignet, *erscheint* so als „Zufall“. Er fällt uns gegen alle Erwartung zu.

3.3 Berechnung des „Zufalls“: Wahrscheinlichkeit

Auf der einen Seite ist jeder Einzelfall (z. B. beim Würfeln) „zufällig“, nicht berechenbar, und doch ist er auf der anderen Seite, als Teil eines größeren Ereigniskollektivs, innerhalb dieses Kollektivs berechenbar (Wahrscheinlichkeitsrechnung).

Es ist bemerkenswert, dass in *Mathematik*-Lexika zwar von Zufallszahlen, Zufallsziffern, Zufallswerten, Zufallsvariablen (Zufallsgrößen), Zufallsstichproben, Zufallsgenerator, Zufallsexperiment und Zufallsereignis die Rede ist, dass aber von diesen Begriffen meist nicht auf das Substantiv „Zufall“, sondern zum Adjektiv „zufällig“ verwiesen wird und dass man vom Stichwort „Zufall“ direkt nur zum Stichwort „Wahrscheinlichkeit“ gelangt. *Wahrscheinlichkeit* selbst wird präzise formuliert (und formalisiert), Zufall dagegen nicht. Der Zufall selbst – als Substantiv – ist kein zentraler Begriff der Mathematik und wird daher nicht eigens definiert.

Wahrscheinlichkeit ist nicht einfach die (plausible) Erwartung, dass ein Einzelfall eintritt, sondern Aussagen zur Wahrscheinlichkeit müssen auf *Daten* beruhen, aus denen sie sich errechnen lässt. Ohne Kenntnis spezifischer empirisch nachweisbarer Bedingungen gibt es keine wissenschaftlich gültige Wahrscheinlichkeitsaussage.

Wahrscheinlichkeit ist nicht Sicherheit; sie lässt immer einen Spielraum offen für überraschende Einzelfälle: „zufällige“ Ereignisse. Statistik ist der raffinierte Zweig der Mathematik, der die Regelmäßigkeit des Zufalls benutzt, um die Wirkungen des „Zufalls“, d. h. die Summe vieler Einzelfälle, berechenbar zu machen.

Also unberechenbar und gleichzeitig berechenbar; unvorhersehbar und wahrscheinlich – diese Ambivalenz haftet dem Zufallsbegriff an:

- Zufall ist ein Einzelfall, der aus dem Denkschema einer deterministischen Gesetzlichkeit („immer dann, wenn …“) herausfällt.
- Zufall als nicht determinierter Einzelfall passt jedoch in das Denkschema einer statistischen (stochastischen, probabilistischen) Gesetzlichkeit, in der er mit einer gewissen Wahrscheinlichkeit auftritt („kann sein, kann auch nicht sein“), die aber berechenbar ist.
- Da alle Gesetze, die wir uns von der Welt machen, letzten Endes statistische Gesetze sind, ist jeder Einzelfall – streng genommen – ein „Zufall“. (Das fällt bei Einzelfällen, die sich häufig wiederholen, nur nicht so auf!)
- Als Einzelfall hat der „Zufall“ natürliche Ursachen, er ist aber selbst keine Ursache: Die Aussage, „das hat der Zufall gemacht“, ist naturwissenschaftlich nichtssagend.

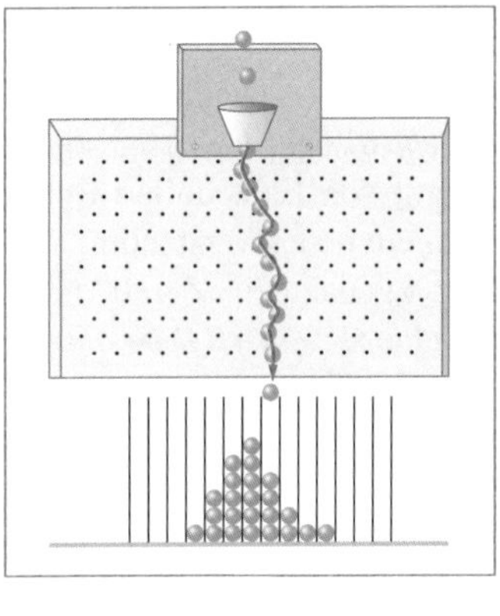

Abb. 1: Galton'sches Brett

Daher empfiehlt sich, anstelle des verführerischen Substantivs „Zufall" erst einmal das Adjektiv „zufällig" im Sinne von „nicht gesetzmäßig", „nicht vorhersehbar" anhand konkreter Ereignisse vor Augen zu führen. Dazu eignen sich Würfelspiele und das *Galton'sche Brett*. Mit beiden kann man die „Wirkung der großen Anzahl" veranschaulichen: Der Einzelfall ist nicht vorhersehbar, ist also „Zufall", aber bei einer großen Anzahl von Ereignissen stellt sich doch eine Gesetzmäßigkeit heraus, auf die man sich verlassen kann und die am Galton'schen Brett als „Zufallskurve" sichtbar wird (Abb. 1, statistische Verteilung, ⇨ vielfältig).

3.4 Der Zufall in der Evolution

In der *Biologie* spielt der Zufall (als herausgehobener Einzelfall) vor allem in der Populationsbiologie, der Genetik und der Evolution eine wesentliche Rolle. Für folgende Phänomene ist der Zufallsbegriffs besonders bedeutsam:

- *Mutationen*. Sie treten für jedes Gen mit *statistischer Wahrscheinlichkeit* auf (Mutationsrate). Welche Veränderung stattfindet, ist dadurch noch nicht festgelegt, d. h. nicht vorhersehbar. Die Wirkung der Mutation ist *ungerichtet* (positiv oder negativ bezogen auf die Lebensbedingungen des Organismus).
- *Rekombination*. Bei der sexuellen Fortpflanzung hängt die genetische Rekombination von Einzelereignissen bei der *Partnerfindung*, der *Bildung der Keimzellen* (Reifeteilungen) und der *Befruchtung* ab. Das Ergebnis der Einzelereignisse ist (bei geringer Anzahl) zufällig (weshalb bei Familiendiagrammen keine Spaltungsverhältnisse der Erbgänge abzulesen oder zu erwarten sind).
- *Alleldrift* (Gendrift) wird ebenfalls als „Zufallswirkung" bezeichnet. Genetische Veränderungen in Populationen beruhen nicht immer auf Mutation und Selektion. Kleine Populationen können sich zufällig vom Allelpool (Genpool) der größeren Ausgangspopulation unterscheiden. Ursache dafür ist das Einzelereignis der *Abspaltung* der kleineren Gruppe. Einzelne Allele können ganz verschwinden oder häufiger werden.
- *Erdgeschichtliche Ereignisse*. Evolution hat in vielen Teilen mit Einzelfällen zu tun: Katastrophen, bei denen zufällig Gruppen vernichtet werden oder überleben, Erstbesiedelung von Lebensräumen durch eine bestimmte Organismenart, Zusammentreffen bestimmter verschiedener Arten in einem Lebensraum durch Wanderungen usw. Jedes solche Ereignis hat die Evolution in einmaliger, d. h. zufälliger Weise beeinflusst. [2] [3]
- *Kulturentwicklung*. Die Entwicklung von Kulturen in den unterschiedlichen Kontinenten hängt entscheidend von einmaligen biogeographischen Bedingungen ab (⇨ Kultur). [1]

Die verschiedenen biologischen Phänomene, in denen „Zufall" eine Rolle spielt, können die Bedeutung des Begriffs Zufall („Einzelfall") herausstellen und helfen, ihn von seiner umgangssprachlichen Bedeutung abzugrenzen.

[1] Diamond, J. (1999). Arm und Reich. Das Schicksal menschlicher Gesellschaften. München. – [2] Stephen Jay Gould, Zufall Mensch. Das Wunder des Lebens als Spiel der Natur. Aus dem Englischen von Friedrich Griese. © Carl Hanser Verlag München 1991. – [3] Kattmann, U., Janßen-Bartels, A. & Müller, M. (2005). Warum gibt es Säugetiere. Unterricht Biologie (307/308). © Friedrich Verlag GmbH, Seelze. – [4] Schulze, M. (1980). Die Bedeutung des Begriffs Zufall in der Wissenschaftssprache der Biologie. (Staatsexamensarbeit. Kiel (Betreuer: G. Schaefer).

Register

Zahlen geben die Seiten im Buch an. ↗ verweist auf das digitale Dokument. Vor einem Wort verweist der Pfeil auf ein ergänzendes Stichwort, das über die Alphabetleiste des digitalen Dokuments aufgefunden werden kann, bei einem Pfeil hinter einem Wort wird es mit Suchfunktion gefunden.